Dirk W. Hoffmann

Einsteins Relativitätstheorie

Eine geführte Reise durch
Raum, Zeit und die Geschichte der Physik

1879 – 1955

Erste Auflage

Impressum:

Dr. Dirk W. Hoffmann
Professor an der

Hochschule Karlsruhe
Fakultät für Informatik und Wirtschaftsinformatik
Moltkestraße 30
76133 Karlsruhe

www.dirkwhoffmann.de

ISBN-13: 978-3-738-61578-4

Die Deutsche Nationalbibliothek verzeichnet diese Publikation in der Deutschen Nationalbibliografie.
Detaillierte bibliografische Daten sind im Internet über http://dnb.dnb.de abrufbar.

1. Auflage

Planung, Satz und Einbandentwurf:
Dirk W. Hoffmann

Herstellung und Verlag:
BoD – Books on Demand, Norderstedt
www.bod.de

Vorwort

> *„Es gibt nach meiner Ansicht nur eine Weise, einen bedeutenden Forscher dem Bewusstsein eines größeren Kreises nahezubringen: die Probleme und Lösungen, die das Lebenswerk charakterisieren, in gemeinverständlicher Weise zu beleuchten."*
>
> Albert Einstein, zitiert nach [85]

Das Unmögliche zu erkennen, ist eine intellektuelle Leistung, die den Menschen einzigartig macht. Mit diesem Satz ließ ich ein Buch beginnen, das ich vor wenigen Jahren über die Grenzen der Mathematik verfasste [86]. Ausführlich habe ich mich dort mit den Geschehnissen beschäftigt, die zu Beginn des 20. Jahrhunderts zu einem großen Umbruch in der Mathematik führten, wohlwissend, dass in der gleichen Zeit auch die Physik einen vergleichbar radikalen Wandel erlebte. In der Physik waren es die Quantentheorie und die Relativitätstheorie, die die Menschen kurz nach der Jahrhundertwende dazu zwangen, die Sicht auf die Welt grundlegend zu verändern.

Die Relativitätstheorie wurde in mehreren Etappen erschaffen. Den Grundstein legte Albert Einstein im Jahr 1905 mit einer Theorie, die wir heute als die *spezielle Relativitätstheorie*, kurz SRT, bezeichnen [38]. Mit ihr ließen sich nicht nur etliche in der Vergangenheit aufgekeimten Widersprüche beseitigen, sondern zugleich ehemals verschieden geglaubte Begriffe auf der konzeptionellen Ebene vereinen. Einstein ließ Raum und Zeit zu einer harmonischen Einheit verschmelzen, und als er wenige Monate später die Trägheit der Energie entdeckte, war klar, dass auch der Begriff der Masse einer völlig neuen Interpretation bedurfte [36]. Doch genau so wie die spezielle Relativitätstheorie alte Grenzen sprengte, hatte sie auch neue erschaffen. So folgt aus Einsteins Axiomen die Existenz einer Grenzgeschwindigkeit, die unter der Wahrung des Kausalprinzips unmöglich nach oben durchbrochen werden kann. Bereits bei meinem ersten Kontakt mit der Relativitätstheorie, als Schüler in der gymnasialen Oberstufe, hatte mich diese Konsequenz tief beeindruckt; und sie fasziniert mich bis heute. Bereits damals war es das Unmögliche, das mich noch stärker beeindruckte als das Mögliche.

Nachdem ich mich ausführlich mit den Grenzen der Mathematik befasst hatte, reifte in mir der Entschluss, auch die Grundlagen der speziellen Relativitätstheorie in einem Buch aufzuarbeiten. In den Werken, die ich in der Vergangenheit verfasste, war es mein erklärtes Ziel, die oftmals steril wirkenden Definitionen und Lehrsätze immer auch im Lichte ihrer historischen Entstehung zu betrachten, und im Falle der speziellen Relativitätstheorie halte ich diese Vorgehensweise sogar für unabdingbar: Einsteins zweites Axiom, das Prinzip der Konstanz der Lichtgeschwindigkeit, wirkt auf den ersten Blick so kontraintuitiv, dass es einer ausführlichen Erklärung bedarf, warum die Fachwelt heute von seiner Richtigkeit überzeugt ist.

Mit dem geschilderten Ziel vor Augen ist in den letzten Jahren ein umfangreiches Manuskript entstanden, schier endlos gespickt mit Formeln, Beispielrechnungen und historischen Bezügen. Die Arbeit ging gut voran, doch je mehr ich schrieb, desto größer wurden meine Zweifel. Mit der Zeit war das Manuskript nicht nur sehr umfangreich geworden, sondern hatte aus meiner Sicht auch das Potenzial entwickelt, die von mir anvisierten Zielgruppen zu verprellen. Durch die stetig anwachsende Formelwüste war ich dabei, den wissenschaftlich interessierten Laien als Leser zu verlieren, während die Studierenden der Physik die oft abschweifenden historischen Exkurse wohl zunehmend als störend empfunden hätten. Ich beschloss daher, das Manuskript aufzuspalten und an beiden Teilen getrennt weiterzuarbeiten. Im Ergebnis sind zwei Bücher entstanden, die beide um das gleiche Thema kreisen, in der Darstellung aber völlig verschieden sind.

Das Werk, das Sie in den Händen halten, ist das erste dieser beiden Bücher. Es ist als Sachbuch konzipiert und richtet sich an diejenigen Leser, die sich neben der formalen Theorie auch für die Hintergründe und die zahlreichen Personen interessieren, die in diesem spannenden Kapitel der Physik ihre Spuren hinterlassen haben. Inhaltlich ist es deutlich breiter aufgestellt als das zweite. Es deckt sowohl die spezielle als auch die allgemeine Relativitätstheorie ab und enthält zahlreiche Exkurse in angrenzende Gebiete wie die Teilchen- oder die Kernphysik.

Das zweite Buch ist als Lehrbuch über die spezielle Relativitätstheorie konzipiert und gibt den Stoff in einer Weise wieder, wie er an vielen Hochschulen und Universitäten unterrichtet wird. Im Vordergrund steht dort die mathematisch fundierte Herleitung der SRT. Die allgemeine Relativitätstheorie (ART), die Einstein im Jahr 1916 publizierte, wird dort nur in Ansätzen gestreift.

Beide Bücher, so unterschiedlich sie in ihrer Ausrichtung auch geworden sind, folgen in weiten Teilen noch immer dem gleichen roten Faden und ergänzen sich auf diese Weise gegenseitig. Welches der beiden Bücher Sie auch lesen mögen: Ich hoffe, dass es mir darin gelingt, die Faszination zu transportieren, die diesem Teilgebiet der Physik zweifelsfrei innewohnt.

Karlsruhe, im Juni 2015   Dirk W. Hoffmann

Inhaltsverzeichnis

1 Einführung 9

2 Ursprünge der Kosmologie 15
2.1 Das Weltbild der antiken Griechen 16
2.2 Das ptolemäische Weltsystem 20
2.3 Das kopernikanische Weltsystem 24
2.4 Das tychonische Weltsystem 30
2.5 Die keplerschen Gesetze 36

3 Newton'sche Physik 43
3.1 Galileo Galilei 43
   3.1.1 Beiträge zur Astronomie 45
   3.1.2 Beiträge zur Mechanik 50
   3.1.3 Das Relativitätsprinzip 55
3.2 Isaac Newton 58
   3.2.1 Newtons Wunderjahre 60
   3.2.2 Der Lucasische Lehrstuhl 63
   3.2.3 *Principia Mathematica* 67
   3.2.4 Absoluter Raum und absolute Zeit 72
   3.2.5 Newtons spätere Jahre 77

4 Licht 79
4.1 Welle-Teilchen-Dualismus 79
   4.1.1 Korpuskeltheorie 80
   4.1.2 Wellentheorie 82
   4.1.3 Das Doppelspaltexperiment von Young 88
   4.1.4 Der photoelektrische Effekt 91
   4.1.5 Quantenteilchen am Doppelspalt 96
4.2 Lichtgeschwindigkeit 98
   4.2.1 Astronomische Messungen 99
   4.2.2 Terrestrische Messungen 107
4.3 Interferometrie 113

4.3.1   Der Interferometerversuch von Michelson 115

4.3.2   Der Interferometerversuch von Fizeau 116

5   Elektrizität und Magnetismus   **119**

5.1   Physikalische Grundlagen 119

5.2   Das geometrische Feldkonzept 125

    5.2.1   Michael Faraday 125

    5.2.2   Elektrische und magnetische Felder 130

5.3   Das mathematische Feldkonzept 136

    5.3.1   James Clerk Maxwell 136

    5.3.2   Elektromagnetische Wellen 149

    5.3.3   Das Experiment von Hertz 150

    5.3.4   Galilei-Varianz 152

6   Der Lichtäther   **155**

6.1   Der mitgeführte Äther 155

    6.1.1   Der Versuch von Arago 158

    6.1.2   Fresnels Interpretation 161

    6.1.3   Der Interferometerversuch von Fizeau 164

6.2   Der stationäre Äther 166

    6.2.1   Der Doppler-Effekt 167

    6.2.2   Vom Winde verweht 169

    6.2.3   Das Experiment von Michelson 173

    6.2.4   Das Experiment von Michelson und Morley 177

    6.2.5   Die Kontraktionshypothese 183

7   Interludium   **189**

8   Spezielle Relativitätstheorie   **193**

8.1   Die Raumzeit 197

    8.1.1   Raum- und Zeitkoordinaten 197

    8.1.2   Uhrensynchronisation 202

    8.1.3   Relativität der Gleichzeitigkeit 204

8.2   Relativistische Kinematik 209

    8.2.1   Zeitdilatation 209

    8.2.2   Raumkontraktion 215

    8.2.3   Addition von Geschwindigkeiten 218

    8.2.4   Der Interferometerversuch von Fizeau 223

8.3   Zwillingsparadoxon 224

8.4   Reise zu fernen Galaxien 227
8.5   Relativistische Dynamik 232
    8.5.1   Zur Trägheit der Energie 232
    8.5.2   Relativistische Massenzunahme 235

9   Das Äquivalenzprinzip   **239**
9.1   Das Mach'sche Prinzip 240
9.2   Das starke Äquivalenzprinzip 245
    9.2.1   Gravitative Zeitdilatation 252
    9.2.2   Gravitative Rotverschiebung 253
    9.2.3   Gravitative Lichtablenkung 255
9.3   Was verraten die Sterne? 256
    9.3.1   Lichtablenkung am Sonnenrand 257
    9.3.2   Vulkan und die Periheldrehung des Merkur 261

10   Allgemeine Relativitätstheorie   **269**
10.1   Das allgemeine Relativitätsprinzip 269
10.2   Ehrenfest-Paradoxon 271
10.3   Relativistische Raumgeometrie 274
    10.3.1   Tensoranalysis 277
    10.3.2   Die Feldgleichungen 284
    10.3.3   Die kosmologische Konstante 286
10.4   Einstein auf dem Prüfstand 287
    10.4.1   Periheldrehung des Merkur 287
    10.4.2   Die Sonnenfinsternis von 1918 289
    10.4.3   Die Sonnenfinsternis von 1919 290
    10.4.4   Die Sonnenfinsternis von 1922 294
    10.4.5   Rotverschiebung im Erdschwerefeld 301
10.5   Sternstunden der Radioastronomie 304
    10.5.1   Shapiro-Verzögerung 304
    10.5.2   Gravitationslinsen 310
    10.5.3   Pulsierende Radioquellen 312
    10.5.4   Gravitationswellen 317
    10.5.5   Langbasisinterferometrie 319

11   Kosmische Strahlung   **323**
11.1   Die Entdeckung der Radioaktivität 324
11.2   Die Entdeckung der kosmischen Strahlung 326

11.2.1 Fortschritte in der Messtechnik 331

11.2.2 Das Experiment von Bothe und Kolhörster 335

11.3 Teilchenphysik 340

11.3.1 Das Myon 341

11.3.2 Das Experiment von Rossi, Hilberry und Hoag 343

11.3.3 Das Experiment von Rossi und Hall 346

11.3.4 Das Experiment von Frisch und Smith 347

12 Kernphysik **355**

12.1 Struktur der Materie 356

12.1.1 Radioaktiver Zerfall 357

12.1.2 Bindungsenergie 359

12.2 Die Entdeckung der Kernspaltung 361

12.2.1 Das Geheimnis der Transurane 365

12.2.2 Schicksalstage in Berlin 368

12.2.3 Das Experiment von Hahn und Straßmann 374

12.3 Leben im Atomzeitalter 380

12.3.1 Chancen und Risiken der Kernspaltung 380

12.3.2 Chancen und Risiken der Kernfusion 387

Literaturverzeichnis **399**

Namensverzeichnis **409**

Sachwortverzeichnis **413**

1 Einführung

„Was ist die Zeit? Ein Geheimnis, – wesenlos und allmächtig. Eine Bedingung der Erscheinungswelt, eine Bewegung, verkoppelt und vermengt dem Dasein der Körper im Raum und ihrer Bewegung. Wäre aber keine Zeit, wenn keine Bewegung wäre? Keine Bewegung, wenn keine Zeit? Frage nur! Ist die Zeit eine Funktion des Raumes? Oder umgekehrt? Oder sind beide identisch? Nur zu gefragt!"

Thomas Mann, Der Zauberberg

$E = mc^2$, Energie ist gleich Masse mal Lichtgeschwindigkeit zum Quadrat. Die meisten Menschen kennen diese Formel, doch nur wenige wissen mit ihr wirklich etwas anzufangen. Der Grund hierfür ist schnell gefunden. Einsteins berühmte Formel legt einen Zusammenhang zwischen zwei physikalischen Größen offen, die im Weltbild der klassischen Physik kaum etwas gemeinsam haben, einen Zusammenhang zwischen der Energie und der Masse eines Körpers. Und selbst auf den zweiten Blick wirft die Formel mehr Fragen auf, als sie Antworten zulässt. Was genau ist gemeint, wenn diese Formel behauptet, Energie und Masse seien proportionale Größen? Und mehr noch: Warum ist der Proportionalitätsfaktor das Quadrat einer Geschwindigkeit und warum ist es ausgerechnet die Geschwindigkeit des Lichts, die als Vermittler zwischen den beiden Größen wirkt?

Wir finden die Antworten auf diese Fragen in einer Theorie, die den Menschen zu Beginn des 20. Jahrhunderts nicht nur eine völlig neue Sicht auf die erfahrbare Welt gewährte, sondern gleichsam dazu zwang, elementare physikalische Begriffe und Zusammenhänge auf eine faszinierende Weise neu zu ordnen; wir finden sie in der Relativitätstheorie von Albert Einstein.

Einstein hat sein revolutionierendes Werk über einen Zeitraum von 10 Jahren erschaffen. Das Fundament legte er mit seiner Abhandlung *Zur Elektrodynamik bewegter Körper*, die im Jahr 1905 in den Annalen der Physik erschienen ist und die Grundlagen dessen enthält, was wir heute als die *spezielle Relativitätstheorie* bezeichnen [38]. Die Behauptungen, die wir in dieser Arbeit vorfinden, sind gewaltig. Nach Einsteins Auffassung machen wir einen grundlegenden Fehler, wenn wir Raum und Zeit als Größen begreifen, die unabhängig von einem Beobachter in einem absoluten Sinne existieren. Aber genau dies ist eine unserer fundamentalsten Erfahrungstatsachen und eine der grundlegendsten Annahmen der klassischen Physik.

Es ist ein besonderer Charme der speziellen Relativitätstheorie, dass sie sich vollständig aus zwei einfachen Grundprinzipien ableiten lässt, die wir im Folgenden als die *Einstein'schen Axiome* bezeichnen. Beide wollen wir uns kurz ansehen, bevor wir uns in den nachfolgenden Kapiteln ausführlich mit deren Konsequenzen beschäftigen.

Axiome der speziellen Relativitätstheorie

- Die Naturgesetze nehmen in allen Inertialsystemen die gleiche Form an.

  ☞ Prinzip der Relativität

- Die Lichtgeschwindigkeit im Vakuum ist in jedem Inertialsystem gleich.

  ☞ Prinzip der Konstanz der Lichtgeschwindigkeit

Den Begriff des *Inertialsystems* werden wir später ausführlich besprechen. An dieser Stelle sei lediglich erwähnt, dass es sich dabei um spezielle Bezugssysteme, d. h. lokale Koordinatensysteme, handelt, in denen das Trägheitsgesetz gilt.

Äußerlich wirkt das erste Axiom harmlos, ganz im Gegensatz zu Einsteins zweitem Axiom, das die Lichtgeschwindigkeit zu einer absoluten Größe erhebt und damit gleichzeitig mehrere sicher geglaubte Naturgesetze in Frage stellt. Um die kontraintuitiv wirkenden Konsequenzen zu verstehen, die sich aus dem zweiten Axiom ergeben, leuchten wir in Gedanken mit einer Taschenlampe in den Nachthimmel und stellen uns vor, wir würden dem emittierten Lichtstrahl mit hoher Geschwindigkeit hinterhereilen. Nach den Formeln der klassischen Physik müsste sich der Lichtstrahl aus unserer Sicht immer langsamer von uns entfernen, wenn wir ihm immer schneller folgen. Würden wir ihm gar mit Lichtgeschwindigkeit hinterhereilen, so dürfte sich die Wellenfront aus unserer Sicht überhaupt nicht mehr bewegen.

Einsteins zweites Axiom besagt aber etwas ganz anderes: Egal, wie schnell wir dem Lichtstrahl folgen, er würde uns stets mit der gleichen Geschwindigkeit enteilen. Damit setzt Einstein eine unserer innigsten Erfahrungstatsachen außer Kraft: das klassische Additionstheorem für Geschwindigkeiten. Vollends befremdlich wird das Szenario dann, wenn wir einen zweiten Beobachter in unser Gedankenspiel einbeziehen, der dem gleichen Lichtstrahl mit einer anderen Geschwindigkeit folgt. Auch dieser Beobachter wird nach Einsteins zweitem Axiom konstatieren, dass sich die Lichtwelle mit der immer gleichen Geschwindigkeit ausbreitet. Um diese Situation widerspruchsfrei aufzulösen, bedarf es einer völlig neuen Sichtweise darauf, wie Raum und Zeit miteinander verbunden sind.

Um zu verstehen, warum sich Einstein dazu entschlossen hatte, gleich mehrere elementare Grundannahmen in Frage zu stellen, müssen wir die spezielle Relativitätstheorie in ihrem historischen Kontext begreifen. Die Ideen zu dieser Theorie wurden weder aus dem Nichts erschaffen noch aus einer Laune heraus geboren. Ganz im Gegenteil: Sie markieren das Ende einer langen Kette von Ereignissen, die die Physik in eine große Erklärungskrise stürzten. Begonnen haben die Schwierigkeiten mit den Experimenten von Forschern, die zwei banal klingenden Fragen nachgegangen waren: Was ist Licht und wie schnell breitet es sich aus?

Das Licht hatte die Menschen zeitlebens fasziniert, und entsprechend früh wurden verschiedene Theorien ersonnen, mit denen sich optische Phänomene wie die Reflexion, die Brechung oder die Beugung eines Lichtstrahls ursächlich erklären ließen. Dann allerdings geschah Unerwartetes. Als es die technischen Fortschritte im 18. und 19. Jahrhundert möglich machten, einen Teil der theoretischen Vorhersagen experimentell zu überprüfen, keimten Widersprüche auf, die mit dem klassischen physikalischen Weltbild nicht in Einklang gebracht werden konnten.

Im Kern resultierten die Widersprüche aus der symbiotischen Beziehung des Raums, der Zeit und der Lichtgeschwindigkeit. Die beiden zuerst genannten sieht die klassische Physik als absolute Größe an; sie werden behandelt, als ließe sich jedem Ereignis eine Raum- und eine Zeitkoordinate zuweisen, abgelesen von einer Raum- und einer Zeitskala, die unabhängig von der Bewegung des Beobachters definiert werden kann. Natürlich kommt diese Sichtweise der klassischen Physik nicht von ungefähr: Sie entspricht eins zu eins den Erfahrungstatsachen, die wir tagtäglich erleben.

Doch mit den optischen Experimenten des 19. Jahrhunderts kamen die Zweifel. Für lange Zeit als selbstverständlich erachtete Gesetze wie das klassische Additionstheorem für Geschwindigkeiten lieferten im Bereich der Optik Vorhersagen, die der Beobachtung zuwider liefen. Jeder Versuch, den Ausgang eines der Experimente im Sinne der klassischen Physik zu deuten, führte zu Konsequenzen, die in einem eklatanten Widerspruch zu den anderen Experimenten standen. Und so war zu Beginn des 20. Jahrhunderts lediglich eines klar: Irgendetwas konnte im Gebäude der klassischen Physik nicht stimmen.

Inmitten der kollektiven Ratlosigkeit hatte sich Albert Einstein mit einer verwegenen Frage befasst: Ließen sich die gefundenen Widersprüche vielleicht dadurch beseitigen, dass die Lichtgeschwindigkeit zu einer absoluten Größe erhoben wird? Einstein wusste um die scheinbar abwegigen Konsequenzen, die ein solcher Schritt nach sich ziehen würde. Sollte die Lichtgeschwindigkeit nämlich tatsächlich eine absolute Größe sein, so wäre dies nur dann widerspruchsfrei möglich, wenn der Raum und die Zeit genau dieses Attribut verlören. Als Einstein diesen Gedanken konsequent weiter verfolgte, wurde er fündig. Am Ende seiner Überlegungen stand die spezielle Relativitätstheorie, mit der sich die widersprüchlichen Experimente der Vergangenheit konsistent erklären ließen. Einstein hatte den Raum und die Zeit zu einer vierdimensionalen Raumzeit verschmolzen, die nur noch als Ganzes betrachtet werden darf. Eine unserer innigsten Erfahrungstatsachen ließ er damals aber noch unangetastet: In der speziellen Relativitätstheorie folgt die räumliche Komponente der Raumzeit immer noch treu den Gesetzen der euklidischen Geometrie.

Einstein hatte mit der speziellen Relativitätstheorie Großes geschaffen, und dennoch war er mit seinem Werk von Anfang an nicht ganz zufrieden. Seine Theorie war immer nur in Abwesenheit von Gravitationsfeldern anwendbar, und er fand viele Jahre keinen Weg, die Schwerkraft widerspruchsfrei zu integrieren. 10 Jahre seines Lebens hatte er investiert, um die spezielle Relativitätstheorie zu einer allgemeineren Theorie der Gravitation zu erweitern, und dabei zahlreiche Rückschläge erlitten.

Einstein erreichte sein Ziel im Jahr 1915 und publizierte wenige Monate später *Die Grundlage der allgemeinen Relativitätstheorie* in den Annalen der Physik [45]. Der Schlüssel zum Erfolg war abermals die Abkehr von Vertrautem: Einstein verneinte den Gedanken, die Gravitation sei eine Kraft im Newton'schen Sinne, die in einem euklidischen Raum zwischen materiellen Körpern wirkt. Stattdessen interpretierte er die Gravitation als eine Eigenschaft des Raums, als eine Verformung der Raumzeit. In dieser neuen Theorie befinden sich die Materie und die Raumzeit in einem permanenten Wechselspiel. Materie krümmt die Raumzeit, die ihrerseits über das Trägheitsgesetz die Bewegung der Materie bestimmt. Alles passte plötzlich perfekt zusammen, und es war vor allem die mathematische Ästhetik seiner Arbeit, die ihn 1915 schreiben ließ: *„Dem Zauber dieser Theorie wird sich kaum jemand entziehen können, der sie wirklich erfasst hat"* [44]. Bald werden Sie verstehen, wie recht er damit hatte.

Die Kapitel dieses Buchs lassen sich in drei größere Teile gliedern. Im ersten Teil begeben wir uns auf eine Reise in die Geschichte der Physik und studieren in den Kapiteln 2 bis 5, was Galileo Galilei, Isaac Newton, Michael Faraday und Clerk Maxwell zu einem Weltbild beigetragen haben, das kurz vor seiner Vollendung zu stehen schien. In Kapitel 6 kommen wir auf die Experimente zu sprechen, die mit den Vorhersagen der klassischen Physik nicht in Einklang gebracht werden konnten. Am Ende werden wir sehen, dass Einstein auf den Schultern von Riesen stand, wie es einst Isaac Newton von sich zu sagen pflegte, und wir werden in Kapitel 7 erkennen, warum Einstein seine beiden Axiome so gewählt hat und nicht anders.

Im zweiten Teil des Buchs beschäftigen wir uns mit den Konsequenzen, die sich aus den Axiomen ergeben. In Kapitel 8 setzen wir uns im Detail mit der speziellen Relativitätstheorie auseinander und begegnen dort auch Einsteins berühmter Formel $E = mc^2$ wieder, die eine direkte Beziehung zwischen der Energie und der Masse eines Körpers herstellt. In Kapitel 9 begründen wir, warum Einstein mit der speziellen Relativitätstheorie nicht zufrieden war, und stellen über das starke Äquivalenzprinzip einen Zusammenhang zwischen der Gravitation und der beschleunigten Bewegung her. In Kapitel 10 wenden wir uns der allgemeinen Relativitätstheorie zu. Wir sehen dort, wie es Einstein durch den Übergang zu einer nichteuklidischen Raumzeit geschafft hat, die spezielle Relativitätstheorie konsistent zu einer Theorie der Gravitation zu erweitern.

Der dritte Teil des Buchs spannt den Bogen zu zwei Teilgebieten der Physik, in denen sich die theoretischen Vorhersagen der Relativitätstheorie auf besondere Weise real manifestieren. Wir beginnen in Kapitel 11 mit einem historischen Rückblick auf die Teilchenphysik, wo insbesondere die Vorhersagen der speziellen Relativitätstheorie sichtbar werden. In Kapitel 12 wenden wir uns der Kernphysik zu, wo es uns nicht erspart bleibt, auch einen Blick auf die dunkle, zerstörerische Seite von Einsteins berühmter Formel zu werfen.

Unsere Reise ist damit vorgezeichnet, und kaum etwas könnte diesen Abschnitt treffender schließen als Goethes berühmter Satz: *„Der Worte sind genug gewechselt, lasst mich auch endlich Taten sehen!"*

2 Ursprünge der Kosmologie

„Dass sie [die Erde] nämlich nicht der Mittelpunkt aller Kreisbewegungen ist, beweisen die scheinbar ungleichmässigen Bewegungen der Planeten, und ihre veränderlichen Abstände von der Erde, welche aus concentrischen Kreisen, mit der Erde im Mittelpunkte, nicht erklärt werden können."

Nikolaus Kopernikus [25]

Unsere Reise beginnt im frühen 17. Jahrhundert, in der Zeit, als die Folgen der Reformation in ganz Europa zu spüren waren und verbittert geführte Konfessionskriege ihren Blutzoll forderten. Aber nicht nur aus den eigenen Reihen heraus wurde die katholische Kirche damals bedroht. Das frühe 17. Jahrhundert war gleichsam die Zeit, in der wissbegierige Philosophen und Naturforscher ihren Blick in den Nachthimmel richteten und durch immer neue Beobachtungen das seit Jahrhunderten gepredigte Weltbild ins Wanken brachten. Noch immer verfügte die Kirche über einen massiven Einfluss, und sie scheute nicht davor zurück, ihre Machtinstrumente kompromisslos zu gebrauchen.

Für lange wird uns der 22. Juni 1633 als ein denkwürdiges Datum im Gedächtnis bleiben, als sich im großen Saal der Basilika Santa Maria sopra Minerva in Rom das Inquisitionsgericht versammelte. Gekleidet in einem weißen Büßerhemd kniete ein gebrechlicher Mann vor den anwesenden Richtern und Kardinälen nieder. Danach verlas das Heilige Offizium die Anklage:

„Sie sind verdächtig, für wahr gehalten und geglaubt zu haben, dass die Sonne der Mittelpunkt der Welt ist, und [...] dass die Erde sich bewegt und nicht der Mittelpunkt der Welt ist. Sie sind weiter verdächtig, zu meinen, dass man eine Meinung vertreten [...] dürfe, nachdem erklärt und festgestellt ist, dass sie der Heiligen Schrift zuwider ist."

Zitiert nach [161]

Der Mann im Büßerhemd war Galileo Galilei, einer der klügsten Köpfe des 16. und 17. Jahrhunderts.

Wir wissen nicht, was den Italiener in diesen traurigen Stunden bewegt haben mag. Vielleicht dachte er an die vorangegangenen Verhöre und die unter der Hand ausgesprochenen Drohungen, die Wahrheitsfindung mit der Folter zu beschleunigen.

Vielleicht dachte er auch an das Schicksal von Giordano Bruno, den das Inquisitionsgericht just an dem Ort, an dem er in diesem Moment niederkniete, eines ähnlichen Vergehens beschuldigt hatte. Sicher erinnerte sich Galilei, wie gnadenlos das Heilige Offizium damals war und seinen Landsmann in vollem Umfang der Ketzerei und Magie schuldig sprach. Am 17. Februar 1600 wurde Giordano Bruno, nach einer achtjährigen Kerkerhaft körperlich gezeichnet, zum Scheiterhaufen geführt und auf dem Campo de' Fiori in Rom vor den Augen der Öffentlichkeit verbrannt.

Was hatte Galileo getan, um in die gleiche missliche Lage zu geraten? Der Stein des Anstoßes war der *Dialogo di Galileo Galilei*, ein im Jahre 1630 vollendetes Buch, in dem Galilei aus der Sicht der Kirche Ungeheuerliches behauptete: Nicht die Erde stehe im Mittelpunkt des Universums, sondern die Sonne.

Die Anklage Galileis markiert einen Höhepunkt in dem erbittert geführten Kampf der katholischen Kirche gegen die Erkenntnisse der Wissenschaft, doch die Diskussion um den Aufbau des Universums ist viel älter. Nahezu alle zivilisierten Kulturen haben sich mit dieser Frage beschäftigt und ganz unterschiedliche Antworten darauf gegeben. Die Suche nach den frühen Denkansätzen führt uns an jenen Ort, den wir ohne Übertreibung als die Wiege der Mathematik und Physik bezeichnen dürfen: das antike Griechenland.

2.1   Das Weltbild der antiken Griechen

Das Weltbild des Philolaos

Aufzeichnungen aus dem 5. Jahrhundert v. Chr. belegen, dass bereits die alten Griechen eine Bewegung der Erde vermuteten. Viele Ideen dieser Art gehen auf den Philosophen Philolaos zurück, einen Vorsokratiker und Anhänger der pythagoreischen Schule. Philolaos glaubte, die Erde umkreise als halbseitig bewohnter Himmelskörper ein riesiges Zentralfeuer im Mittelpunkt des Universums (Abbildung 2.1). Ferner nahm er an, dass sich die Erde zusätzlich um ihre eigene Achse dreht, und zwar genau so schnell, dass die bewohnte Seite stets nach außen zeigt; das Zentralfeuer im Zentrum konnte von den Bewohnern der Erde daher zu keiner Zeit gesehen werden. Weitere Himmelskörper waren die Sonne, der Mond sowie die fünf damals bekannten Planeten Merkur, Venus, Mars, Jupiter und Saturn. Den äußeren Rand bildete eine Fixsternsphäre.

In der geschilderten Konstellation kamen neun Himmelskörper vor: das Zentralfeuer und acht sich bewegende Objekte. Für die alten Griechen galt aber die Zahl 10 als vollkommen, und so postulierte Philolaos die Existenz einer *Gegenerde*. Dieser zusätzliche Himmelskörper sollte das Zentralfeuer auf der innersten Bahn umkreisen und für eine Umrundung die gleiche Zeit benötigen wie die Erde. Dass ein solches Objekt

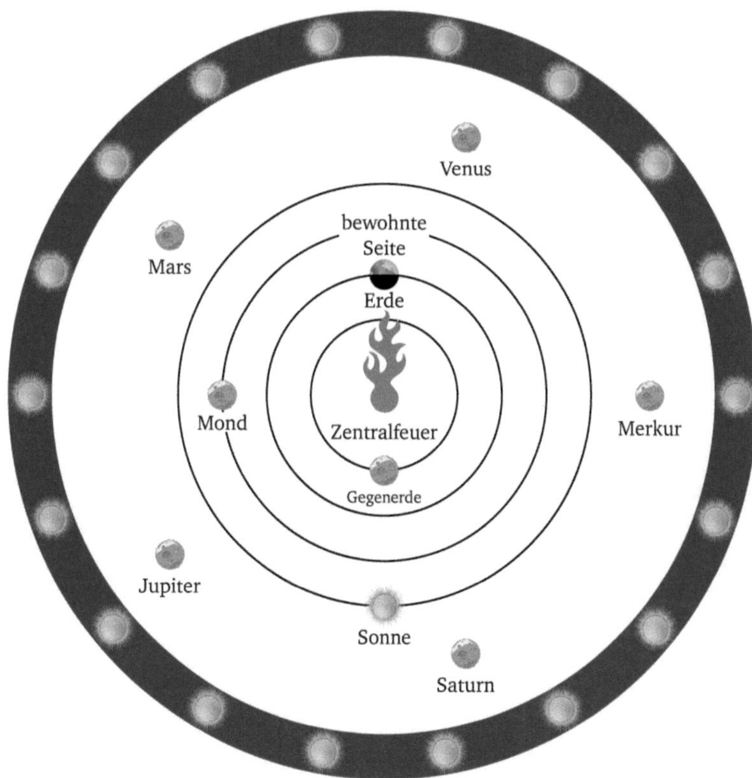

Abbildung 2.1: Das Weltbild des Philolaos

von der Erde aus niemals beobachtet werden konnte, ließ sich damit leicht erklären. Aufgrund ihrer Position und ihrer Geschwindigkeit war die Gegenerde immer der unbewohnten Seite der Erde zugewandt und damit genauso wenig zu sehen wie das mächtige Zentralfeuer.

Das Weltbild des Aristarchos von Samos

Ein verblüffend modernes Weltbild hat der griechische Mathematiker und Astronom Aristarchos von Samos vertreten (Abbildung 2.2). Seine Erkenntnisse schrieb er in einem Buch nieder, das leider nicht erhalten ist. Wir wissen von ihm nur indirekt, aus dem *Sandrechner* des Archimedes:

„Aber Aristarchos von Samos brachte ein Buch heraus mit Hypothesen, aus deren Prämissen man auf ein vielfach größeres Universum schließen muss als bisher bekannt.

Abbildung 2.2

ARISTARCHOS VON SAMOS
um 310 v. Chr. – um 230 v. Chr.

*Nach diesen Hypothesen verharren Fixsterne und Sonne unbeweglich an ihrem Ort,
während die Erde einen Kreis um die Sonne als Mittelpunkt beschreibt."*

Archimedes, zitiert nach [147]

Mit seiner heliozentrischen These stieß Aristarchos bei vielen Gelehrten seiner Zeit
auf heftigen Widerstand. Tatsächlich führt die Annahme, die Erde sei ein um die
Sonne rotierender Körper, zu Konsequenzen, die im Widerspruch zur Bewegung der
Fixsterne stehen; zumindest dann, wenn diesen eine ähnliche Entfernung zur Erde
unterstellt wird wie den Planeten. Verantwortlich hierfür ist die *stellare Parallaxe*.
Hinter diesem Begriff verbirgt sich das optische Phänomen, dass unterschiedlich weit
entfernte Objekte für einen Beobachter gegeneinander verschoben wirken, wenn sie
aus verschiedenen Blickwinkeln betrachtet werden (Abbildung 2.3). Würde sich die
Erde also wirklich um die Sonne drehen, so müssten sich die Fixsterne innerhalb
eines Jahres gegeneinander verschieben, doch ein solches Phänomen hatten die alten
Griechen zu keiner Zeit beobachtet.

Aristarchos hatte sich auch über dieses Problem Gedanken gemacht und mit ge-
wohntem Scharfsinn gelöst. Er wusste, dass die augenscheinliche Verschiebung von
Objekten nur dadurch zustande kommt, dass sich die Winkel der Sichtlinien ändern.
Sind die betrachteten Objekte jedoch sehr weit entfernt, so sind die Winkeländerun-
gen und die hieraus resultierenden Verschiebungen kaum noch zu bemerken. Daraus
schloss Aristarchos, dass die Entfernung zu den Fixsternen gewaltig sein muss. Auch
dies wissen wir aus den Aufzeichnungen des Archimedes.

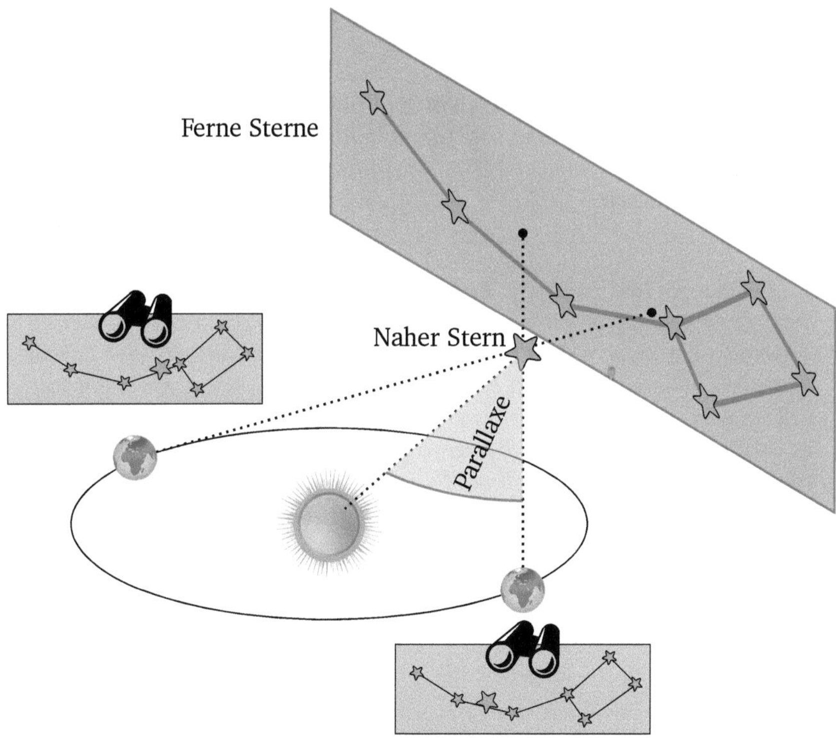

Abbildung 2.3: Stellare Parallaxe (vgl. [174])

Aristarchos hatte recht, doch seine Kritiker konnte er mit diesem Argument nicht überzeugen. Das Universum, das er in Gedanken zeichnete, war so unvorstellbar groß, dass es von vielen seiner Zeitgenossen als ein kurioses Produkt seiner Fantasie abgetan wurde.

Andere versuchten das Weltbild des Aristarchos mit einem Argument niederzustrecken, mit dem Aristoteles bereits im 4. Jahrhundert v. Chr. beweisen wollte, dass die Erde den Mittelpunkt des Universums markiert. Der große griechische Denker wies damals darauf hin, dass ein senkrecht nach oben geworfener Gegenstand immer an die Stelle des Abwurfs zurückfällt. Auf einer bewegten Erde würde sich der Abwurfpunkt während des Flugs aber verschieben und der Gegenstand deshalb an einer anderen Stelle landen. Aber genau dies wurde nie beobachtet. Ein senkrecht hinaufgeworfener Stein fiel stets auf den Abwurfpunkt zurück; überall und zu jeder Zeit. Aus dieser Anschauung heraus schloss Aristoteles, dass die Erde im Gegensatz zu den anderen Himmelskörpern nicht bewegt sein könne; sie musste das Zentrum des Universums sein.

2.2   Das ptolemäische Weltsystem

Ein ähnliches Argument finden wir auch in der Mitte des 2. Jahrhunderts angefertigten *Mathēmatikē Syntaxis* wieder, dem sogenannten *Almagest*. Blicken wir in die deutsche Übersetzung dieses astronomischen Himmelsführers, so können wir dort die folgende Argumentation nachlesen:

> „[...] *so müssten [die Verfechter der Erdrotation] doch zugeben, dass die Drehung der Erde die gewaltigste von ausnahmslos allen in ihrem Bereich existierenden Bewegungen wäre, insofern sie in kurzer Zeit [24 Stunden] eine so ungeheuer schnelle Wiederkehr zum Ausgangspunkt bewerkstelligte, dass alles, was auf ihr nicht niet- und nagelfest wäre, scheinbar immer in einer einzigen Bewegung begriffen sein müsste, welche der Bewegung der Erde entgegengesetzt verliefe. So würde sich weder eine Wolke noch sonst etwas, was da fliegt oder geworfen wird, in der Richtung nach Osten ziehend bemerkbar machen, weil die Erde stets alles überholen und in der Bewegung nach Osten vorauseilen würde, so dass alle übrigen Körper scheinbar in einem Zuge nach Westen, d. i. nach der Seite, welche die Erde hinter sich lässt, wandern müssten.*"

Almagest, I.3, zitiert nach [132]

Auch auf die fehlende Parallaxe der Fixsterne geht der Almagest ein:

> „*Wenn man aber wieder mit Bezug auf die Lage gewisser Orte eine Verschiebung in der Richtung nach Osten oder Westen annehmen wollte, dann würde für diese Orte der Fall eintreten, dass erstens die Größen und die gegenseitigen Abstände der Gestirne im östlichen Horizont scheinbar nicht die gleichen und nämlichen wie im westlichen Horizont sein würden, [...] was sichtlich mit den Erscheinungen durchaus im Widerspruch steht.*"

Almagest, I.5, zitiert nach [132]

Der Almagest, aus dessen deutscher Übersetzung wir gerade zitiert haben, ist nicht irgendein Buch. Für rund 1500 Jahre war er sowohl für den Islam als auch für die westliche Welt die wichtigste Grundlage für die Deutung der Vorgänge am Firmament. Das in Griechisch verfasste Original, das in allen Teilen komplett überliefert ist, stammt aus der Feder von Ptolemäus. So viel wir über die wissenschaftlichen Ansichten dieses griechischen Astronomen wissen, so wenig ist über sein Leben bekannt. Gesichert ist, dass Ptolemäus zwischen 127 und 141 n. Chr. in Alexandria Sternbeobachtungen durchführte, und deshalb wird angenommen, dass er zwischen den Jahren 100 und 180 n. Chr. lebte [77]. Der Almagest ist Ptolemäus erstes großes Hauptwerk, das *Handbuch der Geographie*, die *Geographie Hyphegesis*, sein zweites.

Abbildung 2.4

CLAUDIUS PTOLEMÄUS
2. Jhd. n. Chr.

Neuzeitliches Porträt

Insgesamt besteht der Almagest aus 13 Kapiteln, die damals *Bücher* hießen. Schon beim ersten Durchblättern wird klar, dass es kein philosophisches Werk ist, in dem Ptolemäus lediglich Vermutungen und Annahmen ausspricht. Stattdessen ist es mit unzähligen Beobachtungsdaten gespickt, mit denen der Grieche sein geozentrisches Weltbild hieb- und stichfest zu belegen versucht. Tatsächlich geht von den unzähligen Formeln, Grafiken und astronomischen Tabellen eine verblüffende Anziehungskraft aus, und wäre das ptolemäische Weltbild nicht schon lange widerlegt, so würde der Almagest wohl auch heute noch zahlreiche Anhänger finden.

In Abbildung 2.5 ist das Weltbild des Ptolemäus grob skizziert. Die Erde ist der Mittelpunkt des Universums und wird von insgesamt 8 kristallenen *Sphären* schalenartig umhüllt. Auf der innersten Sphäre befindet sich der Mond. Danach folgen zwei Sphären, auf denen sich die Planeten Merkur und Venus bewegen. Auf der vierten befindet sich die Sonne und auf den drei nächsten die Planeten Mars, Jupiter und Saturn. Die Fixsterne sind auf der äußersten Sphäre verankert.

Große Teile des Almagest beschäftigen sich mit den augenscheinlichen Anomalien in der Bewegung der Planeten. Werden diese nämlich von der Erde aus beobachtet, so ziehen sie weder mit einer konstanten Geschwindigkeit noch in perfekten Kreisbahnen von Westen nach Osten. Stattdessen folgen sie einer eher schleifenförmigen Spur und variieren permanent ihre Geschwindigkeit. Besonders ausgeprägt sind diese Anomalien bei Mars und Venus. Beide Planeten bewegen sich relativ zu den Fixsternen sogar für kurze Zeit zurück in westliche Richtung, was sich mit einem einfachen Kreismodell nicht in Einklang bringen lässt (Abbildung 2.6).

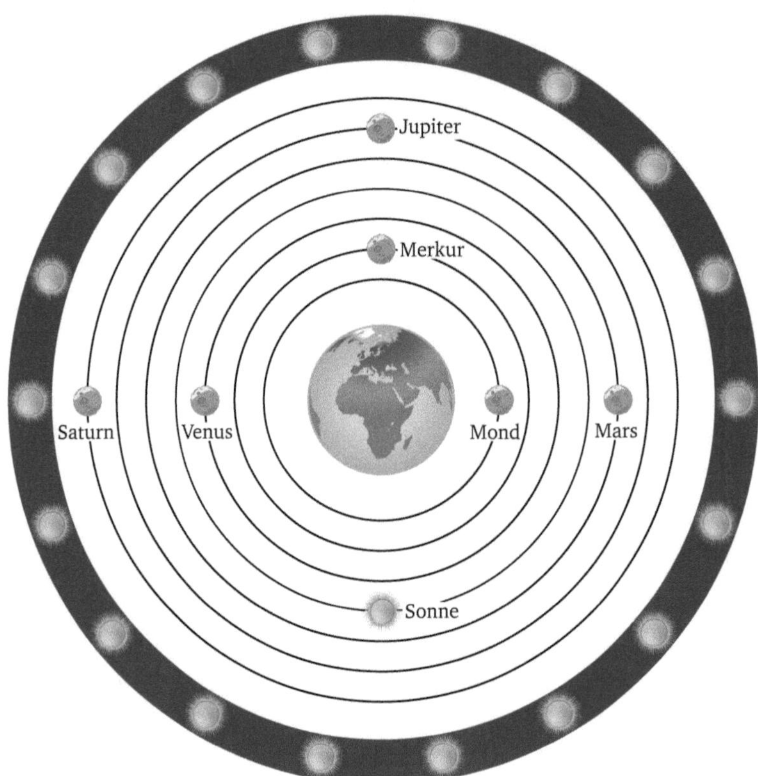

Abbildung 2.5: Das ptolemäische Weltbild

Im Almagest diskutiert Ptolemäus gleich zwei mögliche Ursachen für das Phänomen:

> *„Die Hervorrufung des Scheines einer ungleichförmigen Bewegung kann vornehmlich nach zwei Hypothesen [...] eintreten. [...] entweder vollziehen die Gestirne ihre Bewegung auf Kreisen, die mit dem Weltall nicht konzentrisch sind, oder auf Kreisen, die mit dem Weltall konzentrisch sind, dann aber nicht schlechthin auf letzteren selbst, sondern auf anderen von diesen getragenen Kreisen, den sogenannten Epizyklen.“*

Almagest, III.3, zitiert nach [132]

Die erste der beiden Hypothesen wird heute als *Exzentertheorie* bezeichnet und die zweite als *Epizykeltheorie*. Beide Hypothesen sind tragende Säulen im ptolemäischen Weltbild. Um die beobachtete Bewegung der Himmelskörper zu erklären, nahm Ptolemäus an, dass sich diese auf großen Kreisbahnen, den sogenannten *Deferenten*, um die Erde bewegen. Diese Hauptkreise waren leicht exzentrisch, ihr Mittelpunkt gegenüber dem Erdmittelpunkt also leicht verschoben. Von den sieben beweglichen

Abbildung 2.6: Die Marsbahn, von der Erde aus betrachtet

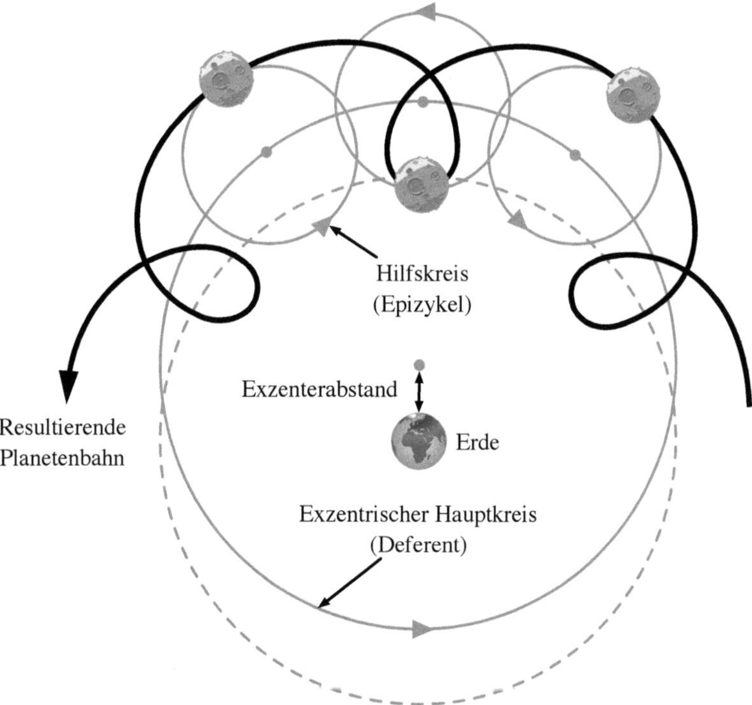

Abbildung 2.7: Nach Ptolemäus bewegen sich die Himmelskörper auf Epizyklen, deren Mittelpunkte auf exzentrischen Hauptkreisen um die Erde rotieren.

Himmelskörpern bewegten sich nur der Mond und die Sonne direkt auf ihrem Hauptkreis. Die anderen Himmelskörper sollten sich auf zusätzlichen Hilfskreisen bewegen, den sogenannten *Epizyklen* (Abbildung 2.7). Nach Ptolemäus befindet sich ein Planet also nicht selbst auf dem Deferenten, sondern der Mittelpunkt seines Hilfskreises. Durch die Kombination der Exzentertheorie und der Epizykeltheorie konnte Ptolemäus komplexe Bewegungsmuster bilden, die sehr genau mit den beobachteten Planetenbewegungen übereinstimmten.

Aufgrund der hohen Genauigkeit und der Eigenschaft, mit den religiösen Lehren bestens zu harmonieren, konnte das ptolemäische System viele Jahrhunderte überdauern. Ernsthaft in Frage gestellt wurde es erst gegen Ende des 15. Jahrhunderts

Abbildung 2.8

NIKOLAUS KOPERNIKUS
1473 – 1543

Kupferstich von Robert Boissard aus dem Jahr 1597

durch einen Mann, den wir mit gutem Recht als den Wegbereiter unseres neuzeitlichen Weltbilds bezeichnen dürfen: Nikolaus Kopernikus (Abbildung 2.8).

2.3   Das kopernikanische Weltsystem

Nikolaus Kopernikus wurde am 19. Februar 1473 als jüngstes von vier Kindern einer Kaufmannsfamilie in Thorn geboren, einer königlich preußischen Hansestadt an der Weichsel, 180 km nordöstlich von Warschau. Nach seiner Schulausbildung in Thorn studierte er zunächst an der Universität Krakau, verlies diese aber nach vier Jahren ohne Abschluss. Im Jahr 1495 wurde er zum Kanonikus der Kathedrale von Frauenburg ernannt. Bereits ein Jahr später reiste Kopernikus nach Italien, um in Bologna sein Studium fortzusetzen. Nachdem er sich eine Weile mit Kirchenrecht, Griechisch und Astronomie befasst hatte, unterbrach er seine Ausbildung erneut. Das Heilige Jahr 1500, das achte *Annuns Sanctus*, verbrachte Kopernikus in Rom und kehrte anschließend nach Frauenburg zurück. Als ihm ein erneuter Studienaufenthalt im Ausland gewährt wurde, studierte er an der Universität in Padua Medizin und setzte dort auch seine juristischen Studien fort. Im Jahr 1503 wurde ihm von der Universität Padua der Titel *Doctor iuris canonici*, Doktor des Kirchenrechts, verliehen.

Ein historisch bedeutendes Werk hat Kopernikus um das Jahr 1509 verfasst: den *Commentariolus* (Abbildung 2.9 links). In diesem Werk, von dem noch drei Originalabschriften erhalten sind, beschrieb Kopernikus zum ersten Mal sein heliozentrisches Weltbild. Publizieren wollte er den *Commentariolus* nicht. Zum einen wusste er als

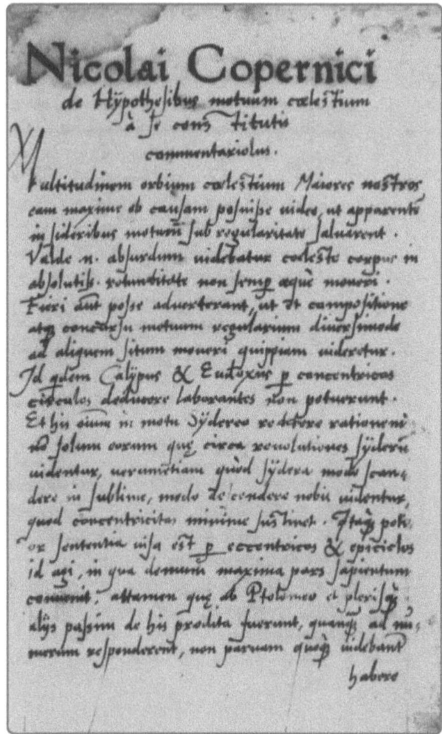

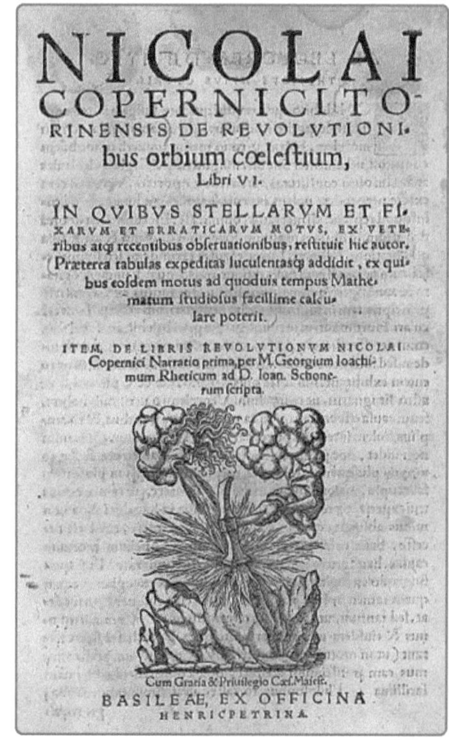

Der *Commentariolus* ist um das Jahr 1509 entstanden. Bereits in dieser Schrift hat Nikolaus Kopernikus ein heliozentrisches Weltbild postuliert.

De Revolutionibus Orbium Coelestium. Abgebildet ist die Titelseite der Zweitauflage aus dem Jahr 1566.

Abbildung 2.9: Der *Commentariolus* (links) ist der Vorläufer von *De Revolutionibus Orbium Coelestium* (rechts), dem Hauptwerk von Nikolaus Kopernikus.

Geistlicher sehr genau, dass er in provokanter Weise der damaligen Bibelinterpretation widersprach. Zum anderen waren seine mathematischen Berechnungen damals noch so unvollständig, dass er seinen Kritikern mit einem halbgesenkten Schild entgegengetreten wäre. In der Furcht, seine Zeitgenossen könnten mit Hohn und Spott auf seine gewagten Thesen reagieren, gewährte er nur engen Weggefährten einen Einblick in sein Werk.

In den Folgejahren arbeitete Kopernikus seine im *Commentariolus* geäußerten Ansichten sorgfältig aus. In akribischer Kleinarbeit trug er die Aufzeichnungen früherer Astronomen zusammen und kombinierte sie mit seinen eigenen Berechnungen. So entstand langsam, aber beständig das Haupt- und Lebenswerk des Nikolaus Kopernikus: *De Revolutionibus Orbium Coelestium* (*Über die Umschwünge der himmlischen*

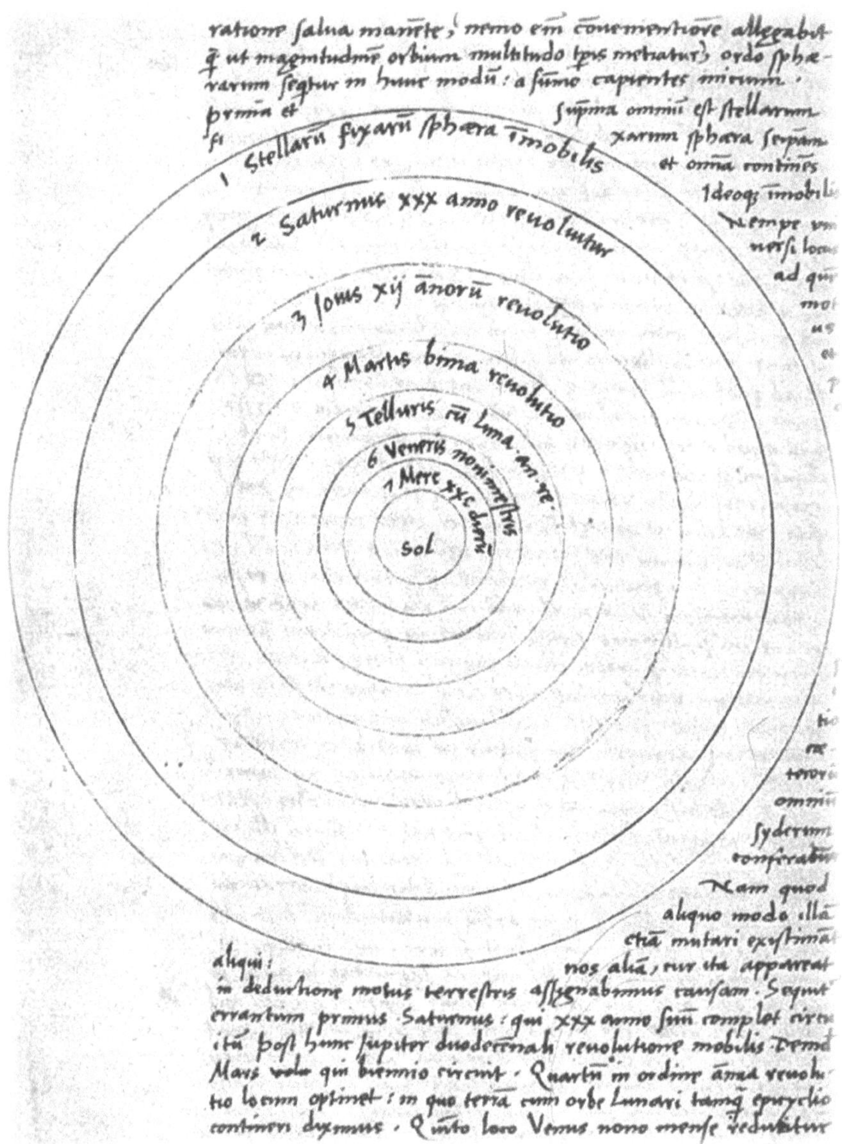

Abbildung 2.10: Die bekannteste Seite aus *De Revolutionibus Orbium Coelestium*, dem Haupt-werk von Nikolaus Kopernikus

Kreise). Wir wollen uns die Zeit nehmen und einen näheren Blick auf diese wissen-schaftshistorisch so bedeutende Schrift werfen.

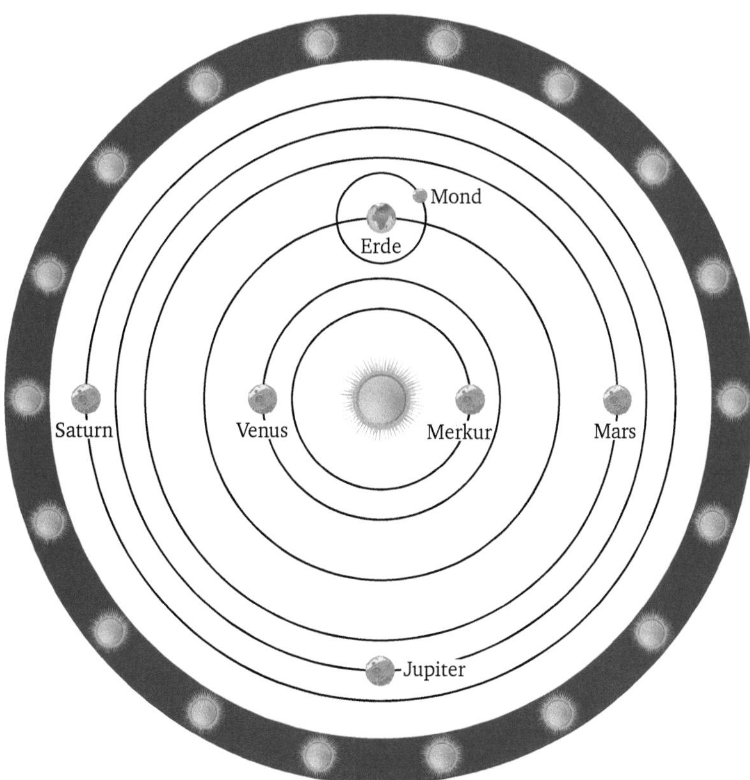

Abbildung 2.11: Das kopernikanische Weltbild

De Revolutionibus Orbium Coelestium

Auf die Beschreibung des heliozentrischen Weltbilds treffen wir im 10. Kapitel, genauso wie auf das berühmte Diagramm, das in Abbildung 2.10 zu sehen ist. Es ist die älteste uns bekannte Zeichnung des Universums mit der Sonne im Mittelpunkt.

Kopernikus hat seine Schrift in lateinischer Sprache verfasst. In einer Übersetzung, die im Jahr 1879 angefertigt wurde, können wir eine Beschreibung seines Weltbilds in Deutsch nachlesen (vgl. Abbildung 2.11):

„Die erste und höchste von allen Sphären ist diejenige der Fixsterne, sich selbst und Alles enthaltend, und daher unbeweglich, als der Ort des Universums, auf welchen die Bewegung und Stellung aller übrigen Gestirne bezogen wird. [...]. Es folgt der erste Planet, Saturn, welcher in 30 Jahren seinen Umlauf vollendet; hierauf Jupiter mit einem zwölfjährigen Umlaufe; dann Mars, welcher in 2 Jahren seine Bahn durchläuft. Die vierte Stelle in der Reihe nimmt der jährliche Kreislauf ein, in welchem die Erde

mit der Mondbahn, als Epicyclus, enthalten ist. In fünfter Stelle kreist Venus in neun Monaten. Die sechste Stelle nimmt Merkur ein, der in einem Zeitraume von achtzig Tagen seinen Umlauf vollendet."

Nikolaus Kopernikus, zitiert nach [25]

In der Passage, die sich unmittelbar anschließt, beschreibt Kopernikus die Position der Sonne. Sie macht deutlich, dass die Abhandlung nicht überall den wissenschaftlichen Ansprüchen genügt, die wir heute an ein solches Werk stellen würden. Sachliche Argumente vermischen sich, wie so oft in der Literatur des Mittelalters, mit religiösen oder mystischen Motiven:

„In der Mitte aber von Allen steht die Sonne. Denn wer möchte in diesem schönsten Tempel diese Leuchte an einen andern oder bessern Ort setzen, als von wo aus sie das Ganze zugleich erleuchten kann? Wenn anders nicht unpassend Einige sie die Leuchte der Welt, Andere die Seele, noch Andere den Regierer nennen. Trimegistus nennt sie den sichtbaren Gott, Electra des Sophocles den Alles Sehenden. So lenkt in der That die Sonne, auf dem königlichen Throne sitzend, die sie umkreisende Familie der Gestirne."

Nikolaus Kopernikus, zitiert nach [25]

Aber wie kam Kopernikus überhaupt dazu, das seit Jahrhunderten verfestigte Weltbild des Ptolemäus zu verwerfen? Im Mittelpunkt seiner Argumentation stand die Erkenntnis, dass sich die Beobachtungen am Firmament in einem heliozentrischen System schlicht sehr viel einfacher erklären lassen als in einem geozentrischen. Dies bringt Kopernikus gleich an mehreren Stellen in seinem Buch zum Ausdruck. Im 10. Kapitel äußert er sich beispielsweise so:

„Wir finden also in dieser Anordnung eine bewunderungswürdige Harmonie der Welt, und einen zuverlässigen, harmonischen Zusammenhang der Bewegung und Grösse der Bahnen, wie er anderweitig nicht gefunden werden kann. Denn hier kann der eingehende Beobachter bemerken, warum das Vor- und Zurückgehen beim Jupiter grösser erscheint, als beim Saturn, und kleiner, als beim Mars [...] Ausserdem warum Saturn, Jupiter und Mars, wenn sie des Abends aufgehen, der Erde näher sind, als bei ihrem Verschwinden und Wieder-sichtbar-werden. Vorzüglich aber scheint Mars, wenn er des Nachts am Himmel steht, an Grösse dem Jupiter gleich zu sein, indem er sich nur durch die röthliche Farbe unterscheidet; bald darauf wird er unter den Sternen zweiter Grösse gefunden, erkannt durch sorgfältige Beobachtung am Sextanten. Und dieses Alles ergiebt sich aus derselben Ursache, welche in der Bewegung der Erde liegt."

Nikolaus Kopernikus, zitiert nach [25]

Auch für die fehlende Parallaxe der Fixsterne hatte Kopernikus eine Erklärung. Genau wie Aristarchos ging Kopernikus davon aus, dass die Fixsternsphäre so weit von der Erde entfernt sei, dass die Parallaxe mit dem bloßen Auge nicht beobachtet werden könne:

> *„Dass aber an den Fixsternen nichts von derselben zur Erscheinung kommt, beweist ihre unermessliche Entfernung, welche selbst die Bahn der jährlichen Bewegung oder deren Abbild für unsere Augen verschwinden lässt, weil alles Sichtbare eine gewisse Entfernung als Grenze hat, über welche hinaus es nicht gesehen werden kann, wie das in der Optik bewiesen wird."*
>
> Nikolaus Kopernikus, zitiert nach [25]

Mit einem recht haarsträubenden Argument versuchte Kopernikus, diese riesige Entfernung zu begründen:

> *„Dass nämlich zwischen dem höchsten Planeten, dem Saturn, und der Fixsternsphäre noch sehr Vieles liegt, beweist der funkelnde Glanz der Letzteren, durch welche Eigenschaft sie sich von den Planeten am meisten unterscheiden; wie denn zwischen Bewegtem und Unbewegtem der grösste Unterschied bestehen muss. So gross ist in der That diese göttliche, beste und grösste Werkstatt."*
>
> Nikolaus Kopernikus, zitiert nach [25]

Obwohl sich im heliozentrischen System des Kopernikus etliche Beobachtungstatsachen einfacher erklären ließen, als es im geozentrischen System des Ptolemäus der Fall war, blieben wichtige Fragen offen. Eine davon war die einst von Aristoteles aufgeworfene: Wie war es möglich, dass sich die Erde mit atemberaubender Geschwindigkeit bewegt, ohne dass wir auf der Erde das Geringste davon bemerken?

Dass sich die Erde unter einem senkrecht hochgeworfenen Gegenstand nicht hinweg drehte, konnte auch Kopernikus nicht erklären. Ein anderes Problem machte ihm aber noch schwerer zu schaffen: Auch wenn sich die Planetenbewegungen auf den ersten Blick gut mit der heliozentrischen Hypothese vertrugen, stimmten die vorhergesagten Bahnen nicht exakt mit dem Beobachteten überein. Tatsächlich waren die prädizierten Bahnen im ptolemäischen System oftmals genauer als in der neuen Theorie. Irgendetwas schien im kopernikanischen System noch nicht zu stimmen.

Um seinen Gegnern nicht wehrlos gegenüberzutreten, traf Kopernikus eine zweifelhafte Entscheidung. Er beschloss, die Ungenauigkeiten seines heliozentrischen Modells durch die Einführung der althergebrachten Epizyklen zu beseitigen. Auch wenn er mit deutlich weniger Epizyklen auskam als Ptolemäus, zahlte er einen hohen Preis dafür. Die Klarheit, die das kopernikanische System vor allen anderen auszeichnete, war, zumindest in Teilen, dahin.

Kopernikus hatte die Publikation seines Werks immer wieder hinausgezögert. Nachdem er mit dem Commentariolus fertig war, verstrichen rund 30 Jahre, bis er im Jahr 1542 der Veröffentlichung seines Hauptwerks zustimmte. Von einer Anklage durch die heilige Inquisition blieb er verschont. Als die Kirche erkannte, wie sehr ihre damals vertretene Lehre durch die neuen Erkenntnisse bedroht wurde, und *De Revolutionibus Orbium Coelestium* im Jahr 1616 auf den Index der verbotenen Bücher setzte, war Nikolaus Kopernikus schon lange tot. Er verstarb am 24. Mai 1543 in Frauenburg an den Folgen eines Schlaganfalls. Fast hätte Kopernikus das Erscheinen seines Hauptwerks nicht mehr erlebt. Es wird erzählt, dass ihm das gedruckte Buch auf dem Sterbebett überreicht wurde, am letzten Tag seines ereignisreichen Lebens.

Kopernikus wurde in Frauenburg beigesetzt, doch der genaue Ort seiner Grabstätte geriet mit den Jahren in Vergessenheit. Archäologen vermuteten die Gebeine in der Domkirche, und entsprechend groß war die Aufregung, als dort im Jahr 2005 eine Grabstätte freigelegt wurde. Dass der darin Bestattete tatsächlich Kopernikus war, wissen wir seit 2008, als die Gebeine mithilfe eines DNA-Abgleichs eindeutig identifiziert wurden. Als Gegenprobe diente ein Haar, das Kopernikus einst verloren hatte und zwischen zwei Seiten seiner persönlichen Aufzeichnungen hängen geblieben war. Am Grab des Kopernikus erinnert heute eine moderne Gedenktafel an den großen Freidenker, der dem heliozentrischen Weltbild nach Jahren des Stillstands endgültig zum Durchbruch verhalf.

Weiter oben haben wir erwähnt, dass *De Revolutionibus Orbium Coelestium* erst im Jahr 1616 auf den Index der verbotenen Bücher gesetzt wurde. Dass dies so spät geschah, hat triftige Gründe. Auch wenn das heliozentrische Weltbild ein Dorn im Auge vieler Geistlicher war, fühlte sich die Kirche zu Beginn noch nicht davon bedroht. Kopernikus hatte kaum Beweise, und so wurde seine Theorie von den geistlichen Institutionen schlicht uminterpretiert, als eine Arbeitshypothese, die zwar in manchen Fällen das Rechnen erleichtere, mit der realen Welt aber nicht das geringste zu tun habe. Wirklich aufgeschreckt wurde die Kirche erst durch einen dänischen Astronomen, der niemals vorhatte, das geozentrische Weltbild in Frage zu stellen. Doch was dieser Mann in zwei sternenklaren Novembernächten der Jahre 1572 und 1577 am Firmament beobachte, nährte den Verdacht, die kopernikanische These könne viel mehr sein als reine Spekulation.

2.4 Das tychonische Weltsystem

Tycho Brahe wurde am 14. Dezember 1546 auf Schloss Knutstorp geboren. Das herrschaftliche Anwesen, das bis 1663 im Besitz des Adelsgeschlechts Brahe war, befindet sich in der Südspitze Schwedens, einem früheren Teil des dänischen Königreichs. Standesgemäß genoss Brahe eine erstklassige Ausbildung. Die ersten Jahre studierte er an der Universität in Kopenhagen, danach folgten mehrere Auslandsaufenthalte

Abbildung 2.12

TYCHO BRAHE
1546 – 1601

in Deutschland und der Schweiz. Brahe war ein außergewöhnlich durchsetzungsfähiger und teils aufbrausender Mann, der seine Argumente insbesondere in jungen Jahren mit schlagkräftigen Argumenten zu verteidigen wusste. Als Zwanzigjähriger verletzte er sich während einer Rauferei so schwer an der Nase, dass er die erlittene Fraktur zeitlebens mit einer silbrig oder golden glänzenden Prothese abdeckte. Auch auf vielen Portraits ist diese Prothese gut zu erkennen.

Vom Blick in den Nachthimmel war Brahe schon als Kind fasziniert und dementsprechend früh mit der Topologie der Sternbilder vertraut. Als er am 11. November 1572 den Blick in den Himmel richtete, weckte ein ungewöhnlich heller Stern sein Interesse, den er noch nie zuvor gesehen hatte. Da er unbeweglich am Firmament stand, musste er zu den Fixsternen gehören. Aber die Fixsterne galten seit Aristoteles als ein Sinnbild der Ewigkeit, als unveränderlich in Ort und Zeit. Wie konnte so etwas geschehen?

Als der neue Stern nach einem Jahr zu verblassen begann, war Brahe vollends in seinen Bann gezogen. Seine Beobachtung brachte er in einer Abhandlung mit dem Titel *De nova et nullius aevi memoria prius visa Stella* zu Papier. Er legt darin überzeugend dar, dass der mysteriöse Stern der Fixsternsphäre angehören müsse, da alle anderen Erklärungsversuche in hoffnungslosen Widersprüchen endeten. War die Fixsternsphäre also gar nicht so unveränderlich, wie es über tausende von Jahren vermutet wurde? Ohne es zu wollen, hatte Brahe dem polierten Weltbild des Ptolemäus einen hässlichen Kratzer zugefügt.

Uraniborg

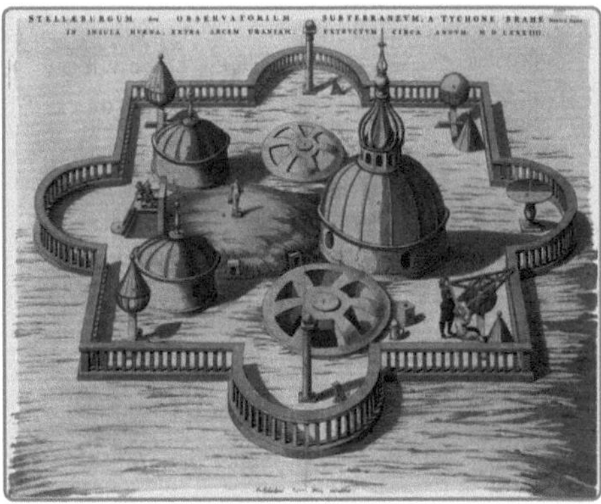

Stjerneborg

Abbildung 2.13: Sternwarten des Tycho Brahe

Heute wissen wir, dass er Augenzeuge einer ungewöhnlich starken Supernova war, die sich im Sternbild Kassiopeia zugetragen hat. Die Supernova von 1572 sollte Brahes Leben nachhaltig beeinflussen, wenn auch nicht in einem astrologischen Sinne. Seine Schrift rief in ganz Europa ein so großes Interesse hervor, dass er den König von Dänemark, Friedrich II., als Fürsprecher gewann. Der König überließ Brahe eine Insel im Öresund und stellte die finanziellen Mittel für den Bau einer Sternwarte zur Verfügung. Nach einer vierjährigen Bauzeit ging die Warte 1580 in Betrieb. Brahe taufte das prächtige Gebäude auf den Namen *Uraniborg*, in Anlehnung an das griechische Wort *Urania*, die Muse der Sternkunde. Uraniborg war nicht nur eine der berühmtesten, sondern auch eine der größten jemals gebauten Observatorien. Neben den Beobachtungswarten gab es in dem Gebäude zahlreiche Labore und Werkstätten, Bibliotheksräume, eine eigene Buchdruckerei sowie Wohntrakte für das Personal (Abbildung 2.13 links).

Noch bevor die Warte fertiggestellt war, machte Brahe eine Beobachtung am Firmament, die ihn vor ein noch größeres Rätsel stellte als die Supernova von 1572: der Große Komet von 1577. Brahe beobachtete den mysteriösen Himmelskörper sehr genau und rekonstruierte anhand der gemessenen Parallaxe den Bahnverlauf. Am Ende stand er vor einem verstörenden Ergebnis. Wenn seine Berechnungen auch nur annähernd richtig waren, dann hätte der Komet mehrmals die Sphären der Planeten durchschlagen, jene kristallenen Schalen, die im ptolemäischen Weltsystem die Erde umgeben. Sollte es tatsächlich zu einer teilweisen Zerstörung dieser göttlichen, vollkommenen Objekte gekommen sein? Und wenn ja, warum waren zu keiner Zeit Spuren davon zu sehen? Tatsächlich warf der Komet mehr Fragen auf, als er Antworten gab; Fragen, die nur wenige laut zu stellen wagten: War es möglich, dass die kristallenen Schalen gar nicht existierten? Bewegten sich die Planeten, und vielleicht sogar die Erde, frei im Raum?

Brahe beschloss, insbesondere die letzte These nicht weiterzuverfolgen. Das aristotelische Bewegungsargument war für ihn so überzeugend, dass er sämtliche Gedanken an eine sich bewegende Erde verwarf. In einem Brief an den deutschen Astronomen Christoph Rothmann äußerte sich Brahe ganz in der Tradition des griechischen Denkers:

> *„Wenn sich die Erde tatsächlich von West nach Ost dreht, dann muss eine Kanonenkugel, die in Richtung der Erddrehung geschossen wird, viel weiter fliegen als ein in entgegengesetzter Richtung abgefeuertes Geschoss."*

> Tycho Brahe, zitiert nach [172]

Auf der anderen Seite zweifelte Brahe an der damals geltenden Epizykeltheorie; sie war ein kompliziertes Konstrukt, das zwar rechnerisch funktionierte, aber eklatant den wissenschaftlichen Grundsatz verletzte, einen Sachverhalt auf wenige einfache Prinzipien zurückzuführen. In der Konsequenz konstruierte Brahe ein Weltsystem, in dem die Planeten wie im kopernikanischen System die Sonne umkreisen. Anders als bei Kopernikus befindet sich im *tychonischen Weltsystem* aber nicht die Sonne, sondern die Erde im Mittelpunkt. Die Sonne bewegt sich, zusammen mit den Planeten, einmal in 24 Stunden um die Erde. Abbildung 2.14 zeigt, wie die Planetenkonstellation im Detail aussieht.

Brahe versuchte, seine Thesen durch immer genauere Beobachtungen zu bestätigen, und häufte im Laufe der Jahre einen riesiges Fundus an astronomischen Messwerten an. Seine Instrumente waren Meisterwerke der Ingenieurskunst, mit denen er Daten in einer damals nicht gekannten Präzision sammeln konnte. Auch mit seiner methodischen Vorgehensweise war er der Zeit voraus. Um Messfehler zu minimieren, beobachtete er den Himmel gleichzeitig mit verschiedenen Geräten und führte die unterschiedlichen Ergebnisse danach systematisch zusammen. Brahe war von der Richtigkeit seines Weltsystems überzeugt, und die zahlreichen Messungen schienen seine Theorie in immer höherer Genauigkeit zu bestätigen.

Nur ein Planet wollte sich nicht in sein Modell fügen. Die Bahn von Mars wich so weit von seiner Vorhersage ab, dass Brahe nicht einfach darüber hinwegsehen konnte. Wies sein Weltsystem etwa doch einen Denkfehler auf, oder war die ungewöhnliche Bewegung des roten Planeten schlicht die Folge einer ungenauen Messung?

Brahe wusste, dass er die Welt nur dann von seiner Anordnung der Himmelskörper überzeugen konnte, wenn präzise Messungen seine Postulate stützten. Doch je genauer seine Beobachtungen wurden, desto häufiger stieß er an Grenzen. Seine Apparaturen wurden immer größer und fanden kaum noch Platz in seinem Observatorium. Zudem begrenzten die leichten Erschütterungen, denen Uraniborg auf einem sandigen Untergrund regelmäßig ausgesetzt war, die Messgenauigkeit. Brahe erhielt die Erlaubnis, ein neues Observatorium zu errichten, und so entstand im Jahr 1584

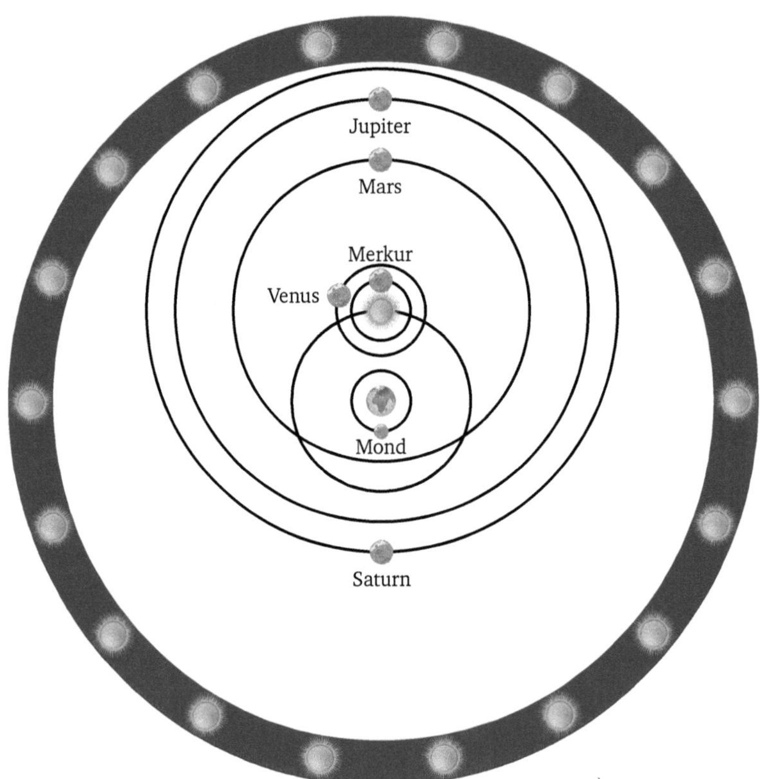

Abbildung 2.14: Das tychonische Weltsystem

Stjerneborg (Sternenburg), nur wenige Meter von seiner alten Wirkungsstätte entfernt (Abbildung 2.13 rechts). Um die Erschütterungen zu verringern, wurde die neue Warte zu großen Teilen unter der Erde errichtet.

Brahe verließ Stjerneborg im Jahr 1597, als ihm die finanziellen Mittel nach dem Tod seines Gönners Friedrichs II. drastisch gekürzt wurden. Nach einem mehrmonatigen Aufenthalt in der Nähe von Hamburg zog er im Jahr 1599 nach Prag, wo ihm Kaiser Rudolf II. eine Stelle als Hofmathematiker anbot. Zu dieser Zeit hatte Brahe bereits mit der Arbeit an seinem letzten großen Werk begonnen: den *Rudolfinischen Tafeln* (Abbildung 2.15). Unermüdlich schrieb er an dem umfänglichen Sternenatlas, der mit zahllosen Tabellen für die präzise Vorhersage der Planetenbahnen gespickt war.

Brahe arbeitete an diesem monumentalen Werk nicht alleine. Ab dem Jahr 1600 wurde ihm ein junger Assistent an die Seite gestellt, der die astronomische Forschung entscheidend voranbringen sollte: Johannes Kepler (Abbildung 2.16). Leicht war die Zusammenarbeit nicht. Der meist ruhige und zurückhaltende Kepler hatte

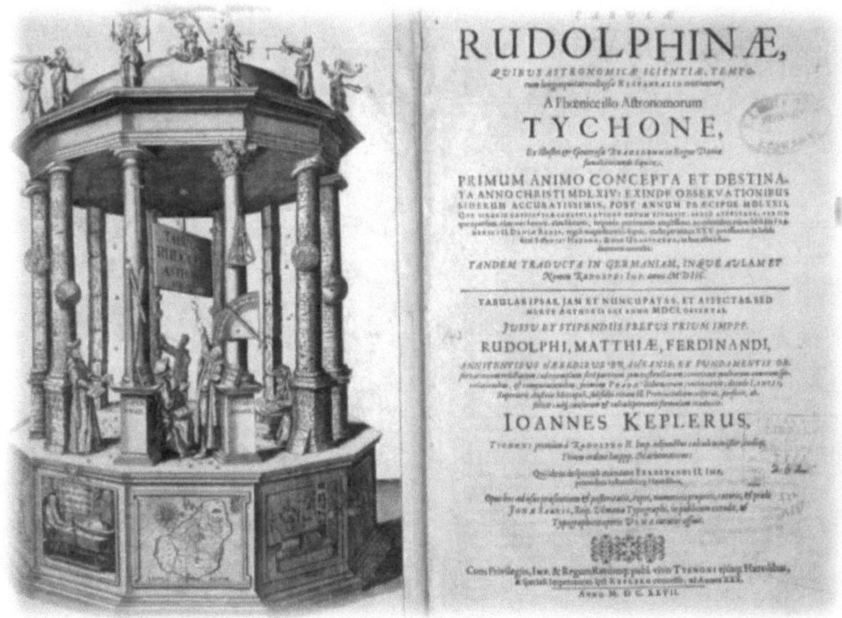

Abbildung 2.15: Die Rudolfinischen Tafeln

Brahes aufbrausendem, manchmal jähzornigem Naturell kaum etwas entgegenzusetzen. Entsprechend häufig bekam er den Zorn seines Mentors zu spüren, dem das offen bekundete Interesse für das kopernikanische Weltsystem ein Dorn im Auge war. Dass Brahe zeitlebens mit der Weitergabe seines Zahlenmaterials geizte, belastete die Beziehung zusätzlich.

Nichtsdestotrotz war Brahe von den fachlichen Fähigkeiten seines Assistenten überzeugt. Er war sicher, Kepler über kurz oder lang von der Richtigkeit seines Weltbilds überzeugen zu können und mit ihm die letzten verbliebenen Ungereimtheiten zu beseitigen. Doch es kam anders. Während des Besuchs eines kaiserlichen Banketts im Oktober 1601 erkrankte Brahe schwer und verstarb 10 Tage später, am 24. Oktober 1601. Auf dem Totenbett traf er eine letzte, weitreichende Entscheidung: Er verfügte, seine gesamten wissenschaftlichen Aufzeichnungen an Kepler zu übergeben.

Brahe hatte das wertvolle Material in die richtigen Hände gelegt, auch wenn sich seine ursprüngliche Hoffnung nicht erfüllte. Anstelle eines Beweises für das tychonische System fand Kepler in den Zahlen handfeste Argumente für die heliozentrische These von Kopernikus. Doch Kepler erkannte noch etwas anderes in Brahes Daten. Indem er die Zahlen richtig interpretierte, fand er den Grund für die Anomalien der Planetenbewegungen, die Kopernikus und Brahe zu Lebzeiten nicht verstanden. Als

Abbildung 2.16

JOHANNES KEPLER
1571 – 1630

Ölgemälde aus dem Jahr 1610

erster Mensch hatte Kepler die wahren Bewegungsmuster der Planeten erkannt, doch wir wollen die Geschichte der Reihe nach erzählen.

2.5 Die keplerschen Gesetze

Johannes Kepler wurde am 27. Dezember 1571 in Weil der Stadt, einem kleinen Städtchen vor den Toren Stuttgarts, geboren. Obwohl Kepler als Enkel des ehemaligen Bürgermeisters in einer angesehenen Familie auf die Welt kam, wird seine Kindheit als beschwerlich und seine Umgebung als zerrüttet beschrieben [94]. Zusammen mit seinen sechs Geschwistern verbrachte er mehrere Jahre unter finanziell angespannten Verhältnissen in der Obhut seiner Großmutter. Als Kind erkrankte er an einer Pockeninfektion, die sein weiteres Leben dauerhaft beeinträchtigte. Bis ins hohe Alter litt er unter einer kränklichen Konstitution, und sein Sehsinn war durch die Infektion so geschwächt, dass er niemals selbst exakte astronomische Beobachtungen durchführen konnte. Auch seine Ausbildung musste er aufgrund gesundheitlicher Probleme mehrere Male unterbrechen.

Als Kind ging Kepler auf die Lateinschulen in Leonberg und Ellmendingen. Danach besuchte er die Klosterschulen in Adelberg und Maulbronn und nahm im Jahr 1589 am Evangelischen Stift in Tübingen das Studium der Theologie auf. Neben den theologischen Schriften waren es insbesondere die naturwissenschaftlichen Werke von Aristoteles und Kopernikus, für die er sich in Tübingen brennend interessierte. Dass

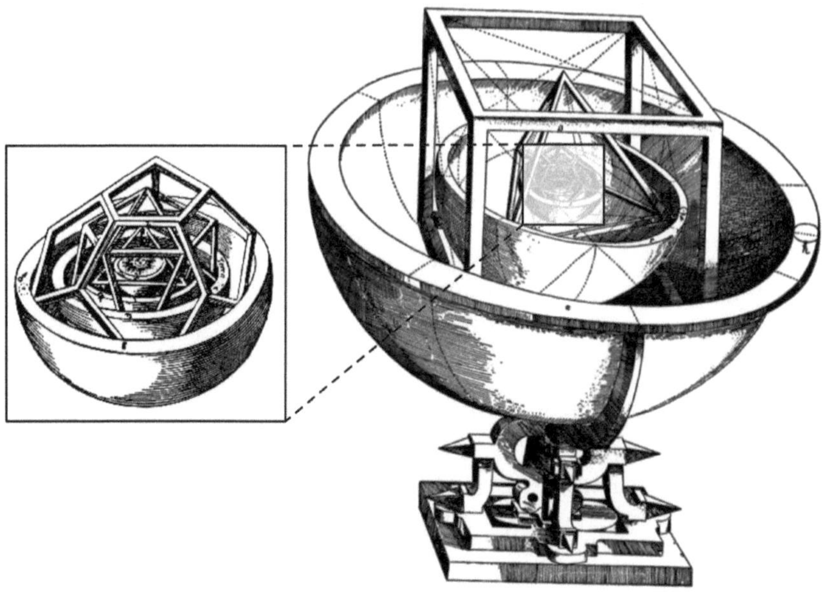

Abbildung 2.17: Kepler war überzeugt, das Universum folge einem göttlichen geometrischen Plan. Im Jahr 1596 versuchte er diesen Plan im Bereich der platonischen Körpern zu finden.

seine Alma Mater die offizielle Kirchenmeinung vertrat, nach der das kopernikanische Weltsystem ein fiktives Konstrukt sei, das zur Vereinfachung der Berechnungen herangezogen werden dürfe, ansonsten aber nichts mit der Realität zu tun habe, beeindruckte ihn nicht. Zu keiner Zeit machte der junge Kepler einen Hehl daraus, dass er die Idee von Kopernikus für viel mehr als eine Arbeitshypothese hielt. In seinem theologisch geprägten Umfeld konnte er mit dieser Meinung aber nur wenige Freunde gewinnen.

Als sich Kepler nach dem Studium weigerte, die Konkordienformel zu unterzeichnen, zog er den Unmut der Institutionen vollends auf sich. Ihm wurde die Anstellung als protestantischer Geistlicher verwehrt und stattdessen angeraten, eine Dozentenstelle für Mathematik an der evangelischen Stiftsschule in Prag anzunehmen. Dort hatte Kepler ebenfalls kein einfaches Leben. Finanziell kam er nur schwer über die Runden, und die ausufernden Konflikte zwischen den katholischen und protestantischen Glaubensrichtungen zwangen ihn mehrmals, vorübergehend die Stadt zu verlassen.

Die Person Keplers wäre nur unvollständig skizziert, wenn seine spirituelle Seite unerwähnt bliebe. Sein ganzes Leben war durch eine Symbiose zwischen naturwissenschaftlicher Präzision und spiritueller Interpretation geprägt, die eine merkwürdige Vermischung von astronomischen und astrologischen Argumenten zur Folge hatte. So kam es, dass jener Mann, der unser modernes Weltbild maßgeblich mitgeprägt hat, sein spärliches Einkommen mit der Erstellung von Horoskopen aufstockte und darin Aufstände und Vertreibungen vorhersagte.

Auch in seinen wissenschaftlichen Werken dringt seine tiefe Spiritualität an vielen Stellen an die Oberfläche. Besonders auffällig wird sein Hang zur Mystik und spiritueller Harmonie in der 1596 verfassten Schrift *Mysterium Cosmographicum*, in der er mit Hingabe das kopernikanische Weltbild verteidigte. Kepler war überzeugt, dem Universum läge ein göttlicher geometrischer Plan zugrunde, der in Anmut und Harmonie vollkommen sei. Auf der Suche nach der göttlichen Geometrie experimentierte er mit den fünf platonischen Körpern, dem Oktaeder (Achtflächner), dem Ikosaeder (Zwanzigflächner), dem Dodekaeder (Zwölfflächner), dem Tetraeder (Vierflächner) und dem Würfel (Sechsflächner). Werden diese so ineinander gesetzt, wie es in Abbildung 2.17 zu sehen ist, dann schließen sie nach innen und außen Kugeln (Sphären) ein, die ungefähr in den gleichen Abständen zueinander stehen wie die Planeten. Auch wenn Keplers spirituell inspiriertes Weltbild für sein späteres wissenschaftliches Werk bedeutungslos war, machte es ihn einer breiten Öffentlichkeit bekannt.

Im Jahr 1600 folgte Kepler einer Einladung von Tycho Brahe nach Prag, wo er kurze Zeit später eine Anstellung als wissenschaftlicher Assistent erhielt. Kepler wusste um den Datenschatz, den Brahe über die Jahre zusammengetragen hatte, und war sich sicher, mit ihm seine im *Mysterium Cosmographicum* formulierten Hypothesen bestätigen oder verwerfen zu können. In einem Brief an seinen Freund Herwart von Hohenburg schrieb er im Juli 1600:

> *„Einer der wichtigsten Gründe, warum ich Tycho besuchte, war ja mein Wunsch, von ihm richtigere Werte für die Exzentrizitäten zu erfahren, um daran mein Mysterium und die eben genannte Harmonie zu prüfen. Denn es dürfen diese Spekulationen a priori nicht gegen die offenkundige Erfahrung verstoßen, sie müssen vielmehr mit ihr in Übereinstimmung gebracht werden.“*

Johannes Kepler, zitiert nach [79]

Brahe überließ Kepler jedoch nicht sein gesamtes Zahlenwerk. Stattdessen gab er ihm die Aufgabe, sich gezielt mit jenem Planeten auseinanderzusetzen, der so gar nicht in das tychonische Modell passen wollte: dem Planeten Mars. An einer späteren Stelle des zitierten Briefs schrieb er:

> *„Als er aber sah, dass ich kühnen Geist besitze, glaubte er [Tycho] am besten mit mir zu verfahren, wenn er mir nach meinem Belieben die Beobachtungen eines einzelnen Planeten überließ und zwar die des Mars. Damit habe ich nun die Zeit zugebracht und kümmerte mich nicht um die Beobachtung der anderen Planeten. Ich hoffte Tag für Tag auf ein glückliches Ergebnis in der Theorie des Mars; nachher, dachte ich, würde ich auch die anderen Beobachtungen bekommen.“*

Johannes Kepler, zitiert nach [79]

Tatsächlich fand Kepler in den Daten zunächst eine Bestätigung für sein mystisches Modell:

> *„Nun zeigte sich beim Mars, soweit ich aus Tychos Beobachtungen entnehmen konnte,*
> *dass er mit genügender Genauigkeit die Durterz angibt, die ich ihm zugewiesen habe."*
>
> Johannes Kepler, zitiert nach [79]

Keplers Hoffnung, das Rätsel der Planetenbewegungen damit gelöst zu haben, bewahrheitete sich nicht. Je tiefer er in die Materie einstieg, desto stärker zweifelte er an der Korrektheit seiner geometrischen Theorie, bis er sie schließlich ganz verwarf. Dennoch erwies sich Brahes Zahlenmaterial als ein wahrer Schatz. Die gesammelten Daten waren so präzise, dass Kepler falsche Theorien frühzeitig als solche erkannte, und falsche Theorien gab es viele.

Als er wieder und wieder die Bahnen der Planeten vermaß, machte Kepler seine erste große Entdeckung. Er bemerkte, dass Kopernikus der irrigen Annahme verfallen war, ein Planet rotiere mit einer konstanten Geschwindigkeit um die Sonne. Brahes Zahlen belegten zweifelsfrei, dass dies falsch war und sich die Planeten zu verschiedenen Zeiten unterschiedlich schnell auf ihrer Bahn bewegten. Im *Aphel*, d. h. jenem Bahnpunkt, der von der Sonne am weitesten entfernt ist, wiesen die Planeten die geringste Geschwindigkeit auf. Am schnellsten bewegten sie sich im *Perihel*, dem sonnennächsten Bahnpunkt. Nach unzähligen Rechnungen war Kepler in der Lage, die grundlegende Gesetzmäßigkeit zwischen dem Abstand und der Geschwindigkeit zu formulieren. Er hatte den sogenannten *Flächensatz* entdeckt, den wir heute als das zweite keplersche Gesetz bezeichnen. Konkret besagt er das Folgende: Denken wir uns eine Verbindungslinie zwischen dem Mittelpunkt der Sonne und dem Mittelpunkt eines Planeten, so überstreicht diese in gleichen Zeitintervallen immer die gleiche Fläche.

Auch einer zweiten irrigen Annahme kam Kepler auf die Spur. Kopernikus ging fast selbstverständlich davon aus, dass sich die Planeten auf perfekten Kreisen bewegen, denn was sonst hätte Gott anderes dafür vorgesehen als diese vollkommene geometrische Figur? Kepler erkannte, dass sich die Bahnen zwar recht gut mithilfe von Kreisen approximieren ließen, die genaue Form aber eine andere war. In der Folgezeit experimentierte er mit verschiedenen Ovalkonstruktionen, doch die vorhergesagten Positionen wichen von Brahes Zahlenmaterial jedes Mal in einem erheblichen Maß ab.

Irgendwann machte Kepler die entscheidende Entdeckung: Er fand heraus, dass die Diskrepanzen zu Brahes Zahlenmaterial mit einem Schlag verschwinden, wenn die Planetenbahn durch jene geometrische Figur beschrieben wird, auf die bereits die alten Griechen bei der Untersuchung von Kegelschnitten gestoßen waren: die Ellipse. Befindet sich die Sonne in einem der Brennpunkte, so bewegen sich die Planeten auf

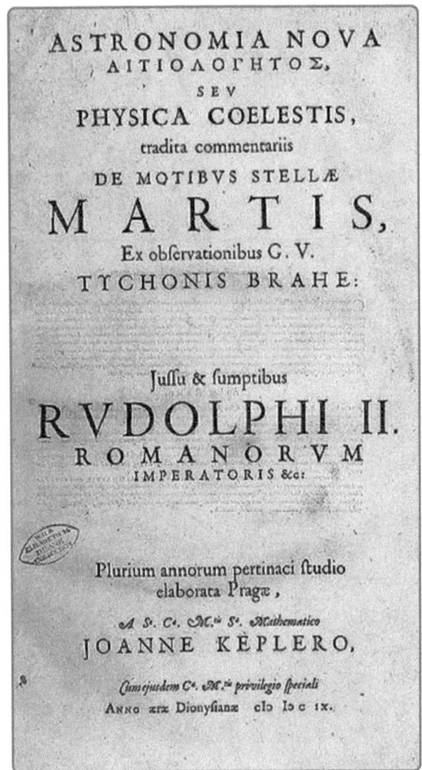

Abbildung 2.18: Titelseite der *Astronomia Nova* von Johannes Kepler

perfekten elliptischen Bahnen. Kepler hatte den sogenannten *Ellipsensatz* entdeckt, den wir heute als das erste keplersche Gesetz bezeichnen. Die augenscheinlichen Anomalien, die Kopernikus einst dazu trieben, die ptolemäischen Epizyklen in seinem Modell wiederzubeleben, waren mit einen Schlag verschwunden. 10 Jahre harte Arbeit hatten sich ausgezahlt.

Publiziert hat Kepler seine beiden Gesetze in der 1609 erschienenen Schrift *Astronomia Nova* (Neue Astronomie), deren Titelseite in Abbildung 2.18 zu sehen ist. Als erste Schrift, in der die Planetenbewegungen in ihrer wahren Form beschrieben sind, nimmt sie im Fundus der wissenschaftshistorisch bedeutenden Literatur einen ganz besonderen Platz ein.

Weitere 10 Jahre verstrichen, bis Kepler noch eine anderes Gesetz des Universums aufspürte. Publiziert hat er die Entdeckung in seinem Werk *Harmonices Mundi*, das im Jahr 1619 erschienen ist. Dieses dritte Gesetz stellt einen Zusammenhang zwischen der Umlaufzeit eines Planeten und seiner großen Halbachse her. Konkret besagt es das Folgende: Dividieren wir die zweite Potenz der Umlaufzeit durch die dritte Potenz der großen Halbachse, so erhalten wir einen Wert, der lediglich von der Masse des

	Planet	große Halbachse a [AE]	kleine Halbachse b [AE]	Umlaufzeit T [a]	Kepler-Konstante $C = \frac{T^2}{a^3}\left[\frac{\mathrm{a}^2}{\mathrm{AE}^3}\right]$
☿	Merkur	0,3871	0,3787	0,2410	1,0013
♀	Venus	0,7233	0,7230	0,6156	1,0015
♁	Erde	1,0000	0,9999	1,0000	1,0000
♂	Mars	1,5237	1,5174	1,8808	1,0000
♃	Jupiter	5,2034	5,1973	11,8626	0,9988
♄	Saturn	9,5371	9,5231	29,4475	0,9997
♅	Uranus	19,1913	19,1699	84,0168	0,9987
♆	Neptun	30,0690	30,0679	164,7913	0,9989

Tabelle 2.1: Empirische Bestätigung des dritten keplerschen Gesetzes

Zentralkörpers abhängt. Ihrem Entdecker zu Ehren wird diese Größe heute als die *Kepler-Konstante* bezeichnet. Beachten Sie, dass es sich hierbei um keine universelle Naturkonstante handelt, da sie in jedem Sonnensystem einen anderen Wert annimmt.

Tabelle 2.1 belegt die Gültigkeit des dritten keplerschen Gesetzes am Beispiel der acht Planeten, die um unsere Sonne kreisen. In der zweiten und dritte Spalte sind die Längen der kleinen und der großen Halbachsen in *astronomischen Einheiten* vermerkt. Eine astronomische Einheit (AE) entspricht in einer guten Näherung der Länge der großen Halbachse der Erdbahn von 149.597.870.700 m.

Haben Sie sich gefragt, warum die Kepler-Konstante unseres Sonnensystems fast 1 ist, aber doch minimal von diesem glatten Wert abweicht? Der Grund ist historischer Natur. Früher war 1 AE per Definition die Länge der großen Halbachse der Erdbahn, so dass die Kepler-Konstante, wenn wir die Umlaufzeit in Jahren angeben, gleich $1\,\frac{\mathrm{a}^2}{\mathrm{AE}^3}$ ist. Im Jahr 2012 wurde die astronomische Einheit neu definiert und der weiter oben angegebene Wert gewählt, der von der großen Halbachse der Erde um mehrere Meter abweicht.

Wird die Kepler-Konstante unseres Sonnensystems in die häufig verwendete Einheit $\frac{\mathrm{s}^2}{\mathrm{m}^3}$ umgerechnet, so nimmt sie einen verschwindend geringen Wert an:

Kepler-Konstante unseres Sonnensystems

$$C = 2{,}97 \cdot 10^{-19}\,\frac{\mathrm{s}^2}{\mathrm{m}^3}$$

Tabelle 2.1 macht noch einen anderen Aspekt sichtbar. Die Unterschiede zwischen den großen und den kleinen Halbachsen sind bei den Planeten unseres Sonnensystems so gering, dass die Brennpunkte der Ellipsen sehr nahe zusammenrücken und eine fast kreisförmige Bahn ergeben. Würden die Brennpunkte weiter auseinander liegen, so hätte Kepler oder einer seiner geistigen Väter die ellipsenförmige Bahn wahrscheinlich schon viel früher erkannt.

Mit der Weigerung, das kopernikanische Weltbild als eine Arbeitshypothese zu interpretieren, die sich fernab der Realität befindet und lediglich das Rechnen erleichtert, stellte sich Kepler offen gegen die damals vertretene Kirchenlehre. Der tiefreligiöse Lutheraner litt sehr unter den beruflichen Nachteilen, die sich hieraus ergaben, und dennoch hatte er Glück im Unglück. Die Lutherische Kirche attackierte ihre Gegner mit vergleichsweise moderaten Mitteln, und so blieb Kepler von Angriffen auf sein Leben verschont.

Ganz anders war die Situation in Italien, wo die katholische Kirche noch immer mit harter Hand regierte. Über das Schicksal, das Kepler dort erfahren hätte, können wir nur spekulieren. Vielleicht hätte das Inquisitionsgericht auch ihm die Anklage verlesen, und wir wissen bereits, wie gnadenlos das Urteil des Heiligen Offiziums oftmals war.

3 Newton'sche Physik

„Die Richtung [des Fortschrittes] *ist offenbar eine beständige Verfeinerung des Weltbildes durch Zurückführung der in ihm enthaltenen realen Elemente auf ein höheres Reales von weniger naiver Beschaffenheit. Das Ziel aber ist die Schaffung eines Weltbildes, dessen Realitäten keinerlei Verbesserung mehr bedürftig sind und die daher das endgültig Reale darstellen. Eine nachweisliche Erreichung dieses Zieles wird und kann niemals gelingen.“*

Max Planck [129]

3.1 Galileo Galilei

Damit sind wir an jenem Ort zurück, an dem unsere historische Reise begonnen hat: in der Basilika Santa Maria sopra Minerva, in der Galileo Galilei (Abbildung 3.1) kniend auf das Urteil des Inquisitionsgerichts wartete. Es war die vielleicht düsterste Stunde im Leben des fast Siebzigjährigen, der am 15. Februar 1564 in Pisa geboren wurde. Galileo Galilei hatte mit dem Arzt Galileo Bonaiuti einen bekannten und wohlhabenden Vorfahren, dem er zugleich auch seinen Namen verdankte. Zur damaligen Zeit war es eine verbreitete Sitte, den Vornamen als Nachnamen zu wiederholen, und so nahm Galileo Bonaiuti den Nachnamen Galilei an. Als unser Protagonist das Licht der Welt erblickte, war der Glanz der Galilei-Familie weitgehend verblasst. Sein Vater, Vincenzo Galilei, arbeitete als Tuchhändler und verdiente nebenbei als Musiklehrer ein Zubrot. So kam es, dass Galileo seine Kindheit in eher bescheidenen Verhältnissen verbringen musste.

Mit 17 Jahren begann Galilei in Pisa Medizin zu studieren, verließ die Universität aber nach vier Jahren ohne Abschluss. Danach ging er nach Florenz, wo er auch einen Teil seiner Kindheit verbracht hatte. Er verdiente seinen Lebensunterhalt mit Privatunterricht und beschäftigte sich bereits zu dieser Zeit intensiv mit Fragen der Mechanik. Unter anderem machte er mit einer Arbeit über den Schwerpunkt fester Körper auf sich aufmerksam, die ihm 1589 die Stelle eines Lektors für Mathematik an der Universität Pisa einbrachte. In der Folgezeit konnte Galilei etliche Fürsprecher für sich gewinnen, die seine weitere Karriere einflussreich unterstützten.

Abbildung 3.1

GALILEO GALILEI
1564 – 1642

Ölgemälde von Justus Sustermans aus dem Jahr 1636

Im Jahr 1592 erhielt Galilei einen Ruf als Professor an die Universität Padua. Zu den Mitbewerbern auf diese Stelle gehörte auch der Italiener Giordano Bruno, dessen trauriges Schicksal wir bereits kennen. Er wurde im gleichen Jahr von der Inquisition verhaftet, in dem Galilei seine Antrittsvorlesung hielt. Als Professor bekleidete Galilei ab jetzt eine angesehene Position, allerdings kam er mit dem mittelprächtigen Jahressalär von 320 Fiorini nur schwerlich über die Runden. Nach dem Tod seines Vaters lasteten finanzielle Verpflichtung auf ihm, gegenüber seiner Mutter, seinen Geschwistern und drei unehelichen Kindern, die er mit seiner langjährigen Geliebten hatte.

Um seinen luxuriösen Lebensstil aufrechtzuerhalten, verschaffte sich Galilei diverse Einnahmequellen. Er verkaufte wissenschaftliche Instrumente, die er nach eigenen Konstruktionsplänen in seiner Privatwerkstatt anfertigen ließ, und arbeitete erneut als Privatlehrer. Zu seinen Schülern und Freunden gehörten die beiden Italiener Giovan Francesco Sagredo (1571 – 1620) und Filippo Salviati (1582 – 1614). Sie sind die Namensgeber zweier fiktiver Charaktere, die in Galileis wissenschaftlichem Werk eine wiederkehrende Rolle spielen.

Ein bedeutendes Ereignis in Galileis Leben war die Erfindung des Fernrohrs im Jahr 1608 durch den deutsch-niederländischen Brillenmacher Hans Lipperhey. Galilei erkannte das Potenzial dieser Apparatur und stellte ab dem Jahr 1609 eigene Geräte her. Bei der venezianischen Regierung stieß er damit auf reges Interesse, genauso wie bei den hiesigen Händlern. Mit den neuartigen Instrumenten war es fortan möglich, Kriegs- und Handelsschiffe viel früher zu erspähen, als es bisher mit dem bloßen Auge möglich war.

 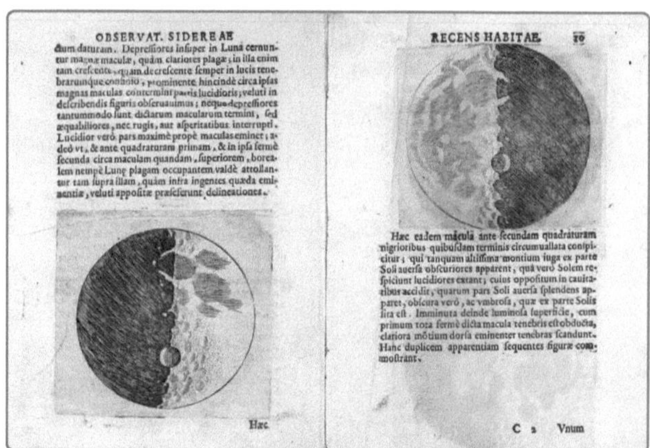

Abbildung 3.2: Galileis *Sidereus Nuncius* (Sternenbote) aus dem Jahr 1610. Auf den rechts abgebildeten Seiten beschreibt Galilei seine detaillierten Beobachtungen der Mondoberfläche.

3.1.1 Beiträge zur Astronomie

Für Galilei war der Verkauf von Fernrohren eine willkommene Einnahmequelle, doch er verfolgte damit auch ein ganz persönliches Interesse. Nacht für Nacht richtete er sie in Richtung der Sterne, und je hochauflösender seine Geräte wurden, desto atemberaubender wurden seine Entdeckungen. Galileo sah einen Mond, der in Wirklichkeit ganz anders war, als es das bloße Auge suggerierte: Er war uneben und mit zahllosen Kratern übersät. Publiziert hat er seine Beobachtungen in der lateinisch verfassten Schrift *Sidereus Nuncius*, dem *Sternenboten* (Abbildung 3.2). In den 550 gedruckten Exemplaren sind Galileis detailliert angefertigte Bilder als Kupferstiche wiedergegeben. Die Originalzeichnungen galten lange Zeit als verschollen, bis im Jahr 2007 ein Exemplar gefunden wurde, in denen die Bilder in Form von Aquarellen enthalten sind. Kunsthistoriker gehen davon aus, dass es sich um eine der ersten Auflagen des Sternenboten handelt, in denen Galilei die Bilder als Vorlage für die Kupferstiche selbst hineingezeichnet hat.

Aber warum war die Kirche so empört über Galileis Schrift, dass ihre Verbreitung von der Indexkongregation später unter Strafe gestellt wurde? Wir finden die Antwort im zweiten Teil des Sternenboten, wo Galilei eine seiner bedeutendsten Entdeckungen beschreibt (Abbildung 3.3). Alles hatte am 7. Januar 1610 begonnen, als er sein Fernrohr auf den Jupiter, den größten Planeten unseres Sonnensystems, richtete. Galilei erkannte neben dem Planeten vier ungewöhnliche Erscheinungen in Form von kleinen Punkten. Die neu entdeckten Objekte waren aber nicht statisch, sondern tauchten jede Nacht an einer anderen Stelle wieder auf. Galileis Forscherdrang war geweckt. Nacht für Nacht notierte er die Positionen, und schon bald war klar, dass Jupiter von den neu entdeckten Himmelskörpern umkreist wurde. Galilei hatte die vier Jupiter-

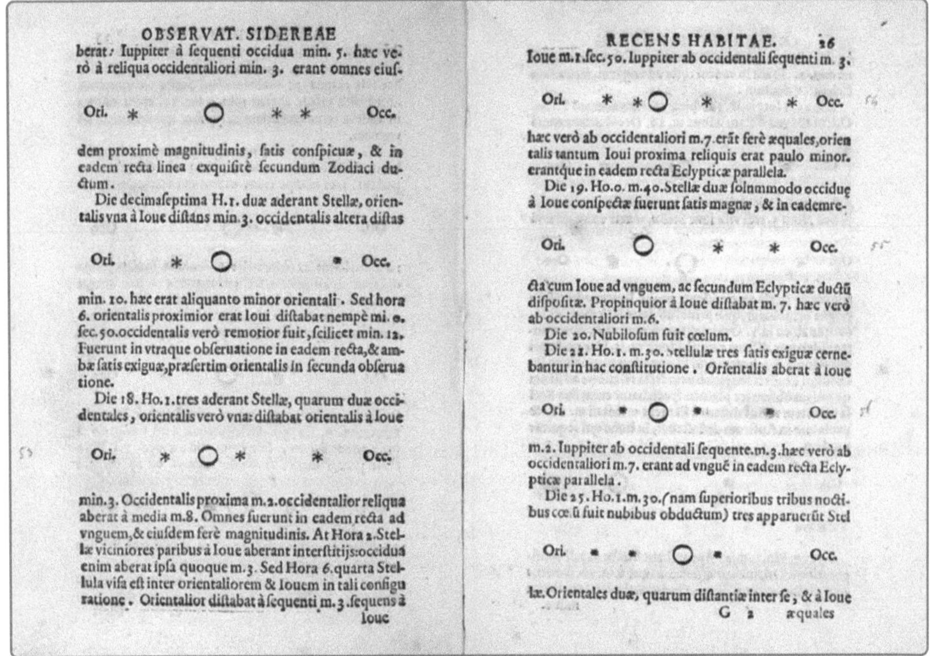

OBSERVAT. SIDEREAE

berat: Iuppiter à sequenti occidua min. 5. hæc verò à reliqua occidentaliori min. 3. erant omnes eiuf-

Ori.   *   O   * *   Occ.

dem proximè magnitudinis, satis conspicuæ, & in eadem recta linea exquisitè secundum Zodiaci ductum.

Die decimaseptima H. 1. duæ aderant Stellæ, orientalis vna à Ioue distans min. 3. occidentalis altera distas

Ori.   *   O   *   Occ.

min. 10. hæc erat aliquanto minor orientali. Sed hora 6. orientalis proximior erat Ioui distabat nempè mi. 0. sec. 50. occidentalis verò remotior fuit, scilicet min. 12. Fuerunt in vtraque obseruatione in eadem recta, & ambæ satis exiguæ, præsertim orientalis in secunda obseruatione.

Die 18. Ho. 1. tres aderant Stellæ, quarum duæ occidentales, orientalis verò vna: distabat orientalis à Ioue

Ori.   * O *   *   Occ.

min. 3. Occidentalis proxima m. 2. occidentalior reliqua aberat à media m. 8. Omnes fuerunt in eadem recta ad vnguem, & eiusdem ferè magnitudinis. At Hora 2. Stellæ viciniores paribus à Ioue aberant interstitijs: occidua enim aberat ipsa quoque m. 3. Sed Hora 6. quarta Stellula visa est inter orientaliorem & Iouem in tali configuratione. Orientalior distabat à sequenti m. 3. sequens à Ioue

RECENS HABITAE.   **26**

Ioue m. 1. sec. 50. Iuppiter ab occidentali sequenti m. 3.

Ori.   * *O   *   *   Occ.

hæc verò ab occidentaliori m. 7. erāt ferè æquales, orientalis tantum Ioui proxima reliquis erat paulo minor. erantque in eadem recta Eclypticæ parallela.

Die 19. Ho. 0. m. 40. Stellæ duæ solummodo occiduæ à Ioue conspectæ fuerunt satis magnæ, & in eademre-

Ori.   O   *   *   Occ.

cta cum Ioue ad vnguem, ac secundum Eclypticæ ductū dispositæ. Propinquior à Ioue distabat m. 7. hæc verò ab occidentaliori m. 6.

Die 20. Nubilosum fuit cœlum.

Die 21. Ho. 1. m. 30. stellulæ tres satis exiguæ cernebantur in hac constitutione. Orientalis aberat à Ioue

Ori.   * O *   *   Occ.

m. 2. Iuppiter ab occidentali sequente. m. 3. hæc verò ab occidentaliori m. 7. erant ad vnguē in eadem recta Eclypticæ parallela.

Die 25. Ho. 1. m. 30. (nam superioribus tribus noctibus cœlū fuit nubibus obductum) tres apparuerūt Stel

Ori.   *   *   O *   Occ.

læ. Orientales duæ, quarum distantiæ inter se, & à Ioue

G 2   æquales

Abbildung 3.3: Beschreibung der Jupitermonde im zweiten Teil des *Sidereus Nuncius*

monde *Io*, *Europa*, *Ganymed* und *Kallisto* entdeckt, die wir heute, ihrem Entdecker zu Ehren, als die *galileischen Monde* bezeichnen. In Wirklichkeit ist die Anzahl der Jupitermonde aber noch viel höher. Bis dato sind 67 Trabanten bekannt, von denen die galileischen Monde die vier größten sind.

Für die Kirche war Galileis Entdeckung eine Bedrohung. Sie ging wie selbstverständlich davon aus, dass die Erde der Mittelpunkt des Universums sei und sich sämtliche Objekte am Firmament um die Erde bewegen. Sollte es tatsächlich Himmelskörper geben, die Jupiter umkreisen, so wäre die Erde ihrer zentralen Stellung beraubt. Es wäre ein schwerer Schlag gegen das geozentrische Bild, das der Klerus seit Jahrtausenden vertrat.

In der Öffentlichkeit hatte der Sternenbote für großes Aufsehen gesorgt. Die gedruckten Exemplare waren in Windeseile vergriffen und Galilei über Nacht einem breiten Publikum bekannt. Auch in finanzieller Hinsicht hatte sich die Entdeckung ausgezahlt. Im Jahr 1610 erhielt Galilei eine gut dotierte Forschungsprofessur an der Universität Pisa, die ihn von allen Lehrverpflichtungen befreite.

An seiner neuen Wirkungsstätte entdeckte Galilei am Nachthimmel ein weiteres damals unbekanntes Phänomen: die *Venusphasen*. Er bemerkte, dass der Planet nicht immer als eine helle Kreisscheibe erschien, sondern genau wie der Mond manchmal sichelförmig wirkte. Im ptolemäischen Weltsystem lässt sich dieses Phänomen nicht erklären, wohl aber im kopernikanischen. Während sich die Venus um die Sonne dreht, ändert sich permanent der Beleuchtungswinkel und damit auch die Form, die wir von der Erde aus sehen.

Galilei fand aber noch etwas anderes heraus. Würde sich die Venus tatsächlich um die Sonne drehen, wie es Kopernikus einst vorhergesagt hatte, dann müsste ihre Größe für einen Betrachter auf der Erde periodisch variieren. Eine solches Phänomen wurde aber nie beobachtet und das Ausbleiben dieser Größenänderung gerne als Argument gegen das heliozentrische Weltbild vorgetragen. Mit seinen Fernrohren war Galilei in der Lage, die von Kopernikus erwartete Größenveränderung tatsächlich nachzuweisen. Sie war immer da und lediglich zu klein, um sie mit dem bloßen Auge zu sehen.

Jetzt war Galilei vollends davon überzeugt, dass Kopernikus recht hatte: Nicht die Erde, sondern die Sonne markierte den Mittelpunkt des Universums. Nach außen agierte er dennoch betont vorsichtig. Er wusste, dass seine Folgerungen nicht in jeder Hinsicht zwingend waren und die Beobachtungen prinzipiell auch mit dem tychonischen Weltbild in Einklang gebracht werden konnten.

Im Jahr 1619 verschärfte die Kirche ihre Gangart und ließ die Werke von Kopernikus durch das Inquisitionsgericht begutachten. Das Gericht ordnete an, dass *De Revolutionibus Orbium Coelestium*, das Hauptwerk von Kopernikus, nur noch in einer Form verbreitet werden dürfe, die ausdrücklich auf den Hypothesencharakter des heliozentrischen Weltbilds hinwies und damit jeglichen Bezug zur Realität leugnete. Auch Galilei wurde in dieser Zeit offiziell ermahnt, das kopernikanische System nur noch als eine Arbeitshypothese zu betrachten.

Im Jahr 1623 wurde mit Urban VIII. ein ehemaliger Förderer von Galilei zum Papst gewählt. Das neue geistliche Oberhaupt war Galilei immer noch wohlwollend gestimmt und an dessen außergewöhnlichen astronomischen Beobachtungen auch ganz persönlich interessiert. Der Papst forderte dazu auf, weitere Publikationen zu verfassen, und erlaubte sogar, über das kopernikanische Weltsystem zu schreiben. Galilei, der mit Urban VIII. nun einen vertrauenswürdigen Unterstützer im Vatikan zu haben glaubte, stürzte sich auf die Arbeit.

Im Jahr 1630 vollendete er den *Dialogo di Galileo Galilei*, in dem das ptolemäische und das kopernikanische Weltsystem ausführlich gegenübergestellt werden (Abbildung 3.4). Wie in all seinen Werken folgte Galilei auch im *Dialogo* der platonischen Tradition, seine Argumente in Dialogform zu präsentieren. Zwei der Charaktere sind uns namentlich bereits bekannt. Es sind *Sagredo* und *Salviati*, die Galilei nach seinen engen Freunden Giovan Francesco Sagredo und Filippo Salviati benannt hatte. Die Person des Salviati ist Galileis *alter Ego*; durch sie gibt Galilei in allen seinen Werken seine eigene Meinung wieder. Die dritte Person im Bunde ist *Simplicio*, der Einfaltspinsel des *Dialogo*, der das ptolemäische Weltbild mit haarsträubenden Argumenten

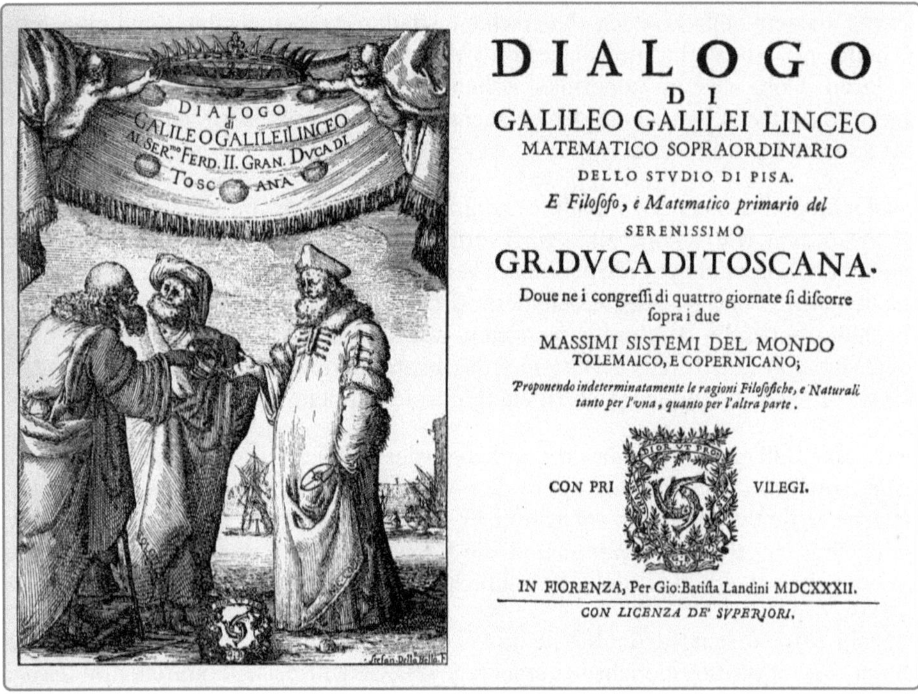

Abbildung 3.4: Für lange Zeit war Galileis *Dialogo sopra i due massimi sistemi del mondo* auf dem Index der verbotenen Bücher. Von links nach rechts zeigt das Titelbild Aristoteles, Ptolemäus und Kopernikus im Zwiegespräch.

gegen Sagredo und Salviati zu verteidigen versucht. Offiziell behauptete Galilei stets, mit Simplicio eine rein fiktive Person zu meinen.

Am Ende des Dialogo unterlief Galilei aber ein folgenschwerer Fehler. Dort deutet Simplicio an, dass sich eine Theorie niemals durch Beobachtungen bestätigen ließe, da *„Gott vermöge seiner unendlichen Macht und Weisheit"* das Beobachtete auf jede beliebige Weise hervorrufen könne. Dieses Rechtfertigung war ein Lieblingsargument von Papst Urban VIII., und damit war klar, wen die angeblich fiktive Person des Simplicio in Wirklichkeit verkörpern sollte.

Der Papst, einem Esel gleich? Galilei hatte das Blatt überreizt und musste zusehen, wie sein ehemaliger Gönner und Fürsprecher Urban VIII. zu einem seiner erbittertsten Gegner wurde. Am Ende einer langen Kette von Verwerfungen stand der Inquisitionsprozess, mit dem wir unsere historische Reise in Kapitel 2 begonnen haben. Anders als für seinen Landsmann Giordano Bruno endete der Prozess für Galilei aber nicht mit dem Tod. Unter der Hand stellten ihm die Kirchenvertreter eine mildere Strafe in Aussicht, wenn er sich von seiner Irrlehre offiziell und unwiderruflich distanzierte.

Galilei wählte das Leben. Auf Knien verlas er vor dem Heiligen Offizium eine für ihn vorgefertigte Erklärung:

> *„Ich, Galileo, Sohn des sel. Vincenzio Galilei aus Florenz, [...] schwöre, dass ich allzeit geglaubt habe, gegenwärtig glaube und mit der Hilfe Gottes in Zukunft alles glauben werde, was die Hl. Katholische und Apostolische Kirche für gültig hält, predigt und lehrt. Weil ich aber von diesem Hl. Offizium [...] rechtskräftig aufgefordert worden war, gänzlich von der falschen Meinung abzulassen, dass die Sonne der Mittelpunkt der Welt sei und still stehe und dass die Erde nicht Mittelpunkt der Welt sei und sich bewege und dass ich besagte falsche Lehre weder aufrechterhalten, verfechten noch lehren könnte, [...] weder in Wort noch in Schrift, und, nachdem mir kundgetan worden war, dass besagte Lehre der Heiligen Schrift widerspricht, ein Buch geschrieben und zum Druck gegeben habe, in welchem ich ebendiese bereits verurteilte Lehre erörtere und mit großer Wirksamkeit Gründe zu ihren Gunsten nenne, ohne irgendeine Lösung beizubringen, dringend der Ketzerei verdächtig befunden worden bin, nämlich aufrecht gehalten und geglaubt zu haben, dass die Sonne Mittelpunkt der Welt sei und still stehe und dass die Erde nicht Mittelpunkt sei und sich bewege. [...] da ich [...] diesen heftigen Verdacht [...] tilgen will, schwöre ich aufrichtigen Herzens und ungeheuchelten Glaubens ab, verfluche und verabscheue die oben genannten Irrtümer und Ketzereien [...], und ich schwöre, dass ich künftig niemals wieder, in Wort oder Schrift, Dinge sagen noch behaupten werde, für welche ähnlicher Verdacht gegen mich erschöpft werden könnte. [...]*
>
> *Ich, oben genannter Galileo Galilei, habe abgeschworen, [...] und in Beurkundung der Wahrheit habe ich mit eigener Hand das vorliegende Schriftstück meiner Abschwörung unterschrieben und sie Wort für Wort gesprochen, zu Rom, im Kloster der Minerva, an diesem 22. Juni 1633. Ich, Galileo Galilei, habe abgeschworen [...] mit eigener Hand."*

Galileo Galilei, zitiert nach [16]

Aufgrund seines Vergehens wurde der Angeklagte zu einer lebenslangen Kerkerhaft verurteilt, die jedoch nicht in ihrer strengen Form vollzogen wurde. Galilei musste seinen Lebensabend in Hausarrest verbringen und sämtliche Lehrtätigkeiten einstellen.

Auch im Arrest setzte sich der rastlose Galilei nicht zur Ruhe und arbeitete ab dem Jahr 1633 intensiv an einer Arbeit mit dem Titel *Discorsi e Dimostrazioni Matematiche intorno a due nuove scienze* (Abbildung 3.5). Die geistlichen Institutionen verfolgten das Treiben mit Argwohn, und Galilei wusste, dass an eine Veröffentlichung in Italien nicht zu denken war. Trotzdem gab er sich nicht geschlagen. Über mehrere Mittelsmänner ließ er das Manuskript nach Holland bringen und gegen den Willen der katholischen Kirche drucken. Im Jahr 1635 erschien die lateinische Übersetzung des *Discorsi* und ein Jahr später das in italienischer Sprache verfasste Original. Es ist

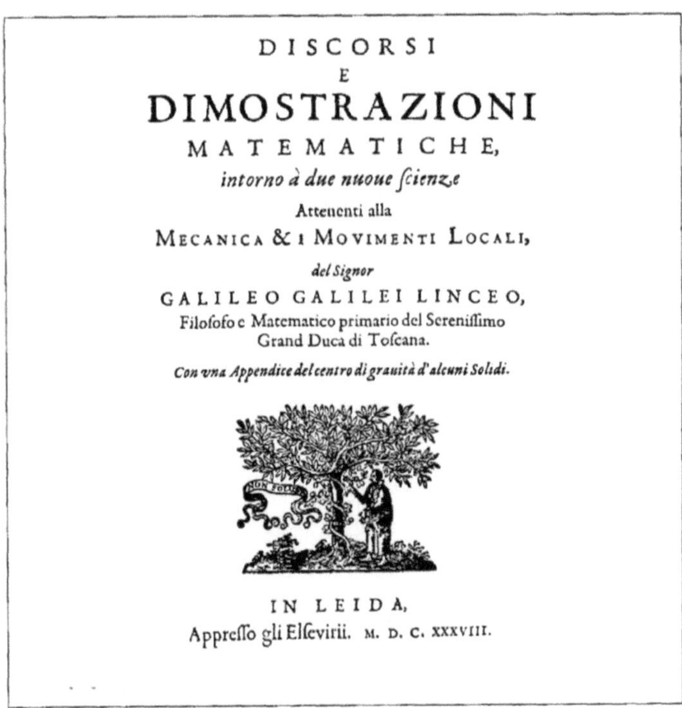

Abbildung 3.5: Titelseite des *Discorsi* von Galileo Galilei

nicht übertrieben, wenn wir den *Discorsi* als Galileis physikalisches Hauptwerk betrachten. Alle physikalischen Erkenntnisse, die er im Laufe seines Lebens gewonnen hatte, finden wir dort gemeinsam aufbereitet.

Schlagen wir den *Discorsi* auf, so begrüßen uns erneut Salviati, Sagredo und Simplicio, und beim Durchblättern wird schnell klar, dass Galileis spektakuläre Suche nach dem Aufbau des Universums nur ein Teil seines Lebenswerks ist. Auch im Bereich der Mechanik hat Galilei Großes geleistet, und es ist an der Zeit, unser Auge für diesen zweiten Teil seines wissenschaftlichen Vermächtnisses zu schärfen.

3.1.2 Beiträge zur Mechanik

Um Galileis Beiträge zur Mechanik in angemessener Weise würdigen zu können, müssen wir uns den Wissenstand der Menschen im beginnenden 17. Jahrhundert ins Gedächtnis rufen. Damals war die Physik, wie wir sie heute kennen, noch nicht geboren und die fast 2000 Jahre alte Bewegungslehre des Aristoteles das Maß aller Dinge. Auch das physikalische Experiment war zu Galileis Zeiten nahezu unbekannt.

Es war weder methodisch etabliert noch gab es die passenden Instrumente, mit denen man z. B. die Fallgesetze empirisch hätte prüfen können. Nur in diesem Licht der Dinge ist zu verstehen, warum die ungeprüfte Lehre des Aristoteles überhaupt so lange überdauern konnte. Mit Galilei kam das Experiment, und mit dem Experiment kamen die Zweifel.

Eine seine großen Entdeckungen machte der Italiener mit einer genauso simplen wie cleveren Apparatur zur Untersuchung des freien Falls. Anstatt Gegenstände in der Luft loszulassen, ließ Galilei Kugeln in einer schräg aufgestellten Holzrinne abrollen. Er hatte erkannt, dass sich das Experiment hierdurch verlangsamen lässt, ohne die grundlegenden Gesetze des freien Falls zu verändern. Mechanische Uhren waren zur damaligen Zeit noch nicht erfunden, und so ließ Galilei die Kugeln auf ihrer Bahn kleine Glöckchen anschlagen, die sich entlang der Holzrinne variabel verschieben ließen. Als er die Position nach und nach so anpasste, dass die Töne in gleichen Intervallen erklangen, erkannte er den heute allseits bekannten Zusammenhang zwischen der Beschleunigung eines Körpers und der zurückgelegten Wegstrecke. Es ist nicht übertrieben, wenn wir Galileis Experimente auf der schiefen Ebene als die Geburtsstunde der modernen Mechanik bezeichnen.

Galilei verbrachte viel Zeit mit der Untersuchung der Pendelbewegung und machte dabei die überraschende Entdeckung, dass die Dauer einer Schwingung lediglich von der Länge des Pendels beeinflusst wurde, nicht aber von der Masse oder dem initial gewählten Ausschlag. Schon früh hatte er dabei bemerkt, dass sich das Verhalten des schwingenden Pendels auf das Verhalten einer Kugel übertragen lässt, die sich auf einer kreisförmigen Holzrinne bewegt, wie sie in Abbildung 3.6 skizziert ist. Dass die Kugel auf der Holzrinne viel schneller zum Stillstand kommt als das Pendel, war ihm natürlich nicht entgangen. Anders als Aristoteles machte Galilei aber nicht die Bewegungsgesetze dafür verantwortlich. Er hatte richtig erkannt, dass die Bremswirkung durch die Roll- und Reibungswiderstände verursacht wurde, die auf der Holzrinne entstehen.

Hieraus ergaben sich bemerkenswerte Konsequenzen. Wenn nämlich zwischen der Bewegung eines Pendels und dem Abrollen einer Kugel kein prinzipieller Unterschied besteht und die Schwingungsdauer eines Pendels unabhängig von dessen Gewicht ist, so müssen unterschiedlich schwere Kugeln auf der Rinne gleich schnell abrollen. Auch dies konnte Galilei verifizieren, wenngleich sich die Roll- und Reibungswiderstände hier stets merklich auf den Ausgang des Experiments auswirkten.

In Gedanken vollzog Galilei den nächsten Schritt. Wenn Kugeln unterschiedlicher Gewichte immer mit der gleichen Geschwindigkeit abrollen, so müsste dies auch für frei fallende Objekte gelten. Genau dies stand aber im Widerspruch zur Bewegungslehre des Aristoteles, die seit Jahrtausenden postulierte, dass schwere Gegenstände schneller fallen als leichte. Im *Discorsi* begründet Galilei seine Position mit einem findigen Widerspruchsargument, das er wie gewohnt von Salviati verkünden lässt:

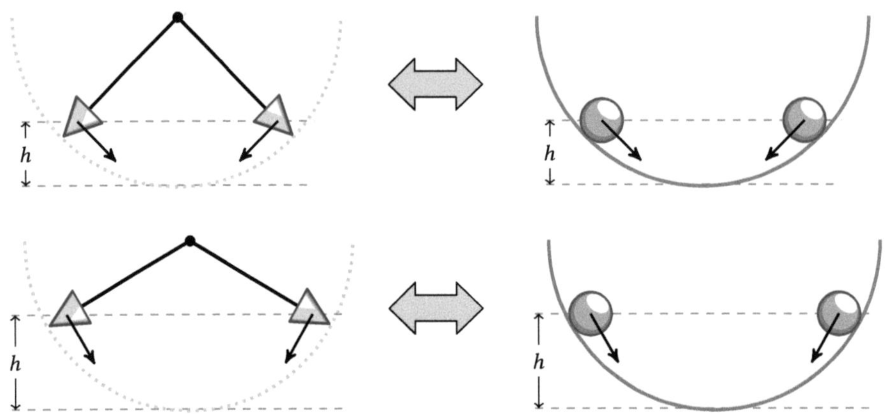

Abbildung 3.6: Pendel- und Rinnenexperimente

„Salviati: Wenn wir zwei Körper haben, deren natürliche Geschwindigkeit verschieden ist, so ist es klar, dass, wenn wir den langsameren mit dem geschwinderen vereinigen, dieser letztere von jenem verzögert werden müsste, und der langsamere müsste vom schnelleren beschleunigt werden. Seid ihr hierin mit mir einverstanden?
Simplicio: Mir scheint die Konsequenz völlig richtig.
Salviati: Aber wenn dies richtig ist und wenn es wahr wäre, dass ein großer Stein sich z. B. mit 8 Maß Geschwindigkeit bewegt und ein kleinerer Stein mit 4 Maß, so würden beide vereinigt eine Geschwindigkeit von weniger als 8 Maß haben müssen. Aber die beiden Steine zusammen sind doch größer als jener größere Stein war, der 8 Maß Geschwindigkeit hatte; mithin würde sich nun der größere langsamer bewegen als der kleinere; was gegen Eure Voraussetzung wäre. "

Galileo Galilei, Discorsi, zitiert nach [20]

Galileis Gedankenexperiment, dessen Kernargument in Abbildung 3.7 grafisch aufbereitet ist, scheint unumstößlich. Aber wie war es möglich, dass Aristoteles zu einem derart falschen Schluss gekommen war und dies die nächsten 2000 Jahre niemand bemerkte? Die Antwort wird ersichtlich, wenn wir gleichzeitig einen Bleiquader und eine Feder loslassen. Natürlich wird der Quader um ein Vielfaches schneller fallen als die Feder, und es ist naheliegend, die Ursache im Wesen der Bewegung materieller Körper zu vermuten. Anders als Aristoteles ließ sich Galilei aber nicht zu diesem Schluss verleiten. Durch eine Reihe scharfsinniger Überlegungen hatte er erkannt, dass die Feder durch die Reibung mit der Luft verlangsamt wird und das Experiment im Vakuum, dem leeren Raum, ganz anders verlaufen würde.

Mit der Vorstellung eines leeren Raums brach Galilei ein weiteres Mal mit der traditionellen Anschauung. Die aristotelische Lehre ging davon aus, die Geschwindigkeit eines Körpers sei proportional zum Widerstand des Mediums, in dem es sich bewegt.

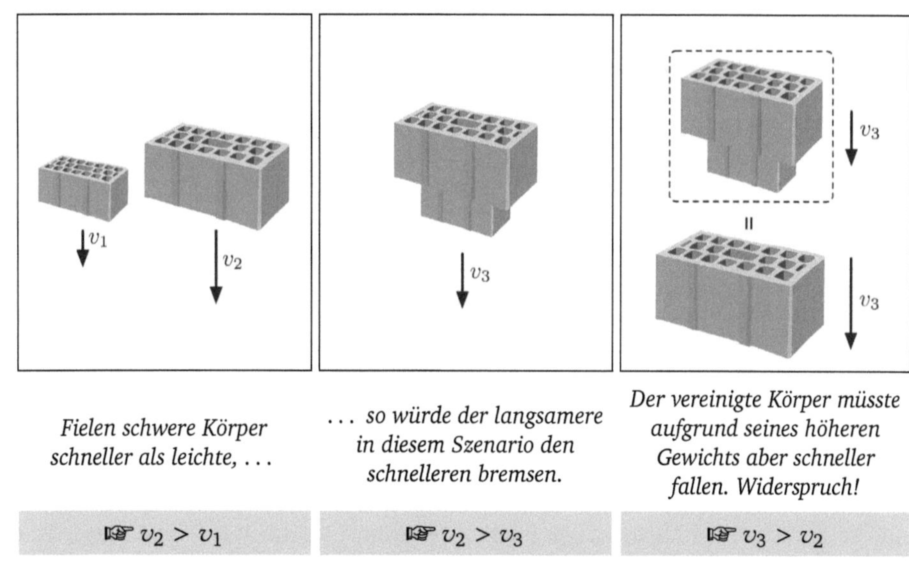

Abbildung 3.7: Das Gedankenexperiment zu Galileis Fallgesetz

Gäbe es einen leeren Raum, so wäre dies ein Raum ohne Widerstand, und ein Körper müsste sich darin mit unendlicher Geschwindigkeit fortbewegen. Dies würde bedeuten, dass er zur selben Zeit an vielen unterschiedlichen Orten wäre, und dies war nicht nur in den Augen von Aristoteles ein Ding der Unmöglichkeit. So harmlos die Vorstellung eines leeren Raums für uns heute ist: In Kapitel 6 werden Sie erfahren, dass die Physiker mit ihr noch viele Jahre haderten.

Und noch einen anderen Irrglauben des Aristoteles brachte Galilei zu Fall. Der große griechische Denker war der Auffassung, dass eine Bewegung nur unter der permanenten Einwirkung einer Kraft aufrechterhalten werden kann, und viele alltägliche Beobachtungen scheinen diese These zu stützen. Lösen wir beispielsweise bei voller Fahrt den Kutschbock von seinem Gespann, so wird der Anhänger gegenüber den weiter galoppieren Pferden kontinuierlich an Geschwindigkeit verlieren und irgendwann zum Stillstand kommen. Galilei hatte erkannt, dass Aristoteles hier der gleiche Fehlschluss unterlaufen war wie bei der Betrachtung des freien Falls. Er verstand, dass die Kutsche aufgrund von Reibungs- und Rollwiderständen an Geschwindigkeit verliert und nicht aufgrund der Bewegungsgesetze.

Dies wirft eine wichtige Frage auf: Wie würde sich die Kutsche verhalten, wenn es weder einen Luftwiderstand noch einen Rollwiderstand gäbe? Galilei fand die Antwort, als er Experimente mit speziellen Pendeln durchführte, die wir heute als *galileische Hemmungspendel* bezeichnen. Abbildung 3.8 demonstriert deren Funktionsprinzip. In dem gezeigten Beispiel wird der Radius durch ein eingebrachtes Hindernis auf der rechten Seite auf die Hälfte verkürzt, so dass ein nach links ausgelenktes Pendel nicht vollständig nach rechts ausschwingen kann. Was Galilei in einem solchen Experiment beobachten konnte, überraschte und faszinierte ihn in gleicher Weise: Trotz des verkürzten Radius bewegte sich das Pendel rechts so lange weiter, bis es wieder die ursprüngliche Höhe erreichte. Offenbar war das entdeckte Pendelgesetz von so allgemeiner Natur, dass auch eine Störung der Bewegungsbahn keinen Einfluss darauf hatte.

Da sich Galilei bereits sicher war, dass zwischen der Bewegung eines Pendels und dem Abrollen einer Kugel kein prinzipieller Unterschied besteht, folgerte er aus dem Verhalten des Hemmungspendels, dass die Form der Holzrinne eine irrelevante Größe sein muss. Egal, wie diese geformt ist: In der Abwesenheit von Roll- und Reibungswiderständen würde eine losgelassene Kugel so lange in der Rinne rollen, bis sie wieder die ursprüngliche Höhe erreicht. Hieraus folgt im Besonderen, dass die Neigung der Rinne beliebig abgeflacht werden kann, ohne den Ausgang des Versuchs zu verändern. Eine Kugel wird, wenn sie keine Widerstände erfährt, stets so lange rollen, bis sie wieder ihre Ausgangshöhe erreicht. Veränderlich sind nur die Laufzeit und die zurückgelegte Strecke. Je flacher die Bahn gewählt wird, desto langsamer nimmt die Geschwindigkeit ab und desto länger ist die Strecke, die die Kugel bis zu ihrem Stillstand zurücklegt.

Für Galilei warf dies eine Frage auf, die in Abbildung 3.9 auf grafische Weise gestellt ist: Was passiert, wenn die Bahn so weit abgeflacht wird, dass sie in die Horizontale übergeht? Logisch gesehen gab es für diesen Grenzfall nur eine Lösung: Die Kugel würde sich gleichförmig und geradlinig weiter bewegen, ohne jemals an Geschwindigkeit zu verlieren; keine andere Möglichkeit war mit den bisher angestellten Überlegungen vereinbar.

Der Ausgang dieses Gedankenexperiments markiert eine Sternstunde der Physik. Galilei hatte das Trägheitsgesetz der Mechanik entdeckt und damit die Lehre des Aristoteles überzeugend widerlegt.

> **Trägheitsgesetz der Mechanik**
>
> **Ein kräftefreier Körper behält seine Geschwindigkeit in Betrag und Richtung bei.**

An dieser Stelle wollen wir auf einen wichtigen Aspekt des Trägheitsgesetzes eingehen, der sich durch eine einfach klingende Frage motivieren lässt: Gilt das Gesetz immer und überall? Eine nähere Betrachtung macht klar, dass wir diese Frage verneinen müssen. Stellen wir uns beispielsweise auf eine rotierende Scheibe und lassen dort eine Kugel rollen, so können wir keineswegs eine geradlinige Bewegung beobachten, sondern eine bogenförmige. Ob das Trägheitsgesetz gilt oder nicht gilt, hängt offenbar davon ab, welches *Bezugssystem*, d. h. welches Koordinatensystem, der Beobachtung zugrunde liegt. Bezugssysteme, in denen das Gesetz gilt, sind in der Physik so wichtig, dass sie einen eigenen Namen tragen:

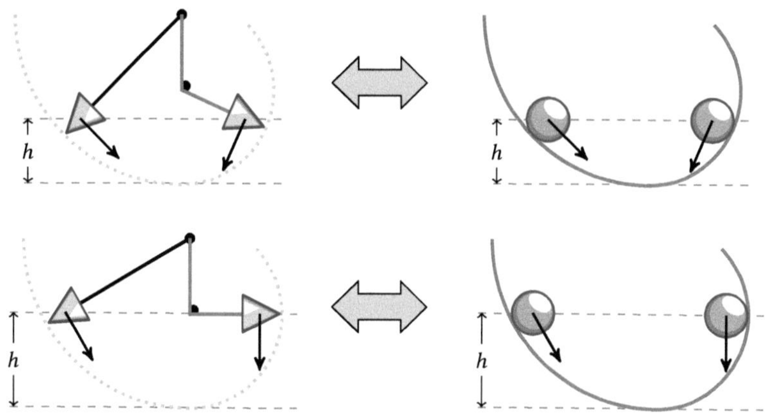

Abbildung 3.8: Galileisches Hemmungspendel

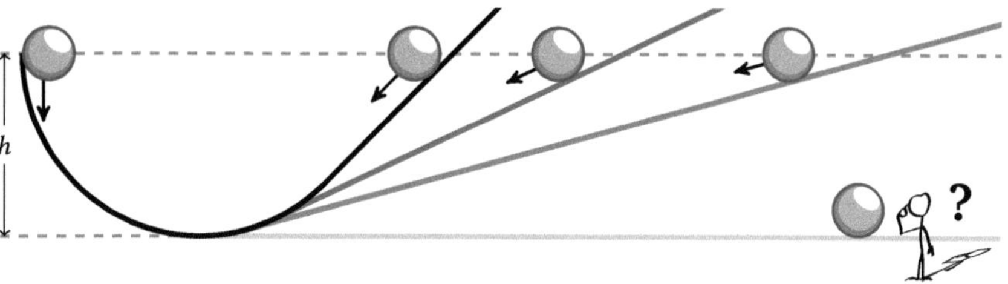

Abbildung 3.9: Gedankenexperiment zum Trägheitsgesetz der Mechanik

> Inertialsystem
>
> Ein Bezugssystem, in dem das Trägheitsgesetz der Mechanik gilt, heißt
> *Inertialsystem*.

Benannt sind diese Bezugssysteme nach dem lateinischen Wort *Inertia*, das Trägheit bedeutet. In der Literatur wird dieser Name allerdings nicht durchgängig verwendet. So spricht Einstein in seinen Arbeiten nicht von Inertialsystemen, sondern von *galileischen Koordinatensystemen*.

3.1.3 Das Relativitätsprinzip

In diesem Abschnitt kommen wir auf ein physikalisches Prinzip zu sprechen, das wir als den historischen Vorläufer des ersten Axioms der speziellen Relativitätstheorie ansehen dürfen: das *Relativitätsprinzip der Mechanik*. Galilei hat das Prinzip im *Dialogo* formuliert, als Erwiderung auf die von Aristoteles vertretene Auffassung, dass wir eine etwaige Bewegung der Erde genauso spüren würden wie den Fahrtwind auf einem zügig bewegten Karren. Es ist eines der Hauptargumente, die von den Kritikern der kopernikanischen Lehre in der Vergangenheit immer wieder gegen das heliozentrische Weltbild vorgetragen wurden. Galilei schreibt:

> *„Hier scheint es mir nun angebracht, um dem Nachweise der Nichtigkeit aller angeführten Versuche die Krone aufzusetzen, dass ich die Art und Weise zeige, wie sie sämtlich mit leichtester Mühe durchprobiert werden können. Schließt Euch in Gesellschaft eines Freundes in einen möglichst großen Raum unter dem Deck eines großen Schiffes ein. Verschafft Euch dort Mücken, Schmetterlinge und ähnliches fliegendes Getier; sorgt auch für ein Gefäß mit Wasser und kleinen Fischen darin; hängt ferner oben einen kleinen Eimer auf, welcher tropfenweise Wasser in ein zweites enghalsiges darunter gestelltes Gefäß träufeln lässt. Beobachtet nun sorgfältig, solange das Schiff stille steht, wie die fliegenden Tierchen mit der nämlichen Geschwindigkeit nach allen Seiten des Zimmers fliegen. Man wird sehen, wie die Fische ohne irgend welchen Unterschied nach allen Richtungen schwimmen; die fallenden Tropfen werden alle in das untergestellte Gefäß fließen. Wenn Ihr Eurem Gefährten einen Gegenstand zuwerft, so braucht Ihr nicht kräftiger nach der einen als nach der anderen Richtung zu werfen, vorausgesetzt, dass es sich um gleiche Entfernungen handelt. Wenn Ihr, wie man sagt, mit gleichen Füßen einen Sprung macht, werdet Ihr nach jeder Richtung hin gleich weit gelangen. Achtet darauf, Euch aller dieser Dinge sorgfältig zu vergewissern, wiewohl kein Zweifel obwaltet, dass bei ruhendem Schiffe alles sich so verhält. Nun lasst das Schiff mit jeder beliebigen Geschwindigkeit sich bewegen: Ihr werdet – wenn nur die Bewegung gleichförmig ist und nicht hier- und dorthin schwankend – bei allen genannten Erscheinungen nicht die geringste Veränderung eintreten sehen.“*
>
> Galileo Galilei, zitiert nach [73]

Mathematisch gesehen sind die Erde und das Schiff, die Galilei in seiner bildhaften Beschreibung verwendet, zwei verschiedene Bezugssysteme. Da Galilei das Schiff mit einer konstanten Geschwindigkeit geradeaus fahren lässt, gilt in beiden das Trägheitsgesetz: Ein Körper, auf den keine Kräfte einwirken, bewegt sich gleichförmig auf einer geraden Linie. Das Wort „gleichförmig" bedeutet in diesem Zusammenhang, dass sich der Körper mit einer gleichbleibenden Geschwindigkeit bewegt.

Damit können wir Galileis Relativitätsprinzip in die folgende moderne Formulierung bringen:

> **Relativitätsprinzip von Galilei**
>
> Die *Gesetze der Mechanik* nehmen in allen Inertialsystemen die gleiche Form an.

Etwas später gibt Galilei eine Erklärung, warum die Dinge seiner Meinung nach so sind, und nicht anders:

„Die Ursache dieser Übereinstimmung aller Erscheinungen liegt darin, dass die Bewegung des Schiffes allen darin enthaltenen Dingen, auch der Luft, gemeinsam zukommt."

Galileo Galilei, Discorsi, zitiert nach [20]

Galilei drückt hier aus, dass das Schiff jedem Gegenstand unter Deck seine Bewegung aufprägt, und zwar zusätzlich zu dessen Eigenbewegung. Das bedeutet konkret: Werfen wir unter Deck einen Gegenstand in Fahrtrichtung, so wird seine Grundgeschwindigkeit, die ihm mit dem Schiff *„gemeinsam zukommt"*, um die Geschwindigkeit erhöht, die der Gegenstand relativ zu seiner Umgebung unter Deck aufweist. Dies ist nichts anderes als das klassische *Additionstheorem für Geschwindigkeiten*, das uns erlaubt, Relativgeschwindigkeiten zu addieren.

Der *Discorsi*, aus dem wir weiter oben mehrfach zitiert haben, war Galileis letztes großes Werk. Im Arrest litt der alternde Italiener in zunehmendem Maße unter gesundheitlichen Problemen, insbesondere unter der kontinuierlichen Schwächung seiner Augen. Im Jahr 1638 war sein Augenlicht vollständig erloschen und an die wissenschaftliche Arbeit nicht mehr zu denken. Ein eingereichtes Gnadengesuch lehnte die Kirche ab und zwang den Gepeinigten dazu, seinen Lebensabend in der Verbannung zu verbringen. Galileo Galilei starb am 8. Januar 1642 in seinem Landhaus in Arcetri.

Die Zeit ist gekommen, Italien zu verlassen. Unsere Reise führt uns auf die britische Insel, wo nur wenige Monate nach Galileis Tod ein Kind zur Welt kam, das dessen wissenschaftliches Vermächtnis aufgreifen und in gebührender Weise fortschreibend sollte. Sein Name: Isaac Newton.

Abbildung 3.10

ISAAC NEWTON
1642 – 1727

Ölgemälde von Godfrey Kneller aus dem
Jahr 1689

3.2　Isaac Newton

„If I have seen further it is by standing on y^e shoulders of Giants."

Isaac Newton [170]

Isaac Newton (Abbildung 3.10) wurde am 25. Dezember 1642 in Woolsthorpe geboren, einem kleinen Dorf in der englischen Grafschaft Lincolnshire. Dass Isaac am Weihnachtstag das Licht der Welt erblickte, verdankte er dem julianischen Kalender, der in Großbritannien erst 1752 durch den gregorianischen Kalender ersetzt wurde. Damit fällt Newtons Geburtsjahr nur scheinbar mit dem Todesjahr von Galilei zusammen. Nach dem gregorianischen Kalender, der auf dem europäischen Kontinent zu dieser Zeit schon großflächig eingeführt war, datiert Newtons Geburtstag auf den 4. Januar 1643.

In den ersten Wochen nach der Entbindung stand Isaacs Leben auf des Messers Schneide. Das zwei Monate zu früh geborene Kind war so schwächlich, dass ihm kaum jemand ein langes Leben attestierte; vielmehr sahen ihn die meisten im Geiste seinem Vater folgen, der drei Monate zuvor verstorben war. Die Befürchtungen bestätigten sich nicht und Isaac reifte zu einem prächtigen Jungen heran.

Als er drei Jahre alt war, heiratete seine Mutter den 63-jährigen Geistlichen Barnabas Smith. Im Leben seines Stiefvaters war für Isaac kein Platz, und so entschied die Mutter notgedrungen, ihren Sohn in die Obhut der Großmutter zu geben. Der Junge litt sehr unter der Trennung, und für manche Historiker ist dieses traumatische Erlebnis der Grund für die vielen zwischenmenschlichen Konflikte, die Newton bis zu seinem Lebensende begleiteten.

Als Isaac 10 Jahre alt war, verstarb Barnabas Smith, und seine Mutter kehrte mit drei Kindern aus der zweiten Ehe nach Woolsthorpe zurück. Im Nachlass des gehassten Stiefvaters fand Isaac mehrere hundert theologische Bücher, die auf ihn eine unwiderstehliche Faszination ausübten. Tatsächlich sollten spirituelle Überlegungen bis zum Schluss eine wichtige Rolle in Newtons Leben spielen.

Nachdem er die Dorfschule in Skillington abgeschlossen hatte, wechselte Isaac im Alter von 12 Jahren an die King's School in der 10 km nördlich gelegenen Stadt Grantham. Dort lebte er im Hause der Apothekerfamilie Clark, wo er von allerlei medizinischen Tinkturen und chemischen Substanzen umgeben war. Er liebte es, in alchemistischer Manier Elixiere zu mischen, und behielt diese Leidenschaft bis zu seinem Lebensende bei. Nicht vielen Menschen ist bekannt, dass Newton in seinem Leben mehr Zeit für die Theologie und die Alchemie aufgewendet hatte als für die Mathematik und die Physik.

Als Newton 17 Jahre alt war, drängte ihn seine Mutter, die Schule zu verlassen und nach Woolsthorpe zurückzukehren. Vor ihrem geistigen Auge sah sie in ihrem Sohn einen stattlichen Farmer heranwachsen, doch dieser Traum war nur von kurzer Dauer. Mit dem intellektuell wenig fordernden Landleben kam Newton nicht zurecht; anstatt das Vieh zu hüten, vergrub er sich gerne hinter den Deckeln eines dicken Buchs oder verbrachte seine Zeit mit dem Bau von Wassermühlen und Sonnenuhren. Schließlich folgte die Mutter dem Rat des Onkels und schickte ihren Sohn auf die Schulbank in Grantham zurück. Newton war von dieser Entscheidung beglückt und schloss die Schule mit sehr guten Noten ab.

Im Juni 1661 nahm er am Trinity College in Cambridge das Studium auf. Da er von seiner Mutter nur in geringem Umfang finanziell unterstützt wurde, hatte Newton dort den Rang eines *Subsizars* [20]. Er war von der Zahlung von Studiengebühren befreit und wurde mit kostenloser Verpflegung unterstützt; im Gegenzug musste er die Universitätsinstitutionen durch zahlreiche Hilfsdienste unterstützen.

In alter Tradition wurde am Trinity College die Lehre des Aristoteles unterrichtet, gleichwohl kam Newton auch mit den damals moderneren Schriften von Kopernikus, Kepler und Galilei in Kontakt. Ein wichtiges Ereignis in Newtons Studienzeit war die Berufung von Isaac Barrow auf den frisch gegründeten *Lucasischen Lehrstuhl für Mathematik*. Gestiftet wurde der Lehrstuhl, der in den Naturwissenschaften heute zu den renommiertesten gehört, von Henry Lucas, einem Abgeordneten des englischen Unterhauses. Barrow hatte *„eine gewaltige Hochachtung"* vor Newton und sollte später zu einem seiner größten Fürsprecher werden. Es wird berichtet, dass der Professor des Öfteren zu sagen pflegte, *„dass er wahrhaftig Einiges von Mathematik verstehe, dass er aber im Vergleich zu Newton wie ein Kind rechne"* [154].

Newton beendete sein Studium 1665, just in dem Jahr, als der Süden Englands von einer der größten Epidemien des Landes heimgesucht wurde: der Großen Pest von London. Wahrscheinlich war es ein Schiff aus Amsterdam, mit dem der schwarze Tod im Winter 1664 die Docks vor den Toren Londons erreichte; jedenfalls wurden von dort die ersten Todesfälle gemeldet. Da es zunächst bei wenigen Opfern blieb, glaubte man, die Gefahr sei gebannt, doch in Wirklichkeit hatte lediglich der strenge Winter das Bakterium in Zaum gehalten. Als ein ungewöhnlich warmer Frühling die Natur im Süden Englands erwachen ließ, verbreitete sich der Erreger rasant. Im Juli hatte er die Londoner Innenstadt erreicht und bereits in der ersten Woche rund 1000 Opfer gefordert. Später wuchs die Anzahl der Toten alleine in London auf 70.000 an, was ca. 15 % der gesamten Stadtbevölkerung entsprach. Wer konnte, floh auf das Land, wo die Gefahr einer Ansteckung um ein Vielfaches geringer war.

Auch im nahe gelegenen Cambridge verließen viele Bürger die Stadt, und im August 1665 schloss auch das Trinity College seine Pforten auf unbestimmte Zeit. Newton entschied, nach Woolsthorpe zurückzukehren, um sich dort in aller Ruhe seinen Studien zu widmen. Sein Plan ging auf. In der ruhigen Umgebung seiner Heimat war es ihm gelungen, die Grundlagen für sein gesamtes wissenschaftliches Lebenswerk zu erarbeiten. In ihrer Größe ist diese Leistung nur schwerlich in Worte zu fassen, und so werden die Jahre 1665 und 1666 gerne als Newtons *Anni mirabiles*, Newtons Wunderjahre, bezeichnet.

3.2.1 Newtons Wunderjahre

Während seiner Zwangspause in Woolsthorpe hatte Newton gleich auf drei Gebieten Großes geleistet: der Mathematik, der Optik und der Astronomie. Er selbst äußerte sich später folgendermaßen über diese wichtige Phase seines Lebens:

„In the beginning of the year 1665 I found the Method of approximating series & the Rule for reducing any dignity of any Binomial into such a series. The same year in May I found the method of Tangents [...] & in November had the direct method of fluxions & the next year in January had the Theory of Colours & in May following I had entrance into ye inverse method of fluxions. And the same year I began to think of gravity extending to ye orb of the Moon & (having found out how to estimate the force with w^{ch} [a] globe revolving within a sphere presses the surface of the sphere) from Keplers rule of the periodical times of the Planets being in sesquialterate proportion of their distances from the center of their Orbs, I deduced that the forces wch keep the Planets in their Orbs must [be] reciprocally as the squares of their distances from the centers about wch they revolve: & thereby compared the force requisite to keep the Moon in her Orb with the force of gravity at the surface of the earth, & found them answer pretty nearly. All this was in the two plague years of

Abbildung 3.11

GOTTFRIED WILHELM LEIBNIZ
1646 – 1716

*1665 – 1666. For in those days I was in the prime of my age for invention & minded
Mathematicks & Philosophy more then at any time since."*

Isaac Newton, zitiert nach [154]

Der Binomialsatz

Über seine erste Entdeckung berichtete Newton ausführlich in einem Brief, den er 1676
an den deutschen Gelehrten Gottfried Wilhelm Leibniz schrieb (Abbildung 3.11). Er
erklärte darin, wie sich Ausdrücke der Form $(x + y)^\alpha$ in Form einer unendlichen Reihe
entwickeln lassen. Für natürliche Zahlen α war die Reihe schon lange bekannt, doch
Newton war es gelungen, sie zu verallgemeinern und ihre Gültigkeit auf rationale
Zahlen auszuweiten. Seine Entdeckung ist der Inhalt dessen, was wir heute als den
Binomialsatz bezeichnen.

Newton zählte die Entdeckung dieses Satzes zu seinen größten mathematischen Leistungen. Dies tat er nicht ohne Grund, denn mit ihr war er in der Lage, eines der
dringlichsten Probleme seiner Zeit zu lösen: die Berechnung der von einer Kurve
eingeschlossenen Fläche. Hierfür entwickelte er die Kurve zunächst in Form einer
unendlichen Reihe und summierte anschließend die Flächen unter den zahlreichen
Einzelkurven auf, die durch die Reihenglieder beschrieben wurden. Newton hatte
erkannt, dass sich der Flächeninhalt durch die Hinzunahme immer weiterer Reihenglieder beliebig genau approximieren ließ, und damit gleichzeitig eine wichtige
Rechenregel entdeckt: die Summenregel der Integralrechnung.

Die Fluxionsmethode

Neben der Berechnung von Flächeninhalten beschäftigte sich Newton auch mit der Krümmung von Kurven und suchte in diesem Umfeld nach einer systematischen Methode, mit der die Tangente für einen beliebigen Punkt gefunden werden konnte. Methodisch war Newton auf diesem Gebiet Großes gelungen. Mit der *Fluxionsmethode*, die eigens für diesen Zweck entstanden war, hatte er im Pestjahr 1665 die Grundlagen der Infinitesimalrechnung entwickelt.

Etwa zur gleichen Zeit hatte der deutsche Gelehrte Gottfried Wilhelm Leibniz die Infinitesimalrechnung entdeckt, allerdings auf einem völlig anderen Weg. Die Art und Weise, wie die Differential- und Integralrechnung an unseren Schulen und Universitäten gegenwärtig gelehrt wird, folgt in weiten Teilen dem Leibniz'schen Gedankenpfad, und dies führt dazu, dass wir den Newton'schen Ansatz in der Retrospektive als reichlich fremdartig empfinden. Wir wollen trotzdem versuchen, ein paar Schritte mit Newton zu gehen.

Bei der Bestimmung einer Tangentensteigung oder eines Flächeninhalts ließ sich Newton von der Vorstellung leiten, eine Kurve oder eine Fläche sei das Resultat eines zeitlich ablaufenden Prozesses. Im Geiste stellte er sich vor, dass eine Fläche von einer vertikalen Strecke erzeugt wird, die sich mit konstanter Geschwindigkeit entlang der x-Achse bewegt. Denken wir uns einen der Endpunkte dieser Strecke fest mit der x-Achse verbunden, so zeichnet der andere Punkt die Kurve $y(x)$. Newton fand heraus, dass die unter der Kurve eingeschlossene Fläche einen engen Zusammenhang mit der Funktion $y(x)$ aufweist, wenn die zeitliche Änderung der Fläche, in Newtons Worten die *Fluxion*, betrachtet wird. Er fand heraus, dass die Fluxion der Fläche genau der Funktion $y(x)$ entspricht, die Berechnung der Tangentensteigung und die Berechnung des Flächeninhalts unter einer Kurve also zueinander inverse Probleme sind. Im Kern ist Newtons Entdeckung der Inhalt dessen, was wir heute als den *Hauptsatz der Differential- und Integralrechnung* bezeichnen.

Es darf an dieser Stelle nicht unerwähnt bleiben, dass die Entdeckung der Fluxionsmethode mit einem äußerst unrühmlichen Kapitel in Newtons Leben verbunden ist: dem Prioritätenstreit mit Gottfried Wilhelm Leibniz. Als Newton erfuhr, dass Leibniz die Infinitesimalrechnung zeitgleich entwickelt hatte und er die hierfür gebührende Ehre teilen müsse, bezichtigte er Leibniz des Plagiats. Für den Deutschen nahm der Streit ein ungerechtes Ende. Im Jahr 1712 verabschiedete die Royal Society einen Untersuchungsbericht, der Leibniz offiziell als Plagiator brandmarkte. Bis zu seinem Lebensende blieb dem Geschmähten verborgen, dass nicht der Untersuchungsausschuss, sondern Newton die Strippen zog und große Teile des Berichts selbst verfasste.

Heute sind sich nahezu alle Historiker einig darüber, dass beide unabhängig voneinander die Infinitesimalrechnung entdeckten. Für Leibniz kam die Rehabilitation allerdings viel zu spät. Die Royal Society hielt für viele Jahre an ihrem parteiischen

Urteil fest und diskreditierte Leibniz noch weit über dessen Tod hinaus als einen großen Plagiator der Newton'schen Ideen.

Erkenntnisse zum Gravitationsgesetz

In den Pestjahren 1665 und 1666 hatte Newton nicht nur das Fundament seines mathematischen Lebenswerks gelegt, sondern zur gleichen Zeit auch wichtige Entdeckungen im Bereich der Physik gemacht. Neben grundlegenden Erkenntnissen auf dem Gebiet der Optik, auf die wir weiter unten in einem separaten Abschnitt eingehen werden, hatte er neue Einsichten zur Wirkungsweise der Gravitation gewonnen. In seinen späten Lebensjahren schrieb Newton, ein herunterfallender Apfel im Garten seines Domizils in Woolsthorpe habe ihn das Gravitationsgesetz entdecken lassen, doch diese Aussage hat sich in der Retrospektive als haltlos erwiesen. Heute gilt es als gesichert, dass Newton das Gravitationsgesetz 1666 noch nicht in seiner endgültigen Form kannte. Seine wissenschaftlichen Aufzeichnungen belegen, dass es in seinem Geist erst nach und nach an Kontur gewann.

Ein wesentlicher Teilaspekt der Gravitation wurde von Newton dennoch sehr früh entdeckt: das reziproke Quadratgesetz. Es besagt, dass die Gravitationskraft mit dem Quadrat der Entfernung schwächer wird. Als Begriff taucht die Gravitationskraft in den frühen Aufzeichnungen übrigens nicht ein einziges Mal auf, denn im Jahr 1666 hatte Newton noch nicht klar vor Augen, dass eine in das Zentrum des Zentralgestirns gerichtete Kraft die Planeten auf ihre Umlaufbahn zwingt. Damals neigte er noch dazu, die Gravitation als die Folge einer mechanischen Verdichtung einer die Erde umgebenden Substanz zu interpretieren.

3.2.2 Der Lucasische Lehrstuhl

Als die Pest vorüber und die Quarantäne aufgehoben war, kehrte Newton im Jahr 1667 nach Cambridge zurück. Zwei Jahre arbeitete er dort am Trinity College als *Fellow*, bis sein Leben 1669 eine überraschende Wendung nahm. Newtons inniger Fürsprecher Isaac Barrow hatte eine tiefe Sinnkrise durchlebt und daraufhin beschlossen, der Mathematik zugunsten der Theologie zu entsagen. Barrow trat von seiner Professur zurück und machte keinen Hehl daraus, dass es für ihn nur einen einzigen gebührenden Nachfolger geben könne. So kam es, dass Newton 1669 unerwartet auf den Lucasischen Lehrstuhl berufen wurde – im jungen Alter von nur 27 Jahren.

Nach der Berufung intensivierte Newton seine Forschungen auf dem Gebiet der Optik. Unter anderem entwickelte er in dieser Zeit das *Spiegelteleskop*, eine brillante Erfindung, für die er im Jahr 1672 in die *Royal Society* aufgenommen wurde. Mit einer im gleichen Jahr publizierten Arbeit über seine *Farbenlehre* polarisierte er die Wissenschaftsgemeinde. Während ihn manche Forscher in den höchsten Tönen lobten, erntete er von anderen harsche Kritik. Zu Newtons schärfsten Widersachern gehörte ein einflussreiches Mitglied der Royal Society: der englische Gelehrte Robert Hooke. Manche Aspekte der Newton'schen Theorie wies Hooke als inhaltlich falsch zurück, von anderen behauptete er, selbst der Urheber zu sein. Das belastete Verhältnis zwischen Newton und Hooke entspannte sich nicht. Ganz im Gegenteil: Es führte in den Folgejahren zu fortwährenden Streitigkeiten, die in einer tiefen Feindschaft endeten.

Dass Newton ein äußerst schwieriger Charakter war, haben wir bereits erwähnt. Kritik konnte er nur schwer ertragen, und so endete der wissenschaftliche Diskurs schnell in einem persönlichen Zwist. Mit seinem eigentümlichen Publikationsverhalten verschärfte er die Misere zusätzlich. Anders als es heute in der Wissenschaft üblich ist, hatte Newton nur wenige seiner Erkenntnisse sofort veröffentlicht. Stattdessen verstaute er seine Notizen oftmals für viele Jahre in seinen Schubladen, und davon gab es viele.

Dass der wertvolle Fundus nicht für immer verschlossen blieb, verdanken wir einem Mann, der auch einem berühmten Kometen seinen Namen gab: Edmond Halley. Im Jahr 1684 diskutierte der englische Astronom mit Robert Hooke und Christopher Wren über die Frage, wie die Gravitation mit den keplerschen Gesetzen zusammenhängt. Die Tatsache, dass die Gravitation stets in Richtung der Sonne wirkt und ihre Stärke umgekehrt proportional zum Quadrat des Abstands ist, hielten die drei Wissenschaftler intuitiv für ausreichend, um die Gültigkeit der keplerschen Gesetze zu erzwingen. Ein Beweis dieser Hypothese hatten sie nicht in Händen, und alle Versuche, einen solchen zu finden, verliefen im Sand. Irgendwann fasste Halley einen mutigen Entschluss. Er wollte nach Cambridge fahren, um den großen Newton um Rat zu bitten. Halley wusste nicht, was ihn dort erwarten würde, und freilich konnte er nicht im entferntesten ahnen, dass sich ein wichtiges Kapitel der Physikgeschichte ohne seine Reise heute wohl ganz anders lesen würde.

Es wird berichtet, dass Halley reichlich nervös in die Kutsche stieg, die ihn von London nach Cambridge brachte, doch seine Befürchtung, man würde ihn mit grimmiger Mine bereits an der Pforte abweisen, bewahrheitete sich nicht. Newton empfing seinen Gast mit offenen Armen und bekundete reges Interesse. Als Halley sein Anliegen vollständig vorgetragen hatte, wurde er mit einer unerwarteten Antwort bedacht. Newton erklärte, er habe das Problem schon in der Vergangenheit gelöst, die Notizen aber irgendwo verstaut und aus den Augen verloren. Er wolle danach suchen und sie mit der Post nach London schicken, falls er sie wieder finde.

Tatsächlich erreichte Halley noch im November des gleichen Jahres ein Umschlag aus Cambridge, in dem sich ein handschriftlich verfasstes Manuskript mit dem neugierig machenden Titel *De motu corporum in gyrum* (*Zur Bewegung von Körpern im Orbit*) verbarg. Was Halley darin lesen konnte, übertraf seine Erwartungen bei weitem, und ein Blick in die Arbeit zeigt, warum.

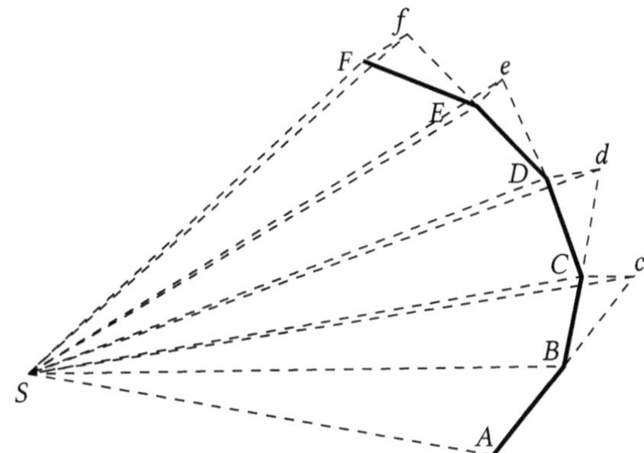

Abbildung 3.12: Newtons Skizze zum Beweis des Flächensatzes. Die Bewegungsbahn des Planeten wird durch Segmente approximiert, die geradlinig durchlaufen werden.

De motu corporum in gyrum

Newtons Arbeit beginnt mit einer recht unspektakulären Reihe von Definitionen und Hypothesen, aus denen er anschließend 2 Lemmata und 4 Theoreme ableitet. Wir wollen unser Augenmerk auf das erste Theorem lenken, hinter dem sich nichts Geringeres verbirgt als das zweite keplersche Gesetz. Wir erinnern uns: Das zweite keplersche Gesetz ist der Flächensatz; er besagt, dass eine gedachte Linie zwischen der Sonne und einem Planeten in gleichen Zeiträumen gleiche Flächen überstreicht. In seinem Schreiben an Halley präsentierte Newton ein trickreiches geometrisches Argument, mit dem sich der Satz auf einfache Weise beweisen lässt. Berühmt geworden ist in diesem Zusammenhang eine Skizze, die von Newton handschriftlich angefertigt wurde und in Abbildung 3.12 originalgetreu nachgezeichnet ist.

Bevor wir offenlegen, wie Newton den Flächensatz anhand dieser Skizze bewiesen hat, wollen wir uns ein elementares Ergebnis über den Flächeninhalt von Dreiecken ins Gedächtnis rufen. Wir wissen, dass das Produkt aus der Grundseite und der Höhe eines Dreiecks dem doppelten Flächeninhalt entspricht. Hieraus folgt unmittelbar, dass die in Abbildung 3.13 gezeigten Deformationen *flächeninvariant* sind, die Flächen der Dreiecke also gleich bleiben. Im ersten Beispiel wurde die Grundlinie des Dreiecks um eine volle Länge nach rechts gerückt und im zweiten Beispiel der obere Eckpunkt entlang der gegenüberliegenden Grundlinie verschoben. Da sich in beiden Beispielen weder die Länge der Grundlinie noch die Höhe des Dreiecks ändert, bleibt der Flächeninhalt gleich.

Jetzt reicht ein Blick auf Abbildung 3.14 aus, um Newtons geometrisches Argument zu verstehen. Der Punkt S ist der Zentralkörper, um den sich ein Trabant im entgegengesetzten Uhrzeigersinn bewegt. Wir nehmen an, der Trabant befände sich zunächst

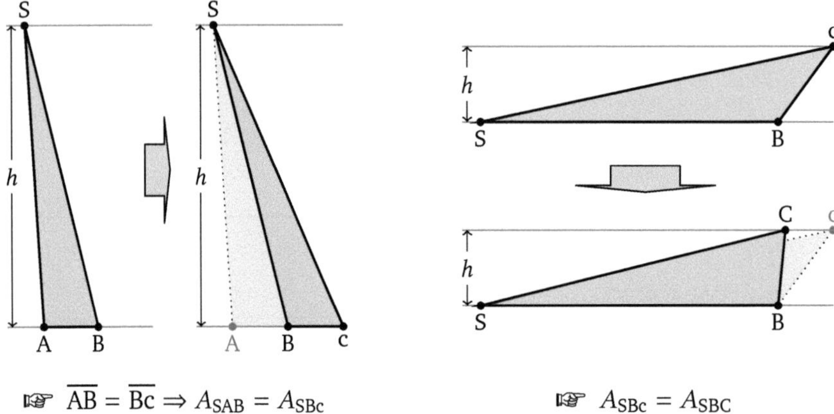

Abbildung 3.13: Der Flächeninhalt A eines Dreiecks bleibt unverändert, wenn wir eine seiner Grundlinien seitlich versetzen (links) oder einen Punkt parallel zur gegenüberliegenden Grundlinie verschieben (rechts).

im Punkt A, ein kurzes Zeitintervall später im Punkt B und wiederum ein kurzes Zeitintervall später im Punkt C. Das zweite keplersche Gesetz besagt, dass die Dreiecke SAB und SBC den gleichen Flächeninhalt haben. Um dies zu beweisen, betrachten wir den Trabanten im Punkt B. Um die Folgeposition C zu bestimmen, müssen wir zwei Bewegungen berücksichtigen. Eine der beiden wird durch die Gravitationskraft verursacht. Der Trabant wird in Richtung des Zentralkörpers beschleunigt und würde sich, wenn wir alle anderen Bewegungen ignorieren, zum nächsten Betrachtungszeitpunkt am Punkt V befinden. Die andere Bewegung wird ersichtlich, wenn wir die Gravitationskraft gedanklich ausblenden. In diesem Fall würde sich der Trabant aufgrund der Trägheit geradlinig weiterbewegen, auf den Punkt c.

Newtons Argumentation ist sehr simpel, wenn wir uns an die geometrischen Gesetzmäßigkeiten in Abbildung 3.13 erinnern. Aus der Beziehung $\overline{AB} = \overline{Bc}$ folgt, dass die Dreiecke SAB und SBc den gleichen Flächeninhalt haben. Die Fläche des Dreiecks SBc ist aber genauso groß wie die Fläche des Dreiecks SBC, was zu beweisen war.

Ist Ihnen aufgefallen, dass wir für den Beweis keinerlei Gebrauch von der Tatsache gemacht haben, dass die Gravitationskraft umgekehrt proportional zum Abstand ist? Wesentlich waren nur drei Dinge: Galileis Trägheitsgesetz, das wir für die Festlegung des Punktes c verwendet haben, die Eigenschaft der Gravitationskraft, in die Richtung des Zentralkörpers zu wirken, und das *Superpositionsprinzip*, das wir in unserer Argumentation implizit verwendet haben, ohne es ausdrücklich zu benennen. Weiter unten werden wir klären, was es mit diesem sehr grundlegenden Prinzip auf sich hat.

All dies wirkte auf Halley überwältigend. Newton hatte das Problem, das er mit Hooke und Wren erfolglos angegangen war, umfänglich gelöst, und zwar auf eine

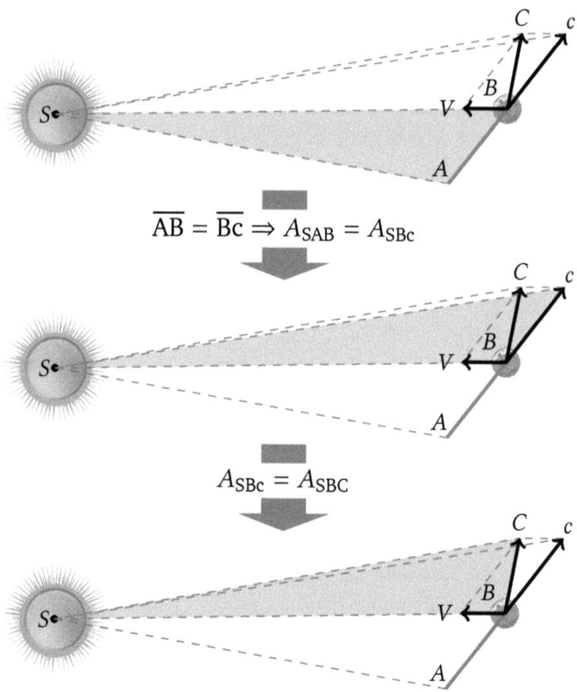

Abbildung 3.14: Newtons geometrischer Beweis des zweiten keplerschen Gesetzes

Art und Weise, die niemand in dieser Form erwartet hatte. Er erkannte sofort, wie weitreichend die Entdeckung war, gleichwohl war ihm Newtons eigentümliches Gebaren bekannt, seine wissenschaftlichen Erkenntnisse sehr zögerlich oder gar nicht zu publizieren. Halley wusste, dass er Newton dazu drängen musste, die skizzenhaft niedergeschriebenen Ergebnisse formal aufzuarbeiten, und erklärte sich dazu bereit, das Projekt zu finanzieren und den Druck des Manuskripts zu organisieren. Newton war dieser Idee zugeneigt, und so entwickelte sich in den kommenden Monaten eine fruchtbare Zusammenarbeit. Jede Manuskriptseite, die Newton produzierte, wurde von Halley akribisch probegelesen, korrigiert und kommentiert. Nach drei Jahren intensiver Arbeit war das Werk vollbracht. Im Sommer 1687 verließen die *Philosophiae Naturalis Principia Mathematica* die Druckerpresse.

3.2.3 *Principia Mathematica*

Die *Principia Mathematica* sind in drei Kapitel aufgeteilt, die Newton *Bücher* nannte. In der Retrospektive ist vor allem das erste Buch von Bedeutung, das sich mit der Bewegung von Körpern im leeren Raum befasst. Im zweiten Buch überträgt Newton seine Ergebnisse auf die Bewegung von Körpern in viskosen Flüssigkeiten, und im dritten Buch skizziert er sein kosmologisches Weltbild.

Man sollte glauben, der Erfinder der Infinitesimalrechnung habe die Ergebnisse der *Principia* mit diesen neuen Methoden hergeleitet, auf eine Weise wie wir sie aus unseren modernen Lehrbüchern kennen. Das Gegenteil ist richtig. Newton liebte die Methoden der *„Alten"*, für die Mathematik und Geometrie eine untrennbare Einheit waren. Entsprechend glaubte er, seinen Leserkreis mit geometrischen Argumenten viel eher überzeugen zu können als mit einer Herleitung, die auf seiner neu entwickelten Lehre des unendlich Kleinen basiert. Er selbst schrieb damals über den anvisierten Leserkreis der *Principia*:

> *„Für die Mathematiker des gegenwärtigen Jahrhunderts, die fast ausschließlich in der Algebra bewandert sind, ist der synthetische Stil [der Principia] weniger angenehm, sei es, weil er allzu schwerfällig oder dem Stil der Alten allzu ähnlich ist, sei es, weil er weniger enthüllend ist als die Methode der Entdeckung. Freilich hätte ich, was ich analytisch entdeckt habe, mit weniger Mühe, als notwendig war, um es durch Zusammensetzung darzustellen, auch analytisch aufzeichnen können. Ich schrieb jedoch für Philosophen, die in den Grundlagen der Geometrie beschlagen sind, und deswegen habe ich die Basis der Naturphilosophie in geometrische Formen gegossen."*

Isaac Newton, zitiert nach [7]

Auch später hatte Newton niemals selbst eine rigorose Herleitung seiner Ergebnisse mit den Mitteln der Infinitesimalrechnung publiziert. Diese Leistung gebührt einem anderen Genie: dem Schweizer Mathematiker Leonhard Euler.

Die wichtigsten Passagen der *Principia Mathematica* finden wir im ersten Buch. Dort formuliert Newton die drei grundlegenden Prinzipien, die wir heute als die *Newton'schen Gesetze* bezeichnen. Zusammen bilden sie das Fundament, auf dem die gesamte klassische Mechanik ruht.

In seiner Originalformulierung lautet das erste Newton'sche Gesetz folgendermaßen:

> *„Corpus omne perseverare in statu suo quiescendi vel movendi uniformiter in directum, nisi quatenus illud a viribus impressis cogitur statum suum mutare."*

Isaac Newton [126]

> *„Jeder Körper beharrt in seinem Zustande der Ruhe oder der gleichförmigen geradlinigen Bewegung, wenn er nicht durch einwirkende Kräfte gezwungen wird, seinen Zustand zu ändern."*

Isaac Newton, zitiert nach [128]

Ein Blick auf Seite 54 macht klar, dass sich hinter Newtons erstem Gesetz das *galileische Trägheitsgesetz* verbirgt. Lassen Sie sich von den gewählten Formulierungen aber nicht täuschen: Auch wenn beide zum Verwechseln ähnlich klingen, unterscheiden sie sich in einem wichtigen Punkt. Für Galilei war das Trägheitsgesetz eine physikalische Eigenschaft von Körpern auf der Erde, und er ging niemals so weit, dieses Prinzip z. B. auf die Bewegung der Planeten zu übertragen. Diesen Schritt hatte erst Newton vollzogen. Für ihn war die Trägheit ein universelles Prinzip, das für alle Körper galt, egal, ob sich diese auf der Erde befanden oder so weit entfernt waren wie die Planeten oder die Fixsterne.

Für sein zweites Gesetz wählte Newton die folgenden Worte:

> *„Mutationem motus proportionalem esse vi motrici impressae, et fieri secundum lineam rectam qua vis illa imprimitur.“*
>
> Isaac Newton [126]

> *„Die Änderung der Bewegung ist der Einwirkung der bewegenden Kraft proportional und geschieht nach der Richtung derjenigen geraden Linie, nach welcher jene Kraft wirkt.“*
>
> Isaac Newton, zitiert nach [128]

Hier drückt Newton aus, dass die Änderung der Bewegung proportional zur Antriebskraft ist und in die gleiche Richtung wirkt wie die verursachende Kraft. Die *„Änderung der Bewegung“* eines Körpers ist dessen *Beschleunigung* und der Proportionalitätsfaktor, der die einwirkende Kraft mit der verursachten Beschleunigung koppelt, dessen *träge Masse*.

Das dritte Newton'sche Gesetz lautet im lateinischen Original so:

> *„Actioni contrariam semper et aequalem esse reactionem: sive corporum duorum actiones in se mutuo semper esse aequales et in partes contrarias dirigi.“*
>
> Isaac Newton [126]

> *„Die Wirkung ist stets der Gegenwirkung gleich, oder die Wirkungen zweier Körper auf einander sind stets gleich und von entgegengesetzter Richtung.“*
>
> Isaac Newton, zitiert nach [128]

Newton sagt in seinem dritten Gesetz, dass jede Aktion (*„Wirkung“*) eine Reaktion (*„Gegenwirkung“*) hervorruft, und er meint dies im folgenden Sinne: Übt ein Körper auf einen anderen Körper eine Kraft aus, so erzeugt dies eine gleich starke Gegenkraft in die entgegengesetzte Richtung (Abbildung 3.15).

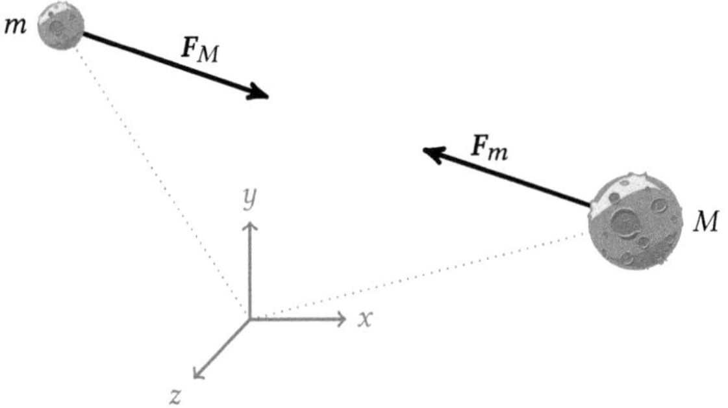

Abbildung 3.15: Zu Newtons drittem Gesetz

Das Gravitationsgesetz

Mithilfe der Grundgesetze, die Newton im ersten Teil der *Principia* formulierte, war es ihm gelungen, das reziproke Quadratgesetz zu seinem berühmten Gravitationsgesetz zu erweitern. Er erkannte, dass die Gravitationskraft, die zwischen zwei Himmelskörpern wirkt, umgekehrt proportional zum Quadrat der Entfernung und proportional zum Produkt der beiden Massen ist. Die Proportionalitätskonstante, die diese Beziehung zu einer Gleichung macht, ist in der Physik so wichtig, dass sie einen eigenen Namen trägt. Sie wird als *Gravitationskonstante* bezeichnet und mit dem Buchstaben G abgekürzt. Sie hat den Wert:

Newton'sche Gravitationskonstante

$$G \approx 6{,}67384 \cdot 10^{-11} \, \frac{\mathrm{m}^3}{\mathrm{kg\,s}^2}$$

Im Gegensatz zur Kepler-Konstante, die wir weiter oben kennengelernt haben, ist die Gravitationskonstante tatsächlich von universeller Natur. Sie hat stets den gleichen Wert, immer und überall.

Das Superpositionsprinzip

Unmittelbar nach dem dritten Gesetz folgt ein Korollar, das Newton mit den folgenden Worten beschreibt:

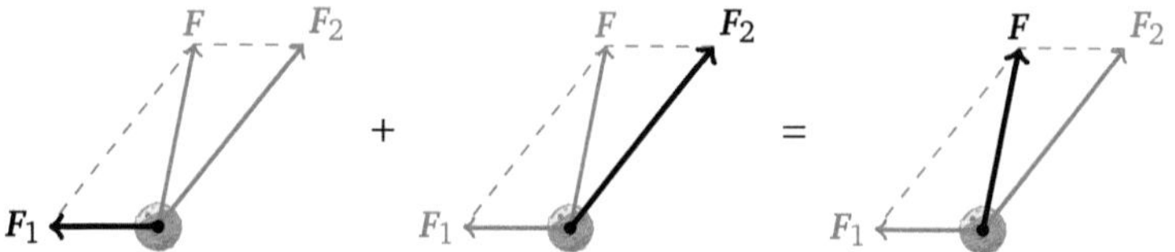

Abbildung 3.16: Das Superpositionsprinzip der Mechanik

„Corpus viribus conjunctis diagonalem parallelogrammi eodem tempore describere, quo latera separatis."

Isaac Newton [126]

„Ein Körper beschreibt in derselben Zeit, durch Verbindung zweier Kräfte die Diagonale eines Parallelogrammes, in welcher er, vermöge der einzelnen Kräfte die Seiten beschrieben haben würde."

Isaac Newton, zitiert nach [128]

Hinter Newton Worten verbirgt sich ein Prinzip, das wir in weiten Bereichen der Physik heute wie selbstverständlich verwenden: das *Superpositionsprinzip*. Im Kontext der Mechanik besagt es, dass sich vektorielle Kräfte zu einer resultierenden Kraft überlagern, die der Summe der Einzelkräfte entspricht. Wirken also, wie in Abbildung 3.16 gezeigt, zwei Kräfte F_1 und F_2 auf einen Körper ein, so wird die resultierende Kraft F durch die Diagonale des von F_1 und F_2 aufgespannten Parallelogramms beschrieben.

Newton hat das Superpositionsprinzip bereits in *De motu corporum in gyrum* für den Beweis des zweiten keplerschen Gesetzes verwendet, und ein erneuter Blick auf Abbildung 3.14 macht klar, an welcher Stelle. Der geometrische Beweis des Flächensatzes beruht darauf, die Bewegung des Trabanten als die Resultierende zweier Einzelbewegungen anzusehen, von denen eine durch die Gravitation des Zentralkörpers und die andere durch die Trägheit des Trabanten verursacht wird.

Träge und schwere Masse

Weiter oben haben wir mehrfach über die Masse eines Körpers gesprochen, und auf den ersten Blick wirkte dieser Begriff reichlich unspektakulär. Werfen wir einen zweiten Blick auf die besagten Textpassagen, so kommt eine Ungereimtheit zum Vorschein, die wir an dieser Stelle keinesfalls unerwähnt übergehen wollen. Sie rührt daher, dass wir es im Grunde genommen mit zwei völlig verschiedenen Massebegriffen zu tun haben.

In Newtons zweitem Gesetz ist die Masse ein Maß für die Trägheit eines Körpers. In dieser Rolle beschreibt sie dessen Tendenz, die Beschleunigung zu hemmen, die eine einwirkende Kraft hervorrufen möchte. Die Beschleunigung und die Masse sind dabei umgekehrt proportional. Unter der Einwirkung derselben Kraft erfährt ein halb so schwerer Körper eine doppelt so große Beschleunigung. Als Koppelglied zwischen einer einwirkenden Kraft und der daraus hervorgerufenen Beschleunigung ist die Masse, die dann *träge Masse* genannt wird, eindeutig festgelegt.

Im Gravitationsgesetz spielt die Masse aber eine ganz andere Rolle. Sie bestimmt dort, wie sich ein Körper im Schwerefeld verhält, d. h., welche Gravitationskräfte er durch andere Körper erfährt und welche Gravitationskräfte er selbst erzeugt. Diese Bedeutung ist gemeint, wenn von der *schweren Masse* eines Körpers gesprochen wird.

Newton hatte bei seinen Untersuchungen bemerkt, dass eine Verdopplung der trägen Masse immer auch eine Verdopplung der schweren Masse nach sich zieht und umgekehrt. Mit anderen Worten: Die träge und die schwere Masse eines Körpers offenbaren sich als zueinander proportional. Die Äquivalenz von träger und schwerer Masse ist das *schwache Äquivalenzprinzip*, das uns in diesem Buch noch mehrfach begegnen wird.

> **Schwaches Äquivalenzprinzip**
>
> Die träge und die schwere Masse sind äquivalente Größen.

Aus dem Blickwinkel der klassischen Mechanik wirkt das schwache Äquivalenzprinzip wie ein erstaunlicher Zufall, und Albert Einstein war einer der ersten, der es in einer völlig neuen Richtung deutete. Er vermutete die Existenz eines gemeinsamen Naturphänomens, das sich manchmal als Trägheit und manchmal als Schwere manifestiert. Am Ende seiner Überlegungen stand die allgemeine Relativitätstheorie, die zum Grundsatz erhebt, dass wir in einem geschlossenen Labor nicht entscheiden können, ob ein gleichmäßig beschleunigter Laborboden gegen unsere trägen Füße drückt oder wir von einem Schwerefeld am Boden gehalten werden. Mit diesem Postulat war es Einstein gelungen, den Unterschied zwischen der trägen und der schweren Masse auf der konzeptionellen Ebene zu eliminieren, doch dazu später mehr.

3.2.4 Absoluter Raum und absolute Zeit

Die *Principia Mathematica* beginnt mit acht Definitionen (Erklärungen), in denen Newton darlegt, was die Begriffe *Materie*, *Bewegung* und *Kraft* bedeuten. Auch die *Zentripetalkraft*, die in der Gravitationstheorie eine bedeutende Rolle spielt, wird dort eingeführt. Das erste Mal taucht sie in der fünften Erklärung auf:

„Vis centripeta est qua corpus versus punctum aliquod tanquam ad centrum trahitur, impellitur, vel utcunq; tendit.“

Isaac Newton [126]

„Die Centripetalkraft bewirkt, dass ein Körper gegen irgend einen Punkt als Centrum gezogen oder gestossen wird, oder auf irgend eine Weise dahin zu gelangen strebt.“

Isaac Newton, zitiert nach [128]

Auf die acht Definitionen folgen mehrere Anmerkungen. Gleich in der ersten weist Newton darauf hin, dass er auf jegliche Versuche, die Begriffe *Raum* und *Zeit* zu definieren, verzichten wird.

„Bis jetzt habe ich zu erklären versucht, in welchem Sinne weniger bekannte Benennungen in der Folge zu verstehen sind. Zeit, Raum, Ort und Bewegung als allen bekannt, erkläre ich nicht. Ich bemerke nur, dass man gewöhnlich diese Grössen nicht anders, als in Bezug auf die Sinne auffasst und so gewisse Vorurtheile entstehen, zu deren Aufhebung man sie passend in absolute und relative, wahre und scheinbare, mathematische und gewöhnliche unterscheidet.“

Isaac Newton, zitiert nach [128]

Newton nimmt also lediglich eine Klassifikation vor und beschränkt sich darauf, gewisse Eigenschaften zu nennen. Von besonderem Interesse ist für uns die Tatsache, dass er den Raum und die Zeit als absolute Entitäten betrachtet und ihnen damit genau jene Eigenschaften zuordnet, die Einstein später verneint. In den *Principia* verdeutlichte Newton seine Vorstellung von einer absoluten Zeit mit den folgenden Worten:

„I. Die absolute, wahre und mathematische Zeit verfliesst an sich und vermöge ihrer Natur gleichförmig, und ohne Beziehung auf irgend einen äussern Gegenstand. Sie wird so auch mit dem Namen: Dauer belegt.“

Isaac Newton, zitiert nach [128]

Es folgt eine Erklärung, was Newton unter der relativen Zeit versteht:

„Die relative, scheinbare und gewöhnliche Zeit ist ein fühlbares und äusserliches, entweder genaues oder ungleiches, Maass der Dauer, dessen man sich gewöhnlich statt der wahren Zeit bedient, wie Stunde, Tag, Monat, Jahr.“

Isaac Newton, zitiert nach [128]

Analoge Definitionen gibt Newton für den Raumbegriff:

> *„II. Der absolute Raum bleibt vermöge seiner Natur und ohne Beziehung auf einen äussern Gegenstand, stets gleich und unbeweglich.*
>
> *Der relative Raum ist ein Maass oder ein beweglicher Theil des erstern, welcher von unsern Sinnen, durch seine Lage gegen andere Körper bezeichnet und gewöhnlich für den unbeweglichen Raum genommen wird. Z. B. ein Theil des Raumes innerhalb der Erdoberfläche; ein Theil der Atmosphäre; ein Theil des Himmels, bestimmt durch seine Lage gegen die Erde. Der absolute und relative Raum sind dasselbe an Art und Grösse, aber sie bleiben es nicht immer an Zahl. Bewegt sich z. B. die Erde, so ist der Raum unserer Atmosphäre, welcher in Bezug auf unsere Erde immer derselbe bleibt, bald der eine, bald der andere Theil des absoluten Raumes, in welchen die Atmosphäre übergeht und ändert sich so beständig.“*

Isaac Newton, zitiert nach [128]

Newtons *relative Räume* sind das, was wir heute als *Bezugssysteme* bezeichnen. Dabei muss es sich nicht um *Inertialsysteme* handeln; gleichmäßig beschleunigte oder rotierende Bezugssysteme zählen genauso zu Newtons relativen Räumen wie natürlich auch die Inertialsysteme.

Als Nächstes macht Newton mehrere Anmerkungen über die Begriffe *Ort* und *Bewegung*. Da wir heute eine präzise Vorstellung von beiden haben, wirken seine Ausführungen in der Retrospektive reichlich schwerfällig:

> *III. Der Ort ist ein Theil des Raumes, welchen ein Körper einnimmt, und, nach Verhältniss des Raumes entweder absolut oder relativ.*
>
> *Er ist ein Theil des Raumes, nicht aber der Platz oder die Lage des Körpers oder die ihn umgebende Oberfläche. Denn die Orte gleicher fester Körper sind stets einander gleich, wogegen die Oberflächen, wegen der Unähnlichkeit der Gestalt meistentheils ungleich sind. Die Lage eines Körpers hat aber eigentlich gar keine Grösse und ist nicht so sehr ein Ort, als ein Verhältniss des Ortes. Die Bewegung des Ganzen ist identisch mit der Summe der Bewegungen seiner einzelnen Theile, daher die Ortsveränderung des Ganzen identisch mit der Summe der Ortsveränderungen seiner einzelnen Theile. Er befindet sich daher innerhalb des ganzen Körpers.*
>
> *IV. Die absolute Bewegung ist die Uebertragung des Körpers von einem absoluten Orte nach einem andern absoluten Orte; die relative Bewegung die Uebertragung von einem relativen Orte nach einem andern relativen Orte.*

Isaac Newton, zitiert nach [128]

Danach folgt ein Abschnitt, in dem Newton eine bemerkenswerte Eigenschaft des absoluten Raumes thematisiert. Er räumt ein, dass die *„Theile des* [absoluten] *Raumes* *weder gesehen, noch vermittelst unserer Sinne von einander unterschieden werden können"*, da wir die Orte eines Körpers immer nur *„aus der Lage und Entfernung der Dinge von einem Körper, welchen wir als unbeweglich betrachten"*, erklären können. Newton war also bewusst, dass wir ausschließlich relative Räume wahrnehmen können, gleichwohl stand für ihn außer Frage, dass der absolute Raum tatsächlich existiert.

Dass Newton von der Existenz eines absoluten Raums überzeugt war, wird auch in seiner Formulierung des Trägheitsgesetzes deutlich. Wir erinnern uns an seine Worte:

> *„Jeder Körper beharrt in seinem Zustande der Ruhe oder der gleichförmigen geradlinigen Bewegung, wenn er nicht durch einwirkende Kräfte gezwungen wird, seinen Zustand zu ändern."*

Isaac Newton, zitiert nach [128]

Newton bezieht das Wort *„Ruhe"* nicht auf ein spezielles Bezugssystem, genauso wenig wie den Begriff der *„gleichförmigen geradlinigen Bewegung"*. Beide benutzt er in einem absoluten Sinn und setzt damit implizit ein ausgezeichnetes Bezugssystem voraus: den *absoluten Raum*. Im täglichen Sprachgebrauch benutzen wir diese Begriffe auch heute regelmäßig, ohne dabei ein spezielles Bezugssystem zu benennen. Dies können wir auch weiterhin sorglos tun, solange sich das Bezugssystem aus dem Kontext heraus erschließt.

Im fünften Zusatz der *Principia* weist Newton auf den besonderen Charakter der Inertialsysteme hin. Um diese von den anderen Bezugssystemen abzugrenzen, erwähnt er als Beispiel das rotierende System, in dem das Trägheitsgesetz nicht gilt:

> *Zusatz 5. Körper, welche in einen gegebenen Raum eingeschlossen sind, haben dieselbe Bewegung unter sich; dieser Raum mag ruhen oder sich gleichförmig und geradlinig, nicht aber im Kreise fortbewegen.*

Isaac Newton, zitiert nach [128]

Nicht alle Zeitgenossen teilten Newtons Vorstellung von einem absoluten Raum. Einer der größten Gegner dieser Anschauung war Leibniz, der sich bei all seinen Untersuchungen von metaphysischen Überlegungen leiten ließ; ganz anders als Newton, der dem Wesen nach ein durch und durch empirischer Forscher war. Die Begriffe *Raum* und *Zeit* waren für Leibniz nur dann sinntragend, wenn sie im Kontext von Objekten und Ereignissen gesehen wurden. Er sah in ihnen grundlegende Ordnungsprinzipien, die zwischen gleichzeitig existierenden Objekten eine Lagebeziehung definieren und kausal gekoppelte Ereignisse in frühere und spätere gruppieren. Deutlich wird diese Haltung in einem Brief, den Leibniz an Samuel Clarke, einen ergebenen Anhänger des Newton'schen Lagers, schrieb:

> *„Ich habe mehrfach betont, dass ich den Raum ebenso wie die Zeit für etwas rein relatives halte; für eine Ordnung der Existenzen im Beisammen, wie die Zeit eine Ordnung des Nacheinander ist. Denn der Raum bezeichnet unter dem Gesichtspunkt der Möglichkeit eine Ordnung der gleichzeitigen Dinge, insofern sie zusammen existieren, ohne über ihre besondere Art des Daseins etwas zu bestimmen. Wenn man mehrere Dinge zusammen sieht, so wird man sich dieser Ordnung der Dinge untereinander bewusst.“*
>
> Gottfried Wilhelm Leibniz, zitiert nach [21]

Der Theologe Clarke konnte dem intellektuell überlegenen Leibniz nur schwerlich folgen, und so finden sich in seiner Erwiderung teils haarsträubende Argumente wieder. Mehrmals versucht er zu erklären, dass sich aus der Ablehnung eines absoluten Raums eine Antinomie ergäbe:

> *„Der Raum ist an sich selbst gleichförmig, seine Teile sind vollkommen ähnlich und weichen nicht im geringsten voneinander ab. Wäre also ein bestimmtes System von Körpern, in dem die gegenseitigen Lagebeziehungen als gegeben und unveränderlich angenommen sind, statt an dieser Stelle des Raumes an einer anderen erschaffen worden, so hieße das, dass es trotzdem an derselben Stelle erschaffen wäre, was ein offenbarer Widerspruch ist.“*
>
> Samuel Clarke, zitiert nach [21]

Es bedarf nicht des Scharfsinns eines Leibniz, um die von Clarke vorgetragene Antinomie als haltlos zu entlarven. Natürlich führt es zu einem Widerspruch, wenn wir die lokalen Koordinaten zweier Bezugssysteme, die gegeneinander verschoben sind, ohne Umrechnung in einem dritten Bezugssystem interpretieren. Aber genau in diesem Sinne argumentiert Clarke, und es ist auch klar, welches dritte Bezugssystem er meint, wenn er von *„dieser Stelle“* oder *„einer anderen“* spricht: den absoluten Raum. Dieser ist in Clarkes Vorstellung so tief verankert, dass es ihm nicht gelang, sich gedanklich von ihm zu lösen.

Ein metaphysisch noch tiefer gehendes Argument hatte Leibniz aus dem *Identitätsprinzip* abgeleitet, das er einst in seiner berühmten *Monadologie* formulierte:

> *„Eadem sunt quae sibi ubique substitui possunt, salva veritate.“*

> *„Dieselben sind, die sich überall ersetzen können, bei Wahrung von Wahrheit“*
>
> Gottfried Wilhelm Leibniz [27]

Hinter dem Leibniz'schen Identitätsprinzip verbirgt sich eine formale Definition der Gleichheit. Nach ihr sind zwei Dinge genau dann dieselben, wenn sie durch keine

Eigenschaft unterschieden werden können. Die Richtung von rechts nach links dieser Genau-dann-wenn-Beziehung ist das Prinzip der *Identität ununterscheidbarer Dinge*. Genau dieses Prinzip hatte Leibniz gegen die Existenz eines absoluten Raums angeführt. Wenn, wie Newton selbst zugibt, der absolute Raum und der relative Raum ununterscheidbar sind, dann kann es den absoluten Raum nicht geben; er wäre dann mit dem relativen Raum identisch.

Im Rückblick ist klar, dass Leibniz seiner Zeit weit voraus war. Auf der begrifflichen Ebene hatte er es geschafft, sich nahe an die Prinzipien heranzutasten, die Einstein später zur Formulierung der Relativitätstheorie bewegten. Dass seine Argumente gegen die Absolutheit von Raum und Zeit damals nicht in der gebührenden Weise wahrgenommen wurden, hatte gleich mehrere Gründe. Zum einen wiesen seine tiefgründigen Überlegungen einen Abstraktionsgrad auf, der für viele Forscher damals völlig ungewohnt war. Zum anderen machte ihm die hohe Reputation seines Widersachers zu schaffen. Newton dominierte die öffentliche Meinung in einem so hohen Maße, dass viele davor zurückscheuten, sich ernsthaft mit den Ideen konkurrierender Wissenschaftler auseinanderzusetzen.

Alles in allem macht es uns Newton nicht leicht, seine Person in gebührender Weise nachzuzeichnen. Seine wissenschaftliche Brillanz steht außer Frage, genauso wie seine Egozentrik, mit der er sich selbst und anderen Wissenschaftlern schadete. Bei keinem der Forscher, die wir in diesem Buch kennengelernt haben oder noch kennenlernen werden, liegen diese Gegensätze so eng beieinander. Licht und Schatten sind die Leitmotive, die sich durch Newtons gesamtes persönliches und wissenschaftliches Leben ziehen. Passende Worte hat Hans Reichenbach gefunden:

„Die Bewegungslehre Newtons ist in der Geschichte des Bewegungsproblems von sehr viel größerem Einfluss gewesen als die Lehre seiner Gegner Leibniz und Huyghens. Es ist jedoch das seltsame Schicksal Newtons, dass er, der mit seinen physikalischen Entdeckungen die positive Wissenschaft reich befruchtete, zugleich die Entwicklung der begrifflichen Grundlagen dieser Wissenschaft weitgehend gehemmt hat.“

Hans Reichenbach [135]

3.2.5 Newtons spätere Jahre

Die *Principa Mathematica* wurden im Jahr 1687 mit einer Auflage von ca. 350 Exemplaren gedruckt. Newton hatte damit ein Stück Weltliteratur geschaffen, und kein vergleichbares Werk sollte jemals wieder aus seiner Feder fließen. In den Folgejahren verlor der Physiker zusehends an Schaffenskraft und lenkte seine Interessen mehr und mehr auf andere Gebiete. Im Jahr 1689 wurde er Mitglied des englischen Parlaments und musste von nun an regelmäßig Termine in London wahrnehmen. Ein neuer Lebensabschnitt hatte begonnen, dem im Jahr 1696 ein bedeutender Karrieresprung folgte. Von der Regierung erhielt Newton das Angebot, der königlichen Münzanstalt vorzustehen, und so wurde er zunächst zum *Warden of the Mint* und im Jahr 1699 zum *Master of the Mint* ernannt. Diese Position katapultierte ihn an die Spitze der Londoner Gesellschaft und verschaffte ihm ein stattliches Einkommen. Im Jahr 1701 kehrte Newton seiner alten Wirkungsstätte Cambridge endgültig den Rücken und gab seine Professor am Trinity College auf. Die nächsten Sprossen der Karriereleiter folgten in schnellen Schritten. Im Jahr 1703 wurde er zum Präsidenten der Royal Society gewählt und im Jahr 1705 für seine politischen Verdienste zum Ritter geschlagen.

Newton verstarb am 20. März 1727 im Alter von 84 Jahren. Seine letzte Ruhestätte befindet sich an prominenter Stelle, in der Westminster Abbey, wo ein prunkvolles Monument mit der folgenden Inschrift an einen der außergewöhnlichsten Wissenschaftler aller Zeiten erinnert:

„Hier ruht Sir Isaac Newton, welcher als der Erste mit fast göttlicher Geisteskraft die Bewegungen und Formen der Planeten, die Bahnen der Kometen und die Fluth des Meeres durch die von ihm entwickelte Mathematik bestimmte, die Verschiedenheit der Lichtstrahlen, sowie die daraus hervorgehenden Eigenthümlichkeiten der Farben, welche vor ihm Niemand auch nur geahnt hatte, erforschte, die Natur, die Geschichte und die Heilige Schrift fleissig, scharfsinnig und zuverlässig erklärte, die Majestät des höchsten Gottes durch seine Philosophie darlegte und in evangelischer Einfachheit der Sitten sein Leben vollbrachte. Es dürfen sich alle Sterbliche beglückwünschen, dass eine solche und so grosse Zierde des menschlichen Geschlechts ihnen geworden ist."

Newtons Grabinschrift, zitiert nach [154]

4 Licht

„In der wahren Philosophie, führt man die Ursache aller natürlichen Wirkungen auf mechanische Gründe zurück. Dies muss man meiner Ansicht nach thun, oder völlig auf jede Hoffnung verzichten, jemals in der Physik etwas zu begreifen.“

Christiaan Huygens [90]

4.1 Welle-Teilchen-Dualismus

In diesem Abschnitt konzentrieren wir uns auf denjenigen Teil von Newtons wissenschaftlichem Vermächtnis, den wir in unseren bisherigen Betrachtungen bewusst ausgeklammert haben: den Beitrag zur Optik. In der Abgeschiedenheit von Woolsthorpe hatte Newton in den Jahren 1665 und 1666 die Ruhe und die Zeit, um nach einer empirischen Antwort auf eine banal klingende Frage zu suchen: Was ist Licht?

Ein wahrer Quell der Inspiration waren für Newton die Schriften eines Gelehrten, der die Wissenschaft des 17. Jahrhunderts nicht nur in wissenschaftlicher, sondern auch in philosophischer Hinsicht maßgeblich mitgestaltet hat: René Descartes. Der Franzose ging von der Existenz kleiner Lichtteilchen aus, die sich geradlinig durch den Raum bewegen und dabei eine zusätzliche Drehung um die eigene Achse erfahren. Treten die Partikel in ein Prisma ein, so sorgt die Reibung mit den angrenzenden Teilchen dafür, dass die am Strahlenrand befindlichen Partikel nicht nur in eine andere Richtung gelenkt, sondern zusätzlich in Rotation versetzt werden. Descartes bemerkte, dass viele optische Phänomene eine natürliche Erklärung erhalten, wenn Farbe als ein visuelles Maß für die Rotationsgeschwindigkeit eines Lichtpartikels angesehen wird. Ein ähnlicher Zusammenhang wurde von Newtons großem Widersacher, Robert Hooke, formuliert. Der Brite vermutete, dass Farbe durch verschieden starke Vibrationen entsteht.

In ihrem Kern basieren die Theorien von Descartes und Hooke auf dem Gedanken, dass die weißen Sonnenstrahlen die Reinform dessen verkörpern, was wir als Licht bezeichnen, und die verschiedenen Farben durch die Modifikation dieser Reinform entstehen. Dies ist der Grund, warum diese Theorien heute als die *Modifikationstheorien des Lichts* bezeichnet werden.

4.1.1 Korpuskeltheorie

Newton hielt die diversen Modifikationstheorien für wenig überzeugend, und seine Experimente in Woolsthorpe nährten seine Zweifel. Um dem Wesen des Lichts auf die Spur zu kommen, installierte er mehrere Prismen auf einem Tisch in der Mitte seines Experimentierzimmers. Anschließend verdunkelte er den Raum mit einer Jalousie, die mit einem kleinen Loch versehen war. An sonnigen Tagen ließ das Loch einen isolierten Lichtstrahl auf den Experimentiertisch fallen, und Newton konnte auf einer Leinwand beobachten, wie das Licht in den Prismen gebrochen wurde.

Als Erstes wiederholte Newton eine Reihe bekannter Versuche. Er verifizierte, dass ein Prisma weißes Licht in seine Farben aufspaltete und sich die einzelnen Farben mit einem zweiten Prisma wieder zu weißem Licht zusammensetzen ließen. Danach ging er zu komplizierteren Versuchen über.

Als Newton mit einer Blende einzelne Farben des Lichtspektrums isolierte, machte er eine überraschende Entdeckung. Keine noch so komplizierte Anordnung der Prismen schien in der Lage zu sein, das farbige Licht in weißes Licht zurückzuverwandeln. Newton schloss daraus, dass die von Descartes und Hooke propagierte Idee, Farbe entstehe durch die Modifikation des weißen Lichts, falsch sein musste. Im Gegenteil: Alles deutete darauf hin, dass sich das weiße Licht aus den Farben zusammensetzte. Sollte Newton recht behalten, dann würde ein Prisma die unterschiedlich farbigen Lichtteilchen nicht modifizieren, wie es Descartes und Hooke vermutet hatten, sondern lediglich in eine unterschiedliche Richtung ablenken, d. h. räumlich voneinander trennen. Damit ist ein wesentlicher Aspekt der Newton'schen *Korpuskeltheorie* genannt. Nach dieser Theorie dürfen wir uns einen Sonnenstrahl als eine Armada unterschiedlich farbiger Lichtteilchen vorstellen, die unser Auge zusammen als weißes Licht wahrnimmt.

Bestimmte Eigenschaften des Lichts wie die geradlinige Ausbreitung und die Reflexion waren mit der Korpuskeltheorie elegant zu erklären; sie ergaben sich direkt aus den physikalischen Gesetzen der klassischen Mechanik. Größere Probleme bereitete ein anderes Phänomen. Wird ein Lichtstrahl, wie in Abbildung 4.1 gezeigt, schräg in ein Wasserbecken eingeleitet, so ändert er beim Eintritt in die Flüssigkeit seine Richtung. Newton dachte lange über die Lichtbrechung an der Wasseroberfläche nach und führte das Phänomen schließlich auf die Gravitation zurück. Er nahm an, dass die Lichtteilchen von den Wassermolekülen angezogen und hierdurch senkrecht zur Wasseroberfläche beschleunigt werden. Newton ging also davon aus, dass die Gravitation die vertikale Geschwindigkeitskomponente des Teilchens erhöht. Da die horizontale Geschwindigkeitskomponente gleich blieb, musste dies eine Richtungsänderung des Lichts bewirken.

Die Aufspaltung des weißen Lichts in seine Spektralfarben ließ sich mit der Korpuskeltheorie ebenfalls erklären. Newton nahm an, das sich verschieden farbige Lichtteilchen unterschiedlich schnell durch den Raum bewegten: Die violetten Lichtteilchen

Isaac Newton

Christiaan Huygens

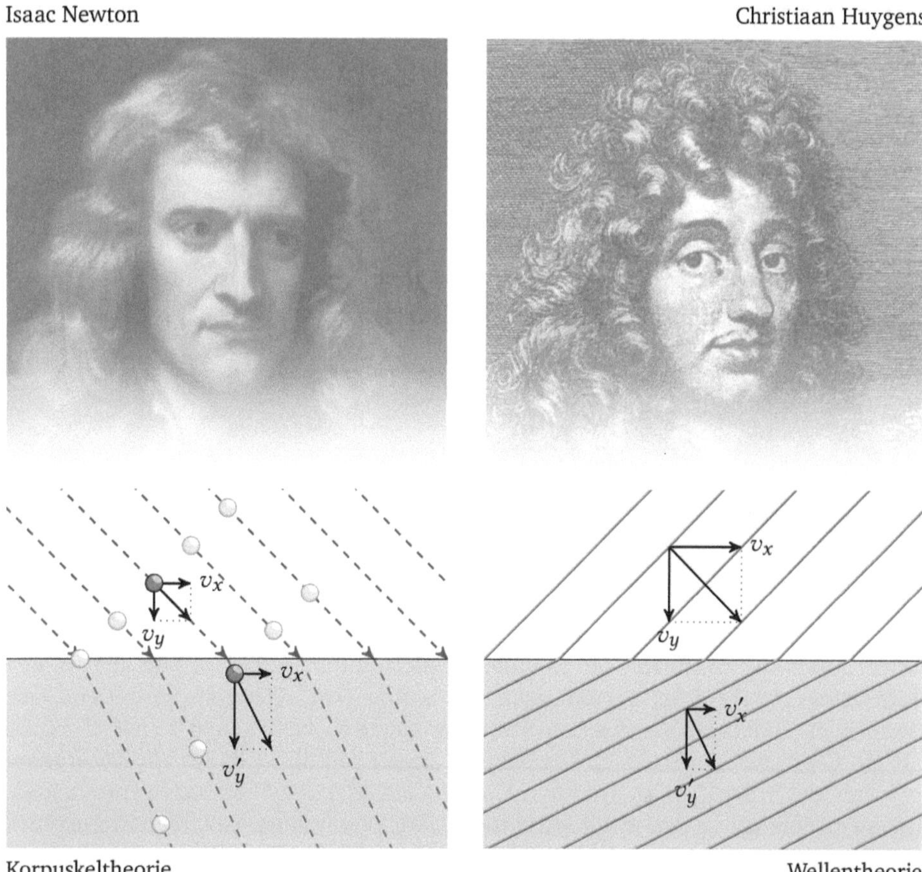

Abbildung 4.1: Erklärung der Lichtbrechung nach der Korpuskel- und der Wellentheorie

sollten die langsamsten und die roten Lichtteilchen die schnellsten sein. Dies hätte zur Folge, dass die Beschleunigung bei den violetten Teilchen eine stärkere Ablenkung in die Richtung der Wasseroberfläche hervorrufen würde als bei den roten.

Eine wichtige Eigenschaft erfüllen in Newtons Modell alle Lichtteilchen, unabhängig von ihrer Farbe: Sie bewegen sich in einem dichteren Medium *schneller* als in einem dünneren. Daraus folgt im Besonderen:

Merke

Nach der Newton'schen Korpuskeltheorie breitet sich Licht im Wasser schneller aus als in der Luft.

Abbildung 4.2

CHRISTIAAN HUYGENS
1629 – 1695

Seine Ergebnisse fasste Newton in einer Arbeit zusammen, die im Jahr 1672 in den *Transactions of the Royal Society* publiziert wurde [125]. Newton präsentierte sich darin alles andere als bescheiden und ging sogar so weit, einen seiner Versuche als ein *Experimentum crusis* zu bezeichnen. In der Physik ist damit ein Experiment gemeint, das in der Lage ist, zwischen zwei konkurrierenden Theorien zu entscheiden, indem es eine der beiden zweifelsfrei falsifiziert. Damit hatte Newton den Anspruch erhoben, aus dem damals schwelenden Theorienstreit über das Wesen des Lichts als Sieger hervorgegangen zu sein. Nicht alle seiner Wissenschaftskollegen teilten diese Ansicht. Zu Recht wiesen sie darauf hin, dass sich die in Woolsthorpe gemachten Beobachtungen durchaus mit anderen Theorien erklären ließen, insbesondere mit der Theorie eines Niederländers, der einen ganz anderen Ansatz verfolgte.

4.1.2 Wellentheorie

Im Jahr 1678 erklärte der niederländische Mathematiker, Physiker und Astronom Christiaan Huygens (Abbildung 4.2) vor der Pariser *Académie des sciences* die Wellentheorie des Lichts. Ausführlich beschrieben hat er seine Thesen in der historisch bedeutenden Arbeit *Traité de la lumière*, die im Jahr 1690 erschienen ist.

Huygens beginnt seine Abhandlung mit einer Begründung, warum ihn die Vorstellung, Licht bestehe aus kleinen Teilchen, nicht überzeugte. Zum einen war er gut mit den Arbeiten eines gewissen Ole Rømer vertraut, dem wenige Jahre zuvor eine plausible Abschätzung der Lichtgeschwindigkeit gelungen war, und wusste daher, wie schnell das Licht den Raum durchdringt. Für Huygens war es schlicht undenkbar, dass sich materielle Teilchen mit einer solch atemberaubend hohen Geschwindigkeit fortbewegten. Zum anderen war die Vorstellung, Licht sei ein gewaltiges Teilchengewitter, nur schwer mit der Tatsache in Einklang zu bringen, dass sich Lichtstrahlen, die aus unterschiedlichen Richtungen einfallen, mühelos durchdringen. Kurz: Sie *superponieren*. Würden die Lichtkorpuskel wie Gewehrkugeln oder Pfeile durch die Luft schießen, so müsste es zu unzähligen Kollisionen kommen, und es ist kaum vorstellbar, dass sich diese vollständig der Beobachtung entziehen. In der englischen Übersetzung *Treatise on light* von 1912 erfahren wir über Huygens ablehnende Haltung aus erster Hand:

> *„Further, when one considers the extreme speed with which light spreads on every side, and how, when it comes from different regions, even from those directly opposite, the rays traverse one another without hindrance, one may well understand that when we see a luminous object, it cannot be by any transport of matter coming to us from this object, in the way in which a shot or an arrow traverses the air; for assuredly that would too greatly impugn these two properties of light, especially the second of them.“*

Christiaan Huygens [89]

Das *Superpositionsprinzip* kannte man zur damaligen Zeit bereits aus der Akustik, und die Parallelen waren für Huygens so auffällig, dass er hinter dem Licht ebenfalls ein Wellenphänomen vermutete:

> *„We know that by means of the air, which is an invisible and impalpable body, Sound spreads around the spot where it has been produced, by a movement which is passed on successively from one part of the air to another; and that the spreading of this movement, taking place equally rapidly on all sides, ought to form spherical surfaces ever enlarging and which strike our ears. Now there is no doubt at all that light also comes from the luminous body to our eyes by some movement impressed on the matter which is between the two; [...], this movement, impressed on the intervening matter, is successive; and consequently it spreads, as Sound does, by spherical surfaces and waves: for I call them waves from their resemblance to those which are seen to be formed in water when a stone is thrown into it, and which present a successive spreading as circles, though these arise from another cause, and are only in a flat surface.“*

Christiaan Huygens [89]

Eine tragende Säule der Wellentheorie ist eine Maxime, die in der modernen Literatur als das *huygenssche Prinzip* bezeichnet wird und durch ihren Namensgeber durch die folgende Überlegung eingeleitet wurde:

„There is the further consideration in the emanation of these waves, that each particle of matter, in which a wave spreads, ought not to communicate its motion only to the next particle which is in the straight line drawn from the luminous point, but that it also imparts some of it necessarily to all the others which touch it and which oppose themselves to its movement."

Christiaan Huygens [89]

Jetzt kommt der entscheidende Satz:

„So it arises that around each particle there is made a wave of which that particle is the centre."

Christiaan Huygens [89]

Vollständig können wir das huygenssche Prinzip wie folgt aufschreiben:

> **Huygenssches Prinzip**
>
> ■ Jeder Punkt einer Wellenfront ist der Ursprung einer *Elementarwelle*.
>
> ■ Die neue Position der Wellenfront ergibt sich aus der Überlagerung sämtlicher Elementarwellen.

Abbildung 4.3 demonstriert das Gesagte am Beispiel einer Welle, die sich von links nach rechts ausbreitet. Folgen wir Huygens Idee, so können wir uns jeden Punkt der Wellenfront als eine Quelle vorstellen und mit den dort emittierten Elementarwellen bestimmen, wie sich die Front als Ganzes entwickelt. Hierfür müssen wir den Elementarwellen in Gedanken lediglich für eine kurze Zeitspanne freien Lauf lassen und die neuen Positionen notieren. Die Überlagerung der Einzelwellen ergibt dann die Position der neuen Wellenfront.

In seiner Originalarbeit hat Huygens das Prinzip anhand eines ganz ähnlichen Beispiels demonstriert. Die berühmte Originalskizze, die er hierfür zeichnete, ist in Abbildung 4.4 zu sehen. Er schreibt dazu:

„Thus if DCF is a wave emanating from the luminous point A, which is its centre, the particle B, one of those comprised within the sphere DCF, will have made its particular or partial wave KCL, which will touch the wave DCF at C at the same moment that the principal wave emanating from the point A has arrived at DCF; and it is clear that it will be only the region C of the wave KCL which will touch the wave

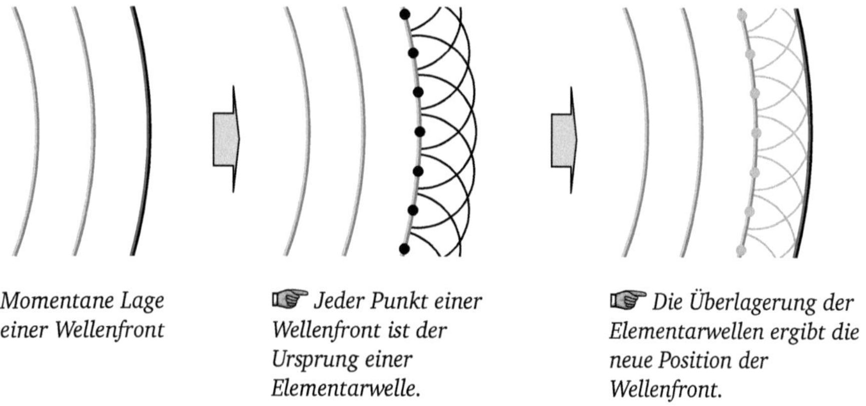

Abbildung 4.3: Das huygenssche Prinzip

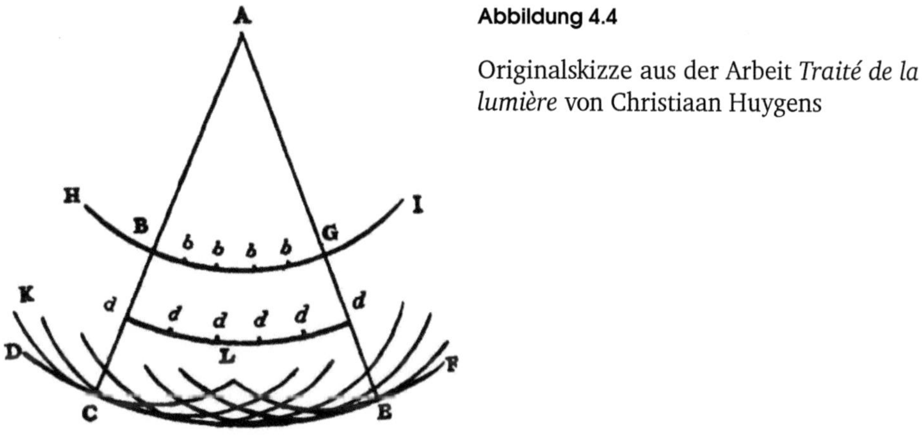

Abbildung 4.4

Originalskizze aus der Arbeit *Traité de la lumière* von Christiaan Huygens

DCF, to wit, that which is in the straight line drawn through AB. Similarly the other particles of the sphere DCF, such as bb, dd, etc., will each make its own wave. But each of these waves can be infinitely feeble only as compared with the wave DCF, to the composition of which all the others contribute by the part of their surface which is most distant from the centre A."

Christiaan Huygens [89]

Mit dem huygensschen Prinzip lassen sich die Reflexion und die Brechung von Lichtstrahlen auf natürliche Weise erklären. Trifft eine Wellenfront, wie in Abbildung 4.5 (links) gezeigt, unter einem Einfallswinkel α auf ein reflektierendes Material, so wird überall dort, wo die Front auftrifft, eine Elementarwelle erzeugt, die sich kreis- oder kugelförmig ausbreitet. Diese Elementarwellen überlagern sich zu einer Wellenfront,

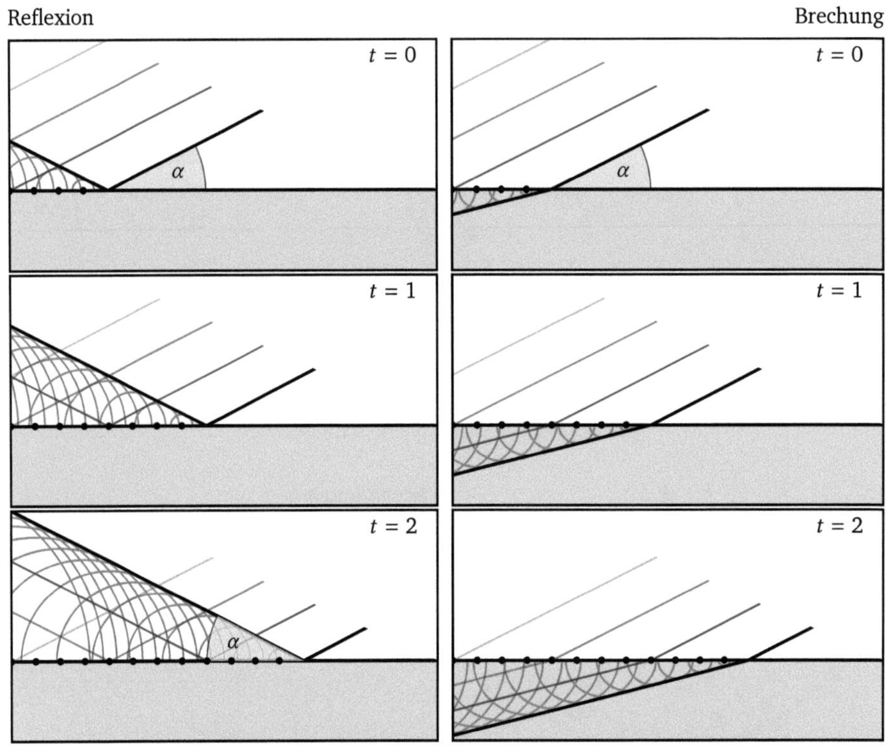

Abbildung 4.5: Reflexion und Brechung von Lichtwellen

die sich von der reflektierenden Oberfläche unter einem Ausfallswinkel entfernt, der genauso groß ist wie der Einfallswinkel.

Auf der rechten Seite in Abbildung 4.5 ist der Übergang eines Lichtstrahls von einem optisch dünneren in ein optisch dichteres Medium zu sehen. Auch hier können wir den neuen Strahlenverlauf mithilfe von Elementarwellen konstruieren, die sich in diesem Fall nach unten ausbreiten. Da sich die Geschwindigkeit der Lichtstrahlen nach dem Übergang in das dichtere Medium geändert hat, führt die Überlagerung der Elementarwellen zu einer Wellenfront, die sich in eine andere Richtung fortbewegt.

Die angestellten Überlegungen haben uns an einen bedeutenden Punkt gebracht. Genau wie die Newton'sche Korpuskeltheorie führt auch die huygenssche Wellentheorie die Brechung auf die Eigenschaft des Lichts zurück, sich in verschiedenen Medien, z. B. im Wasser und in der Luft, unterschiedlich schnell zu bewegen. Im Detail betrachtet gibt es zwischen den beiden Theorien aber einen entscheidenden Unterschied. Weiter oben haben wir darauf hingewiesen, dass sich Licht im Wasser schneller ausbreiten muss als in der Luft, damit die Brechung in der Korpuskeltheorie korrekt erklärt werden kann. In der Wellentheorie ist dies genau umgekehrt. Hier erhalten wir den korrekten Wellenzug nur dann, wenn wir dem Licht im Wasser eine geringere Geschwindigkeit zuschreiben als in der Luft. Wir halten fest:

> Merke
>
> Nach der huygensschen Wellentheorie breitet sich Licht im Wasser langsamer aus als in der Luft.

Huygens wusste: Ein Experiment, das zweifelsfrei klärte, ob sich Licht im Wasser schneller oder langsamer fortbewegt als in der Luft, würde den wahren Charakter des Lichts entlarven. Es wäre, so war er sich sicher, ein wirkliches *Experimentum crusis*: Ein Experiment, das entweder die Korpuskeltheorie oder die Wellentheorie falsifizieren und den Wettstreit zwischen den beiden Theorien ein für allemal beenden würde. Doch so sehr sich Huygens und seine Zeitgenossen eine schnelle Entscheidung gewünscht hatten: Noch waren die technischen Möglichkeiten nicht geschaffen, um ein solches Experiment tatsächlich durchzuführen.

Dass Huygens seine Theorie nicht beweisen konnte, war für ihn im doppelten Sinne tragisch. Er kämpfte damals gegen einen Opponenten mit einer schier übermächtigen Autorität, und für Newton war die Wellentheorie lediglich ein Hirngespinst, das mit der wahren Natur der Dinge nichts zu tun hatte. So kam es, dass Huygens Argumente, so triftig sie auch waren, in der wissenschaftlichen Diskussion weitgehend untergingen.

Mehr als 100 Jahre verstrichen, ohne dass sich an dieser Situation etwas änderte. Doch dann, im Jahr 1802, wendete sich das Blatt, als das Experiment eines gelernten Augenarztes die Anhänger der Korpuskeltheorie massiv bedrängte.

Abbildung 4.6

Thomas Young
1773 – 1829

4.1.3 Das Doppelspaltexperiment von Young

> *„Exper. 1. I made a small hole in a window-shutter, and covered it with a piece of thick paper, which I perforated with a fine needle. For greater convenience of observation, I placed a small looking glass without the window-shutter, in such a position as to reflect the sun's light, in a direction nearly horizontal, upon the opposite wall, and to cause the cone of diverging light to pass over a table, on which were several little screens of card-paper. I brought into the sunbeam a slip of card, about one-thirtieth of an inch in breadth, and observed its shadow, either on the wall, or on other cards held at different distances.“*

Thomas Young [178]

In einer rudimentären Form wurde das *Doppelspaltexperiment* das erste Mal im Jahr 1802 durchgeführt, und seitdem gehört es zu den bekanntesten und am häufigsten wiederholten Versuchen der Optik. Ersonnen wurde es von Thomas Young, einem vielseitig begabten Gelehrten, der sich erst nach einem Medizinstudium den klassischen Wissenschaften zuwandte. Neben bedeutenden Beiträgen auf dem Gebiet der Physik, von denen die Durchführung des Doppelspaltexperiments zu den bekanntesten gehört, verdanken wir dem Engländer neue Erkenntnisse in den Sprachwissenschaften. Dort ging er in die Geschichte als der unterlegene Konkurrent des Franzosen

Abbildung 4.7: Licht beim Durchtritt durch einen Einfachspalt

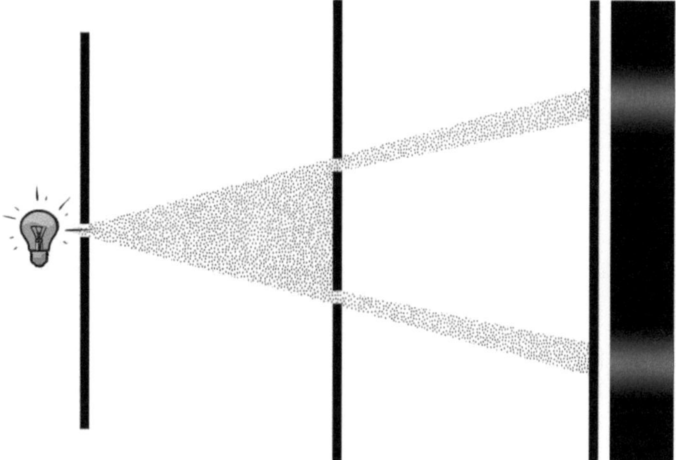

Abbildung 4.8: Erwarteter Ausgang des Doppelspaltexperiments nach der Korpuskeltheorie

Jean-François Champollion ein, der im Jahr 1822 ein dramatisches Wettrennen um die Entschlüsselung der Hieroglyphen für sich entschied.

Um die Bedeutung des Doppelspaltexperiments in seiner vollen Breite zu verstehen, betrachten wir zunächst einen vereinfachten Versuchsaufbau, wie er in Abbildung 4.7 zu sehen ist. Mithilfe eines Spalts wird aus einer Lichtquelle ein Lichtbündel isoliert, das eine in der Nähe aufgestellte Leinwand erhellt. Der Ausgang des Experiments ist zugegebenermaßen unspektakulär. Auf der Leinwand ist ein heller Streifen zu sehen, dessen Breite durch den Abstand zwischen dem Spalt und der Leinwand bestimmt wird. Der Streifen wird umso breiter, je größer wir den Abstand wählen.

Young stellte sich die Frage, wie sich das Bild auf der Leinwand verändert, wenn das isolierte Lichtbündel zusätzlich durch einen Doppelspalt geführt wird, wie er in Abbildung 4.8 eingezeichnet ist. Nach Newtons Korpuskeltheorie ist die Antwort klar: Da die Lichtteilchen jetzt durch zwei Spalte drängen, müssen auf der Leinwand zwei isolierte Streifen entstehen. Die Wellentheorie liefert uns eine ganz andere Antwort. Nach dem huygensschen Prinzip dürfen wir beide Spalte als die Quellen von Elementarwellen ansehen, die sich zu der tatsächlich beobachtbaren Wellenfront überlagern. Ein Blick auf Abbildung 4.9 macht deutlich, dass die Elementarwellen in manchen

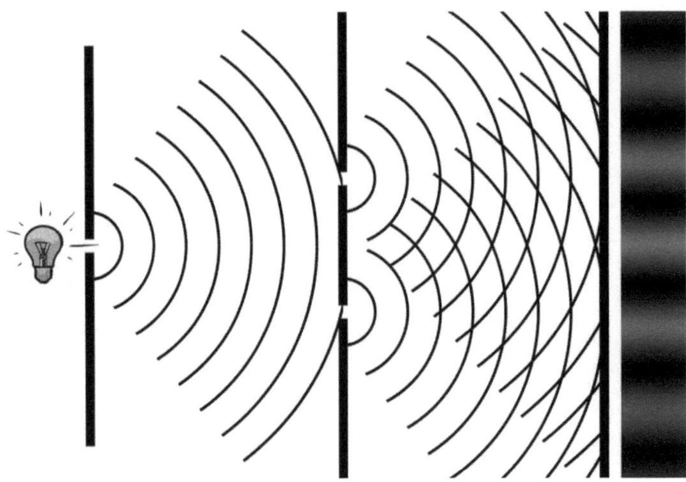

Abbildung 4.9: Erwarteter Ausgang des Doppelspaltexperiments nach der Wellentheorie

Bereichen immer phasengleich und in anderen Bereichen immer phasenverschieden sind. Während sich die Berge und Täler im ersten Fall zu einer Welle mit einer ausgeprägten Amplitude verstärken, löschen sie sich im zweiten Fall vollständig aus. Kurzum: Die Wellen *interferieren* und erzeugen auf dem Schirm ein Streifenmuster.

Über den Ausgang des Experiments möge Young selbst berichten:

> *„Besides the fringes of colours on each side of the shadow, the shadow itself was divided by similar parallel fringes, of smaller dimensions, differing in number, according to the distance at which the shadow was observed, but leaving the middle of the shadow always white.“*

Thomas Young [178]

Youngs Beobachtung war eindeutig: Fällt Licht durch einen Doppelspalt, so entsteht auf einer dahinter platzierten Leinwand ein Interferenzmuster. In den Augen der meisten Physiker hatte das Experiment die lang ersehnte Antwort auf die mehr als 100 Jahre zuvor von Newton und Huygens aufgeworfene Frage geliefert, ob Licht aus Teilchen bestehe oder eine Welle sei. Im Sinne eines echten *Experimentum crusis* hatte Young die Frage zugunsten von Huygens entschieden – oder etwa nicht? Nun, die Dinge sind nicht ganz so einfach, wie wir weiter unten sehen werden.

Zuvor wollen wir einen zweiten Blick auf Abbildung 4.7 werfen und klären, warum dort nur ein kleiner Ausschnitt des Schirms zu sehen ist. Der Grund ist didaktischer Natur. Würden wir den Spalt vergrößern, so ließe sich dort etwas beobachten, das auf den ersten Blick verwirrend wirkt: Auf dem Schirm wäre dann nämlich ebenfalls ein Interferenzmuster zu sehen. Offenbar ist ein zweiter Spalt gar nicht notwendig, um ein solches Muster zu erzeugen, aber wie ist so etwas möglich?

Die Antwort liefert uns ein weiteres Mal das huygenssche Prinzip, infolgedessen überall dort, wo die Wellenfront auf den Spalt trifft, eine Elementarwelle entsteht. Da der Spalt eine gewisse Ausdehnung hat, wird dort nicht eine einzige Elementarwelle, sondern eine ganze Schar solcher Wellen emittiert, die geringfügig gegeneinander verschoben sind. Diese Wellen interferieren und erzeugen auf dem Schirm das angesprochene Interferenzmuster. Würden wir den Spalt so weit verkleinern, dass er in guter Näherung zu einer Punktquelle wird, so würden die Interferenzstreifen verschwinden. Die durch den Spalt hindurchdringende Lichtmenge wäre dann aber so gering, dass in einem realen Experiment kaum noch etwas zu sehen wäre.

Zum Schluss wollen wir noch auf ein historisches Detail eingehen, das heute weitgehend in Vergessenheit geraten ist. Wenn Sie das Eingangszitat dieses Abschnitts, in dem Young ausführlich seinen historischen Versuchsaufbau beschreibt, noch einmal lesen, so werden Sie feststellen, dass dort an keiner Stelle von einem Doppelspalt (*„double slit“*) die Rede ist, sondern lediglich von einem Kartonstreifen (*„slip of card“*). Young hatte die Interferenz, anders als es in den Abbildungen 4.8 und 4.9 und in den meisten Lehrbüchern dargestellt ist, nämlich gar nicht durch einen Doppelspalt erzeugt. Stattdessen brachte er einen rund 0,85 mm (*„one-thirtieth of an inch“*) dicken Kartonstreifen so in den Lichtstrahl ein, dass die Hälfte des Strahls auf der Vorderseite und die andere Hälfte auf der Rückseite vorbei strich. Die physikalischen Abläufe sind dabei die gleichen wie bei einem Doppelspalt. In beiden Fällen werden räumlich voneinander versetzte Elementarwellen so überlagert, dass auf dem Schirm ein streifenförmiges Interferenzmuster zu sehen ist. Würden wir Youngs Versuch mit einem echten Doppelspalt wiederholen, so müsste der Abstand zwischen den Spalten der Breite des Kartonstreifens entsprechen; wir müssten also eine Versuchsanordnung wählen, bei der die Spalte 0,85 mm voneinander entfernt sind.

Für viele Jahre waren sich die Physiker darüber einig, dass das Doppelspaltexperiment die diversen Teilchentheorien des Lichts unumstößlich widerlegt habe, doch dann, gegen Ende des 19. Jahrhunderts, überschlugen sich die Ereignisse ein weiteres Mal.

4.1.4 Der photoelektrische Effekt

Im Jahr 1886 machte der deutsche Physiker Heinrich Hertz die irritierende Beobachtung, dass ein Funkendetektor eine höhere Aktivität zeigte, wenn die funkenemittierende Metallelektrode mit ultraviolettem Licht bestrahlt wurde. Erklären konnte er das eher zufällig entdeckte Phänomen nicht und erwähnte es daher nur beiläufig in einer seiner Publikationen. Seinem Assistenten Wilhelm Hallwachs ließ das merkwürdige Phänomen aber keine Ruhe. Neugierig führte Hallwachs in den folgenden Monaten weitere Experimente durch und machte im Jahr 1888 eine noch kuriosere

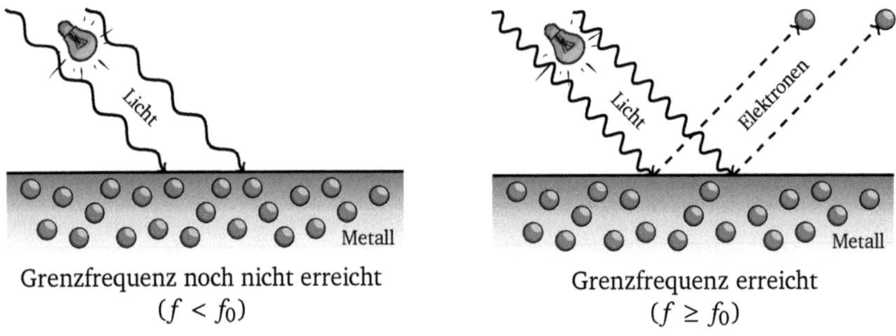

Abbildung 4.10: Der photoelektrische Effekt (Hallwachs-Effekt)

WILHELM HALLWACHS
1859 – 1922

Abbildung 4.11

PHILIPP LENARD
1862 – 1947

Abbildung 4.12

JOSEPH JOHN THOMSON
1856 – 1940

Abbildung 4.13

Beobachtung. Er fand heraus, dass ultraviolettes Licht die Eigenschaft besaß, eine negativ geladene Zinkplatte in kurzer Zeit zu entladen. Erklären konnte er dieses Phänomen aber genauso wenig wie sein Mentor.

Im Jahr 1897 entdeckte der englische Physiker Joseph John Thomson das Elektron, und mit mehreren gezielten Experimenten konnte er demonstrieren, dass es die neu entdeckten Teilchen waren, die im Experiment von Hallwachs die Zinkplatte verließen. Offensichtlich war ultraviolettes Licht in der Lage, aus der Metalloberfläche Elektronen herauszulösen. Dieses Emissionsphänomen ist der *photoelektrische Effekt*, der seinem Entdecker zu Ehren auch als *Hallwachs-Effekt* bezeichnet wird (Abbildung 4.10).

> **Photoelektrischer Effekt (auch Photoeffekt oder Hallwachs-Effekt)**
> Licht hat die Fähigkeit, Elektronen aus einer Metalloberfläche zu lösen.

Thomson hatte erkannt, dass sich hinter der Beobachtung von Hallwachs die Freisetzung von Elektronen verbarg, er konnte jedoch nicht erklären, wie dieser Effekt zustande kam. Eine naheliegende Erklärung war diese hier: Durch die eintreffenden Lichtwellen wurden Elektronen, die sich auf der Oberfläche der Metallplatte befanden, in Schwingungen versetzt. Hierdurch gewannen sie so lange kontinuierlich an Energie, bis sie die Metallplatte irgendwann verlassen konnten. Nach dieser Theorie mussten die Anzahl der emittierten Elektronen und die Intensität des Lichts proportionale Größen sein, und genau dies hatte Hallwachs auch experimentell beobachtet.

Im Jahr 1900 beschäftigte sich der österreichisch-ungarische Physiker Philipp Lenard mit dem photoelektrischen Effekt und führte eine Reihe akribisch geplanter Experimente durch. Die Ergebnisse ließen keinen Zweifel daran, dass mit der oben gegebenen Erklärung etwas nicht stimmte. Nach der Wellentheorie hätte die Erhöhung der Lichtintensität nämlich nicht nur dazu führen dürfen, dass mehr Elektronen emittiert werden, sondern auch dazu, dass jedes einzelne Elektron eine höhere kinetische Energie aufwies. Aber genau dies war nicht der Fall. Die kinetische Energie der weggeschleuderten Elektronen war nur von der Frequenz, aber nicht von der Intensität des Lichts abhängig.

Und noch etwas war sonderbar. Wurde die Metallplatte nicht mit ultraviolettem, sondern mit langwelligerem Licht bestrahlt, so setzten die meisten Metalle überhaupt keine Elektronen mehr frei; selbst dann nicht, wenn die Intensität stark erhöht wurde. Das bedeutete, dass ausschließlich die Frequenz des Lichts dafür verantwortlich war, ob sich ein Elektron von der Platte löste, und welche kinetische Energie es in diesem Fall besaß. Für jedes Material gab es eine Grenzfrequenz f_0, die unbedingt überschritten werden musste, um den photoelektrischen Effekt auszulösen. Lag die Frequenz auch nur geringfügig darunter, so kam die Elektronenemission schlagartig zum Erliegen. Für Lenard war klar: Mit der Wellentheorie des Lichts waren diese neuen Erkenntnisse nur schwer in Einklang zu bringen.

Abbildung 4.14 veranschaulicht den geschilderten Zusammenhang mithilfe eines Diagramms, dessen x-Achse mit der Frequenz des einfallenden Lichts beschriftet ist. An den eingezeichneten Linien lässt sich für verschiedene Materialien die kinetische Energie eines emittierten Elektrons ablesen. Im Bereich unterhalb der Grenzfrequenz f_0 ist die Energielinie gestrichelt eingezeichnet. Bei diesen Lichtfrequenzen werden, anders als es die Wellentheorie des Lichts vorhersagt, überhaupt keine Elektronen emittiert.

Das Diagramm macht deutlich, wie stark der photoelektrische Effekt in Abhängigkeit des verwendeten Metalls variiert. Bei Caesium ist die Grenzfrequenz f_0 beispielsweise

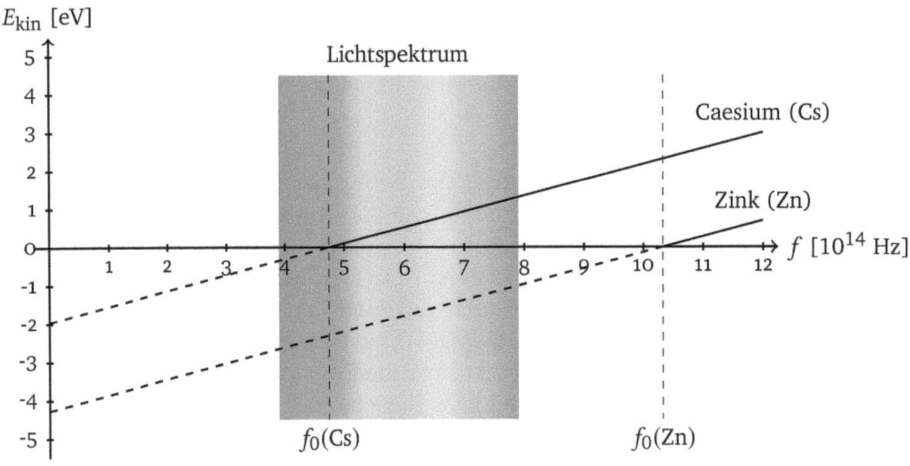

Abbildung 4.14: Der photoelektrische Effekt im Detail

so niedrig, dass er durch das sichtbare Licht ausgelöst wird. Wird dagegen eine Zinkplatte mit sichtbarem Licht bestrahlt, so werden keine Elektronen emittiert. Bei diesem Material setzt der photoelektrische Effekt erst im ultravioletten Spektrum ein.

Lenards Experimente stellten die Wissenschaft vor ein Rätsel, bis Einstein mit einer gewagten Hypothese für Aufsehen sorgte. Wir finden sie in seiner 1905 publizierten Arbeit *Über einen die Erzeugung und Verwandlung des Lichtes betreffenden heuristischen Gesichtspunkt* [37]:

> *„Es scheint mir nun in der Tat, daß die Beobachtungen [...] besser verständlich erscheinen unter der Annahme, daß die Energie des Lichtes diskontinuierlich im Raume verteilt sei. Nach der hier ins Auge zu fassenden Annahme ist bei Ausbreitung eines von einem Punkte ausgehenden Lichtstrahles die Energie nicht kontinuierlich auf größer und größer werdende Räume verteilt, sondern es besteht dieselbe aus einer endlichen Zahl von in Raumpunkten lokalisierten Energiequanten, welche sich bewegen, ohne sich zu teilen und nur als Ganze absorbiert und erzeugt werden können.“*

Albert Einstein [37]

Nach einer Reihe komplexer Rechnungen war Einstein in der Lage, seine Hypothese zu konkretisieren. Er postulierte, dass Licht aus Teilchen, den sogenannten *Photonen*, besteht, deren Energie durch die folgende Berechnungsvorschrift gegeben ist:

Abbildung 4.15

Max Karl Ernst Ludwig Planck
1858 – 1947

$$h = 6{,}62606957 \cdot 10^{-34}\ \text{Js}$$

Photonenhypothese (Einstein, 1905)

Licht besteht aus *Photonen* der Energie

$$E = hf \tag{4.1}$$

Die Konstante h ist eine materialunabhängige Naturkonstante und wird als das *Planck-sche Wirkungsquantum* bezeichnet. Benannt ist sie nach dem berühmten deutschen Physiker Max Planck (Abbildung 4.15), der auf diese Konstante bereits zuvor gestoßen war, bei der Untersuchung der Strahlung Schwarzer Körper. Für seine Entdeckung, die für die Entwicklung der Quantenphysik von zentraler Bedeutung war, wurde Planck 1918 mit dem Nobelpreis geehrt.

Mit der Photonenhypothese war Einstein in der Lage, den photoelektrischen Effekt auf natürliche Weise zu deuten. Er schreibt:

„Nach der Auffassung, dass das erregende Licht aus Energiequanten [...] bestehe, lässt sich die Erzeugung von Kathodenstrahlen durch Licht folgendermaßen auffassen. In die oberflächliche Schicht des Körpers dringen Energiequanten ein, und deren Energie verwandelt sich wenigstens zum Teil in kinetische Energie von Elektronen.

Die einfachste Vorstellung ist die, dass ein Lichtquant seine ganze Energie an ein einziges Elektron abgibt[.]"

Albert Einstein, 1905 [37]

Mit seiner gewagten Hypothese hatte Einstein völlig unerwartet eine Teilchenvorstellung des Lichts zurück in die Physik gebracht, wenn auch in einer ganz anderen Gestalt, als sie Newton im Sinne hatte. In Einsteins Theorie war der Wellencharakter des Lichts keinesfalls verschwunden, was wir sofort am Verbleib des Frequenzparameters f in Formel (4.1) erkennen können. Verabschiedet hatte er sich dagegen von der Vorstellung, Licht sei ein Welle, die ihre Energie kontinuierlich abgeben kann.

Was Einstein in seiner Arbeit offenlegte, ist das, was wir heute als den *Welle-Teilchen-Dualismus* bezeichnen: Licht besitzt die faszinierende Eigenschaft, in manchen Aspekten wie eine klassische Welle und in anderen Aspekten wie ein gewaltiges Teilchengewitter zu agieren. Für diese bahnbrechende Entdeckung wurde Einstein im Jahr 1922 mit dem Nobelpreis ausgezeichnet.

4.1.5 Quantenteilchen am Doppelspalt

Wir wollen nicht fortfahren, ohne ein Phänomen anzusprechen, das die Thematik dieses Buchs nur am Rande streift, aber unbestritten zu den faszinierendsten Kapitel der Physik gehört. Um ihm auf die Spur zu kommen, müssen wir das besprochene Doppelspaltexperiment lediglich ein wenig abwandeln und die Lichtquelle durch eine Elektronen- oder Protonenquelle und die Leinwand durch eine Fotoplatte ersetzen. In unserem neuen Versuch gehen Objekte durch die Spalte, deren Teilchencharakter nur schwerlich geleugnet werden kann.

Führen wir das Doppelspaltexperiment, wie in Abbildung 4.16 gezeigt, mit einer solchen Partikelquelle durch, so geschieht Erstaunliches. Zum einen können wir auf der Fotoplatte isolierte Färbungen feststellen, die auf die Einschläge der emittierten Teilchen hindeuten. Zum anderen können wir beobachten, dass die Teilchen genau so interferieren, wie in unseren ursprünglichen Versuchen, die mit einer gewöhnlichen Lichtquelle durchgeführt wurden.

Wie lässt sich dieses merkwürdige Phänomen erklären? Die Vermutung liegt nahe, dass die Interferenzmuster durch eine Kollision der Teilchen verursacht werden, aber genau dies ist nicht der Fall. Wird die Elektronen- oder Protonenquelle nämlich so eingestellt, dass die Teilchen in langsamer Abfolge, eines nach dem anderen emittiert werden, so entsteht das gleiche Muster, auch wenn sich die Fotoplatte jetzt viel langsamer färbt. Die Situation ist vertrackt: Wie kann ein Objekt auf dem Weg von der Quelle zum Schirm auf sich selbst eine Wechselwirkung ausüben?

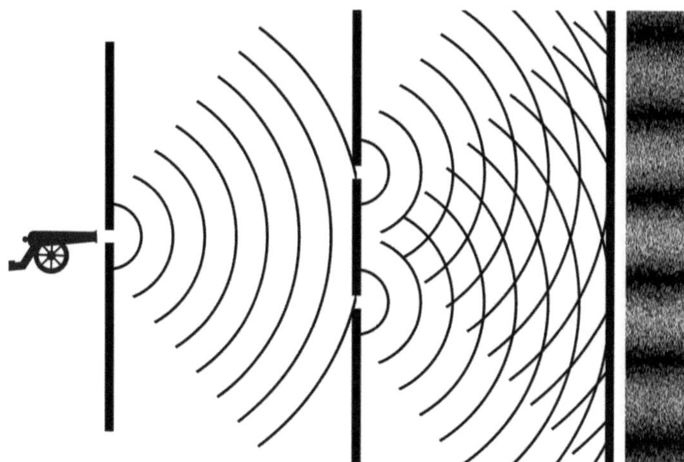

Abbildung 4.16: Quantenteilchen am Doppelspalt

Noch mysteriöser wird die Situation dann, wenn wir für jedes emittierte Teilchen notieren, welchen Spalt es auf seinem Weg zur Fotoplatte passiert hat. Hierfür denken wir uns den Versuchsaufbau um einen Detektor ergänzt, der für jedes Teilchen den benutzten Spalt registriert. In der Realität ist der Bau eines solchen Detektors nicht einfach, da jeder gewöhnliche Sensor das gemessene Teilchen sofort absorbieren und das Experiment damit ad absurdum führen würde. In [93] wird beschrieben, wie das Vorhaben dennoch realisiert werden kann.

Führen wir das modifizierte Experiment mit einem ausgeschalteten Spaltendetektor durch, so erhalten wir das gleiche Ergebnis wie vorhin: Auf der Leinwand entsteht ein deutliches Interferenzmuster. Wiederholen wir das Experiment mit einem einge- schalteten Detektor, so geschieht Erstaunliches: Das Interferenzmuster verschwindet und die emittierten Objekte verhalten sich jetzt urplötzlich wie klassische Teilchen (Abbildung 4.17). Offenbar hat die Messung am Doppelspalt dazu geführt, dass die emittierten Objekte ihren Wellencharakter verlieren. Ein genauso unerwartetes wie befremdliches Ergebnis!

Mit dem Doppelspaltexperiment haben wir die Tür zu einer völlig neuen Welt geöff- net: die Welt der *Quanten*. Lesern, die diese Tür ein Stück weiter öffnen möchten, seien die populärwissenschaftlichen Werke [60] und [137] empfohlen. Beide sind lebendig geschriebene Einführungen in die Quantenphysik, die unbestritten zu den spannendsten, zugleich aber auch zu den mysteriösesten Disziplinen der modernen Naturwissenschaften gehört.

Alles in allem führen uns die geschilderten Experimente klar vor Augen, dass wir die Begriffe der makroskopischen Welt nicht eins zu eins auf das mikroskopisch Kleine übertragen dürfen. Mit der Vorstellung, Licht sei eine Welle, die sich wie die Woge auf

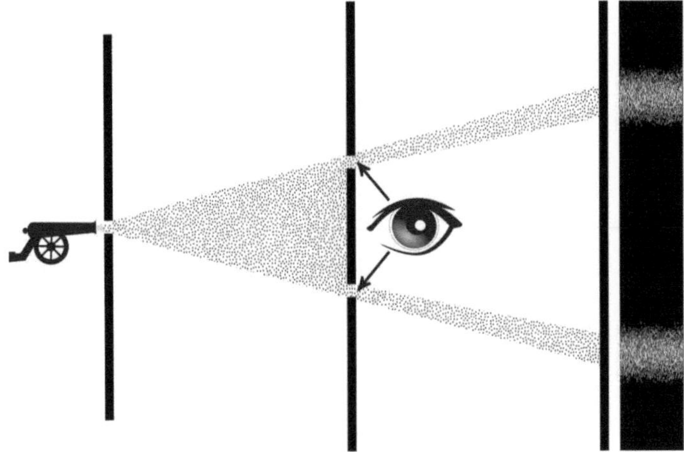

Abbildung 4.17: Quantenobjekte am Doppelspalt, mit aktiviertem Detektor

einem See ausbreitet, lägen wir genauso falsch wie mit der Vorstellung, Licht sei ein
Teilchengewitter, das unsere Netzhaut mit Milliarden und Abermilliarden kleiner Pho-
tonenkugeln bombardiert. Licht ist etwas völlig anderes. Es unterscheidet sich so sehr
von den Dingen unserer Anschauung, dass wir lediglich das Folgende konstatieren
können: Licht ist eine Erscheinung, die in manchen Aspekten an klassische Wellen und
in anderen Aspekten an klassische Teilchen erinnert. Dieser Dualismus, der dem Licht
genauso innewohnt wie anderen Quantenobjekten, ist der *Welle-Teilchen-Dualismus*.
Er ist von so fundamentaler Natur, dass wir ihn bei der Interpretation optischer Phänomene niemals vergessen dürfen.

4.2　Lichtgeschwindigkeit

Wir wissen bereits, dass die Lichtgeschwindigkeit in Einsteins Relativitätstheorie eine prominente Rolle spielt. Ferner wissen wir, dass sich die Geschwindigkeit des
Lichts von allen uns vertrauten irdischen Maßstäben eminent unterscheidet. Sie ist
so groß, dass wir keine Chance haben, sie mit unseren Sinnen wahrzunehmen, und
entsprechend lange waren sich die Gelehrten uneins darüber, ob sich Licht überhaupt mit einer endlichen Geschwindigkeit fortbewegt. Viele Naturforscher leiteten
aus der Alltagserfahrung ab, dass sich Licht instantan, d. h. mit einer unendlich hohen
Geschwindigkeit, ausbreitet. Aristoteles war dieser Meinung, genauso wie Johannes
Kepler und René Descartes. Für den Franzosen erschien die Vorstellung einer endlichen Lichtgeschwindigkeit sogar so absurd, dass er die Sinnhaftigkeit seines gesamten
Weltbilds mit dieser Frage verband.

Ganz anderer Meinung war Galileo Galilei. Er konnte eine instantane Ausbreitung nur schwer mit seiner Naturphilosophie vereinbaren und vermutete, Licht bewege sich zwar sehr schnell, aber dennoch mit einer endlichen Geschwindigkeit. In den *Discorsi* beschreibt er ausführlich ein Experiment, mit dem er diese wichtige Grundlagenfrage der Physik klären wollte:

„Salviati: Und der Versuch, den ich ersann, war folgender: Von zwei Personen hält eine jede ein Licht in einer Laterne oder etwas dem ähnlichen, so zwar, dass ein jeder mit der Hand das Licht zu- und aufdecken könne; dann stellen sie sich einander gegenüber auf in einer kurzen Entfernung und üben sich, ein jeder dem anderen sein Licht zu verdecken und aufzudecken; so zwar, dass wenn der Eine das andere Licht erblickt, er sofort das seine aufdeckt; [...] Eingeübt in kleiner Distanz, entfernen sich die beiden Personen mit ihren Laternen bis auf 2 oder 3 Meilen; und indem sie Nachts ihre Versuche anstellen, beachten sie aufmerksam, ob die Beantwortung ihrer Zeichen, in demselben Tempo wie zuvor, erfolge, woraus man wird erschließen können, ob das Licht sich instantan fortpflanzt[.]"

Galileo Galilei, Discorsi [74]

Wahrscheinlich haben Sie Galileis Ausführungen mit einem Schmunzeln auf den Lippen gelesen. Wir wissen heute, dass die Lichtgeschwindigkeit viel zu hoch ist, um sie in einem Experiment, wie es in den *Discorsi* beschrieben ist, auch nur annähernd messen zu können.

4.2.1 Astronomische Messungen

Obwohl sich Galilei mit seinem Lampenexperiment in eine Sackgasse manövrierte, hatte er mit seinem wissenschaftlichen Werk dennoch die Grundlage für die erste ernstzunehmende Messung der Lichtgeschwindigkeit gelegt. Der Schlüssel hierzu war ein Ereignis in Galileis Leben, das wir bereits kennen: die Entdeckung des Jupitermonds Io.

Die Messung von Ole Rømer

66 Jahre nach Galileis Entdeckung wurde die Umlaufzeit von Io präzise vermessen und dabei akribisch vermerkt, wann der Trabant in den Jupiterschatten ein- bzw. austrat. Schnell wurde dabei klar, dass irgendetwas nicht stimmte: Die Beobachtung und die theoretische Vorhersage wiesen eine Diskrepanz auf, die durch die Messungenauigkeit nicht zu erklären war. Als Erster entdeckte der dänische Astronom Ole Christensen Rømer in den Daten ein wiederkehrendes Muster: Die Zeitspanne zwischen zwei

Abbildung 4.18

OLE CHRISTENSEN RØMER
1644 – 1710

Io-Verdunkelungen war kürzer, wenn sich Erde und Jupiter annäherten, und länger, wenn sich die beiden Planeten voneinander entfernten.

Die historische Skizze in Abbildung 4.19 demonstriert den Sachverhalt. Sie stammt aus einer 1676 erschienenen Arbeit, in der die Ergebnisse des Dänen das erste Mal beschrieben wurden [141]. In der Skizze befindet sich die Sonne im Punkt A und Jupiter im Punkt B. Die Erde umkreist die Sonne im entgegengesetzten Uhrzeigersinn auf der Bahn, die durch die Punkte E, F, G, H, L und K beschrieben wird. Tritt Io in den Jupiterschatten ein, so wird dies auf der Erde durch eine rasche Verfinsterung des Mondes sichtbar.

Würde sich Licht instantan ausbreiten, so müssten aufeinanderfolgende Verfinsterungen in immer gleichen Zeitabständen erfolgen, aber genau dies ist nicht der Fall. Bewegt sich die Erde beispielsweise auf dem Segment $\overline{FG}$, so scheint Io früher in den Jupiterschatten einzutreten. Etwas Analoges gilt für den Fall, dass die Erde das Segment LK durchläuft. Hier suggeriert die Beobachtung, dass Io verspätet in den Jupiterschatten eintritt.

Rømer war überzeugt, dass dieser Effekt auf die endliche Ausbreitungsgeschwindigkeit des Lichts zurückzuführen sei und sah darin gleichsam eine Möglichkeit, die Geschwindigkeit exakt zu messen. Ihm war bekannt, dass sich die Lichtgeschwindigkeit sehr einfach mit einer Formel ausrechnen lässt, in der die Umlaufzeit von Io, die Zeitdifferenz, mit der die Lichtstrahlen die Erde erreichen, und die Geschwindigkeit, mit der sich die Erde gegenüber Jupiter bewegt, als Variablen vorkommen. Von diesen Größen lässt sich aber nur die erste durch eine direkte Beobachtung von der Erde

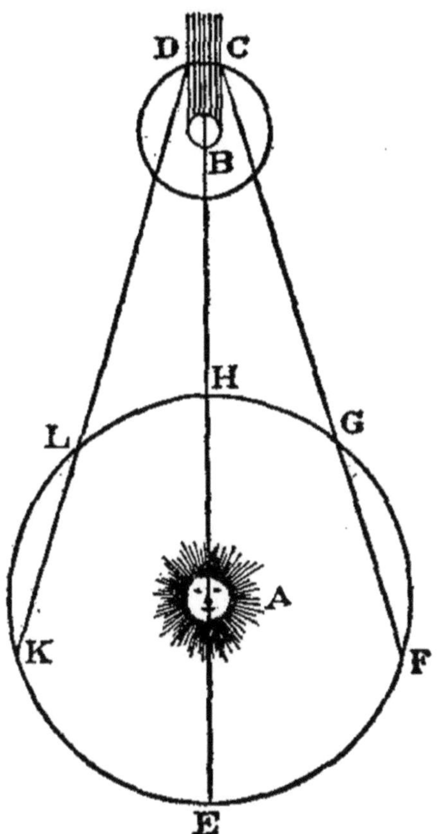

Abbildung 4.19: Originalskizze aus der Arbeit *Démonstration touchant le mouvement de la lumière trouvé par M. Rømer de l'Académie royale des sciences*

aus bestimmen. Was können wir also tun, wenn die anderen beiden Größen gar nicht oder nur näherungsweise bekannt sind?

Rømer fand rasch heraus, dass sich die nur näherungsweise bekannten Größen in seiner Formel eliminieren ließen, indem er die Beobachtung über den Zeitraum eines kompletten Jahres durchführte. Als er die damals vorliegenden Messwerte in seine neue Formel einsetzte, kam er zu dem Schluss, dass Licht ca. 22 Minuten benötigt, um den Durchmesser der Erdbahn zu durchqueren. Dies ist gleichbedeutend mit der Aussage, dass Licht in ca. 11 Minuten eine astronomische Einheit (AE) zurücklegt. Wir erinnern uns: Eine astronomische Einheit entspricht in hoher Genauigkeit der mittleren Entfernung zwischen der Erde und der Sonne.

Rømer schätzte den Durchmesser der Erdbahn auf ca. 180.000.000 km [163], was eine Lichtgeschwindigkeit von ca. 135.000 $\frac{km}{s}$ ergab. Wäre ihm der exakte Wert von ca. 300.000.000 km bekannt gewesen, so hätte er mit seiner Formel eine Lichtgeschwindigkeit von ca. 220.000 $\frac{km}{s}$ ausgerechnet. Damit ist klar: Selbst mit dem korrekten

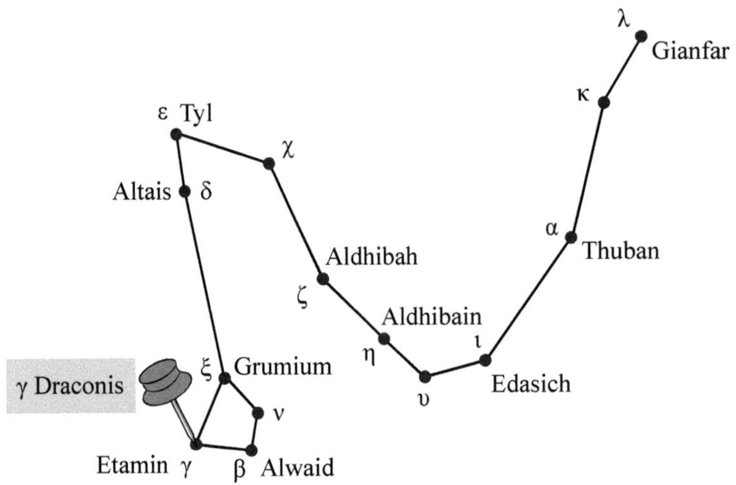

Abbildung 4.20: γ Draconis im Sternbild des Drachen

Durchmesser der Erdbahn hätte er den wahren Wert der Lichtgeschwindigkeit weit verfehlt. Dies schmälert aber keineswegs die Bedeutung seines Experiments, denn mit diesem war es erstmals gelungen, die These einer instantanen Lichtausbreitung überzeugend zu widerlegen.

Die stellare Aberration

Eine erstaunlich präzise Messung der Lichtgeschwindigkeit wurde im 18. Jahrhundert von James Bradley und Samuel Molyneux durchgeführt. Die beiden englischen Astronomen wiederholten damals ein rund 50 Jahre altes Experiment von Robert Hooke, der mit seinen Beobachtungen die Parallaxe der Sterne belegen und damit einen Beweis für die kopernikanische Hypothese einer sich bewegenden Erde erbringen wollte.

Hooke führte seine Untersuchungen am Gresham College im Herzen Londons durch, wo er seit 1665 als Professor für Geometrie arbeitete und bis zu seinem Lebensende wohnte. Für seine Beobachtung suchte er nach einem Stern, der von London aus betrachtet eine möglichst unverzerrte Parallaxenverschiebung und gleichzeitig eine vernachlässigbare Refraktion aufweist. Die *astronomische Refraktion* beschreibt die Richtungsänderung der einfallenden Lichtstrahlen durch die Brechung an der Atmosphäre. Sie wird insbesondere dann sehr groß, wenn ein Stern tief am Nachthimmel steht und die Lichtstrahlen daher schräg auf die Atmosphäre treffen. Steht ein Stern im Zenit des Beobachters, so verschwindet die Refraktion vollständig.

Hookes Wahl fiel auf γ Draconis (*Gamma Draconis*), einen rund 150 Lichtjahre entfernten Stern im Sternbild des Drachen (Abbildung 4.20). Von London aus betrachtet steht γ Draconis ziemlich genau im Zenit und war damit ein perfekter Kandidat. Für die Vermessung konstruierte Hooke ein spezielles *Zenitteleskop*, mit dem er zwischen Juli und Oktober 1669 regelmäßig Beobachtungen durchführte. Als das Teleskop tatsächlich winzige Positionsänderungen offenbarte, war Hooke außer sich vor Freude. Er glaubte, mit seiner Messwerttabelle einen Beweis für die Parallaxe in Händen zu halten und damit gleichzeitig die Grundsatzfrage nach dem Aufbau des Universums im Sinne der kopernikanischen Theorie entschieden zu haben. Er schrieb im Jahr 1674:

> *„Tis[1] manifest then by the observations of July the Sixth and Ninth: and that of the One and twentieth of October, that there is a sensible parallax of the Earths Orb to the fixt Star in the head of Draco, and consequently a confirmation of the Copernican System against the Ptolomaick and Tichonick."*

Robert Hooke [87]

Hookes Ansicht, die Parallaxe sei die Ursache für die optische Verschiebung von γ Draconis, wurde von vielen Experten für lange Zeit geteilt. Heute wissen wir, dass er damit völlig falsch lag.

Es verstrichen rund 50 Jahre, bis Bradley und Molyneux ihr eigenes Zenitteleskop auf γ Draconis richteten. Das neue Instrument war kleiner als das von Hooke, aufgrund seiner moderneren Konstruktion aber viel präziser. In den Nächten des Jahres 1725 bestätigte sich, dass γ Draconis vor dem Fixsternhintergrund tatsächlich im Laufe eines Jahres eine winzige Kreisbahn durchlief. Peilte Bradley den Bahnmittelpunkt an, so musste er das Teleskop um ca. 20,2″ (20,2 Bogensekunden) neigen, um den Stern zu sehen. Wie klein dieser Neigungswinkel ist, wird ersichtlich, wenn wir ihn in Grad ausdrücken. Eine Bogensekunde ist der 3600. Teil eines Grads, so dass 20,2″ in etwa 0,0056° entsprechen. Auch wenn Bradley die Bewegung noch nicht deuten konnte, war ihm eines sehr früh bewusst: Die Änderung war so regelmäßig, dass sie keinesfalls mit einem Messfehler zu erklären war. Später schrieb er in einem Brief an Edmond Halley:

> *„The great Regularity of the Observations left no room to doubt, but that there was some regular Cause that produced this unexpected Motion, which did not depend on the Uncertainty or Variety of the Seasons of the Year."*

James Bradley [18]

---

[1]Das Wort „Tis" ist aus der englischen Sprache mittlerweile verschwunden. Es wurde früher als Abkürzung für die Wortkombination „It is" verwendet.

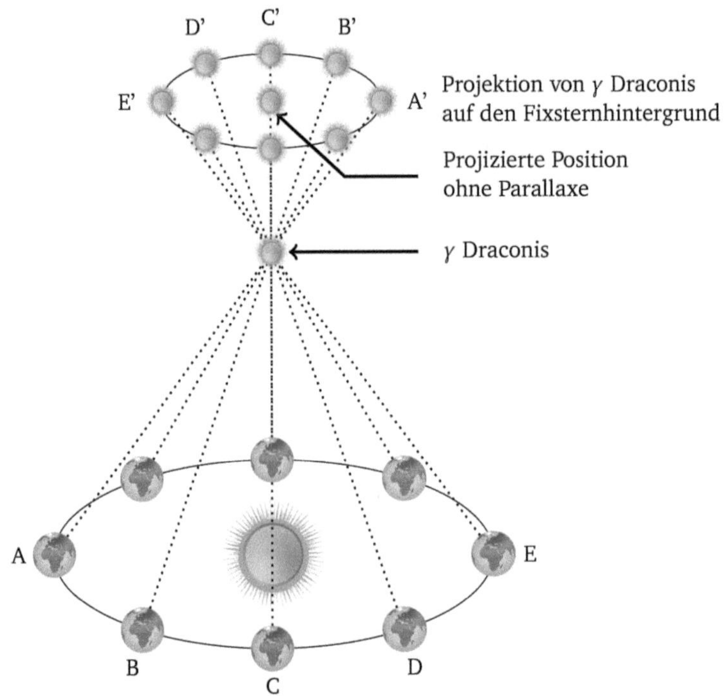

Abbildung 4.21: Zur Parallaxe von γ Draconis

Der Brief an Halley, der im Jahr 1727 in den *Philosophical Transactions* veröffentlicht wurde, ist die Primärquelle für Bradleys Beobachtungen, und weiter unten werden wir noch weitere Passagen daraus zitieren.

Besonders überraschte Bradley, dass der Stern eine Bewegung ausführte, die dem vorhergesagten Bewegungsmuster eklatant widersprach. Sollte für die optische Positionsänderung von γ Draconis wirklich die Parallaxe verantwortlich sein, so würde sie sich in einer Form äußern, wie sie in Abbildung 4.21 zu sehen ist. Vor dem Hintergrund der Fixsterne müsste sich γ Draconis dann auf einer Bahn bewegen, die eine optische Kopie der Erdbahn ist, und zu jedem Zeitpunkt die zur Erde entgegengesetzte Position einnehmen. Durchläuft die Erde beispielsweise das Segment $\overline{AE}$, so müsste sich γ Draconis auf dem Segment $\overline{A'E'}$ bewegen. Das bedeutet, dass die Parallaxe zu einer scheinbaren Bewegung des Sterns führt, die der Bewegung der Erde entgegengesetzt ist.

Aber genau dies war nicht der Fall. Aus den Messdaten ging zweifelsfrei hervor, dass γ Draconis eine Bewegung ausführte, die gegenüber der erwarteten um exakt drei Monate verschoben war. Bradley war klar, dass die augenscheinliche Positionsänderung des Sterns keine Folge der Parallaxe sein konnte, und er hatte recht. Heute wissen wir, dass die Parallaxe von γ Draconis so gering ist, dass Hooke und Bradley überhaupt keine Chance hatten, sie mit ihren Teleskopen zu beobachten. Sie wurde erst viele Jahre später von Friedrich Wilhelm Bessel mit einer erheblich genaueren Messvorrichtung entdeckt [10].

Doch wenn die Parallaxe nicht die Ursache für die Positionsänderung war, was war es dann? Nachdem Bradley alle in Frage kommenden Ursachen analysiert hatte, kam er zu dem Schluss, dass die merkwürdige Bewegung von γ Draconis nur mit einer endlichen Ausbreitungsgeschwindigkeit des Lichts und einer sich relativ zur Lichtquelle bewegenden Erde zu erklären sei. Er schreibt in seinem Brief an Halley:

> *„When the Year was completed, I began to examine and compare my Observations, and having pretty well satisfied my self as to the general Laws of the Phænomena, I then endeavoured to find out the Cause of them. I was already convinced, that the apparent Motion of the Stars was not owing to a Nutation of the Earth's Axis. The next Thing that offered itself, was an Alteration in the Direction of the Plumb-line, with which the Instrument was constantly rectified; but this upon Trial proved insufficient. Then I considered what Refraction might do, but here also nothing satisfactory occurred. At last I conjectured, that all the Phænomena hitherto mentioned, proceeded from the progressive Motion of Light and the Earth's annual Motion in its Orbit."*

James Bradley [18]

James Bradley hatte die *stellare Aberration* entdeckt. Um dieses optische Phänomen zu verstehen, stellen wir uns die Photonen eines Lichtstrahls als Teilchen vor, die sich wie die Wassertropfen eines Regenschauers verhalten. Die Alltagserfahrung lehrt uns, dass wir einen Schirm schräg nach vorne halten müssen, wenn wir im Regen trockenen Hauptes spazieren gehen möchten (Abbildung 4.22). Der Grund hierfür ist schnell gefunden: Für einen bewegten Beobachter scheint der Regen nicht mehr direkt von oben zu kommen, sondern schräg von vorne. Noch auffälliger tritt das Phänomen im Winter zum Vorschein, wenn wir mit dem Auto durch ein Schneegestöber fahren. In diesem Fall ist unsere eigene Geschwindigkeit so viel größer als die Geschwindigkeit des Schnees, dass der Eindruck entsteht, die vertikal herabfallenden Flocken prasselten fast horizontal auf unsere Windschutzscheibe. Diese Richtungsänderung ist die Aberration. Sie entsteht immer dann, wenn der Beobachtungsgegenstand eine endliche Ausbreitungsgeschwindigkeit aufweist und sich der Beobachter relativ zur Emissionsquelle bewegt.

Weiter oben haben wir erwähnt, dass Bradley eine Bewegung von γ Draconis beobachtete, die im Vergleich zur Erdbewegung um drei Monate versetzt war. Wie lässt sich diese Verschiebung mit der Aberration erklären? Die Antwort ist in Abbildung 4.23 zu sehen. Befindet sich die Erde beispielsweise im Punkt C, so zeigt ihr Richtungsvektor nach rechts. Da die Aberration eine optische Verschiebung in der Bewegungsrichtung hervorruft, nehmen wir γ Draconis im Punkt C' wahr. Durchläuft die Erde das

Abbildung 4.22: Aberration im Alltag

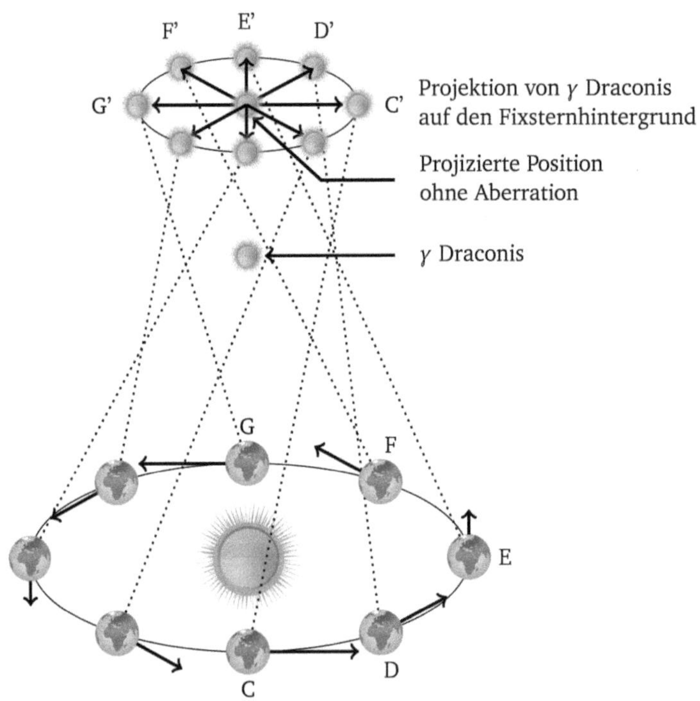

Abbildung 4.23: Zur Aberration von γ Draconis

Segment $\overline{CG}$, so durchläuft γ Draconis auf der Fixsternebene scheinbar das Segment $\overline{C'G'}$. Damit ist die Projektion des Sterns eine um 90° versetzte Abbildung der Erdbewegung. Der Versatz von 90° entspricht exakt der Messung von Bradley; es ist die Bahnänderung, die unser Heimatplanet in drei Monaten vollzieht.

Wir lassen Bradley selbst verkünden, wie groß die Lichtgeschwindigkeit war, die er über den Neigungswinkel seines Teleskops ausrechnete:

> „[c will be to v], *that is, the Velocity of Light to the Velocity of the Eye (which in this Case may be supposed the same as the Velocity of the Earth's annual Motion in its Orbit) as 10210 to One, from whence it would follow, that Light moves, or is propagated as far as from the Sun to the Earth in 8′ 12″.*"
>
> James Bradley [18]

Legen wir zugrunde, dass die Erde ca. 150.000.000 km von der Sonne entfernt ist, so folgt aus dem Beobachteten, dass sich Licht mit einer Geschwindigkeit von ca. 304.878 $\frac{km}{s}$ fortbewegt. Das Ergebnis ist beeindruckend: Über die akribische Beobachtung von γ Draconis hatte es der Brite geschafft, den wahren Wert der Lichtgeschwindigkeit erstaunlich genau zu approximieren.

Im Jahr 1742 wurde Bradley für seine Verdienste hoch dekoriert und zum Direktor des Royal Greenwich Observatory ernannt. Dort trat er die Nachfolge eines berühmten Astronomen an, dessen Name in diesem Buch bereits an mehreren Stellen gefallen ist: Edmond Halley.

4.2.2 Terrestrische Messungen

Das Experiment von Fizeau

Nach der Entdeckung der Aberration durch James Bradley verstrichen mehr als 100 Jahre, bis in Frankreich verschiedene terrestrische Methoden für die Messung der Lichtgeschwindigkeit entwickelt wurden. Den Anfang machte der Physiker Hippolyte Fizeau im Jahr 1849 mit einem Messaufbau, wie er in Abbildung 4.24 zu sehen ist.

Der Franzose isolierte aus einer Lichtquelle einen Lichtstrahl, der über einen halbdurchlässigen Spiegel H auf einen entfernt aufgestellten Spiegel S fiel und von dort zur Beobachtungsstelle B reflektiert wurde. Direkt hinter dem halbdurchlässigen Spiegel montierte Fizeau ein Zahnrad in einer Weise, die den Lichtstrahl auf den Wegstrecken $\overline{HS}$ und $\overline{SH}$ entweder auf einen Zahn oder auf eine Lücke zwischen zwei Zähnen treffen ließ. Im ersten Fall wurde der Strahl blockiert, im zweiten Fall konnte er ungehindert passieren. Als Nächstes versetzte Fizeau das Zahnrad in Bewegung. Drehte er das Rad nur langsam, so war der Lichtstrahl immer dann zu sehen, wenn er auf der Wegstrecke $\overline{HS}$ durch eine Lücke zwischen zwei Zähnen hindurchging; das Licht war im Verhältnis zur Drehgeschwindigkeit dann so schnell, dass es bei seiner Rückkehr die gleiche Lücke passierte. Als Nächstes erhöhte Fizeau kontinuierlich die Drehzahl,

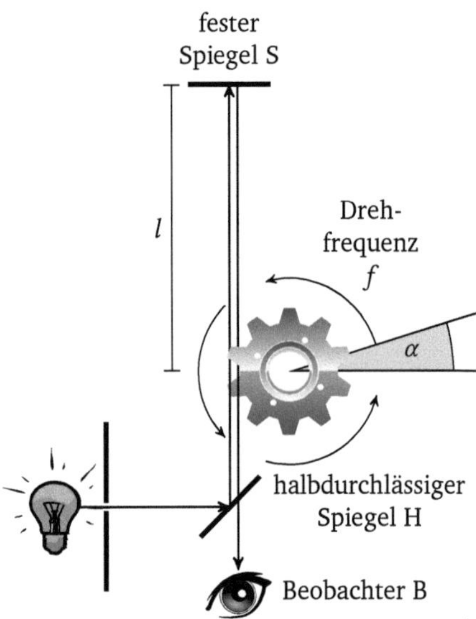

ARMAND-HIPPOLYTE-LOUIS FIZEAU
1819 – 1896

Abbildung 4.24: Zur Zahnradmethode von Fizeau

so dass der nachfolgende Zahn einen immer größeren Teil des zurückkehrenden Lichtstrahls abdeckte, und sobald das Licht im Okular des Beobachtungsfernrohrs völlig verschwunden war, konnte er aus der Drehfrequenz des Rads die Lichtgeschwindigkeit berechnen.

Fizeau konnte die Messung nicht in seinem Labor durchführen, denn dort hätte er das Zahnrad schneller drehen müssen, als es ihm technisch möglich war. Er löste das Problem, indem er den Versuch ins Freie verlegte. Die Lichtquelle montierte er mitsamt der Zahnradmechanik auf der Terrasse eines Hauses in der ca. 12 km westlich von Paris gelegenen Stadt Suresnes, und den festen Spiegel S auf der Höhe des Montmartre. Nachdem die Spiegel exakt justiert waren, verlief das Experiment wie vorhergesagt. Fizeau konnte einen Lichtstrahl beobachten, der mit zunehmender Drehzahl immer schwächer wurde und schließlich vollständig verschwand. Eine einfache Rechnung ergab, dass sich Licht mit einer Geschwindigkeit von ca. 313.274.304 $\frac{\mathrm{m}}{\mathrm{s}}$ ausbreitet. Auch wenn das Ergebnis von Fizeau ungenauer war als das Ergebnis von Bradley, hatte der Franzose Bedeutendes geleistet. Er war der Erste, dem die Bestimmung der Lichtgeschwindigkeit mit einer terrestrischen Messung gelang.

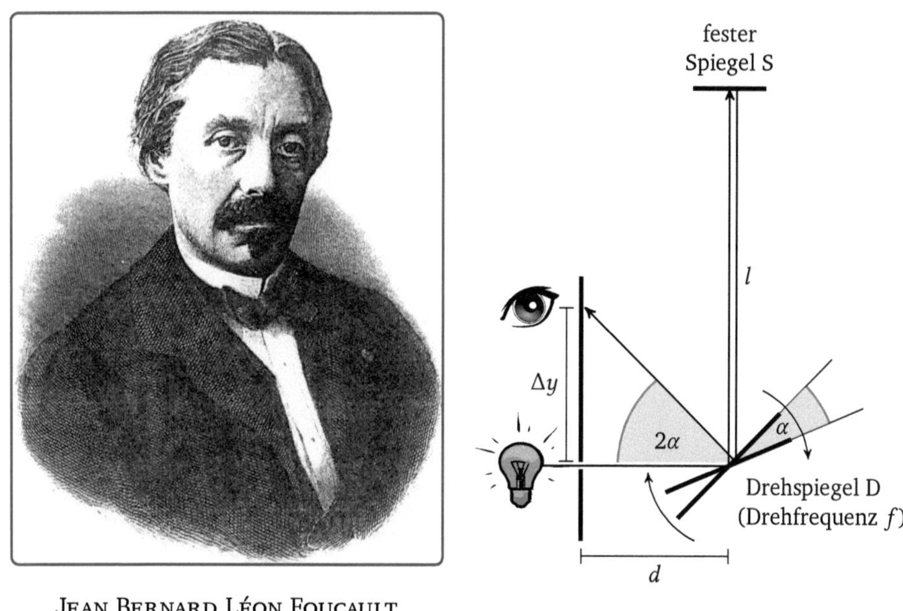

Jean Bernard Léon Foucault
1819 – 1868

Abbildung 4.25: Zur Drehspiegelmethode von Foucault

Das Experiment von Foucault

Es steht außer Frage, dass Fizeau mit der terrestrischen Messung der Lichtgeschwindigkeit Geschichte schrieb, doch sein Versuchsaufbau hatte Schwächen. Um die Geschwindigkeit korrekt zu ermitteln, musste die Drehfrequenz des Zahnrads so eingestellt werden, dass der Lichtstrahl bei seiner Rückkehr vollständig durch den nachfolgenden Zahn blockiert wurde. Dies war in der Praxis aber ungemein schwierig, da der Lichtstrahl nicht schlagartig verschwand, sondern kontinuierlich an Intensität verlor.

Fizeaus Ausweg bestand darin, die Ungenauigkeit durch die Verlängerung der Strecke l auszugleichen, doch auch dies hatte Nachteile. Beträgt die Entfernung, wie es in seinem historischen Versuch der Fall war, mehrere Kilometer, so müssen die Spiegel in einer Präzision ausgerichtet sein, die nur mit viel Aufwand zu erreichen ist. Der größte Nachteil ist aber ein anderer: Mit der im Freien montierten Apparatur konnte Fizeau lediglich die Lichtgeschwindigkeit in der Luft bestimmen; eine Messung im Vakuum oder im Wasser war damit unmöglich.

Beseitigt wurden die genannten Schwachpunkte durch den französischen Physiker Jean Bernard Léon Foucault, der die Lichtgeschwindigkeit in den Jahren 1850 und 1851 neu bestimmte. Foucaults Messverfahren basierte auf einer Idee des Physikers

François Arago, der sich seinerseits durch ein Experiment des britischen Physikers Charles Wheatstone aus dem Jahr 1834 inspirieren ließ.

Der Aufbau von Foucaults Apparatur ist in Abbildung 4.25 skizziert. Von der Lichtquelle fällt ein Lichtstrahl auf einen beweglich montierten Drehspiegel D und anschließend auf einen fest installierten Spiegel S. Von dort wird er zurück auf den Drehspiegel und danach in das Auge des Betrachters reflektiert. Solange sich der Drehspiegel in Ruhe befindet, bewegt sich der Lichtstrahl von S auf dem gleichen Weg zurück, auf dem er dort hingelangte; er kommt also wieder an der Lichtquelle an.

Foucaults Idee bestand nun darin, den Drehspiegel in Bewegung zu versetzen und hierdurch den Rückweg des Lichtstrahls zu verändern. In der Zeit, in der das Licht zweimal die Strecke l überbrückte, hatte sich der Spiegel dann um einen Winkel α weitergedreht, und das bedeutete, dass der Lichtstrahl mit dem Winkel 2α gegenüber der Einfallslinie zurückgeworfen wurde. Über den Versatz Δy konnte Foucault den Winkel α ausrechnen.

In seinem ersten Experiment benutzte Foucault eine kleine Luftdruckturbine, die den Spiegel 800 Mal pro Sekunde um seine eigene Achse drehte. Auf dem Schirm erzeugte dies eine Verschiebung von etwas mehr als einem Millimeter, und das bedeutete, dass sich das Licht mit einer Geschwindigkeit von rund $300.900.000\ \frac{\text{m}}{\text{s}}$ ausbreitete.

An dieser Stelle kommen wir auf einen wichtigen Aspekt des Foucault'schen Experiments zu sprechen. Die Apparatur des Franzosen war so kompakt gebaut, dass sie problemlos in einen Laborraum passte und es daher möglich war, das Licht auf seinem Weg von der Quelle zum Beobachter durch ein beliebiges Medium zu leiten. Foucault führte entsprechende Versuche mit Wasserröhren durch und trug sein Ergebnis am 6. Mai 1850 vor der Akademie der Wissenschaften vor. Seine Messungen belegten zweifelsfrei, dass sich Licht, wie es Huygens einst vorhergesagt hatte, im Wasser *langsamer* ausbreitet als in der Luft. Mit Newtons Korpuskeltheorie, die zur Erklärung der Lichtbrechung forderte, dass sich Licht im Wasser schneller ausbreitet als in der Luft, war der Ausgang des Experiments unvereinbar.

Als Foucault sein Experiment durchführte, war die Diskussion, ob Licht aus Teilchen bestehe oder eine Welle sei, allerdings schon weitgehend abgeebbt. Für die meisten Physiker hatte bereits das rund 50 Jahre zuvor durchgeführte Doppelspaltexperiment von Thomas Young diese Frage zugunsten der huygensschen Wellentheorie entschieden. Die Bestätigung durch Foucault ließ nun auch die letzten Kritiker verstummen: Die Newton'sche Korpuskeltheorie war endgültig widerlegt.

Verbesserung durch Michelson

Im Jahr 1877, mehr als ein Vierteljahrhundert nach der Durchführung von Foucaults Drehspiegelexperiment, entschied Albert Abraham Michelson, die Messung mit einer

Abbildung 4.26

ALBERT ABRAHAM MICHELSON
1852 – 1931

neu gefertigten Apparatur zu wiederholen. Im Bereich der Experimentalphysik war Michelson eine Kapazität. Durch seine hochpräzisen Messaufbauten war der Marineoffizier bereits zu Lebzeiten legendär und wurde im Jahr 1907 als erster Amerikaner mit dem Nobelpreis in Physik geehrt, *„for his optical precision instruments and the spectroscopic and metrological investigations carried out with their aid“*.

Schnell war sich Michelson über die Schwachstelle der Foucault'schen Versuchsanordnung im Klaren. Die Distanz, um die der Lichtstrahl in der alten Apparatur durch den Drehspiegel abgelenkt wurde, betrug kaum mehr als einen Millimeter und war damit viel zu klein, um präzise gemessen zu werden. Michelson war klar, dass er die Ablenkung deutlich erhöhen musste, und suchte die Lösung in der Verlängerung der Wegstrecke. Im Jahr 1879 errichtete er seine Messapparatur auf dem Uferdamm der Naval Academy in Annapolis und ermittelte in einem sorgfältig durchgeführten Messprozess eine Entfernung von 605, 40 m [91]. Bei einer Drehfrequenz von 256 Hz maß Michelson eine durchschnittliche Verschiebung des Lichtstrahls um 133 mm, was in etwa der hundertfachen Foucault'schen Verschiebung entsprach. Damit konnte er die Lichtgeschwindigkeit im Jahr 1880 folgendermaßen beziffern [111]:

Albert Abraham Michelson, 1880

$$c \approx 299.940.000 \, \tfrac{\text{m}}{\text{s}}$$

In der Folgezeit perfektionierte Michelson seine Messmethode und führte im Jahr 1882 ein neues Experiment entlang der Bahnlinie der *New York, Chicago and St. Louis Railroad Company* in Cleveland durch. Im Jahr 1883 publizierte er sein Ergebnis [113]:

Albert Abraham Michelson, 1883

$$c \approx 299.853.000 \; \tfrac{m}{s}$$

Für viele Jahre blieb dieser Wert die unangefochtene Referenz, bis er von Michelson selbst verbessert wurde. Dies geschah in einem groß angelegten Versuch, der im Jahr 1926 zwischen *Mount Wilson* und *Mount San Antonio* im Süden Kaliforniens durchgeführt wurde. Die aufwendig montierte Messstation ließ den Lichtstrahl zwischen den beiden exakt vermessenen Bergspitzen zweimal eine Distanz von 35 km durchlaufen und danach auf ein präzise geschliffenes, achtflächiges Prisma fallen [8]. Das Prisma hatte die gleiche Funktion wie der Drehspiegel in den alten Apparaturen. Im August 1924 nahm Michelson die Station in Betrieb und maß zunächst eine Lichtgeschwindigkeit von 299.820.000 $\tfrac{m}{s}$. In den schneefreien Monaten der nächsten beiden Jahre wiederholte er die Messung und ermittelte im Sommer 1926 jenen vielzitierten Wert, den wir in der Januarausgabe des *Astrophysical Journal* aus dem Jahr 1927 nachlesen können [114]:

Albert Abraham Michelson, 1927

$$c \approx 299.796.000 \; \tfrac{m}{s}$$

Vier Jahre später führte Michelson ein neues Experiment im kalifornischen Pasadena durch. Dort ließ er einen Lichtstrahl in einer 1,6 km langen Vakuumröhre mehrere Male hin und her reflektieren und anschließend ein rotierendes Prisma mit 32 Flächen treffen. Insgesamt wurde zwischen Februar 1931 und Februar 1933 die Lichtgeschwindigkeit 233 Mal in der Röhre ermittelt. Den Ausgang des Experiments hat Michelson nicht mehr erlebt; er verstarb am 9. Mai 1931, kurz nach der 36. Messung. Das Experiment wurde von seinen Assistenten alleine zu Ende geführt und vier Jahre später im *Astrophysical Journal* veröffentlicht:

Albert Abraham Michelson, 1935

$$c \approx 299.774.000 \; \tfrac{m}{s}$$

Heute wissen wir, dass sich Michelson mit dem 1927 veröffentlichten Ergebnis näher an den wahren Wert der Lichtgeschwindigkeit herantasten konnte, als es ihm und seinem Team in Pasadena gelungen war. Überraschend kam diese Nachricht nicht, da das Röhrenexperiment von zahlreichen technischen Problemen überschattet war. Die Messwerte des Pasadena-Experiments waren deutlich weiter gestreut als die Messwerte des Mount-Wilson-Experiments und führten schließlich zu einem ungenaueren Ergebnis.

Die Lichtgeschwindigkeit heute

Die technischen Errungenschaften des 20. Jahrhunderts haben es in den Siebzigerjahren möglich gemacht, die Lichtgeschwindigkeit in einer Präzision zu ermitteln, die lange Zeit für unmöglich gehalten wurde. Verantwortlich hierfür waren der enorme Fortschritt in der Laser- und Messtechnik, der uns völlig neuartige Instrumente bescherte. Mit diesen war es fortan möglich, Laserstrahlen mit einer hohen Frequenzstabilität zu erzeugen und gleichzeitig die Wellenlänge exakt zu messen. Sind die Frequenz und die Wellenlänge beide bekannt, so lässt sich die Lichtgeschwindigkeit durch die Multiplikation der beiden Größen sofort ausrechnen.

Im Jahr 1972 wurde eine solche Präzisionsmessung am *National Bureau of Standards* in Boulder, Colorado, mit einem Helium-Neon-Laser durchgeführt und die Lichtgeschwindigkeit mit $299.792.456,2 \pm 1,1\ \frac{m}{s}$ bestimmt [57].

Mit der neuen Lasertechnik war es ab jetzt möglich, die Lichtgeschwindigkeit mit einer so hohen Genauigkeit zu ermitteln, dass im Jahr 1983 eine Neudefinition der Längeneinheit *Meter* erfolgte. Seit dieser Zeit wird unter einem Meter die Strecke verstanden, die Licht im 299.792.458 sten Teil einer Sekunde im Vakuum zurücklegt. Die Neudefinition hat die Lichtgeschwindigkeit im Vakuum zu einer echten numerischen Konstanten werden lassen. Genauere Messungen werden an ihr nichts mehr ändern und stattdessen zu einer Anpassung des Meters führen. Heute wie morgen gilt:

> Lichtgeschwindigkeit im Vakuum
>
> $$c := 299.792.458\ \tfrac{m}{s}$$

4.3 Interferometrie

In Abschnitt 4.1.2 haben wir dargelegt, dass Licht als eine Welle aufgefasst werden darf, und damit kommt neben der Lichtgeschwindigkeit, die uns in den vorangegangen

Abschnitten ausführlich beschäftigt hat, eine zweite fundamentale Größe ins Spiel: die *Frequenz*.

Um die Frequenz einer Lichtwelle experimentell zu ermitteln, reichen die bisher besprochenen Verfahren grundsätzlich aus. Leiten wir eine Lichtwelle, wie es in Abschnitt 4.1.3 gezeigt wurde, durch einen Doppelspalt, so können wir durch die Vermessung des Interferenzmusters auf die Frequenz zurückschließen. Die wesentliche Information hierfür ist der Abstand der Interferenzstreifen. Dies wusste auch Thomas Young, der als einer der Ersten eine solche Messung vorgenommen hat:

> *„From a comparison of various experiments, it appears that the breadth of the undulations constituting the extreme red light must be supposed to be, in air, about one 36 thousandth of an inch, and those of the extreme violet about one 60 thousandth; the mean of the whole spectrum, with respect to the intensity of light, being about one 45 thousandth. From these dimensions it follows, calculating upon the known velocity of light, that almost 500 millions of millions of the slowest of such undulations must enter the eye in a single second.“*
>
> Thomas Young [179]

Youngs Ausführungen können wir wie folgt zusammenfassen:

$$\text{Wellenlänge des roten Lichts} \approx \tfrac{1}{36000} \text{ in} \approx 706 \text{ nm}$$

$$\text{Wellenlänge des violetten Lichts} \approx \tfrac{1}{60000} \text{ in} \approx 423 \text{ nm}$$

$$\text{Lichtfrequenz} > 500.000.000.000.000 \text{ Hz} = 500 \text{ THz}$$

Die korrekten Werte im Vergleich:

$$\text{Wellenlänge des roten Lichts} \approx 630 - 790 \text{ nm}$$

$$\text{Wellenlänge des violetten Lichts} \approx 390 - 420 \text{ nm}$$

$$\text{Frequenz des roten Lichts} \approx 379 - 476 \text{ THz}$$

$$\text{Frequenz des violetten Lichts} \approx 714 - 769 \text{ THz}$$

Die Ungenauigkeit in Youngs experimentell ermittelten Ergebnissen war methodisch bedingt, da die Vermessung zweier Interferenzstreifen gleichbedeutend mit der Vermessung einer einzelnen Wellenlänge ist. Mit einer Versuchsanordnung, wie sie Young verwendete, ließ sich die Messgenauigkeit kaum steigern, wohl aber mit einem Instrument, mit dem Albert Abraham Michelson berühmt geworden war: dem *Michelson-Interferometer*. Damit ist es an der Zeit, uns dieses raffinierte Messinstrument genauer anzusehen.

4.3.1 Der Interferometerversuch von Michelson

Der grundlegende Aufbau des Michelson-Interferometers ist in Abbildung 4.27 skizziert. Links ist eine Lichtquelle zu sehen, die monochromatisches Licht, d. h. Licht einer einzigen Frequenz, emittiert. Von dieser Quelle aus wird ein Lichtstrahl auf einen halbdurchlässigen Spiegel H geleitet und dort in zwei Teilstrahlen zerlegt. Der erste Teilstrahl fällt auf den Spiegel S_1 und von dort zurück in das Auge des Beobachters. Der zweite Teilstrahl erreicht den Beobachter über den Spiegel S_2. Haben S_1 und S_2 den gleichen Abstand zu H, so treffen die Wellen Berg auf Berg und Tal auf Tal aufeinander. In der Messvorrichtung wird ein Beobachter den Lichtstrahl in diesem Fall als ein ringförmiges Interferenzmuster wahrnehmen, das in der Mitte einen ausgeprägten hellen Fleck aufweist. Das ringförmige Muster entsteht durch die Eigenschaft der Lichtquelle, Kugelwellen auszustrahlen. In der Praxis wird die Versuchsanordnung manchmal so modifiziert, dass in der Messvorrichtung kein ringförmiges, sondern ein streifenförmiges Interferenzmuster entsteht. Wie ein solches Muster aussieht, ist in Abbildung 4.27 ebenfalls zu sehen.

Wird einer der Spiegel, beispielsweise der Spiegel S_2, geringfügig in seiner Position verschoben, so verändert sich die Strecke, die der entsprechende Teilstrahl durchlaufen muss. Die Wellenberge und die Wellentäler treffen jetzt nicht mehr exakt aufeinander und löschen sich teilweise aus. In der Messvorrichtung des Beobachters wird dieser Effekt unmittelbar sichtbar: Während der Spiegel verschoben wird, bewegt sich das Interferenzmuster.

Um die Wellenlänge des Lichts zu bestimmen, stellte Michelson die Apparatur zunächst so ein, dass das Interferenzmuster in der Mitte einen hellen Fleck zeigte. Anschließend schob er den Spiegel S_2 so lange nach außen, bis das Muster wieder seine ursprüngliche Gestalt annahm, d. h., bis der helle Fleck wieder in der Mitte war. Im Vergleich zur Ausgangsposition waren die interferierenden Lichtstrahlen jetzt um genau eine Wellenlänge verschoben. Da der über S_2 laufende Teilstrahl den Verschiebeabstand d zweimal durchlaufen musste, war die Wellenlänge genau doppelt so groß wie dieser Abstand.

Über den Verschiebeabstand konnte Michelson direkt auf die Wellenlänge des Lichts schließen; wäre er aber tatsächlich in der geschilderten Weise vorgegangen, so hätten seine Ergebnisse aufgrund der sehr geringen Wellenlängen des sichtbaren Lichts eine ähnliche Ungenauigkeit aufgewiesen wie die Ergebnisse von Young. Michelson konnte die Spiegel seiner Apparatur aber noch viel weiter nach außen schieben, und dies hatte entscheidende Konsequenzen. Versetzte er den Spiegel beispielsweise um zwei Wellenlängen, so blieb der absolute Messfehler gleich, verteilte sich nun aber auf zwei Wellenlängen. Dies hatte zur Folge, dass er die Wellenlänge mit der doppelten Präzision messen konnte. Damit ist Michelsons Idee offengelegt: Mit seinem Interferometer konnte er den Spiegel S_2 um eine fast beliebige Anzahl von Wellenlängen versetzen und das Messergebnis hierdurch immer genauer werden lassen. In der Praxis konnte

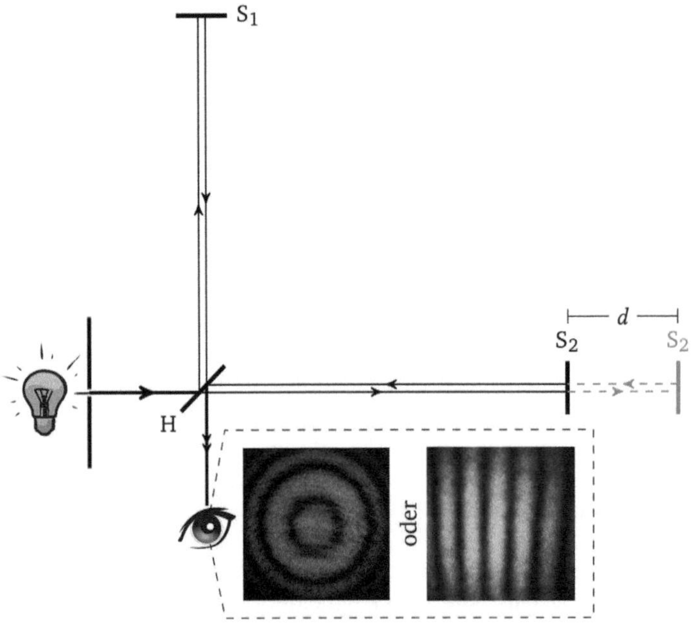

Abbildung 4.27: Zum Interferometerversuch von Michelson [63]

der Spiegel S_2 problemlos um mehrere tausend Wellenlängen verschoben werden, so dass es mit dem Michelson-Interferometer möglich war, die Frequenz von Lichtwellen in einer vorher unerreichten Genauigkeit zu ermitteln.

4.3.2　Der Interferometerversuch von Fizeau

In diesem Abschnitt wollen wir unser Augenmerk auf einen berühmten Versuch richten, den Hippolyte Fizeau bereits 1851, nur zwei Jahre nach seinem Experiment zur Bestimmung der Lichtgeschwindigkeit, durchgeführt hat. Fizeaus Versuchsaufbau ist in Abbildung 4.28 offengelegt. Aus einer Lichtquelle wird ein Lichtstrahl isoliert, der von einem halbdurchlässigen Spiegel (H) in zwei separate Strahlen aufgeteilt wird. Beide Strahlen werden von insgesamt drei Spiegeln (S_1,S_2,S_3) reflektiert und anschließend in die Messvorrichtung des Betrachters geleitet. Die Konstruktion stellt sicher, dass die Teilstrahlen die gleiche Distanz zurücklegen, die Wegstrecke aber gegenläufig durchqueren.

Fizeau wollte mit dieser Versuchsanordnung herausfinden, wie sich die Geschwindigkeit des Lichts ändert, wenn sich die Wellen in einem bewegten Medium fortpflanzen. Zu diesem Zweck brachte er in den Versuchsaufbau eine Glasröhre ein, durch die er mit hohem Druck Wasser pumpen konnte. Die Form der Glasröhre stellte sicher, dass

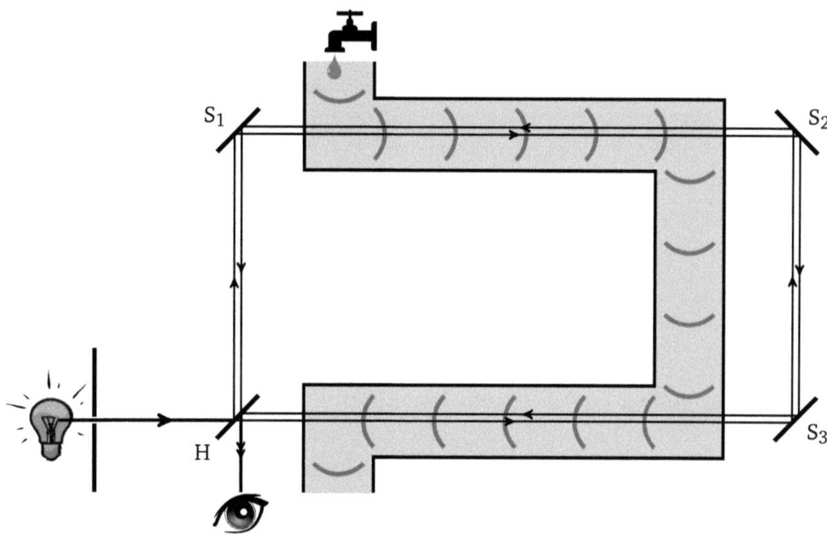

Abbildung 4.28: Zum Interferometerversuch von Fizeau

sich einer der beiden Lichtstrahlen stets *mit* dem Wasser und der andere Teilstrahl *gegen* das Wasser bewegte.

Fizeau nahm an, dass sich die Geschwindigkeit des Lichts im ersten Fall erhöhen und im zweiten Fall erniedrigen würde. Sollte er recht behalten, so würden die Lichtstrahlen für die Bewältigung der gleichen Wegstrecke unterschiedlich lange benötigen und sich nach ihrer Zusammenführung nicht mehr phasengleich überlagern. Der Beobachter sollte dies direkt feststellen können. Er müsste in seinem Objektiv Interferenzstreifen wahrnehmen, die in Fizeaus Originalarbeit „Fransen" heißen und sich bei der Erhöhung oder der Erniedrigung der Fließgeschwindigkeit verschieben [62].

Nach den Formeln der klassischen Physik müssen die unterschiedlichen Laufzeiten dazu führen, dass sich die Interferenzstreifen in der Messvorrichtung des Beobachters um ca. 0,47 Fransen verschieben, wenn das Wasser vorher in Ruhe war. Fizeau spricht in diesem Fall von einer „*einfachen Verschiebung*". Um einen größeren Messbereich zu erhalten, führte der Franzose das Experiment zusätzlich so aus, dass das Wasser zu Beginn mit der Geschwindigkeit v in die umgekehrte Richtung floss. Immer dann, wenn er sich auf diese Variante des Experiments bezieht, spricht er von einer „*doppelten Verschiebung*".

Über den Ausgang des Experiments lassen wir Fizeau selbst berichten:

„Die Beobachtung ergab nun Folgendes: Sobald das Wasser in Bewegung gesetzt wird, verschieben sich die Fransen, und je nachdem das Wasser sich in diesem oder jenem

*Sinn bewegt, findet die Verschiebung nach der Rechten oder Linken statt. [...] Nach-
dem ich das Daseyn des Phänomens nachgewiesen, suchte ich den numerischen Werth
desselben mit aller möglichen Genauigkeit zu bestimmen. Heiße einfache Verschiebung diejenige, welche entsteht, wenn das Wasser aus der Ruhe in Bewegung gesetzt
wird, und doppelte Verschiebung diejenige, welche erfolgt, wenn die Bewegung in die
umgekehrte verwandelt wird; so fand sich durch ein Mittel aus 19 ziemlich überein-
stimmenden Beobachtungen für die einfache Verschiebung 0,23, also für die doppelte
0,46 der Breite einer Franse. Die Geschwindigkeit des Wassers betrug 7^m,069 in der
Sekunde."*

Hippolyte Fizeau [62]

Fizeau hatte für eine einfache Verschiebung den Wert $0,23$ gemessen, während die
Gesetze der klassischen Physik eine Verschiebung von ca. $0,47$ vorhersagten. Offenbar
hatte der Franzose ein Phänomen der Lichtausbreitung entdeckt, das sich mit den
bisher kennengelernten Mitteln der klassischen Physik nicht erklären ließ.

Für die Entwicklung der modernen Physik ist Fizeaus Entdeckung von immenser Bedeutung, denn ohne es zu wissen, hatte der Franzose eine empirische Bestätigung der
speziellen Relativitätstheorie geliefert. Wird der Ausgang des Experiments nämlich
mit den Formeln der relativistischen Physik berechnet, so ist der vorhergesagte Wert
etwa halb so groß wie der oben genannte und entspricht ziemlich exakt dem Wert,
den Fizeau im Jahr 1851 tatsächlich gemessen hat.

Damit sind wir am Ende dieses Kapitels angekommen. Viele offene Fragen über das
Wesen des Lichts haben wir geklärt, doch mit einer ganz wichtigen haben wir uns
noch gar nicht beschäftigt. Wenn Licht eine Welle ist, in welchem *Medium* pflanzt sie
sich fort? Genau wie Schallwellen, die sich durch die Luft ausbreiten, benötigen auch
Lichtwellen ein Medium, um sich durch den Raum zu bewegen, oder etwa nicht?
Aber wie sieht dieses Medium aus und welche Eigenschaften weist es auf? Bevor wir
diese grundlegende Frage über die Natur des Lichts in Kapitel 6 aufgreifen, müssen
wir uns aber noch ein wenig gedulden. Zuvor werden wir uns mit einem Ausflug in
das Gebiet des Elektromagnetismus eine ganz neue Sichtweise auf das Wesen des
Lichts verschaffen.

5 Elektrizität und Magnetismus

WILLIAM GILBERT
1544 – 1603

Abbildung 5.1

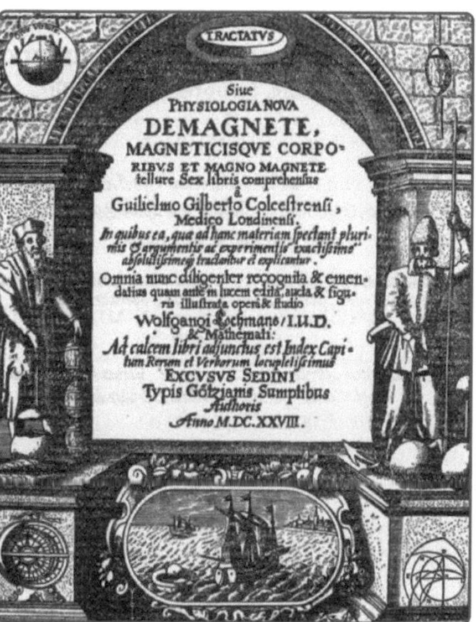

Titelbild der zweiten Auflage von *De Magnete* aus dem Jahr 1628

Abbildung 5.2

5.1 Physikalische Grundlagen

Naturphänomene, die auf elektrischen oder magnetischen Wirkungsmechanismen beruhen, kennen die Menschen schon lange. So machte der griechische Philosoph Thales von Milet bereits 550 v. Chr. die Entdeckung, dass Bernstein[1] leichte Gegenstände anzuziehen vermag, wenn er zuvor mit einem Tuch abgerieben wurde [122]. Auch die magnetische Wirkung von *Magnetit* (*Magneteisenstein*) war im antiken Griechenland und dem alten China bereits bekannt. Findige Tüftler fanden heraus, dass beweglich gelagerte Magnetitsplitter die Eigenschaft besitzen, sich in Nord-Süd-Richtung auszurichten, und danach dauerte es nicht lange, bis der Kompass zu einem unverzichtbaren Instrument für die Navigation auf hoher See wurde.

Die konsequente Untersuchung elektrischer und magnetischer Phänomene wurde im Jahr 1600 von William Gilbert [78] eingeleitet, mit der Publikation seiner in Latein verfassten Schrift *De Magnete* (Abbildungen 5.1 und 5.2). Gilberts Schrift war die erste, die sich systematisch mit den Phänomenen des Magnetismus beschäftigte, und wird, wegen ihrer wissenschaftlichen Strenge, von vielen als ein Wegbereiter für die moderne Physik und Astronomie angesehen.

Im 17. Jahrhundert wurden die ersten *Elektrisiermaschinen* gebaut, mit denen sich hohe Spannungen nach dem Prinzip der Reibungselektrizität erzeugen ließen. Auch wenn die Wissenschaft damals noch weit davon entfernt war, die hervorgerufenen Phänomene nachhaltig erklären zu können, ließen sich aus der Beobachtung eine Reihe von grundlegenden Zusammenhängen ableiten. Es war offensichtlich, dass elektrische Ladungen in zwei unterschiedlichen Ausprägungen auftraten, die sich komplementär zueinander verhielten. Zwei gleichartige Ladungen stießen sich voneinander ab, während sich zwei unterschiedliche Ladungen gegenseitig anzogen. Schnell wurde von positiven und negativen Ladungen gesprochen, und wir wissen heute, dass es die Elektronen sind, die für die Entstehung von Ladungen sorgen. Eine negative Ladung wird durch einen Überschuss an Elektronen hervorgerufen und eine positive Ladung durch einen Elektronenmangel.

Einer der ersten, der sich systematisch mit der Wechselwirkung zwischen elektrischen Ladungen beschäftigte, war Charles-Augustin de Coulomb (Abbildung 5.3). Der französische Physiker führte zahlreiche Experimente mit geladenen Metallkugeln durch, mit dem Ziel, einen präzisen Zusammenhang zwischen der Ladungsmenge und der einwirkenden Kraft herzustellen. Tatsächlich gestaltete sich das Vorhaben alles andere als einfach. Um die Experimente überhaupt durchführen zu können, benötigte Coulomb eine Messapparatur, die empfindlich genug war, um die winzigen Kräfte hinreichend genau zu erfassen. Den Durchbruch erzielte er mit einer *Torsionswaage* (*Drehwaage*), die sehr kleine Kräfte durch die Verdrillung eines Drahtes sichtbar machen kann. Nachdem Coulomb in der Lage war, die Ladungen mit der erforderlichen Genauigkeit zu bestimmen, ließen seine Messdaten keinen Zweifel aufkommen: Die Kraft, die zwischen zwei elektrischen Punktladungen wirkt, ist proportional zum Produkt der Ladungen.

---

[1]Das griechische Wort für Bernstein ist ἤλεκτρον, gesprochen *elektron*.

Abbildung 5.3

Charles-Augustin de Coulomb
1736 – 1806

Als Nächstes wiederholte Coulomb seinen Versuch mit Kugeln, die weiter voneinander entfernt waren, und seine Messung lieferte auch in diesen Fällen eindeutige Ergebnisse: Die Kraft, die zwischen zwei elektrischen Punktladungen wirkt, nimmt mit dem Quadrat der Entfernung ab.

> *„Il résulte [...], que l'action répulsive que les deux balles électrifées de la même nature d'électricité exercent l'une sur l'autre, suit la raison inverse du carré des distances.“*

Charles-Augustin de Coulomb [26]

> *„It follows therefore [...], that the repulsive force that the two balls – [that were] electrified with the same kind of electricity – exert on each other, follows the inverse proportion of the square of the distance.“*

Charles-Augustin de Coulomb, zitiert nach [173]

Wir fassen zusammen: Coulomb hatte entdeckt, dass die Kraft, die zwischen zwei elektrischen Punktladungen wirkt, umgekehrt proportional zum Quadrat der Entfernung und proportional zum Produkt der beiden Ladungen ist. Kommt Ihnen diese Formulierung bekannt vor? Auf Seite 70 haben wir Newtons Gravitationsgesetz mit ganz ähnlichen Worten beschrieben. Die Tragweite von Coulombs Entdeckung ist damit deutlich größer, als es der erste Blick erahnen lässt: Der Franzose hatte gezeigt, dass Ladungen und Massen, so unterschiedlich diese physikalischen Naturphänomene auch sind, vollkommen analoge Proportionalitätsbeziehungen aufweisen.

ALESSANDRO VOLTA
1745 – 1827

Abbildung 5.4

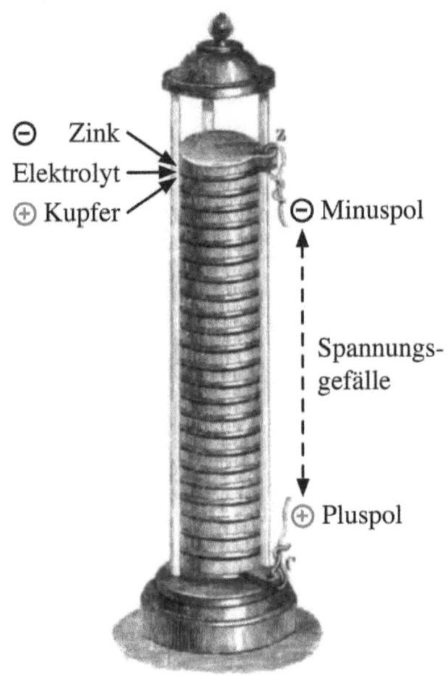

Volta'sche Säule

Abbildung 5.5

Mit dieser Entdeckung hatte Coulomb eine wichtige Gesetzmäßigkeit der elektrischen Anziehungskräfte offengelegt, aber keine Erkenntnisse darüber gewonnen, was sich tatsächlich hinter diesen Kräften verbarg. Wie kam diese Fernwirkung zustande, und vor allem, wie wurde sie durch den Raum hinweg übertragen? Der Magnetismus stellte die Naturforscher vor die gleiche Frage, und wir wissen heute, dass elektrische und magnetische Kräfte auf das engste miteinander verflochten sind. Dass dieser Zusammenhang lange Zeit vor den Augen der Wissenschaft verborgen blieb, liegt in der Erzeugung elektrischer Ströme. Bis zum Ende des 18. Jahrhunderts standen in den Laboren lediglich Maschinen zur Verfügung, mit denen sich hohe Spannungen erzeugen ließen, aber keine, die einen kontinuierlichen Stromfluss produzierten. Zur Jahrhundertwende sollte sich die missliche Situation nachhaltig ändern, durch die bahnbrechende Erfindung eines Italieners.

Im Jahr 1800 bemerkte der Physiker Alessandro Volta (Abbildung 5.4), dass bestimmte Metalle einen elektrischen Strom erzeugen, wenn sie in geeigneter Weise miteinander kombiniert werden. Der Durchbruch gelang, als er eine Zink- und eine Kupferplatte mit einem dazwischen gepressten, in Säure getränkten Tuch zu einer *galvanischen Zelle* verband. Volta fiel auf, dass zwischen den Platten ein Strom floss, der allerdings

Abbildung 5.6

Hans Christian Ørsted
1777 – 1851

viel zu schwach war, um von praktischem Nutzen zu sein. Wenig später fand er
eine einfache Lösung für dieses Problem. Er erkannte, dass sich der Strom beliebig
verstärken ließ, indem mehrere Zellen aufeinander gestapelt wurden. Das Ergebnis
war eine Apparatur, die wir heute als *Volta'sche Säule* bezeichnen (Abbildung 5.5).
Mit ihr hatte der Italiener den Vorläufer der modernen Batterie erschaffen und den
Grundstein für die systematische Erforschung der Elektrizität gelegt.

Elektromagnetismus

Dass die Elektrizität und der Magnetismus eng miteinander zusammenhängen, entdeckte der Däne Hans Christian Ørsted zufällig in einer Vorlesung, die er im April
1820 in Kopenhagen hielt (Abbildung 5.6). Ørsted hatte mehrere Gefäße mit ver-
dünnter Säure befüllt und diese abwechselnd mit Kupfer- und Zinndrähten zu einer
Volta'schen Batterie verbunden. An einem der Pole befestigte er einen längeren metallischen Leiter, in dessen unmittelbarer Nähe ein Kompass lag. Beim Schließen des
Stromkreises bemerkte er, dass die Magnetnadel plötzlich die Richtung änderte und
erst beim Öffnen des Stromkreises in ihre ursprüngliche Position zurückkehrte. Ørsted
ließ die Beobachtung keine Ruhe, und er beschloss drei Monate später, diesem markanten Phänomen auf den Grund zu gehen. Als er den metallischen Leiter entlang der
Kompassnadel in Nord-Süd-Richtung spannte, machte er die folgende Entdeckung:
Befand sich der Kompass unterhalb des Leiters, so schlug die Magnetnadel nach Westen aus. Befand sich der Kompass oberhalb des Leiters, so bewegte sich die Nadel
nach Osten.

Abbildung 5.7

ANDRÉ-MARIE AMPÈRE
1775 – 1836

Ørsteds Entdeckung wurde mit breitem Interesse verfolgt. Im Herbst 1820 berichtete der französische Physiker Dominique François Jean Arago vor den Mitgliedern der Académie des sciences in Paris von Ørsteds Arbeit. Einer der Zuhörer war André-Marie Ampère. Der französische Physiker erkannte sofort die Bedeutung des entdeckten Phänomens und beschloss noch am selben Abend, eigene Experimente durchzuführen. Mit einer verbesserten Versuchsanordnung gelang es ihm, Ørsteds Versuche nicht nur zu wiederholen, sondern in einem entscheidenden Punkt zu verbessern. Indem er den Einfluss des Erdmagnetfelds eliminierte, konnte er zeigen, dass sich die Magnetnadel immer senkrecht zu dem stromdurchflossenen Leiter ausrichtete. Es schien, als erzeuge ein elektrischer Strom einen unsichtbaren Magneten, der sich ringförmig um den durchflossenen Leiter legt. Damit hatte der Franzose einen verblüffenden Zusammenhang zwischen elektrischen Strömen und magnetischen Kräften entdeckt, den wir später so formulieren werden: Elektrische Ströme sind von *magnetischen Wirbelfeldern* umschlossen.

Ampère entdeckte aber noch etwas anderes. Platzierte er zwei stromdurchflossene Leiter, wie in Abbildung 5.8 gezeigt, parallel nebeneinander, so zogen sich diese gegenseitig an, wenn der Strom in die gleiche Richtung floss. Kehrte er auf einer Seite die Stromrichtung um, so stießen sich die Leiter gegenseitig ab. Genauere Messungen zeigten ihm, dass die Kraft proportional mit dem Leiterabstand schwächer wurde. Mit anderen Worten: Verdoppelte er den Abstand, so halbierte sich die Kraft, mit der sich die Leiter anzogen oder abstießen.

Ampères historischer Versuch ist in der modernen Physik allgegenwärtig, da er in einer idealisierten Form für die Definition der Stromstärke verwendet wird. Im *Internationa-*

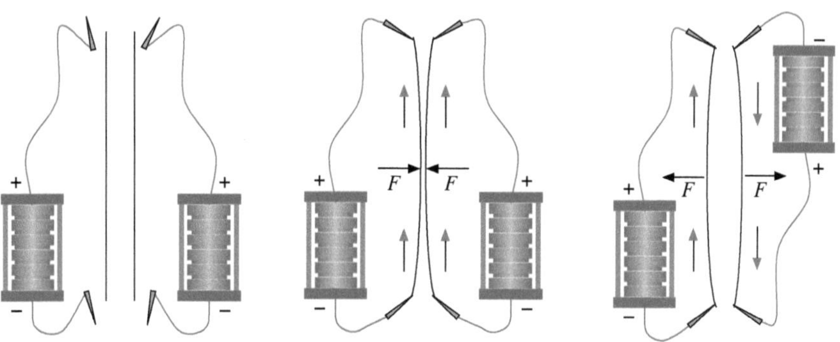

Abbildung 5.8: Zu Ampères zweitem Versuch

len Einheitensystem (SI) ist die Einheit der Stromstärke, das *Ampere*, folgendermaßen definiert:

> *„Das Ampere ist die Stärke eines konstanten elektrischen Stroms, der, durch zwei parallele, geradlinige, unendlich lange und im Vakuum im Abstand von 1 Meter voneinander angeordnete Leiter von vernachlässigbar kleinem, kreisförmigen Querschnitt fließend, zwischen diesen Leitern je 1 Meter Leiterlänge die Kraft $2 \cdot 10^{-7}$ Newton hervorrufen würde.“*

Internationales Einheitensystem (SI) [23]

Das von Ampère entdeckte Phänomen lässt sich, wie wir weiter unten sehen werden, ebenfalls durch die Existenz eines magnetischen Felds erklären. Zu der Zeit, als Ørsted und Ampère ihre großen Entdeckungen machten, war der Begriff des physikalischen Felds aber noch völlig unbekannt. Ersonnen wurde er von einem Mann, der als einer der größten experimentellen Forscher in die Wissenschaftsgeschichte einging und eine wesentliche Rolle in der Entschlüsselung der elektrischen und magnetischen Phänomene spielte: Michael Faraday. Mit der Geschichte dieses Mannes setzen wir unsere Reise fort.

5.2 Das geometrische Feldkonzept

5.2.1 Michael Faraday

Michael Faraday wurde am 22. September 1791 im englischen Newington, vor den Toren Londons geboren. Er war der Sohn eines einfachen Hufschmieds und wuchs

Abbildung 5.9

Michael Faraday
1791 – 1867

als das drittgeborene von insgesamt vier Kindern in bescheidenen Verhältnissen auf. Faraday war ein ungewöhnlich wissbegieriger Junge, doch die finanziell angespannte Situation seiner Familie zwang ihn dazu, die Schule früh zu verlassen. Als Vierzehnjähriger zog er nach London, um in der Buchhandlung von George Riebau eine Lehre als Buchbinder zu beginnen. Die gewählte Ausbildungsstätte war ein Glücksfall für den Jungen. Ihm fielen dort zahlreiche wissenschaftliche Abhandlungen in die Hände, die er in seinen freien Stunden mit Eifer verschlang. Seinem aufmerksamen Dienstherren blieb die Hingabe zur Wissenschaft nicht verborgen, und als Faraday 20 Jahre alt war, bedankte sich Riebau bei seinem Gesellen mit einer Eintrittskarte für den Besuch einer Vorlesung an der Royal Institution. Dieses kleine Geschenk sollte Faradays Leben nachhaltig verändern.

Die Vorlesung wurde von dem Chemieprofessor Humphry Davy gehalten, einem charismatischen Mitglied der Royal Society. Davy war ein begnadeter Redner und sein Auditorium stets bis auf den letzten Platz gefüllt. Auch Faraday war von Davys Vorlesung begeistert. Er besuchte diese nun regelmäßig, brachte das Gehörte feinsäuberlich zu Papier und versah sein Manuskript zusätzlich mit zahlreichen Skizzen. Das Ergebnis war ein dreihundert Seiten starkes Buch, das Faraday mit einem edlen Einband versah und als Dank für die Vorlesung an Davy sandte. Die Antwort des Professors kam prompt. Dieser war von Faradays Arbeit so angetan, dass er ihm wenig später die freigewordene Stelle eines Laborgehilfen anbot.

Im Jahr 1813 nahm Faradays Leben erneut eine unerwartete Wendung. Napoleon lud Davy für eine Audienz nach Paris ein, um den Chemiker für dessen Beiträge zur

Elektrochemie zu ehren. Davy entschied, den Besuch in der französischen Hauptstadt mit einer mehrjährigen Reise durch Kontinentaleuropa zu verbinden, und suchte für diesen Zweck einen Amanuensis, einen Sekretär, der ihm auf der Reise assistieren sollte. Als die Wahl auf Faraday fiel, konnte dieser sein Glück kaum fassen. Als armer Junge vor den Toren Londons aufgewachsen, sollte er alsbald Städte bereisen und Gelehrte treffen, die er bisher nur aus Erzählungen und seinen geliebten Büchern kannte.

Am 13. Oktober 1813 war es so weit: Als Teil einer fünfköpfigen Delegation machte sich Faraday nach Plymouth auf, um von dort mit dem Segelschiff nach Frankreich überzusetzen. Die Route durch Kontinentaleuropa führte Faraday zunächst nach Paris, danach an die französische Mittelmeerküste und anschließend über die Alpen nach Italien. Nach dem Besuch der großen italienischen Städte bereiste Faraday mehrere Stationen in der Schweiz und Süddeutschland. Von dort aus ging es zurück nach Italien, wo Faraday und Davy mehrere Monate in Rom verweilten. Am 23. April 1815 kehrten die Wissenschaftler nach London heim.

Nach seiner Rückkehr war Faraday zunächst ohne Beschäftigung, erhielt aber nach kurzer Zeit seine Anstellung als Laborassistent zurück. Mit viel Fleiß erarbeitete er sich in den Folgejahren eine Reputation als analytischer Chemiker. Als Faraday im Jahr 1821 von Ørsteds Entdeckung erfuhr, ging er sofort daran, die Versuche zu reproduzieren, und noch im gleichen Jahr gelang ihm eines seiner spektakulärsten Experimente. Faraday führte einen an eine Spannungsquelle angeschlossenen Draht so von oben in ein Quecksilberbad ein, dass dieser um einen senkrecht darin platzierten Dauermagneten zu kreisen begann (Abbildung 5.10). Mit dieser *elektromagnetischen Rotation* hatte er gezeigt, wie sich magnetische und elektrische Kräfte in Bewegung umsetzen lassen, und damit die Grundlage für den Bau des Elektromotors gelegt.

In den Folgejahren hatte Faraday zahlreiche Aufgaben zu erledigen, die ihm nur wenig Zeit für die weitere Erforschung des Elektromagnetismus ließen. Er kümmerte sich um die mineralogische Sammlung und beschäftigte sich intensiv mit Chemie und der Herstellung optischer Gläser. In jener Zeit erlebte Faraday einen rasanten wissenschaftlichen Aufstieg. 1824 wurde er in die Royal Society aufgenommen und ein Jahr später zum Labordirektor der Royal Institution ernannt.

1831 setzte Faraday seine physikalischen Experimente fort. In den Jahren, die seit der Entdeckung der elektromagnetischen Rotation vergangen waren, hatte der englische Physiker William Sturgeon den ersten Elektromagneten gebaut. Von Joseph Henry wurde das Prinzip sukzessive verbessert, und es dauerte nicht lange, bis Magnete mit einer Tragkraft von mehreren Tonnen gefertigt werden konnten. Der Fortschritt in diesen Jahren war immens, und die Elektrizität wurde nun insgesamt viel besser verstanden. So entdeckte Georg Simon Ohm im Jahr 1825 jenen elementaren Zusammenhang zwischen Stromstärke, Spannung und Widerstand, den wir heute als das *Ohm'sche Gesetz* bezeichnen.

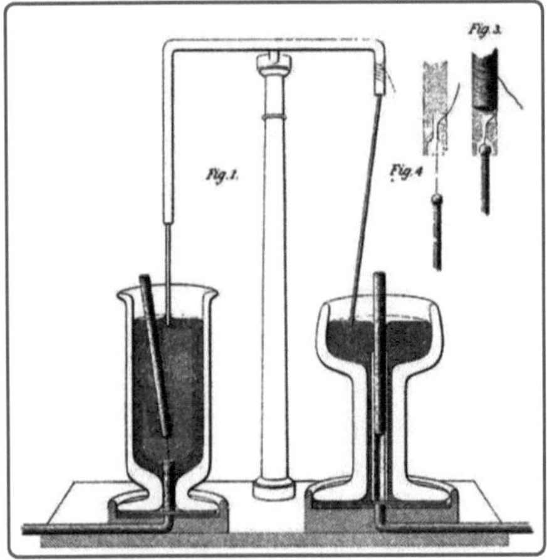

Faradays Versuchsaufbau zum Nachweis der
elektromagnetischen Rotation [59]

Abbildung 5.10

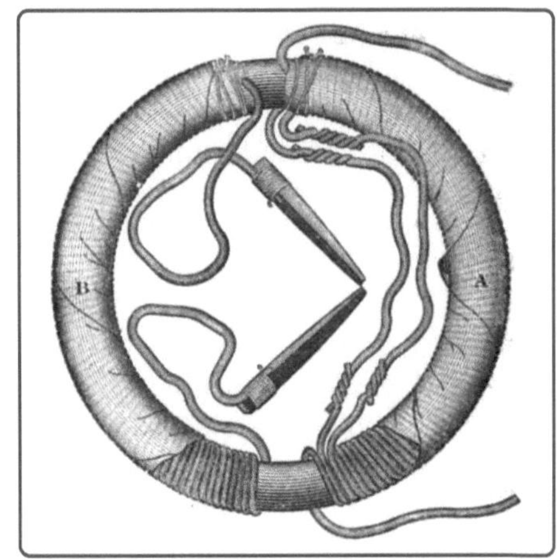

Zu Faradays Induktionsversuch

Abbildung 5.11

Die Arbeiten von Sturgeon und Henry hatten Faraday gezeigt, wie sich mit stromdurchflossenen Spulen starke magnetische Kräfte erzeugen lassen, und im Jahr 1831
stellte er sich die Frage, ob dieser Zusammenhang auch in der umgekehrten Richtung
gilt. Sind magnetische Kräfte in der Lage, einen Stromfluss hervorzurufen? Um die
Frage zu beantworten, ließ er einen etwa 15 cm großen Eisenring anfertigen, den
er an zwei Seiten mit isoliertem Draht umwickelte (Abbildung 5.11). Als er eine der
beiden Spulen an eine Stromquelle und die andere an ein Galvanometer anschloss,
konnte er Erstaunliches beobachten: Immer dann, wenn er den Stromkreis schloss,
zeigte das Galvanometer einen kurzen Ausschlag, und das Gleiche passierte, wenn er
den Stromkreis wieder unterbrach. Faraday hatte einen Apparat gebaut, den wir heute
als einen *Transformator* bezeichnen, und mit ihm das Prinzip der *elektromagnetischen
Induktion* entdeckt.

In den Folgejahren gelangen Faraday weitere bedeutende Experimente. Er war der
Erste, der überzeugend ausführte, dass es nur eine Form der Elektrizität gab. Damit
widerlegte er die damals vorherrschende Meinung, dass z. B. eine Elektrisiermaschine
eine andere Elektrizität erzeuge als eine Volta'sche Säule. Ebenso glaubten damals
viele, dass sich die Natur einer eigenen *tierischen Elektrizität* bediene, die unter anderem die Kontraktion von Muskeln bewirkt. 1832 formulierte Faraday die Grundgesetze
der Elektrolyse.

Im Jahr 1836 führte Faraday eines seiner bekanntesten Experimente durch. Er zim-
merte einen begehbaren Holzcontainer und umgab diesen mit einem Kupfernetz. Das

Netz lud er elektrisch auf und untersuchte mit einem empfindlichen Messgerät den Innenraum. Seine Ergebnisse waren eindeutig: Im Inneren seines Containers, den die moderne Physik einen *Faraday'schen Käfig* nennt, ließ sich keinerlei Elektrizität nachweisen. Heute ziehen wir aus dieser Entdeckung immer dann einen ganz praktischen Nutzen, wenn wir während eines Gewitters einen Pkw als schützendes Domizil aufsuchen.

Im Jahr 1837 begann Faraday, sich intensiv mit der noch ungeklärten Frage auseinanderzusetzen, wie elektrische Kräfte ihre Wirkung entfalten. Im Gegensatz zu vielen seiner Kollegen, die von einer instantanen Fernwirkung überzeugt waren, glaubte er fest daran, dass sich die Kräfte in einem raumfüllenden Medium ausbreiten. Um die Frage zu beantworten, führte er zahlreiche Versuche mit Isolatoren durch und konstruierte eine trickreiche Apparatur zur Messung der dielektrischen Leitfähigkeit. Faradays Experimente bestätigten seine Vermutung. Er wies einen Einfluss des raumfüllenden Mediums nach und entwickelte als Erklärungsmodell die ersten Ansätze seiner Feldtheorie.

Die immense Geschwindigkeit, mit der Faraday immer neue Ergebnisse produzierte, ist nicht ausnahmslos auf sein Talent, sondern in gleichem Maße auf seinen gewaltigen Arbeitseinsatz zurückzuführen. Im Jahr 1839 zahlte der Physiker den Preis dafür. Faraday erlitt einen Nervenzusammenbruch, von dem er sich nur langsam erholte. Zu seinem Glück war diese schwierige Phase seines Lebens nicht von Dauer. Nach drei Jahren fand er zu seiner alten Verfassung zurück und führte weitere bedeutende Experimente durch. Unter anderem entdeckte er bei der Untersuchung von polarisiertem Licht, dass die Polarisationsebene durch ein angelegtes Magnetfeld gedreht werden kann. Dieser magnetooptische Effekt, den wir heute als den *Faraday-Effekt* bezeichnen, war ein wichtiger Beleg dafür, dass zwischen Licht und einem magnetischen Feld ein enger Zusammenhang besteht. Noch ahnte damals niemand, wie eng dieser Zusammenhang wirklich ist.

Michael Faraday wurde 76 Jahre alt. Mit über 450 Fachbeiträgen, die er in seinem Leben publizierte, gehört sein wissenschaftliches Vermächtnis zu einem der größten, die uns je ein einzelner Forscher hinterlassen hat. Wir verdanken ihm die Entdeckung vieler Phänomene, die zu einem großen Gesamtbild zusammengesetzt einen tiefen Einblick in die Welt der Elektrizität und des Magnetismus gewährten. Auch die moderne Physik ist von Faradays Handschrift geprägt. Für die Erklärung elektromagnetischer Phänomene greifen wir heute fast selbstverständlich auf die Modellbegriffe des *elektrischen Felds* oder des *magnetischen Felds* zurück, und nicht jeder weiß, dass es Faraday war, der diese Vorstellung entwickelt hat. Der Feldbegriff ist in der Elektrodynamik so wichtig, dass wir ihm einen separaten Abschnitt widmen.

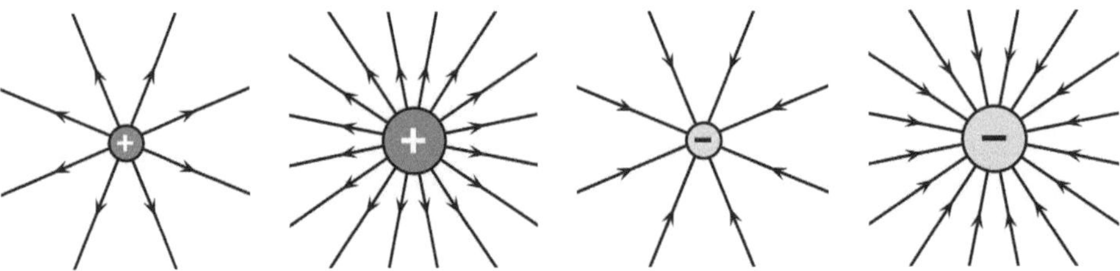

Abbildung 5.12: Elektrische Feldlinien

5.2.2 Elektrische und magnetische Felder

„Die größte Veränderung des axiomatischen Fundamentes der Physik bzw. unserer Auffassung von der Struktur des Realen seit Begründung der theoretischen Physik durch Newton wurde durch die Erforschung von Faraday und Maxwell über die elektromagnetischen Erscheinungen herbeigeführt. [...] Das elektromagnetische Feld ist für den modernen Physiker nicht minder wirklich als der Stuhl, auf dem er sitzt.“

Albert Einstein, zitiert nach [20]

Das elektrische Feld

Das Feldkonzept kennt heute jeder angehende Physiker bereits aus dem Schulunterricht. Dort wird der Begriff des *elektrischen Felds* gerne mit einem Experiment motiviert, in dem eine positive oder eine negative Ladung in ein Gemisch aus Grieskörnern und Öl eingebracht wird. Der Ausgang des Experiments ist schnell erzählt. Ist die eingebrachte Ladung hinreichend groß, so ziehen sich die Körner zu charakteristischen Linien zusammen, die radial von der Ladung nach außen verlaufen. Faraday schloss aus einem ähnlichen Experiment, dass die Ladung den umgebenden Raum in einen speziellen Zustand versetzt, den er als *Feld* bezeichnete. In seinen späten Jahren ging er sogar so weit, den Feldlinien eine reale Existenz zuzubilligen; sie waren für ihn das Medium, das die Kraft auf einen entfernt platzierten Körper übertrug.

In Abbildung 5.12 ist der Verlauf der elektrischen Feldlinien für verschiedene Punktladungen skizziert. Die Linien sind so eingezeichnet, dass sie von positiven Ladungen ausgehen und an negativen Ladungen enden. Diese Konvention erklärt, warum positive Ladungen auch als *Quellen* und negative Ladungen als *Senken* bezeichnet werden. Neben ihrer Richtung spielt auch die Dichte der Feldlinien eine Rolle. Sie ist proportional zu der Kraft, die eine in das Feld eingebrachte Probeladung erfährt. Bei positiven Probeladungen wirkt diese Kraft immer in die Richtung der Feldlinie und bei negativen Probeladungen in die entgegengesetzte Richtung.

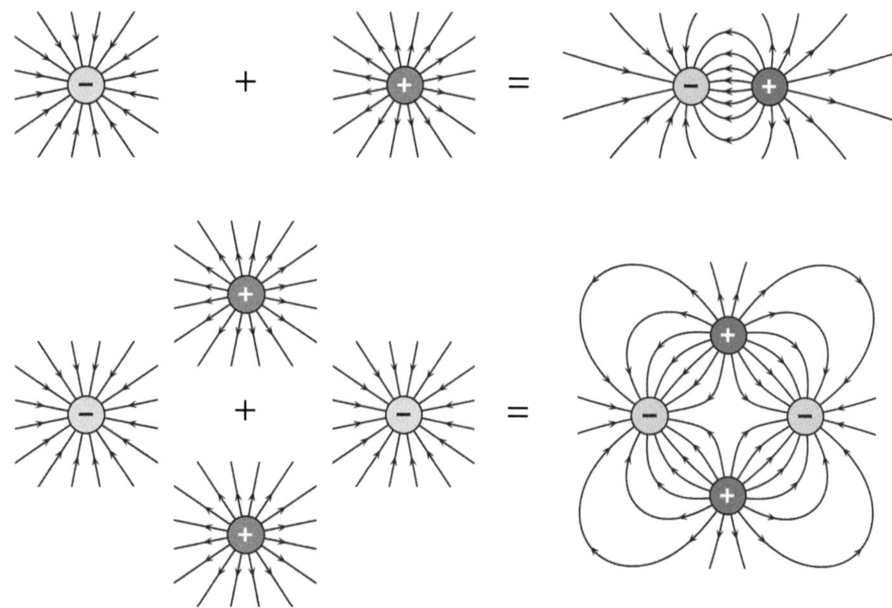

Abbildung 5.13: Superpositionsprinzip

Auch für elektrische Felder gilt das Prinzip der Superposition. Das bedeutet, dass mehrere im Raum verteilte Ladungen ein elektrisches Feld erzeugen, das der linearen Überlagerung der Einzelfelder entspricht. Damit lässt sich die Kraft, die auf eine eingebrachte Probeladung wirkt, sehr einfach berechnen. Wir erhalten sie, indem wir die einzelnen Ladungen separat betrachten und die auftretenden Kräfte vektoriell addieren. Kombinieren wir die in Abbildung 5.12 dargestellten Felder auf diese Weise, so entstehen komplexe Feldlinienbilder, wie sie in Abbildung 5.13 zu sehen sind.

Das magnetische Feld

Genau wie das elektrische Feld lässt sich auch das magnetische Feld mit einem einfachen Versuch aus seiner Deckung locken. Wird ein Blatt Papier über einen Permanentmagneten gelegt und anschließend mit Eisenfeilspänen bestreut, so formieren sich die Späne zu charakteristischen Linien, die bogenförmig zwischen den Magnetpolen verlaufen (Abbildung 5.14). Faraday stellte sich das magnetische Feld, genau wie das elektrische Feld, als raumdurchdringende Feldlinien vor, deren Dichte ein Maß für den Betrag der Feldstärke ist (Abbildung 5.15).

Die Richtung der Feldlinien wird mithilfe einer gedachten Kompassnadel festgelegt, und zwar so, dass sich ihr Nordpol in die Richtung der Feldlinien dreht. Auf den ersten Blick wirkt die gewählte Formulierung unnötig kompliziert. Hätten wir nicht einfach

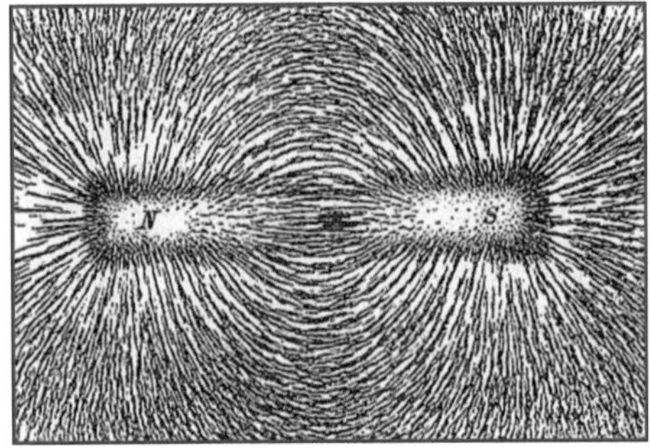

Abbildung 5.14

Eisenfeilspäne bilden im Magnetfeld charakteristische Linien aus [110].

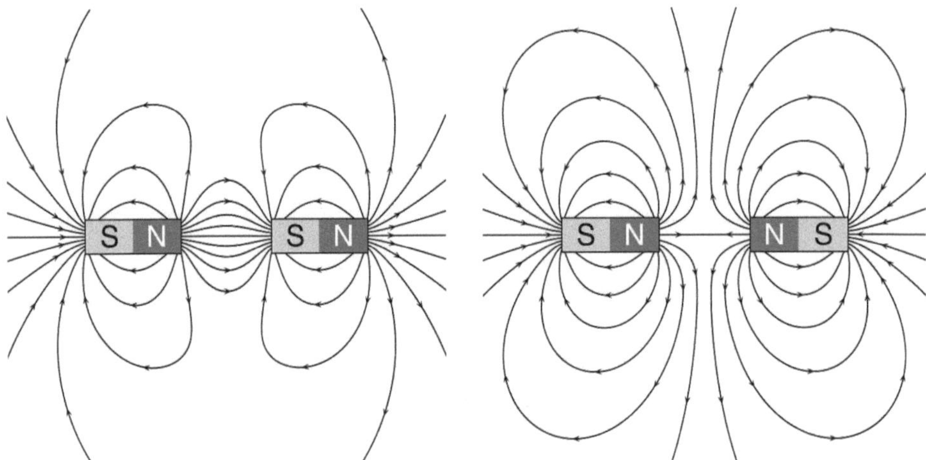

Abbildung 5.15: Magnetische Felder

vereinbaren können, dass die magnetischen Feldlinien von Nordpolen ausgehen und an Südpolen enden, genauso wie die elektrischen Feldlinien von positiven Ladungen ausgehen und in negativen Ladungen enden?

Die Antwort lautet Nein, und sie führt uns auf direktem Weg zu einem fundamentalen Unterschied zwischen elektrischen und magnetischen Feldern. In einem elektrischen Feld sind die positiven und die negativen Ladungen sogenannte *Monopole*; sie sind die Quellen und die Senken der elektrischen Feldlinien. In einem Magnetfeld ist dies anders, und ein flüchtiger Blick auf Abbildung 5.16 reicht aus, um den Unterschied zu erkennen. Sie finden dort eines der Feldlinienbilder wieder, die wir weiter oben als Beispiele verwendet haben, allerdings ohne eingezeichnete Magnete. Die Skizze macht klar, dass sämtliche Feldlinien geschlossen sind; in einem Magnetfeld gibt es weder Quellen noch Senken. Noch prägnanter können wir diesen zentralen Baustein der Faraday'schen Feldtheorie folgendermaßen formulieren: Es gibt keine magnetischen Monopole.

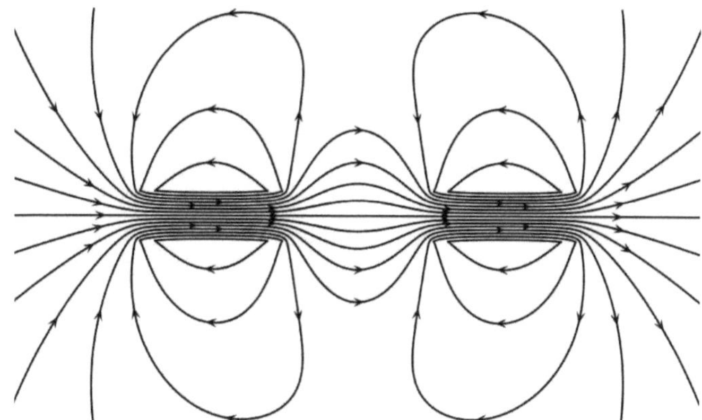

Abbildung 5.16: Magnetische Feldlinien sind stets geschlossen.

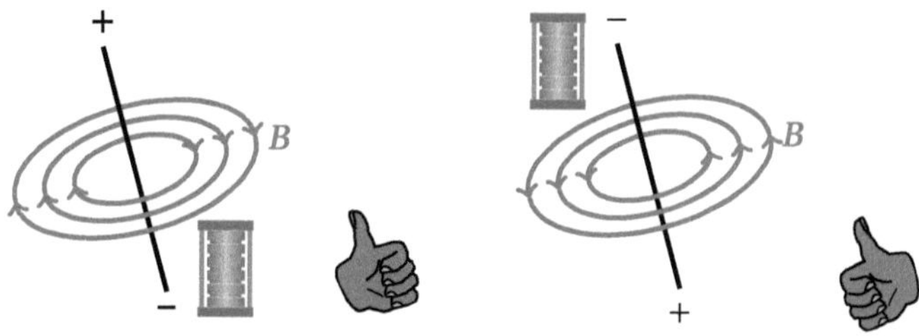

Abbildung 5.17: Zum Ampère'sches Gesetz

Mithilfe des Feldbegriffs können wir die weiter oben geschilderten Entdeckungen von Ampère und Faraday elegant erklären. Ampère hatte bei der Wiederholung von Ørsteds Versuch beobachtet, dass sich eine frei bewegliche Magnetnadel senkrecht zu einem stromdurchflossenen Leiter ausrichtet. Dies bedeutet in der Sprache der Feldtheorie, dass den Leiter ein ringförmiges Magnetfeld umgibt, wie es in Abbildung 5.17 zu sehen ist. Ringförmige Felder dieser Form werden als *Wirbelfelder* bezeichnet, so dass wir Ampères Entdeckung auch so formulieren können: Elektrische Ströme sind von magnetischen Wirbelfeldern umschlossen.

Die Richtung der Feldlinien lässt sich über die Linke-Faust- bzw. die Rechte-Faust-Regel bestimmen, je nachdem, ob wir die physikalische Stromrichtung (von ‚−' nach ‚+') oder die technische Stromrichtung (von ‚+' nach ‚−') zugrunde legen. Zeigt der Daumen der entsprechenden Hand in die Richtung des Stroms, so geben die gekrümmten Finger einer Faust die Richtung der elektrischen Feldlinien an.

Zudem hatte Ampère beobachtet, dass zwei parallel verlaufende, stromdurchflossene Leiter eine anziehende oder eine abstoßende Kraft aufeinander ausüben, je nachdem, ob der Strom in die gleiche oder die entgegengesetzte Richtung fließt. Wie lässt sich dies erklären? Nach dem oben Gesagten steht lediglich fest, dass sich um die stromdurchflossenen Leitungen ringförmige Magnetfelder ausbilden. Ferner sind wir bis jetzt davon ausgegangen, dass eine Ladung in einem elektrischen Feld eine Kraft erfährt, aber nicht in einem magnetischen. Für ruhende Ladungen ist dies richtig, für die Elektronen in einem stromdurchflossenen Draht müssen wir die Situation aber ganz offensichtlich überdenken. Ampère hatte gezeigt, dass auf bewegte Ladungen, und nichts anderes sind die Elektronen in einem stromdurchflossenen Draht, auch in einem Magnetfeld eine Kraft wirkt. Sie wird, nach dem holländischen Physiker Antoon Lorentz, als *Lorentzkraft* bezeichnet.

Damit haben wir ein wichtiges Etappenziel erreicht:

> **Coulomb-Kraft und Lorentzkraft**
>
> ■ Elektrische Felder wirken durch die Coulomb-Kraft auf Ladungen.
>
> ■ Magnetische Felder wirken durch die Lorentzkraft auf bewegte Ladungen.

Anders als die Coulomb-Kraft wirkt die Lorentzkraft nur auf bewegte Ladungen, und es spielt dabei eine große Rolle, in welche Richtung sich die Ladung bewegt. Die Kraft ist am stärksten, wenn der Richtungsvektor senkrecht auf den Feldlinien steht, und nimmt ab, wenn der Winkel spitzer wird. Ist der Winkel gleich null, bewegt sich eine Ladung also entlang einer Feldlinie, so ist überhaupt keine Kraft messbar.

Manchmal werden die Coulomb-Kraft und die Lorentzkraft als die elektrische und die magnetische Komponente einer gemeinsamen Kraft interpretiert, die dann als *Lorentzkraft im weiteren Sinne* bezeichnet wird. Wir werden diese Zusammenfassung nicht vornehmen und ausschließlich jene Kraft als *Lorentzkraft* bezeichnen, die bewegte Ladungen in Magnetfeldern erfahren.

Auch die von Faraday entdeckte elektrische Induktion können wir jetzt erklären. Um die Überlegung einfach zu halten, greifen wir auf einen vereinfachten Versuch zurück, der mit einem hufeisenförmigen Permanentmagneten und einer Leiterschleife auskommt. Bewegen wir die Schleife so durch das Magnetfeld, dass ein größeres Stück des Leiters senkrecht zu den magnetischen Feldlinien steht, so lässt sich ein Strom messen. Mit unserem bereits erworbenen Wissen ist die Ursache dieses *Induktionsstroms* schnell ausgemacht: Durch die Bewegung der Leiterschleife bewegen sich die im Draht befindlichen Elektronen durch das Magnetfeld. Die Lorentzkraft treibt die Elektronen in eine Richtung des Drahtes und erzeugt einen Potenzialunterschied. Es entsteht eine *Induktionsspannung*, die für den beobachteten Stromfluss sorgt.

Interessant wird die Situation insbesondere dann, wenn wir sie aus der Sicht des Leiters betrachten. In diesem Fall sind die Elektronen ruhend, und wir wissen bereits,

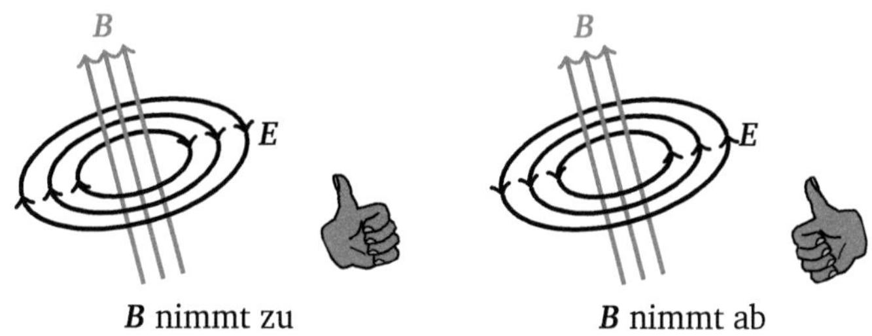

Abbildung 5.18: Zum Faraday'schen Induktionsgesetz

dass magnetische Kräfte nur auf bewegte Ladungen wirken. Dennoch erfahren die Elektronen einen Kraft. Kann die Bewegung der Elektronen vielleicht durch ein elektrisches Feld verursacht worden sein? Faraday hatte genau diese Idee: Er erkannte, dass sich der Stromfluss auf natürliche Weise dadurch erklären lässt, dass veränderliche Magnetfelder elektrische Felder induzieren. Folgerichtig müsste auch dann ein elektrisches Feld entstehen, wenn der Magnet und die Leiterschleife beide ruhen und lediglich die Feldstärke des Magneten variiert. Tatsächlich liefert ein solches Experiment das erwartete Ergebnis: Immer dann, wenn sich ein Magnetfeld ändert, ist es von einem elektrischen Feld umgeben. Wie die elektrischen Feldlinien verlaufen, ist in Abbildung 5.18 zu sehen. Um geradlinige magnetische Feldlinien entsteht ein ringförmiges elektrisches Feld.

> **Faraday'sches Induktionsgesetz**
>
> Veränderliche magnetische Felder sind von elektrischen Wirbelfeldern umschlossen.

Die Richtung der Feldlinien lässt sich über die Linke-Faust- bzw. die Rechte-Faust-Regel bestimmen, je nachdem, ob das Magnetfeld stärker oder schwächer wird. Zeigt der Daumen der entsprechenden Hand in die Richtung der magnetischen Feldlinien, so geben die gekrümmten Finger einer Faust die Richtung der elektrischen Feldlinien wieder.

Gilt vielleicht sogar die Umkehrung des geschilderten Phänomens? Ist es möglich, dass elektrische und magnetische Felder so eng miteinander verwoben sind, dass nicht nur ein veränderliches magnetisches Feld ein elektrisches Feld erzeugt, sondern auch ein veränderliches elektrisches Feld ein magnetisches? Abbildung 5.19 deutet an, dass dies tatsächlich der Fall ist: Veränderliche elektrische Felder erzeugen magnetische Wirbelfelder. Kombinieren wir dies mit der Beobachtung von Ørsted und Ampère, dass elektrische Ströme, d. h. bewegte Ladungen, von einem magnetischen Feld umgeben sind, so erhalten wir die inhaltliche Aussage des *erweiterten Ampère'schen Gesetzes*:

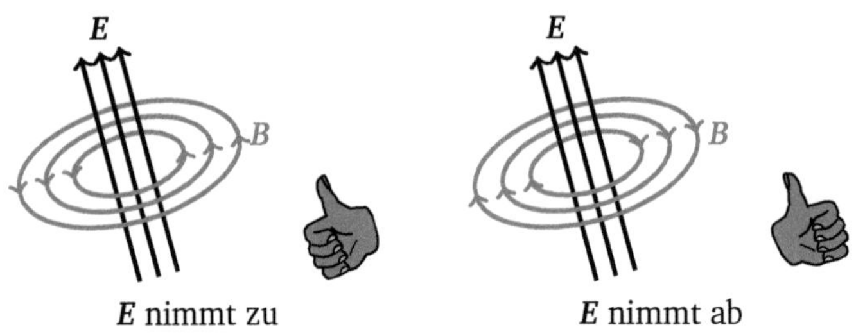

Abbildung 5.19: Zum erweiterten Ampère'sches Gesetz

Erweitertes Ampère'sches Gesetz

Elektrische Ströme und veränderliche elektrische Felder sind von magnetischen Wirbelfeldern umschlossen.

Bisher haben wir elektrische und magnetische Felder rein qualitativ betrachtet und uns darauf konzentriert, die begrifflichen Zusammenhänge herauszuarbeiten. Tatsächlich befinden wir uns damit in der guten Tradition Faradays, der in seinem wissenschaftlichen Leben ohne die Niederschrift einer einzigen Formel auskam. Die präzise mathematische Ausarbeitung dessen, was Faraday konzeptionell erschaffen hatte, wurde von einem anderen geleistet, von einem Mann, der zu den größten Physikern aller Zeiten gehört: James Clerk Maxwell. Das Leben und Werk dieses außergewöhnlichen Wissenschaftlers ist Gegenstand der nächsten Abschnitte.

5.3 Das mathematische Feldkonzept

5.3.1 James Clerk Maxwell

„Wer in Freude und Unabhängigkeit leben will, muss sich stets die Arbeit des Tages vor Augen halten. Nicht die Arbeit von gestern, sonst gerät er letztlich in Hoffnungslosigkeit, nicht diejenige von morgen, sonst gerät er in Gefahr, nur für seine Visionen zu leben, nicht diejenige, die sich heute abschließen lässt, das ist eine irdische Arbeit, und schon gar nicht diejenige, die bis in die Ewigkeit reicht, denn im Hinblick auf sie kann er überhaupt nicht mehr handeln."

James Clerk Maxwell, zitiert nach [155]

Abbildung 5.20

James Clerk Maxwell
1831 – 1879

James Clerk Maxwell wurde am 13. Juni 1831 in Edinburgh geboren. Als Sohn des Rechtsanwalts John Clerk Maxwell, des Nachfahren eines schottischen Adelgeschlechts, verbrachte James seine Kindheit in wohlsituierten und gesellschaftlich gehobenen Verhältnissen. Kurz nach seiner Geburt bezog seine Familie *Glenlair house*, einen herrschaftlichen Landsitz in Middlebie, inmitten malerischer Natur. James wuchs als Einzelkind auf, da seine zwei Jahre ältere Schwester nur wenige Monate nach ihrer Geburt verstarb. Die behütete und harmonische Kindheit, die er auf dem schottischen Land erleben durfte, endete für James im Alter von 8 Jahren. In der Bauchhöhle seiner Mutter war ein aggressiver Tumor herangewachsen, der den Jungen am Nikolaustag des Jahres 1839 zu einem Halbwaisen machte. Noch ahnte niemand, dass die Krebserkrankung der Mutter erblich war und James den gleichen Gendefekt in sich trug.

Bis zu seinem zehnten Geburtstag erhielt der Junge Hausunterricht, danach schickte ihn sein Vater an die prestigeträchtige *Edinburgh Academy*. In der städtischen Umgebung hatte James große Startschwierigkeiten. Von seinen Mitschülern wurde er wegen seines ausgeprägten Akzents und seiner teilweise eigentümlichen Kleidung gehänselt und ausgegrenzt. Er hatte in dieser Zeit nur wenige Freunde, und seine schulischen Leistungen waren allenfalls durchschnittlich.

Mit den Jahren kam Maxwell mit seiner Situation besser zurecht, und es wurde immer deutlicher, dass sich hinter dem ehemaligen Durchschnittsschüler ein Junge mit einem ausgeprägten mathematischen Talent verbarg. Besonders auffällig war seine Gabe, das geometrische und das algebraische Denken gleichermaßen zu beherrschen und mit einer verblüffenden Leichtigkeit miteinander zu verbinden. Genau diese Gabe sollte es ihm später ermöglichen, Faradays geometrisches Feldlinienmodell in ein algebraisches System abstrakter Differentialgleichungen zu übersetzen.

Im Alter von 16 Jahren schrieb sich Maxwell an der University of Edinburgh ein, die er nach drei Jahren ohne Abschluss wieder verließ. Im Oktober 1850 nahm er das Studium am Peterhouse College in Cambridge auf, wechselte dann aber wenige Monate später an das nahe gelegene Trinity College, das in Mathematik eine höhere Reputation genoss. Dort besuchte Maxwell regelmäßig die Vorlesungen von Professor Stokes, einem ehemaligen Cambridge-Absolventen, der 1849 auf den renommierten, einst von Isaac Newton besetzten Lucasischen Lehrstuhl berufen wurde (Abbildung 5.21). Unter Mathematikern und Physikern ist George Gabriel Stokes gleichermaßen bekannt. In der Physik sind mit seinem Namen zahlreiche Theoreme und Formeln der Fluiddynamik verbunden, zu denen insbesondere auch die berühmten *Navier-Stokes-Gleichungen* gehören. Das Werk dieses Mannes hatte einen großen Einfluss auf Maxwells spätere Arbeit, auch wenn die Flüssigkeiten, mit denen sich Stokes beschäftigte, auf den ersten Blick so gar nichts mit den elektrischen und magnetischen Feldern gemeinsam hatten, die sich Faraday einst als Gewirr von raumfüllenden Feldlinien vorstellte.

Maxwell begann im Jahr 1851, sich intensiv auf die Abschlussprüfung, die *Cambridge Mathematical Tripos*, vorzubereiten. Um die anspruchsvolle Prüfung zu bestehen, nahmen die meisten Studenten die Hilfe von privaten Tutoren in Anspruch. Maxwell fand mit William Hopkins einen genauso fähigen wie bekannten Tutor, der in der Vergangenheit viele erstklassige Studenten betreute, darunter George Gabriel Stokes, Arthur Cayley, Peter Tait und William Thomson. Den zuletzt genannten kennen die meisten Leser unter seinem Adelstitel Lord Kelvin, der ihm von der Britischen Regierung im Jahr 1892 verliehen wurde. Im Januar 1854 bestand Maxwell die Tripos mit einem überragenden Ergebnis. Nur einem Kommilitonen musste er sich damals geschlagen geben: dem Hopkins-Schüler Edward John Routh. Ein wenig wurde Maxwells Enttäuschung dadurch gelindert, dass er mit Routh zusammen den Smith-Preis erhielt, eine von der Universität Cambridge jährlich verliehene Auszeichnung für herausragende Leistungen in Mathematik oder theoretischer Physik.

Nach seinem Abschluss blieb Maxwell zunächst in Cambridge und wurde 1855 vom Trinity College zum *Fellow* ernannt. Im gleichen Jahr war er mit einer Bewerbung auf eine Professur am Marischal College in Aberdeen erfolgreich. Maxwell hatte gleich mehrere Gründe, die neuen Stelle anzunehmen. Zum einen war er in Cambridge so sehr mit Lehrtätigkeiten beschäftigt, dass ihm nur noch wenig Zeit für die Forschung blieb. Zum anderen wollte er nur zu gerne in seine schottische Heimat zurück, wo er auch viel häufiger seinen geliebten Vater sehen könnte. Maxwells Träume gingen nur teilweise in Erfüllung. Der Gesundheitszustand seines Vaters verschlechterte sich Monat für Monat, und als Maxwell im November 1856 die neue Stelle in Aberdeen antrat, war sein Vater bereits tot. Im Juni 1858 heiratete Maxwell Katherine Mary Dewar. Die Ehe blieb kinderlos.

SIR GEORGE GABRIEL STOKES
1819 – 1903

WILLIAM THOMSON (LORD KELVIN)
1824 – 1907

Abbildung 5.21: Genau wie Newton stand auch Maxwell *„auf den Schultern von Riesen"*, den Schultern von George Gabriel Stokes und William Thomson.

Im Jahr 1860 wurde das Marischal College mit dem benachbarten King's College zusammengelegt. Aus beiden Einrichtungen ging die University of Aberdeen hervor, die für Maxwells Stelle, der hohen Reputation des Physikers zum Trotz, keinen Ersatz vorsah. Maxwell scheiterte mit einer Bewerbung an der University of Edinburgh, die den freigewordenen Lehrstuhl mit seinem engen Freund Peter Tait besetzte. In dieser Situation entschied er, Schottland zu verlassen und eine Professur am King's College in London anzunehmen. Noch im gleichen Jahr wurden ihm weitere akademische Ehren zuteil. Er wurde mit der renommierten Rumford-Medaille ausgezeichnet und ein Jahr später als *Fellow* in die Royal Society aufgenommen.

1865 gab Maxwell seine Stelle in London auf und verbrachte die nächsten 6 Jahre mit seiner Frau in Glenlair, seiner schottischen Heimat. Maxwell genoss die Zeit auf dem Land. Von Zeit zu Zeit besuchte er London, führte aber ansonsten ein vergleichsweise ruhiges und abgeschiedenes Leben. Seine wissenschaftliche Arbeit trieb er dennoch mit großem Eifer voran. Er schrieb in dieser Zeit mehrere wissenschaftliche Abhandlungen, darunter den Großteil des Manuskripts seines zweibändigen Lehrbuchs *A Treatise on Electricity and Magnetism*, das im Jahr 1873 gedruckt wurde. Es ist sein berühmtestes Buch, und wir werden weiter unten mehrere Passagen daraus zitieren.

Im Jahr 1871 beschloss Maxwell, sein zurückgezogenes Dasein zu beenden. Er zog erneut nach Cambridge und wurde dort zum ersten *Cavendish Professor of Physics* berufen. Zu seinen Hauptaufgaben gehörte der Aufbau des *Cavendish-Laboratoriums*, das heute zu den renommiertesten Physik-Instituten in Großbritannien zählt.

Maxwell war auf der Höhe seiner Schaffenskraft, als sich sein Gesundheitszustand im Sommer 1879 abrupt verschlechterte. Die anfänglich gehegte Hoffnung, in der Landluft seiner schottischen Heimat könne er über den Sommer genesen, erfüllte sich nicht. Maxwell verlor kontinuierlich an Statur, und im Herbst konfrontierte ihn sein Arzt mit der unerbittlichen Diagnose. Der gleiche Krebs, dem seine Mutter erlag, hatte sich auch in seinem Bauch gebildet und bereits mehrere angrenzende Organe befallen. „Ein halbes Jahr" waren die niederschmetternden Worte seines Arztes. Um den schwer erkrankten Patienten in den letzten Wochen seines Lebens schmerzlindernd zu versorgen, wurde er im Oktober zurück nach Cambridge gebracht. Dort verlor er am 5. November 1879 den zuletzt qualvollen Kampf gegen den Krebs. James Clerk Maxwell wurde 48 Jahre alt.

Maxwells Beiträge zur Elektrodynamik

Rückblickend war die Zeit zwischen 1854 und 1865 die wichtigste Schaffensperiode in Maxwells Leben; es war die Zeit, in der er die mathematische Theorie des elektromagnetischen Felds entwickelte. Alles begann mit einem Brief, den er rund einen Monat nach seiner Tripos-Prüfung an William Thomson (Lord Kelvin) schrieb, inmitten einer Phase der gedanklichen Neuorientierung. Maxwell berichtet darin, sich dem Gebiet der Elektrizität zuwenden zu wollen, und bittet Thomson, mit dem er zeitlebens ein enges freundschaftliches Verhältnis pflegte, ihm eine Reihe wissenschaftlicher Texte zu empfehlen.

„Dear Thomson   *Trin. Coll., Feb. 20, 1854*

Now that I have entered the unholy estate of bachelorhood I have begun to think of reading. This is very pleasant for some time among books of acknowledged merit wh one has not read but ought to. But we have a strong tendency to return to Physical Subjects and several of us here wish to attack Electricity.
Suppose a man to have popular knowledge of electrical show experiments and a little antipathy to Murphys Electricity[2], how ought he to proceed in reading & working so as to get a little insight into the subject wh may be of use in further reading?
If he wished to read Ampère Faraday & c how should they be arranged, and at what stage & in what order might he read your articles in the Cambridge Journal?"

James Clerk Maxwell [109]

---

[2]Murphy, 1833 [121].

Thomson war ein Experte auf dem Gebiet der Elektrizität. Er hatte in den Jahren zuvor bereits mehrfach den Versuch unternommen, das Feldkonzept in eine mathematische Form zu bringen, doch die zu lösenden Probleme waren immens.

Je mehr Maxwell von Thomson erfuhr, desto gefesselter war er von der Materie. Er vergrub sich in den folgenden Monaten tief in die empfohlene Literatur, und es waren vor allem die Arbeiten eines ganz bestimmten Mannes, die ihn unwiderstehlich anzuziehen vermochten: die Arbeiten von Michael Faraday. Rückblickend können wir sagen, dass Maxwell zu den wenigen gehörte, die das geometrische Feldkonzept in voller Gänze verstanden. Obwohl Faradays Ideen nicht in einer einzigen Formel mündeten, bemerkte Maxwell, dass sich hinter dem geometrischen Modell der Feldlinien auch ein mathematisches Modell verbarg. Dies zu erkennen war eine Meisterleistung, genauso wie die akribische Mathematisierung, die in den nächsten Jahren folgen sollte. Später äußerte sich Maxwell, im Vorwort zu seinem Buch *A treatise on electricity and magnetism*, ausführlich darüber, wie wichtig Faradays Werk für seine eigene Arbeit war:

„Before I began the study of electricity I resolved to read no mathematics on the subject till I had first read through Faraday's Experimental Researches on Electricity. [...] As I proceeded with the study of Faraday, I perceived that his method of conceiving the phenomena was also a mathematical one, though not exhibited in the conventional form of mathematical symbols. I also found that these methods were capable of being expressed in the ordinary mathematical forms, and thus compared with those of the professed mathematicians.

For instance, Faraday, in his mind's eye, saw lines of force traversing all space where the mathematicians saw centers of force attracting at a distance : Faraday saw a medium where they saw nothing but distance : Faraday sought the seat of the phenomena in real actions going on in the medium, they were satisfied that they had found it in a power of action at a distance impressed on the electric fluids.

When I had translated what I considered to be Faraday's ideas into a mathematical form, I found that in general the results of the two methods coincided, so that the same phenomena were accounted for, and the same laws of action deduced by both methods, but that Faraday's methods resembled those in which we begin with the whole and arrive at the parts by analysis, while the ordinary mathematical methods were founded on the principle of beginning with the parts and building up the whole by synthesis."

James Clerk Maxwell [105]

Seine erste wichtige Publikation auf dem Gebiet der Elektrodynamik hat Maxwell unter dem Titel *On Faraday's Lines of Force* im Jahr 1856 veröffentlicht [102]. In diesem Artikel finden wir nicht nur ein frühes Gerüst der Feldgleichungen vor, sondern auch zahlreiche Passagen, in denen er seine grundlegende Vorgehensweise schildert.

Maxwell war davon überzeugt, dass eine befriedigende Erklärung der elektrischen und magnetischen Effekte nur durch eine Vereinfachung der damals existierenden Erklärungsmodelle möglich sei. Eine solche Vereinfachung dürfe aber auf keinen Fall einseitig geschehen, d. h., es müsse gelingen, die Erklärung in ein präzises mathematisches Modell zu fassen, ohne dabei den Bezug zur Physik zu verlieren. In [102] weist er auf das Risiko hin, sich einseitig in der Welt der abstrakten Mathematik zu verlieren oder durch den reflexartigen Rückgriff auf bekannte Erklärungsmodelle die Ursache der untersuchten Phänomene zu verkennen:

„The first process therefore in the effectual study of the science, must be one of simplification and reduction of results of previous investigation to a form in which the mind can grasp them. The results of this simplification may take the form of a purely mathematical formula or of a physical hypothesis. In the first case we entirely lose sight of the phenomena to be explained; and though we may trace out the consequences of given laws, we can never obtain more extended views of the connexions of the subject. If, on the other hand, we adopt a physical hypothesis, we see the phenomena only through a medium, and are liable to that blindness to facts and rashness in assumption which a partial explanation encourages. We must therefore discover some methods of investigation which allows the mind at every step to lay hold of a physical conception, without being committed to any theory founded on the physical science from which that conception is borrowed, so that it is neither drawn aside from the subject in pursuit of analytical subtleties, nor carried beyond the truth by a favourite hypothesis.“

James Clerk Maxwell [102]

Doch wie sollte man sich den mysteriösen Phänomenen der Elektrodynamik konkret nähern? Maxwell warnt uns vor der reflexartigen Versuchung, als Ursache eines neuen Phänomens ausschließlich die vertrauten Konzepte unserer Anschauung zuzulassen; wir erlägen einem Irrglauben, wenn wir beispielsweise hinter jeder Art der Kraftübertragung real existierende Zahnräder, Hebel oder impulserhaltende Kugelstöße vermuteten.

Maxwell sah die Lösung im Konzept der *physikalischen Analogie*. Eine solche Analogie bedeutet, dass wir zum Zwecke des Erkenntnisgewinns durchaus Querbezüge zu bereits bekannten, gut untersuchten Gebieten ziehen dürfen, solange wir uns davor hüten, die Ursachen der neuen und der alten Phänomene im Geiste gleichzusetzen. Wenn wir beispielsweise für die Erklärung des Lichts auf die Vorstellung einer Transversalschwingung in einem elastischen Medium zurückgreifen, so dient dies einzig und alleine zur Erlangung neuer Ideen, aber nicht zur ursächlichen Erklärung des Lichts an sich. Maxwell selbst beschreibt das Konzept der physikalischen Analogie mit prägnanten Worten:

> *„In order to obtain physical ideas without adopting a physical theory we must make ourselves familiar with the existence of physical analogies. By a physical analogy I mean that partial similarity between the laws of one science and those of another which makes each of them illustrate the other.“*

James Clerk Maxwell [102]

Als Nächstes geht Maxwell daran, eine Analogie für elektrische und magnetische Felder zu entwickeln, und beginnt mit einer Wiederholung des Faraday'schen Feldkonzepts:

> *„When a body is electrified in any manner, a small body charged with positive electricity, and placed in any given position, will experience a force urging it in a certain direction. If the small body be now negatively electrified, it will be urged by an equal force in a direction exactly opposite.*
> *The same relations hold between a magnetic body and the north or south poles of a small magnet. If the north pole is urged in one direction, the south pole is urged in the opposite direction.*
> *In this way we might find a line passing through any point of space, such that it represents the direction of the force acting on a positively electrified particle, or on an elementary north pole, and the reverse direction of the force on a negatively electrified particle or an elementary south pole. Since at every point of space such a direction may be found, if we commence at any point and draw a line so that, as we go along it, its direction at any point shall always coincide with that of the resultant force at that point, this curve will indicate the direction of that force for every point through which it passes, and might be called on that account a line of force. We might in the same way draw other lines of force, till we had filled all space with curves indicating by their direction that of the force at any assigned point.“*

James Clerk Maxwell [102]

Maxwell erkannte, dass Faradays Feldkonzept in einem zentralen Punkt unvollständig war. Eine einzelne Feldlinie gab lediglich Auskunft über die Richtung der Kraftwirkung, aber nicht über deren Intensität. Um dieses Problem zu lösen, griff er ein Konzept von Thomson auf, der 1842 eine Analogie zwischen der elektrischen Ladungsverteilung und der Wärmeübertragung hergestellt hatte [159]. Indem sich Maxwell anstelle von Wärme eine imaginäre Flüssigkeit vorstellte, erhielt er ein hydrodynamisches Modell elektromagnetischer Felder, das sich mit den Differentialgleichungen von Stokes beschreiben ließ. In seinen Gedanken waren die Faraday'schen Kraftlinien zu Röhren geworden, die eine inkompressible Flüssigkeit transportierten. Indem er die Kraft in einem elektrischen oder magnetischen Feld mit der Fließgeschwindigkeit assoziierte, konnte er sich ein Kraftfeld mithilfe von Röhren vorstellen, die sich nach außen hin kontinuierlich verbreitern:

> *„We should thus obtain a geometrical model of the physical phenomena, which would*
> *tell us the direction of the force, but we should still require some method of indicating*
> *the intensity of the force at any point. If we consider these curves not as mere lines,*
> *but as fine tubes of variable section carrying an incompressible fluid, then, since the*
> *velocity of the fluid is inversely as the section of the tube, we may make the velocity*
> *vary according to any given law, by regulating the section of the tube, and in this way*
> *we might represent the intensity of the force as well as its direction by the motion of*
> *the fluid in these tubes.“*

James Clerk Maxwell [102]

Maxwells nächste wichtige Publikation war die Arbeit *On Physical Lines of Force* [103].
In dem insgesamt vierteiligen Werk, das in den Jahren 1861 – 1862 erschienen ist,
entwickelte er ein mechanisches Modell, um die Wirkungsweise elektrischer und
magnetischer Kräfte zu erklären:

> *„I have in a former paper[3] endeavored to lay before the mind of the geometer a clear*
> *conception of the relation of the lines of force to the space in which they are traced.*
> *[…] I propose now to examine magnetic phenomena from a mechanical point of view,*
> *and to determine what tensions in, or motions of, a medium are capable of producing*
> *the mechanical phenomena observed.“*

James Clerk Maxwell [103]

Maxwell spekuliert in seiner Arbeit, das magnetische Feld werde durch eine Vielzahl
kleiner magnetischer Wirbel („*magnetic vortices*") gebildet, deren Achsen entlang der
magnetischen Feldlinien verlaufen. Zwischen den Wirbeln befindet sich in seinem
Modell eine trennende Substanz, die aus kleinen elektrischen Partikeln besteht. Diese
Partikel erfüllen zwei wichtige Aufgaben. Zum einen dienen sie zur Kraftübertragung
zwischen den Wirbeln, und zum anderen erzeugen sie durch ihre eigene Bewegung
elektrische Ströme.

In Abbildung 5.22 ist die berühmte Originalskizze zu sehen, mit der Maxwell sein
Modell selbst illustriert hat. Jedes Hexagon repräsentiert einen magnetischen Wirbel,
dessen Rotationsachse in Richtung der magnetischen Feldlinie zeigt. Das eingezeichnete Vorzeichen weist auf die Richtung hin. Das Pluszeichen beschreibt eine Feldlinie,
die aus der Papierebene heraus zeigt, und das Minuszeichen eine Feldlinie, die in die
Papierebene hinein zeigt. Die Geschwindigkeit, mit der ein Wirbel rotiert, gibt Auskunft über die magnetische Feldstärke; beide Größen sind zueinander proportional.
Die elektrischen Partikel hat Maxwell als kleine Kügelchen eingezeichnet. Befinden
sich diese in Ruhe, so lässt sich kein Strom messen. Bewegen sich die Partikel stattdessen in eine gewisse Richtung, so fließt ein elektrischer Strom.

---

[3]Maxwell, 1856 [102].

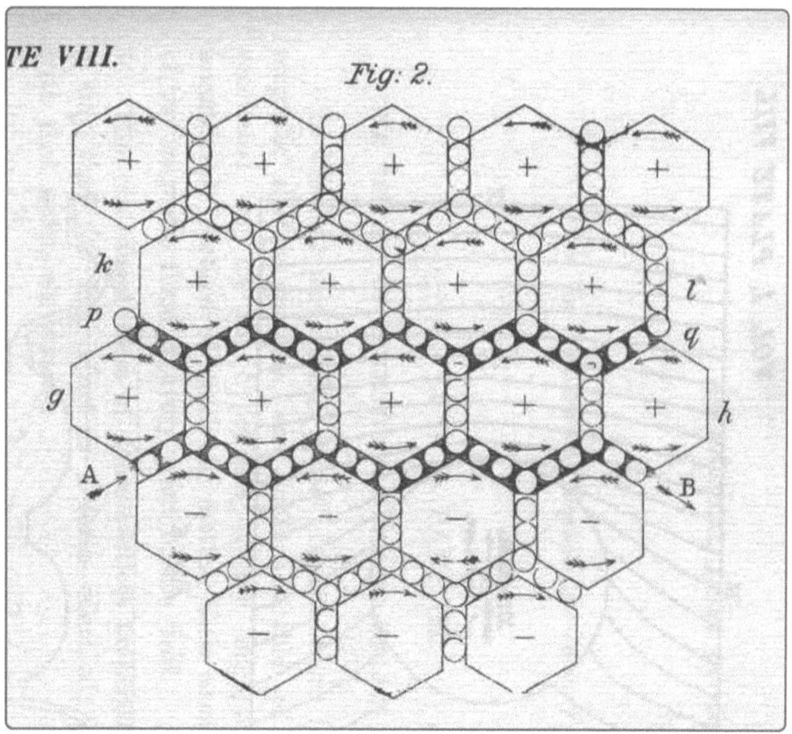

Abbildung 5.22: Maxwells mechanisches Analogiemodell [103]

Tatsächlich lassen sich mithilfe des mechanischen Analogiemodells viele Eigenschaften elektrischer und magnetischer Felder verblüffend exakt beschreiben. Wir wollen exemplarisch herausarbeiten, wie sich das Phänomen der elektrischen Induktion ableiten lässt, und blicken hierzu erneut auf Maxwells Originalskizze in Abbildung 5.22. Um das Analogiemodell in Aktion zu versetzen, legen wir in Gedanken an den Punkten A und B eine elektrische Spannung an. Lassen wir den Geschehnissen freien Lauf, so können wir als Erstes beobachten, dass sich die elektrischen Partikel in Zeile AB aufgrund des Potenzialunterschieds in Bewegung setzen. Wir nehmen an, dass die Bewegung von links nach rechts erfolgt (Abbildung 5.23, erstes Bild).

Als Folge ihrer Bewegung versetzen die elektrischen Partikel die angrenzenden Hexagone in Rotation, so dass ein Magnetfeld entsteht (Abbildung 5.23, zweites Bild). In Maxwells Worten klingt dies so:

„Now let an electric current from left to right commence in AB. The row of vortices gh above AB will be set in motion in the opposite direction to that of a watch.“

James Clerk Maxwell [103]

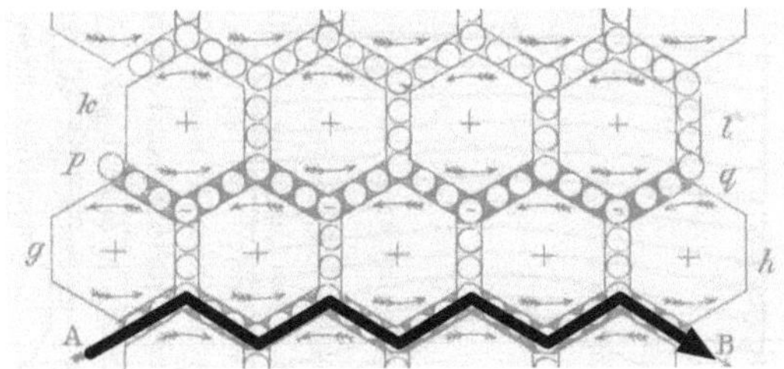

1. *Eine angelegte Spannung zwischen den Punkten A und B versetzt die elektrischen Partikel in Bewegung.*

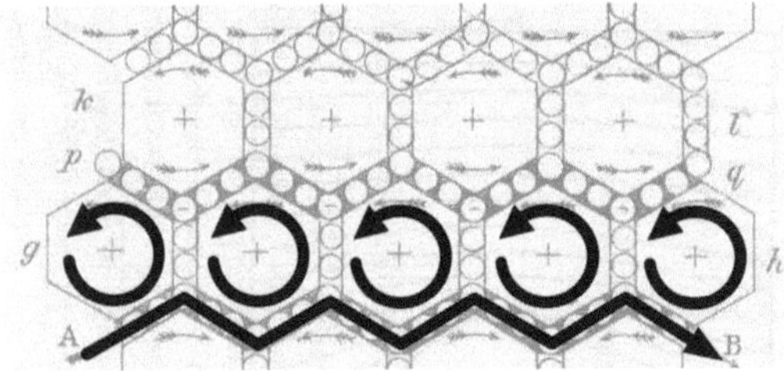

2. *Reibungskräfte versetzen die angrenzenden Magnetwirbel in Rotation. Ein magnetisches Wirbelfeld entsteht, dessen Feldlinien senkrecht zur Stromrichtung verlaufen.*

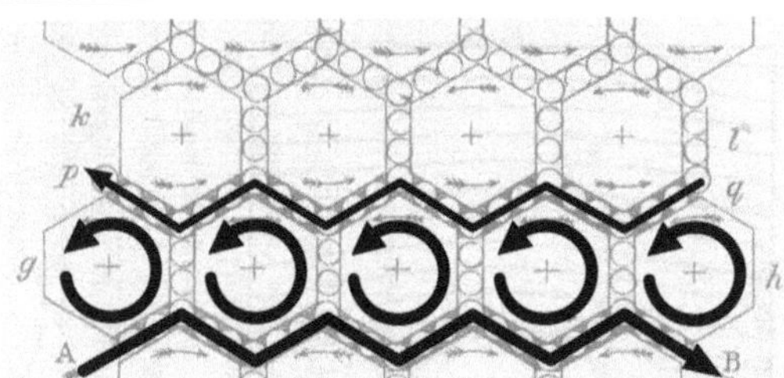

3. *Die elektrischen Partikel in Zeile pq werden durch die unteren Magnetwirbel in Drehung versetzt. Sie rollen an den oberen Wirbeln ab und bewegen sich dadurch nach links. Es entsteht ein entgegengesetzt fließender Induktionsstrom.*

4. *Die rotierenden elektrischen Partikel in Zeile pq sorgen dafür, dass die Magnetwirbel in Zeile kl ebenfalls zu drehen beginnen.*

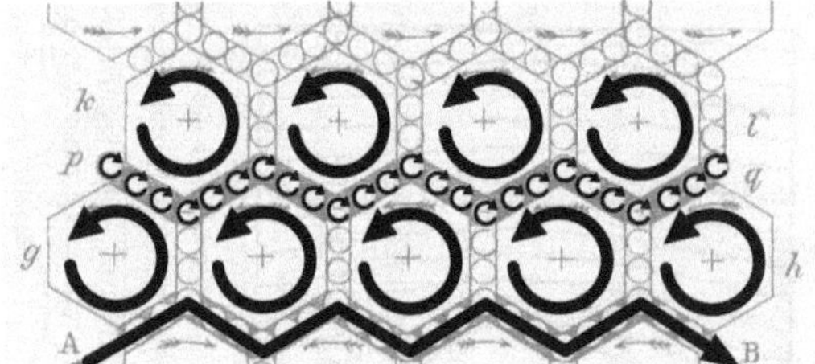

5. *Sobald die Magnetwirbel in beiden Zeilen gleich schnell rotieren, verharren die elektrischen Partikel an ihrer Position. Es fließt kein Induktionsstrom mehr.*

Abbildung 5.23: Maxwells Analogiemodell in Aktion

Was wir an unserem Analogiemodell beobachten können, entspricht der Entdeckung von Ørsted und Ampère: Elektrische Ströme sind von magnetischen Feldern umgeben.

Als Nächstes blicken wir auf die elektrischen Partikel in Zeile *pq*. Da sich die unteren Magnetwirbel drehen, grenzen die elektrischen Partikel unten an eine bewegte und oben an eine starre Fläche. Nach den Gesetzen der Mechanik werden sie durch die Reibung an ihrer Unterseite zum Drehen angeregt. Da die Partikel mit ihrer Oberseite eine ruhende Fläche berühren, rollen sie dort ab und bewegen sich, zusätzlich zu ihrer Drehung, nach links. (Abbildung 5.23, drittes Bild). Maxwell zieht genau diesen Schluss:

> *„We shall suppose the row of vortices kl still at rest, then the layer of particles between these rows will be acted on by the row gh on their lower sides, and will be at rest above. If they are free to move, they will rotate in the negative direction, and will at the same time move from right to left, or in the opposite direction from the current, and so form an induced electric current.“*

James Clerk Maxwell [103]

Maxwells mechanisches Analogiemodell, in dem sich die elektrischen Partikel genau so verhalten wie die Wälzkörper in einem Kugellager, erfüllt seinen Zweck. Verblüffend präzise erklärt es, wie Induktionsströme entstehen, und warum deren Richtung der ursprünglichen Stromrichtung entgegengesetzt ist.

Gleichsam können wir aus dem mechanischen Modell ableiten, dass der Induktionsstrom nicht auf Dauer fließen kann. Durch die permanent wirkenden Reibungskräfte werden nämlich nach einer gewissen Zeit auch die Magnetwirbel in Zeile *kl* rotieren (Abbildung 5.23, viertes Bild), und je schneller sie dies tun, desto langsamer werden die elektrischen Partikel in Zeile *pq* verschoben. Sobald sich die Magnetwirbel in den Zeilen *kl* und *gh* gleich schnell drehen, versiegt der Strom (Abbildung 5.23, fünftes Bild). Maxwell formuliert diesen Gedanken so:

> *„If this current is checked by the electrical resistance of the medium, the rotating particles will act upon the row of vortices kl, and make them revolve in the positive direction till they arrive at such a velocity that the motion of the particles is reduced to that of rotation, and the induced current disappears.“*

James Clerk Maxwell [103]

Es ist bekannt, dass Induktionsströme nicht nur dann entstehen, wenn ein Strom zu fließen beginnt, sondern auch dann, wenn der Stromfluss verebbt. Aus dem mechanischen Modell müsste sich auch diese Eigenschaft ableiten lassen, und Maxwell legt dar, dass dies tatsächlich der Fall ist:

„If now, the primary current AB be stopped, the vortices in the row gh will be checked, while those of the row kl still continue in rapid motion. The momentum of the vortices beyond the layer of particles pq will tend to move them from left to right, that is, in the direction of the primary current; but if this motion is resisted by the medium, the motion of the vortices beyond pq will be gradually destroyed.“

James Clerk Maxwell [103]

Insgesamt kommt Maxwell zu dem Schluss:

„It appears therefore that the phenomena of induced currents are part of the process of communicating the rotatory velocity of the vortices from one part of the field to another.“

James Clerk Maxwell [103]

Später, im zweiten Teil seines Lehrbuchs *A Treatise on Electricity and Magnetism* aus dem Jahr 1873, wird er noch klarer [106]:

„I think we have good evidence for the opinion that some phenomenon of rotation is going on in the magnetic field, that this rotation is performed by a great number of very small portions of matter, each rotating on its own axis, that axis being parallel to the direction of the magnetic force, and that the rotations of these various vortices are made to depend on one another by means of some mechanism between them.“

James Clerk Maxwell [106]

Behalten Sie im Gedächtnis, dass Maxwell in seinem *mechanischen Äther* nur ein Analogiemodell sah. Zu keiner Zeit ging er davon aus, dass die kleinen Kugeln und Wirbel tatsächlich existieren. Einen deutlichen Hinweis hierfür finden wir in [106]:

„The attempt which I then made to imagine a working model of this mechanism must be taken for no more than it really is, a demonstration that mechanism may be imagined capable of producing a connection mechanically equivalent to the actual connection of the parts of the Electromagnetic Field.“

James Clerk Maxwell [106]

Gleichwohl war er davon überzeugt, dass sein Analogiemodell geeignet ist, um die Vorgänge in elektrischen und magnetischen Feldern exakt zu modellieren. Maxwell sollte recht behalten. Die Formeln, die er später aus seinem hypothetischen Modell abgeleitet hat, sind eine präzise Beschreibung des elektromagnetischen Felds. Die Art und Weise, wie er zu seinem fundamentalen Ergebnis kam, fasziniert Mathematiker

Abbildung 5.24

James Clerk Maxwell
1831 – 1879

$$\nabla \cdot \boldsymbol{E} = 0$$
$$\nabla \cdot \boldsymbol{B} = 0$$
$$\nabla \times \boldsymbol{E} = -\frac{\partial \boldsymbol{B}}{\partial t}$$
$$\nabla \times \boldsymbol{B} = \mu_0 \varepsilon_0 \frac{\partial \boldsymbol{E}}{\partial t}$$

Die Maxwell'schen
Gleichungen im Vakuum

und Physiker bis heute. Er hatte die korrekten Gleichungen aus einem Modell gewonnen, vom dem wir heute wissen, dass es in der Natur überhaupt nicht existiert, weder in einer mechanischen Form noch in irgendeiner anderen.

In den Folgejahren hatte Maxwell seine Modellvorstellung immer weiter verfeinert und sich dabei auch intensiv mit der Frage befasst, ob sich ein elektromagnetisches Feld in Form einer Welle durch den Äther bewegen könne. Die Antwort darauf hat er im Jahr 1865 veröffentlicht, in der bahnbrechenden Arbeit mit dem Titel *A Dynamical Theory of the Electromagnetic Field* [104]. Die historisch bedeutendsten Passagen finden wir im dritten und im fünften Teil dieser Arbeit. In Teil III tauchen die 20 Differentialgleichungen auf, die später von Oliver Heaviside zu jenen vier Formeln verschmolzen wurden, die wir heute als die *Maxwell'schen Gleichungen* bezeichnen (Abbildung 5.24).

5.3.2 Elektromagnetische Wellen

Mit der Formulierung dieser Gleichungen hatte Maxwell Großes geleistet. Es war ihm gelungen, die komplizierten Wechselwirkungen elektrischer und magnetischer Felder mithilfe von wenigen elementaren Formeln zu beschreiben, deren tiefe innere Schönheit bis heute begeistert. Durch einen zweiten Aspekt gewannen die Maxwell'schen Gleichungen zusätzlich an Strahlkraft, denn schon kurz nach ihrer Formulierung war klar, dass sich aus ihnen noch niemals zuvor beobachtete physikalische Phänomene ableiten ließen. Maxwell fand heraus, dass die Feldgleichungen eine Lösung zuließen, in der sich elektrische und magnetische Felder derart aufrechterhalten, dass sie sich periodisch schwingend als eine elektromagnetische Welle durch den Raum bewegen.

Aber eines war dabei sonderbar. Aus der Rechnung ging zweifelsfrei hervor, dass sich die Wellen keinesfalls mit einer beliebigen Geschwindigkeit bewegen können. Sollten die hypothetischen Objekte in der Natur tatsächlich existieren, so müssten sie sich im Vakuum mit einer Geschwindigkeit ausbreiten, die ziemlich exakt 300.000 Kilometer pro Sekunde entsprach; jede davon abweichende Geschwindigkeit war mit den Gleichungen unverträglich. Natürlich hatte Maxwell früh erkannt, dass sich die postulierten Wellen ziemlich genau mit derselben Geschwindigkeit bewegten, die damals für die Lichtgeschwindigkeit gemessen wurde. In §20 seiner Arbeit aus dem Jahr 1865 schreibt er:

> *„This velocity is so nearly that of light, that it seems we have strong reason to conclude that light itself (including radiant heat, and other radiations if any) is an electro-magnetic disturbance in the form of waves propagated through the electromagnetic field according to electromagnetic laws.“*

James Clerk Maxwell [104]

War es Maxwell mit seinen abstrakten Formeln gelungen, ein lang gehütetes Geheimnis der Natur zu lüften? War Licht eine elektromagnetische Welle? Eine experimentelle Bestätigung seiner gewagten These hatte der Theoretiker nicht in Händen, und so blieben die vorhergesagten Wellen bis auf Weiteres ein fiktives Konstrukt.

5.3.3 Das Experiment von Hertz

Für die moderne Physik war Maxwells Vorhersage von höchster Relevanz. Um eine schnelle Klärung herbeizuführen, startete die Berliner Akademie der Wissenschaften im Jahr 1879 einen Wettbewerb, mit dem Ziel, die Theorie experimentell zu stützen. Doch die Jahre verstrichen, ohne dass sich der herbeigesehnte Erfolg einstellen wollte. Waren die elektromagnetischen Wellen doch nur eine Erfindung des Geistes, basierend auf einer unvollständigen oder gar falschen Theorie?

Eine endgültige Klärung erfuhr die Grundlagenfrage am 11. November 1886, als der deutsche Physiker Heinrich Hertz einen rudimentären Versuchsaufbau präsentierte, mit dem sich elektromagnetische Wellen zwischen einer Sende- und einer Empfangs-einrichtung messbar übertragen ließen (Abbildungen 5.25 und 5.26). Der Sender bestand aus einer Kugelfunkenstrecke, die an einen Kondensator in Form einer *Leidener Flasche* angeschlossen war. Die Entladung des Kondensators führte zu einem Funkenschlag zwischen den beiden Metallkugeln, der seinerseits für die Abstrahlung einer elektromagnetischen Welle sorgte. In 150 cm Entfernung platzierte Hertz einen Drahtring, mit dem sich die Übertragung einer elektromagnetischen Wellen sichtbar machen ließ. Immer dann, wenn auf der Senderseite ein Funkenüberschlag ausgelöst wurde, fand auch in dem entfernt positionierten Drahtring ein Überschlag statt. Mit

HEINRICH RUDOLF HERTZ
1857 – 1894

Abbildung 5.25

Büste von Heinrich Hertz im Ehrenhof des
Karlsruher Instituts für Technologie (KIT)

Abbildung 5.26

seinem historisch bedeutenden Experiment hatte Hertz die theoretisch postulierten Wellen aus dem Reich des Möglichen befreit; sie waren zu einer physikalischen Realität geworden. Für Maxwell selbst kam das Experiment zu spät. Am 5. November 1886 hatte sich sein Todestag bereits zum neunten Mal gejährt.

Mittlerweile verfügen Physiker und Ingenieure über ein tief gehendes Verständnis darüber, wie sich elektromagnetische Wellen erzeugen lassen. Jede beschleunigte Ladung strahlt eine solche Welle ab, und es ist heute sehr genau bekannt, wie das Wechselspiel zwischen elektrischen und magnetischen Feldern im Detail vonstattengeht. Als Beispiel ist in Abbildung 5.27 die räumliche Struktur eines elektromagnetischen Felds dargestellt, wie es von einer vertikal aufgestellten Dipolantenne abgestrahlt wird. Die horizontal eingezeichneten Feldlinien sind Teil des magnetischen Felds, das ringförmig um den Dipol verläuft, und die vertikal verlaufenden Feldlinien sind Teil des elektrischen Felds. Die Grafik zeigt, dass auch die elektrischen Feldlinien geschlossen sind und sich schalenartig von der Antenne ablösen.

Mit seinem legendären Experiment hatte Hertz aber nicht nur eine der wichtigsten Grundlagenfragen der Physik beantwortet, sondern gleichermaßen die prinzipielle Machbarkeit der drahtlosen Nachrichtenübertragung unter Beweis gestellt. Fest steht, dass Hertz diesen zweiten, praktischen Aspekt seiner Entdeckung schlicht nicht

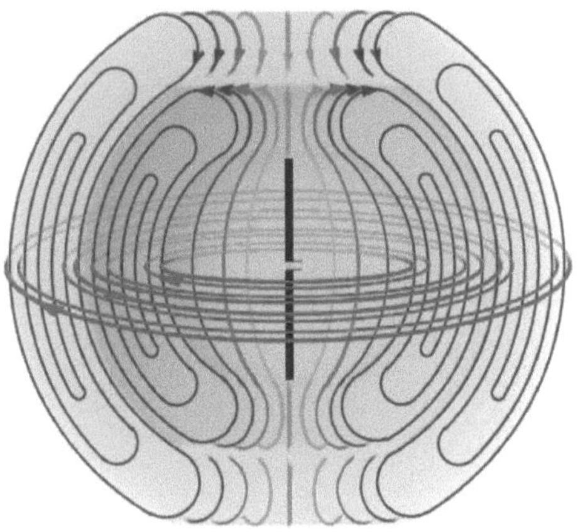

Abbildung 5.27

Elektromagnetische Welle, erzeugt von einer Dipolantenne [5].

erkannte, und das Gleiche galt für die meisten seiner Wissenschaftskollegen. Tatsächlich sollten noch etliche Jahre vergehen, bis der Italiener Guglielmo Marconi die praktische Bedeutung der Hertz'schen Experimente verstand und wenig später mit dem Bau eines drahtlosen Telegrafen eine Revolution in der Datenübertragung auslöste.

All dies hatte Hertz nicht mehr erlebt. 6 Jahre nach seinem Experiment erkrankte er an einer chronischen Infektion des Gefäßsystems, für die es damals keine Heilung gab. Zahlreiche Operationen, in denen die Ärzte versuchten, die ständig wiederkehrenden Entzündungsherde zu entfernen, konnten den Krankheitsverlauf nicht stoppen. Am Neujahrstag 1894 starb Heinrich Hertz an den Folgen einer Blutvergiftung, im jungen Alter von nur 36 Jahren.

5.3.4   Galilei-Varianz

Wir dürfen die Maxwell'sche Theorie der Elektrodynamik nicht ohne einen Hinweis auf ein Ergebnis hinter uns lassen, das für die Entstehung der Relativitätstheorie eine wichtige Rolle spielte. Maxwell konnte zeigen, dass die Wellengleichung, die eine unmittelbare Folge aus den Feldgleichungen ist, beim Übergang von einem Inertialsystem in ein anderes ihre mathematische Form verändert. Dies ist gemeint, wenn wir sagen: Die Wellengleichung ist *Galilei-variant*.

War die Galilei-Varianz der Wellengleichung zu erwarten? Gingen wir, wie viele Generationen vor uns, davon aus, dass sich elektromagnetische Wellen, genau wie Schall- oder Wasserwellen, in einem Medium ausbreiten, so wäre die Antwort ein klares Ja. In ihrer Reinform würde die Wellengleichung dann genau in einem einzigen Bezugssystem gelten: im Ruhesystem des Mediums. Für einen Beobachter, der sich relativ zu diesem Medium bewegt, würden sich die Wellen unterschiedlich schnell in die verschiedenen Richtungen ausbreiten, genau so wie wir es von Schall- und Wasserwellen her kennen. Die Maxwell'schen Gleichungen könnten im Bezugssystem des bewegten Beobachters daher nicht in ihrer Reinform gelten, und genau dies besagt die Galilei-Varianz. Solange wir also von der Existenz eines *Lichtäthers* ausgehen, der als Medium für die Ausbreitung von Lichtwellen fungiert, verweilen wir auf sicherem Terrain. Die Galilei-Varianz ist dann kein Widerspruch, sondern eine notwendige Folge.

Im nächsten Kapitel werden wir uns mit dem hypothetischen Lichtäther ausführlich beschäftigen, und so viel sei vorweg verraten: Die Erkenntnisse, die wir dort gewinnen, werden dieses vermeintlich sichere Terrain zum Beben bringen.

6 Der Lichtäther

6.1 Der mitgeführte Äther

Die theoretische Vorhersage von James Clerk Maxwell und der experimentelle Nachweis von Heinrich Hertz hatten für die meisten Wissenschaftler die Frage nach der Natur des Lichts beantwortet: Licht war eine elektromagnetische Welle. Dies hatte einschneidende Konsequenzen, denn wir wissen aus der Erfahrung, dass Wellen ein Medium benötigen, um sich auszubreiten. Beispielsweise regt eine Schallquelle die sie umgebenden Luftmoleküle zu Schwingungen an, die sich nach und nach auf die angrenzenden Luftmoleküle übertragen. Die Luft ist das Medium des Schalls: Sie fungiert als ein elastischer Körper, in dem sich der Schall als Welle ausbreiten kann.

Dass wir Licht und Schall nicht in jeder Beziehung gleichsetzen dürfen, war den Wissenschaftlern bereits bekannt. Schall breitet sich in Form einer *Longitudinalwelle* (*Längswelle*) aus: Die Luftmoleküle bewegen sich in der gleichen Richtung hin und her, in die sich auch die Welle bewegt. In [85] wird eine longitudinale Welle treffend durch eine Windböe veranschaulicht, die über ein Kornfeld streicht. Die Welle kommt zustande, weil sich die Weizenhalme in der Richtung des Winds hin und her wiegen.

Anders als der Schall kann das Licht aber keine Longitudinalwelle sein, denn schon zu Newtons Zeiten war bekannt, dass Licht die Eigenschaft besitzt, in verschiedene Richtungen zu schwingen. Aufgefallen war das Phänomen bei Experimenten mit bestimmten Kalkspaten. Diese hatten die Eigenschaft, ein einfallendes Lichtbündel in zwei separate Teilbündel aufzuspalten, in denen Licht nur noch in eine bestimmte Richtung schwang. Licht mit dieser Eigenschaft wird als *polarisiertes Licht* bezeichnet und die Ebene, auf der die Schwingung stattfindet, als *Polarisationsebene*.

Was es genau bedeutet, in eine gewisse „Richtung“ zu schwingen, wird klar, wenn wir uns Licht als eine *Transversalwelle* (*Querwelle*) vorstellen. Anders als bei einer Longitudinalwelle, bei der die Schwingung entlang der Ausbreitungsrichtung stattfindet, schwingt eine Transversalwelle senkrecht zur Ausbreitungsrichtung. Transversalwellen sind uns aus dem Alltag bekannt. Eine solche entsteht beispielsweise dann, wenn wir das eine Ende eines langen Seils rhythmisch bewegen. Je nachdem, ob wir das

Seil von oben nach unten, von links nach rechts oder diagonal bewegen, entsteht eine Welle, die in einer jeweils anderen Richtung schwingt. Da die longitudinale Ausbreitung einer Welle mit dem Prinzip der Polarisation unvereinbar ist, war den Forschern eines früh bewusst: Licht muss eine elektromagnetische Welle sein, die sich transversal durch den Raum bewegt. Die meisten Physiker waren sich einig darüber, dass auch transversale Wellen ein Medium benötigen, um sich auszubreiten. Aber woraus bestand dieses Medium und wie war es aufgebaut?

Damit ist es an der Zeit, einen wichtigen Begriff offiziell einzuführen. Die postulierte Substanz, die es dem Licht ermöglichen sollte, sich durch den Raum auszubreiten, wird im Deutschen als *Lichtäther*, kurz *Äther*, bezeichnet. Im Englischen wird in der Regel das gleiche Wort verwendet (*Luminiferous Aether*), allerdings variiert dort die Schreibweise. Anstelle von *Aether* werden in vielen historischen Texten auch die Schreibweisen *Æther* oder *Ether* verwendet. Bewegt sich ein Beobachter relativ zum Lichtäther, so müsste er einen sogenannten *Ätherwind* spüren. Diesen Analogiebegriff werden wir im Folgenden häufig verwenden und abhängig von der Bewegungsrichtung manchmal von *Rückenwind* und manchmal von *Gegenwind* sprechen.

Auch wenn die Physiker damals noch weitgehend im Dunkeln tappten, war eines von Anfang an klar: Der Lichtäther musste Eigenschaften besitzen, die man von keiner materiellen Substanz auf der Erde her kannte. Wenn Licht eine transversale Welle war, d. h. eine Welle, die zur Seite schwang, so musste sich der Äther wie ein elastischer Festkörper verhalten, da nur in festen Körpern seitliche Kräfte auftreten können. Die atemberaubend hohe Ausbreitungsgeschwindigkeit des Lichts ließ darauf schließen, dass der Äther ein extrem starrer Körper war, starrer als alle elastischen Körper, die jemals untersucht wurden. Dann aber war es nahezu unerklärlich, warum der Äther keinerlei erkennbaren Einfluss auf die Bewegung materieller Körper ausübte. Ganz offensichtlich waren die Planeten in der Lage, den Äther zu durchdringen; sie wurden weder in ihrer Richtung noch in ihrer Geschwindigkeit messbar beeinflusst. Dies wiederum wies auf ein Substanz mit einer extrem geringen Dichte hin, doch wie kann ein Medium gleichzeitig so dünn und so starr sein? Eine solche Substanz wurde noch nie beobachtet, und dennoch zweifelte zur damaligen Zeit kaum jemand daran, dass es einen Äther geben muss. Die Vorstellung, eine Welle könne sich alleine in einem leeren Raum ausbreiten, war für die meisten Physiker so absurd, dass sie lange Zeit von niemandem ernsthaft in Erwägung gezogen wurde.

Wie selbstverständlich von der Existenz eines Ausbreitungsmediums ausgegangen wurde, lässt sich an vielen historischen Texten belegen. Exemplarisch wollen wir eine Textstelle herausgreifen, die wir auf Seite 83 zitiert haben. Sie stammt aus Christiaan Huygens berühmter Arbeit, in der er 1812 die Ausbreitung von Licht im Raum beschrieb:

„We know that by means of the air, which is an invisible and impalpable body, Sound spreads around the spot where it has been produced, by a movement which is passed

on successively from one part of the air to another; and that the spreading of this movement, taking place equally rapidly on all sides, ought to form spherical surfaces ever enlarging and which strike our ears. Now there is no doubt at all that light also comes from the luminous body to our eyes by some movement impressed on the matter which is between the two; [...]"

Christiaan Huygens [89]

Auch Thomas Young, der mit seinem Doppelspaltexperiment gewichtige Argumente für die Wellentheorie von Huygens lieferte, war von der Existenz eines Lichtäthers überzeugt. Wir zitieren seine vier berühmten Hypothesen, die er am 12. November 1801 als Preisträger und Dozent der einmal jährlich abgehaltenen *Bakterian Lecture* vor der Royal Society formulierte:

„HYPOTHESIS I. *A Luminiferous Ether pervades the Universe, rare and elastic in a high degree.*
HYPOTHESIS II. *Undulations are excited in this Ether whenever a Body becomes luminous.*
HYPOTHESIS III. *The Sensation of different Colours depends on the different frequency of Vibrations, excited by Light in the Retina.*
HYPOTHESIS IV. *All material Bodies have an Attraction for the ethereal Medium, by means of which it is accumulated within their substance, and for a small Distance around them, in a State of greater Density, but not of greater Elasticity.* "

Thomas Young [177]

Klare Worte fand auch Heinrich Hertz gegen Ende des 19. Jahrhunderts:

„*Was ist denn das Licht? Seit den Zeiten Youngs und Fresnels wissen wir, daß es eine Wellenbewegung ist. Wir kennen die Geschwindigkeit der Wellen, wir kennen ihre Länge, wir wissen, daß es Transversalwellen sind; wir kennen mit einem Wort die geometrischen Verhältnisse der Bewegung vollkommen. An diesen Dingen ist ein Zweifel nicht mehr möglich, eine Widerlegung dieser Anschauung ist für den Physiker undenkbar. Die Wellentheorie des Lichts ist, menschlich gesprochen, Gewißheit; was aus derselben mit Notwendigkeit folgt, ist ebenfalls Gewißheit. Es ist also auch gewiß, daß aller Raum, von dem wir Kunde haben, nicht leer ist, sondern erfüllt mit einem Stoff, welcher fähig ist, Wellen zu schlagen, dem Äther.*"

Heinrich Hertz [83]

Etwas ganz Ähnliches können wir in James Clerk Maxwells berühmtem Artikel über den Lichtäther nachlesen, den er für die neunte Ausgabe der Encyclopædia Britannica schrieb:

> *„Whatever difficulties we may have in forming a consistent idea of the constitution of the aether, there can be no doubt that the interplanetary and interstellar spaces are not empty, but are occupied by a material substance or body, which is certainly the largest, and probably the most uniform body of which we have any knowledge.“*
>
> James Clerk Maxwell [107]

Maxwell weist in seinem Artikel auf einen zentralen Punkt hin. Da wir das Licht von weit entfernten Sternen sehen können, muss der Äther den gesamten interstellaren Raum ausfüllen. Hierdurch kommt ihm eine metaphysische Bedeutung zu, die weit über die eines einfachen Übertragungsmediums hinausgeht. Wenn nämlich der Äther den gesamten Raum durchdringt, dann gibt es keinen Grund, zwischen ihm und Newtons absolutem Raum zu unterscheiden. Der Lichtäther wäre die materielle Verkörperung des absoluten Raums; er würde diesen geradezu definieren. Dies hat weitreichende Konsequenzen. Gelänge es uns, die Geschwindigkeit zu messen, mit der sich die Sonne relativ zum Lichtäther bewegt, so hätten wir die Antwort auf eine philosophisch bedeutende Frage gefunden: Ruht die Sonne im absoluten Raum oder bewegt sie sich durch diesen hindurch? Und falls sie sich bewegt, wie schnell ist ihre Reise?

Rasch war die Klärung der Ätherfrage zu einem dringlichen Problem der Physik des 19. Jahrhunderts geworden, und zu Beginn ahnte noch niemand, dass sich daraus eines der spannendsten Kapitel der Wissenschaftsgeschichte entwickeln würde. Begonnen hatte die Suche nach dem Lichtäther im Jahr 1810 mit einem unscheinbaren Experiment von François Arago: einem Experiment, das einen völlig unerwarteten Ausgang nahm.

6.1.1 Der Versuch von Arago

François Arago wurde am 26. Februar 1786 in Estagel, einem kleinen südfranzösischen Dorf nordwestlich von Perpignan geboren. Im Alter von 17 Jahren nahm er das Studium der Mathematik an der École Polytechnique in Paris auf, wo sich sein außergewöhnliches Talent schnell herumsprach. Auf eine Empfehlung von Siméon Poisson erhielt er nach seinem Studium eine Anstellung am Pariser Observatorium, das sich unter der Leitung von Pierre-Simon Laplace zu einer der bedeutendsten astronomischen Forschungsstätten in Europa entwickelte.

Im Alter von 20 Jahren brach Arago zusammen mit Jean-Baptiste Biot nach Spanien auf, um an der Vermessung der Meridiane teilzunehmen. Kurze Zeit später überschlugen sich die Ereignisse. 1807 fiel Napoleon in Spanien ein, und die Vermessungsarbeiten wurden von der einheimischen Bevölkerung als eine getarnte Operation des französischen Militärs gedeutet. Für Arago begann eine zweijährige Odyssee, die im Juni 1808 mit seiner Inhaftierung auf Mallorca ihren Anfang nahm. Im Juli gelang es ihm, in einem Fischerboot nach Algier zu fliehen, und im August setzte er an Bord eines Schiffes nach Marseille seine Reise fort. Die Hoffnung, seine rettende Heimat auf dem Seeweg zu erreichen, bewahrheitete sich nicht. Das Schiff wurde von den Spaniern aufgebracht und Arago ein zweites Mal inhaftiert. Nach seiner Freilassung versuchte er erneut, Marseille auf dem Seeweg zu erreichen, doch dieses Mal wurde das Schiff entlang der afrikanischen Küste nach Süden abgedrängt. Jetzt begann eine ermüdende Reise über Land, die Arago Ende Dezember nach Algier zurückführte. Sechs Monate saß er dort fest, bis er im Juni 1809 erneut in Richtung Marseille in See stach. In Frankreich angekommen, musste Arago noch mehrere Wochen in Quarantäne verbringen. Erst danach fand seine Odyssee ein glückliches Ende.

Für Arago, der seine aufwendig angefertigten Forschungsunterlagen zu keiner Zeit aus den Augen verloren hatte, zahlten sich die Strapazen aus. Noch im Jahr seiner Rückkehr wurde er in die Pariser Akademie der Wissenschaften aufgenommen und von der École Polytechnique zum Professor für Geodäsie und analytische Geometrie ernannt.

Aragos erstes Experiment

Bereits ein Jahr später führte Arago das erste von zwei Experimenten durch, für die wir uns in diesem Buch interessieren. Zur damaligen Zeit war der Franzose ein überzeugter Verfechter der Newton'schen Korpuskeltheorie und in einem hohen Maß an deren Konsequenzen interessiert. Aus der Annahme, Licht bestehe aus materiellen Teilchen, folgerte Arago, dass Sterne das Licht mit unterschiedlichen Geschwindigkeiten emittierten. Zwei Gründe führte er hierfür an. Zum einen müssten die von massereichen Sternen emittierten Lichtpartikel mehr Arbeit leisten, um die Gravitation zu überwinden, und daher langsamer sein als die Lichtpartikel von leichteren Sternen. Zum anderen müsste schon die relative Bewegung der Sterne dazu führen, dass sich die ausgesendeten Lichtpartikel unterschiedlich schnell auf die Erde zubewegten.

Um seine Vermutung zu verifizieren, konstruierte Arago aus einem Prisma und einem Teleskop eine einfache Messapparatur, wie sie schematisch in Abbildung 6.2 zu sehen ist. Das Prisma war so hinter dem Teleskop angebracht, dass nur ein Teil des eingefangenen Lichtbündels darin gebrochen wurde. Der Rest wurde geradlinig weitergeführt. In seinem Experiment benutzte Arago ein *achromatisches Prisma*, bestehend aus einem Stück Kronglas und einem Stück Flintglas. Ein solches Prisma hat die Eigenschaft, die unterschiedlichen Farbanteile des Lichts in die gleiche Richtung abzulenken und die spektrale Auffächerung des Lichtstrahls hierdurch weitgehend zu vermeiden. Das präparierte Teleskop erfüllte seinen Zweck. Sobald es auf einen Stern gerichtet wurde, zerfiel das einfallende Lichtbündel in zwei Teilstrahlen, die einen Winkel α zueinander aufwiesen.

Abbildung 6.1

Dominique François Jean Arago
1786 – 1853

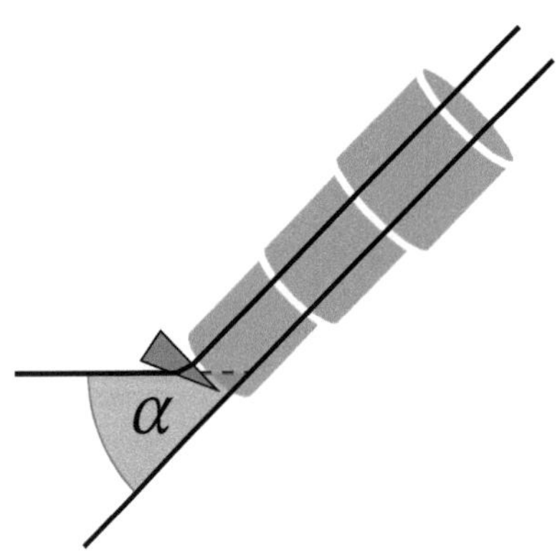

Abbildung 6.2

Schematischer Aufbau des Prismenteleskops
von Arago aus dem Jahr 1810

Im März 1810 führte Arago mehrere Messungen durch. Er richtete seine Apparatur nacheinander auf verschiedene Sterne und notierte, um welchen Winkel das einfallende Lichtbündel durch das Prisma abgelenkt wurde. Wir erinnern uns: Nach der Newton'schen Korpuskeltheorie wird Licht gebrochen, weil die einfallenden Lichtteilchen von der Masse des Prismas angezogen werden. Die Richtungsänderung lässt sich durch die Addition der Geschwindigkeitsvektoren berechnen. Sie ist umso geringer, je schneller sich ein Lichtteilchen bewegt, und das bedeutet, dass langsamere Lichtpartikel in Aragos Prisma eine stärkere Ablenkung erfahren müssten als schnelle. Arago war sich sicher, die Geschwindigkeitsunterschiede der einfallenden Lichtteilchen durch die Vermessung der Brechungswinkel direkt ausrechnen zu können.

Doch es kam anders. Als er sein Teleskop im März 1810 in den Nachthimmel richtete, waren die Winkel der angepeilten Sterne kaum voneinander zu unterscheiden. Entgegen seiner Vorhersage schienen die Lichtpartikel immer mit derselben Geschwindigkeit auf die Erde zu treffen, unabhängig von der Geschwindigkeit und dem Gewicht des lichtemittierenden Sterns.

Aragos zweites Experiment

Ein halbes Jahr später, im Oktober 1810, wiederholte Arago sein Experiment. Da sich in den vergangenen 6 Monaten die Bewegungsrichtung der Erde umgekehrt hatte, musste sich die Geschwindigkeit, mit der die Lichtteilchen das Prisma trafen, um einen Betrag ändern, der doppelt so groß war wie die Geschwindigkeit, mit der sich die Erde um die Sonne bewegte. Je nachdem, ob sich die Erde also mit der Lichtquelle oder gegen die Quelle bewegte, musste ein einfallender Lichtstrahl durch das Prisma unterschiedlich stark gebrochen werden. Als Arago sein Teleskop auf die Sterne richtete, machte er eine Entdeckung, die ihn noch mehr überraschte als der Ausgang seines ersten Experiments. Die im Oktober und im März gemessenen Winkel waren nahezu identisch; die Erdbewegung hatte offenbar keinerlei Einfluss auf die Geschwindigkeit, mit der das Licht in sein Teleskop eindrang. Ohne es zu wissen, hatte Arago das erste Experiment durchgeführt, das eine empirische Bestätigung für einen zentralen Aspekt der Einstein'schen Relativitätstheorie lieferte: die Konstanz der Lichtgeschwindigkeit.

Anstatt die Korpuskeltheorie aufzugeben, stellte Arago eine gewagte Hypothese in den Raum. Er nahm an, dass eine Lichtquelle Teilchen von ganz unterschiedlicher Geschwindigkeit emittiert, unsere Augen aber lediglich im Stande sind, Lichtpartikel mit einer ganz bestimmten Geschwindigkeit wahrzunehmen. Langsamere oder schnellere Partikel wären schlichtweg unsichtbar. Es ist gut möglich, dass sich Arago bei der Formulierung seiner Hypothese von zwei Entdeckungen leiten ließ, die in den Jahren 1800 und 1801 gemacht wurden: die Entdeckung des infraroten Lichts durch Wilhelm Herschel und die Entdeckung des ultravioletten Lichts durch Johann Ritter. Die neuen Erkenntnisse belegten zweifelsfrei, dass das Auge nur einen begrenzten Ausschnitt des Spektrums visuell wahrnehmen kann.

Mit seiner gewagten Hypothese war es Arago gelungen, die Beobachtung mit der Korpuskeltheorie formal in Einklang zu bringen, wirklich überzeugen konnte er damit aber nur wenige. Zu den größten Skeptikern gehörte ein enger Freund Aragos, der die Suche nach der Wahrheit mit einer raffinierten Überlegung in eine völlig neue Richtung lenkte.

6.1.2 Fresnels Interpretation

Als sich der Franzose Augustin Jean Fresnel mit den Experimenten seines Freundes Arago aus dem Jahr 1810 auseinandersetzte, hatte er ein klares Ziel vor Augen:

Abbildung 6.3

AUGUSTIN JEAN FRESNEL
1788 – 1827

Er wollte die gemachten Beobachtungen im Kontext der Wellentheorie neu deuten.
Arago teilte er das Ergebnis in einem Brief mit, der später in den *Annales de Chimie et de
Physique* veröffentlicht wurde und heute zu den wichtigen wissenschaftshistorischen
Dokumenten zählt. Fresnel beginnt seinen Brief mit einer kurzen Zusammenfassung
der gemachten Beobachtungen und beschreibt anschließend seine daraus abgeleitete
Hypothese. Wir zitieren aus der englischen Übersetzung von Robert Traill:

> *„My dear friend,*
>
> *By your fine experiments on the light from stars, you have demonstrated that the
> movement of the terrestrial globe has no noticeable influence on the refraction of rays
> emanating from these stars. As you pointed out, one can only explain this remarkable
> result, within the theory of emission, by supposing that the light sources impart to
> the particles of light an infinite variety of different speeds, and that these particles
> will affect the organ of sight with only one of these speeds, or at least between very
> narrow limits such that about one ten-thousandth is more than enough to prevent
> the sensation. [...] You have inspired me to investigate whether the result of these
> observations could be more easily reconciled with the system which takes light as
> consisting of vibrations in a universal fluid.“*

Augustin Jean Fresnel, zitiert nach [160]

Für Fresnel war klar: Aragos erstes Experiment hatte gezeigt, dass die Geschwindigkeit des Lichts unabhängig von der Bewegung und der Masse der Emissionsquelle
war. Mit der Korpuskeltheorie war dieses Ergebnis schwer vereinbar, wohl aber mit

der Vorstellung eines stationären Äthers, in dem sich Licht als Welle ausbreitet. Stellen wir uns diesen, wie oben geschildert, als elastischen Festkörper vor, so würde die Ausbreitung des Lichts lediglich durch die Dichte und die Elastizität des Äthers bestimmt werden und nicht durch die Masse und die Relativgeschwindigkeit der Emissionsquelle.

Aragos erstes Experiment war mit der Wellentheorie wunderbar vereinbar, nicht aber das zweite. Wenn der interstellare Raum mit einem stationären Äther gefüllt wäre, so müsste die Geschwindigkeit des Lichts davon abhängen, ob sich die Erde mit dem Äther oder gegen den Äther bewegt. Folgerichtig hätten die im März eingefangenen Lichtstrahlen in Aragos Apparatur in einem anderen Winkel gebrochen werden müssen als die im Oktober eingefangenen. Das bedeutet:

Merke

Die Hypothese eines stationären Äthers steht im Widerspruch zu Aragos zweitem Experiment.

Erklären ließe sich Aragos Beobachtung allerdings dann, wenn der Äther von der Erde vollständig mitgeführt würde. In diesem Fall gäbe es an keinem Ort der Erde einen spürbaren Ätherwind und das Licht würde, wie es in Aragos Experiment der Fall war, unabhängig von der Jahreszeit und unabhängig von der relativen Bewegung der Quelle mit der immer gleichen Geschwindigkeit eintreffen. Der prominenteste Anhänger dieser Hypothese war Sir George Gabriel Stokes, dessen Name bereits auf Seite 138 im Zusammenhang mit der Maxwell'schen Theorie der Elektrodynamik gefallen war. Lange Zeit vertrat Stokes die Auffassung, dass der Äther von der Erde genauso mitgeführt wird wie die Atmosphäre, und die Ätherbewegung nach außen hin langsam abnimmt [157].

In seinem Brief an Arago wies Fresnel bereits zu Anfang darauf hin, dass die Hypothese eines vollständig mitgeführten Äthers für ihn keine denkbare Alternative war, und tatsächlich hatte er dafür ein schwergewichtiges Argument. Würde der Äther vollständig mitgeführt, so dürfte sich die stellare Aberration, die wir in Abschnitt 4.2.1 besprochen haben, nicht von der Erde aus beobachten lassen. Fresnel schreibt:

„If one supposed that our globe impresses its motion on the ether in which it is enveloped, one would easily conceive why the same prism always refracts light in the same manner, whatever the side from which the light may arrive. But it seems impossible to explain the aberration of stars by this hypothesis[.]"

Augustin Jean Fresnel, zitiert nach [160]

Wir halten fest:

Auf den ersten Blick erschien die Situation aussichtslos, denn sowohl die Annahme eines mitgeführten Äthers als auch die Annahme eines stationären Äthers führten zu offenkundigen Widersprüchen. Als Fresnel die verschiedenen Alternativen wieder und wieder gegeneinander abwog, kam ihm ein vielversprechender Gedanke. Er erkannte, dass es für die Erklärung von Aragos Beobachtung gar nicht nötig war, eine vollständige Mitführung zu fordern. Die Annahme, dass der Äther nur teilweise von materiellen Objekten wie einem Prisma mitgeführt wird, war völlig ausreichend, um das Experiment zu erklären:

> *„The opacity of the Earth is thus no sufficient reason for denying the existence of an ether current between its molecules, and one might suppose it porous enough for it to communicate only a very small part of its movement to this fluid.*
> *With the help of this hypothesis, the phenomenon of aberration is as easy to conceive in the wave theory as in the emission theory; [...] It is now a question of explaining, by the same hypothesis, how it is that apparent refraction does not vary with the direction of the luminous rays relative to terrestrial movement.“*

Augustin Jean Fresnel, zitiert nach [160]

Mit der Hypothese des *teilweise mitgeführten Äthers* wähnte sich Fresnel am Ziel. Mit ihr konnte er die Beobachtung von Arago *und* das Phänomen der Aberration erklären. Gelungen war ihm dies mit einer Formel, die einen direkten Zusammenhang zwischen dem Brechungsindex eines Mediums und dessen Eigenschaft herstellt, den Äther partiell mitzuziehen. Im Vakuum wird nach Fresnels Formel überhaupt kein Äther mitgezogen, und etwas Ähnliches gilt für die Luft: Der Brechungsindex dieses Mediums ist nur geringfügig größer als der Brechungsindex des Vakuums, so dass die Mitführung vernachlässigbar klein ausfällt. Der Brechungsindex von Glas ist dagegen so groß, dass der neuen Theorie zufolge ein merklicher Teil des Äthers mitgeführt wird, und genau mit diesem Phänomen konnte Fresnel die Ergebnisse von Aragos Experiment in Einklang bringen.

6.1.3 Der Interferometerversuch von Fizeau

In diesem Abschnitt wollen wir zu Fizeaus Interferometerversuch zurückkehren, den wir in Abschnitt 4.3.2 besprochen haben. Wir hatten uns dort ausführlich mit den technischen Details beschäftigt, aber verschwiegen, warum der Franzose das Experiment überhaupt durchführen wollte. Er versuchte damit genau jene Frage zu beantworten, mit der wir uns auf den letzten Seiten selbst beschäftigt haben: die Frage nach der Mitführung des Äthers.

Aus diesem Grund werfen wir erneut einen Blick in Fizeaus Originalarbeit und lesen die Passage, die sich unmittelbar an die auf Seite 117 zitierte Textstelle anschließt:

„Hierauf wurde dieß Resultat verglichen mit denen, die sich durch Rechnung nach den verschiedenen Hypothesen über den Aether ergeben. In der Voraussetzung eines ganz freien und von der Bewegung des Körpers unabhängigen Aethers müßte die Verschiebung Null seyn. In der Hypothese, daß der Aether mit den Moleculen der Körper vereinigt wäre, so daß er Theil nähme an deren Bewegungen, gäbe die Rechnung für die doppelte Verschiebung den Werth 0,92. Die Beobachtung gab eine halb so große Zahl, nämlich 0,46. In der von Fresnel angenommenen Hypothese, wo der Aether theilweise mitgezogen würde, giebt die Rechnung 0,40 d. h. eine der beobachteten sehr nahe kommende Zahl[.]"

Hippolyte Fizeau [62]

Am Ende seiner Arbeit zieht Fizeau Bilanz. Dass die von ihm gemessenen Werte so gut mit Fresnels Hypothese eines teilweisen mitbewegten Äthers harmonierten, waren für ihn ein starkes Indiz für die Korrektheit der Mitführungsformel. Er schreibt:

„Der Erfolg dieses Versuchs scheint mir die Annahme der Fresnel'schen Hypothese nach sich zuziehen oder wenigstens die des Gesetzes, welcher Derselbe aufgefunden, um die von der Bewegung der Körper hervorgebrachte Aenderung der Lichtgeschwindigkeit auszudrücken. Denn sobald dieses Gesetz sich als wahr erweiset, spricht es sehr stark zu Gunsten der Hypothese, von welcher es nur eine Folgerung ist; [...]"

Hippolyte Fizeau [62]

Dennoch verzichtet Fizeau nicht auf einen kritischen Hinweis. Alles in allem wirkte die Fresnel'sche Hypothese auf ihn so gewagt und kontraintuitiv, dass er sie ohne weiter gehende Untersuchungen nicht als eine reale Beschreibung der Natur gelten lassen wollte. Seine Arbeit schließt mit den Worten:

„[...]; vielleicht erscheint die Conception von Fresnel so außerordentlich und in mancher Beziehung so schwierig annnehmbar, daß es nach anderen Proben und einer gründlichen Untersuchung von seitens der Mathematiker bedarf, ehe man sie als Ausdruck der Wirklichkeit zulassen kann."

Hippolyte Fizeau [62]

Fizeaus Skepsis wurde von vielen Physikern geteilt, und es stellte sich rasch heraus, dass sie alles andere als unbegründet war. Je detaillierter die Hypothese eines teilweise mitgeführten Äthers auf den Prüfstand gestellt wurde, desto mehr Widersprüche kamen an die Oberfläche.

Eines der gravierendsten Argumente gegen Fresnels Theorie kam aus dem Herzen der Optik. Es war schon lange bekannt, dass der Brechungsindex des Lichts mit der Frequenz variiert; blaues Licht wird an einem Prisma stärker gebrochen als rotes. Das bedeutet, dass der Äther innerhalb eines Mediums für jede Farbe unterschiedlich schnell mitgeführt werden muss, was in Fresnels Theorie kaum zu erklären ist. Im Grunde genommen müssten wir annehmen, dass für jede Farbe ein separater Äther zur Verfügung steht, und diese Vorstellung ist so gewagt, dass es schon damals kaum lohnenswert erschien, sie weiter zu verfolgen.

Und so kam es, wie es kommen musste: Obwohl Fresnels findige Hypothese eine Reihe von Beobachtungen einwandfrei erklären konnte, hat sie die Zeit nicht überdauert. Zu Beginn des 20. Jahrhunderts hatte die Physik einen Wissensstand erreicht, der sowohl die Hypothese eines vollständig mitbewegten Äthers als auch die Fresnel'sche Variante eines teilweise mitgeführten Äthers mit hoher Sicherheit ausschließen konnte.

6.2   Der stationäre Äther

Die Existenz eines stationären Äthers schien die unausweichliche Konsequenz zu sein, auch wenn Aragos zweites Experiment aus dem Jahr 1810 anderes behauptete. War Aragos Messung vielleicht schlicht zu ungenau gewesen, um den postulierten Effekt zu beobachten? Inmitten der wachsenden Verunsicherung waren sich die Physiker immer noch in einem zentralen Punkt einig: Wellen benötigen ein Medium, um sich auszubreiten, und Licht konnte hier keine Ausnahme machen. Den Lichtäther musste es einfach geben!

Auch wir wollen uns an dieser Stelle noch nicht geschlagen geben, auch wenn wir bereits wissen, dass Aragos Nullresultat alles andere als ein Messfehler war. Stattdessen wollen wir uns systematisch überlegen, wie ein stationärer Äther experimentell aufgespürt werden könnte. Zwei Fragen müssen wir in diesem Zusammenhang beantworten. Zum einen haben wir zu klären, welche charakteristischen Parameter eines Lichtstrahls durch den Ätherwind überhaupt beeinflusst werden. Zum anderen müssen wir diskutieren, ob der erwartete Effekt groß genug ist, um ihn unter realen Bedingungen messen zu können. Hierbei ist insbesondere wichtig, von welcher *Größenordnung* die Spuren sind, die der hypothetische Ätherwind hinterlässt.

In den folgenden Abschnitten werden wir uns auf zwei charakteristische Parameter des Lichts konzentrieren: die *Frequenz*, mit der eine Lichtwelle schwingt, und die

Abbildung 6.4

CHRISTIAN DOPPLER
1803 – 1853

Geschwindigkeit, mit der sie sich ausbreitet. Wir beginnen unsere Untersuchung mit dem Einfluss des Ätherwinds auf die Frequenz.

6.2.1 Der Doppler-Effekt

Bewegt sich ein Beobachter relativ zu einer Quelle, die eine Welle mit der Frequenz f_O emittiert, so nimmt er die Welle mit einer anderen Frequenz wahr. Die beobachtete Frequenz f_B ist höher als f_Q, wenn sich der Beobachter und die Quelle einander nähern, und sie ist niedriger, wenn sich beide voneinander entfernen. Diese Frequenzverschiebung ist der *Doppler-Effekt*, den der österreichische Physiker Christian Doppler im Jahr 1842 vorhergesagt hat [32].

Die bei Schallwellen auftretende Frequenzverschiebung können wir mit unserem Hörsinn direkt wahrnehmen. Konzentrieren wir uns beispielsweise bei der Fernsehübertragung eines Formel-1-Rennens bewusst auf die Motorgeräusche, so lässt sich eine rasche Änderung der Tonhöhe wahrnehmen, sobald ein Wagen das Aufnahmemikrofon passiert. Solange sich der Wagen auf das Mikrofon zubewegt, nähert sich die Schallquelle und die Frequenz erscheint für uns erhöht. Hat der Wagen das Mikrofon passiert, so entfernt sich die Schallquelle, und wir nehmen eine tiefere Frequenz wahr. Diese Änderung der Tonhöhe ist der Doppler-Effekt.

Bei Lichtwellen existiert der Doppler-Effekt gleichermaßen und wirkt sich dort auf die Farbe aus. Im unteren Frequenzbereich wird das wahrnehmbare Frequenzspektrum durch die Farbe Violett und im oberen Frequenzbereich durch die Farbe Rot begrenzt.

Für einen Beobachter, der sich einer Lichtquelle nähert, wird die Farbe des Lichts daher ein wenig nach Violett gerückt. Diese Verschiebung wird in der Physik als *Blauverschiebung* bezeichnet, da sich die Farbe Blau im Farbspektrum ebenfalls im oberen Frequenzbereich befindet, direkt unterhalb der Farbe Violett. Entfernen sich der Beobachter und die Lichtquelle voneinander, so setzt eine *Rotverschiebung* ein. Wir halten fest:

> **Frequenzverschiebung bei Lichtwellen**
>
> ■ Bewegen sich ein Beobachter und eine Lichtquelle aufeinander zu, so führt der Doppler-Effekt zu einer *Blauverschiebung*.
>
> ■ Bewegen sich ein Beobachter und eine Lichtquelle voneinander weg, so führt der Doppler-Effekt zu einer *Rotverschiebung*.

Fächern wir Licht, das von einem materiellen Körper reflektiert wurde, mithilfe eines Prismas auf, so erhalten wir in den allermeisten Fällen kein kontinuierliches Farbenband, sondern einzelne, scharf separierte Linien. Ausgiebig genutzt wird dieses Phänomen beispielsweise in der *Spektroskopie* für den Bau von *Spektrometern*. Diese Geräte können anhand der Spektrallinien einer Flamme exakt bestimmen, welche chemischen Elemente in der verbrannten Substanz vorhanden waren. Wird nicht das von materiellen Körpern reflektierte, sondern das von natürlichen oder künstlichen Quellen emittierte Licht analysiert, so lässt sich das gleiche Phänomen beobachten: Nahezu keine dieser Quellen liefert ein kontinuierliches Farbenband.

Dass das Spektrum des Sonnenlichts charakteristische Anomalien aufweist, wurde Anfang des 19. Jahrhunderts von William Hyde Wollaston und Joseph von Fraunhofer entdeckt (Abbildung 6.5). Als die beiden Physiker das Sonnenlicht mithilfe eines Prismas zerlegten, bemerkten sie im Spektrum dunkle Auslassungen, die heute als *Fraunhofer'sche Linien* bezeichnet werden (Abbildung 6.6). Für den experimentellen Physiker sind diese Linien von unschätzbarem Wert. Im Sinne eines unverwechselbaren Fingerabdrucks machen sie neben der chemischen Zusammensetzung eines lichtemittierenden Körpers nämlich auch den Doppler-Effekt sichtbar. Dieser führt zu einer minimalen Verschiebung des Lichtspektrums, die sich aufgrund der vielen, scharf voneinander getrennten Linien mit hoher Präzision vermessen lässt.

Abbildung 6.7 macht deutlich, dass der Doppler-Effekt für Wellen, die sich in einem Medium ausbreiten, asymmetrisch ist. Das bedeutet, dass der Quotient f_B/f_Q einen anderen Wert annimmt, wenn sich nicht die Quelle, sondern der Beobachter relativ zum Ausbreitungsmedium bewegt. Diese Asymmetrie öffnet eine Tür für den Nachweis des Ätherwinds. Durch die Messung der Frequenz f_B ließe sich der Quotient f_B/f_Q bestimmen und damit auf die Geschwindigkeit v zurückschließen, mit der sich

Abbildung 6.5

JOSEPH VON FRAUNHOFER
1787 – 1826

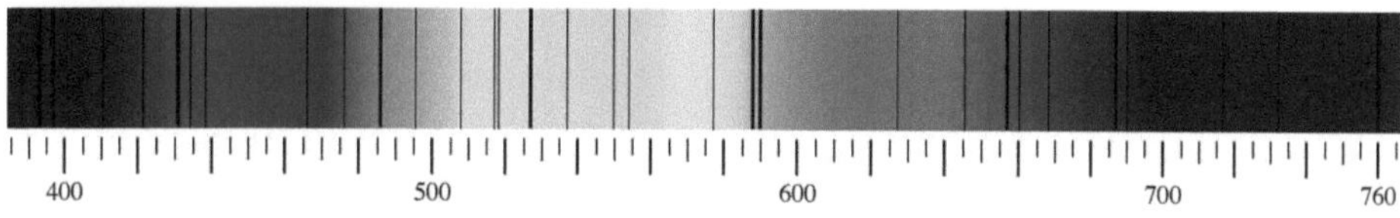

Abbildung 6.6: Fraunhofer'sche Linien

die Erde durch den ruhenden Äther bewegt. Die beiden Graphen in Abbildung 6.7 zeigen, dass sich aber erst dann gravierende Diskrepanzen ergeben, wenn sich die Geschwindigkeit v des bewegten Bezugssystems nicht allzu sehr von der Ausbreitungsgeschwindigkeit c der Welle unterscheidet. Ist v im Vergleich zu c sehr klein, so spielt es eine untergeordnete Rolle, ob sich der Beobachter oder die Quelle bewegt, und es ist dementsprechend schwer, aufgrund der gemessenen Frequenzverschiebung eine verlässliche Aussage zu treffen. Tatsächlich war die erwartete Geschwindigkeit, mit der sich das Sonnensystem und damit auch die Erde durch den hypothetischen Äther bewegen sollte, im Vergleich zur Lichtgeschwindigkeit so klein, dass die Hoffnung schnell begraben wurde, einen solchen Effekt jemals zu messen.

6.2.2   Vom Winde verweht

Die zweite Größe, die uns die Existenz eines im absoluten Raum ruhenden Äthers verraten könnte, ist die Lichtgeschwindigkeit. Alle Experimente, die wir in diesem Zusammenhang besprechen, basieren auf einer einfachen Überlegung: Wenn sich ein

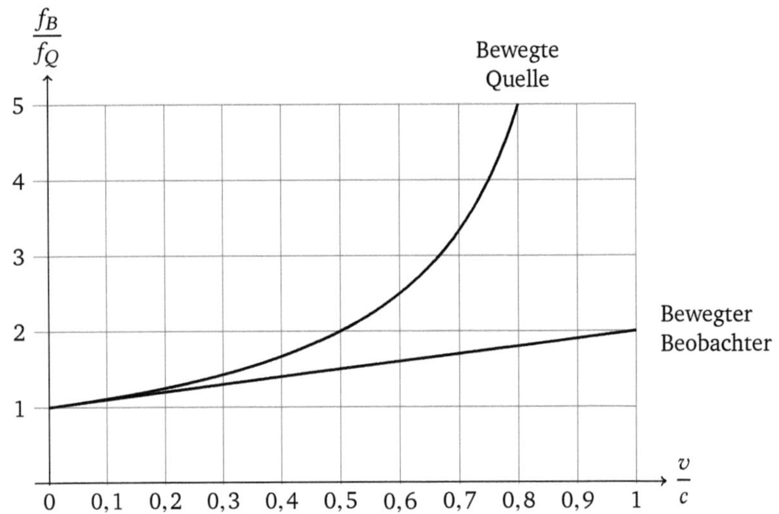

Abbildung 6.7: Der nichtrelativistische Doppler-Effekt

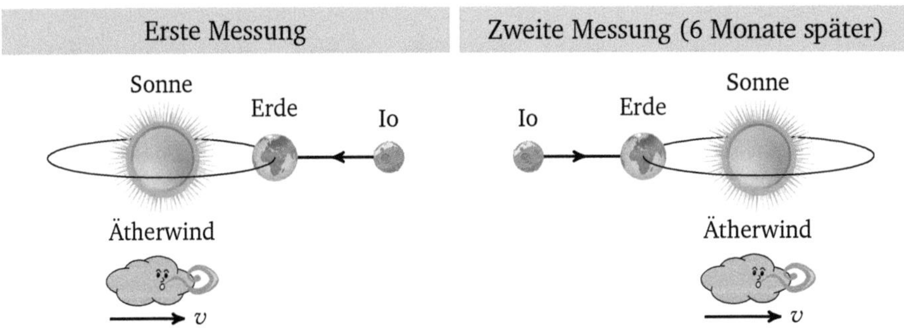

Abbildung 6.8: Zu Maxwells angestrebten Äther-Experiment

Lichtstrahl im ruhenden Äther mit der Geschwindigkeit c ausbreitet, so müsste ein Beobachter, der mit der Geschwindigkeit v dem Lichtstrahl entgegeneilt oder sich von diesem entfernt, die Geschwindigkeit $c + v$ bzw. $c - v$ messen.

Einer der Ersten, der über die Durchführbarkeit eines solches Experiments nachdachte, war jener Mann, mit dem wir uns ausführlich in Abschnitt 5.3 beschäftigt haben: James Clerk Maxwell. Im Jahr 1879 schlug der Schotte vor, zweimal die Zeit zwischen den Verfinsterungen des Jupitermonds Io zu messen, und zwar im Abstand von 6 Jahren. Die erste Messung sollte zu einem Zeitpunkt erfolgen, an dem Jupiter die Bewegungslinie unseres Sonnensystems so schneidet, wie es in Abbildung 6.8 (oben) dargestellt ist. In diesem Szenario bewegt sich das Sonnensystem derart durch das

Weltall, dass das von Io abgestrahlte Licht frontal gegen den Ätherwind ankämpfen muss, um die Erde zu erreichen. Ist v die Geschwindigkeit, mit der sich das Sonnensystem durch den Äther bewegt, so müsste sich das Licht demnach mit der Geschwindigkeit $c - v$ der Erde nähern. Wird die Messung 6 Jahre später wiederholt, so hat Jupiter eine halbe Umdrehung um die Sonne vollzogen. Er schneidet dann erneut die Bewegungslinie unseres Sonnensystems, allerdings spürt das Licht den Ätherwind nun im Rücken. Folgerichtig müsste sich das von Io abgestrahlte Licht mit der Geschwindigkeit $c + v$ der Erde nähern.

Mit einer einfachen Rechnung konnte Maxwell zeigen, dass der Effekt, den der Ätherwind auf die Geschwindigkeit des Lichts ausübt, viel größer ist als der Doppler-Effekt, den wir weiter oben besprochen haben. In der Sprache der Physik handelt es sich bei der von Maxwell anvisierten Größe um eine *Größe erster Ordnung*, während die Frequenz durch den Ätherwind lediglich in *zweiter Ordnung* beeinflusst wird.

Die Möglichkeit, den Äther aus seiner Deckung zu locken, schien zum Greifen nah, und im Jahr 1879 bat Maxwell den amerikanischen Astronomen David Peck Todd schriftlich um Hilfe. Sein Brief beginnt mit den Worten:

> *„Sir, I have received with much pleasure the table of the satellites of Jupiter which you have been so kind as to send me, and I am encouraged by your interest in the Jovial system to ask you if you have made any special study of the apparent retardation of the eclipses as affected by the geocentric position of Jupiter.*
> *I am told that observations of this kind have been somewhat put out of fashion by other methods of determining quantities related to the velocity of light, but they afford the only method, so far as I know, of getting any estimate of the direction and magnitude of the velocity of the sun with respect to the luminiferous medium."*

James Clerk Maxwell [108]

Danach bringt er sein Anliegen auf den Punkt. Maxwell bittet Todd um Auskunft, ob die astronomischen Beobachtungsdaten eine ausreichende Genauigkeit besäßen, um den vorhergesagten Effekt erster Ordnung sichtbar zu machen:

> *„But no method can be made available without good tables of the motion of the satellites, and as I am not an astronomer, [...] I have, therefore, taken the liberty of writing to you, as the matter is beyond the reach of any one who has not made a special study of the satellites."*

James Clerk Maxwell [108]

Die Antwort war negativ. Maxwells Experiment hätte eine Genauigkeit erfordert, die weit jenseits des technisch Machbaren lag. Auch für die nähere Zukunft zeichnete Todd kein optimistisches Bild. Er prognostizierte, dass eine Präzisionsmessung wie sie Maxwell im Sinn hatte, wenn überhaupt, dann erst in vielen Jahren möglich sein würde.

Tatsächlich war die Antwort ein Rückschlag im doppelten Sinne. Wenn nämlich die Möglichkeit einer astronomischen Messung ausschied, so war ein terrestrisches Experiment der einzige Ausweg. Maxwell hatte über ein solches Experiment bereits im Vorfeld nachgedacht, den Gedanken daran aber schnell wieder verworfen. Er war zu der Überzeugung gelangt, dass der terrestrische Nachweis des stationären Äthers ein unmögliches Unterfangen war.

Dass Maxwell zu einer solch ablehnenden Haltung kam, ging auf die Methodik zurück, mit der die Lichtgeschwindigkeit auf der Erde gemessen wurde. Alle damals konstruierten Apparaturen beruhten auf dem Prinzip, einen Lichtstrahl zu erzeugen und diesen über mehr oder weniger komplexe Spiegelkonstruktionen in die Nähe des Ausgangspunkts zurück zu reflektieren; die Lichtquelle und der Beobachter befanden sich also stets in unmittelbarer Nähe zueinander. Folgerichtig existierte in einer solchen Apparatur für jedes Wegsegment, auf dem sich der Lichtstrahl mit dem Ätherwind bewegte, ein anderes Segment, auf dem er sich dagegen bewegte. Für das Aufspüren des Äthers war dieser Umstand von immenser Bedeutung, da er den Effekt erster Ordnung, der für den experimentellen Nachweis unabdingbar war, vollständig eliminierte. In seinem Brief an Todd wies Maxwell gleich zu Beginn auf diese Problematik hin:

„in the terrestrial methods of determining the velocity of light, the light comes back along the same path again, so that the velocity of the earth with respect to the ether would alter the time of the double passage by a quantity depending on the square of the ratio of the earth's velocity to that of light, and this is quite too small to be observed."

James Clerk Maxwell [108]

In seinem berühmten Artikel über den Lichtäther, den er für die neunte Ausgabe der Encyclopædia Britannica verfasste, bringt Maxwell das Problem noch deutlicher auf den Punkt:

„All methods, however, by which it is practicable to determine the velocity of light from terrestrial experiments depend on the measurement of the time required for the double journey from one station to the other and back again, and the increase of this time on account of a relative velocity of the æther equal to that of the earth in its orbit would be only about one hundred millionth part of the whole time of transmission, and would therefore be quite insensible."

James Clerk Maxwell [107]

Und so endet Maxwells Brief an Todd mit den desillusionierten Worten:

> *„In the article E (ether) in the ninth edition of the ‚Encyclopædia Britannica‘, I have collected all the facts I know about the relative motion of the ether and the bodies which move in it, and have shown that nothing can be inferred about this relative motion from any phenomena hitherto observed, except the eclipses, &c., of the satellites of a planet, the more distant the better.“*

James Clerk Maxwell [108]

Als Maxwell am 19. März 1879 den Brief an Todd verfasste, wusste er noch nicht, dass sich sein Gesundheitszustand im Sommer abrupt verschlechtern und er bereits im Herbst auf dem Sterbebett gegen den Krebs kämpfen würde. Es war ein ungleicher Kampf, den er im November des gleichen Jahres verlor.

6.2.3 Das Experiment von Michelson

Ein Jahr später wurde Maxwells Brief posthum in der Zeitschrift *Nature* veröffentlicht und von einem Mann gelesen, den wir bereits in Abschnitt 4.2.2 als einen der begabtesten Experimentalphysiker des ausgehenden 19. und beginnenden 20. Jahrhunderts kennengelernt haben: Albert Abraham Michelson. Der 28-jährige Offizier der US-Marine hatte sich ab dem Jahr 1877 mit der Messung der Lichtgeschwindigkeit befasst und in dieser Zeit bereits erste vielversprechende Experimente durchgeführt. Michelson teilte Maxwells Ansicht nicht. Stattdessen war er sich sicher, mit einem präzise hergestellten Interferometer auch einen Effekt zweiter Ordnung mit Leichtigkeit messen zu können. In seiner berühmten Arbeit aus dem Jahr 1881 wird er später schreiben:

> *„In a letter, published in ‚Nature‘ shortly after his death, Clerk Maxwell pointed out that $T - T_1$ could be calculated by measuring the velocity of light by means of the eclipses of Jupiter's satellites at periods when that planet lay in different directions from earth; but that for this purpose the observations of these eclipses must greatly exceed in accuracy those which have thus far been obtained. In the same letter it was also stated that the reason why such measurements could not be made at the earth's surface was that we have thus far no method for measuring the velocity of light which does not involve the necessity of returning the light over its path, whereby it would lose nearly as much as was gained in going.*
> *The difference depending on the square of the ratio of the two velocities, according to Maxwell, is far too small to measure.*
> *The following is intended to show that, with a wave-length of yellow light as a standard, the quantity – if it exists – is easily measurable.“*

Albert Abraham Michelson [112]

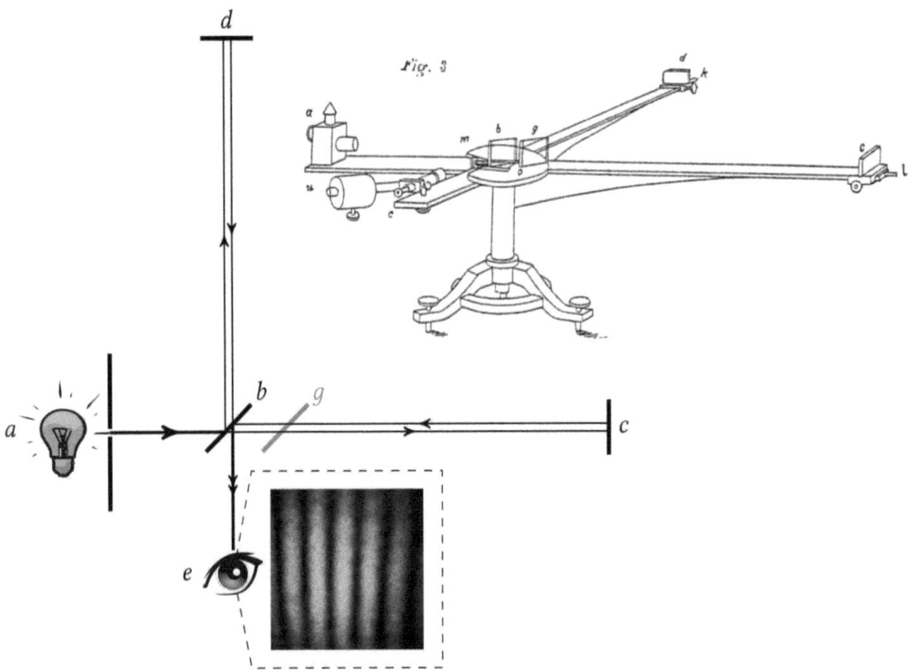

Abbildung 6.9: Zum Interferometerversuch von Michelson aus dem Jahr 1881

Im Jahr 1880 reiste Michelson für einen längeren Studienaufenthalt nach Europa, wo er unter anderem den von Maxwell für unmöglich erachteten Versuch durchführen wollte. Finanziert wurde seine Reise mit einem Forschungsstipendium von Alexander Graham Bell, der als offizieller Erfinder des Telefons wenige Jahre zuvor einen beispiellosen wirtschaftlichen Aufstieg erleben durfte.

Die Grundlage für Michelsons Experiment war ein Interferometer, wie es in Abschnitt 4.3.1 besprochen wurde und in Abbildung 6.9 nochmals in leicht modifizierter Form abgebildet ist. Neben einer schematischen Skizze der Lichtwege sehen Sie dort zusätzlich eine Zeichnung der Apparatur. Diese stammt aus der Originalarbeit von Michelson aus dem Jahr 1881.

Mit der grundlegenden Funktionsweise des Michelson-Interferometers sind wir bereits vertraut. Von der Lichtquelle a wird ein Lichtstrahl auf einen halbdurchlässigen Spiegel b geleitet und dort geteilt. Einer der beiden Teilstrahlen wird auf den Spiegel c geleitet und der andere auf den Spiegel d. Von dort aus werden die Teilstrahlen reflektiert. Auf der Wegstrecke $\overline{be}$ überlagern sich die beiden Teilstrahlen und erzeugen im Okular des Beobachters ein streifenförmiges Interferenzmuster. Die in Michelsons Originalskizze zusätzlich eingezeichnete Glasplatte g agiert als ein *Kompensationsglas*, um die Länge der Lichtwege anzugleichen. Sie wird benötigt, da der halbdurchlässige

Spiegel b aus einer Glasplatte besteht, die von der Lichtquelle aus gesehen auf der Rückseite verspiegelt ist. Dies hat zur Folge, dass der in Richtung d laufende Lichtstrahl nach der Teilung noch zweimal die Glasschicht von b durchquert, der andere Lichtstrahl dagegen gar nicht mehr. Durch die zusätzlich verbaute Glasplatte g, die genauso dick ist wie der halbdurchlässige Spiegel b, wird diese Asymmetrie behoben.

Michelson war sich sicher, mit seinem Interferometer den Ätherwind aufzuspüren, und eine einfache Überlegung zeigt, warum. Ist das Interferometer so ausgerichtet, dass einer der Arme in Richtung der Erdbewegung weist, so würde der Lichtstrahl den Ätherwind in diesem Arm einmal als Rückenwind und einmal als Gegenwind spüren. Ist v die Geschwindigkeit, mit der die Erde durch das hypothetische Äthermeer zieht, so würde sich der Lichtstrahl im ersten Fall mit der Geschwindigkeit $c+v$ fortbewegen und im zweiten Fall mit der Geschwindigkeit $c-v$. Michelson rechnete aus, dass die beiden Teilstrahlen in der Ausgangsstellung der Apparatur um vier hundertstel Wellenlängen versetzt im Okular des Beobachters ankommen.

Als Nächstes wollen wir die Apparatur in Gedanken um 90° drehen und die eben angestellte Überlegung wiederholen. Nach der Drehung kommt der Ätherwind von der Seite, so dass sich die beiden Lichtstrahlen mit der jeweils anderen Geschwindigkeit durch die Apparatur bewegen; der vormals langsamere Lichtstrahl ist nun der schnellere und umgekehrt. Das bedeutet, dass der vormals um vier hundertstel Wellenlängen nach vorne verschobene Teilstrahl jetzt um vier hundertstel Wellenlängen nach hinten verschoben ist. Mit anderen Worten: Während der Drehung müssen sich die Interferenzstreifen um acht hundertstel Wellenlängen verschieben, und dieser Wert lag im Messbereich von Michelsons Apparatur:

> *„If now, the apparatus be revolved through 90° so that the second pencil is brought into the direction of the earth's motion, its path will have lengthened $\frac{4}{100}$ wavelengths. The total change in the position of the interference bands would be $\frac{8}{100}$ of the distance between the bands, a quantity easily measurable."*

> Albert Abraham Michelson [112]

Michelson war sich sicher: Um den Ätherwind aus der Deckung zu holen, müsste er lediglich seine Apparatur drehen und dabei die Interferenzmuster im Auge behalten. Würde sich das Muster im Laufe einer Vierteldrehung verschieben, so wären dies die ersten messbaren Spuren des Ätherwinds, die ein Mensch jemals beobachtet hat.

Michelson entschied, sein Experiment in Berlin durchzuführen. Er beauftragte die Firma Schmidt und Haensch, nach seinen Plänen ein Messinggestell anzufertigen und in das physikalische Institut der Universität zu liefern. Danach montierte er die Spiegel. Als diese feinsäuberlich justiert waren, hatte Michelson allen Grund zur Freude: Im Okular der Messvorrichtung waren klar definierte Interferenzstreifen zu sehen.

Kurze Zeit später begannen die Probleme, denn die präzise gefertigte Apparatur war so empfindlich, dass sie sensibel auf jedwede Störung reagierte. Die Erschütterungen, die ein vorbeilaufender Passant auslöste, reichten aus, um das Interferenzmuster vollständig verschwinden zu lassen, genauso wie die Vibrationen, die ein weit entferntes Fahrzeug auf dem Asphalt verursachte. Michelsons Hoffnung, zumindest nachts verwertbare Ergebnisse zu erhalten, zerschlugen sich ebenfalls. In Berlin kam der Verkehr selbst in den späten Abend- und in den frühen Morgenstunden nicht zum Erliegen, so dass an eine mehrstündige Beobachtung der Interferenzstreifen nicht zu denken war.

Nach einer Reihe von Fehlversuchen fasste Michelson den Entschluss, das Interferometer in das Astrophysikalische Observatorium in Potsdam zu verlegen, wo er in einer viel ruhigeren Umgebung arbeiten konnte. Aber auch dort rissen die Probleme nicht ab. Michelson bemerkte, dass die Umgebungstemperatur einen hohen Einfluss auf die Messergebnisse hatte. War einer der Interferometerarme auch nur ein hundertstel Grad wärmer als der andere, so bewirkte die Materialausdehnung eine Verschiebung des Interferenzmusters, die dreimal so groß war wie die erwartete Verschiebung durch den Ätherwind. Ein weiteres Problem stellte sich aber als noch dringlicher heraus: Die Drehung des Interferometers führte zu einer Biegung der Messingarme, die groß genug war, um die Ergebnisse merklich zu verfälschen. Dieses Problem war so gravierend, dass Michelson keine andere Möglichkeit sah, als die mechanische Konstruktion durch den Hersteller überarbeiten zu lassen.

Als er die Apparatur zurückerhielt, waren die geschilderten Probleme so weit beseitigt, dass das Experiment beginnen konnte. Wieder und wieder vermaß Michelson die Interferenzstreifen, drehte die Apparatur und notierte jede noch so kleine Abweichung. Doch bereits nach wenigen Messungen machte sich erneut Ernüchterung breit. Die gemessenen Werte stimmten in keiner Weise mit der Vorhersage überein, und für den erfahrenen Experimentator war schnell klar, dass die beobachteten Abweichungen nichts anderes als Messfehler waren. In einem Brief, den er am 17. April 1881 an den Finanzier seiner Europareise schrieb, stellte er resigniert fest:

„My dear Mr. Bell,
The experiments concerning the relative motion of the earth with respect to the ether have just been brought to a successful termination. The result was, however, negative. [...] At this season of the year the supposed motion of the solar system coincides approximately with the motion of the earth around the sun, so that the effect to be o[b]serve[d] was at its maximum, and accordingly if the ether were at rest, the motion of the earth through it should produce a displacement of the interference fringes, of at least one tenth the distance between the fringes; a quantity easily measurable. The actual displacement was about one one hundredth, and this, assignable to the errors of experiment."

Albert Abraham Michelson [136]

Michelson empfand das Ergebnis als eine herbe Niederlage. Er hatte fest an die Existenz eines stationären Äthers geglaubt und alles daran gesetzt, diese mit seinem sorgfältig durchdachten Experiment zu beweisen. Das Nullresultat war von ihm weder erwartet worden noch hatte er es sich gewünscht. Mit der Hypothese eines stationären Äthers waren seine Messergebnisse aber in keiner Weise vereinbar, und so musste Michelson am Ende seiner Arbeit konstatieren:

> *„The interpretation of these results is that there is no displacement of the interference bands. The result of the hypothesis of a stationary ether is thus shown to be incorrect, and the necessary conclusion follows that the hypothesis is erroneous.“*

Albert Abraham Michelson [112]

In seinem Brief an Bell formulierte Michelson die Konsequenz noch klarer. Für ihn belegte der Ausgang des Experiments die Stokes'sche Hypothese eines vollständig mitgeführten Äthers:

> *„Thus the question is solved in the negative, showing that the ether in the vicinity of the earth is moving with the earth*[.]*“*

Albert Abraham Michelson [136]

6.2.4 Das Experiment von Michelson und Morley

Die öffentliche Reaktion auf das 1881 in Potsdam durchgeführte Experiment war anders als erwartet, denn noch im selben Jahr wies der Franzose Alfred Potier auf einen kritischen Fehler in den theoretischen Berechnungen hin. Später äußerte sich Michelson wie folgt darüber:

> *„In deducing the formula for the quantity to be measured, the effect of the motion of the earth through the ether on the path of the ray at right angles to this motion was overlooked. The discussion of this oversight and of the entire experiment forms the subject of a very searching analysis by H. A. Lorentz, who finds that this effect can by no means be disregarded.“*

Albert Abraham Michelson [112]

Michelson war in seinem ersten Versuch davon ausgegangen, dass der Lichtstrahl, der sich senkrecht zum Ätherwind bewegt, mit der Lichtgeschwindigkeit c durch den Interferometerarm läuft. Diese Annahme ist aber grundlegend falsch. Um den Fehler zu verstehen, stellen wir uns im Geiste einen Sportler vor, der vom Ufer eines Flusses zu der gegenüberliegenden Uferstelle schwimmt. Aufgrund der Strömung wird der Sportler im Wasser ein wenig flussabwärts getragen. Um die angepeilte Stelle am entgegengesetzten Ufer zu erreichen, muss er diesen Effekt kompensieren und absichtlich ein wenig flussaufwärts schwimmen. Durch die vorgenommene Richtungsänderung verringert sich jedoch die Geschwindigkeit, mit der er sich senkrecht zur Fließrichtung des Wassers fortbewegt. Folgerichtig verlängert sich die Zeit, die er für die Bewältigung der Wegstrecke benötigt, und genau das Gleiche gilt für den Lichtstrahl im Michelson-Interferometer.

Die korrigierte Rechnung zeigte, dass die zu erwartende Verschiebung der Interferenzstreifen in Wirklichkeit nur halb so groß war wie ursprünglich prognostiziert. Michelson wusste, dass der Rechenfehler die Aussagekraft des Potsdam-Experiments gehörig ins Wanken brachte, da sich bereits der ursprünglich angenommene Wert nahe an der Grenze der Messgenauigkeit befand. In [117] weist er offen auf diesen Umstand hin:

„In consequence, the quantity to be measured had in fact but one-half the value supposed, and as it was already barely beyond the limits of errors of experiment, the conclusion drawn from the result of the experiment might well be questioned[.]"

Albert Abraham Michelson [117]

Damit war klar: Die Frage nach der Existenz eines stationären Äthers musste in einem zweiten Experiment entschieden werden, einem Experiment, das noch viel präziser war als das erste:

„since, however, the main portion of the theory remains unquestioned, it was decided to repeat the experiment with such modifications as would insure a theoretical result much too large to be masked by experimental errors."

Albert Abraham Michelson [117]

Bis zur Durchführung des zweiten Experiments sollten noch 6 Jahre vergehen. Zunächst wurde Michelson von der frisch gegründeten Case School of Applied Science in Cleveland, Ohio, als Professor für Physik berufen, mit dem Zugeständnis, sich das erste Jahr seiner Anstellung weiter in Europa aufhalten zu dürfen. 1882 zog er nach Cleveland und konzentrierte seine Arbeitskraft zunächst auf ein Experiment, das wir bereits auf Seite 112 erwähnt haben. Es war das Experiment zur Messung der Lichtgeschwindigkeit entlang der Bahnlinie der *New York, Chicago and St. Louis Railroad Company*.

In Cleveland lernte Michelson den Chemieprofessor Edward Williams Morley kennen, der in der nahe gelegenen Western Reserve University lehrte und forschte. Zwischen den beiden entstand eine fruchtbare Zusammenarbeit, und im Jahr 1885 gingen Michelson und Morley daran, den Interferenzversuch von Fizeau zu wiederholen, den wir ausführlich in den Abschnitten 4.3.2 und 6.1.3 beschrieben haben. Eine Überprüfung dieses Versuchs war zu einer dringlichen Aufgabe geworden, da dessen Ausgang im Widerspruch zu Michelsons Potsdam-Experiment aus dem Jahr 1881 stand. Wir erinnern uns: Fizeaus Experiment schien die Hypothese eines teilweise mitgeführten Äthers im Fresnel'schen Sinne zu stützen. Nach dieser Theorie wird der Äther von der Luft nur in einem vernachlässigbaren Maß mitgeführt, so dass Michelsons Interferometer von einem nahezu stationären Äther umgeben sein müsste. Ein stationärer Äther hätte in Michelsons Interferometerversuch jedoch Spuren hinterlassen müssen, was nicht der Fall war.

Für den Aufbau der Apparatur, die aus zahlreichen Röhren, Pumpen und Schläuchen bestand, war Morleys Labor bestens geeignet, und so verbrachten die beiden Woche für Woche im Chemietrakt der Western Reserve University. Die Arbeit an ihrem Projekt verlief jedoch alles andere als reibungslos. Die vielen Tage und Nächte, die Michelson in Morleys Labor verbrachte, begannen Spuren in seinem Gemüt zu hinterlassen. Im Wechsel auftretende manische und depressive Phasen machten ihm schwer zu schaffen, und so trat im Spätsommer 1885 ein, was viele bereits kommen sahen: Michelson erlitt einen Nervenzusammenbruch, der eine Weiterarbeit unmöglich machte. Um einer erzwungenen Einweisung in eine Nervenklinik zu entgehen, reiste Michelson kurzerhand nach New York, wo er sich unter psychiatrischer Aufsicht ambulant erholte.

Morley, dessen persönliches Verhältnis zu Michelson nicht immer einfach war, brachte für die unfreiwillige Auszeit seines Partners nur ein begrenztes Verständnis auf. In einem Brief, den er am 27. September 1885 an seinen Vater verfasste, berichtete er über die Abreise seines Kollegen:

> *„Mr. Michelson of the Case School left a week ago yesterday. He shows some symptoms which point to softening of the brain; he goes for a year's rest, but it is very doubtful whether he will ever be able to do any more work. He had begun some experiments in my laboratory, which he asked me to finish, and which I consented to carry on."*
>
> Edward Williams Morley [136]

Wie angekündigt, arbeitete Morley zunächst alleine an dem gemeinsamen Experiment weiter, doch seine Befürchtung, Michelson würde für immer fernbleiben, bewahrheitete sich nicht; bereits im November war sein Partner zurück in Cleveland. Michelson und Morley setzten die Arbeit gemeinsam fort und wenige Monate später war die Apparatur betriebsbereit. Als die Messergebnisse im April 1886 vorlagen, musste Michelson seine 1881 geäußerte These, der Äther werde im Stokes'schen Sinne komplett mitgeführt, abermals revidieren. Das Experiment hatte die Messung von Fizeau aus dem Jahr 1850 umfänglich bestätigt:

> *„The result of this work is therefore that the result announced by Fizeau is essentially correct; and that the luminiferous ether is entirely unaffected by the motion of the*

matter which is permeates.“

Albert Abraham Michelson, Edward Morley [116]

Mit diesem Ergebnis stieg die Ratlosigkeit der Physiker. Das Experiment von Michelson und Morley aus dem Jahr 1886 untermauerte die Fresnel'sche Hypothese eines teilweise mitgeführten Äthers, während das Potsdam-Experiment aus dem Jahr 1881 diese Hypothese eigentlich widerlegt hatte. Hatte Michelsons Rechenfehler die Widersprüche verursacht? War das 1881 verwendete Interferometer schlicht zu ungenau, um den Ätherwind aus seiner Deckung zu holen? Nur die Wiederholung des ersten, in Potsdam ausgeführten Experiments konnte Klarheit bringen.

Michelson wusste, dass er das alte Interferometer in drei wesentlichen Punkten verbessern musste. Zum Ersten musste er die Apparatur in einem höheren Maß gegen äußere Störungen schützen; die Vibrationen eines vorbeilaufenden Passanten durfte nicht mehr länger zum Verschwinden der Interferenzstreifen führen. Zum Zweiten musste sich das neue Interferometer einfacher in Bewegung versetzen lassen. Das alte Instrument reagierte sehr sensibel auf jedwede Beschleunigung und die leichte Biegung der Messingarme erschwerte die Messung zusätzlich. Zum Dritten musste Michelson die Genauigkeit des Interferometers erhöhen, um eine beobachtete Verschiebung der Interferenzstreifen eindeutig von Messfehlern abzugrenzen.

Michelson und Morley arbeiteten mit Hochdruck am Bau des neuen Interferometers, doch schon bald mussten sie einen erneuten Rückschlag hinnehmen. Am 27. Oktober 1886 brach ein Feuer auf dem Campus der Case School aus, das einen großen Teil des Hauptgebäudes und auch wichtige Baugruppen der neuen Apparatur zerstörte. Alle noch funktionstüchtigen Komponenten wurden in die nahe gelegene Adelbert Hall der Western Reserve University gebracht, wo Michelson und Morley ihre Arbeit in den folgenden Wochen fortsetzten. Im April 1887 war die Apparatur, mit der der Potsdam-Versuch aus dem Jahr 1881 wiederholt werden sollte, fertiggestellt (Abbildung 6.10).

Um äußere Störeinflüsse zu reduzieren, montierten Michelson und Morley das Interferometer auf eine massive Sandsteinplatte mit einer Seitenlänge von rund 120 cm und einer Dicke von 30 cm. Die Platte wurde schwimmend in einer Wanne gelagert, die mit ca. 90 kg Quecksilber gefüllt war. Dies hatte zwei Vorteile gegenüber der Messingkonstruktion, die Michelson in Potsdam verwendete. Zum einen wirkte das Quecksilberbad wie ein Stoßdämpfer, der die Apparatur gegenüber Vibrationen und Erschütterungen schützte. Zum anderen führte die Steinplatte, nachdem sie einmal angestoßen war, über Stunden eine gleichbleibende Drehung aus. Dies löste das Problem des alten Instruments, das aus dem Stillstand nur sehr schwer in Bewegung versetzt werden konnte.

Genauso unterschiedlich waren die Wegstrecken, die die geteilten Lichtstrahlen innerhalb des Interferometers durchlaufen mussten. Um die Genauigkeit zu erhöhen, wurden die Strahlen mehrmals auf der Steinplatte hin und her reflektiert, bis sie sich

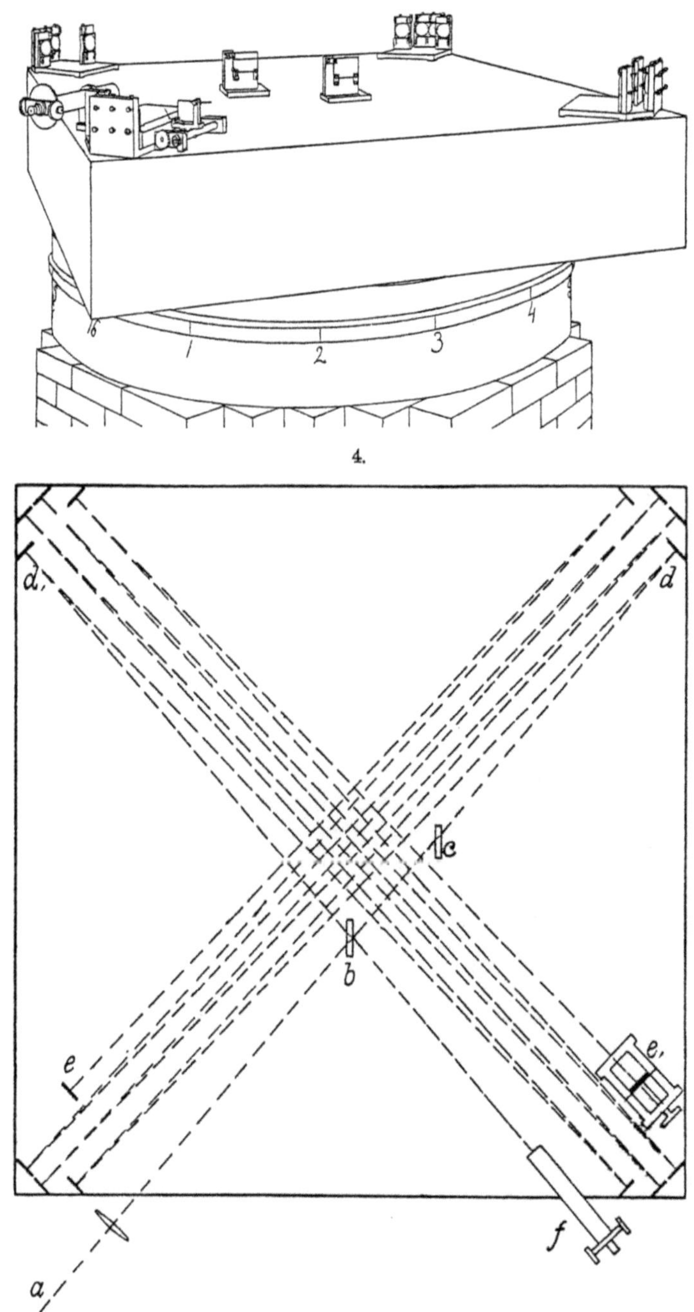

Abbildung 6.10: Das Michelson-Morley-Interferometer aus dem Jahr 1887 [117]

vor dem Okular des Beobachters überlagerten. Aufgrund der komplexen Spiegelanordnung entsprach das neue Instrument einem klassischen Interferometer mit einer Armlänge von 11 Metern.

Im Juli waren die Vorbereitungen für das Experiment abgeschlossen. Die Spiegel waren feinsäuberlich justiert, und bei eingeschalteter Lichtquelle erschien im Okular des Beobachters das erwartete Interferenzmuster. Ab jetzt interessierte nur noch eine Frage: Würden sich die Interferenzstreifen verschieben, während die Apparatur eine Drehung um 90° vollzieht? Vom 8. bis zum 12. Juli wiederholten Michelson und Morley immer wieder den gleichen Versuch. Zunächst versetzten sie die massive Steinplatte vorsichtig in Bewegung, und zwar so langsam, dass sie volle 6 Minuten benötigte, um sich um die eigene Achse zu bewegen. Während sich das Interferometer drehte, vermaßen sie an vorab markierten Stellen die exakten Positionen der Interferenzstreifen.

Michelson und Morley rechneten aus, dass die um die Wette laufenden Lichtstrahlen um den fünften Teil einer Wellenlänge versetzt im Okular des Beobachters ankommen müssten. Während einer Drehung um 90° müssten sich die Interferenzstreifen also um zwei fünftel Wellenlängen verschieben:

„The distance D was about eleven meters, or 2×10^7 wave-lengths of yellow light; hence the displacement to be expected was 0.4 fringe.“

Albert Abraham Michelson, Edward Morley [117]

Der Ausgang des Experiments ist schnell erzählt. Der akribisch geplante und sorgfältig ausgeführte Versuch lieferte ein Nullresultat, genau wie das 6 Jahre zuvor durchgeführte Experiment in Potsdam. So sehr Michelson gehofft hatte, den Ätherwind mit der aufwendig konstruierten Präzisionsapparatur endlich aufzuspüren: Die erwartete Verschiebung war nicht im Ansatz zu beobachten:

„The actual displacement was certainly less than the twentieth part of this, and probably less than the fortieth part.“

Albert Abraham Michelson, Edward Morley [117]

Ursprünglich hatten Michelson und Morley vor, den Versuch einige Monate später erneut durchzuführen, denn theoretisch war nicht auszuschließen, dass die Erdbewegung um die Sonne die Bewegung des Sonnensystems durch den Äther im Juli 1887 zufällig kompensierte. Ihrer Ankündigung zum Trotz haben Michelson und Morley darauf verzichtet. Die beiden hatten das Nullresultat so klar vor Augen, dass sie die Hypothese eines stationären Äthers bereits nach ihrem ersten Experiment als endgültig widerlegt ansahen.

In der Zeit danach wurde das Experiment von Michelson und Morley von zahlreichen Forschergruppen wiederholt, mit dem immer gleichen Ergebnis: Licht breitet sich auf der Erde in alle Richtungen mit der gleichen Geschwindigkeit aus. Heute haben die Messapparaturen eine so hohe Genauigkeit erreicht, dass sich die Veränderung der Lichtgeschwindigkeit durch das Einwirken eines hypothetischen Ätherwinds in der Größenordnung von 10^{-17} ausschließen lässt [82, 56].

In der Retrospektive können wir sagen, dass das Ergebnis von Michelson und Morley heute nicht nur zu den gesichertsten Beobachtungstatsachen der Physik gehört; aufgrund seiner großen Bedeutung für die Klärung der Ätherfrage wird es von vielen Experten gleichsam als das bis dato wichtigste Nullresultat der modernen Physik angesehen.

6.2.5 Die Kontraktionshypothese

Mit dem Wissensstand des ausgehenden 19. Jahrhunderts war das Ergebnis des Michelson-Morley-Experiments nur schwer einzuordnen. Es stand in einem eklatanten Widerspruch zu Fizeaus Experiment aus dem Jahr 1850, das von Michelson und Morley 1886 erfolgreich wiederholt wurde. Für Michelson, der fest an die Existenz eines Lichtäthers glaubte, ließ das Michelson-Morley-Experiment am Ende nur eine mögliche Erklärung zu: Der Äther musste auf der Erde vollständig mitgeführt werden, genau so wie es Stokes postuliert hatte. Dass die Stokes'sche Theorie im Widerspruch zu den zahlreich durchgeführten Experimenten stand, die für eine partielle Mitführung des Äthers sprachen, war natürlich auch Michelson bekannt, dennoch sah er keine andere Möglichkeit, seine in Potsdam und Cleveland erzielten Nullergebnisse zu erklären.

Tatsächlich hatte das Michelson-Morley-Experiment die Physiker in eine missliche Lage gebracht. Etliche Ätherhypothesen lagen auf dem Tisch, doch jede einzelne widersprach einem der in der Vergangenheit durchgeführten Experimente. So plausibel die einzelnen Hypothesen aus der Ferne auch wirkten: Je näher man sie betrachtete, desto eklatanter wurden die Widersprüche.

Wie verzweifelt damals um eine Lösungen gerungen wurde, zeigt ein kurioser Erklärungsversuch, den der irische Physiker George Francis FitzGerald 1889 in einem Brief an das renommierte Wissenschaftsmagazin *Nature* zu Papier brachte. Der Brief, der noch im selben Jahr veröffentlicht wurde, beginnt so:

„I have read with much interest Messrs. Michelson and Morley's wonderfully delicate experiment attempting to decide the important question as to how far the ether is carried along by the earth. Their result seems opposed to other experiments showing that the ether in the air can be carried along only to an inappreciable extent. I would suggest that almost the only hypothesis that can reconcile this opposition is that the

Abbildung 6.11

Links:
ALBERT EINSTEIN
1879 – 1955

Rechts:
HENDRIK ANTOON LORENTZ
1853 – 1928

length of material bodies changes, according as they are moving through the ether or across it, by an amount depending on the square of the ratio of their velocities to that of light.“

George Francis FitzGerald [61]

FitzGerald nahm also an, dass ein massiver Körper, der mit der Geschwindigkeit v durch den Äther zieht, entlang seiner Bewegungsrichtung kontrahiert wird, und zwar um einen Faktor, der durch das Verhältnis von v zur Lichtgeschwindigkeit c in zweiter Ordnung beeinflusst wird.

Unabhängig von FitzGerald kam der niederländische Physiker Hendrik Antoon Lorentz auf die gleiche Idee. Er schreibt in [99]:

„I have sought a long time to explain this experiment without success, and eventually I found only one way to reconcile the result with Fresnel's theory. It consists of the assumption, that the line joining two points of a solid body doesn't conserve its length, when it is once in motion parallel to the direction of motion of Earth, and afterwards it is brought normal to it.“

Hendrik Antoon Lorentz [99]

Im Gegensatz zu FitzGerald, der die *Kontraktionshypothese* in seinem Brief nur knapp umrissen hatte, veröffentlichte Lorentz eine detailliert ausgearbeitete Theorie, mit

der die Versuche der Vergangenheit einheitlich und widerspruchsfrei erklärt werden
konnten. Im Kern dieser Theorie stand der Gedanke, dass ein Körper der Länge l, der
sich mit der Geschwindigkeit v durch den Äther bewegt, in der Bewegungsrichtung
verkürzt wird und sich die neue Länge l' über die Formel

$$l' = \sqrt{1 - \frac{v^2}{c^2}} \cdot l$$

berechnen lässt. Dies ist gleichbedeutend mit:

$$l = \frac{1}{\sqrt{1 - \frac{v^2}{c^2}}} \cdot l'$$

Der erhaltene Vorfaktor ist in der Physik so wichtig, dass er einen eigenen Namen
trägt. Er wird, einem seiner Entdecker zu Ehren, als *Lorentzfaktor* bezeichnet und mit
dem griechischen Buchstaben Gamma abgekürzt:

Lorentzfaktor

$$\gamma := \frac{1}{\sqrt{1 - \frac{v^2}{c^2}}} \tag{6.1}$$

Abbildung 6.12 zeigt, wie sich der Lorentzfaktor abhängig von v verhält. Für Geschwindigkeiten, die im Vergleich zur Lichtgeschwindigkeit c klein sind, ist der Lorentzfaktor
nur geringfügig größer als 1. Danach steigt er fast schlagartig an und strebt gegen
unendlich, wenn v immer weiter an die Lichtgeschwindigkeit heranrückt. Dieser Kur-
venverlauf erklärt, warum der postulierte Kontraktionseffekt im Alltag vor unserem
Auge verborgen bleiben muss. Die Geschwindigkeiten, die wir auf der Erde tagtäglich
erleben, sind im Vergleich zur Lichtgeschwindigkeit so klein, dass sich der Lorentzfaktor stets in der unmittelbaren Nähe von 1 bewegt. Der postulierte Effekt ist damit
so gering, dass er in den meisten Fällen weit unterhalb der Messgenauigkeit liegt.

Wird die Hypothese eines ruhenden Äthers mit der FitzGerald-Lorentz'schen Kontraktionshypothese kombiniert, so verschwinden tatsächlich alle Widersprüche, die
das Michelson-Morley-Experiment aufgeworfen hatte. Natürlich dürfen wir uns von
der Rechnung nicht täuschen lassen: Die Kontraktionshypothese war ein aus der Not
geborenes Konstrukt. Sie war der letzte verbliebene Strohhalm, an den sich die Physiker klammern konnten, nachdem alle anderen Erklärungsversuche gescheitert waren.
Wirklich ernst genommen wurde die Hypothese, die Max Born in seiner vornehmen
Art einst als *„höchst sonderbar"* [15] bezeichnete, deshalb nur von wenigen.

Mit der Formulierung der speziellen Relativitätstheorie durch Einstein hat die Kontraktionshypothese ihre Bedeutung verloren, nicht aber der Lorentzfaktor. In vielen

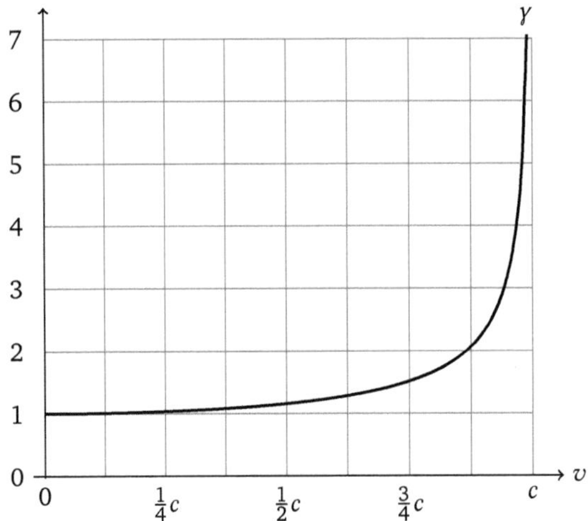

Abbildung 6.12: Der Lorentzfaktor γ

Formeln der Relativitätstheorie taucht genau dieser Faktor wieder auf, und dies bringt uns zu einem kuriosen Punkt der Wissenschaftsgeschichte: Lorentz war es gelungen, eine Reihe von Formeln abzuleiten, die wir im Wortlaut eins zu eins innerhalb der speziellen Relativitätstheorie wiederfinden. Die Gemeinsamkeiten gingen dabei weit über die Kontraktion von Längen hinaus. Um die experimentellen Beobachtungen richtig zu erklären, musste Lorentz nämlich noch ein weiteres Kunstprodukt einführen: die *lokale Zeit*. Er schreibt hierüber:

„The experimental results could be accounted for by transforming the co-ordinates in a certain manner from one system of co-ordinates to another. A transformation of the time was also necessary. So I introduced the conception of a local time which is different for different systems of reference which are in motion relative to each other.“

Hendrik Antoon Lorentz [115]

Heute wird die von Lorentz erwähnte Transformation als *Lorentz-Transformation* bezeichnet. Sie ist eine Kernsäule aller mathematischen Zugänge zur speziellen Relativitätstheorie.

Einen elementaren Aspekt der speziellen Relativitätstheorie hatte Lorentz damals aber noch nicht erkannt. Wir lesen weiter:

„But I never thought that this had anything to do with the real time. This real time for me was still represented by the old classical notion of an absolute time, which is

independent of any reference to special frames of co-ordinates. There existed for me only this one true time."

Hendrik Antoon Lorentz [115]

Damit hatte Lorentz zwar einen weiten Teil der speziellen Relativitätstheorie in quantitativer Hinsicht vorweggenommen, nicht aber in qualitativer; eine Neuinterpretation der Begriffe Raum und Zeit wurde erst mit der speziellen Relativitätstheorie vollzogen. Während der Lorentzfaktor dort als ein natürliches Bindeglied zwischen verschiedenen Bezugssystemen auftritt, ist er in der Lorentz'schen Theorie ein künstliches Hilfskonstrukt, um die experimentellen Beobachtungen mit den Begriffen und Anschauungen der klassische Physik zu vereinen. In [115] fügt sich an die eben zitierte Textstelle eine Passage an, in der sich Lorentz genau in diesem Sinne äußert:

„I considered my time transformation only as a heuristic working hypothesis. So the theory of relativity is really solely Einstein's work. And there can be no doubt that he would have conceived it even if the work of all his predecessors in the theory of this field had not been done at all. His work is in this respect independent of the previous theories"

Hendrik Antoon Lorentz [115]

7 Interludium

„Das Aufgeben gewisser bisher als fundamental behandelter Begriffe über Raum, Zeit und Bewegung darf nicht als freiwillig aufgefasst werden, sondern nur als bedingt durch beobachtete Tatsachen."

Albert Einstein [50]

Betrachten wir die zahlreichen Experimente, mit denen die Wissenschaft im 19. und 20. Jahrhundert die diversen Äthertheorien zu bestätigen versuchte, mit etwas Abstand, so rückt eine damals für undenkbar gehaltene Alternative näher. Ist es möglich, dass die vielen Widersprüche nur deshalb entstanden sind, weil etwas für existent gehalten wurde, das es in Wirklichkeit gar nicht gibt? Ist der Lichtäther lediglich ein Konstrukt unseres Geistes, der uns die Vorstellung, eine Welle könne sich auch ohne ein Medium ausbreiten, schlichtweg verbieten möchte?

Es ist Einsteins Verdienst, diese Möglichkeit ohne Vorbehalte aufgegriffen und in aller Konsequenz zu Ende gedacht zu haben. Die Größe, die es bedurfte, um sich von den geistigen Fesseln der damaligen Zeit zu lösen, ist heute allerdings nur noch schwer zu ermessen. Eine treffende Beschreibung hat uns Max Born hinterlassen:

„Dazu aber gehört eine erhabene Freiheit von den Konventionen der überkommenen Theorie, die erst dann möglich ist, wenn der gordische Knoten von Konstruktionen und Hypothesen so verwickelt geworden ist, daß das Durchhauen die einzige Lösung bleibt."

Max Born [15]

Aber warum ist die Vorstellung eines ätherlosen Raums überhaupt so gewagt, wie wir es gerade angedeutet haben? Die Antwort liegt in den Konsequenzen verborgen. Sicher erinnern Sie sich daran, dass wir den Lichtäther weiter oben als die Verkörperung des absoluten Raums interpretiert haben. Halten wir an dieser Interpretation fest, und dies werden wir weiterhin tun, so verliert mit dem Lichtäther auch der Begriff des absoluten Raums seine Rechtfertigung. Dies bedeutet in der Konsequenz, dass wir die Vorstellung, unter den unendlich vielen Inertialsystemen existiere ein ausgezeichnetes, den absoluten Raum definierendes, fallen lassen müssen.

Wenn Sie der Argumentation bis zu diesem Punkt gefolgt sind, so haben Sie im Geiste bereits den wichtigsten Schritt vollzogen: Sie haben das Prinzip des absoluten Raums gedanklich durch das Einstein'sche Relativitätsprinzip ersetzt:

Ein Blick auf Seite 57 zeigt, dass Einsteins Relativitätsprinzip eine im Wortlaut unscheinbare Weiterentwicklung des Relativitätsprinzips von Galilei ist. Inhaltlich könnten die Unterschiede allerdings kaum größer sein: Während Galilei das Prinzip lediglich auf die Gesetze der Mechanik bezog, hat es Einstein auf sämtliche Naturgesetze ausgeweitet. Um die einschneidenden Konsequenzen zu erkennen, die sich aus dieser Erweiterung ergeben, erinnern wir uns an Abschnitt 5.3. Dort haben wir die Maxwell'sche Theorie der Elektrodynamik besprochen und auf Seite 152 darauf hingewiesen, dass die Maxwell'schen Gleichungen Galilei-variant sind. Erstaunt waren wir über dieses Ergebnis nicht, da es wunderbar zur Vorstellung eines Lichtäthers passte.

Im Lichte des Relativitätsprinzips sieht dies ganz anders aus. Die Galilei-Varianz sorgt dafür, dass die Maxwell'schen Gleichungen in jedem Inertialsystem eine andere Form annehmen, und dies führt zu einer asymmetrischen Situation. Es gebe dann genau ein Bezugssystem, im dem die Maxwell'schen Gleichungen in ihrer Reinform gelten, und nur in diesem Bezugssystem würden sich elektromagnetische Wellen in alle Richtungen mit derselben Geschwindigkeit ausbreiten. Über dieses Bezugssystem käme der absolute Raum über die Hintertüre in unsere Vorstellung zurück und würde das gerade formulierte Relativitätsprinzip in eklatanter Weise konterkarieren.

Einstein musste im Jahr 1905 etwas Ähnliches gespürt haben. Für ihn waren die Maxwell'schen Gleichungen von einer so hohen mathematischen Schönheit, dass er sie niemals in Frage stellte. Er war bereit, die Konsequenzen zu akzeptieren, die sich aus der Kombination mit dem Relativitätsprinzip ergeben, auch wenn diese die menschliche Intuition auf eine harte Probe stellten. Vertrauen wir nämlich, wie Einstein, den Maxwell'schen Gleichungen *und* dem Relativitätsprinzip, so ergibt sich daraus, dass die Maxwell'schen Gleichungen in *jedem* Inertialsystem in ihrer Reinform gelten. Genau diesen Gedanken finden wir in Einsteins berühmter Arbeit aus dem Jahr 1905 wieder, wenn auch in anderen Worten:

> „[...] *die mißlungenen Versuche, eine Bewegung der Erde relativ zum ‚Lichtmedium' zu konstatieren, führen zu der Vermutung, daß dem Begriffe der absoluten Ruhe nicht nur in der Mechanik, sondern auch in der Elektrodynamik keine Eigenschaften der Erscheinungen entsprechen, sondern daß vielmehr für alle Koordinatensysteme, für welche die mechanischen Gleichungen gelten, auch die gleichen elektrodynamischen und optischen Gesetze gelten*[.]"

Albert Einstein [38]

Wie groß die Sprengkraft ist, die in Einsteins harmlos wirkender Formulierung steckt, können wir durch die in Kapitel 5 geleistete Vorarbeit sofort verstehen. Maxwell hatte gezeigt, dass die Existenz von elektromagnetischen Wellen nur dann mit seinen Gleichungen vereinbar ist, wenn sich die Wellen im Vakuum in alle Richtungen mit der gleichen, eindeutig festgelegten Geschwindigkeit c ausbreiten. Wenn die Maxwell'schen Gleichungen, wie wir es im Geiste gerade zu akzeptieren beginnen, aber in jedem Inertialsystem in ihrer Reinform gelten, so folgt daraus unmittelbar das zweite Einstein'sche Axiom:

Konstanz der Lichtgeschwindigkeit

Die Lichtgeschwindigkeit im Vakuum hat in jedem Inertialsystem den gleichen Wert.

Indem Einstein das Relativitätsprinzip mit den Maxwell'schen Gleichungen vereinte, hat er den gordischen Knoten mit einer Wucht durchschlagen, die erst viele Jahre später in ihrem vollen Umfang verstanden worden ist. Die spezielle Relativitätstheorie, die sich umfänglich aus den beiden hier aufgeführten Axiomen herleiten lässt, ist weit mehr als eine physikalische Theorie, in der sich die widersprüchlich wirkenden Experimente der Vergangenheit zu einem konsistenten Gesamtbild zusammenfügen. Sie führt uns in mathematischer Präzision vor Augen, dass unser aus der alltäglichen Beobachtung gewonnenes Verständnis von Raum und Zeit von Grund auf neu gedacht werden muss.

8 Spezielle Relativitätstheorie

„Newton verzeih' mir; du fandest den einzigen Weg, der zu deiner Zeit für einen Menschen von höchster Denk- und Gestaltungskraft eben noch möglich war. Die Begriffe, die du schufst, sind auch jetzt noch führend in unserem physikalischen Denken, obwohl wir nun wissen, dass sie durch andere, der Sphäre der unmittelbaren Erfahrung ferner stehende ersetzt werden müssen, wenn wir ein tieferes Begreifen der Zusammenhänge anstreben."

Albert Einstein [49]

Als Albert Einstein (Abbildung 8.1) seine Arbeit *Zur Elektrodynamik bewegter Körper* in den Annalen der Physik publizierte, war er 26 Jahre alt – und in akademischen Kreisen noch so gut wie unbekannt. Das Licht der Welt hat der Physiker am 14. März 1879 in Ulm erblickt, verbrachte dort aber nur die ersten fünfzehn Monate seines Lebens. Aufgewachsen ist Einstein in München. Dort kam auch seine zweieinhalb Jahre jüngere Schwester Maja zur Welt, mit der er zeitlebens ein herzliches Verhältnis pflegte. Im Kindesalter war von Einsteins außergewöhnlicher Begabung kaum etwas zu spüren. Der junge Albert lernte erst mit drei Jahren zu sprechen, und im Alter von neun kamen seine Sätze immer noch nicht flüssig über die Lippen [69]. Auch in der Schule waren seine Leistungen eher unauffällig; er gehörte in den meisten Fächern zu den guten, aber nicht zu den herausragenden Schülern. Anders war dies in Mathematik und in den Naturwissenschaften. In diesen Fächern stellte Einstein sein Talent schon als Kind unter Beweis und erhielt durchgängig gute bis hervorragende Zensuren. Dass er nur mit Mühe und Not die Versetzung schaffte oder gar eine Klasse wiederholen musste, sind hartnäckige Gerüchte, die auch heute noch gerne erzählt werden, aber jeglicher Grundlage entbehren. Wahr ist allerdings, dass Einstein das Luitpold-Gymnasium in München vorzeitig ohne Abschluss verlassen hat. Mit 15 ging er nach Mailand, wo seine Eltern wenige Monate zuvor damit begonnen hatten, eine neue wirtschaftliche Existenz aufzubauen.

Im jungen Alter von nur 16 Jahren bewarb sich Einstein auf einen Studienplatz an der polytechnischen Schule in Zürich. Als er aufgrund seiner geringen Französischkenntnisse durch die Aufnahmeprüfung fiel, folgte er dem Rat des Rektors, zunächst an der Kantonsschule in Aarau die Matura, das schweizerische Abitur, nachzuholen. Obwohl er die Reifeprüfung im Jahr 1896 mit Bravur bestand, war es seine Schweizer Schulzeit, die Einstein das Gerücht einbrachte, ein schlechter Schüler gewesen zu sein.

Abbildung 8.1

ALBERT EINSTEIN
1879 – 1955

Einstein, im Jahr 1921

Nicht weniger als fünf Sechsen zierten sein Abschlusszeugnis, was – im Schweizer Notensystem – aber fünfmal die bestmögliche Bewertung bedeutet.

Mit der Matura in Händen schrieb sich Einstein im Oktober 1896 am Polytechnikum als Lehramtsstudent für die Fächer Mathematik und Physik ein. Unter den zahlreichen Freundschaften, die er an der Hochschule schloss, gab es zwei, die seinen weiteren Lebensweg nachhaltig mitbestimmten. Eine davon war die Freundschaft mit Marcel Grossmann (Abbildung 8.2), von der Einstein nicht nur menschlich, sondern auch in wissenschaftlicher Hinsicht in großem Maße profitierte. Es war Grossmanns fundierte Expertise auf dem Gebiet der Riemann'schen Geometrie, die Einstein mehrere Jahre später dabei helfen sollte, die metrische Struktur der Raumzeit in eine mathematische Beschreibung zu überführen.

Am Polytechnikum lernte Einstein auch die in Österreich-Ungarn geborene Studentin Mileva Maric kennen. Aus der Beziehung der beiden gingen drei Kinder hervor, zuerst ein Mädchen und danach zwei Jungen. Das Mädchen kam im Jahr 1902 unehelich zur Welt und wir wissen von ihrer Existenz lediglich aus später aufgefundenen Briefen, in denen Einstein mehrmals den Namen „Lieserl" erwähnt. Über das genaue Schicksal des Kindes ist nichts bekannt. Historiker vermuten, dass es 1903 verstarb oder zur Adoption freigegeben wurde. Die im selben Jahr geschlossene Ehe von Einstein und Maric verlief nicht glücklich. 1914 trennte sich das Paar und vollzog 1919 die Scheidung. Kurze Zeit später trat Einstein mit seiner drei Jahre älteren Cousine Elsa ein zweites Mal vor den Altar.

Abbildung 8.2

Marcel Grossmann
1878 – 1936

Im Jahr 1900 endete die Studienzeit. Einstein war nun diplomierter Fachlehrer für Mathematik, doch sein weiterer Lebensweg erwies sich als unerwartet holprig. Mehrere erfolglose Bewerbungen auf eine Assistentenstelle durchkreuzten seine Pläne, an der Universität zu forschen. Für eine gewisse Zeit verdiente er sich als Hauslehrer den notwendigen Lebensunterhalt, bis er im Jahr 1902 keine andere Möglichkeit sah, als eine Tätigkeit am Berner Patentamt anzunehmen – als technischer Experte dritter Klasse.

Ab dem Jahr 1901 hatte Einstein begonnen, wissenschaftlich zu publizieren, wenn auch nur in geringem Umfang; insgesamt erschienen in den Jahren 1901 bis 1904 fünf Arbeiten in den Annalen der Physik. Dann kam das Jahr 1905 – Einsteins Wunderjahr. Binnen weniger Monate war es dem Physiker gelungen, auf ganz unterschiedlichen Gebieten Großartiges zu leisten, doch bis die Arbeiten überhaupt in ihrer vollen Tiefe verstanden wurden, sollte noch einige Zeit vergehen. So kam es, dass Einstein noch bis 1909 am Patentamt arbeitete. Immerhin verbesserten sich dort seine Arbeitsbedingungen. Im Jahr 1904 wurde er von einer Mitarbeit auf Probe in eine Festanstellung übernommen und im Jahr 1906 befördert: zum technischen Experten zweiter Klasse.

Ab 1908 wendete sich Einsteins berufliche Situation zum Guten. Er wurde am Polytechnikum in Zürich zum Privatdozenten ernannt und zwei Jahre später von der Deutschen Universität in Prag zum Professor berufen. Anderthalb Jahre verbrachte Einstein in der tschechischen Metropole. Danach kehrte er in die Schweiz zurück, wo er bis zum Jahr 1914 die Professur für theoretische Physik an seiner alten Studienstätte bekleitete. Die polytechnische Schule war in der Zwischenzeit umbenannt worden und firmierte bei Einsteins Rückkehr unter dem Namen, den sie noch heute trägt: Sie war nun die *Eidgenössische Technische Hochschule*, kurz ETH. Zu Einsteins neuem Kollegium gehörte auch sein alter Studienfreund Marcel Grossmann, den das Polytechnikum im Jahr 1907 zum Professor für darstellende Geometrie berufen hatte. In kurzer Zeit entwickelte sich zwischen den beiden eine fruchtbare Zusammenarbeit, von der wir später noch berichten werden.

Dass Einstein, der die spezielle Relativitätstheorie im Jahr 1905 als nahezu unbekannter Physiker formulierte, überhaupt in dem gewesenen Maße Gehör fand, geht auf einen Mann zurück, den wir bisher noch nicht in der gebührenden Weise erwähnt haben. Die Rede ist von Max Planck, der zeitlebens ein genauso prominenter wie einflussreicher Fürsprecher Einsteins war. Planck, der die Relativitätstheorie einst als „*kopernikanische Tat*" bezeichnete, gehörte zu den Ersten, die das außergewöhnliche Talent des jungen Physikers erkannten und das so exotisch anmutende Gedankengebäude in seiner vollen Tragweite durchschauten.

Planck war es auch, der den brillanten Theoretiker im Jahr 1914 nach Berlin holte, dem damals führenden Wissenschaftszentrum im deutschsprachigen Raum. Einstein fand dort für viele Jahre eine wissenschaftliche Heimat, auch wenn sein Leben im Deutschen Kaiserreich und der Weimarer Republik nicht immer einfach war. Nach dem ersten Weltkrieg geriet er aufgrund seiner pazifistischen Überzeugung und seiner jüdischen Herkunft immer stärker in das Kreuzfeuer nationalistischer und antisemitischer Ressentiments. Einstein blieb in Berlin, nutzte jedoch mehrfach die Gelegenheit, ausländische Forschungsinstitute als Gastdozent zu besuchen. Dreimal waren sein Ziel die Vereinigten Staaten, wo er in den Jahren 1921, 1930 und 1931 die Wintermonate verbrachte.

Als Einstein im Dezember 1932 zum vierten Mal den Atlantik überquerte, ahnte er noch nicht, dass Hitler am 30. Januar 1933 die Macht ergreifen und sein Heimatland auf dem direkten Weg in eine Diktatur führen würde. Einstein handelte besonnen. Noch vor seiner Rückreise nach Europa, die er im März 1933 planmäßig antrat, hatte er den Entschluss gefasst, keinen Fuß mehr auf deutschen Boden zu setzen. Nach seiner Ankunft in Antwerpen verkündete er seinen Austritt aus der Preußischen Akademie der Wissenschaften und erklärte sämtliche Kontakte zu deutschen Forschungsinstituten für nichtig. Im Mai 1933 reiste er von Belgien für mehrere Monate nach England und von dort zurück in die Vereinigten Staaten. Nach der zehntägigen Überfahrt ging Einstein am 17. Oktober zusammen mit seiner Frau und zwei Begleitern im Hafen von New York von Bord. Dieses Mal war sein Ziel Princeton, New Jersey, wo ihn das frisch gegründete *Institute for Advanced Study* kurz nach seiner Ankunft zum Professor ernannte.

Die ersten Jahre in der neuen Heimat waren nicht einfach und von mehreren persönlichen Rückschlägen überschattet. Im September 1936 ereilte Einstein die Nachricht über den Tod seines langjährigen Freunds Marcel Grossmann, und im Dezember verstarb seine Frau Elsa, die bereits ein Jahr zuvor schwer erkrankt war. Mit den

Jahren gelang es Einstein jedoch immer besser, sich mit seinem neuen Leben zu arrangieren und Princeton als neue Heimat zu akzeptieren. In akademischer Hinsicht hatte er alles erreicht; er war der gefeierte Popstar unter der Physikern und an einem der renommiertesten Forschungsinstitute der Welt zu Hause.

Das Institute for Advanced Study sollte seine letzte akademische Wirkungsstätte sein. Ende der Vierzigerjahre litt Einstein zunehmend unter gesundheitlichen Problemen, die im Jahr 1948 in eine schwer zu ertragende Diagnose mündeten. In der Nähe seiner Aorta hatte sich ein Aneurysma gebildet, das sich mit den damals zur Verfügung stehenden Mitteln nicht operativ entfernen ließ. Dem rationalen Physiker war klar, dass er den bevorstehenden Durchbruch der fragilen Gefäßwand nicht überleben würde. Als er am 17. April 1955 die todbringende Ruptur erlitt, war er 76 Jahre alt. Einstein hat die letzten Stunden seines bewegten Lebens im Krankenhaus von Princeton verbracht, wo er in den frühen Morgenstunden des 18. April 1955 seinen inneren Blutungen erlag. Eine Grabstätte hatte sich Einstein nicht gewünscht. Sein Leichnam wurde nach der Obduktion verbrannt und die Asche zwei Wochen später an einem unbekannten Ort verstreut.

Mit der Relativitätstheorie hat Einstein Großes geschaffen, und die Zeit ist gekommen, uns genauer mit seinem wissenschaftlichen Vermächtnis zu beschäftigen. Bereits im nächsten Abschnitt werden wir tief in die relativistische Gedankenwelt eindringen, auch wenn die Diskussion mit einem harmlos klingenden Problem beginnt: der Vermessung von Raum und Zeit.

8.1 Die Raumzeit

> *„Von Stund' an sollen Raum für sich und Zeit für sich völlig zu Schatten herabsinken und nur noch eine Art Union der beiden soll Selbständigkeit bewahren."*
>
> Hermann Minkowsky [118]

8.1.1 Raum- und Zeitkoordinaten

Weiter oben wurde mehrfach erwähnt, dass wir den Gedanken, Raum und Zeit seien Größen, die in einem absoluten Sinne existieren, verwerfen müssen. Spätestens auf den zweiten Blick wird klar, dass sich aus der Aufgabe dieser althergebrachten Sichtweise tiefgreifende Konsequenzen ergeben. So ist die Angabe, dass ein Ereignis zu einem bestimmten Zeitpunkt stattgefunden habe, in der speziellen Relativitätstheorie nur noch dann sinntragend, wenn sie im gleichen Atemzug mit einem Bezugssystem genannt wird. Einen ähnlichen Effekt werden wir für Längen beobachten. Auch hier müssen wir uns in Zukunft daran gewöhnen, Maßangaben immer im Zusammenhang mit einem bestimmten Bezugssystem zu nennen.

Tatsächlich ist der Drang, Raum und Zeit als absolute Größen zu interpretieren, so tief in uns verwurzelt, dass der erste Kontakt mit der Relativitätstheorie von vielen wie der Gang auf einem Minenfeld empfunden wird. Wenn schon auf die vertrauten Begriffe des Raums und der Zeit kein Verlass mehr ist, welchen physikalischen Grundlagen dürfen wir dann überhaupt noch trauen? Um der Gefahr vorzubeugen, in einer reflexartigen Reaktion nun sämtliche physikalischen Begriffe und Regeln in Frage zu stellen, wollen wir uns eine Reihe von Grundprinzipien vor Augen führen, die auch in der Relativitätstheorie weiterhin gelten.

Eines der Prinzipien, an denen auch die Relativitätstheorie in keiner Weise rüttelt, ist die *Ereigniskonformität*. Sie besagt, dass ein Ereignis, das für einen gewissen Beobachter stattfindet, auch für alle anderen Beobachter stattfindet, egal, wie sich diese relativ zueinander bewegen. Durchschlägt beispielsweise ein Projektil die Außenhaut einer Rakete und setzt diese in Brand, so wird dies von allen Beobachtern konstatiert. Es kann nicht sein, dass das Projektil aus der Sicht eines Beobachters die Rakete trifft und aus der Sicht eines anderen das Ziel verfehlt.

Genauso wenig stellt die Relativitätstheorie das *Kausalprinzip* in Frage. Das bedeutet: Stehen zwei Ereignisse in einer Ursache-Wirkungs-Beziehung, so geht die Ursache der Wirkung für jeden Beobachter zeitlich voraus, auch wenn die Zeitspanne, die beide Ereignisse voneinander trennt, in der Relativitätstheorie zu einer variablen Größe wird. Mehrere Begriffe sind in diesem Kontext wichtig: Finden zwei Ereignisse für einen Beobachter am gleichen Ort statt, so sprechen wir von einer *Raumkoinzidenz*, finden sie zur gleichen Zeit statt, von einer *Zeitkoinzidenz*. Von besonderer Bedeutung sind diejenigen Ereignisse, die für einen Beobachter sowohl am gleichen Ort als auch zur gleichen Zeit stattfinden. Für diese Ereignisse gilt ein Prinzip, das als die *Invarianz der Raum-Zeit-Koinzidenz* bezeichnet wird. Es besagt, dass solche Ereignisse für ausnahmslos alle Beobachter am gleichen Ort und zur gleichen Zeit stattfinden. Oder, etwas formaler ausgedrückt: Raum-Zeit-Koinzidenzen sind *beobachtungsinvariant*.

Um diese Besonderheit von Raum-Zeit-Koinzidenzen einzusehen, stellen wir uns die Flugbahnen eines Projektils und einer Rakete als die Abfolge von diskreten Ereignissen vor, die das Dasein des jeweiligen Objekts zu einer bestimmten Zeit an einem bestimmten Ort beschreiben. Bilden zwei dieser Ereignisse eine Raum-Zeit-Koinzidenz, so ist dies lediglich eine komplizierte Ausdrucksweise für den Sachverhalt, dass das Projektil das Raumschiff trifft. Nach dem Prinzip der Ereigniskonformität muss der Treffer für jeden Beobachter stattgefunden haben, unabhängig von seiner relativen Bewegung. Nichts anderes war gemeint, als wir eben sagten: Raum-Zeit-Koinzidenzen sind beobachtungsinvariant.

In Abschnitt 8.1.3 werden wir sehen, dass diese Eigenschaft schwindet, wenn wir nur noch Zeitkoinzidenzen betrachten, also Ereignisse, die an unterschiedlichen Orten stattfinden. Es ist ein Kernergebnis der speziellen Relativitätstheorie, dass Ereignisse, die aus der Sicht eines Beobachter gleichzeitig stattfinden, für einen anderen Beobachter zu unterschiedlichen Zeitpunkten eintreten.

Wir wollen das Gesagte weiter konkretisieren. Genau wie in der klassischen Physik werden Ereignisse auch in der Relativitätstheorie durch jeweils drei Raumkoordinaten x, y, z und eine Zeitkoordinate t beschrieben. Da sich Raum und Zeit aber nicht mehr länger separat voneinander betrachten lassen, werden diese vier Koordinaten zu einem Quadrupel (t, x, y, z) zusammengefasst, das wir im Folgenden als eine *Raum-Zeit-Koordinate* oder ein Element der *Raumzeit* bezeichnen.

Als Nächstes wollen wir der harmlos klingenden Frage nachgehen, wie sich die Raum-Zeit-Koordinate eines eingetretenen Ereignisses konkret bestimmen lässt. Nach dem, was wir schon wissen, ist eines ganz klar: Wenn wir uns den Raum und die Zeit nicht mehr länger in einem absoluten Sinne vorstellen dürfen, können wir die Raumkoordinate von keinem universellen Maßstab und die Zeitkoordinate von keiner universellen Uhr ablesen. In der klassischen Physik ist aber genau dies eine unausgesprochene Grundannahme. Der universelle Maßstab und die universelle Uhr sind dort lediglich andere Begriffe für den absoluten Raum und die absolute Zeit.

Raumkoordinate

Um der relativistischen Sichtweise gerecht zu werden, müssen wir eine Zuordnung von Ereignissen zu Raum-Zeit-Koordinaten finden, die auf die Verwendung absoluter Skalen verzichtet. Das nachstehende Zitat gibt einen Hinweis darauf, wie dies für die Raumkoordinate, d. h. die räumliche Beschreibung eines Ereignisses, möglich ist. Es stammt aus einem knapp gehaltenen Büchlein, das von Einstein im Jahr 1916 verfasst wurde und zu den wenigen Publikationen gehört, in denen der Physiker seine wissenschaftliche Arbeit „gemeinverständlich" darzulegen versucht:

> *„Jede räumliche Beschreibung des Ortes eines Ereignisses oder Gegenstandes beruht darauf, dass man den Punkt eines starren Körpers (Bezugskörpers) angibt, mit dem jenes Ereignis koinzidiert."*

Albert Einstein [51]

Wie wir uns einen solchen Bezugskörper vorstellen können, ist in Abbildung 8.3 angedeutet. Der künstlerischen Darstellung entsprechend, denken wir uns den Raum so mit Einheitsmaßstäben ausgelegt, dass ein dichtes Gitter entsteht. Einen dieser Gitterpunkte wählen wir als Ursprung und versehen ihn mit der Raumkoordinate $(0, 0, 0)$. Um die Ortskoordinate eines Ereignisses zu ermitteln, gehen wir in zwei Schritten vor: Zunächst bestimmen wir den Gitterpunkt, der dem Ereignis am nächsten liegt, und zählen anschließend für jede der drei Raumachsen ab, wie viele Einheitsmaßstäbe

Abbildung 8.3: Ein Bezugskörper im Einstein'schen Sinne

dieser Gitterpunkt vom Ursprung entfernt ist. Als Ergebnis gibt uns dieses Messverfahren drei Zahlen x, y und z an die Hand, die wir per Definition als die Ortskoordinate des Ereignisses interpretieren.

Beachten Sie, dass die beschriebene Methode darauf basiert, den Ort eines Ereignisses mit dem Ort des nächstgelegenen Gitterpunkts gleichzusetzen. In den meisten Fällen wird hierbei unweigerlich ein Messfehler entstehen, um den wir uns aber keine Sorgen machen müssen. Da der gewählte Einheitsmaßstab keiner Restriktion unterliegt, können wir im Geiste ein beliebig filigranes Gitter in den Raum einbringen und auf diese Weise jede gewünschte Genauigkeit erreichen.

Die Bestimmung von Ortskoordinaten ist eng mit der Bestimmung von *Längen* verbunden, über die sich Einstein ebenfalls äußert:

> *„Sind nun A und B zwei Punkte eines starren Körpers, so ist deren Verbindungsgerade konstruierbar nach den Gesetzen der Geometrie; hierauf kann man auf dieser Verbindungsgeraden die Strecke [eines Stäbchens] S von A aus so oft abtragen, bis man nach B gelangt. Die Zahl der Wiederholungen des Abtragens ist die Maßzahl der Strecke $\overline{AB}$. Hierauf beruht alles Messen von Längen.“*

Albert Einstein [51]

Der letzte Satz ist bedeutend. Immer dann, wenn wir von einer Länge sprechen, meinen wir das Ergebnis eines Messprozesses. Wir stellen uns vor, dass auf der Verbindungslinie zweier Punkte so lange der Einheitsmaßstab abgetragen wird, bis der Startpunkt mit dem Endpunkt verbunden ist. Die Anzahl der Wiederholungen ist dann per Definition die Länge der gemessenen Strecke. Hieraus folgt unmittelbar, dass eine Längenangabe stets im Zusammenhang mit einem konkreten Bezugssystem zu nennen ist: dem Bezugssystem, in dem die Messung stattfindet. Die Nennung des Bezugssystems ist keine Schikane, denn schon in Kürze werden wir sehen, dass zwei relativ zueinander bewegte Beobachter ein und demselben Objekt zwei unterschiedliche Längen zuordnen. Die räumliche Ausdehnung eines Objekts wird sich, genau wie die Zeit, als eine relative, vom Bezugssystem des Beobachters abhängige Größe erweisen.

Zeitkoordinate

Als Nächstes wenden wir uns der Zeitkoordinate und damit der folgenden Frage zu: Was bedeutet es genau, wenn wir beispielsweise sagen, ein Ereignis fand um 12 Uhr statt? In der klassischen Physik ist diese Frage eine triviale, da wir dort von der Existenz einer absoluten Zeitskala ausgehen. Wenn aber die Zeit ihren absoluten Charakter verliert, ist die Antwort nicht mehr ganz so einfach. Wir müssen uns, wie im Falle der Ortsangabe, überlegen, wie sich einem Ereignis eine Zeitangabe zuordnen lässt, ohne dabei auf eine absolute Skala zurückzugreifen.

Einstein löste dieses Problem, indem er den Bezugskörper in Abbildung 8.3 im Geiste so erweiterte, dass sich ab jetzt in jedem Knotenpunkt eine separate Uhr befand. In einem solchen Gitter lässt sich die Zeitkoordinate eines Ereignisses sehr einfach bestimmen: Sobald das Ereignis eintritt, lesen wir die Zeigerstellung ganz einfach von derjenigen Uhr ab, die an seiner Ortskoordinate angebracht ist. Per Definition ist der abgelesene Wert der Eintrittszeitpunkt des Ereignisses. In [51] äußert sich Einstein ganz in diesem Sinne:

> *„Damit gelangt man auch zu einer Definition der ‚Zeit‘ in der Physik. Man denke sich nämlich in den Punkten [des Bezugskörpers] Uhren von gleicher Beschaffenheit aufgestellt und derart gerichtet, dass deren Zeigerstellungen gleichzeitig [...] dieselben sind. Dann versteht man unter der ‚Zeit‘ eines Ereignisses die Zeitangabe (Zeigerstellung) derjenigen dieser Uhren, welche dem Ereignis (räumlich) unmittelbar benachbart ist. Auf diese Weise wird jedem Ereignis ein Zeitwert zugeordnet, der sich prinzipiell beobachten lässt.“*

Albert Einstein [51]

Durch die Verwendung lokaler Uhren werden zwei potenzielle Probleme im Ansatz vermieden: Die Zeit muss weder von einer weit entfernten noch von einer bewegten Uhr abgelesen werden.

Damit das angedachte Messverfahren auch wirklich funktioniert, müssen wir darauf achten, dass die Zeiger der Uhren, wie Einstein es ausdrückt, *„gleichzeitig dieselben sind"*. Anders gesagt: Die Uhren, die wir im Geiste an den Gitterpunkten unserer Bezugskörpers befestigt haben, sind vorab zu *synchronisieren*.

8.1.2 Uhrensynchronisation

Um das Synchronisationsproblem zu lösen, zünden wir in Gedanken einen Lichtblitz, der sich vom Ursprung aus als Kugelwelle in den Raum ausbreitet. Ferner konfigurieren wir die Uhren des Bezugskörpers derart, dass die Zeiger so lange auf einer vorab eingestellten Position verharren, bis sie durch die eintreffende Lichtwelle in Bewegung versetzt werden. Auf welche Positionen wir die Zeiger vorab einstellen müssen, lässt sich leicht ausrechnen. Hat eine Uhr vom Ursprung die Entfernung ct, so wird die Kugelwelle die Uhr nach t Sekunden erreichen. Lassen wir eine solche Uhr also vorab die Zeit t anzeigen, so ist gewährleistet, dass alle Uhren, die von der Kugelwelle bereits erreicht wurden, zueinander synchron laufen. Wie eine solche Synchronisation im Detail abläuft, zeigt Abbildung 8.4.

Ein zweiter Blick auf das Geschriebene macht klar, dass sich hinter der Vorschrift zur Uhrensynchronisation eine implizite Definition der Gleichzeitigkeit verbirgt. Zwei Ereignisse sind gleichzeitig, wenn die Kugelwellen zweier Blitzschläge, die zusammen mit den Ereignissen ausgelöst wurden, gleichzeitig bei einem in der Mitte stehenden Beobachter ankommen. In Einsteins Worten klingt dies so:

> *„Die Verbindungsstrecke AB werde [...] ausgemessen und in die Mitte M der Strecke ein Beobachter gestellt, der mit einer Einrichtung versehen ist (etwa zwei um 90° gegeneinander geneigte Spiegel), die ihm eine gleichzeitige optische Fixierung beider Orte A und B erlaubt. Nimmt dieser die beiden Blitzschläge gleichzeitig war, so sind sie gleichzeitig."*

Albert Einstein [51]

Obwohl hier die Gleichzeitigkeit zweier Ereignisse durch die gleichzeitige Wahrnehmung der Lichtblitze durch den Beobachter definiert wird, handelt es sich keinesfalls um einen Zirkelschluss. Im ersten Fall bezieht sich die Gleichzeitigkeit nämlich auf Ereignisse, die an verschiedenen Orten stattfinden, und im zweiten Fall auf Ereignisse, die am gleichen Ort, dem Ort des Beobachters, eintreten. Über die Lichtgeschwindigkeit wird der Begriff *„gleichzeitig an verschiedenen Orten"* auf den Begriff *„gleichzeitig*

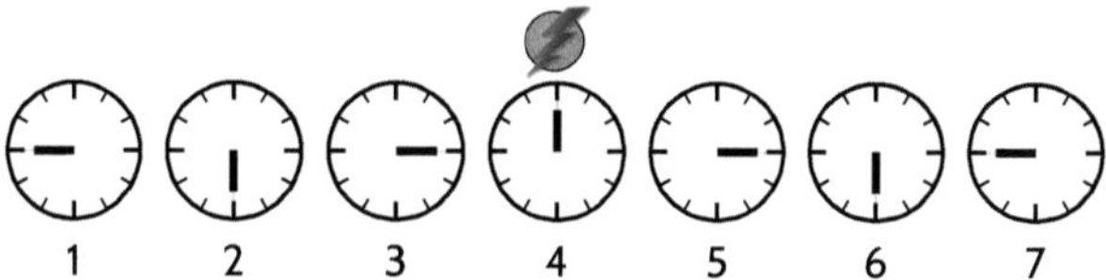

Uhr 4 zündet einen Lichtblitz und beginnt zu ticken.

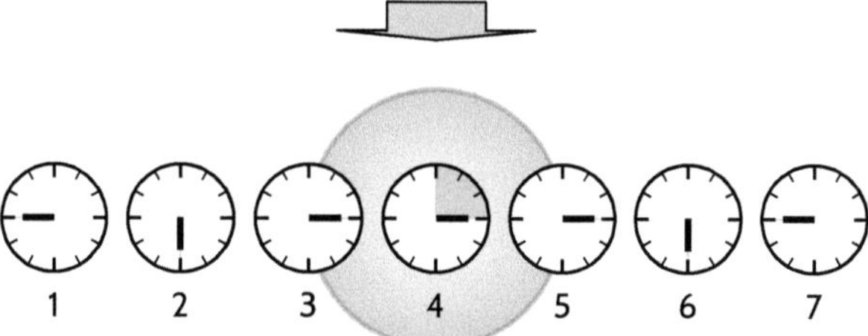

Die Uhren 3 und 5 beginnen zu ticken.

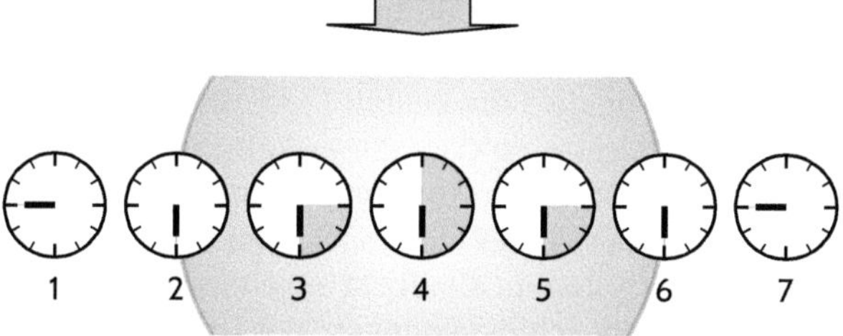

Die Uhren 2 und 6 beginnen zu ticken.

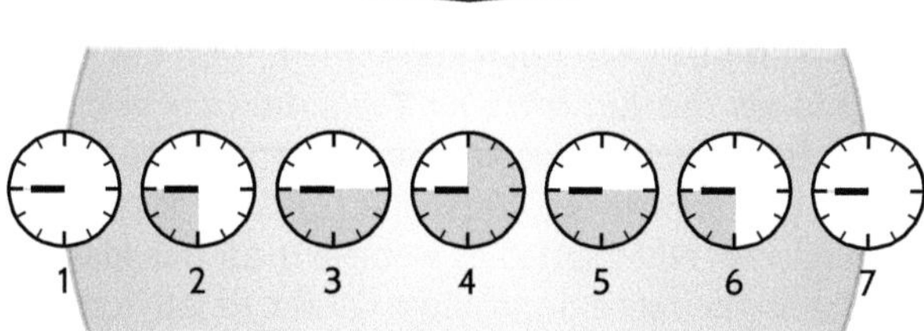

Die Uhren 1 und 7 beginnen zu ticken. Alle Uhren laufen nun synchron.

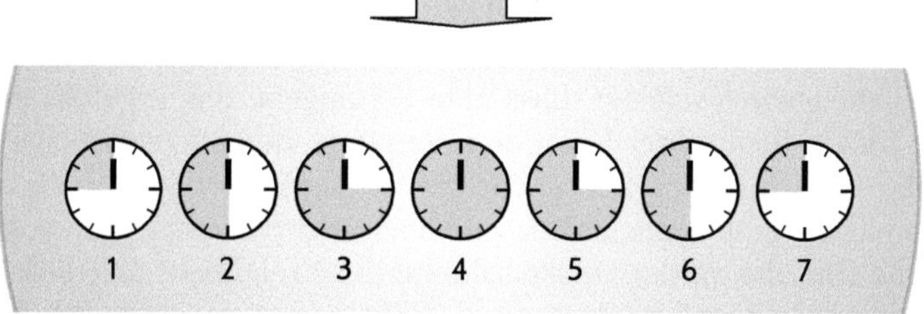

Abbildung 8.4: Uhrensynchronisation mithilfe einer Kugelwelle

an dem gleichen Ort" zurückgeführt. Dass wir Letzteren gefahrlos verwenden dürfen, geht auf die Beobachtungsinvarianz der Raum-Zeit-Koinzidenz zurück, mit der wir uns weiter oben bereits ausführlich beschäftigt haben.

8.1.3 Relativität der Gleichzeitigkeit

Tatsächlich ergibt sich aus der Art und Weise, wie wir die Gleichzeitigkeit von Ereignissen festgelegt haben, eine irritierend wirkende Konsequenz. Um sie zu erkennen, müssen wir lediglich einen zweiten Beobachter in unsere Überlegung einbeziehen, der sich mit einer konstanten Geschwindigkeit an uns vorbeibewegt. Wir folgen Einsteins berühmten Gedankenexperiment aus [51] und lassen einen der Beobachter auf einem Bahndamm stehen und den anderen Beobachter in einem Zug mit hoher Geschwindigkeit vorbeifahren. Einstein konfrontiert den Leser mit der Frage, wie die beiden Beobachter die in Abbildung 8.5 (oben) eingezeichneten Blitzschläge registrieren.

Um die Antwort zu finden, sind in Abbildung 8.5 mehrere Momentaufnahmen eingezeichnet, an denen sich die Ausbreitung der Lichtwelle nachvollziehen lässt. Aus der letzten Aufnahme geht hervor, dass die beiden Lichtwellen den Beobachter auf dem Bahndamm gleichzeitig erreichen, so dass dieser konstatieren wird, die Blitze seien gleichzeitig in den Zug eingeschlagen. Der Beobachter im Zug bemerkt den rechten Blitz früher als den linken. Da sich das Licht nach dem zweiten Einstein'schen Axiom aber auch in seinem Bezugssystem in alle Richtungen mit der gleichen Geschwindigkeit ausbreitet, muss er zu dem Schluss kommen, dass die Lokomotive früher und das Zugende später vom Blitz getroffen wurde. Damit ist klar: Die Gleichzeitigkeit von Ereignissen wird in der Relativitätstheorie zu eine beobachtungsvarianten Eigenschaft.

Aufgrund seiner kontraintuitiv wirkenden Konsequenz wird das geschilderte Szenario von manchen Autoren als das *Einstein'sche Zugparadoxon* bezeichnet. Wir werden den Begriff in diesem Buch ebenfalls verwenden, wohlwissend, dass hier alles andere als eine paradoxe Situation vorliegt. Einsteins Gedankenexperiment beschert uns nämlich nur dann logische Widersprüche, wenn wir an der klassischen Vorstellung festhalten, die Gleichzeitigkeit sei eine absolute Größe. Relativieren wir diesen Begriff, so verschwinden auch die Widersprüche.

Wir wollen an dieser Stelle ein wenig Sand in das Getriebe streuen und uns überlegen, wie die Beobachter die exakten Zeitpunkte der Blitzeinschläge bestimmen würden. Weiter oben haben wir festgelegt, dass eine Zeitangabe das Ergebnis eines Messprozesses ist. Beide Beobachter lesen den Zeitpunkt der Blitzeinschläge von einer der Uhren ab, die sich in unserem gedachten Bezugskörper an den Gitterpunkten befinden. Wo wir die Zeitangabe abzulesen haben, wurde weiter oben geklärt: Maßgebend ist jene Uhr, die an der Ortskoordinate des Ereignisses angebracht ist, also dem Gitterpunkt, der dem Einschlagsort des Blitzes am nächsten lag. Folgerichtig kommen die vier Zeitpunkte, die in Einsteins Zugparadoxon eine Rolle spielen, von

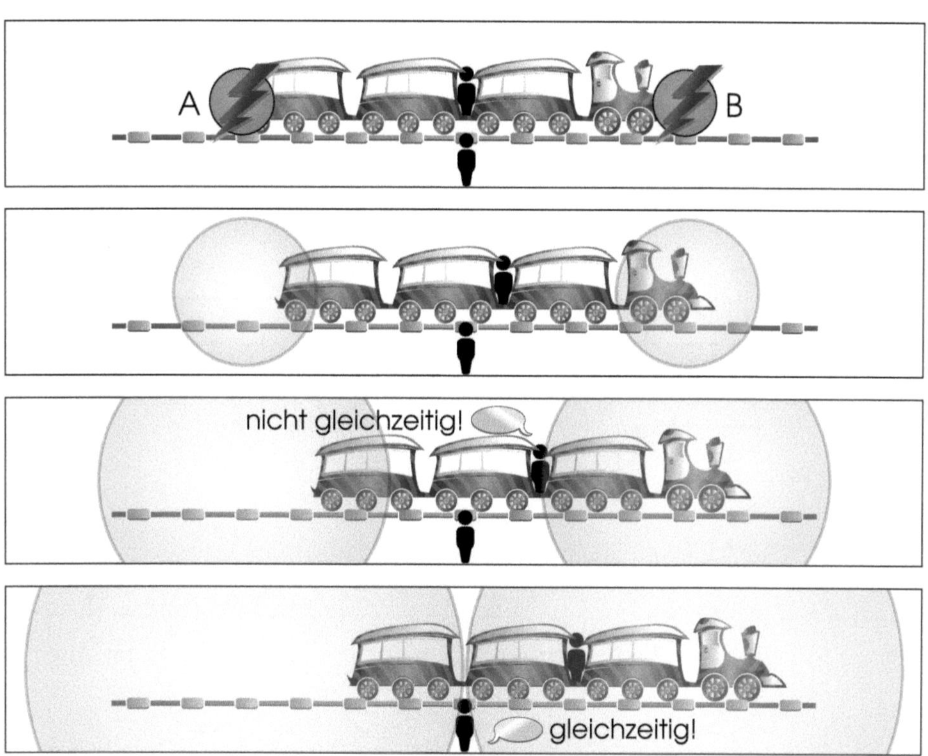

Abbildung 8.5: Einsteins Zugparadoxon

vier verschiedenen Uhren. Zwei dieser Uhren sind im gedachten Bezugskörper des Bahndammbeobachters angebracht und zwei im Bezugskörper des Reisenden. Jeweils zwei dieser Uhren befinden sich, als sie abgelesen werden, am gleichen Ort.

Jetzt erinnern wir uns an den Ausgang des Gedankenexperiments. Da die Blitze nur für den Bahndammbeobachter gleichzeitig eingeschlagen sind, liest dieser zweimal die gleiche Zeigerstellung ab, der Zugbeobachter hingegen zweimal eine andere. Aber steht dies nicht in einem eklatanten Widerspruch zu der Tatsache, dass die Uhren in beiden Bezugskörpern vor dem Experiment synchronisiert wurden? Wir wollen dieser Frage genauer auf den Grund gehen, da uns die Antwort darauf ein tieferes Verständnis für die Relativität der Gleichzeitigkeit vermitteln wird. Um Klarheit zu schaffen, überlegen wir uns, wie die in Abbildung 8.4 vorgenommene Synchronisation von einem relativ dazu bewegten Beobachter wahrgenommen wird. Da der zweite Beobachter seine Uhren ebenfalls synchronisieren muss, nehmen wir an, dass er hierfür den gleichen Kugelblitz verwendet wie der erste. Dass er dies gefahrlos tun darf, garantiert ihm das zweite Einstein'sche Axiom, demzufolge sich eine Lichtwelle in jedem Inertialsystem in alle Richtungen mit der gleichen Geschwindigkeit ausbreitet.

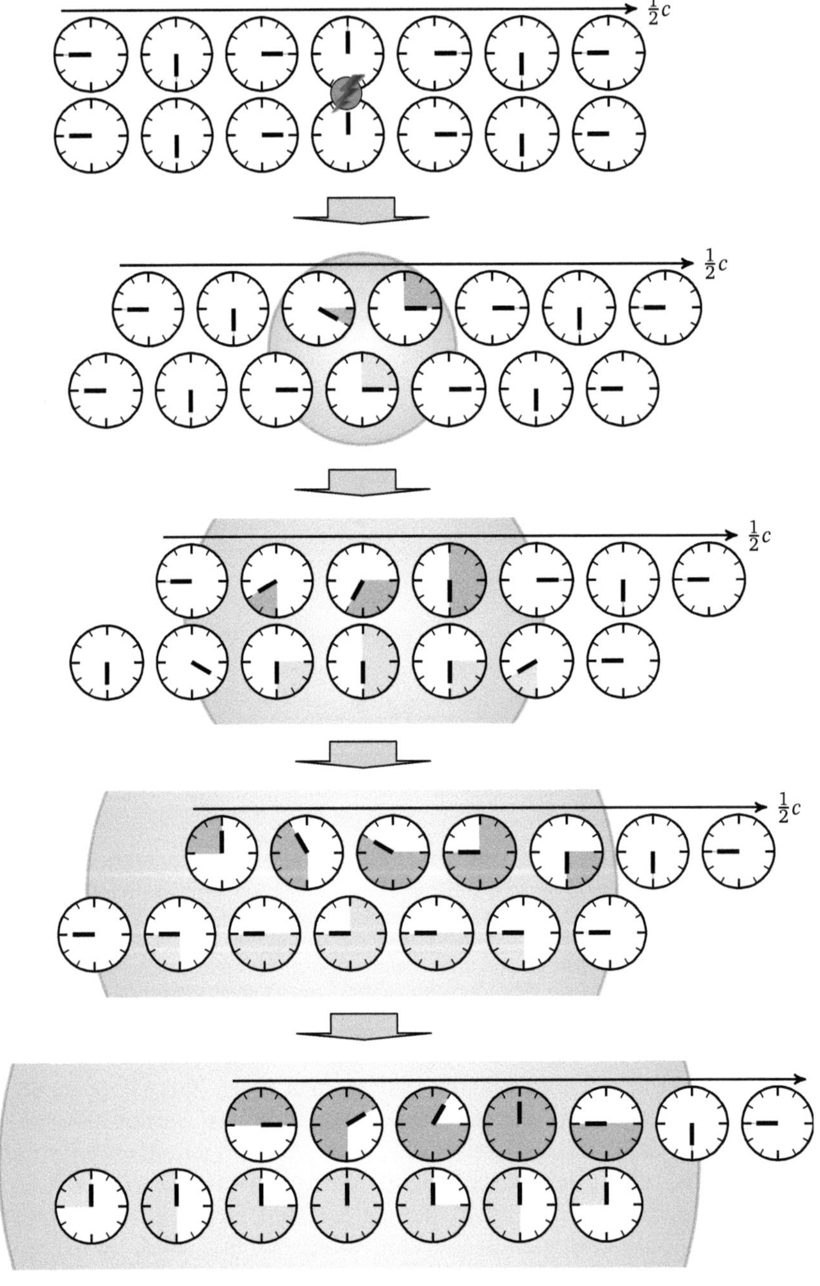

Abbildung 8.6: Zur Beobachtungsvarianz der Synchronizität

Was während der Synchronisierung der Uhren im Detail passiert, zeigen die Momentaufnahmen in Abbildung 8.6. Während sich die Uhren in unserem ruhenden Bezugskörper perfekt synchronisieren, geraten die Uhren des bewegten Bezugskörpers völlig aus dem Takt. Es scheint, als würde die von uns gewählte Methode zur Uhrensynchronisation für den bewegten Beobachter überhaupt nicht funktionieren. Der bewegte Beobachter wird dies vehement verneinen. Da nach Einsteins erstem Axiom keines der beiden Inertialsysteme in irgendeiner Weise bevorrechtigt ist, wird auch der zweite Beobachter konstatieren, dass sich die Uhren in seinem Bezugskörper perfekt synchronisieren; im Gegensatz zu unseren Uhren, die aus seiner Sicht jetzt zeitversetzt laufen. Mit anderen Worten: Jeder Beobachter ist der Meinung, dass Uhren, die in einem relativ zu ihm bewegten Bezugskörper synchronisiert wurden, asynchron laufen. Dies ist eine unweigerliche Folge aus der Relativität der Gleichzeitigkeit.

Bevor wir das Zugparadoxon endgültig hinter uns lassen, wollen wir auf eine weitere wichtige Konsequenz hinweisen. Die Relativität der Gleichzeitigkeit sorgt nämlich nicht nur dafür, dass Ereignisse, die für einen Beobachter gleichzeitig sind, für einen anderen Beobachter nacheinander stattfinden; sie kann auch die zeitliche Umkehr der Ereignisabfolge bewirken. An Einsteins Zugszenario lässt sich dieses Phänomen sehr gut demonstrieren, wenn wir den Beobachter auf dem Bahndamm durch einen Reisenden ersetzen, der in einem zweiten Zug in die entgegengesetzte Richtung fährt. Genau wie der erste Beobachter soll sich auch der zweite Beobachter in der Mitte seines Zuges befinden. Eine Analyse der in Abbildung 8.7 zusammengefassten Situation bringt wieder Erstaunliches zu Tage: Während der erste Beobachter, genau wie im ursprünglichen Zugparadoxon, konstatiert, dass der rechte Blitz vor dem linken eingeschlagen ist, kommt der zweite zu dem gegenteiligen Schluss: Er stellt fest, dass der rechte Blitz nicht davor, sondern danach einschlug. Offenbar hat die relative Bewegung der beiden Beobachter zu einer Umkehr der Ereignisabfolge geführt.

Auf den ersten Blick wirkt dieses Ergebnis verstörend, da es in direkter Weise das Kausalprinzip in Frage stellt. Wäre eines der beiden Ereignisse die Ursache des anderen, so würde eine Umkehr zu einer paradoxen Situation führen. In der speziellen Relativitätstheorie werden wir dem Kausalprinzip weiterhin vertrauen, d. h., wir werden kategorisch ausschließen, dass eine Wirkung seiner Ursache vorausgehen kann. Dies hat einschneidende Konsequenzen, da die Wahrung der Kausalität eng mit der Geschwindigkeit gekoppelt ist, mit der sich ein informationstragendes Medium bewegt. Aus den Axiomen der speziellen Relativitätstheorie lässt sich ableiten, dass die Umkehr von Ursache und Wirkung ein Übersteigen der Lichtgeschwindigkeit bedingt, so dass wir aus der Wahrung der Kausalität den folgenden Schluss ziehen können: Die Lichtgeschwindigkeit muss eine Grenzgeschwindigkeit sein, die von keinem informationstragenden Medium nach oben durchbrochen werden kann.

In Abschnitt 8.5 werden wir erneut auf diese besondere Eigenschaft der Lichtgeschwindigkeit stoßen, wenn auch auf einem völlig anderen Weg. Dort werden wir sehen, dass es aufgrund der relativistischen Massenzunahme unmöglich ist, einen

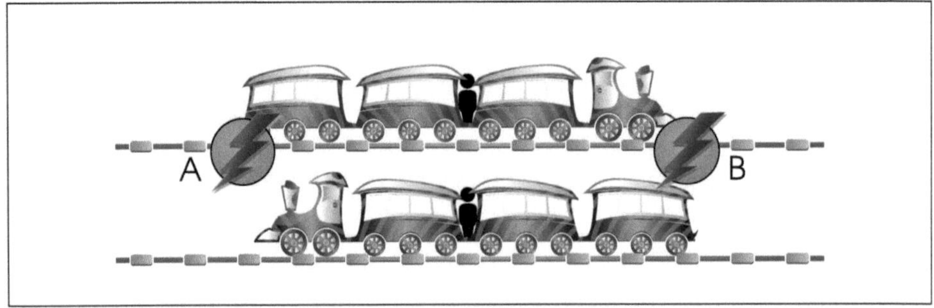

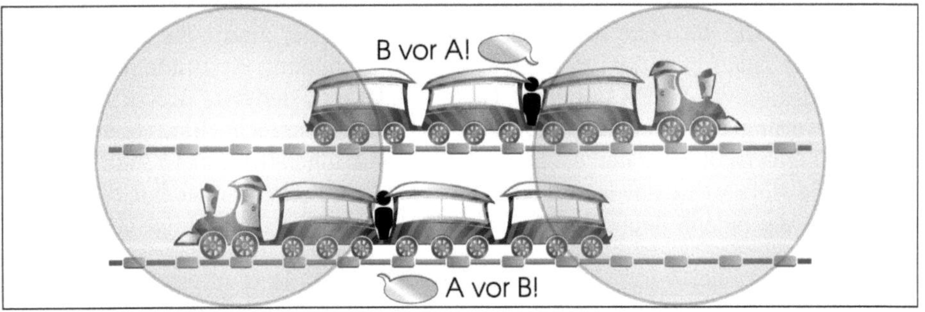

Abbildung 8.7: Zur Ereignisumkehr

materiellen Körper auf Lichtgeschwindigkeit oder gar darüber hinaus zu beschleunigen. Bis dahin ist es allerdings noch ein langer Weg, der uns vorher zu einem nicht minder faszinierenden Phänomen führen wird: der Kontraktion von Zeit und Raum.

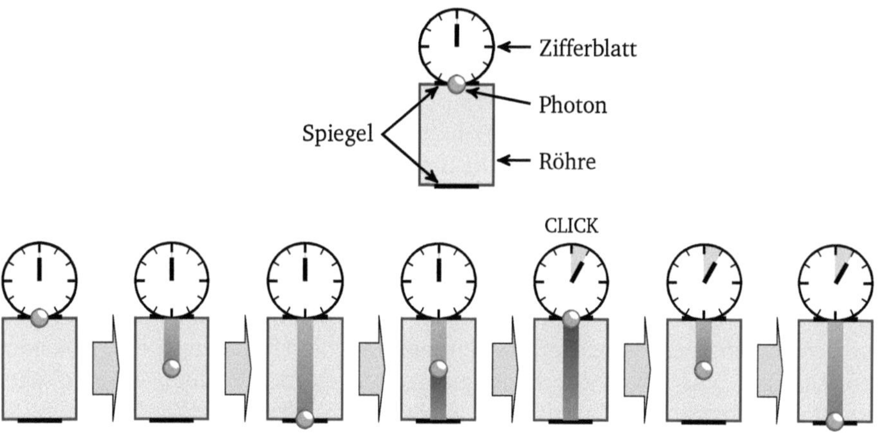

Abbildung 8.8: Aufbau und Funktionsweise einer Lichtuhr

8.2 Relativistische Kinematik

8.2.1 Zeitdilatation

Wir beginnen unseren Ausflug in die relativistische Kinematik mit der Diskussion der *Zeitdilatation*. Hinter diesem Begriff verbirgt sich das irritierend wirkende Phänomen, dass die Zeit für zwei Beobachter, die sich in gleichförmiger Translationsbewegung zueinander befinden, unterschiedlich schnell verstreicht.

Auf erstaunlich elegante Weise lässt sich die Zeitdilatation mit einer *Lichtuhr* demonstrieren, deren grundlegender Aufbau in Abbildung 8.8 dargestellt ist. Eine solche Uhr besteht aus einer Röhre, die an ihrem oberen und unteren Ende durch einen Spiegel begrenzt ist. Betrieben wird sie mit einem Photon, das sich fortwährend zwischen den beiden Spiegeln hin- und herbewegt und jedes Mal, wenn es den oberen Spiegel erreicht, den Zeiger auf dem Zifferblatt eine Position weiterrücken lässt. Wie schnell eine Lichtuhr tickt, wird durch die Länge der Röhre bestimmt. Beträgt diese beispielsweise 15 cm, so würde das Photon nach 1 ns in seine Ausgangsposition zurückkehren und sich der gedachte Zeiger auf dem Zifferblatt in 12 ns um seine eigene Achse drehen. Die konkrete Wahl der Zeiteinheit ist für unsere Überlegung völlig unerheblich, so dass wir den Zeiger im Geiste auch im Stundentakt zur nächsten Ziffer springen lassen dürfen.

Halten Sie im Gedächtnis, dass es niemals darum gehen wird, ein solches Gerät real zu bauen. Wir verwenden Lichtuhren lediglich in Gedanken, um verschiedene Aspekte der speziellen Relativitätstheorie anschaulich herzuleiten.

In unserem ersten Szenario spielen drei Lichtuhren eine Rolle, die wir mit den Buchstaben A, B und C bezeichnen. Die Uhren A und B sollen sich an verschiedenen Orten befinden und mit der oben besprochenen Methode synchronisiert worden sein. Ferner gehen wir davon aus, dass sich die Uhr C, im Gegensatz zu den Uhren A und B, die aus unserer Sicht in Ruhe sind, gleichförmig von links nach rechts bewegt und dabei erst die Uhr A und danach die Uhr B passiert. Wie aus der obersten Momentaufnahme in Abbildung 8.9 hervorgeht, sollen die Uhren A und C im Augenblick ihrer Zusammenkunft die gleiche Zeit anzeigen.

Die anderen Momentaufnahmen machen klar, wie sich das Szenario entwickelt. Sie zeigen, dass sich das Photon in der bewegten Uhr C schräg auf und ab bewegt und dadurch einen längeren Weg zurücklegen muss als die Photonen in den ruhenden Uhren. Dies hat einschneidende Konsequenzen. Nach dem zweiten Einstein'schen Axiom ist die Lichtgeschwindigkeit konstant, so dass das Photon in der bewegten Uhr bis zum Zusammentreffen mit B nur vier Zählimpulse auslösen kann, die Photonen in den ruhenden Uhren dagegen fünf. Der beobachtete Effekt ist die *Zeitdilatation*, die wir plakativ auch so formulieren können: Bewegte Uhren gehen langsamer.

Auf den ersten Blick scheint sich in der letztgenannten Formulierung eine gewagte Verallgemeinerung zu verbergen, da wir dort nicht mehr über Lichtuhren im Speziellen, sondern über Uhren im Allgemeinen reden. Ließe sich das Beobachtete nicht einfach dadurch erklären, dass wir mit der Lichtuhr ein äußerst ungewöhnliches Instrument für die Zeitmessung verwendet haben?

Mit einem einfachen Widerspruchsargument lässt sich darlegen, dass es keine Rolle spielen kann, ob wir eine Lichtuhr oder eine Uhr ganz anderer Bauart verwenden. Hierfür stellen wir uns vor, dass sich eine gewöhnliche Taschenuhr mit C mitbewegt. Würde die Taschenuhr nicht der Zeitdilatation unterliegen, so hätte ihr Zeiger beim Erreichen der Uhr B fünf Zeiteinheiten überstrichen. Folgerichtig würde ein mit den beiden Uhren mitbewegter Beobachter konstatieren, dass das Photon in fünf Zeiteinheiten viermal in der Röhre der Lichtuhr hin- und hergelaufen ist. Das wiederum würde bedeuten, dass sich das Licht im Ruhesystem der Taschenuhr mit einer niedrigeren Geschwindigkeit fortpflanzt, als es im Ruhesystem der Uhren A und B der Fall ist, und dies steht im Widerspruch zu Einsteins zweitem Axiom. Damit ist klar: Das verlangsamte Ticken unserer Lichtuhr lässt sich nicht dadurch erklären, dass die Bewegung in irgendeiner Weise die Mechanik beeinflusst. Es ist die Zeit selbst, die im Bezugssystem der bewegten Uhr langsamer verstreichen muss. Deshalb können wir das Phänomen der Zeitdilatation auch so formulieren: Ein Beobachter stellt fest, dass die Zeit im Bezugssystem eines relativ zu ihm bewegten Beobachters langsamer verstreicht.

Wie sich das Phänomen quantitativ auswirkt, lässt sich mit wenig Mühe aus Abbildung 8.10 ableiten. Dort bedeutet l die Länge der Röhre, v die Geschwindigkeit, mit der sich die Uhr C bewegt, und t' die Zeit, die das Photon aus der Sicht der ruhenden Uhren A und B benötigt, um an das andere Ende der Röhre zu gelangen. Mit den

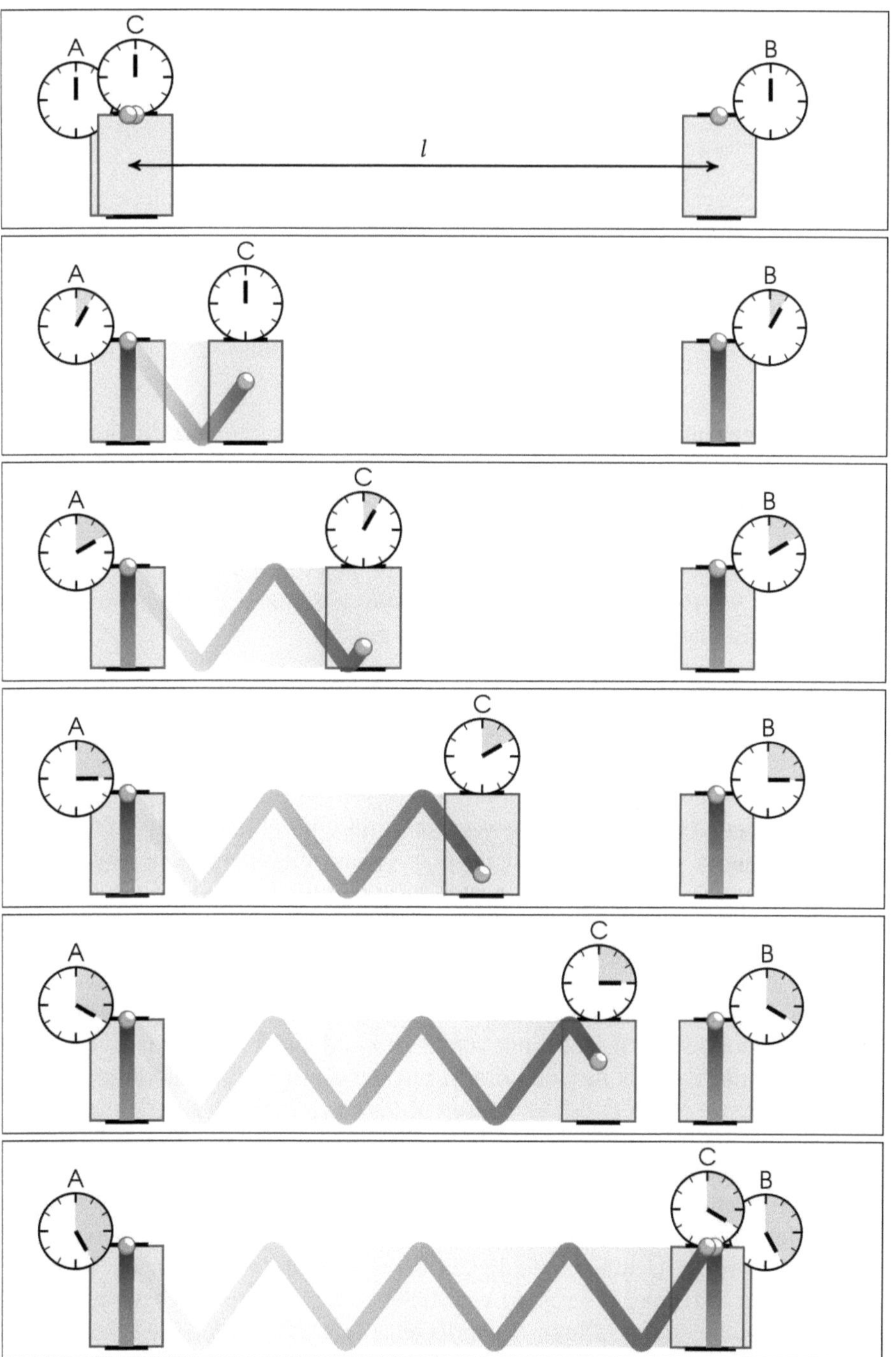

Abbildung 8.9: Die Zeitdilatation: Bewegte Uhren gehen langsamer.

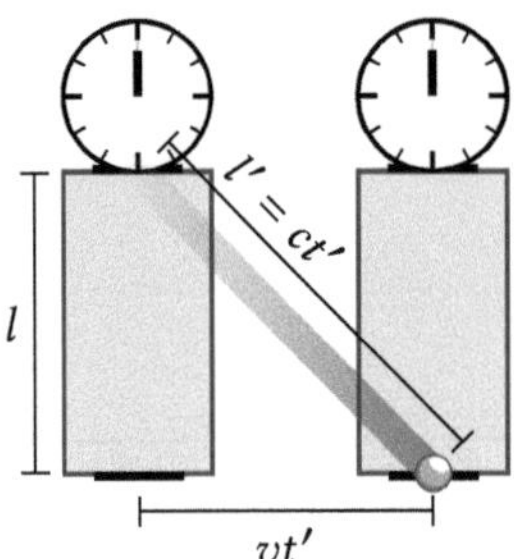

Abbildung 8.10: Der Lichtweg im Detail

gewählten Bezeichnern garantiert uns der pythagoreische Lehrsatz die Beziehung:

$$l^2 = l'^2 - (vt')^2 = (ct')^2 - (vt')^2 \tag{8.1}$$

Aufgrund des längeren Lichtwegs verstreicht die Zeit auf der bewegten Uhr um das Verhältnis der Strecken l' und l langsamer. Für dieses Verhältnis, das wir im Folgenden mit dem griechischen Buchstaben γ abkürzen, gilt:

$$\gamma := \frac{l'}{l} \overset{(8.1)}{=} \frac{ct'}{\sqrt{(ct')^2 - (vt')^2}} = \frac{1}{\sqrt{1 - \frac{v^2}{c^2}}}$$

In unserem Beispielszenario in Abbildung 8.9 waren die Uhren so eingezeichnet, dass sich C mit einer Geschwindigkeit bewegt, die drei Fünftel der Lichtgeschwindigkeit beträgt. Bei dieser Geschwindigkeit ist $\gamma = \frac{5}{4}$, und die angegebene Formel liefert uns genau jenen Zusammenhang, der sich in Abbildung 8.9 durch die geometrische Konstruktion der Lichtwege ergeben hat. Während auf den beiden ruhenden Uhren 5 Zeiteinheiten verstreichen, sind es auf der bewegten Uhr nur $\frac{5}{\gamma} = 4$.

Wenn Sie die vorangegangenen Kapitel aufmerksam verfolgt haben, dann kommt Ihnen der Faktor γ sicherlich bekannt vor. Er ist mit dem *Lorentzfaktor* identisch, den der Niederländer Hendrik Antoon Lorentz aus der Kontraktionshypothese herleitete, um den negativen Ausgang des Michelson-Morley-Experiments zu erklären. Aus der Verlaufskurve, die auf Seite 186 in Abbildung 6.12 zu sehen ist, können wir ablesen, wie sich die Zeitdilatation konkret auswirkt. Für Geschwindigkeiten, die deutlich kleiner als die Lichtgeschwindigkeit sind, ist der Lorentzfaktor ungefähr gleich 1, weshalb wir die Zeitdilatation in unserem Alltag nicht bemerken. Selbst bei einer Geschwindigkeit, die bereits 10 % der Lichtgeschwindigkeit beträgt, wird die Zeit nur um den Faktor 1,005 gedehnt, was einer Diskrepanz von 20 Sekunden pro Stunde entspricht. Rücken wir dagegen nahe an die Lichtgeschwindigkeit heran, so werden die Effekte massiv. Erreicht ein Körper 90 % der Lichtgeschwindigkeit, so ist die Zeit bereits um den Faktor 2,3 gedehnt, bei 99 % um den Faktor 7 und bei 99,9 % um den Faktor 22.

Ein bemerkenswertes Phänomen stellt sich ein, wenn wir einen hypothetischen Körper betrachten, der sich genauso schnell bewegt wie das Licht. Der Lorentzfaktor ist dann unendlich groß, was dem physikalischen Grenzfall einer stillstehenden Zeit entspricht. In seiner Arbeit aus dem Jahr 1905 äußerst sich Einstein wie folgt über diesen Punkt:

> *„Für Überlichtgeschwindigkeiten werden unsere Überlegungen sinnlos; wir werden übrigens in den folgenden Betrachtungen finden, dass die Lichtgeschwindigkeit in unserer Theorie physikalisch die Rolle der unendlich großen Geschwindigkeit spielt."*

Albert Einstein [38]

Auf den ersten Blick scheint es tatsächlich so zu sein, dass die Mathematik in diesem Fall versagt. Einsteins Formel weigert sich vehement, eine Aussage über die Bewegung von Körpern zu treffen, die genauso schnell oder schneller sind als das Licht. Dass dieser Schein trügt, haben wir weiter oben bereits angedeutet. Die Lichtgeschwindigkeit entpuppt sich in der Relativitätstheorie als eine Grenzgeschwindigkeit, die von keinem materiellen Körper erreicht, geschweige denn übertroffen werden kann.

Symmetrie der Zeitdilatation

In den obigen Überlegungen haben wir uns mehrfach auf das zweite Einstein'sche Axiom berufen, das die Konstanz der Lichtgeschwindigkeit postuliert. Außer Acht gelassen haben wir dabei das erste Einstein'sche Axiom, das Prinzip der Relativität. Aus ihm folgt, dass die beiden Inertialsysteme, die in unserem Beispiel der bewegten Uhren eine Rolle spielen, völlig gleichberechtigt sind, so dass die Zeitdilatation für einen Beobachter, der im Ruhesystem der Uhr C verweilt, den gleichen Effekt hervorbringen muss, d. h., auch aus seiner Sicht muss die Zeit in den relativ zu ihm bewegten Bezugssystemen langsamer verstreichen. Abbildung 8.11 beleuchtet diesen Umstand genauer. Anhand mehrerer Momentaufnahmen ist dort gezeigt, wie sich die Uhr A aus der Sicht von C bewegt. Anders als in Abbildung 8.9, in der A in Ruhe ist und sich C nach rechts bewegt, ist nun C in Ruhe und A bewegt sich nach links. Auch aus dieser Perspektive zeigt die Zeitdilatation ihr bekanntes Gesicht: Währen auf der Uhr C vier Zeiteinheiten verstrichen sind, ist das Photon in der Röhre von A nur etwas mehr als dreimal hin- und hergelaufen.

Aber ist dies nicht ein Widerspruch? Wie kann es sein, dass beide Beobachter konstatieren, dass die Uhren des anderen langsamer ticken als die eigenen? Diese vermeintliche Unvereinbarkeit lässt sich durch ein Phänomen erklären, das wir bereits kennen: die Relativität der Gleichzeitigkeit. Wenn wir beispielsweise, wie weiter oben, davon sprechen, dass auf der Uhr B fünf Zeiteinheiten und auf der Uhr C vier Zeiteinheiten vergangen sind, so machen wir in Wirklichkeit eine Aussage über die Gleichzeitigkeit zweier Ereignisse. Eines dieser Ereignisse beschreibt das Umspringen des Zeigers von

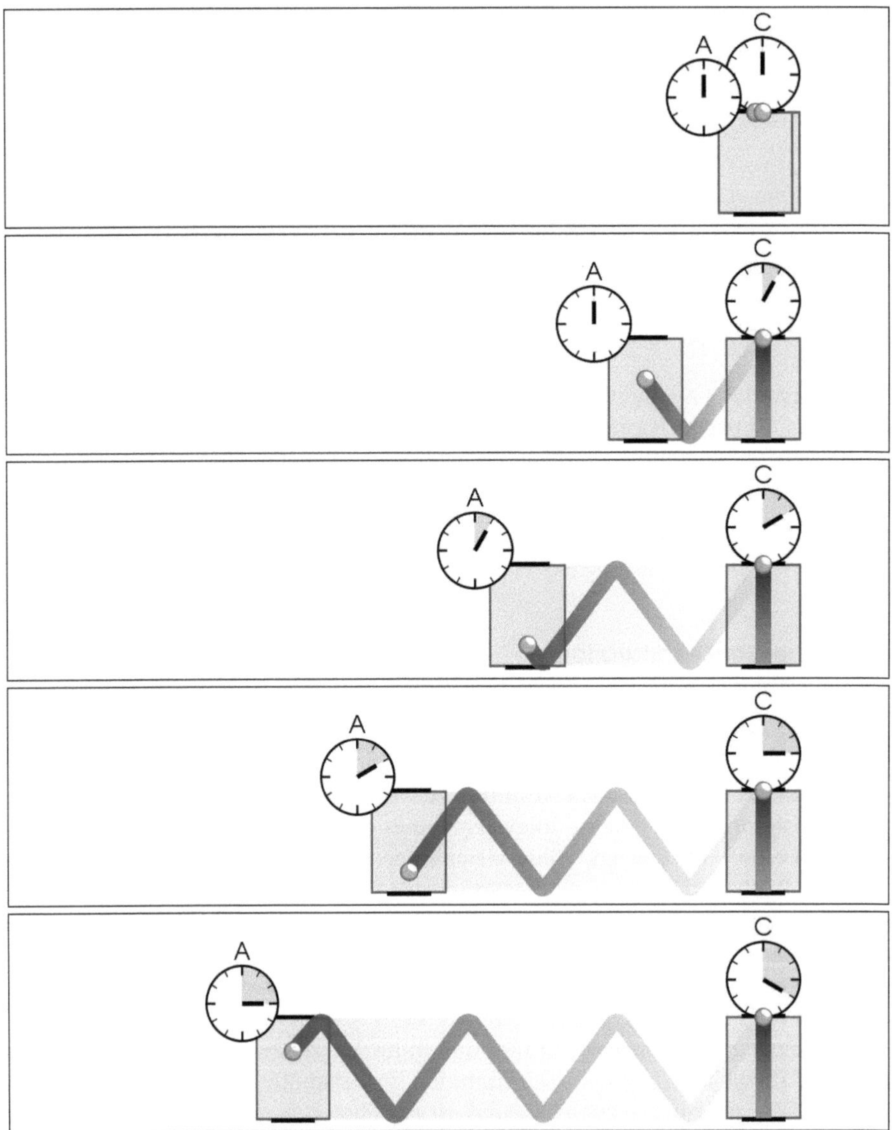

Abbildung 8.11: Uhr A, aus dem Ruhesystem von C heraus betrachtet

B auf die Ziffer 5 und das andere das Umspringen des Zeigers von C auf die Ziffer 4. Die Relativität der Gleichzeitigkeit sorgt dafür, dass beide Beobachter widerspruchsfrei konstatieren können, dass die Uhren des anderen langsamer ticken als die eigenen.

8.2.2 Raumkontraktion

In diesem Abschnitt werden wir eine Eigenschaft des Raums aufdecken, die mit der gerade diskutierten Zeitdilatation auf das Engste verwoben ist: die *Raumkontraktion*. Wir kommen diesem Phänomen mit wenig Mühe auf die Schliche, wenn wir uns in Abbildung 8.12 ansehen, wie sich die Uhr B aus der Sicht der Uhr C bewegt.

Vergleichen wir die letzte Momentaufnahme in Abbildungen 8.12 mit jener in Abbildung 8.9, so sehen wir uns mit einem herben Widerspruch konfrontiert. Während sich die Uhren B und C, im Ruhesystem von B betrachtet, am gleichen Ort befinden, sind sie, im Ruhesystem von C betrachtet, an verschiedenen Orten. Nach dem Prinzip der Ereigniskonformität ist dies unmöglich; die Uhren treffen sich entweder für alle Beobachter oder für keinen. Damit die Uhr B auch in Abbildung 8.12 mit der Uhr C zusammentrifft, gibt es nur eine Möglichkeit: Wir müssen fordern, dass sich die Distanz zwischen den Uhren A und B für einen Beobachter im Ruhesystem von C verkürzt. Dieser Effekt ist die *Raumkontraktion*.

Weiter oben haben wir darauf hingewiesen, dass sich hinter der Bestimmung von Abständen ein Messprozess verbirgt; ein Abstand wird ermittelt, indem wir entlang der Verbindungslinie zweier Punkte wieder und wieder den Einheitsmaßstab abtragen. Deshalb können wir das Phänomen der Raumkontraktion auch so formulieren: Ein Beobachter stellt fest, dass die Maßstäbe in einem relativ zu ihm bewegten Bezugskörper in der Bewegungsrichtung schrumpfen. Dies hat auch unmittelbare Auswirkungen auf die Länge eines physischen Objekts. Da sich hinter dem Begriff der Länge nichts weiter als eine Abstandsmessung verbirgt, müssen physische Objekte in dem gleichen Maß schrumpfen wie die Maßstäbe des gedachten Bezugskörpers. Dies ist der Grund, warum die Raumkontraktion in der Literatur auch gerne als *Längenkontraktion* bezeichnet wird.

Wie sich die Raumkontraktion im Ruhesystem von C quantitativ auswirkt, können wir direkt aus Abbildung 8.11 ableiten. In unserem Beispielszenario treffen die Uhren B und C aufeinander, wenn auf der Uhr C vier Zeiteinheiten verstrichen sind. Somit entspricht der Abstand zwischen A und B im Ruhesystem von C exakt dem Abstand, den die Uhren A und C in der letzten Momentaufnahme in Abbildung 8.11 zueinander haben. Dieser ist um den Lorentzfaktor

$$\gamma = \frac{1}{\sqrt{1 - \frac{v^2}{c^2}}}$$

kürzer als der Abstand von A und B in ihren Ruhesystemen.

Korrigieren wir den in Abbildung 8.12 gezeigten Ablauf unter Berücksichtigung der Raumkontraktion, so erhalten wir das in Abbildung 8.13 dargestellte Ergebnis. Die letzte Momentaufnahme erfüllt nun unsere Erwartung: Sobald auf der Uhr C vier Zeiteinheiten verstrichen sind, befinden sich B und C am gleichen Ort. Zurücklehnen

Abbildung 8.12: Ist die Relativitätstheorie falsch?

können wir uns dennoch nicht, denn die Situation ist noch immer nicht stimmig. Wir erkennen an der letzten Momentaufnahme, dass sich das Photon in der Röhre von B schon wieder auf dem Weg nach unten befindet und auch die Zeigerstellung auf dem Zifferblatt falsch ist. Auf der Uhr B sind beim Zusammentreffen mit C nicht fünf Zeiteinheiten verstrichen, wie es in Abbildung 8.9 der Fall war, sondern nur etwas

Abbildung 8.13: Bewegungslinie von B, unter Berücksichtigung der Längenkontraktion

mehr als drei. Was haben wir übersehen?

Wenn Sie den Beginn des Kapitels aufmerksam gelesen haben, kennen Sie die Antwort. Dort haben wir uns ausführlich mit dem Problem der Uhrensynchronisation beschäftigt und dabei die wichtige Erkenntnis gewonnen, dass der synchrone Gang von Uhren eine beobachtungsvariante Eigenschaft ist. Das bedeutet: Nachdem wir die Uhren unseres Bezugskörpers mithilfe einer Kugelwelle synchronisiert haben, laufen diese zwar aus unserer Sicht im Gleichtakt, aus der Sicht eines relativ zu uns bewegten Beobachters aber asynchron. In Abbildung 8.13 wurde diese Eigenschaft vollständig ignoriert. Wir haben uns beim Zeichnen der Momentaufnahmen unbewusst von der Annahme leiten lassen, dass die Uhren A und B aus der Sicht von C synchron laufen.

Um herauszufinden, wie sich das Phänomen konkret auswirkt, werfen wir einen erneuten Blick auf Abbildung 8.6. In dem dort gezeigten Beispiel wandert der bewegte Bezugskörper von links nach rechts, mit der Folge, dass die linken Uhren aus der eingenommenen Beobachtungsposition zu früh und die rechten Uhren zu spät gestartet werden. In unserem jetzigen Beispiel bewegen sich die Uhren A und B relativ zu C nach links. Das bedeutet, dass ein Beobachter im Ruhesystem von C feststellen wird, dass die Uhr B gegenüber der Uhr A vorgeht. Rechnerisch beträgt der Zeitversatz etwas weniger als zwei Zeiteinheiten, so dass wir die Zeigerstellungen der Uhr B in den Momentaufnahmen in Abbildung 8.13 so korrigieren müssen, wie es in Abbildung 8.14 gezeigt ist. Verfolgen wir die Bahn des Photons von der neu berechneten Ausgangsposition bis zum Ziel, so erhalten wir ein stimmiges Ergebnis. Beim Zusammentreffen der beiden Uhren sind auf der Uhr B fünf Zeiteinheiten verstrichen, auf der Uhr C dagegen nur vier. Nun sind alle Widersprüche verschwunden.

Die angestellten Überlegungen haben aufgezeigt, welche Rolle die Zeitdilatation und die Raumkontraktion in der speziellen Relativitätstheorie übernehmen. Sie sind die Bindeglieder zwischen den Inertialsystemen, die Einsteins Postulat über die Konstanz der Lichtgeschwindigkeit eine allgemeine Gültigkeit verleihen. Beide Phänomene gehen dabei Hand in Hand; hielten wir lediglich an einem fest und verneinten das andere, so würde unser logisches Gebäude in sich zusammenbrechen. In diesem Sinne dürfen wir die Zeitdilatation und die Raumkontraktion als die sprichwörtlichen zwei Seiten einer Medaille interpretieren; ohne die eine kann es die andere nicht geben. Auch die quantitativen Zusammenhänge geben dieser Sichtweise recht. Beide Male ist es der Lorentzfaktor γ, der den Raum und die Zeit zweier relativ zueinander bewegter Inertialsysteme numerisch ineinander übersetzt.

8.2.3 Addition von Geschwindigkeiten

„Für Überlichtgeschwindigkeiten werden unsere Überlegungen sinnlos." Dies waren Einsteins Worte, die wir weiter oben im Zusammenhang mit den Formeln zur Zeitdilatation und Raumkontraktion zitiert haben. Im Lichte der klassischen Physik scheint dieser Gedanke absurd, denn wir wissen aus unserem Erfahrungsalltag, dass sich Geschwindigkeiten addieren. Wird ein Ball in einem fahrenden Zug in Fahrtrichtung nach vorne geworfen, so bewegt er sich für einen Beobachter auf dem Bahndamm mit einer Geschwindigkeit, die der Summe aus der Zuggeschwindigkeit und der Ballgeschwindigkeit entspricht. Dies lehrt uns die Newton'sche Physik.

Abbildung 8.14: Bewegungslinie von B, unter Berücksichtigung der Längenkontraktion und der Relativität der Gleichzeitigkeit. Alles passt jetzt perfekt zusammen!

Mit Einsteins Axiomen ist das klassische Additionstheorem für Geschwindigkeiten nicht vereinbar, was sich auf einfache Weise mit dem in Abbildung 8.15 gezeigten Gedankenexperiment demonstrieren lässt. In der oberen Momentaufnahme sehen Sie eine Partikel- und eine Photonenkanone, die am hinteren Ende eines Bahnwagons

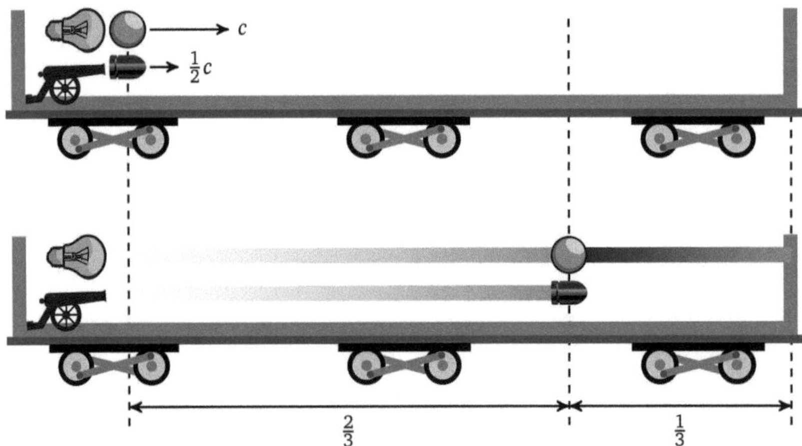

Abbildung 8.15: Gedankenexperiment zur Addition von Geschwindigkeiten

gleichzeitig ihre Ladung in die Richtung eines am vorderen Wagonende montierten Spiegels abfeuern. Wir nehmen an, das Projektil schieße halb so schnell durch den Wagon wie das Photon.

Der Ausgang des Experiments ist schnell erzählt. Da sich das Photon doppelt so schnell bewegt, erreicht es den Spiegel, wenn das Projektil die Hälfte der Wegstrecke zurückgelegt hat. Das Photon ändert am Wagonende seine Richtung und bewegt sich nun dem anfliegenden Projektil entgegen. Genau dann, wenn das Projektil zwei Drittel der Wagonlänge überwunden hat, kommt es zur Kollision.

Als Nächstes wollen wir die Perspektive ändern, und das Experiment vom Bahndamm aus beobachten. Welche Geschwindigkeit wird ein dort stehender Beobachter den beiden Geschossen zuordnen, wenn sich der Zug, genau wie das Projektil, mit halber Lichtgeschwindigkeit bewegt? Für das Photon ist die Antwort klar: Es wird, so postuliert es das zweite Einstein'sche Axiom, abermals mit Lichtgeschwindigkeit durch den Wagon schießen. Und das Projektil? Nach den Formeln der klassischen Physik müsste sich seine Geschwindigkeit um die Geschwindigkeit des Bahnwagons erhöhen. Das würde aber bedeuten, dass es sich ebenfalls mit Lichtgeschwindigkeit fortbewegen und die ganze Zeit mit dem Photon gleichauf sein müsste. Dies ist aber nicht der Fall; auch nach dem Perspektivenwechsel muss gelten, dass sich das Projektil und das Photon derart treffen, dass der Kollisionspunkt die Wagonstrecke im Verhältnis zwei zu eins teilt. Diese Proportionalitätsbeziehung bleibt, unabhängig von der auftretenden Längenkontraktion, in jedem Bezugssystem bestehen; sie ist beobachtungsinvariant.

In Abbildung 8.16 ist skizziert, was unter der Wahrung dieser Proportionalitätsbeziehung wirklich passiert. Die Momentaufnahmen zeigen, dass das Photon zunächst 9 Längeneinheiten bis zum Spiegel zurücklegt und danach eine weitere bis zum Kol-

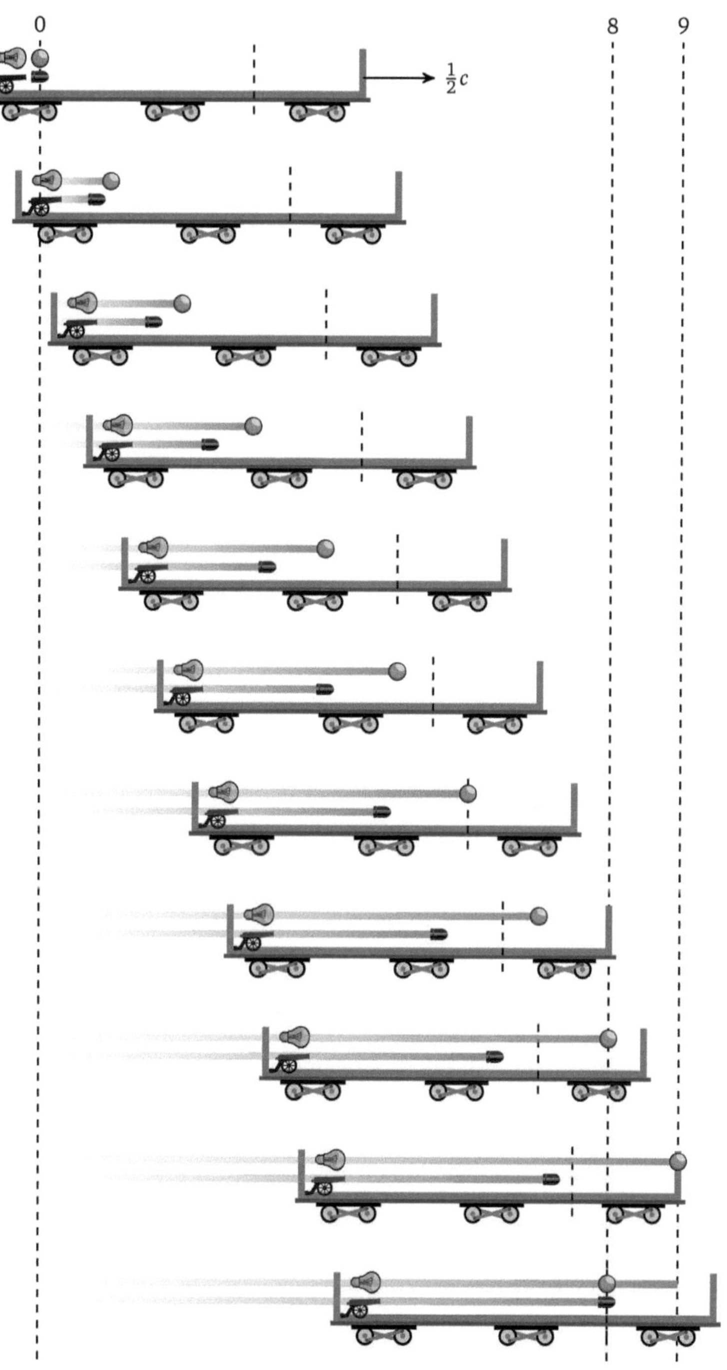

Abbildung 8.16: Das Experiment, vom Bahndamm aus gesehen

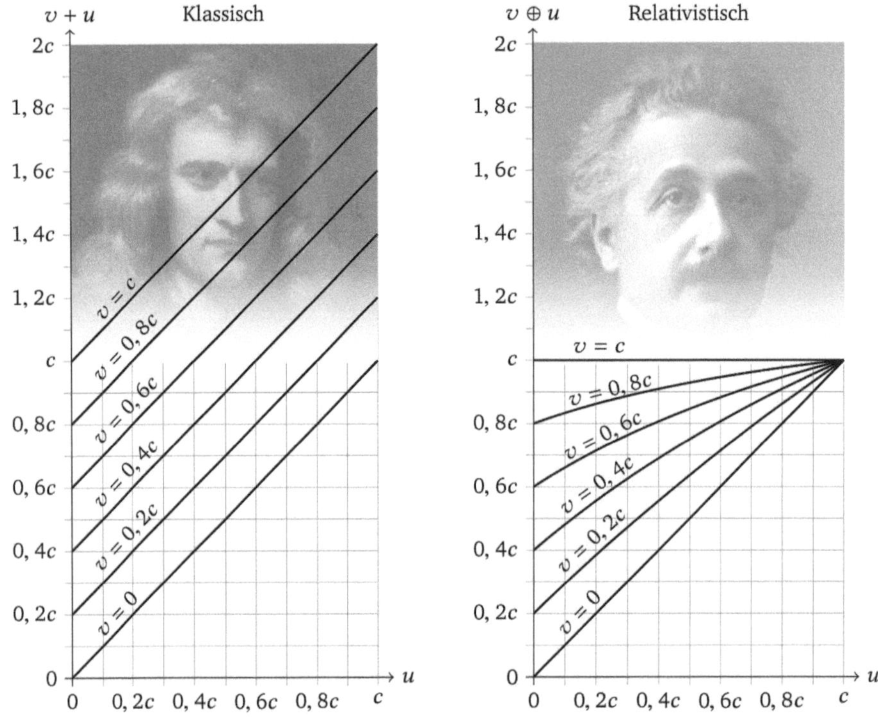

Abbildung 8.17: Zur Addition von Geschwindigkeiten

lisionspunkt. Der Kollisionspunkt selbst ist zum Zeitpunkt des Zusammenstoßes 8 Längeneinheiten von der Abschussposition entfernt, so dass der Bahnsteigbeobachter zu dem folgenden Schluss kommt:

- Das Photon hat bis zur Kollision 10 Längeneinheiten zurückgelegt.

- Das Projektil hat bis zur Kollision 8 Längeneinheiten zurückgelegt.

Hieraus folgt, dass das Kanonenprojektil mit einer Geschwindigkeit unterwegs war, die vier Fünftel der Lichtgeschwindigkeit entspricht.

Eine verallgemeinerte Betrachtung dieser Art bringt eine Formel hervor, mit der sich die Geschwindigkeit des Projektils aus der Sicht des Bahndamms direkt berechnen lässt. Ist v die Geschwindigkeit des Zugs und u die Geschwindigkeit des Projektils, so nimmt der Bahnsteigbeobachter das Projektil mit der Geschwindigkeit

$$v \oplus u = \frac{v + u}{1 + \frac{vu}{c^2}}$$

(8.2)

wahr. Diese Formel ist die *relativistische Additionsformel* für Geschwindigkeiten. Sind u und v im Vergleich zur Lichtgeschwindigkeit klein, gilt also $\frac{vu}{c^2} \approx 0$, so erhalten wir aus (8.2) das klassische Additionstheorem für Geschwindigkeiten als Näherungslösung.

In Abbildung 8.17 ist die relativistische Additionsformel der klassischen Formel grafisch gegenübergestellt. Beide Diagramme werden durch mehrere Kennlinien gebildet, die jeweils einer fest gewählten Geschwindigkeit v entsprechen. Die zweite Geschwindigkeit u ist auf der horizontalen Achse abgetragen und variiert zwischen 0 und c. Nach den Formeln der Newton'schen Physik ist die Addition linear, so dass die Kennlinien Geraden sind, die diagonal von links unten nach rechts oben verlaufen. Die relativistischen Kennlinien sehen ganz anders aus. Sie sind gebogene Kurven, die sich der Lichtgeschwindigkeit zwar immer weiter annähern, diese aber niemals übersteigen. Dies ist gemeint, wenn Einstein in [38] sagt, dass *„die Lichtgeschwindigkeit in unserer Theorie physikalisch die Rolle der unendlich großen Geschwindigkeit spielt"*.

8.2.4   Der Interferometerversuch von Fizeau

In diesem Abschnitt wollen wir ein weiteres Mal zu Fizeaus Interferometerversuch zurückkehren, den wir in Abschnitt 4.3.2 vorgestellt und in Abschnitt 6.1.3 im Lichte der Fresnel'schen Hypothese eines teilweise mitgeführten Äthers diskutiert haben. Als Erstes rekapitulieren wir die Passage, in der Fizeau den Ausgang seines Experiments beschreibt:

> *„Die Beobachtung ergab nun Folgendes: Sobald das Wasser in Bewegung gesetzt wird, verschieben sich die Fransen, und je nachdem das Wasser sich in diesem oder jenem Sinn bewegt, findet die Verschiebung nach der Rechten oder Linken statt. [...] Nachdem ich das Daseyn des Phänomens nachgewiesen, suchte ich den numerischen Werth desselben mit aller möglichen Genauigkeit zu bestimmen. Heiße einfache Verschiebung diejenige, welche entsteht, wenn das Wasser aus der Ruhe in Bewegung gesetzt wird, und doppelte Verschiebung diejenige, welche erfolgt, wenn die Bewegung in die umgekehrte verwandelt wird; so fand sich durch ein Mittel aus 19 ziemlich übereinstimmenden Beobachtungen für die einfache Verschiebung 0,23, also für die doppelte 0,46 der Breite einer Franse. Die Geschwindigkeit des Wassers betrug $7^m,069$ in der Sekunde."*

Hippolyte Fizeau [62]

Wird das durchgeführte Experiment mit der relativistischen Additionsformel und nicht, wie von Fizeau getan, mit der klassischen Additionsformel analysiert, so erhalten wir ein bemerkenswertes Ergebnis. Die relativistische Rechnung sagt vorher, dass im Objektiv des Empfängers eine einfache Verschiebung von 0,21 der Breite einer Franse zu beobachten ist. Damit ist klar: Fizeau war als einem der Ersten eine empirische Bestätigung der speziellen Relativitätstheorie gelungen, und dies mit einem vergleichsweise einfachen Experiment. Den engagierten Physiker hat diese freudige Nachricht nicht mehr erreicht. Als Einstein die spezielle Relativitätstheorie 1905 in den Annalen der Physik publizierte, jährte sich der Tod des Franzosen bereits zum neunten Mal.

Einstein war über den Ausgang des Experiments im Bilde, und wir dürfen annehmen, dass es sein Vertrauen in die spezielle Relativitätstheorie erheblich stärkte. So zumindest klingen die Worte, die Robert Shankland über eine Begegnung mit Einstein im Februar 1950 schrieb:

> „The first visit to Princeton to meet Professor Einstein was made primarily to learn from him what he really felt about the Michelson-Morley experiment, and to what degree it had influenced him in his development of the Special Theory of Relativity. [...] When I asked him how he had learned of the Michelson-Morley experiment, he told me that he had become aware of it through the writings of H. A. Lorentz, but only after 1905 had it come to his attention! ‚Otherwise‘, he said, ‚I would have mentioned it in my paper.‘ He continued to say the experimental results which had influenced him most were the observations on stellar aberration and Fizeau's measurements on the speed of light in moving water. ‚They were enough‘, he said.“

Robert Shankland [149]

8.3 Zwillingsparadoxon

Die von Einstein vorhergesagte Zeitdilatation ist das vielleicht größte Faszinosum der speziellen Relativitätstheorie, und es ist kaum verwunderlich, dass sich viele Roman- und Drehbuchautoren dieser Thematik angenommen haben. Vielleicht erinnern auch Sie sich noch an die tragischen Abenteuer des Astronauten George Taylor, der 18 Monate nach dem Start seines Raumgleiters mit viel Glück eine Bruchlandung auf einem kargen, unwirtlichen Planeten überlebte. Anders als in der Romanvorlage *La Planète des singes* (*Der Planet der Affen*) war Taylor in der Verfilmung mit Charlton Heston auf die Erde zurückgekehrt – im Jahr 3978. Mittlerweile wurden die Menschen von Horden intelligenter Affen beherrscht, nachdem sie ihre Welt in einem globalen Atomkrieg vernichtet hatten.

Sehen wir davon ab, dass es aus Gründen, die wir in Abschnitt 8.5 herausarbeiten werden, kaum möglich ist, eine Raumfähre auf die hohe Geschwindigkeit zu bringen, mit der Taylor und seine Mannschaft durch das All flogen, so zeichnet die Romanverfilmung ein durchaus realistisches Bild. Von der Dehnung der Zeit sind alle Naturphänomene betroffen, und die Alterung der Zellen in einem menschlichen Körper machen hier keine Ausnahme.

Abbildung 8.18

PAUL LANGEVIN
1872 – 1946

Einstein hatte diesen Punkt in einem Vortrag thematisiert, den er am 16. Januar 1911 in der Sitzung Naturforschenden Gesellschaft in Zürich hielt:

„Wenn wir z. B. einen lebenden Organismus in eine Schachtel hineinbrächten und ihn dieselbe Hin- und Herbewegung ausführen liessen wie vorher die Uhr, so könnte man es erreichen, dass dieser Organismus nach einem beliebig langen Fluge beliebig wenig geändert wieder an seinen ursprünglichen Ort zurückkehrt, während ganz entsprechend beschaffene Organismen, welche an den ursprünglichen Orten ruhend geblieben sind, bereits längst neuen Generationen Platz gemacht haben. Für den bewegten Organismus war die lange Zeit der Reise nur ein Augenblick, falls die Bewegung annähernd mit Lichtgeschwindigkeit erfolgte! Dies ist eine unabweisbare Konsequenz der von uns zugrunde gelegten Prinzipien, die die Erfahrung uns aufdrängt."

Albert Einstein [40]

Drei Monate später trug der französische Physiker Paul Langevin (Abbildung 8.18) auf einem Kongress in Bologna ein ähnlichen Beispiel vor:

„to find out what the Earth will be in two hundred years [...] it is sufficient that our traveler consents to be locked in a projectile that would be launched from Earth with a velocity sufficiently close to that of light but lower, which is physically possible, while arranging an encounter with, for example, a star that happens after one year of the traveler's life, and which sends him back to Earth with the same velocity. Returned to

Earth he has aged two years, then he leaves his ark and finds our world two hundred years older, if his velocity remained in the range of only one twenty-thousandth less than the velocity of light."

Paul Langevin [96]

Langevin hatte die Folgen der Zeitdilatation so plastisch beschrieben, dass er etliche Leser gegen sich aufbrachte. Konnte es wirklich sein, dass zwei Menschen unterschiedlich altern und ein Astronaut nach der Rückkehr auf die Erde dann jünger wäre als ein zu Hause gebliebener Zwillingsbruder? Viele Menschen erachteten diesen Gedanken als so abwegig, dass sie darin eine logische Paradoxie vermuteten und die spezielle Relativitätstheorie als widerlegt ansahen. Selbst heute noch argumentieren Kritiker der Relativitätstheorie gerne auf diese Weise.

Dass in der modernen Literatur durchgängig die Bezeichnung *Zwillingsparadoxon* (*twin paradox*) verwendet wird, geht übrigens nicht auf Langevin zurück; in seiner 1911 publizierten Arbeit, aus der wir oben eine kurze Passage zitiert haben, spricht er weder von einem Zwillingspaar noch von einem anderen lebenden Menschen, der nach der Rückkehr des Astronauten als Vergleich herangezogen wird. Die früheste bekannte Quelle, die das Paradoxon in der heute üblichen Form als die Reise eines Zwillingsbruders beschreibt, ist das Lehrbuch *Space-Time-Matter* von Hermann Weyl:

„Von zwei Zwillingsbrüdern, die sich in einem Weltpunkt A trennen, bleibe der eine in der Heimat (d. h. ruhe dauernd in einem tauglichen Bezugsraum), der andere aber unternehme Reisen, bei denen er Geschwindigkeiten (relativ zur »Heimat«) entwickelt, die der Lichtgeschwindigkeit nahekommen; dann wird sich der Reisende, wenn er dereinst in die Heimat zurückkehrt, als merklich jünger herausstellen denn der Sesshafte."

Hermann Weyl [171]

Obwohl die Aussage des Zwillingsparadoxons in vollem Einklang mit den Einstein'schen Axiomen steht, wollen wir an dieser Stelle trotzdem auf einen Einwand eingehen, der von kritischen Stimmen gerne vorgetragen wird. Im Kern der Argumentation steht ein vermeintlicher Symmetriebruch, der folgendermaßen motiviert wird: Das erste Einstein'sche Axiom macht klar, dass weder der Begriff der Bewegung noch der Begriff der Ruhe in einem absoluten Sinn interpretiert werden darf. Wechseln wir die Perspektive und betrachten das Szenario aus der Sicht des Raumschiffs, dann ist der andere Zwilling der bewegte. Folgerichtig müssen wir schließen, dass die Uhren auf der Erde langsamer ticken und der Astronaut nach seiner Rückkehr älter ist als sein zu Hause gebliebener Zwilling. Offenbar hat uns die Anwendung des Relativitätsprinzips einen herben Widerspruch beschert, oder etwa nicht?

Ein zweiter Blick auf diese Argumentation deckt auf, das hier wissentlich oder unwissentlich über ein wichtiges Detail des reisenden Zwillings hinweggegangen wurde.

Anders als sein Bruder, der auf der Erde verweilt und sich die ganze Zeit in einem Inertialsystem befindet, führt der Astronaut eine Richtungsumkehr durch. Diese Umkehr bedeutet, dass er den Hinweg in einem anderen Inertialsystem verbringt als den Rückweg. Die Tatsache, dass einer der Zwillinge das Inertialsystem wechselt und der andere dies nicht tut, ist die entscheidende Asymmetrie. Sie sorgt dafür, dass der reisende Zwilling am Ende der Reise jünger ist als sein Bruder, und zwar unabhängig davon, aus welchem Bezugssystem heraus wir die Reise betrachten.

Wir schließen diesen Abschnitt mit einem Zitat von Wolfgang Rindler, der einen wesentlichen Aspekt des Zwillingsparadoxons in wenigen Sätzen auf den Punkt bringt:

> *„No account of special relativity would be complete without at least a mention of the notorious clock or twin paradox dating back as far as 1911. Reams of literature were written on it unnecessarily for more than six decades. At its root apparently lay a deep psychological barrier to accepting time dilation as real. From a modern point of view it is difficult to understand the earlier fascination with this problem, or even to recognize it as a problem."*

Wolfgang Rindler [138]

8.4 Reise zu fernen Galaxien

In diesem Abschnitt beschäftigen wir uns mit einer Frage, die sich nach der Betrachtung des Zwillingsparadoxons geradezu aufdrängt. Was wäre, wenn der reisende Zwilling gar nicht auf die Erde zurückkehrt, sondern Kurs auf entfernte Galaxien nimmt? Sollte uns die Zeitdilatation nicht gestatten, innerhalb eines Menschenlebens viel weiter in den Weltraum vorzudringen, als es die klassische Physik erlaubt?

Um dieser Frage nachzugehen, wollen wir den Weltraum mit einem fiktiven Raumschiff bereisen, das eine gleichmäßige Beschleunigung aufrecht erhalten kann. In einem solchen Raumschiff sind wir zu keiner Zeit schwerelos. Wählen wir eine Beschleunigung, die in etwa der Erdbeschleunigung entspricht, so können wir uns darin genauso komfortabel bewegen wie auf der Erde.

In den ersten Tagen ist unser Raumschiff noch vergleichsweise langsam unterwegs und folgt in guter Näherung der Newton'schen Physik. Dennoch kommen wir im Vergleich zu einem echten Raumschiff gut voran. Aufgrund der permanenten Beschleunigung passieren wir bereits nach ca. zwei Stunden den Mond, und nach zweieinhalb Tagen den Mars. Nach einer Woche in unserem Raumschiff sind wir an Jupiter und Saturn vorbei, und nach 9 Tagen erreichen wir Uranus. Nach zwei Wochen haben wir Neptun, unseren äußersten Planeten, hinter uns gelassen und das Sonnensystem verlassen.

Als wir weiterreisen, beginnen die Formeln der Newton'schen Physik allmählich zu versagen. Die klassische Kinematik sagt vorher, dass die gleichmäßige Beschleunigung zu einem linearen Anstieg der Geschwindigkeit führt, so dass wir uns nach rund einem Jahr genauso schnell bewegen müssten wie das Licht, nach zwei Jahren doppelt so schnell und so fort. Nach dem relativistischen Additionstheorem für Geschwindigkeiten ist aber etwas ganz anderes der Fall. Aus ihm folgt, dass die Geschwindigkeit aufgrund der gleichmäßigen Beschleunigung zwar fortwährend steigt, der Zuwachs aber immer geringer ausfällt. Dies führt dazu, dass unser Raumschiff während der gesamten Reise langsamer unterwegs ist als das Licht.

Um die Reise von der Erde aus beurteilen zu können, benötigen wir das *relativistische Weg-Eigenzeit-Gesetz*. Hinter diesem Begriff verbirgt sich eine Formel, die als Parameter τ die Zeit unserer Borduhr entgegennimmt und daraus berechnet, wie weit unser Raumschiff aus der Sicht eines Erdbeobachters in das All vorgedrungen ist. Obwohl die Herleitung dieser Formel vergleichsweise kompliziert ist, erhalten wir ein verblüffend einfaches Ergebnis: Die Strecke, die das Raumschiff aus der Sicht eines Erdbeobachters zurücklegt, wird durch die Kosinus-Hyperbolicus-Funktion beschrieben: Es ist $x(\tau) \approx \cosh \tau$. Mit dieser Formel können wir die Frage beantworten, wie unsere fiktive Reise weitergeht.

Die Sonne, von der wir mittlerweile weit entfernt sind, ist eine von mehreren hundert Milliarden Sternen unserer Heimatgalaxie, der Milchstraße. Unsere Galaxie gehört zu den sogenannten *Balkenspiralgalaxien*, die in ihrer Mitte ein balkenförmiges Band heller Sterne aufweisen, an das sich die Spiralarme anschließen. Die Arme der Milchstraße bestehen aus zwei Hauptarmen, die sich ihrerseits in mehrere Nebenarme auffächern. Einer davon ist der Orionarm, in dem sich unser Sonnensystem befindet und wegen dieser Eigenschaft auch als der *Lokale Arm* bezeichnet wird (Abbildung 8.19).

Der sonnennächste Stern ist *Proxima Centauri*, der aufgrund seiner geringen Strahlkraft erst im Jahr 1915 entdeckt wurde. Von der Erde ist er 4,24 Lichtjahre entfernt, doch als wir ihn erreichen, sind auf der Borduhr unseres Raumschiffs nur etwas mehr als 2 Jahre verstrichen. Bereits jetzt macht sich die Zeitdilatation deutlich bemerkbar, denn von der Erde aus beurteilt haben wir Proxima Centauri erst nach rund 5 Jahren erreicht.

Nach 4 Jahren passieren wir den Stern Wega im Sternbild Lyra. Er ist jener Stern, der in Carl Sagans klug konstruiertem Roman *Contact* die Hauptrolle spielt und 1997 in der gleichnamigen Verfilmung von Robert Zemeckis effektvoll in Szene gesetzt wurde. Auf der Erde wird man konstatieren, dass unser Raumschiff rund 26 Jahre benötigt hat, um den 25 Lichtjahre entfernten Stern zu erreichen. Trotz dieser enormen Distanz befindet sich Wega nach astronomischen Maßstäben in unserer unmittelbaren Nähe. In Abbildung 8.19 finden wir den Stern aufgrund des großen Maßstabes an ziemlich genau der gleichen Stelle wieder, an der auch unsere Sonne eingezeichnet ist. Dies unterstreicht eindrucksvoll, wie riesig die Milchstraße ist, die mit einem Durchmesser zwischen 100.000 und 120.000 Lichtjahren alle für uns intuitiv erfassbaren Größen-

Abbildung 8.19: Die Lage der Sonne innerhalb der Milchstraße [139]

maßstäbe sprengt. Auch für die Beobachtung des Nachthimmels hat dies erhebliche Konsequenzen. Jeder Blick darauf ist ein Blick in die Vergangenheit, und zwar selbst dann, wenn wir nicht das Licht ferner Galaxien, sondern das Licht unserer lokalen Nachbarsterne beobachten.

An Bord des Raumschiffs müssen wir die großen Ausmaße unserer Heimatgalaxie aber nicht fürchten. Wir sind mittlerweile mit einer so hohen Geschwindigkeit unterwegs, dass wir 6 Jahre nach unserem Vorbeiflug an Wega das Zentrum der Milchstraße erreichen. Auf der Erde wird keiner unserer Angehörigen und Freunde diesen Meilenstein mit uns feiern können. Dort sind seit dem Start unseres Raumschiffs bereits 26000 Jahre vergangen, und es ist kaum auszumalen, wie sich der Planet in dieser Zeit verändert hat.

Trotz ihrer gigantischen Ausmaße ist die Milchstraße nur ein unbedeutend kleiner Fleck im Universum. Sie ist eine von ca. 100 Milliarden Galaxien, von denen jede einzelne ihrerseits Milliarden von Sternen beheimatet. Wir wissen heute, dass die Ga-

Abbildung 8.20: Das größte Mitglied der Lokalen Gruppe: die Andromeda-Galaxie [123]

laxien im Universum nicht gleichmäßig verteilt sind. Sie bilden Gruppen oder Haufen, die in der Regel mehrere tausend Galaxien umfassen. Der Durchmesser der *Lokalen Gruppe*, d. h. der Gruppe, in der sich die Milchstraße befindet, wird auf 5 bis 8 Millionen Lichtjahre geschätzt. In unserer direkten Nachbarschaft, wenn dieses Wort erlaubt ist, befinden sich zwei Zwerggalaxien, die uns auf der Reise durch das All begleiten. Es sind die *Magellanschen Wolken*, die in eine große Wolke mit ca. 15 Milliarden Sternen und eine kleine Wolke mit ca. 5 Milliarden Sternen unterschieden werden. Die größte Galaxie der Lokalen Gruppe ist die *Andromedagalaxie* (Abbildung 8.20). Sie ist ca. 2,5 Millionen Lichtjahre von uns entfernt und mit einem Durchmesser von rund 140.000 Lichtjahren noch ausladender als die Milchstraße.

Wieder brauchen wir uns an Bord des Raumschiffs nicht vor den gigantischen Distanzen zu fürchten. Die Raumkontraktion hat die Entfernung für uns so weit verkürzt, dass wir die Magellanschen Wolken nach 13 Jahren hinter uns gelassen haben und nach 15 Jahren die Andromedagalaxie erreichen.

Hier ist unsere Reise aber noch nicht zu Ende, denn auch die Galaxienhaufen sind nichts weiter als die unbedeutenden Mitglieder von noch viel größeren Strukturen: den Superhaufen. Die Lokale Gruppe wurde im Jahr 2014 dem *Laniakea-Superhaufen* zugeordnet, der sich über eine Distanz von ca. 520 Millionen Lichtjahren erstreckt. Zu Laniakea gehört auch auch der *Virgo-Superhaufen*, der in der Vergangenheit für den Lokalen Superhaufen gehalten wurde. Mit unserem Raumschiff erreichen wir das Zentrum des Virgo-Superhaufens in etwas weniger als 19 Jahren. Auf der Erde wird sich dann niemand mehr an uns erinnern; seit dem Start unseres Raumschiffs sind dort 65 Millionen Jahre vergangen, und sicher ist nichts mehr so, wie es einst war.

In den nächsten 6 Jahren passieren wir unzählige weitere Superhaufen, bis unsere Reise, nach insgesamt 24 Jahren, ein vorläufiges Ende nimmt. Wir haben dann die Galaxie UDFy-38135539 erreicht, die im September 2009 auf der Ultra-Deep-Field-Aufnahme des Hubble-Teleskops entdeckt wurde. Mit einer Entfernung von ca. 13 Milliarden Lichtjahren ist sie die entfernteste Galaxie, die zur Drucklegung dieses Buchs bekannt war.

Auf der Erde wird niemand das Ende unserer Reise erleben, da die Sonne in ca. 7 Milliarden Jahren einen dramatischen Wandel vollziehen wird. Die schwindenden Wasserstoffvorräte werden die im Innern ablaufenden Fusionsprozesse verändern und das Gestirn in einen *roten Riesen* verwandeln. Die Sonne wird dann auf das Zweihundertfache ihrer jetzigen Größe anschwellen und ihre Leuchtkraft für kurze Zeit verdoppeln. Die beiden sonnennächsten Planeten Venus und Merkur wird sie dabei direkt vernichten. Sollte die Erde aufgrund ihres größeren Bahnradius diesem Schicksal entkommen, wird dort kein Leben mehr möglich sein. Unter der dann rötlich glühenden Sonne werden die Ozeane vollständig verdampfen und die ehemals grünen Landmassen zu unwirtlichen Wüsten verbrennen.

Wenn der Fusionsprozess nach ca. 13 Milliarden Jahren zum Erliegen kommt, wird die Sonne auf ein Bruchteil ihrer ursprünglichen Größe zu einem *weißen Zwerg* zusammenschrumpfen. Kalt und trostlos wird sie als dunkle Sternenleiche durch das All triften, einem unbekannten Schicksal entgegen. Falls unser Heimatplanet zu diesem Zeitpunkt überhaupt noch existieren sollte, so wird dort nichts mehr an das blühende Leben erinnern, das auf ihm einst möglich war.

Damit wollen wir unseren gedanklichen Ausflug in die unendlichen Weiten des Universums beenden. Vergessen Sie nicht, dass wir diese fiktive Reise lediglich unternommen haben, um der Zeitdilatation und der Raumkontraktion ein konturenreicheres Gesicht zu verleihen. Auch wenn uns die Zeitdilatation eine theoretische Möglichkeit eröffnet, innerhalb eines Menschenlebens an den Rand des beobachtbaren Universums vorzudringen, so gibt es zahlreiche Gründe, warum eine solche Reise trotzdem unmöglich ist. Einer dieser Gründe ist die relativistische Massenzunahme, der wir im nächsten Abschnitt begegnen werden. Sie wird unsere Reisepläne bereits im Keim ersticken.

8.5   Relativistische Dynamik

„Die Resultate einer jüngst in diesen Annalen von mir publizierten elektrodynamischen Untersuchung [38] führen zu einer sehr interessanten Folgerung, die hier abgeleitet werden soll.“

Albert Einstein [36]

Wenige Monate nachdem Einstein seine berühmte Arbeit *Zur Elektrodynamik bewegter Körper* in den Annalen der Physik veröffentlichte, schickte er eine weitere, nicht minder fesselnde Arbeit an die Herausgeber des Journals. Auf gerade einmal drei Seiten war es ihm gelungen, aus den Postulaten der speziellen Relativitätstheorie einen Zusammenhang abzuleiten, der ihm in seinen bisherigen Untersuchungen offenbar entgangen war. Einstein zweifelte selbst ein wenig daran, ob diese zutiefst verwunderliche Konsequenz tatsächlich der Realität entsprach, und formulierte den Titel seiner Arbeit daher ungewöhnlich zurückhaltend in Form einer Frage. Sie lautet: *„Ist die Trägheit eines Körpers von seinem Energieinhalt abhängig?“*

8.5.1   Zur Trägheit der Energie

Um den provokanten Inhalt dieser Frage zu verstehen, müssen wir uns lediglich daran erinnern, dass die *„Trägheit eines Körpers“* durch seine Masse bestimmt wird. Damit rüttelte Einstein erneut an einem Grundpfeiler der klassischen Physik: der Annahme, dass die Masse eines Körpers weder durch dessen Geschwindigkeit noch durch dessen Raumlage in irgendeiner Weise beeinflusst wird. Egal, wie stark sich dessen kinetische oder potentielle Energie auch ändern mag: Nach den Formeln der klassischen Physik bleibt die Masse stets die gleiche.

Irgendwann bemerkte Einstein, dass die begriffliche Trennung von Masse und Energie nicht mit den Axiomen der speziellen Relativitätstheorie vereinbar war. Ganz im Gegenteil: Aus seinen Postulaten folgte, dass Masse und Energie zwei eng miteinander verwobene Größen sein mussten. Einstein stieß auf diesen Zusammenhang, als er drei bekannte Tatsachen geschickt miteinander kombinierte. Diese waren: Der relativistische Doppler-Effekt, der die Frequenzverschiebung einer Welle bei einem Wechsel des Inertialsystems beschreibt, die Photonenhypothese, mit der er wenige Monate zuvor den photoelektrischen Effekt erklärte, und der Satz über die Erhaltung der Energie. Der letztgenannte Satz hatte sich in der Physik als so grundlegend erwiesen, dass Einstein zu keiner Zeit an ihm zweifelte.

Mit diesen drei Prämissen in Händen führte Einstein ein Gedankenexperiment mit einem ruhenden Körper durch, der zwei Lichtwellen in entgegengesetzte Richtungen

abstrahlte. Für beide Lichtwellen wählte er die gleiche Intensität, so dass der licht-
emittierende Körper keine Beschleunigung erfuhr. Anschließend wechselte Einstein
die Perspektive und betrachtete das Szenario aus der Sicht eines Inertialsystems, das
schräg zu den abgestrahlten Lichtwellen in Bewegung war. In diesem System erfuhr
jede der beiden Lichtwellen eine Frequenzverschiebung, die sich mit den Formeln des
relativistischen Doppler-Effekts exakt berechnen ließ.

Aus Abschnitt 4.1.4 wissen wir, dass es Einstein gelungen war, den photoelektrischen
Effekt mithilfe der Photonenhypothese zu erklären. Nach dieser Hypothese sind die
Frequenz einer Lichtwelle und die Energie eines Photons proportionale Größen, so
dass sich Aussagen über die Frequenz einer Lichtwelle in Aussagen über deren Ener-
giegehalt umschreiben lassen. Einstein ging genau diesen Weg und überführte die
Doppler'schen Terme mit dem Satz über die Erhaltung der Energie in eine Gleichung.
Indem er diese mit einer zweiten Gleichung kombinierte, die er im Ruhesystem des
Körpers gewann, erhielt er eine Formel, die ein verblüffendes physikalisches Phänomen beschrieb. Sie sagte aus, dass die Emission einer Lichtwelle nur dann möglich
war, wenn sich dabei die träge Masse des strahlenden Körpers verringerte. Das Umgekehrte war gleichermaßen richtig: Nahm ein Körper Strahlung auf, so war dies
nach Einsteins Formel nur dann möglich, wenn seine träge Masse größer wurde. Zur
damaligen Zeit war dies ein völlig überraschendes Ergebnis: Alles sprach dafür, dass
Strahlung in der Lage war, eine physikalische Eigenschaft von einem Körper zu einem
anderen zu übertragen, die niemals zuvor in diesem Sinne interpretiert wurde: die
Trägheit. Genau dieses Resümee zieht Einstein am Ende seiner Arbeit:

> *„Wenn die Theorie den Tatsachen entspricht, so überträgt die Strahlung Trägheit
> zwischen den emittierenden und absorbierenden Körpern.“*
>
> Albert Einstein [36]

Bereits für sich alleine gesehen ist die Äquivalenz von Masse und Energie ein faszinierendes Ergebnis. Noch erstaunlicher wird die Situation aber dann, wenn wir
einen Blick auf den Proportionalitätsfaktor werfen, der beide Größen miteinander
verbindet. Was wir dort sehen, klingt in Einsteins Worten so:

> *„Aus dieser Gleichung folgt unmittelbar: Gibt ein Körper die Energie L in Form von
> Strahlung ab, so verkleinert sich seine Masse um L/V².“*
>
> Albert Einstein [36]

In symbolischer Form nehmen Einsteins Worte die folgende Gestalt an:

$$\Delta m = \frac{\Delta L}{V^2}$$

Ersetzen wir L und V durch die heute gebräuchlichen Symbole E und c, so erhält diese Formel das folgende Gesicht:

$$\Delta E = \Delta mc^2 \tag{8.3}$$

Jetzt sehen wir den Proportionalitätsfaktor schwarz auf weiß vor uns. Er ist das Quadrat einer Größe, die auf den ersten Blick rein gar nichts mit der Masse und der Energie eines Körpers zu tun hat: die Lichtgeschwindigkeit.

Wir wollen an dieser Stelle nicht verschweigen, dass sich Einsteins historische Formel (8.3) von ihrer heute bekannten Form

$$E = mc^2 \tag{8.4}$$

in einem unscheinbaren, aber wichtigen Punkt unterscheidet. Einsteins Formel (8.3) macht lediglich eine Aussage über *Differenzen*. Das bedeutet, dass die Zunahme von Energie mit der Zunahme von träger Masse und die Abnahme von Energie mit der Abnahme von träger Masse einhergehen muss. Die bekannte Variante (8.4) ist deutlich offensiver: Sie postuliert die uneingeschränkte Äquivalenz von Masse und Energie. Um Einsteins Formel in dieser offensiven Variante zu legitimieren, müsste es möglich sein, Masse und Energie vollständig ineinander zu verwandeln, doch kein Experiment zu Einsteins Zeiten hätte auch nur im Ansatz einen Hinweis auf so etwas geliefert. Heute wissen wir, dass die vollständige Umwandlung von Masse in Energie in der Natur tatsächlich stattfindet. Kollidiert beispielsweise ein Elektron mit einem seiner Antiteilchen, einem Positron, so zerstrahlen beide vollständig zu Energie. Man spricht in diesem Fall von einer *Paarvernichtung* oder *Annihilation*. Auch der umgekehrte Fall ist möglich. Im Zuge einer *Paarerzeugung* kann sich beispielsweise ein Photon in ein Elektron und ein Positron verwandeln. Möglich wird dies dann, wenn die Energie des Photons einen gewissen Schwellenwert übersteigt; sie muss mindestens so groß sein wie die Summe aus dem Energieäquivalent der Elektronenmasse und dem Energieäquivalent der Positronenmasse.

Mit seiner nur dreiseitigen Publikation hatte Einstein zum zweiten Mal eine begriffliche Mauer der klassischen Physik eingerissen. Die Energie und die Masse eines Körpers dürfen in der Relativitätstheorie genauso wenig als getrennte Größen angesehen werden wie der Raum und die Zeit. In beiden Fällen ist die Lichtgeschwindigkeit ein verbindendes Element, wenn auch in einem jeweils anders gelagerten Sinn. In der relativistischen Kinematik spielt sie die Rolle einer beobachtungsinvarianten Größe, die über alle Inertialsysteme hinweg die gleiche ist, und sie bestimmt als Teil des Lorentzfaktors γ, wie die Raum- und Zeitkoordinaten zweier gegeneinander bewegter Inertialsysteme ineinander übergehen. In der relativistischen Dynamik ist ihre vermittelnde Rolle noch direkter ausgeprägt: Sie ist dort das alleinige Bindeglied zwischen Masse und Energie.

Als Nächstes wollen wir versuchen, ein Gefühl dafür zu entwickeln, wir groß das Energieäquivalent einer bestimmten Masse tatsächlich ist. Für diesen Zweck blicken wir erneut in Einsteins Arbeit:

> *„Hierbei ist es offenbar unwesentlich, dass die dem Körper entzogene Energie gerade in Energie der Strahlung übergeht, so dass wir zu der allgemeineren Folgerung geführt werden: Die Masse eines Körpers ist ein Maß für dessen Energieinhalt; ändert sich die Energie um L, so ändert sich die Masse in demselben Sinne um $L/9 \cdot 10^{20}$, wenn die Energie in Erg und die Masse in Grammen gemessen wird."*

Albert Einstein [36]

In seiner Ausführung benutzt Einstein die Einheit Erg, für die wir den folgenden Zusammenhang aufstellen können:

$$1 \text{ erg} = 1 \ \frac{\text{g cm}^2}{\text{s}^2}$$

Die Bezeichnung Erg ist aus dem griechischen Wort *Ergon* abgeleitet, das *Arbeit*, *Handlung* oder *Tat* bedeutet.

Um Einsteins berühmter Formel (8.4) mit den gewählten Einheiten gerecht zu werden, müssen wir die Lichtgeschwindigkeit c in Zentimeter pro Sekunde ausdrücken:

$$c \approx 3 \cdot 10^{10} \ \frac{\text{cm}}{\text{s}}$$

Quadrieren wir diesen Wert, so erhalten wir mit

$$c^2 \approx 9 \cdot 10^{20} \ \frac{\text{cm}^2}{\text{s}^2}$$

genau jenen Proportionalitätsfaktor, den Einstein in seiner Originalarbeit erwähnt.

Im Internationalen Einheitensystem (SI) wird die Energie in der Einheit *Joule* gemessen, die der folgenden Umrechnungsformel genügt:

$$1 \text{ J} = 1 \cdot 10^7 \text{ erg}$$

Das bedeutet: Messen wir die Lichtgeschwindigkeit in Meter pro Sekunde und die Masse in Kilogramm, so gibt Einsteins Formel (8.4) die Energie in Joule an.

Der Proportionalitätsfaktor liefert uns gleichsam die Antwort auf die Frage, warum wir die *„Trägheit der Energie"* im Alltag nicht bemerken. Das Quadrat der Lichtgeschwindigkeit ist so groß, dass ein Körper gigantische Mengen an Energie aufnehmen müsste, um seine Masse merklich zu vergrößern. Würde sich beispielsweise die gesamte Energie des Erdmagnetfelds (ca. 1 Exajoule) in einen massiven Körper verwandeln, so könnten wir diesen immer noch mühelos in den Händen halten; das gesamte Feld wäre nur wenige Kilogramm schwer.

8.5.2 Relativistische Massenzunahme

Der Effekt, dass die Beschleunigung eines Körpers nicht nur dessen Geschwindigkeit, sondern auch dessen Trägheit erhöht, ist die *relativistische Massenzunahme*. Dass

Aus der Sicht von S   Aus der Sicht von S′

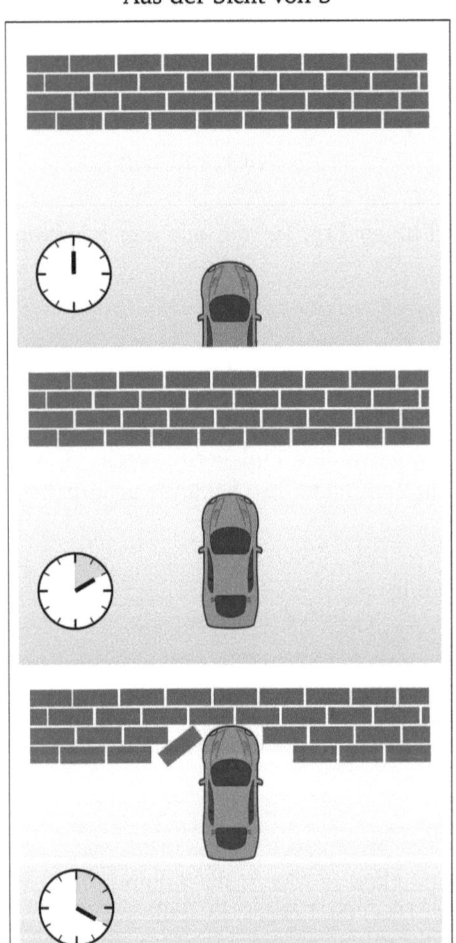

Abbildung 8.21: Zur relativistischen Massenzunahme

die Masse eines beschleunigten Körpers nicht konstant bleiben kann, lässt sich auch mithilfe der Zeitdilatation begründen; mit einem Argument, das intuitiv so einsichtig ist, dass wir es an dieser Stelle nicht auslassen wollen. Ein Blick auf Abbildung 8.21 erklärt seinen Inhalt. Sie sehen dort in mehreren Momentaufnahmen, wie ein Auto ungebremst auf eine Mauer zufährt und mit dieser kollidiert.

Die linke und die rechte Seite zeigen das Szenario aus der Sicht zweier Beobachter, die sich relativ zueinander bewegen. Der linke Beobachter befindet sich im Ruhesystem der Mauer, dem System S, und der rechte in einem Bezugssystem S′, das sich senkrecht zur Fahrlinie des Autos bewegt. Um aus dem Gedankenexperiment den richtigen Schluss zu ziehen, erinnern wir uns zunächst daran, dass die Tiefe des Einschlaglochs ein Maß für den *Impuls* des Fahrzeugs ist. Ferner halten wir fest, dass wir entlang der Fahrlinie keine Raumkontraktion zu fürchten haben, da sich S′ senkrecht dazu bewegt. Für den Beobachter in S ist das Loch also genauso tief wie für den Beobachter in S′, und das bedeutet, dass der Impuls des Fahrzeugs in beiden Bezugssystemen gleich sein muss. Aus der Schulphysik wissen wir, wie der Impuls eines bewegten Objekts berechnet wird: Er ist das Produkt aus Masse und Geschwindigkeit.

An dieser Stelle kommt die Zeitdilatation ins Spiel, die das Kollisionsszenario für den Beobachter in S′ in Zeitlupe ablaufen lässt. Mit anderen Worten: Für den Beobachter in S′ bewegt sich das Fahrzeug langsamer auf die Wand zu als für den Beobachter in S. Hieraus folgt, dass die eben aufgestellte Forderung der Impulserhaltung nur dann erfüllt werden kann, wenn die Masse als ausgleichendes Element fungiert. Sie muss sich in exakt demselben Maß vergrößern, wie sich die Geschwindigkeit verkleinert.

Damit sind wir in der Lage, die relativistische Massenzunahme auch quantitativ zu formulieren. Wir erhalten die Masse eines Körpers, der sich mit der Geschwindigkeit v bewegt, indem wir dessen *Ruhemasse*, d. h. die Masse, die ihm ein Beobachter in dessen Ruhesystem zuordnet, mit dem Lorentzfaktor γ multiplizieren. Bezeichnen wir die Ruhemasse des Körpers mit m_0, so können wir diesen faszinierenden Zusammenhang mit einer schlichten Formel ausdrücken: Es ist $m = \gamma m_0$.

Mit dem Wachstumsverhalten des Lorentzfaktors sind wir mittlerweile gut vertraut. Je näher wir an die Lichtgeschwindigkeit heranrücken, desto größer wird γ und desto größer wird die Masse eines Körpers. Umgekehrt gilt: Würde sich ein Körper tatsächlich mit Lichtgeschwindigkeit bewegen, so wäre seine Masse unendlich groß, was keiner möglichen physikalischen Realität entspricht. Damit tritt die Lichtgeschwindigkeit abermals als eine Grenzgeschwindigkeit hervor, die kein materieller Körper jemals erreichen kann.

Gravierende Auswirkungen hat dieses Ergebnis auch auf die fiktive Reise, die wir in Abschnitt 8.4 unternommen haben. Aufgrund der Zeitdilatation konnten wir tief in das Universum vordringen und innerhalb eines Menschenlebens selbst weit entfernte Galaxien erreichen. Dass unser Raumschiff während der ganzen Reise gleichmäßig beschleunigt werden musste, hatten wir stillschweigend hingenommen, doch mit dem neu erworbenen Wissen ist klar, dass dies über längere Zeit kaum möglich ist. Mit zunehmender Geschwindigkeit wird unser Raumschiff kontinuierlich schwerer, so dass wir immer größere Energiemengen für seine Beschleunigung aufwenden müssen. Einen Antrieb, der diesen Anforderungen gewachsen ist, wird es in absehbarer Zeit nicht geben.

Ein weiteres Problem geht mit den hohen Geschwindigkeiten einher, mit der sich im Weltraum befindliche Partikel relativ zu uns bewegen. Kollidiert unser Raumschiff beispielsweise mit einem winzigen Meteoritensplitter, so würde dies bei einer geringen Geschwindigkeit keinen nennenswerten Schaden anrichten. In der Nähe der Lichtgeschwindigkeit ist die Situation aber eine völlig andere. Selbst ein Bruchstück in der Größe eines Staubkorns hätte dann eine so hohe kinetische Energie, dass es die Hülle unseres Raumschiffs mühelos zerschlagen würde. Damit ist klar: Selbst die Chancen, unseren direkten Nachbarstern Proxima Centauri jemals physisch zu besuchen, sind so gering, dass eine solche Reise wohl auch zukünftig unseren Film- und Romanhelden vorbehalten bleiben wird.

Weiter oben haben wir darauf hingewiesen, dass sich die Äquivalenz von Masse und Energie im Alltag nicht bemerkbar macht, und dies war nicht nur für Einstein ein Dilemma. Die Vorhersage, die ausschließlich auf theoretischen Überlegungen basierte, war so tiefgreifend und kurios, dass sie nach einer soliden experimentellen Bestätigung verlangte. Auch Einstein machte sich darüber Gedanken und stellte am Ende seiner Arbeit einen möglichen Weg in Aussicht:

„Es ist nicht ausgeschlossen, dass bei Körpern, deren Energieinhalt in hohem Maße veränderlich ist (z. B. bei den Radiumsalzen), eine Prüfung der Theorie gelingen wird.“

Albert Einstein [36]

Wie richtig Einstein mit dieser Vermutung lag, hatte weder er selbst noch ein anderer Physiker der damaligen Zeit auch nur im Ansatz vorausgesehen. In den Dreißigerjahren hat die Forschung an den *„Radiumsalzen“* zur Entdeckung der Kernspaltung geführt, die Einsteins Formel in all ihrer Pracht bestätigte. Es war eine Entdeckung mit Licht und Schatten, mit der sich der Mensch nicht nur eine völlig neuartige Energiequelle erschloss, sondern gleichsam eine schwere Last aufbürdete. Seit der Entwicklung der Kernwaffe kann der Mensch über sein Schicksal selbst entscheiden, und es ist heute nicht abzusehen, ob er dieser Verantwortung langfristig gewachsen sein wird.

Bevor wir uns in Kapitel 12 im Detail mit den historischen Wurzeln des Atomzeitalters befassen, wollen wir zunächst der Frage nachgehen, ob das Begriffsgebäude der speziellen Relativitätstheorie wirklich in jeder Hinsicht so makellos ist, wie wir es bisher dargestellt haben. Schon bald werden Sie sehen, dass diese Frage zu verneinen ist. Einstein war sich dessen früh bewusst und sah in der speziellen Relativitätstheorie auch nur einen Teilschritt hin zu einer allgemeinen Theorie, die nicht nur die offen gebliebenen Begriffslücken schloss, sondern im gleichen Atemzug die bislang ausgeklammerte Gravitation mit einbezog. Schnell wurde ihm dabei klar, dass seine Arbeit gerade erst begonnen hatte.

9 Das Äquivalenzprinzip

> *„Das Aufgeben gewisser bisher als fundamental behandelter Begriffe über Raum, Zeit und Bewegung darf nicht als freiwillig aufgefasst werden, sondern nur als bedingt durch beobachtete Tatsachen."*
>
> Albert Einstein [53]

> *„Die allgemeine Relativitätstheorie verdankt ihre Entstehung in erster Linie der Erfahrungstatsache von der numerischen Gleichheit der trägen und der schweren Masse der Körper, für welche fundamentale Tatsache die klassische Mechanik keine Interpretation geliefert hat."*
>
> Albert Einstein [ebd.]

In Kapitel 8 haben wir herausgearbeitet, dass die Postulate der speziellen Relativitätstheorie zu einem völlig neuen Verständnis von Raum und Zeit führen. Doch so faszinierend diese Theorie auch ist: Einstein war mit ihr von Anfang an nicht ganz zufrieden. Um die Beweggründe zu verstehen, versetzen wir uns in Gedanken an den Anfang dieses Buchs zurück und rekapitulieren, auf welchem geistigen Konstrukt die spezielle Relativitätstheorie beruht. Einstein entwickelte sie aus der festen Überzeugung heraus, dass nur feststellbaren Tatsachen eine physikalische Realität zugeschrieben werden kann, und strich die Vorstellung eines absoluten Raums konsequent aus dem physikalischen Weltbild heraus. Das Ergebnis ist uns bekannt: Einstein war es gelungen, eine Tür in eine völlig neue Welt zu öffnen, in der Raum und Zeit zu einer harmonischen Einheit verschmolzen sind.

Aber ist der absolute Raum in der speziellen Relativitätstheorie wirklich gänzlich eliminiert? Zunächst erinnern wir uns daran, dass sich die spezielle Relativitätstheorie auf die Untersuchung bestimmter Bezugssysteme beschränkt, die wir als Inertialsysteme bezeichnet haben. Diese Bezugssysteme sind nach dem lateinischen Wort *Inertia* benannt, das Trägheit bedeutet. Genau diese Eigenschaft hatten wir auch zur Definition dieser Systeme herangezogen: Inertialsysteme sind Bezugssysteme, in denen das Trägheitsgesetz der Mechanik gilt.

Einstein war bewusst, dass er mit der Entscheidung, das Trägheitsprinzip mit dem Relativitätsprinzip in direkter Weise zu kombinieren, in eine begriffliche Falle lief; in

Abbildung 9.1

Ernst Mach
1838 – 1916

eine Falle, auf die der österreichische Physiker und Philosoph Ernst Mach bereits viele
Jahre zuvor im Rahmen seiner kritischen Auseinandersetzung mit dem Newton'schen
Weltbild hingewiesen hatte (Abbildung 9.1). Auf Einstein übte die Arbeit von Mach
einen so großen Einfluss aus, dass wir sie mit Recht als die philosophische Grundlage
der allgemeinen Relativitätstheorie auffassen dürfen. Ihr Herzstück ist das *Mach'sche
Prinzip*, dessen Inhalt wir in groben Zügen offenlegen wollen.

9.1 Das Mach'sche Prinzip

Um den Kerngedanken des Mach'schen Prinzips aufzudecken, wollen wir dessen
Schöpfer selbst das Wort erteilen. Die folgenden Zeilen stammen aus einem Vortrag,
den Ernst Mach am 15. November 1871 vor der königlich-böhmischen Gesellschaft der
Wissenschaften in Prag gehalten hat. Sie machen deutlich, was den großen Vordenker
dazu bewegte, den Begriff der Trägheit in seiner althergebrachten Form abzulehnen:

> *„Seit Newton hat nun das Trägheitsgesetz, welches bei Galilei noch eine bloße Bemer-*
> *kung ist, die Würde und Unantastbarkeit eines päpstlichen Ausspruchs. Man kann*
> *dasselbe vielleicht am besten so aussprechen: Jeder Körper behält seine Richtung und*
> *Geschwindigkeit bei, so lange dieselbe nicht durch äußere Kräfte abgeändert wird.*
> *Ich habe nun schon vor vielen Jahren bemerkt, dass in diesem Trägheitsgesetz eine*
> *große Unbestimmtheit liegt, indem nicht gesagt gegen welche Körper die Richtung*

*und Geschwindigkeit des bewegten Körpers gemeint ist. Auf diese Unbestimmtheit, so
wie auf eine Reihe von Paradoxen, die sich daraus ziehen lassen, und die Auflösung
der Schwierigkeiten, habe ich [...] im Sommer 1868 aufmerksam gemacht. Derselbe
Gegenstand wurde regelmäßig in den folgenden Jahren von mir besprochen. Meine
Untersuchung gelangte [...] jedoch nicht zum Druck."*

Ernst Mach [100]

Danach lässt Mach ein Beispiel folgen, das den Charakter der erwähnten Paradoxien
deutlich zum Ausdruck bringt:

*„Es ist offenbar einerlei, ob wir uns die Erde um die Achse gedreht denken oder
ob wir uns die Erde ruhend um die Himmelskörper um dieselbe gedreht vorstellen.
Geometrisch ist dies genau derselbe Fall einer relativen Drehung der Erde und der
Himmelskörper gegeneinander. Nur ist die erstere Vorstellung astronomisch bequemer
und einfacher."*

Ernst Mach [100]

Jetzt betrachtet Mach die Situation aus der zweiten, unbequemeren Perspektive:

*„Denken wir uns aber die Erde ruhend und die übrigen Himmelskörper um sie
gedreht, so gibt es keine Abplattung der Erde, keinen Foucault'schen Versuch u. s. w.
Wenigstens nach unserer gewöhnlichen Auffassung des Trägheitsgesetzes ist es so. Nun
kann man die Schwierigkeit in zweierlei Weise auflösen. Entweder alle Bewegung
ist eine absolute, oder unser Trägheitsgesetz ist fehlerhaft ausgedrückt. [...] Das
Trägheitsgesetz müsste nun so gefasst werden, dass bei der zweiten Annahme genau
dasselbe herauskommt, wie bei der ersten. Es wird hierdurch ersichtlich, dass in dem
Ausdrucke auf die Massen des Weltraumes Rücksicht genommen werden muss."*

Ernst Mach [100]

Machs Beispiel bringt das Dilemma präzise auf den Punkt: Damit ein Erdbeobachter
die Abplattung des Planeten oder das Verhalten eines Foucault'schen Pendels korrekt
interpretieren kann, muss er seine eigene Rotation feststellen. Dass die Erde rotiert,
kann aber nur bedeuten, dass sie entweder gegen den absoluten Raum rotiert oder
gegen ein anderes Bezugssystem wie den Fixsternhimmel. Verneinen wir die Existenz
eines absoluten Raums, so scheidet die erste Möglichkeit aus, und uns bleibt nichts
anderes übrig, als die zweite zu akzeptieren. Dann aber, und dies ist der entscheidende Punkt, müssen die fernen Massen der Gestirne die Ursache der Fliehkräfte sein.
Mit dieser schlichten, aber durchaus überzeugenden Argumentation war es Mach gelungen, einen Bezug zwischen zwei völlig unterschiedlichen physikalischen Begriffen
herzustellen: der Gravitation und der Trägheit.

Die Schlussfolgerung, die wir soeben gezogen haben, ist ein Teil dessen, was in der Literatur als das *Mach'sche Prinzip* bezeichnet wird. Wir wollen nicht verschweigen, dass dieser Begriff nur fließend abgegrenzt ist und verschiedene Autoren ganz unterschiedliche Aspekte der Mach'schen Ideenleere darunter vereinen. Auch in den Originalquellen werden wir nicht fündig; es gibt darin keine einzige Passage, in denen Mach seine vielschichtigen Gedanken in einem klar umrissenen Prinzip konsolidiert. Doch was auch immer das Mach'sche Prinzip im konkreten Fall bedeuten mag: Allen gängigen Definitionen ist gemein, dass niemals von einer absoluten Bewegung eines Körpers, sondern immer nur von einer Bewegung in Bezug zu den anderen Körpern des Universums gesprochen werden darf, und genau in diesem Sinne wollen wir das Mach'sche Prinzip in diesem Buch verstanden wissen.

Das eben besprochene Gedankenexperiment legt nahe, dass die Begriffe der Physik so zu vereinheitlichen sind, dass zwischen Trägheits- und Gravitationskräften nicht mehr unterschieden wird. Mach war bis zu seinem Tod ein Verfechter dieser Idee, doch die Frage, wie dies genau zu geschehen hatte, konnte er selbst nicht beantworten.

> *„Welchen Anteil hat nun jede Masse an der Bestimmung der Richtung und Geschwindigkeit im Trägheitsgesetze? Darauf lässt sich nach unseren Erfahrungen keine bestimmte Antwort geben.“*

Ernst Mach [100]

Einsteins Interpretation

In Machs Todesjahr fand Einstein die Antwort. Der Verstorbene hätte an der Arbeit, die 1916 in den Annalen der Physik erschien, sicherlich die helle Freude gehabt, denn bereits im zweiten Paragraphen, dem Paragraphen *„über die Gründe, welche eine Erweiterung des Relativitätsprinzips nahelegen“*, führt Einstein ein Gedankenexperiment im Mach'schen Sinne aus.

Auf den ersten Blick wirkt das Gedankenexperiment simpel. Es findet in einem Universum statt, in dem lediglich zwei Körper S_1 und S_2 existieren, die so weit voneinander entfernt sind, dass die gravitative Anziehung zwischen ihnen vernachlässigt werden darf. Wir nehmen an, dass es sich bei den Körpern um zwei gleich geartete flüssige Kugeln handelt, die durch die Gravitationskraft zusammengehalten werden. Ferner nehmen wir an, dass S_1 und S_2 relativ zueinander mit einer konstanten Winkelgeschwindigkeit um die Verbindungslinie ihrer Mittelpunkte rotieren. Als Nächstes platzieren wir auf beiden Körpern im Geiste einen Beobachter. Fragen wir nach, wie die Szenerie aus deren Sicht empfunden wird, so ist die Antwort beide Male die gleiche: Jeder empfindet sich selbst als ruhend und den anderen als rotierend. Jetzt nehmen wir an, dass die beiden Beobachter die Körper genau vermessen und dabei

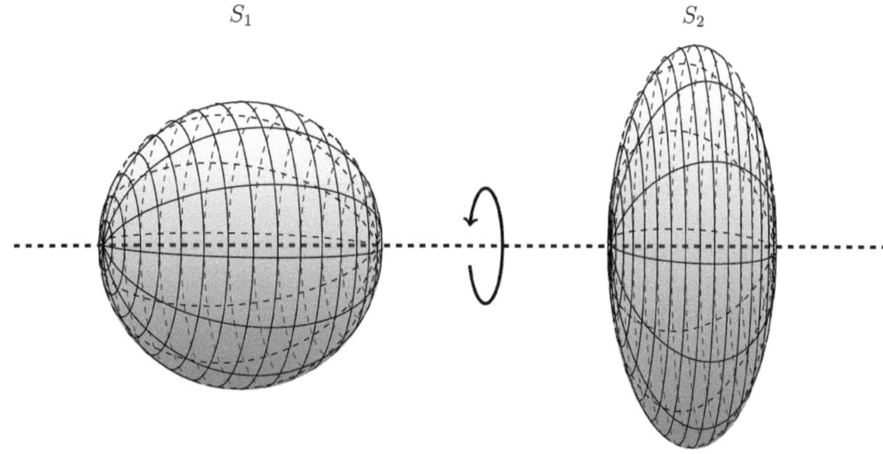

Abbildung 9.2: Zu Einsteins einleitendem Gedankenexperiment in [45]

beobachten, dass S_1 die Gestalt einer perfekten Kugel hat und S_2 zu einem Rotations-
ellipsoid verformt ist (Abbildung 9.2). Welchen Schluss werden die beiden Beobachter
daraus ziehen?

Aus der Sicht der Newton'schen Physik ist die Sachlage klar: Die Verformung von
S_2 muss durch Fliehkräfte verursacht worden sein. Fliehkräfte sind die Folge einer
Rotation, so dass wir aus dem Beobachteten schließen können, dass S_1 ruht und S_2
rotiert. Doch Einstein gibt zu bedenken:

*„Eine Antwort auf diese Frage kann nur dann als erkenntnistheoretisch befriedi-
gend anerkannt werden, wenn die als Grund angegebene Sache eine beobachtbare
Erfahrungstatsache ist; denn das Kausalitätsgesetz hat nur dann den Sinn einer
Aussage über die Erfahrungswelt, wenn als Ursache und Wirkung letzten Endes nur
beobachtbare Tatsachen auftreten."*

Albert Einstein [45]

Einsteins Worte offenbaren das Dilemma: Um die Verformung von S_2 zu erklären, haben wir uns unbewusst auf genau jenen Begriff gestützt, den die Relativitätstheorie
vollständig zu eliminieren versucht: den absoluten Raum. Dies lässt sich leicht begründen. Zunächst ist klar, dass für die Abplattung von S_2 nicht S_1 verantwortlich sein
kann, da beide Körper völlig gleichbeschaffen und damit gegeneinander austauschbar
sind. Die Aussage, dass S_1 ruhe und S_2 rotiere, kann hier also nur bedeuten, dass S_1
im absoluten Raum ruht und S_2 gegenüber dem absoluten Raum rotiert. Mit anderen Worten: Wir haben den absoluten Raum künstlich eingeführt als eine *„fingierte
Ursache"*, wie ihn Einstein in [45] bezeichnet.

In [15] setzt sich der Physiker Max Born mit Einsteins Beispiel des deformierten Körpers ebenfalls auseinander. Er findet dafür die folgenden, treffenden Worte:

„Der Raum als Ursache befriedigt aber das Kausalitätsbedürfnis nicht. Denn wir kennen keine andere Äußerung seiner Existenz als die Fliehkräfte. Man kann also die Hypothese des absoluten Raumes durch nichts anderes belegen als durch die Tatsachen, zu deren Erklärung sie eingeführt ist. Eine gesunde Erkenntniskritik lehnt solche ad hoc gemachten Hypothesen ab; sie sind zu billig und zerbrechen alle Schranken, die gewissenhafte Forschung zwischen ihren Ergebnissen und den Hirngespinsten der Phantasie aufzurichten sucht."

Max Born [15]

Etwas später wird Born noch deutlicher:

„Der absolute Raum aber hat nahezu spiritistischen Charakter. Fragt man: ‚was ist die Ursache der Fliehkräfte?', so lautet die Antwort: ‚der absolute Raum'. Fragt man aber: ‚was ist der absolute Raum und worin äußert er sich sonst?', so weiß niemand eine andere Antwort als die: ‚der absolute Raum ist die Ursache der Fliehkräfte, sonst hat er keine Eigenschaften'. Diese Gegenüberstellung zeigt zur Genüge, dass der Raum als Ursache physikalischer Vorgänge aus dem Weltbilde beseitigt werden muss."

Max Born [15]

Wenn wir uns abermals zwingen, von der Vorstellung eines absoluten Raums Abstand zu nehmen, wie ließe sich dann erklären, dass einer der Körper kugelförmig und der andere zu einem Ellipsoid verformt ist? Die Antwort ist einfach und dennoch schwer zu verdauen: Es ließe sich überhaupt nicht erklären und man muss, in Borns Worten, *„verlangen, dass eine befriedigende Mechanik diese Annahme ausschließt"*. Aber ist dies nicht ein logischer Widerspruch? Muss sich nicht mindestens einer von zwei relativ zueinander rotierenden Körpern zu einem Ellipsoid verformen? Wenn wir hier einen logischen Widerspruch zu sehen glauben, tappen wir in die Falle, die uns die Alltagserfahrung stellt. Alle Versuche, die wir mit rotierenden Körpern anstellen können, um die aufgeworfene Frage empirisch zu klären, unterscheiden sich von dem geschilderten Szenario in einem wesentlichen Punkt: Das Universum ist nicht leer und die ruhende von der rotierenden Bewegung stets unterscheidbar. Dies wiederum bedeutet, dass die fernen Massen der Gestirne die Ursache der Fliehkräfte sein müssen, und genau dies war die Idee, die der Philosoph und Physiker Ernst Mach lange vor Einsteins Formulierung der allgemeinen Relativitätstheorie mit Vehemenz vertrat.

Einstein beantwortet diese Frage ebenfalls in diesem Sinne:

„Eine befriedigende Antwort auf die oben aufgeworfene Frage kann nur so lauten: Das aus S_1 und S_2 bestehende physikalische System zeigt für sich allein keine denkbare

> *Ursache, auf welche das verschiedene Verhalten von S_1 und S_2 zurückgeführt werden könnte. Die Ursache muss also außerhalb dieses Systems liegen. Man gelangt zu der Auffassung, dass die allgemeinen Bewegungsgesetze, welche im speziellen die Gestalten von S_1 und S_2 bestimmen, derart sein müssen, dass das mechanische Verhalten von S_1 und S_2 ganz wesentlich durch ferne Massen mitbedingt werden muss, welche wir nicht zu dem betrachteten System gerechnet hatten. Diese fernen Massen [...] sind dann als Träger prinzipiell beobachtbarer Ursachen für das verschiedene Verhalten unserer betrachteten Körper anzusehen[.]"*

Albert Einstein [45]

9.2   Das starke Äquivalenzprinzip

Mit der Einsicht, dass die fernen Massen der Gestirne die Ursache der Fliehkräfte sein müssen, haben wir die Trägheit und die Gravitation in einen unmittelbaren Zusammenhang gerückt. Ein Blick auf Seite 72 macht klar, dass ein solcher Zusammenhang keinesfalls neu für uns ist. Wir haben dort das schwache Äquivalenzprinzip kennengelernt, das die Gleichheit von träger und schwerer Masse postuliert. Wir erinnern uns: Die träge Masse eines Körpers ist ein Maß für dessen Tendenz, sich gegen die Beschleunigung zu stemmen, die eine einwirkende Kraft hervorrufen möchte, und die schwere Masse bestimmt, wie sich ein Körper im Schwerefeld verhält, d. h., welche Gravitationskräfte er durch andere Körper erfährt und welche Gravitationskräfte er selbst erzeugt. Aus dem Blickwinkel der klassischen Physik muss die empirische Tatsache, dass zwei Körper mit der gleichen trägen Masse stets dieselbe Beschleunigung in einem Schwerefeld erfahren, wie ein erstaunlicher Zufall erscheinen; erklären lässt sie sich jedenfalls nicht.

Einstein sah in dem schwachen Äquivalenzprinzip alles andere als eine zufällige Laune der Natur. Als er sich in späteren Jahren an die Entstehung der allgemeinen Relativitätstheorie zurückerinnerte, äußerte er sich folgendermaßen über seine damaligen Gedanken:

> *„Dieser Satz, der auch als der Satz von der Gleichheit der trägen und schweren Masse formuliert werden kann, leuchtete mir nun in seiner tiefen Bedeutung ein. Ich wunderte mich im höchsten Grade über sein Bestehen und vermutete, dass in ihm der Schlüssel für ein tieferes Verständnis der Trägheit und Gravitation liegen müsse. An seiner strengen Gültigkeit habe ich [...] nicht ernsthaft gezweifelt."*

Albert Einstein [52]

Einstein war davon überzeugt, dass sich hinter den beiden Begriffen der Gravitation und der Beschleunigung ein gemeinsames, ununterscheidbares Naturphänomen verbarg. In seine Theorie integrierte er die Gleichheit von träger und schwerer Masse in Form des *starken Äquivalenzprinzips*, das wir zunächst so formulieren:

Starkes Äquivalenzprinzip

In einem räumlich begrenzten Bezugssystem sind Gravitationskräfte und Trägheitskräfte äquivalent.

Wir wollen an einer bekannten Analogie präzisieren, was damit gemeint ist. Hierzu stellen wir uns einen Wissenschaftler vor, der in einer abgeschlossenen Kammer, die in etwa so groß ist wie die Fahrgastzelle eines Fahrstuhls, an den Fallgesetzen forscht. Wie es in Abbildung 9.3 angedeutet ist, lässt er aus verschiedenen Höhen Gegenstände fallen und vergleicht deren Bewegungslinien. Der Wissenschaftler, der sich in seiner Kammer auf der Erde wähnt, erklärt das Fallen der Gegenstände mit dem Schwerefeld, in dem er sich befindet. Aus seiner Sicht ist es die Gravitationskraft, die den Körper gleichmäßig in Richtung des Bodens beschleunigt. Nachdem er den Versuch wieder und wieder mit verschiedenen Körpern durchgeführt hat, kommt er zu dem gleichen Schluss, zu dem einst Galilei kam: Alle Körper fallen gleich schnell nach unten, unabhängig von ihrer äußeren Form oder ihrer chemischen Zusammensetzung.

Und wie stellt sich die Situation dar, wenn das Labor des Wissenschaftlers gar nicht auf der Erde steht, sondern gleichmäßig beschleunigt durch das Weltall rast, wie es in Abbildung 9.4 gezeigt ist? Innerhalb seines Labors kann der Wissenschaftler den Unterschied nicht bemerken. Durch die gleichmäßige Beschleunigung drückt der Boden jetzt permanent gegen seine Füße und vermittelt ihm dadurch ein Gefühl der Schwere. Öffnet der Wissenschaftler seine Hand, so wird die Beschleunigung der Kammer nicht mehr auf den Gegenstand übertragen. Da die Kammer aber weiterhin von außen beschleunigt wird, kollidiert die immer schneller werdende Bodenplatte kurze Zeit später mit dem Gegenstand, der seine Geschwindigkeit seit dem Loslassen nicht mehr verändert hat. Für unseren Forscher sind beide Szenarien völlig äquivalent. Innerhalb der Kammer kann er mit keinem Experiment entscheiden, ob ein Gravitationsfeld die losgelassenen Gegenstände nach unten beschleunigt oder eine äußere Kraft die Kammer nach oben. Genau dies ist die Aussage des starken Äquivalenzprinzips: Gravitationskräfte und Trägheitskräfte sind in einem räumlich begrenzten Bezugssystem äquivalent.

Dass das schwache Äquivalenzprinzip, d. h. die Äquivalenz zwischen schwerer und träger Masse, aus dem starken Äquivalenzprinzip folgt, wird mit einem Blick auf die Abbildungen 9.5 und 9.6 deutlich. Wir sehen dort, dass unser Wissenschaftler mittlerweile dazu übergegangen ist, einen Körper mithilfe einer Feder an der Kammerdecke zu befestigen. Wenig überraschend stellt er dabei fest, dass der Körper die Feder spannt. Aber was ist die Ursache für das beobachtete Phänomen? Befindet sich unser Kasten in einem Schwerefeld, so zieht die Gravitationskraft den Körper nach

Abbildung 9.3: Fallexperiment im Gravitationsfeld

unten und sorgt auf diese Weise für die Spannung. Die Kraft, die auf die Feder wirkt, ist dann proportional zur schweren Masse des Körpers. Wird unser Kasten dagegen gleichmäßig beschleunigt, so ist die Argumentation eine ganz andere. In diesem Fall sorgt die Trägheit dafür, dass sich der Körper der Beschleunigung widersetzt, die von der wegstrebenden Decke auf die Feder übertragen wird. Kurzum: Die träge Masse spannt die Feder. Nach dem starken Äquivalenzprinzip sind die beiden Fälle für den Wissenschaftler ununterscheidbar, d. h., die Feder muss sich in beiden Fällen in exakt derselben Weise dehnen. Das bedeutet, dass die schwere und die träge Masse eines Körpers gleich sein müssen, und genau dies ist die Aussage des schwachen Äquivalenzprinzips.

An dieser Stelle drängt sich eine Frage auf: Was passiert, wenn die äußere Kraft verschwindet? Von außen betrachtet würde die vormals beschleunigte Kammer ihre momentane Geschwindigkeit beibehalten und sich nun gleichförmig durch das Weltall bewegen. Sie würde aufhören, mit ihrem Boden gegen die Füße des Wissenschaftlers zu drücken und befände sich ab jetzt, physikalisch gesehen, im freien Fall. Der Wissenschaftler in der Kammer wird die Situation anders empfinden: Er würde konstatieren, dass die Schwerkraft urplötzlich abgeschaltet wurde. Diese Sichtweise eröffnet uns die Möglichkeit, das starke Äquivalenzprinzip auch folgendermaßen zu charakterisieren:

Abbildung 9.4: Das gleiche Experiment in einem beschleunigten Labor

Starkes Äquivalenzprinzip (alternative Formulierung)

In einem lokalen, frei fallenden Bezugssystem laufen alle physikalischen
Vorgänge so ab, als sei keine Schwerkraft vorhanden.

Achten Sie an dieser Stelle darauf, das starke Äquivalenzprinzip nicht überzuinterpretieren. Aus der Tatsache, dass zwischen Gravitationskräften und Beschleunigungskräften in einem räumlich begrenzten Labor nicht experimentell unterschieden werden kann, folgt mitnichten deren uneingeschränkte Gleichheit. Dies wird spätestens dann deutlich, wenn wir die geometrischen Strukturen verschiedener Schwerefelder miteinander vergleichen. Wir wissen, dass ein Planet ein Gravitationsfeld erzeugt, das andere Körper in die Richtung seines Massezentrums beschleunigt, und zwar mit einer Kraft, die quadratisch mit der Entfernung abnimmt. Ein solches Feld ließe sich niemals durch eine geschickt ausgeführte Beschleunigung als Ganzes simulieren.

Ferner können wir durch die Beschleunigung von Körpern Schwerefelder entstehen lassen, die eine ganz andere geometrische Feldstruktur aufweisen als jene, die durch Materie erzeugt werden. Ein einfaches Beispiel ist das künstliche Gravitationsfeld, das

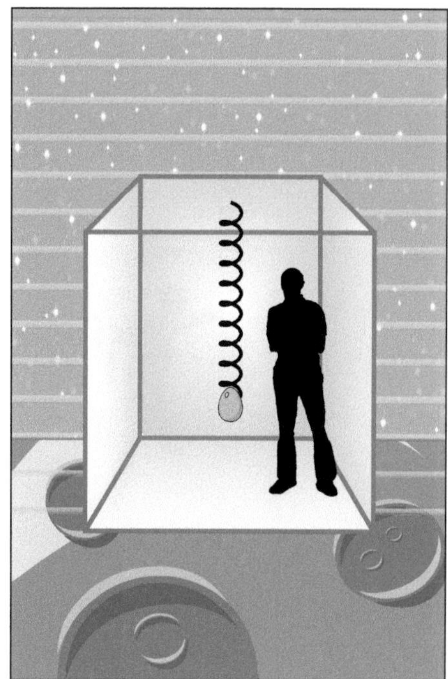

Abbildung 9.5: Die schwere Masse spannt die Feder.

in einer rotierenden ringförmigen Raumstation entsteht (Abbildung 9.7). Im Zentrum einer solchen Raumstation ist ein Astronaut schwerelos. Bewegt er sich von dort in Richtung der äußeren Schale, so spürt er eine immer stärker werdende Kraft. Im Gegensatz zu einem Gravitationsfeld, das von einem materiellen Körper erzeugt wird, nimmt die Schwerkraft in diesem künstlich erzeugten Feld nach außen hin also nicht ab, sondern zu. Ferner würde ein Astronaut, der sich parallel zur Drehachse der Raumstation bewegt, keine Änderung der Kraftvektoren spüren, ganz im Gegensatz zu einem Astronauten, der sich in einem durch Materie erzeugten Gravitationsfeld bewegt. Dieser würde eine Richtungsänderung der Kraftvektoren messen, die immer radial auf das Massezentrum gerichtet sind.

Damit ist klar, warum wir in der oben gegebenen Definition des starken Äquivalenzprinzips von einem lokalen oder, etwas ausführlicher, von einem räumlich begrenzten Bezugssystem gesprochen haben. Würden wir diese Beschränkung fallen lassen, so könnte ein Wissenschaftler die räumliche Feldstruktur ausmessen und auf diese Weise entscheiden, ob das Schwerefeld durch Materie erzeugt wurde oder das Resultat eines Beschleunigungsvorgangs ist. In etwas überspitzter Form ist eine solche Messung links in Abbildung 9.8 zu sehen. Dort ist der Planet, auf dem sich das Labor befindet, so klein eingezeichnet, dass die geometrische Feldstruktur zu einer messbaren Größe wird. Sobald der Wissenschaftler seine Versuche in der Nähe der Kabinenwand

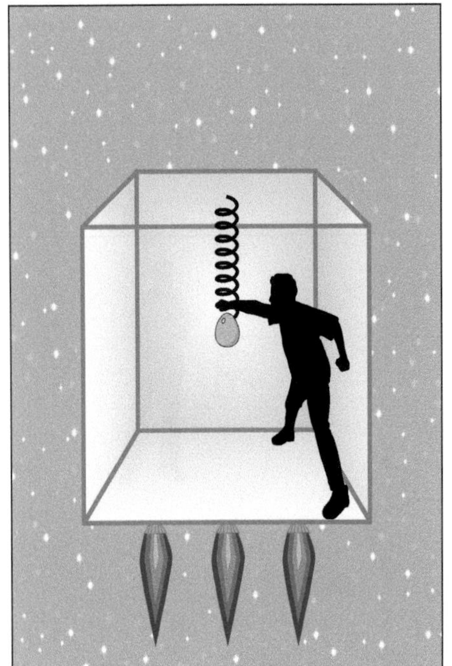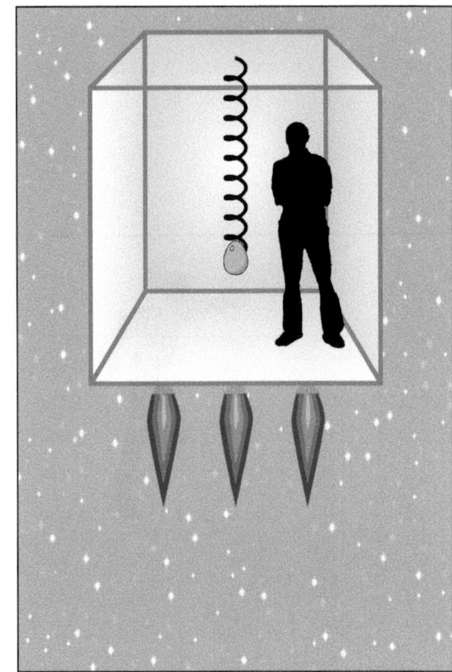

Abbildung 9.6: Die träge Masse spannt die Feder.

durchführt, dehnen sich die Federn nicht mehr exakt parallel in Richtung des Bodens, wie es im beschleunigten Labor der Fall ist (Abbildung 9.8 rechts).

Wir wollen noch auf einen weiteren Umstand eingehen, der unmittelbar mit der alternativen Formulierung des starken Äquivalenzprinzips verknüpft ist. Weiter oben hatten wir dieses Prinzip derart ausgedrückt, dass in einem lokalen, frei fallenden Bezugssystem alle physikalischen Vorgänge so ablaufen, als sei keine Schwerkraft vorhanden. Würden wir auf die Forderung der Lokalität verzichten, so wäre diese Formulierung schlichtweg falsch. Verantwortlich hierfür ist eine Tatsache, die wir oben bereits erwähnt haben: Ein Gravitationsfeld, das von massereichen Körpern erzeugt wird, lässt sich nicht durch geschickt ausgeführte Beschleunigungen als Ganzes simulieren. Das bedeutet im Umkehrschluss, dass ein solches Feld auch nicht durch geschickt ausgeführte Beschleunigungen als Ganzes kompensiert werden kann. Mit anderen Worten: In einem frei fallenden Bezugssystem verschwindet ein Gravitationsfeld immer nur lokal.

In [51] weist Einstein explizit auf diesen wichtigen Punkt hin:

„Man könnte nun leicht meinen, dass die Existenz eines Gravitationsfeldes stets eine nur scheinbare sei. Man könnte denken, dass, was auch immer für ein Gravitations-

Abbildung 9.7: Der *Stanford-Torus*: Konzeptstudie der NASA aus den Siebzigerjahren

*feld vorhanden sein mag, man immer einen anderen Bezugskörper so wählen könne,
dass in Bezug auf ihn kein Gravitationsfeld existiert. Dies trifft aber keineswegs für
alle Gravitationsfelder zu, sondern nur für solche von ganz speziellem Bau. So ist es
beispielsweise unmöglich, einen Bezugskörper so zu wählen, dass von ihm aus beurteilt das Gravitationsfeld der Erde (in seiner ganzen Ausdehnung) verschwindet."*

Albert Einstein [51]

Kurze Zeit nach seiner Formulierung stellte sich heraus, wie wertvoll das starke
Äquivalenzprinzip wirklich war. Mit seiner Hilfe war Einstein in der Lage, mehrere fundamentale Eigenschaften der Gravitation vorherzusagen, die niemals zuvor in
einem Experiment beobachtet wurden. In den folgenden Abschnitten werden wir aufdecken, dass diese Vorhersagen nicht minder spektakulär waren wie jene über Raum
und Zeit, die Einstein wenige Jahre zuvor aus den beiden Postulaten der speziellen
Relativitätstheorie gewonnen hatte. Seien Sie gespannt!

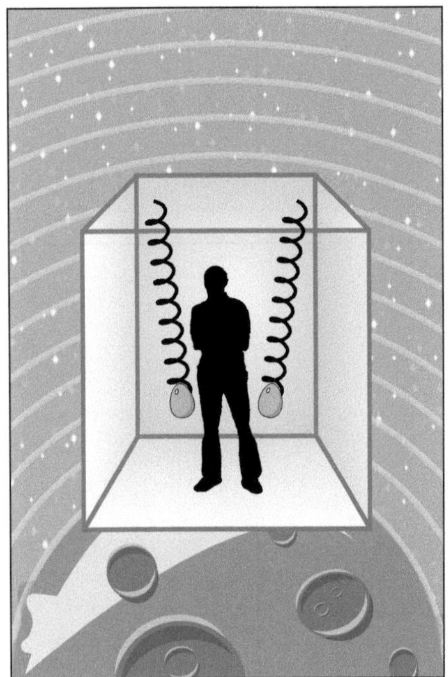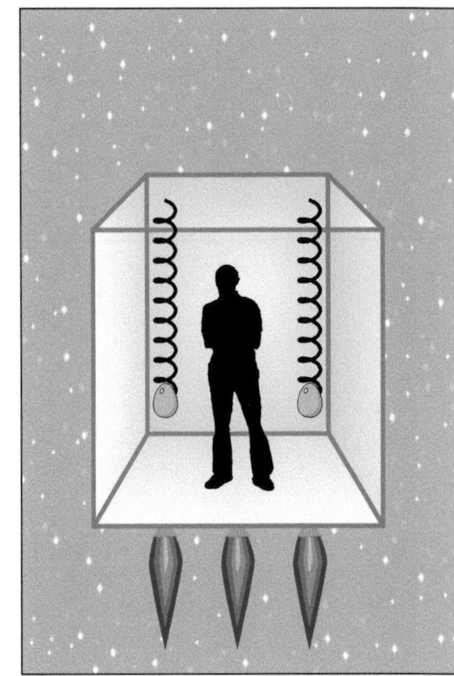

Abbildung 9.8: Zur Bedeutung der Lokalität

9.2.1 Gravitative Zeitdilatation

Zu den fundamentalen Konsequenzen aus dem starken Äquivalenzprinzip gehört eine Eigenschaft, die uns das erste Mal im Rahmen der relativistischen Kinematik begegnet ist. Anhand verschiedentlich bewegter Lichtuhren hatten wir herausgefunden, dass die Zeit in relativ zueinander bewegten Bezugssystemen unterschiedlich schnell verstreicht. Dieser Effekt ist die Zeitdilatation, die wir plakativ so formuliert hatten: Bewegte Uhren gehen langsamer. Die Gravitation besitzt diese Eigenschaft gleichermaßen, denn auch ein Schwerefeld dehnt die Zeit.

Um dieses Ergebnis möglichst einfach herzuleiten, stellen wir die nachfolgenden Überlegungen in einem *homogenen Gravitationsfeld* an. In der Physik wird ein Feld als homogen bezeichnet, wenn die Feldvektoren raumunabhängig sind, d. h. an jedem Punkt die gleiche Länge aufweisen und in die gleiche Richtung zeigen. Solche Gravitationsfelder haben wir im vorangegangenen Abschnitt bereits ausführlich betrachtet. Es sind genau jene, die in den Abbildungen 9.4, 9.6 und 9.8 in den beschleunigten Laboren vorhanden sind.

Um die Auswirkung eines homogenen Gravitationsfelds auf den Gang von Uhren zu verstehen, stellen wir uns einen langen Fahrstuhlschacht vor, in dem unsere Laborkammer gleichmäßig beschleunigt heraufgezogen wird. Auf ihrer Fahrt nach oben wird unsere Kammer viele Stockwerke passieren, und wir wollen annehmen, dass sich in jedem dieser Stockwerke ein externer Beobachter befindet. Ferner gehen wir davon aus, dass in unserem Labor zwei Uhren montiert sind: eine an der Decke und eine andere auf dem Boden.

Als Nächstes wollen wir uns überlegen, wie der Gang der beiden Uhren von den Beobachtern wahrgenommen wird, die wir auf der Fahrt nach oben der Reihe nach passieren. Alle Beobachter werden einvernehmlich konstatieren, dass zunächst die Deckenuhr und kurze Zeit später die Bodenuhr an ihnen vorübergezogen ist. Da der Fahrstuhl die ganze Zeit beschleunigt wird, bewegt sich die obere Uhr mit einer langsameren Geschwindigkeit an den Beobachtern vorbei als die untere, und der Geschwindigkeitsunterschied bewirkt, dass die Zeitdilatation auf beide Uhren einen unterschiedlichen Effekt ausübt. Alle Beobachter werden feststellen, dass die Bodenuhr langsamer läuft als die Deckenuhr.

Nach dem starken Äquivalenzprinzip überträgt sich das gewonnene Ergebnis unmittelbar auf den Gang von Uhren, die sich in einem Gravitationsfeld befinden. Steht unser Labor, wie es rechts in Abbildung 9.9 gezeigt ist, auf der Oberfläche eines Planeten, so spüren wir darin ein Gravitationsfeld, das wir in hinreichender Näherung als homogen ansehen dürfen. Wir werden dann bemerken, dass die Zeit an einem Ort, der sich näher am Massezentrum befindet, langsamer verstreicht als an einem Ort, der weiter vom Massezentrum entfernt ist. So zumindest sagt es das starke Äquivalenzprinzip voraus.

9.2.2 Gravitative Rotverschiebung

Wir wollen das gewonnene Ergebnis in einem weiteren Gedankenexperiment auf den Prüfstand stellen. Hierfür platzieren wir auf dem Boden der Kammer eine nach oben gerichtete Lichtquelle, so wie es links in Abbildung 9.10 zu sehen ist. Wenn die Zeit am Boden des Labors tatsächlich langsamer verstreicht als an der Decke, dann muss die Anzahl der Wellenberge, die ein Beobachter in einer gewissen Zeit misst, eine von der Höhe abhängige Größe sein; an der Decke würden dann in der gleichen gemessenen Zeitspanne weniger Wellenberge eintreffen, als die Lichtquelle am Boden emittiert. Mit anderen Worten: Die gravitative Zeitdilatation muss dazu führen, dass die Farbe des Lichts ein wenig nach Rot rückt.

Mit dieser *gravitativen Rotverschiebung* hatte Einstein nicht nur eine faszinierende Konsequenz aus dem starken Äquivalenzprinzip abgeleitet, sondern gleichsam eine Folgerung, die eine experimentelle Bestätigung erlaubt – zumindest in der Theorie. Aufgrund der großen Sonnenmasse müssten nämlich, in Einsteins Worten,

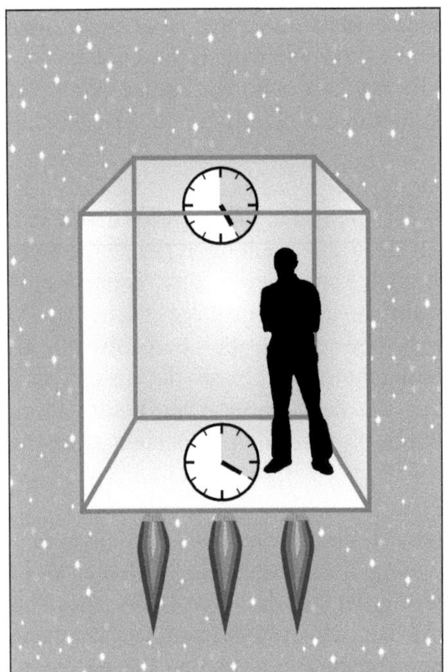

Abbildung 9.9: Gravitative Zeitdilatation, abgeleitet aus dem starken Äquivalenzprinzip

„die Spektrallinien des Sonnenlichtes gegenüber den entsprechenden Spektrallinien irdischer Lichtquellen etwas nach dem Rot verschoben sein, und zwar um den relativen Betrag [...] $2 \cdot 10^{-6}$.*"* [41]

In den Jahren danach wurde in einer Vielzahl von Experimenten versucht, die gravitative Rotverschiebung zu messen. Im Nachhinein erwies sich das Vorhaben aber als unerwartet schwierig, da der Effekt von zahlreichen anderen Effekten überlagert wird. Einer davon wird durch die Vorgänge auf der Sonnenoberfläche verursacht, die zur damaligen Zeit kaum bekannt waren. Heute wissen wir, dass die Außenseite der Sonne, die von der Erde aus betrachtet ruhig und glatt erscheint, in Wirklichkeit einem brodelnden Inferno gleicht. Die dort befindlichen Gasmassen sind in turbulenter Bewegung und werden regelmäßig in Form von riesigen Fontänen in das All geschleudert. Dies führt zu zahlreichen Doppler-Effekten, die das Spektrum des Sonnenlichts permanent verschieben. Die atmosphärischen Bedingungen beeinflussen das Lichtspektrum ebenfalls. Durch den starken Druck und die hohen Temperaturen kommt es unter den Atomen zu häufigen Kollisionen, die zu einer Veränderung der Emissionsspektren führen. Mit steigendem Druck verbreitern sich die charakteristischen Spektrallinien eines Atoms, bis sie irgendwann zu einem fast gleichmäßigen Farbenband verschwimmen.

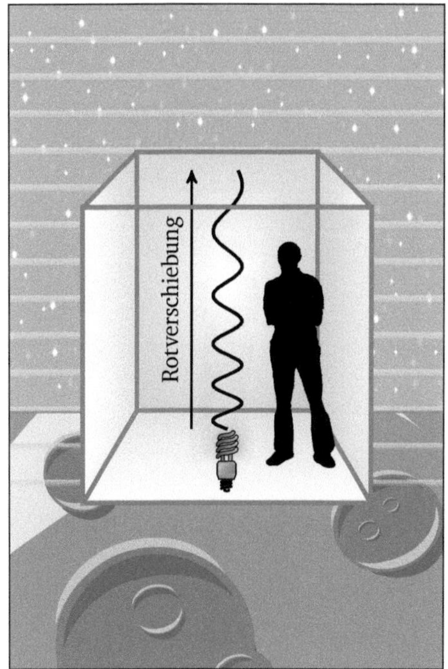

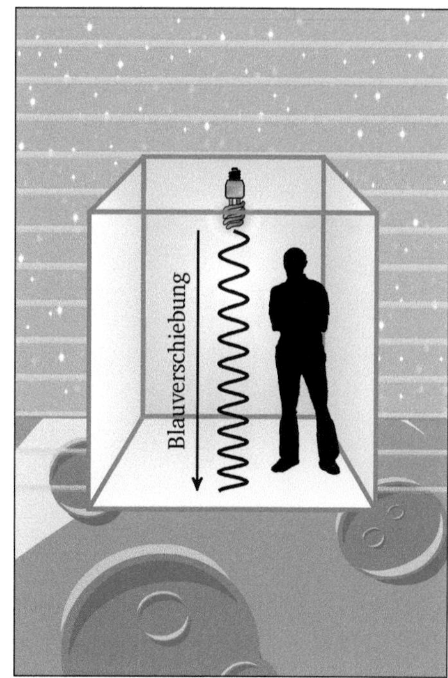

Abbildung 9.10: Zur gravitativen Frequenzverschiebung

Einstein sah solche Schwierigkeiten voraus und äußerte sich in [41] daher sehr zurückhaltend über die Erfolgsaussichten eines entsprechenden Experiments:

„Wenn die Bedingungen, unter welchen die Sonnenlinien entstehen, genau bekannt wären, wäre diese Verschiebung noch der Messung zugänglich. Da aber anderweitige Einflüsse (Druck, Temperatur) die Lage des Schwerpunktes der Spektrallinien beeinflussen, ist es schwer zu konstatieren, ob der hier abgeleitete Einfluss des Gravitationspotentials wirklich existiert."

Albert Einstein [41]

9.2.3 Gravitative Lichtablenkung

Mit einer ähnlich einfachen Überlegung können wir aus dem starken Äquivalenzprinzip eine weitere spektakuläre Eigenschaft der Gravitation ableiten: Ein Schwerefeld hat die Eigenschaft, die Bewegungslinie eines Lichtstrahls zu krümmen. Um dies zu sehen, bringen wir an der Wand unserer Kammer eine Lichtquelle an, die einen Lichtstrahl parallel zum Boden emittiert. Wird unsere Kammer nicht beschleunigt, befindet

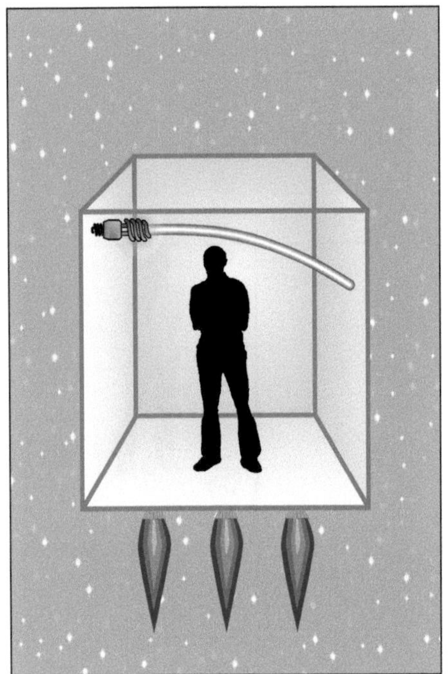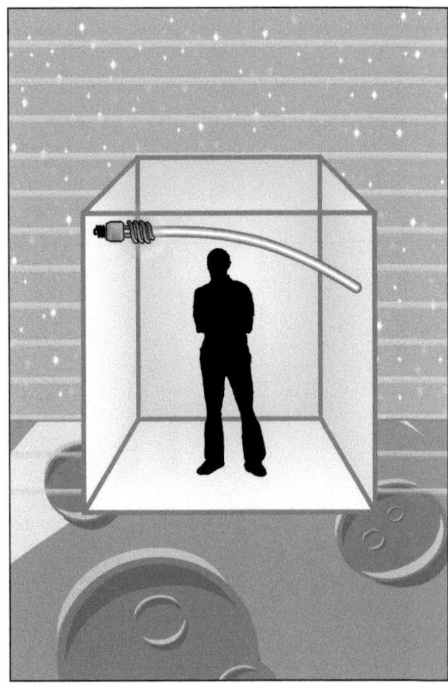

Abbildung 9.11: Gravitative Lichtablenkung, abgeleitet aus dem starken Äquivalenzprinzip

sie sich also in gleichförmiger Bewegung, so streben die Photonen parallel zum Boden auf die andere Wand zu und erzeugen dort in der Höhe der Lichtquelle einen hellen Punkt. In einer beschleunigten Kammer ist die Situation eine andere. Während die Photonen von einer Wand zur anderen schießen, bewegt sich der Boden auf sie zu. In der Kammer werden wir daher feststellen, dass der Lichtstrahl jetzt die Form einer Parabel beschreibt und die Photonen daher etwas tiefer die andere Wand treffen (Abbildung 9.11). Übertragen wir dieses Szenario mithilfe des starken Äquivalenzprinzips auf eine Kammer in einem homogenen Gravitationsfeld, dann können wir das Phänomen folgendermaßen beschreiben: Lichtstrahlen bewegen sich in einem Schwerefeld auf gekrümmten Bahnen.

9.3   Was verraten die Sterne?

In [41] ging Einstein unter anderem der Frage nach, ob sich die gravitative Lichtablenkung von der Erde aus in einem Experiment überprüfen lässt. Er wurde fündig und weist gleich zu Beginn seiner Arbeit, aus der wir oben schon mehrfach zitiert haben, auf eine solche Möglichkeit hin:

„Die Frage, ob die Ausbreitung des Lichtes durch die Schwere beeinflusst wird, habe ich schon an einer vor 3 Jahren erschienenen Abhandlung zu beantworten gesucht [39]. Ich komme auf dies Thema wieder zurück, weil mich meine damalige Darstellung des Gegenstandes nicht befriedigt, noch mehr aber, weil ich nun nachträglich einsehe, dass eine der wichtigsten Konsequenzen jener Betrachtung der experimentellen Prüfung zugänglich ist. Es ergibt sich nämlich, dass Lichtstrahlen, die in der Nähe der Sonne vorbeigehen, durch das Gravitationsfeld derselben nach der vorzubringenden Theorie eine Ablenkung erfahren, so dass eine scheinbare Vergrößerung des Winkelabstandes eines nahe an der Sonne erscheinenden Fixsterns von dieser im Betrage von fast einer Bogensekunde eintritt."

Albert Einstein [41]

In den nachfolgenden Abschnitten führt Einstein die Berechnung detailliert aus und fasst das genaue Ergebnis am Ende wie folgt zusammen:

„Ein an der Sonne vorbeigehender Lichtstrahl erlitte demnach eine Ablenkung vom Betrage $4 \cdot 10^{-6} = 0,83$ Bogensekunden. Um diesen Betrag erscheint die Winkeldistanz des Sternes vom Sonnenmittelpunkt durch die Krümmung des Strahles vergrößert."

Albert Einstein [41]

9.3.1 Lichtablenkung am Sonnenrand

Eine experimentelle Bestätigung der gravitativen Lichtablenkung war in greifbare Nähe gerückt. Auf Fotografien, die während einer totalen Sonnenfinsternis aufgenommen wurden, sollten am Rand der Korona mehrere Fixsternen sichtbar werden, deren Lichtstrahlen im Schwerefeld der Sonne eine Ablenkung erfahren haben. Abbildung 9.12 zeigt, dass die Sterne von der Sonne dann etwas weggerückt erscheinen. Der Vergleich mit Kontrollaufnahmen, die mehrere Monate früher oder später aufgenommen wurden und die gleichen Sterne ohne die Sonne am Nachthimmel zeigen, müsste eine solche Verschiebung offenbaren. Einstein war zuversichtlich, dass seine Theorie auf diese Weise empirisch bestätigt werden könne, und schloss seine Arbeit aus dem Jahr 1911 mit einem dringenden Appell an die Astronomen, sich einem solchen Experiment anzunehmen:

„Da die Fixsterne der der Sonne zugewandten Himmelspartien bei totalen Sonnenfinsternissen sichtbar werden, ist diese Konsequenz der Theorie mit der Erfahrung vergleichbar. [...] Es wäre dringend zu wünschen, dass sich Astronomen der hier aufgerollten Frage annähmen, auch wenn die im vorigen gegebenen Überlegungen ungenügend fundiert oder gar abenteuerlich erscheinen sollten. Denn abgesehen von

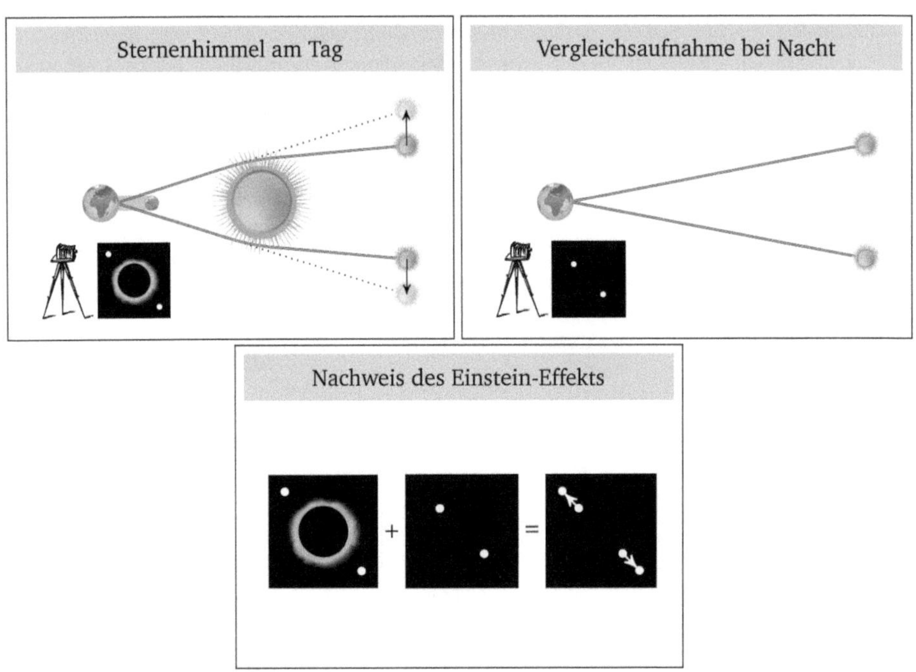

Abbildung 9.12: Experimenteller Nachweis des Einstein-Effekts

jeder Theorie muss man sich fragen, ob mit den heutigen Mitteln ein Einfluss der Gravitationsfelder auf die Ausbreitung des Lichtes sich konstatieren lässt."

Albert Einstein [41]

Die Durchführung des vorgeschlagenen Experiments war kein leichtes Unterfangen. Zum einen mussten die Aufnahmen mit einer Präzision erstellt werden, die sich an der Grenze des technisch Machbaren bewegte. Zum anderen wurde die gravitative Ablenkung des Lichts von anderen optischen Effekten überlagert, die sich nur im Rahmen einer aufwendigen Nachbearbeitung aus dem Datenmaterial eliminieren ließen. Einen dieser Effekte kennen wir aus Abschnitt 2.1. Es handelt sich um die stellare Parallaxe, die unterschiedlich weit entfernte Objekte in Abhängigkeit des Blickwinkels verschieden gegeneinander verschoben wirken lässt. Ein anderes Problem betraf die Vergleichsaufnahmen (*comparison plates*), die mehrere Monate vor oder nach der Sonnenfinsternis anzufertigen waren. Um kombinierbare Aufnahmen zu erhalten, mussten die Kontrollplatten mit der gleichen Kamera belichtet werden, doch selbst dies führte in der Praxis oftmals zu Bildern, auf denen die Sternfelder leicht rotiert erschienen. Und schlimmer noch: Bereits leichte Unterschiede in der Umgebungstemperatur oder den atmosphärischen Bedingungen konnten eine Maßstabsänderung bewirken. Eine Verkleinerung des Maßstabs führt zu einer radialen

Verschiebung der Sterne nach außen und ist auf den ersten Blick kaum von der gravitativen Lichtablenkung zu unterscheiden. Gänzlich ununterscheidbar sind die beiden Effekte glücklicherweise nicht: Während die gravitative Lichtablenkung die Sterne in der Nähe der Sonne stärker verschiebt, übt eine Maßstabsänderung eine größeren Effekt auf die Sterne am Rand der Fotoplatte aus.

Um diese Effekte nachträglich zu eliminieren, mussten aus separat belichteten Kontrollplatten (*check plates*) mehrere Korrekturparameter extrahiert und im Rahmen umfangreicher Ausgleichsrechnungen mit dem ursprünglichen Datenmaterial verbunden werden. Zu Beginn des 20. Jahrhunderts war an eine automatisierte Verarbeitung der Messdaten noch nicht zu denken, so dass eine derart umfängliche Datenanalyse damals Wochen oder Monate in Anspruch nahm. In einer solchen Analyse spielte auch die Wahl des Fehlermodells eine essentielle Rolle. Die erfahrenen Experimentatoren wussten, dass eine falsche Behandlung der Störeffekte unweigerlich zu einer Veränderung der Korrekturparameter und damit auch zu einer Veränderung der errechneten Lichtablenkung führen würde. Aus den genannten Gründen stuften die meisten Astronomen die Chance zu Beginn des 20. Jahrhunderts als gering ein, den Einstein-Effekt auf die geschilderte Weise zu enttarnen – wenn sie sich im Geiste überhaupt ernsthaft mit einem solchen Experiment auseinandersetzten.

Inmitten dieser allgemeinen Skepsis gab es in Deutschland einen Mann, der eine ganz andere Meinung vertrat. Die Rede ist von Erwin Finlay-Freundlich, einem 26 Jahre alten ambitionierten Physiker, der an der Berliner Sternwarte als Assistent arbeitete und dort den Großteil seiner Zeit mit Routinetätigkeiten verbrachte. Freundlich war sich nicht nur sicher, dass ein solches Experiment mit der notwendigen Präzision durchführbar sei; er war gleichsam voller Hoffnung, die Frage der Lichtablenkung durch die Analyse bereits existierender Korona-Aufnahmen klären zu können. Geeignete Platten vermutete Freundlich im Besitz des Lick-Observatoriums im kalifornischen San Jose. Zweimal trug er seine Bitte um die Bereitstellung existierender Aufnahmen schriftlich vor, in Briefen an den damaligen Direktor William Wallace Campbell (Abbildung 9.13):

> *„I apply to you on account of a question of sur*[e]*ly high scientific interest, in which I depend from the kind support of astronomers, who posses*[s] *eclipse-plates, if I shall hope to get any results. The modern theory of relativity of Mr. Einstein predicts an influence of any field of gravitation upon light passing near to the sun. The gravitation would have according to the investigation of Einstein the effect of deflecting the ray of the star, and Mr. Einstein asked me, if I would try to proof his results by observations.“*

Freundlich, am 25. November 1911 an Campbell, zitiert nach [81]

Von der leidenschaftlichen Entschlossenheit des jungen Astronomen war auch Einstein angetan. Dies geht aus einem Brief hervor, den er am 8. Januar 1912 an Freundlich schrieb:

WILLIAM WALLACE CAMPBELL
1862 – 1938

Abbildung 9.13

CHARLES DILLON PERRINE [4]
1867 – 1951

Abbildung 9.14

„Ich freue mich außerordentlich darüber, dass Sie sich der Frage der Lichtkrümmung mit so grossem Eifer annehmen und bin sehr neugierig, was die Untersuchung des vorliegenden Plattenmaterials ergeben wird. Es handelt sich um eine Frage von ganz fundamentaler Bedeutung. Vom theoretischen Standpunkt aus besteht eine ziemliche Wahrscheinlichkeit dafür, dass der Effekt wirklich existiert."

Einstein am 8. Januar 1912 an Freundlich, zitiert nach [81]

Auf den ersten Brief hatte das Lick-Observatorium nicht reagiert, auf den zweiten erhielt Freundlich aber eine positive Antwort:

„[...] we have [read] Einstein's paper [...], and we shall be glad to assist you as far as possible in testing the question."

Campbell, am 13. März 1912 an Freundlich, zitiert nach [81]

Campbell versprach, mehrere Fotoplatten zur Verfügung zu stellen, die über einen Zeitraum von 7 Jahren angefertigt wurden und allesamt eine mondverfinsterte Sonne zeigten. Erstellt wurden die Aufnahmen unter der Leitung von Charles Dillon

Perrine während drei aufwendig durchgeführter Sonnenfinsternis-Expeditionen (Abbildung 9.14). Die erste führte die Forscher im Jahr 1901 nach Sumatra, die zweite im Jahr 1905 nach Spanien und die dritte im Jahr 1908 nach Flint Island. Bevor wir uns im Detail damit beschäftigen, was auf den Fotoplatten wirklich zu sehen war, wollen wir aufdecken, warum es die Aufnahmen überhaupt gab. Sie sind Teil einer großen Suche, die heute weitgehend in Vergessenheit geraten ist: die Suche nach dem Planeten Vulkan.

9.3.2 Vulkan und die Periheldrehung des Merkur

Ausgelöst wurde die Suche nach Vulkan durch eine Anomalie in der Bahnbewegung des Merkur, die sich mit dem Wissen der damaligen Zeit nicht erklären ließ. Um die Anomalie zu verstehen, nehmen wir für den Moment an, Merkur kreise als alleiniger Himmelskörper um die Sonne. In diesem Fall würde der Planet exakt den keplerschen Gesetzen folgen und sich auf einer elliptischen Bahn bewegen. In unserem Sonnensystem sind die Bahnen aber keine perfekten Ellipsen, da auch zwischen den Planeten Gravitationskräfte wirken. In der Praxis führt dies zu einem Effekt, der als *Apsidendrehung* bezeichnet wird. Dieser Effekt bedeutet, dass die Ellipse, auf dessen Rand sich der Himmelskörper bewegt, selbst eine Drehung auf der Bahnebene vollzieht. Ist der Zentralkörper die Sonne, so wird die Apsidendrehung als *Periheldrehung* bezeichnet. Wir erinnern uns: Das Perihel ist der sonnennächste und das Aphel der sonnenfernste Punkt, den ein Planet während seines Umlaufs um die Sonne beschreibt.

Abbildung 9.15 verdeutlicht die Bahnveränderung auf grafische Weise. Der eingezeichnete Winkel α ist die Periheldrehung, die im Falle des Merkur aber viel geringer ausfällt, als es die Grafik aus didaktischen Gründen suggeriert. Sie beträgt 571,91 Bogensekunden (571,91″) pro Jahrhundert, was einem Winkel von weniger als 0,16° entspricht. Trotzdem stellte dieser kleine Betrag die Astronomen lange Zeit vor ein Rätsel, denn die Newton'sche Physik sagte nur eine Drehung von rund 530″ pro Jahrhundert voraus. So oft die Astronomen auch rechneten: Es verblieb eine Diskrepanz von ca. 42″, die sich nicht erklären ließ.

Im Jahr 1859 äußerte der französische Mathematiker und Astronom Urbain Leverrier (Abbildung 9.16) die Vermutung, dass die entdeckte Diskrepanz von einem noch unbekannten Planeten innerhalb der Merkur-Bahn verursacht wird. Sollte dieser Planet tatsächlich existieren, so müsste seine Oberfläche aufgrund der Sonnennähe glühend heiß sein, und so kam es, dass Leverrier für den hypothetischen Himmelskörper den Namen *Vulcain* wählte, den fanzösischen Namen des römischen Feuergotts *Vulcanus*. Im Deutschen wird der Planet Vulcain als *Vulkan* bezeichnet.

Die Annahme, die Periheldrehung des Merkur werde durch einen hypothetischen Planeten verursacht, vertrat Leverrier nicht ohne Grund. Als er im Juni 1845 daran ging, die damals ebenfalls bekannte Bahnstörung von Uranus zu analysieren, war

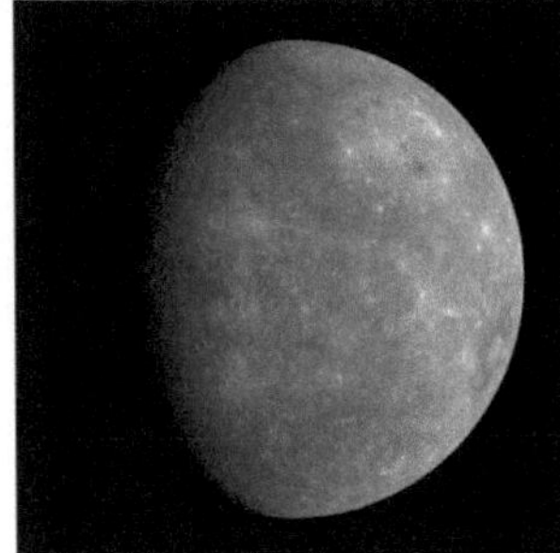

Merkur

Masse:	$3{,}301 \cdot 10^{23}$ kg
Durchmesser:	$4879{,}4$ km
Große Halbachse:	$0{,}38709893$ AE
Exzentrizität:	$0{,}20563069$
Perihel:	$0{,}307$ AE
Aphel:	$0{,}467$ AE
Periheldrehung (α):	$571{,}91''$ in 100 Jahren

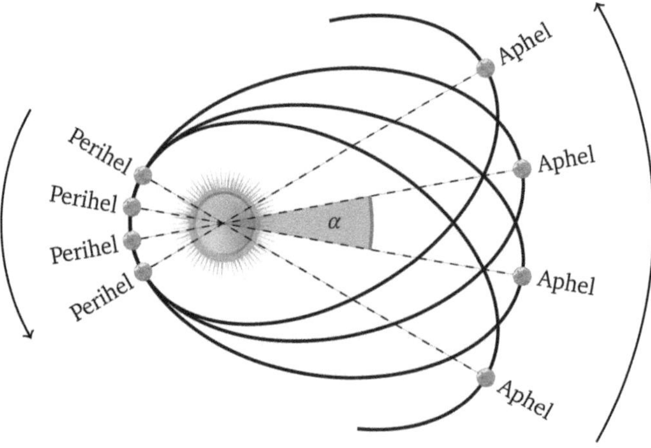

Abbildung 9.15: Zur Periheldrehung des Merkur

es ihm in akribischer Kleinarbeit gelungen, die Umlaufbahn eines fiktiven Planeten zu konstruieren, der eine Anomalie in der beobachteten Größe verursachen würde. Leverrier spürte damals, dass er etwas Großem auf der Spur war, und sandte die errechneten Bahndaten umgehend an die Sternwarte in Berlin. Als man seinen Brief dort am Morgen des 23. September 1846 öffnete, ahnte noch niemand, dass die Vermutung des Franzosen schon in der nächsten Nacht Gewissheit würde. In der unmittelbaren Nähe der vorhergesagten Position sichteten die Astronomen Johann Gottfried Galle und Heinrich Louis d'Arrest tatsächlich einen hellen Punkt, der in den damaligen Sternkarten noch nicht verzeichnet war. Die Astronomen hatten Neptun entdeckt, den äußersten Planeten unseres Sonnensystems.

Im Jahr 1878 wurde die Suche nach Vulkan weiter angeheizt, als Lewis Swift und James Craig Watson mehrere helle Objekte beobachteten, die sich nicht den Fixsternen zuordnen ließen. War es den beiden hoch dekorierten Astronomen etwa gelungen, eine erste verräterische Spur von Vulkan zu entdecken? Viele hielten diese Vermutung für so naheliegend, dass sie über Jahre hinweg der vermeintlichen Spur folgten

Abbildung 9.16

URBAIN JEAN JOSEPH LEVERRIER
1811 – 1877

und zahlreiche Versuche unternahmen, den hypothetischen Planeten aus seinem Versteck zu holen. Ein Zitat des Astronomen Samuel Alfred Mitchell bringt den Geist der damaligen Zeit sehr treffend auf den Punkt:

„The objects could not be identified with any of the fixed stars, and it was therefore necessarily assumed that they were small planets moving about the sun inside of the orbit of Mercury. The reputations of these two astronomers [Swift und Watson] *for careful observing were so great that it cost the science of astronomy a quarter of a century of eclipse observations before it was finally decided that no intra-Mercurial planets exist which are as large or as bright as the objects supposed to have been seen.“*

Samuel Alfred Mitchell [119]

Zu Beginn des 19. Jahrhunderts rief das Lick-Observatorium unter dem Direktorat von Campbell ein groß angelegtes Programm ins Leben, um unter der Leitung von Perrine eine endgültige Klärung der Vulkan-Frage herbeizuführen. Gesucht wurde nach Vulkan auf den drei Sonnenfinsternis-Expeditionen, die wir weiter oben bereits erwähnt haben. Die erste führte die Forscher 1901 nach Sumatra, die zweite 1905 nach Spanien und die dritte 1908 nach Flint Island. Die Qualität der Korona-Aufnahmen, die auf diesen Expeditionen erstellt wurden, war hoch genug, um einen Schlussstrich unter die Vulkan-Frage zu ziehen. Campbell konstatierte damals:

> *„It is felt that the Lick Observatory observations of 1901, 1905 and 1908 bring definitely to a conclusion the observational side of this problem, famous for half a century."*

William Wallace Campbell, zitiert nach [28]

Die Fotoplatten hatten die Frage nach der Existenz Vulkans negativ entschieden und wir wissen heute, dass ein solcher Planet nicht existiert. Noch ahnte niemand, dass sich das Rätsel um die Periheldrehung des Merkur schon bald auf eine völlig andere Weise lösen würde, doch dazu später mehr.

Obwohl die Fotoplatten längst archiviert waren, als Freundlich um die Erlaubnis bat, auf ihnen nach dem Einstein-Effekt zu suchen, beauftragte Campbell den Astronomen Heber Doust Curtis mit der Anfertigung von Kopien. Curtis war skeptisch, ob sich die minimalen Abweichungen zuverlässig darauf erkennen ließen, schickte die Platten im Juni 1912 aber dennoch nach Berlin:

> *„Even on the original negatives many of the star images are excessively faint, and can be made out only with the greatest difficulty; I fear that you will not be able to make them out at all on the copy in many cases, though I have purposely made the positives rather thin, so as not to blot out these exceedingly faint images by over-exposure."*

Heber Doust Curtis, zitiert nach [28]

Curtis sollte recht behalten. Zum einen befand sich die Sonne auf allen Aufnahmen am Rand, so dass es immer nur möglich war, den Effekt einseitig zu messen. Zum anderen war die Belichtungszeit, die für die Aufnahme der Korona gewählt wurde, mit 4 bis 6 Sekunden viel zu kurz, um auch den Sternhintergrund klar abzubilden. Ferner wurde das Fernrohr während der Belichtung mit der Sonne mitgeführt, so dass die Fixsterne, sofern sie überhaupt auf der Platte erschienen, deutlich verwaschen waren.

Einstein, der von dem Ergebnis ebenfalls enttäuscht war, drückte schriftlich sein Bedauern aus:

> *„Ich danke Ihnen herzlich für Ihre ausführlichen Nachrichten und für das ungemein lebhafte Interesse, das Sie unserem Problem entgegenbringen. Es ist ungemein schade, dass die bisher vorliegenden Photographien nicht scharf genug sind für eine derartige Ausmessung."*

Einstein am 27. Oktober 1912 an Freundlich, zitiert nach [81]

In den Astronomischen Nachrichten fasste Freundlich seine negativen Erfahrungen später mit den folgenden Worten zusammen:

„Mit Hilfe eines Messapparates [...], den mir Prof. K. Schwarzschild in liebenswürdiger Weise zur Verfügung stellte, begann ich zuerst eine Platte der Smithsonian Institution [...] auszumessen. Ich maß die rechtwinkligen Koordinaten aller Sterne auf der Platte in der Nähe der Sonne. Da aber die Platte ungenügend scharf zentriert und fokussiert war, die Sternbilder infolgedessen sehr verwaschen waren, ergaben sich derartig starke Verschiedenheiten in den Einstellungen der Sternbilder an verschiedenen Tagen, dass ich die Verwendung dieser Platte aufgeben musste. Es zeigte sich aber bald, dass auf allen Aufnahmen, auch auf den sehr wertvollen des Lick Observatory, die eben alle zu ganz anderen Zwecken, hauptsächlich zur Auffindung intramerkurieller Planeten gewonnen waren, die ungenügende Schärfe der Sternbilder eine erfolgreiche Ausmessung der Platten illusorisch machte. Auf allen Aufnahmen befindet sich übrigens auch die Sonne am Rande der Platte, sodass man einmal schon keine Möglichkeit hat, durch Vermessung von Sternen, die sich auf beiden Seiten der Sonne diametral gegenüber liegen, den doppelten Betrag des gesuchten Effektes zu finden, andererseits schon dadurch auf weniger gute Bilder rechnen kann. Ich habe darum die Untersuchung der ganzen Frage verschoben, bis wirklich brauchbares Material vorliegt[.]"

Erwin Finlay-Freundlich [70]

Auch wenn Freundlichs Auswertung ohne Ergebnis blieb, war dessen Arbeit nicht umsonst. Durch seinen Erfahrungsbericht, der in einem renommierten Physik-Journal erschien, machte er etliche namhafte Astronomen auf die gravitative Lichtablenkung aufmerksam. Auch Einstein blieb dies nicht verborgen:

„Ich danke Ihnen herzlich für Ihren interessanten Brief. Ihrem Eifer ist es zuzuschreiben, wenn die wichtige Frage nach der Krümmung der Lichtstrahlen nun auch die Astronomen zu interessieren beginnt."

Einstein im August 1913 an Freundlich, zitiert nach [81]

Freundlich war entschlossen, der Einstein-Frage weiter auf den Grund zu gehen, auch wenn nun klar war, dass dies nur mit neuen Aufnahmen gelingen konnte:

„Ich hoffe, dass bei der nächsten Sonnenfinsternis im August 1914 schon Aufnahmen für diese Untersuchung in möglichst großer Zahl gemacht werden können[.]"

Erwin Finlay-Freundlich [70]

Die erwähnte Sonnenfinsternis war für den 21. August 1914 vorausberechnet und sollte von der Halbinsel Krim gut zu beobachten sein. Freundlich griff die Gelegenheit beim Schopfe und beschloss, selbst nach Russland zu reisen. Einstein war gewillt, Freundlich zu unterstützen. Im Dezember 1913 wandte er sich in einem Brief an Freundlich, in dem er den Astronomen ermutigte, die Chance auf keinen Fall verstreichen zu lassen. Sollte die Finanzierung in der geplanten Form nicht zustande kommen, würde er gar aus eigener Tasche aushelfen:

„Wenn die Akademie nicht gerne dran will, dann kriegen wir das bisschen Mammon von privater Seite. [...] Sollte alles versagen, so zahle ich die Sache selber aus meinem bisschen Erspartem, wenigstens die ersten 2000 M[ark]. Bestellen Sie also nach reiflicher Überlegung nur ruhig die Platten und lassen Sie die Zeit nicht wegen der Geldfrage weglaufen.“

Einstein am 7. Dezember 1913 an Freundlich, zitiert nach [81]

Am Ende war die private Finanzierung nicht nötig. Die Preußische Akademie der Wissenschaften hatte sich bereit erklärt, die Kosten zu tragen, nicht zuletzt durch das Drängen von Max Planck, wie aus dem folgenden Brief von Einstein an Freundlich hervorgeht:

„Sie können sich denken, wie sehr ich mich darüber freue, dass die äußeren Schwierigkeiten Ihrer Unternehmung nun sozusagen überwunden sind. Nicht minder schön ist es, dass sich alle Beteiligten so gut bei der Angelegenheit verhalten haben. Besonders kann ich Planck nicht genug rühmen.“

Einstein im Februar 1914 an Freundlich, zitiert nach [81]

Die Vorbereitung auf die aufwendige Reise ging reibungsfrei vonstatten, und am 19. Juli 1914 brach die Berliner Delegation nach Russland auf. Auf der Krim installierten Freundlich und seine Teamkollegen vier Kameras, in voller Hoffnung, die so lange ersehnten Korona-Aufnahmen schon bald in der notwendigen Qualität in den Händen zu halten. Auch die Forscher des Lick-Observatoriums waren auf dem Weg nach Russland, wo sie zwölf Kilometer nordöstlich von Kiew, in der Stadt Browary, Station bezogen.

Kurze Zeit später überschlugen sich die Ereignisse: Deutschland hatte Russland am 1. August 1914 den Krieg erklärt und damit das Ende des alten Europas besiegelt. Als amerikanische Staatsbürger erhielten die Lick-Astronomen die Erlaubnis, ihre Arbeit fortzusetzen, doch als am Tag der Sonnenfinsternis dichte Wolken den Himmel bedeckten, war klar, dass die aufwendige Mission ein Fehlschlag war. Campbell, der die Expedition leitete, äußerte sich später folgendermaßen über diesen niederschmetternden Moment:

„If the critical two minutes had been clear so that we could have brought valuable results home with us we would have thought nothing of the inconveniences which later greeted us at various points. I never knew before how keenly an eclipse astronomer

feels his disappointment through clouds. Eclipse preparations mean hard work and intense application, and I must confess that I never before seriously faced the situation of having everything spoiled by clouds. One wishes that he could come home by the back door and see nobody."

William Wallace Campbell, zitiert nach [28]

Die deutsche Delegation wurde auf der Krim verhaftet. Zusammen mit seinen jüngeren Kollegen wurde Freundlich nach Odessa überführt und konnte erst nach mehreren Wochen, im Austausch gegen russische Kriegsgefangene, nach Berlin zurückreisen. Noch herrschte dieser Tage eine euphorische, fast kriegslüsterne Stimmung. Sie verebbte schnell, denn bereits nach wenigen Wochen hatte der erste Weltkrieg eine Dimension erreicht, die kaum jemand vorhergesehen hatte. Von jetzt an beherrschten Gräuel und Leid das Tagesgeschehen, und auch die Wissenschaft spürte die Folgen des Krieges. Geldmittel wurden gekürzt und die internationale Zusammenarbeit nahezu vollständig gestoppt. Die Klärung der Einstein-Frage machte hier keine Ausnahme; an sie war in diesen dunklen Tagen unserer Geschichte nicht zu denken.

Niemand ahnte, dass die Physik dennoch kurz vor einer ihrer großen Sternstunden stand. Einstein war dabei, das entscheidende Puzzlestück zu entdecken, das seine Theorie der Gravitation zu etwas ganz Großem werden ließ. Mit Papier und Feder hatte er es geschafft, die Gravitation durch eine Krümmung der Raumzeit zu erklären, ein Konstrukt, das unserem Geiste sowohl in konzeptioneller als auch in mathematischer Hinsicht Höchstleistungen abverlangt. Einstein war kurz davor, die *allgemeine Relativitätstheorie* zu vollenden, die wir im nächsten Kapitel in groben Zügen offenlegen wollen.

10 Allgemeine Relativitätstheorie

> *„Dem Zauber dieser Theorie wird sich kaum jemand entziehen können, der sie wirklich erfasst hat.“*
>
> Albert Einstein[44]

> *„What I find truly amazing is that this theory of general relativity, invented almost out of pure thought, guided only by the principle of equivalence and by Einstein's imagination, not by a need to account for experimental data, turned out in the end to be so right.“*
>
> Clifford M. Will [175]

Mit der Formulierung des starken Äquivalenzprinzips war es Einstein gelungen, eine hohe begriffliche Hürde zu beseitigen. Er hatte einen direkten Bezug zwischen einem Schwerefeld und einem beschleunigten Bezugssystem hergestellt und daraus faszinierende Folgerungen wie die gravitative Zeitdilatation oder die Ablenkung des Lichts abgeleitet. Einstein war von der Gültigkeit des starken Äquivalenzprinzips tief überzeugt, doch gleichzeitig war ihm klar, dass es sich nur eingeschränkt mit den Begriffen der speziellen Relativitätstheorie vertrug. Tatsächlich entpuppte sich das Vorhaben, das starke Äquivalenzprinzip und die spezielle Relativitätstheorie widerspruchsfrei zu einer Theorie der Gravitation zu kombinieren, als unerwartet schwierig. Als ein wiederkehrendes Problem erwies sich der Begriff des Inertialsystems, auf dem die gesamte spezielle Relativitätstheorie aufbaut. Einstein erkannte, dass er an diesem Begriff in seiner bestehenden Form nicht festhalten konnte, und auch das erste Axiom, das Relativitätsprinzip, einer Modifikation bedurfte. Nach und nach wuchs in ihm die Überzeugung, dass die Beschränkung des Relativitätsprinzips auf gleichförmig bewegte Bezugssysteme ein Fehler war.

10.1 Das allgemeine Relativitätsprinzip

Der Ausgangspunkt für Einsteins Überlegung war ein Ergebnis, auf das wir im letzten Kapitel gestoßen sind. Dort haben wir herausgearbeitet, dass in einer Kammer, die sich in einem Schwerefeld im freien Fall befindet, keine Gravitationskräfte nachgewiesen werden können; das Schwerefeld ist dann vollständig verschwunden. Für einen Forscher in der Kammer hat dies einschneidende Konsequenzen, denn für ihn stellt sich die physikalische Realität exakt so dar, als befände er sich in einem Inertialsystem. Einstein hat sich an diesen Gedankengang in seinen autobiographischen Notizen folgendermaßen erinnert:

> *„Nun fiel mir ein: Die Tatsache der Gleichheit der trägen und schweren Masse, bzw. die Tatsache der Unabhängigkeit der Fallbeschleunigung von der Natur der fallenden Substanzen, lässt sich so ausdrücken: In einem Gravitationsfelde (geringer räumlicher Ausdehnung) verhalten sich die Dinge so wie in einem gravitationsfreien Raume, wenn man in diesem statt eines ‚Inertialsystems‘ ein gegen ein solches beschleunigtes Bezugssystem einführt. [Deshalb] kann man dieses Bezugssystem mit dem gleichen Rechte als ein ‚Inertialsystem‘ betrachten wie das ursprüngliche Bezugssystem.“*

Albert Einstein [49]

Einsteins Gedanke ist verlockend: Wenn es tatsächlich gelänge, die Inertialsysteme von ihrer Sonderrolle zu befreien und als Spezialfälle in eine größere Theorie einzubetten, in der beliebig bewegte Bezugssysteme gleichberechtigt sind, so wäre diese neue Theorie ganz automatisch auch eine Theorie der Gravitation. Später wird Einstein diesen Gedanken so ausdrücken:

> *„Die Einführung von relativ zu Inertialsystemen beschleunigten Koordinatensystemen bedingt das Auftreten von Gravitationsfeldern relativ zu letzteren. Damit hängt es zusammen, dass die auf die Gleichheit der Trägheit und Schwere gegründete allgemeine Relativitätstheorie eine Theorie des Gravitationsfeldes liefert.“*

Albert Einstein [53]

Einsteins Idee, beliebig bewegte Bezugssysteme als gleichberechtigt zu erachten, ist das *allgemeine Relativitätsprinzip*. Mit ihm konnte Einstein den Makel der speziellen Relativitätstheorie ausmerzen, den wir zu Beginn des vorherigen Kapitels ausgesprochen haben: den Makel, zwischen gleichförmig bewegten und beschleunigten Bewegungen in einem absoluten Sinne zu unterscheiden. Indem das allgemeine Relativitätsprinzip diesen Unterschied auf der konzeptionellen Ebene aufhebt, wird der absolute Raum endgültig aus der Theorie verbannt. Gleichsam ist klar: In den folgenden Überlegungen dürfen wir weder, wie es die Newton'sche Physik erlaubt, ein einziges a priori bevorzugtes Bezugssystem im Sinne eines absoluten Raums einführen, noch, wie es die spezielle Relativitätstheorie vorsieht, die Schar der Inertialsysteme als a priori bevorzugt ansehen. In Max Borns Worten muss dies dazu führen,

> *„dass die Gesetze der Mechanik und in der Physik überhaupt nur die relativen Lagen und Bewegungen der Körper enthalten.“*

Max Born [15]

Oder, wie es Einstein ausdrückte:

„Die Gesetze der Physik müssen so beschaffen sein, dass sie in Bezug auf beliebig bewegte Bezugssysteme gelten."

Albert Einstein [45]

Diese Annahme stellte Einstein ab dem Jahr 1908 all seinen künftigen Überlegungen voran. Auch wenn der Weg jetzt klar gezeichnet war, sollten noch sieben anstrengende Jahre vergehen, bis Einstein das anvisierte Ziel erreichte. In seinen autobiographischen Bemerkungen erinnerte er sich an einen der Gründe, warum die Suche nach einer konsistenten Theorie der Gravitation so schwierig war:

„Warum brauchte es weitere 7 Jahre für die Aufstellung der allgemeinen Relativitätstheorie? Der hauptsächliche Grund liegt darin, dass man sich nicht so leicht von der Auffassung befreit, dass den Koordinaten eine unmittelbare metrische Bedeutung zukommen müsse."

Albert Einstein, zitiert nach [49]

Einstein bezieht sich in diesem Kommentar auf ein fundamentales Prinzip der speziellen Relativitätstheorie, das wir in Abschnitt 8.1 besprochen haben. Dort haben wir uns ausführlich mit der Frage beschäftigt, wie die Raum-Zeit-Koordinate eines Ereignisses als das Ergebnis eines Messprozesses definiert werden kann. Im Kern dieser Überlegungen standen die Einstein'schen Bezugskörper, die wir uns in Gedanken als dreidimensionale engmaschige Gitter vorgestellt haben, an deren Kreuzungspunkten mit einer Kugelwelle synchronisierte Uhren angebracht sind. Anders als es in der Newton'schen Physik der Fall ist, kann in der speziellen Relativitätstheorie keiner dieser Bezugskörper den Anspruch erheben, den absoluten Raum zu repräsentieren; alle Inertialsysteme sind nach dem ersten Einstein'schen Axiom gleichberechtigt. Eine grundlegende Eigenschaft haben diese Bezugskörper mit Newtons absolutem Raum aber dennoch gemein: Sie entsprechen allesamt dem Raum unserer Anschauung, in ihnen gelten die uns vertrauten Gesetze der euklidischen Geometrie. Aber genau in dieser Hinsicht machte die Verallgemeinerung des Relativitätsprinzips Schwierigkeiten. Sie führte zu Problemen, die ausgerechnet bei der Untersuchung eines vermeintlich harmlos daherkommenden Sachverhalts ans Licht kamen: der Rotation starrer Körper.

10.2 Ehrenfest-Paradoxon

Im Jahr 1909 beschäftigte sich der österreichische Physiker Paul Ehrenfest mit dem Verhalten einer starren Scheibe, die aus dem Stand in Rotation versetzt wird. In

<table>
<tr><td>Ruhende Scheibe</td><td>Rotierende Scheibe</td></tr>
</table>

Für die ruhende Scheibe ergibt der Quotient aus dem Umfang und dem Durchmesser der Scheibe die Kreiszahl π.

Nach der speziellen Relativitätstheorie unterliegen nur die peripher angelegten Maßstäbe der Längenkontraktion, die radial angelegten nicht.

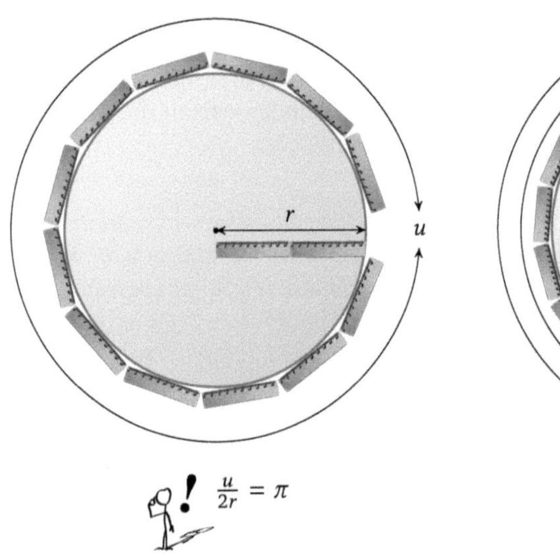

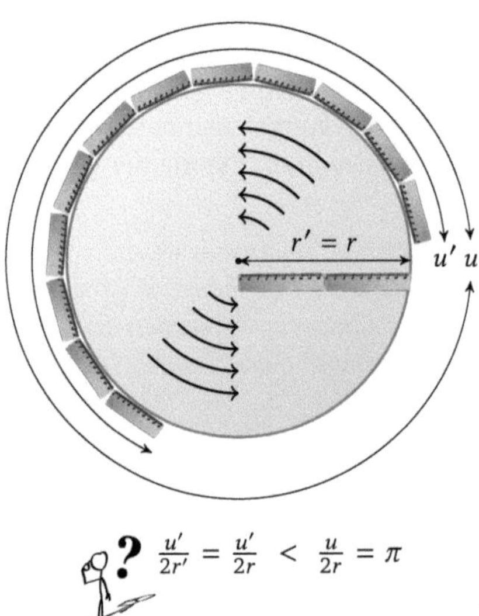

$$\frac{u}{2r} = \pi \qquad\qquad \frac{u'}{2r'} = \frac{u'}{2r} < \frac{u}{2r} = \pi$$

Abbildung 10.1: Ehrenfest-Paradoxon

Gedanken legte er den Scheibenrand mit kleinen Messstäben aus und stellte sich anschließend die Frage, wie sich die rotierende Bewegung auf den Umfang auswirkt. Da die ausgelegten Messstäbe allesamt in die Bewegungsrichtung zeigen, erfahren sie nach der speziellen Relativitätstheorie eine Längenkontraktion. Ist $2\pi r$ der Umfang der ruhenden Scheibe und $2\pi r'$ der Umfang, den der gleiche Beobachter für die rotierende Scheibe misst, so führt die Kontraktion zu der Beziehung $2\pi r' < 2\pi r$. Oder, was dasselbe ist: zu der Beziehung $r' < r$.

Anschließend betrachte Ehrenfest eine radiale Linie, die vom Mittelpunkt der Scheibe nach außen verläuft. Wird diese Linie ebenfalls mit Messstäben ausgelegt, so zeigen alle Stäbe senkrecht zur Bewegungsrichtung. Für diese Stäbe sagt die spezielle Relativitätstheorie aber keinerlei Kontraktion voraus. Demnach gilt $r' = r$, im Widerspruch zu dem eben Gesagten. Der aufgezeigte Widerspruch ist das *Ehrenfest-Paradoxon*, das in den Worten seines Entdeckers folgendermaßen klingt (vgl. Abbildung 10.1):

„Es sei gegeben ein relativ-starrer Zylinder vom Radius R und der Höhe H. Es werde ihm allmählich eine schließlich konstant bleibende Drehbewegung um seine Achse erteilt. Sei R' der Radius, den er bei dieser Bewegung für einen ruhenden Beobachter aufweist. Dann müsste R' zwei einander widersprechende Forderungen erfüllen:

a) Die Peripherie des Zylinders muss gegenüber dem Ruhezustand eine Kontraktion zeigen: $2\pi R' < 2\pi R$, denn jedes Element der Peripherie bewegt sich in seiner eigenen Richtung mit der Momentangeschwindigkeit $R'\omega$.

b) Betrachtet man irgendein Element eines Radius, so steht seine Momentangeschwindigkeit normal zu seiner Erstreckung; also können die Elemente eines Radius gegenüber dem Ruhezustand keinerlei Kontraktion aufweisen. Es müsste sein: $R' = R$.“

Paul Ehrenfest [35]

Einstein war sich des Problems wohlbewusst. Wir wissen dies aus einem Brief an Arnold Sommerfeld, den Einstein am gleichen Tag verfasste, an dem Ehrenfests Manuskript die Herausgeber der Annalen der Physik erreichte. Darin heißt es:

„Die Behandlung des gleichförmig rotierenden starren Körpers scheint mir von großer Wichtigkeit wegen einer Ausdehnung des Relativitätsprinzips auf gleichförmig rotierende Systeme nach analogen Gedankengängen, wie ich sie im letzten § meiner in der Zeitschr[ift] f[ür] Radioaktivit[ät] publizierten Abhandlung [39] für gleichförmig beschleunigte Translation durchzuführen versucht habe.“

Albert Einstein am 29. September 1909 an Arnold Sommerfeld [34]

Das Paradoxon der rotierenden Scheibe sollte Einstein noch mehrere Jahre beschäftigen – und schließlich zur Lösung des Problems beitragen. In seinen Publikationen erwähnte er es erstmals im Jahr 1912, doch wie der folgende Auszug zeigt, war er damals einer Lösung noch nicht näher gekommen:

„Das Bezugssystem K (Koordinaten x, y, z) befinde sich im Zustande gleichförmiger Beschleunigung [...] Die räumliche Ausmessung von K geschieht durch Maßstäbe, welche – im Ruhezustande an der nämlichen Stelle von K miteinander verglichen – die gleiche Länge besitzen; es sollen die Sätze der Geometrie gelten für so gemessene Längen, also auch für die Beziehungen zwischen den Koordinaten x, y, z und anderen Längen. Diese Festsetzung ist nicht selbstverständlich erlaubt, sondern enthält physikalische Annahmen, die sich eventuell als unrichtig erweisen könnten; sie gelten z. B. höchst wahrscheinlich nicht in einem gleichförmig rotierenden Systeme, in welchem wegen der Lorentzkontraktion das Verhältnis des Kreisumfanges zum Durchmesser bei Anwendung unserer Definition für die Längen von π verschieden sein müsste.“

Albert Einstein [42]

Abbildung 10.2

Hermann Minkowski
1864 – 1909

10.3   Relativistische Raumgeometrie

Noch im selben Jahr schaffte Einstein der Durchbruch. Ausschlaggebend hierfür war seine Überzeugung, dass die verallgemeinerte Theorie bei Abwesenheit eines Gravitationsfelds in die spezielle Relativitätstheorie als Spezialfall übergehen müsse. Wir erinnern uns: Die spezielle Relativitätstheorie macht eine Aussage über Bezugssysteme, in denen sich unbeschleunigte Objekte auf geraden Linien bewegen, und wir wissen, dass eine gerade Linie im euklidischen Raum die kürzeste Verbindung zwischen zwei Punkten ist. Aus diesem Grund werden gerade Linien im euklidischen Raum auch als *geodätische Linien* oder kürzer als *Geodäten* bezeichnet.

Dass wir überhaupt über eine *„kürzeste Verbindung“* sprechen können, setzt eine *Metrik* voraus, d. h., es muss möglich sein, zwei Punkten einen Abstand zuzuordnen. Es ist ein bedeutendes Ergebnis der speziellen Relativitätstheorie, dass auch in der vierdimensionalen Raumzeit eine Metrik existiert. Sie wird, ihrem Entdecker zu Ehren, als *Minkowski-Metrik* bezeichnet und weist eine ähnliche Struktur auf, wie die uns vertraute Metrik des euklidischen Raums (Abbildung 10.2).

Bislang war Einstein davon ausgegangen, dass die Eigenschaft eines Körpers, sich auf einer geodätischen Linie zu bewegen, in einem Gravitationsfeld verloren geht, doch die metrische Betrachtung sollte ihm schließlich einen ganz anderen Erklärungsansatz eröffnen. War es möglich, dass die Gravitation einen Körper gar nicht von seiner geodätischen Bahn ablenkt, sondern die Metrik des Raums beeinflusst? Konnte es also sein, dass sich ein Körper auch im Schwerefeld auf einer geodätischen Bahn bewegt? Genau dies war die entscheidende Idee. Einstein sah in der Gravitation nicht mehr länger eine Kraft, die innerhalb des euklidischen Raums auf andere Körper wirkt, sondern eine Eigenschaft des Raums selbst. Er hatte erkannt, dass sich die Materie mit der Raumzeit in ein gegenseitiges Wechselspiel begibt. Die Materie verursacht eine Krümmung in der Raumzeit, die ihrerseits über das Trägheitsgesetz die Bewegung der Materie bestimmt.

Dass sich die Gravitation in einer Verzerrung der Raumzeit äußert, löste auch das Problem der rotierenden Scheibe, denn das Ehrenfest-Paradoxon war einzig und allein durch die Annahme entstanden, dass das Verhältnis aus dem Umfang und dem Durchmesser einer Scheibe stets die Kreiszahl π ergebe. Im euklidischen Raum ist dies vollkommen richtig, nicht aber in der gekrümmten Raumzeit. Die Beschleunigung der Scheibe führt dazu, dass die euklidische Geometrie in eine nichteuklidische übergeht, in der das Verhältnis aus dem Umfang und dem Durchmesser einer Scheibe eben nicht mehr die Kreiszahl π ergibt. In seiner Arbeit über die allgemeine Relativitätstheorie aus dem Jahr 1916 zieht Einstein genau diesen Schluss:

> *„Wir denken uns nun Umfang und Durchmesser dieses Kreises mit einem (relativ zum Radius unendlich kleinen) Einheitsmaßstabe ausgemessen und den Quotienten beider Messresultate gebildet. Würde man dieses Experiment mit einem relativ zum Galileischen System K ruhenden Maßstabe ausführen, so würde man als Quotienten die Zahl π erhalten. Das Resultat der mit einem relativ zu K′ ruhenden Maßstabe ausgeführten Bestimmung würde eine Zahl sein, die größer ist als π. [...] Es gilt daher in Bezug auf K′ nicht die Euklidische Geometrie; der oben festgelegte Koordinatenbegriff, welcher die Gültigkeit der Euklidischen Geometrie voraussetzt, versagt also mit Bezug auf das System K′.“*

Albert Einstein [45]

So treu uns der euklidische Bezugskörper in Kapitel 8 für die Erarbeitung der speziellen Relativitätstheorie zur Verfügung stand: Er war es, der Einstein über viele Jahre hinweg daran hinderte, die Gravitation in seine Theorie zu integrieren.

In den populärwissenschaftlichen Darstellungen der allgemeinen Relativitätstheorie wird die Raumkrümmung gerne mithilfe einer Ebene visualisiert, die sich auf die gleiche Weise verformt wie ein dehnbares, mit einem Gewicht beschwertes Gummituch (Abbildung 10.3). Auch wenn solche Darstellungen die Raumkrümmung in einer ansprechenden und durchaus intuitiven Weise verbildlichen, sind sie mit Vorsicht zu genießen. Zum einen unterliegen sie der Einschränkung, nur zwei Raumdimensionen visualisieren zu können; die dritte Dimension wird benötigt, um das Maß der Krümmung zu beschreiben. Zum anderen darf nicht vergessen werden, dass in der allgemeinen Relativitätstheorie nicht der dreidimensionale Raum, sondern die vierdimensionale Raumzeit gekrümmt ist, die Krümmung also auch die Zeitkomponente mit einbezieht. Dieser intuitiv schwer zugängliche Aspekt wird in den visuellen Darstellungen der Raumkrümmung stets ausgeklammert. Ohne Wert sind die erwähnten

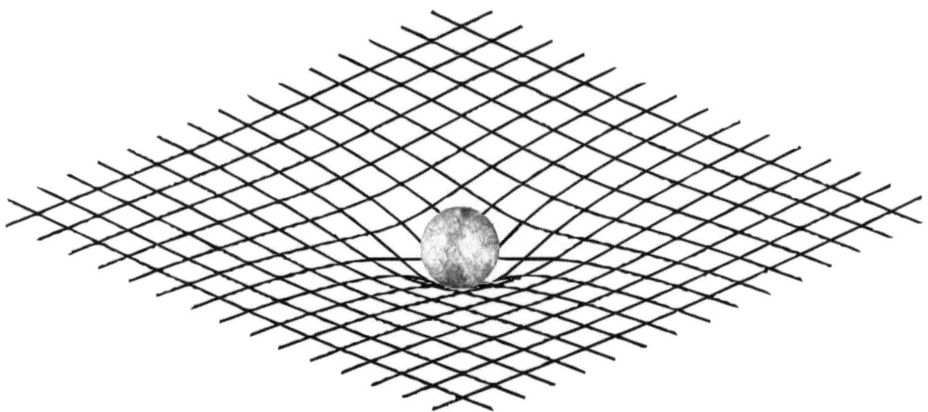

Abbildung 10.3: Künstlerische Visualisierung der Raumkrümmung (vgl. [92])

Darstellungen trotzdem nicht. Sie vermitteln auf sehr anschauliche Weise, wie die Änderung der Raumgeometrie den Verlauf geodätischer Linien beeinflusst.

An dieser Stelle wollen wir ein wenig Sand in das Getriebe streuen und einem scheinbaren Widerspruch nachgehen, der durch unsere Alltagserfahrung aufgeworfen wird. Die Welt um uns herum wirkt in einem so hohen Maße euklidisch, dass diese vermeintliche Eigenschaft des Raums über Jahrtausende hinweg von kaum einem Menschen in Frage gestellt wurde. Ein Mann, der dies dennoch tat, war Carl Friedrich Gauß. Der deutsche Mathematiker zog als einer der ersten die Möglichkeit eines gekrümmten Universums in Betracht und führte mehrere Kontrollrechnungen mit Dreiecken durch, die durch verschiedene Landmarken im Königreich Hannover markiert wurden. Das Ergebnis war immer das gleiche: Die Winkelsumme ergab 180°, so dass im Rahmen der Messgenauigkeit keine Raumkrümmung nachzuweisen war.

Dies bringt uns zu dem entscheidenden Punkt: Wie kann eine minimale Raumkrümmung dazu führen, dass sich materielle Körper auf Bahnen bewegen, die sich eklatant von geraden Linien unterscheiden? Werfen wir beispielsweise einen Ball schräg nach oben, so ist seine Flugbahn keine gerade Linie, sondern eine stark gebogene Parabel. Das Gleiche gilt für einen Satelliten, der sich im Erdorbit im freien Fall befindet. Seine Bewegungslinie, die dann ein Kreis oder eine Ellipse ist, weicht unübersehbar von einer geraden Linie ab. Wie passt diese minimale, kaum messbare Raumkrümmung mit den stark gebogenen Bewegungslinien materieller Körper im Schwerefeld zusammen?

Um den vermeintlichen Widerspruch aufzuklären, blicken wir auf die in Abbildung 10.4 dargestellten Weltlinien eines Satelliten, der die Erde umkreist. Links ist die Weltlinie in einem zweidimensionalen Koordinatensystem eingezeichnet, dessen Achsen die Orbitalebene des Satelliten aufspannen. In dieser Ebene beschreibt die

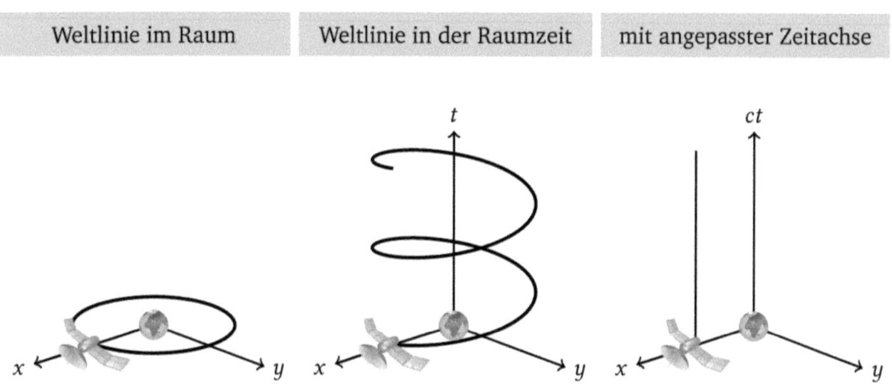

Abbildung 10.4: Weltlinie eines Satelliten im Raum und in der Raumzeit

Weltlinie des Satelliten einen perfekten Kreis. Ergänzen wir das Koordinatensystem um eine nach oben zeigende Zeitachse, so erhalten wir eine Visualisierung der Satellitenbewegung in der Raumzeit. In dieser hat die Weltlinie die Gestalt einer Helix, die sich entlang der Zeitachse nach oben windet. Unser vermeintlicher Widerspruch klärt sich sofort auf, wenn wir die Einheiten der Koordinatenachsen so angleichen, dass auch die Zeit durch eine Längenangabe dargestellt wird. In der Relativitätstheorie gelingt dies auf natürliche Weise durch die Multiplikation mit der Lichtgeschwindigkeit. Eine Sekunde wird dann durch die Strecke repräsentiert, die das Licht in einer Sekunde zurücklegt. Zeichnen wir die Weltlinie unseres Satelliten in das neu skalierte Koordinatensystem ein, so erhalten wir das in Abbildung 10.4 rechts dargestellte Ergebnis. In diesem Koordinatensystem ist die Helix so weit in die Länge gezogen, dass sie sich von einer Geraden kaum noch unterscheidet. Für unsere Wahrnehmung ist also die enorm hohe Lichtgeschwindigkeit verantwortlich. Sie sorgt dafür, dass eine minimale Krümmung in der Raumzeit ausreicht, damit sich ein Körper aus unserer Sicht auf einer massiv gekrümmten Bahn bewegt. Auch wenn unsere Wahrnehmung anderes suggeriert: Ein Satellit, der sich auf einer Kreisbahn um die Erde befindet, zieht nahezu geradlinig durch die Raumzeit.

10.3.1 Tensoranalysis

Der Weg, den Einstein ab jetzt beschritt, führte ihn auf direktem Weg in ein schwieriges Teilgebiet der Mathematik, das als *Tensoranalysis* bezeichnet wird. Einsteins Ziel war es, die Naturgesetze in einer Form anzugeben, die gegenüber Koordinatentransformationen invariant ist, und genau dies leistet der Tensorformalismus: Jeder Sachverhalt, der in Form einer Tensorgleichung niedergeschrieben werden kann, gilt auch in jedem anderen Koordinatensystem. Dass er den Weg nach Jahren harter Arbeit bis zum Ende gehen konnte, hat er nicht zuletzt seinem alten Studienfreund Marcel

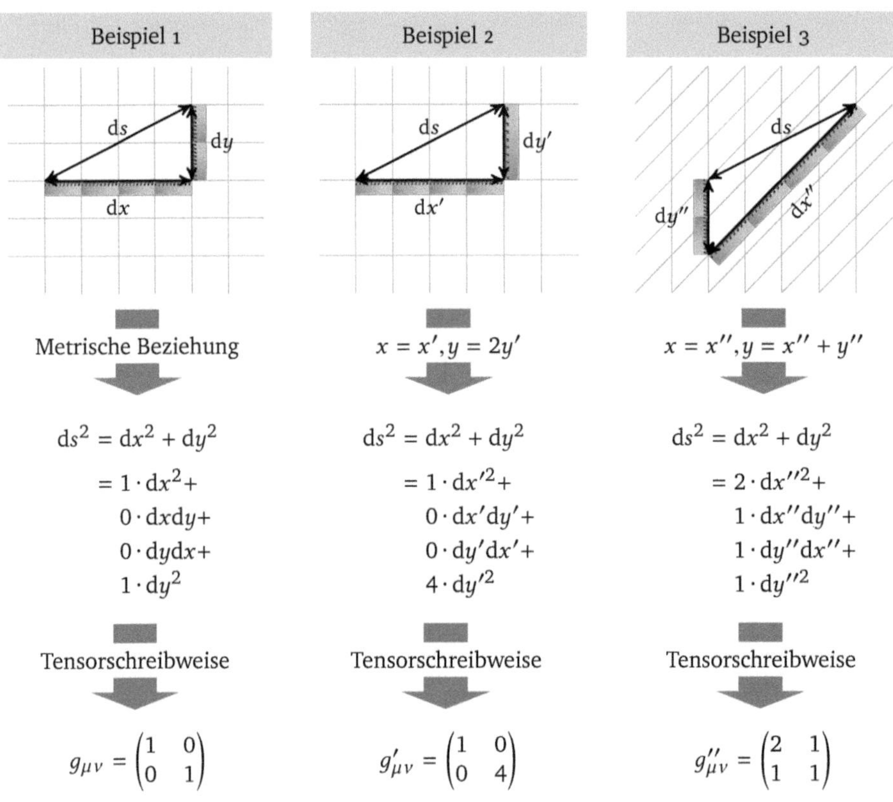

Beispiel 1:

$$\mathrm{d}s^2 = \mathrm{d}x^2 + \mathrm{d}y^2$$
$$= 1 \cdot \mathrm{d}x^2 +$$
$$0 \cdot \mathrm{d}x\mathrm{d}y +$$
$$0 \cdot \mathrm{d}y\mathrm{d}x +$$
$$1 \cdot \mathrm{d}y^2$$

Tensorschreibweise

$$g_{\mu\nu} = \begin{pmatrix} 1 & 0 \\ 0 & 1 \end{pmatrix}$$

Beispiel 2:

$$\mathrm{d}s^2 = \mathrm{d}x^2 + \mathrm{d}y^2$$
$$= 1 \cdot \mathrm{d}x'^2 +$$
$$0 \cdot \mathrm{d}x'\mathrm{d}y' +$$
$$0 \cdot \mathrm{d}y'\mathrm{d}x' +$$
$$4 \cdot \mathrm{d}y'^2$$

Tensorschreibweise

$$g'_{\mu\nu} = \begin{pmatrix} 1 & 0 \\ 0 & 4 \end{pmatrix}$$

Beispiel 3:

$$\mathrm{d}s^2 = \mathrm{d}x^2 + \mathrm{d}y^2$$
$$= 2 \cdot \mathrm{d}x''^2 +$$
$$1 \cdot \mathrm{d}x''\mathrm{d}y'' +$$
$$1 \cdot \mathrm{d}y''\mathrm{d}x'' +$$
$$1 \cdot \mathrm{d}y''^2$$

Tensorschreibweise

$$g''_{\mu\nu} = \begin{pmatrix} 2 & 1 \\ 1 & 1 \end{pmatrix}$$

Abbildung 10.5: Koordinatensysteme und ihre metrischen Tensoren

Grossman zu verdanken, den wir in Kapitel 8 bereits erwähnt haben. Im Gegensatz zu Einstein, der von seinen Kommilitonen nur selten in Vorlesungen gesehen wurde, hatte sich sein Freund in Zürich ein solides Wissen auf dem Gebiet der Riemann'schen Geometrie angeeignet. Unter anderem war es dieses Wissen, das Einstein später zum Durchbruch verhelfen sollte.

Die Tensorrechnung der allgemeinen Relativitätstheorie ist viel zu kompliziert, als dass wir sie in diesem Buch in der gebührenden Tiefe darlegen könnten. Dennoch wollen wir ein paar Schritte mit Einstein gehen, wohlwissend, dass wir die Ideen, die der nichteuklidischen Geometrie der Raumzeit zugrunde liegen, nur grob skizzieren können. Ein wichtiger Bestandteil dieser Geometrie ist der *metrische Tensor*. Um zu verstehen, was sich hinter diesem Begriff verbirgt, verabschieden wir uns für den Moment von der vierdimensionalen Raumzeit der speziellen Relativitätstheorie und betrachten den viel einfacheren Fall einer ebenen Fläche.

Um die Punkte einer Fläche zu erfassen, müssen wir ein Koordinatensystem definieren, das durch die Angabe zweier Basisvektoren eindeutig festgelegt ist. Verwenden wir als Basis die sogenannte *Standardbasis*, die von den beiden *kanonischen Einheitsvektoren* $(1,0)$ und $(0,1)$ gebildet wird, so können wir uns die Fläche mit einem virtuellen Gitternetz überzogen denken, wie es auf der linken Seite in Abbildung 10.5 zu sehen ist. Die Kreuzungspunkte dieses Netzes entsprechen genau jenen Punkten, die durch ganzzahlige Koordinaten repräsentiert werden. Natürlich lassen sich für die Beschreibung der Fläche auch andere Basisvektoren verwenden. Beispielsweise könnten wir einen der Vektoren auf die doppelte Länge skalieren (Abbildung 10.5 Mitte) oder die beiden Vektoren schräg zueinander stellen (Abbildung 10.5 rechts).

Jede Änderung der Basisvektoren wirkt sich unmittelbar auf die Koordinaten aus, mit denen die Position eines Punktes beschrieben wird. In den von uns gewählten Beispielen gelten die folgenden Zusammenhänge:

$$x = x' \tag{10.1}$$

$$y = 2y' \tag{10.2}$$

$$x = x'' \tag{10.3}$$

$$y = x'' + y'' \tag{10.4}$$

Eine Größe, die durch den Wechsel des Koordinatensystems unangetastet bleibt, ist der Abstand zweier Punkte. Wird das Koordinatensystem wie in unserem ersten Beispiel durch die kanonischen Einheitsvektoren gebildet, so lässt sich der Abstand zweier Punkte (x_1, y_1) und (x_2, y_2) nach dem pythagoreischen Lehrsatz über die Formel

$$\sqrt{(x_1 - x_2)^2 + (y_1 - y_2)^2} \tag{10.5}$$

berechnen. Diese Formel definiert die euklidische Metrik der ebenen Fläche. Um sie in die später benötigte Form zu bringen, bezeichnen wir die beiden Koordinatendifferenzen ab jetzt mit dx und dy und die Abstandsgröße (10.5) mit ds. Mit den neuen Bezeichnern können wir den geschilderten Zusammenhang in der Form

$$(ds)^2 = (dx)^2 + (dy)^2$$

notieren, was wir wiederum kürzer schreiben werden als:

$$ds^2 = dx^2 + dy^2 \tag{10.6}$$

Legen wir das zweite Koordinatensystem zugrunde, so müssen wir diese Formel ein wenig modifizieren. Wir erhalten die neue Abstandsbeziehung, indem wir die Koordinatenbeziehungen (10.1) und (10.2) in die Formel (10.6) einsetzen. Dies ergibt:

$$ds^2 = dx^2 + dy^2$$

$$= dx'^2 + (2dy')^2$$
$$= dx'^2 + 4dy'^2 \tag{10.7}$$

Für das dritte in Abbildung 10.5 eingezeichnete Koordinatensystem wird die Situation noch interessanter. Da der Übergang von den ungestrichenen zu den doppelt gestrichenen Größen eine nichtlineare Transformation ist, kommen die Terme dx und dy nicht nur quadriert, sondern auch in gemischter Form vor:

$$ds^2 = dx^2 + dy^2$$
$$= dx''^2 + (dx'' + dy'')^2$$
$$= dx''^2 + dx''^2 + 2dx''dy'' + dy''^2$$
$$= 2dx''^2 + 2dx''dy'' + dy''^2$$

Durch eine weitere Umformung können wir diese Gleichung in eine symmetrische Form bringen, in der die Terme $dx''dy''$ und $dy''dx''$ in gleicher Anzahl vorkommen:

$$ds^2 = 2dx''^2 + dx''dy'' + dy''dx'' + dy''^2 \tag{10.8}$$

Vereinheitlicht lassen sich die Formeln (10.6), (10.7) und (10.8) dann folgendermaßen aufschreiben:

$$ds^2 = \underbrace{1}_{g_{11}} \cdot dx^2 + \underbrace{0}_{g_{12}} \cdot dxdy + \underbrace{0}_{g_{21}} \cdot dydx + \underbrace{1}_{g_{22}} \cdot dy^2$$
$$ds^2 = 1 \cdot dx'^2 + 0 \cdot dx'dy' + 0 \cdot dy'dx' + 4 \cdot dy'^2$$
$$ds^2 = 2 \cdot dx''^2 + 1 \cdot dx''dy'' + 1 \cdot dy''dx'' + 1 \cdot dy''^2$$

Jedes der gewählten Koordinatensysteme entspricht einem metrischen Tensor $g_{\mu\nu}$, der sich aus den eben aufgestellten Gleichungen sofort ablesen lässt. Alles, was wir hierfür tun müssen, ist, die Koeffizienten g_{11}, g_{12}, g_{21} und g_{22} in Form einer Matrix aufzuschreiben. Dies ergibt:

$$g_{\mu\nu} = \begin{pmatrix} 1 & 0 \\ 0 & 1 \end{pmatrix} \quad g'_{\mu\nu} = \begin{pmatrix} 1 & 0 \\ 0 & 4 \end{pmatrix} \quad g''_{\mu\nu} = \begin{pmatrix} 2 & 1 \\ 1 & 1 \end{pmatrix}$$

Diese Matrizen sind genau jene, die in Abbildung 10.5 bereits eingezeichnet waren.

Krummlinige Koordinatensysteme

Mit dem Tensorformalismus lassen sich auch krummlinige Koordinatensysteme beschreiben. Wie wir uns ein solches Koordinatensystem vorstellen können, ist in Abbildung 10.6 angedeutet. Das Gitter hat dort die Gestalt eines gummiartigen Netzes,

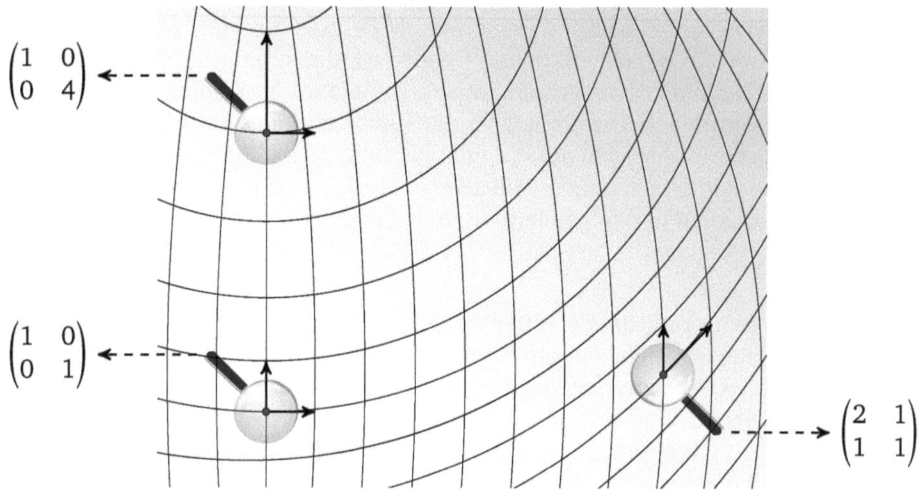

Abbildung 10.6: Tensorfeld eines krummlinigen Koordinatensystems der Ebene

das unregelmäßig gedehnt und gestaucht über die Ebene gezogen ist. Die permanente Verformung der Koordinatenachsen hat zur Folge, dass die Komponenten des metrischen Tensors jetzt keine Konstanten mehr sind und für jeden Ortspunkt neu bestimmt werden müssen. An die Stelle eines einzigen Tensors tritt dann ein sogenanntes *Tensorfeld*.

Beachten Sie, dass in krummlinigen Koordinatensystemen eine zentrale Eigenschaft verloren geht, die in unseren drei Eingangsbeispielen ausnahmslos vorhanden war: Es ist jetzt nicht mehr möglich, eine Koordinatendifferenz als eine Länge zu interpretieren, die durch das Anlegen starrer Einheitsmaßstäbe ermittelt werden kann. Genau dies meint Einstein, wenn er in [52] resümiert:

> *„Ich sah bald, dass bei der durch das Äquivalenzprinzip geforderten Erfassung nichtlinearer Transformationen die einfache physikalische Interpretation der Koordinaten verlorengehen musste, d. h., es konnte nicht mehr gefordert werden, dass Koordinatendifferenzen unmittelbare Ergebnisse von Messungen mit idealen Maßstäben bzw. Uhren bedeuten sollten. Diese Erkenntnis plagte mich sehr, denn ich vermochte lange nicht einzusehen, was dann die Koordinaten in der Physik überhaupt bedeuten sollten?"*

Albert Einstein [52]

Dennoch sollte sich die Erkenntnis, die Einstein so lange „plagte", als genau die richtige herausstellen. In einer analogen Weise zu der oben exerzierten fand Einstein einen Weg, die Geometrie der Raumzeit unter Einbeziehung der Gravitation mathematisch präzise zu erfassen. Wir wollen seinen Gedankengang in groben Zügen nachvollziehen und uns zunächst daran erinnern, dass die Raumzeit in der speziellen Relativitätstheorie ein vierdimensionales Gebilde ist, das sich aus drei Ortsdimensionen und einer Zeitdimension zusammensetzt. Anders als im euklidischen Raum ist der räumliche Abstand zweier Punkte in der Raumzeit keine invariante Größe, so dass der metrische Tensor nicht aus der euklidischen Metrik abgeleitet werden kann. Einstein musste stattdessen auf die *Minkowski-Metrik* zurückgreifen, die weiter oben bereits erwähnt wurde und folgendermaßen definiert ist:

$$ds^2 = dt^2 - dx^2 - dy^2 - dz^2 \tag{10.9}$$

In dieser Gleichung sind dt die Differenz zweier Zeitangaben und dx, dy, dz die Differenzen zweier Ortsangaben, gemessen in einem bestimmten Inertialsystem. Es ist ein grundlegendes Ergebnis der speziellen Relativitätstheorie, dass der so definierte Wert ds eine beobachtungsinvariante Größe ist, d. h., obwohl die Raum- und Zeit-Koordinaten eines Ereignisses in verschiedenen Inertialsystemen ganz unterschiedlich gemessen werden, berechnen alle Beobachter für ds den gleichen Wert. Genau diese Eigenschaft macht die Minkowski-Metrik zu einer Abstandsfunktion: Sie drückt den Abstand zweier Ereignisse in der Raumzeit aus, genauso wie die Metrik (10.5) den räumlichen Abstand zweier Ortsangaben auf einer ebenen Fläche beschreibt.

Beachten Sie, dass die Gleichung (10.9) keine Metrik im streng mathematischen Sinne beschreibt, da die Größe ds, anders als der euklidische Abstand (10.5), auch negativ werden kann. Dies ist auch der Grund, warum beide Seiten von (10.9) stets quadriert angegeben werden. Dass in der Physik trotzdem von einer Metrik gesprochen wird, geht auf die eben erwähnte Eigenschaft von ds^2 zurück, beobachtungsinvariant zu sein; durch den Wechsel eines Koordinatensystems ändert sich diese Größe genauso wenig wie die Länge eines Vektors. Manchmal wird die Minkowski-Metrik als *uneigentliche Metrik* bezeichnet, um eine klare begriffliche Trennung herbeizuführen. Einstein sprach in seinen Arbeiten von einer *quasi-euklidischen Metrik*, um deutlich zu machen, dass die freien Terme dt, dx, dy und dz immer im Quadrat auftauchen, aber nicht gemischt:

> „[E]in materieller Punkt, auf den keine Kräfte wirken, wird im vierdimensionalen Raum durch eine gerade Linie dargestellt, d. h. also durch eine kürzeste Linie oder richtiger eine extremale Linie. Dieser Begriff setzt denjenigen der Länge eines Linienelementes, d. h. eine Metrik voraus. In der speziellen Relativitätstheorie war – wie Minkowski gezeigt hatte – diese Metrik eine quasi euklidische, d. h. das Quadrat der ‚Länge‘ ds des Linienelementes, war eine bestimmte quadratische Funktion der Koordinatendifferentiale.“
>
> Albert Einstein [52]

Im Tensorformalismus können wir Gleichung (10.9) durch eine Matrix mit 16 Elementen ausdrücken, die jeweils eine gewisse Zweierkombination aus den vier Freiheitsgraden dt, dx, dy und dz repräsentieren. Bringen wir die Minkowski-Metrik in diese

$$\text{Minkowski-Metrik: } ds^2 = dt^2 - dx^2 - dy^2 - dz^2$$

	dt	dx	dy	dz			dt	dx	dy	dz
dt	g_{11}	g_{12}	g_{13}	g_{14}		dt	1	0	0	0
dx	g_{21}	g_{22}	g_{23}	g_{24}	$\Rightarrow$	dx	0	-1	0	0
dy	g_{31}	g_{32}	g_{33}	g_{34}		dy	0	0	-1	0
dz	g_{41}	g_{42}	g_{43}	g_{44}		dz	0	0	0	-1

Abbildung 10.7: Der metrische Tensor der flachen Raumzeit

Form, so erhalten wir das in Abbildung 10.7 dargestellte Ergebnis. Sie sehen dort den metrischen Tensor der *flachen Raumzeit*.

Dass ein Teil der Matrixfelder hervorgehoben dargestellt ist, liegt daran, dass sich metrische Tensoren immer in einer symmetrischen Form angeben lassen. In einem solchen Tensor sind die Werte g_{ij} und g_{ji} stets identisch, so dass sich hinter den 16 Komponenten insgesamt nur 10 Freiheitsgrade verbergen. Im Falle einer flachen Raumzeit, wie sie die spezielle Relativitätstheorie beschreibt, ist dieser Umstand jedoch irrelevant; hier sind alle Elemente außerhalb der Hauptdiagonalen gleich 0. In einem Schwerefeld ist dies anders. Dort ist der Raum gekrümmt, was sich in einer Änderung der Tensorkomponenten widerspiegelt:

„Führt man nun andere Koordinaten durch eine nichtlineare Transformation ein, so bleibt ds^2 eine homogene Funktion der Koordinatendifferentiale, aber die Koeffizienten dieser Funktion ($g_{\mu\nu}$) werden nicht mehr konstant, sondern gewisse Funktionen der Koordinaten. Mathematisch heißt dies: der physikalische (vierdimensionale) Raum besitzt eine Riemann'sche Metrik.“

Albert Einstein [52]

Es ist der Übergang von einer euklidischen zu einer nichteuklidischen Geometrie im Riemann'schen Sinne gemeint, wenn wir sagen, Materie krümmt den Raum. In seiner Arbeit aus dem Jahr 1916 geht Einstein noch intensiver auf diesen Punkt ein:

„Nehmen wir nämlich zunächst an, es sei für ein gewisses betrachtetes vierdimensionales Gebiet bei geeigneter Wahl der Koordinaten die spezielle Relativitätstheorie gültig. Die $g_{\sigma\tau}$ haben dann die in [Abbildung 10.7] angegebenen Werte. Ein freier materieller Punkt bewegt sich dann bezüglich dieses Systems geradlinig gleichförmig. Führt man nun durch eine beliebige Substitution neue Raum-Zeitkoordinaten $x_1, \ldots, x_4$ ein, so werden in diesem neuen System die $g_{\mu\nu}$ nicht mehr Konstante,

sondern Raum-Zeitfunktionen sein. Gleichzeitig wird sich die Bewegung des freien Massenpunktes in den neuen Koordinaten als eine krummlinige, nicht gleichförmige, darstellen, wobei dies Bewegungsgesetz unabhängig sein wird von der Natur des bewegten Massenpunktes. Wir werden also diese Bewegung als eine solche unter dem Einfluss eines Gravitationsfeldes deuten. Wir sehen das Auftreten eines Gravitationsfeldes geknüpft an eine raumzeitliche Veränderlichkeit der $g_{\sigma\tau}$."

Albert Einstein [45]

Wenige Sätze später geht Einstein noch etwas weiter:

„Die Gravitation spielt also gemäß der allgemeinen Relativitätstheorie eine Ausnahmerolle gegenüber den übrigen, insbesondere den elektromagnetischen Kräften, indem die das Gravitationsfeld darstellenden 10 Funktionen $g_{\sigma\tau}$ zugleich die metrischen Eigenschaften des vierdimensionalen Messraumes bestimmen."

Albert Einstein [45]

Einstein drückt hier aus, dass die allgemeine Relativitätstheorie nicht zwischen der Gravitation und der Raumkrümmung unterscheidet. Beide Aspekte werden durch exakt dieselben zehn Formeln beschrieben, so dass wir konstatieren können: Die Raumkrümmung *ist* die Gravitation.

10.3.2 Die Feldgleichungen

Auf der konzeptionellen Ebene war der Übergang zu einer nichteuklidischen Raumgeometrie ein gewaltiger Schritt, doch nun wurde es auch in mathematischer Hinsicht kompliziert. Zum einen musste Einstein einen Weg finden, die Naturgesetze, wie sie in der Elektrodynamik beispielsweise durch die Maxwell'schen Gleichungen definiert werden, in eine Tensor-Schreibweise zu überführen, die sich als invariant gegen Koordinatentransformationen erwies. Zum anderen musste er präzise herausarbeiten, wie eine gegebene Masseverteilung mit der Geometrie der Raumzeit in Wechselwirkung tritt.

Einstein war es gelungen, diese Wechselwirkung mit einer Gleichung niederzuschreiben, auf deren linken und rechten Seite lediglich zwei Tensoren stehen. Um die Bedeutung dieser Gleichung zu verstehen, erinnern wir uns daran, dass die Raumkrümmung in der allgemeinen Relativitätstheorie in einem direkten Bezug zur Materie steht: Die Krümmung des Raums an einer gewissen Stelle der Raumzeit ist umso größer, je höher die Dichte der Masse und die Dichte der Energie an dieser Stelle ist. Da wir zwischen der Masse und der Energie in der Relativitätstheorie nicht unterscheiden müssen, können wir dies auch so ausdrücken: Die Krümmung des Raums an einer

GEORG FRIEDRICH BERNHARD RIEMANN
1826 – 1866

Abbildung 10.8

GREGORIO RICCI-CURBASTRO
1853 – 1925

Abbildung 10.9

gewissen Stelle der Raumzeit ist proportional zur Energiedichte an dieser Stelle. Für die Formalisierung dieses Sachverhalts ist der metrische Tensor $g_{\mu\nu}$ alleine nicht ausreichend, da er nur indirekt Auskunft über die Raumkrümmung gibt. Anstelle von $g_{\mu\nu}$ benutzte Einstein einen Tensor $G_{\mu\nu}$, der heute als *Einstein-Tensor* bezeichnet wird. Er ist eine Kombination aus $g_{\mu\nu}$ und einem weiteren Tensor, dem *Ricci-Tensor* $R_{\mu\nu}$. Letzterer ist nach dem italienischen Mathematiker Gregorio Ricci-Curbastro benannt und ein gut untersuchtes Objekt der von Bernhard Riemann begründeten Riemann'schen Geometrie (Abbildungen 10.8 und 10.9).

Mithilfe des Einstein-Tensors $G_{\mu\nu}$ lässt sich die Tatsache, dass die Krümmung des Raums an einer gewissen Stelle der Raumzeit proportional zur Energiedichte an dieser Stelle ist, folgendermaßen ausdrücken:

$$G_{\mu\nu} = \frac{8\pi G}{c^4} T_{\mu\nu} \tag{10.10}$$

Auf der linken Seite steht der Einstein-Tensor $G_{\mu\nu}$, der die Krümmung des Raums beschreibt. Auf der rechten Seite steht der Tensor $T_{\mu\nu}$, der als *Materietensor* oder *Energie-Impuls-Tensor* bezeichnet wird. Er kennzeichnet die Massen-Energie-Verteilung im Raum und gibt damit Auskunft über die Lage der Gravitationsquellen. Der Ausdruck $\frac{8\pi G}{c^4}$ ist der Proportionalitätsfaktor, der die Krümmung und die Energiedichte ineinander überführt. Neben der Kreiszahl π und der Lichtgeschwindigkeit c finden wir in diesem Faktor eine dritte Größe vor, mit der wir gut vertraut sind: die Newton'sche Gravitationskonstante G. Der Einstein-Tensor $G_{\mu\nu}$ und der Energie-Impuls-Tensor $T_{\mu\nu}$ sind, genau wie der metrische Tensor $g_{\mu\nu}$, eine symmetrische 4×4-Matrix mit zehn Freiheitsgraden. Die zehn Gleichungen, die sich hinter dem kompakt aufgeschriebenen Ausdruck (10.10) ergeben, sind Einsteins berühmte *Feldgleichungen*. Ihre äußere Erscheinungsform täuscht gerne darüber hinweg, dass wir es mit einem ungemein komplexen mathematischen Konstrukt zu tun haben. Hinter den Feldgleichungen verbergen sich zehn nichtlineare partielle Differentialgleichungen, die gegenseitig miteinander gekoppelt sind.

In den Jahren 1912 und 1913 arbeiteten Einstein und Grossmann intensiv an den Feldgleichungen und hielten ihre Ergebnisse in zwei gemeinsamen Publikationen fest [54, 55]. Als Einstein im Frühjahr 1914 nach Berlin zog, endete die Kollaboration. Einstein arbeitete von nun an alleine an den Feldgleichungen weiter, fand sich am Ende aber stets in einer mathematischen Sackgasse wieder. Als er die Hoffnung schon fast aufgegeben hatte, entdeckte er Ende 1915 einen Fehler in den alten Rechnungen. Tatsächlich hatten Einstein und Grossmann bereits zwei Jahre zuvor die korrekten Feldgleichungen der Gravitation in Betracht gezogen, aufgrund einer scheinbaren Unvereinbarkeit mit dem Kausalprinzip aber wieder verworfen. Nachdem Einstein zu dem alten Ansatz, in seinen eigenen Worten, *„reuevoll zurückgekehrt war"*, benötigte er nur noch wenige Wochen, um die Feldgleichungen in ihrer korrekten Form anzugeben. Am 25. November stellte er die Gleichungen in der Berliner Akademie vor und fasste sein Ergebnis in einer knappen, nur dreieinhalb Seiten umfassenden Ausarbeitung zusammen [43]. Kurze Zeit später erschienen *Die Grundlage der Allgemeinen Relativitätstheorie* in den Annalen der Physik [45]. Rund 10 Jahre nach der Publikation der speziellen Relativitätstheorie war es Einstein mit dieser Arbeit ein zweites Mal gelungen, das physikalische Weltbild auf eine genauso grundsätzliche wie unerwartete Weise zu verändern.

10.3.3　Die kosmologische Konstante

In der Literatur wird die Tensorgleichung (10.10) manchmal um ein zusätzliches additives Glied ergänzt und dann folgendermaßen notiert:

$$G_{\mu\nu} + g_{\mu\nu}\Lambda = \frac{8\pi G}{c^4}T_{\mu\nu}$$

Der Faktor Λ ist die *kosmologische Konstante*, die Einstein im Jahr 1917 selbst in seine Formel eingebracht hat. Er tat dies, um einer Vorhersage der allgemeinen Relativitätstheorie entgegenzuwirken, die damals äußerst merkwürdig erschien. Die Feldgleichungen waren mit einem statischen Universum unverträglich und schienen als einzige Lösung ein sich kontrahierendes Universum zuzulassen. Fast alle Physiker gingen damals aber von einem statischen, unveränderlichen Universum aus, und Einstein machte hier keine Ausnahme:

> *„Das Wichtigste, was wir über die Verteilung der Materie aus der Erfahrung wissen, ist dies, dass die Relativgeschwindigkeiten der Sterne sehr klein sind gegenüber der Lichtgeschwindigkeit. Ich glaube deshalb, dass wir fürs erste folgende approximierende Annahme unserer Betrachtung zugrunde legen dürfen: Es gibt ein Koordinatensystem, relativ zu welchem die Materie als dauernd ruhend angesehen werden darf.“*
>
> Albert Einstein [47]

Mit der kosmologischen Konstante hatte Einstein die Feldgleichungen um eine additive Komponente ergänzt, die der Gravitation bei der Wahl des richtigen Vorzeichens entgegenwirkt. Mathematisch erfüllte die modifizierte Formel ihren Zweck: Das Zusatzglied ließ sich so wählen, dass die Feldgleichungen mit einer statischen Masseverteilung verträglich wurden. Am Ende seiner Arbeit weist Einstein nochmals explizit darauf hin, dass die Einführung der kosmologischen Konstante aus der Not geboren war. Sie diente keinem anderen Zweck als dem eben erwähnten:

> *„Das [Zusatzglied] haben wir nur nötig, um eine quasi-statische Verteilung der Materie zu ermöglichen, wie es der Tatsache der kleinen Sterngeschwindigkeiten entspricht.“*
>
> Albert Einstein [47]

Als Ende der Zwanzigerjahre entdeckt wurde, dass das Universum expandiert und nicht nur ein kontrahierendes, sondern auch ein expandierendes Universum mit den ursprünglichen Feldgleichungen verträglich ist, strich Einstein das Zusatzglied wieder heraus. In einem persönlichen Gespräch mit dem Physiker George Gamow soll er die Einführung der kosmologischen Konstante später als die *„größte Eselei“* seines Lebens bezeichnet haben (*„biggest blunder he had made in his entire life“* [76]), zweifelsfrei belegt ist diese Äußerung aber nicht [98]. In der jüngeren Physik hat die kosmologische Konstante übrigens erneut Einzug gefunden. Sie ist dort als die Energiedichte des Vakuums definiert und in manchen kosmologischen Theorien mit einem positiven Wert belegt.

10.4 Einstein auf dem Prüfstand

10.4.1 Periheldrehung des Merkur

Von der grundsätzlichen Korrektheit der allgemeinen Relativitätstheorie war Einstein zeitlebens überzeugt. Allem anderen voran war es die mathematische Ästhetik, die ihn in dieser Haltung bestärkte, doch es gab auch ein anderes, handfestes Indiz.

Weiter oben haben wir über die Suche nach Vulkan berichtet und den Grund dafür genannt, warum die Existenz eines weiteren, noch unbekannten Planeten vermutet wurde. Die Periheldrehung des Merkur war so ungewöhnlich hoch, dass sie im Rahmen der keplerschen Gesetze nur mit einer zusätzlichen, sonnennahen Masse erklärt werden konnte. Als Einstein die Periheldrehung mit den Formeln der allgemeinen Relativitätstheorie neu berechnete, hatte er den Grund dafür gefunden, warum die Suche nach Vulkan erfolglos geblieben war. Gegenüber der Newton'schen Physik sagte die allgemeine Relativitätstheorie eine um 43 Bogensekunden vergrößerte Periheldrehung voraus und lieferte damit ziemlich genau jenen Wert, den die Astronomen über viele Jahre hinweg messen, aber nicht erklären konnten. In seiner Arbeit aus dem Jahr 1916 geht Einstein ganz am Ende auf die Periheldrehung des Merkur in §22 ein:

> *„Berechnet man das Gravitationsfeld um eine Größenordnung genauer, und ebenso mit entsprechender Genauigkeit die Bahnbewegung eines materiellen Punktes von relativ unendlich kleiner Masse, so erhält man gegenüber den Kepler-Newton'schen Gesetzen der Planetenbewegung eine Abweichung von folgender Art. Die Bahnellipse eines Planeten erfährt in Richtung der Bahnbewegung eine langsame Drehung[.][...] Die Rechnung ergibt für den Planeten Merkur eine Drehung der Bahn um 43" pro Jahrhundert, genau entsprechend der Konstatierung der Astronomen (Leverrier); diese fanden nämlich einen durch Störungen der übrigen Planeten nicht erklärbaren Rest der Perihelbewegung dieses Planeten von der angegebenen Größe."*
>
> Albert Einstein [45]

Mit der Erklärung der Periheldrehung des Merkur hatte die allgemeine Relativitätstheorie die erste Feuerprobe bestanden. Im gleichen Atemzug musste Einstein aber auch einen Teil seiner früheren Vorhersagen revidieren. Ein prominentes Beispiel war die Ablenkung, die ein Lichtstrahl im Schwerefeld erfährt. Als Einstein seine diesbezüglichen Überlegungen im Jahr 1911 anstellte, ging er von einer flachen Raumzeit aus und erachtete die Lichtkrümmung lediglich als eine Folge des starken Äquivalenzprinzips. Wir rekapitulieren die Textstelle, die wir weiter oben, auf Seite 257, zitiert haben:

> *„Ein an der Sonne vorbeigehender Lichtstrahl erlitte demnach eine Ablenkung vom Betrage $4 \cdot 10^{-6} = 0,83$ Bogensekunden. Um diesen Betrag erscheint die Winkeldistanz des Sternes vom Sonnenmittelpunkt durch die Krümmung des Strahles vergrößert."*
>
> Albert Einstein [41]

Nach Einsteins neuer Theorie bewegt sich ein Lichtstrahl auf einer geodätischen Linie in der gekrümmten Raumzeit, und dies bewirkt, dass die zu erwartende Ablenkung deutlich größer ausfällt als die ehemals berechnete. Der Krümmungswinkel am Sonnenrand musste jetzt 1,7 Bogensekunden betragen, was dem doppelten bisher angenommenen Wert entsprach. In Einsteins Arbeit über die allgemeine Relativitätstheorie können wir die revidierte Vorhersage ebenfalls in §22 nachlesen:

> *„Wir untersuchen ferner den Gang der Lichtstrahlen im statischen Gravitationsfeld. [...] Man erkennt leicht, dass die Lichtstrahlen gekrümmt verlaufen müssen mit Bezug auf das Koordinatensystem, falls die $g_{\mu\nu}$ nicht konstant sind. [...] Ein an der Sonne vorbeigehender Lichtstrahl erfährt demnach eine Biegung von 1,7", ein am Planeten Jupiter vorbeigehender eine solche von etwa 0,02".“*
>
> Albert Einstein [45]

10.4.2 Die Sonnenfinsternis von 1918

Wir wissen aus Abschnitt 9.3.1, dass im Jahr 1916, als Einstein die eben zitierten Zeilen schrieb, die Sonnenfinsternis-Expeditionen noch keine verwertbaren Ergebnisse geliefert hatten. In der Retrospektive müssen wir dies als eine glückliche Fügung betrachten. Wäre eine Lichtablenkung in der neu vorhergesagten Größenordnung schon vorher nachgewiesen worden, so hätte dies die Glaubwürdigkeit der allgemeinen Relativitätstheorie wohl deutlich geschmälert. Für die Astronomen war die Korrektur des Krümmungswinkels ebenfalls eine positive Nachricht, schließlich war der Effekt nun doppelt so groß wie bisher angenommen und sollte dementsprechend leichter nachzuweisen sein. Als der erste Weltkrieg zu Ende war und die Forschung allmählich wieder an Fahrt aufnahm, schien die Zeit gekommen, um die Existenz des Einstein-Effekts endlich im positiven oder im negativen Sinne zu entscheiden.

Die nächste Sonnenfinsternis war für den 8. Juni 1918 vorhergesagt. Der Mondschatten sollte an diesem Tag quer über die Vereinigten Staaten ziehen, von der nördlichen Westküste in Washington bis zur südlichen Ostküste in Florida. Die Lick-Gruppe um Campbell hatte beschlossen, in der Stadt Goldendale im Bundesstaat Washington Stellung zu beziehen. In den Tagen vor der Sonnenfinsternis wurde das Team mit gutem Wetter verwöhnt, doch als in der Nacht des 7. Juni Wolken aufzogen, stand das Vorhaben erneut auf Messers Schneide. Am nächsten Morgen war der Himmel noch immer wolkenverhangen, aber im entscheidenden Moment, als sich der Mond vor die Sonne schob, riss die Wolkendecke auf und erlaubte Campbell und seinem Team die freie Sicht auf die Sterne im Umfeld der Korona. Nach ein paar Minuten war das bizarre Schauspiel vorbei. Der Mond hatte die Sicht auf die Sonne wieder freigegeben, bis diese nach kurzer Zeit erneut hinter dichten Wolken verschwand. Campbell wusste, dass bis zur Auswertung der Fotoplatten noch etliche Monate vergehen würden, denn im Gegensatz zu den vorangegangenen Expeditionen waren noch keine Kontrollaufnahmen angefertigt, die den gleichen Abschnitt am Himmel ohne die Sonne zeigten. Diese Aufnahmen wurden im Januar 1919 erstellt. Die Auswertung der Fotoplatten begann im Mai und sollte die Forscher für die nächsten 14 Monate beschäftigen.

10.4.3　Die Sonnenfinsternis von 1919

Im gleichen Monat, in dem das Lick-Observatorium mit der Auswertung der Fotoplatten begann, ereignete sich die nächste Sonnenfinsternis. Die Astronomen hatten errechnet, dass der Mondschatten am 29. Mai 1919 in Südamerika von der Nordgrenze Chiles über Bolivien nach Brasilien wandert, sich danach über den atlantischen Ozean bewegt und anschließend über Zentralafrika hinwegzieht. Der britische Astronom Sir Frank Watson Dyson (Abbildung 10.10) hatte bereits im Jahr 1917 prognostiziert, dass hinter der verdunkelten Sonne der *Hyaden-Sternhaufen* erscheinen wird und damit etliche hell strahlende Sterne in der unmittelbaren Nähe der Korona auf den Fotoplatten sichtbar werden. Für die Jäger des Einstein-Effekts kam dies einem Geschenk des Himmels gleich. In den *Monthly Notices* der Astronomical Society äußerte sich Dyson genau in diesem Sinne, wenn auch mit weniger markanten Worten:

> „[T]*he purpose of this note is to draw attention to the unique opportunities afforded by the eclipse of 1919 May 29. [...] There are an unusual number of bright stars, and [...] no less than thirteen stars might be obtained. [...] I have brought the matter forward so that arrangements for observing at as many stations as possible may be made at the earliest possible moment.*"
>
> Frank Watson Dyson [33]

Auch in einem anderen Punkt war diese Sonnenfinsternis besonders. Trotz ihrer Helligkeit sind die Sterne des Hyaden-Haufens so weit von der Erde entfernt, dass ihre Position nur geringfügig durch die stellare Parallaxe beeinflusst wird. Auf einfache Weise lässt sich der Parallaxenwinkel abschätzen, wenn der Abstand zwischen der Erde und den Sternen in der Einheit *Parsec* (*parallax second*) gemessen wird. Ein Parsec entspricht einem Abstand von ca. 3,26 Lichtjahren und bedeutet, dass ein Stern in dieser Entfernung einen Parallaxenwinkel von genau einer Bogensekunde aufweist. Alle Sterne des Hyaden-Haufens sind mehr als ein Parsec von der Erde entfernt, so dass die stellare Parallaxe einen vergleichsweise kleinen Einfluss auf die abgelichtete Position der Sterne hat.

Im März 1919 verließen zwei Forschergruppen die britische Insel, um die bevorstehende Sonnenfinsternis zu beobachten. Federführend für die Expeditionen waren die Direktoren der astronomischen Observatorien in *Cambridge* und *Greenwich*: Arthur Stanley Eddington (Abbildung 10.11) und Frank Watson Dyson, dessen Name weiter oben bereits gefallen ist. Eddington begab sich auf die Insel Príncipe im westlich von Afrika gelegenen Golf von Guinea. Dyson schickte zwei seiner Mitarbeiter nach Sobral im Norden Brasiliens.

Eddingtons Messung verlief nicht nach Plan. Während der Sonnenfinsternis war die Korona die meiste Zeit von Wolken bedeckt, so dass auf vielen seiner Aufnahmen überhaupt keine Sterne auszumachen waren; selbst auf seinen besten Aufnahmen

SIR FRANK WATSON DYSON
1868 – 1939

Abbildung 10.10

SIR ARTHUR STANLEY EDDINGTON
1882 – 1944

Abbildung 10.11

waren immer nur 5 bis 6 helle Objekte in minderer Qualität zu sehen. Ausgewertet wurden die Aufnahmen dennoch, wohlwissend, dass sich hieraus kein wirklich belastbares Urteil für oder gegen die allgemeine Relativitätstheorie ergeben würde.

Im brasilianischen Sobral setzte die Sonnenfinsternis vom 29. Mai 1919 dagegen unter besten Wetterbedingungen ein und ließ sich mit den beiden installierten Kameras gut beobachten. Die erste Kamera war mit der in Príncipe installierten identisch und belichtete insgesamt 16 Fotoplatten, auf denen 6 bis 11 Sterne sichtbar wurden [22]. Ein Fehler in der Fokussierungseinrichtung führte jedoch dazu, dass die Sterne ein leicht verwaschenes Abbild auf den Fotoplatten hinterließen. Auf den Platten der zweiten Kamera waren die Sterne des Hyaden-Haufens in beeindruckender Schärfe zu sehen. Eddington und Dyson wussten, dass sie mit diesen Aufnahmen das mit Abstand verlässlichste Ergebnis errechnen konnten.

Nur wenige Wochen später, am 11. Juli 1919, veranstaltete die Royal Astronomical Society in London eine Sondersitzung, der etliche Astronomen aufgeregt entgegenfieberten. Es sollte das erste Treffen sein, auf dem Campbell und Dyson Hinweise darauf gaben, ob die gemachten Aufnahmen den Einstein-Effekt bestätigen oder widerlegen würden. Als Erster erhielt Campbell das Wort:

„I will talk of the work of the Crocker Expedition of the Lick Observatory at the eclipse of June 8 of last year on the Einstein problem. This work was in the hands of Dr. Curtis. [...] Curtis divided his stars into inner and outer groups. The differential displacement between the two groups should have been 0"08 or 0"15, according to which of Einstein's hypotheses was adopted. The mean of the results came out at 0"05 and of the right sign."

William Wallace Campbell [66]

Danach wurde Campbell deutlich. Er konstatierte, dass sein Ergebnis lediglich mit Einsteins ursprünglicher Theorie der Lichtablenkung aus dem Jahr 1911 vereinbar sei. Die Vorhersage der allgemeinen Relativitätstheorie sah er dagegen als widerlegt an:

„It is my own opinion that Dr. Curtis's results preclude the larger Einstein effect, but not the smaller amount expected according to the original Einstein hypothesis."

William Wallace Campbell [66]

Danach berichtete Dyson von der britischen Expedition nach Príncipe.

„Prof. Campbell could not have chosen a more interesting subject just now than the problem of relativity. It is an extremely difficult question to settle. I had a letter from Prof. Eddington two days ago. He is hoping to get good enough measures to determine the displacement definitely, but he obviously is greatly disappointed. He secured 16 photographs, but only for the last six was the sky clear enough to show any stars and on them he only got three, four, or five images; and, as the sky was generally only clear on one part of the plate at a time, the stars secured on the plates are badly distributed. From his best plate, however, he has some evidence of deflection in the Einstein sense, but the plate errors have yet to be fully determined. The sky was clear ten minutes after totality."

Frank Watson Dyson [66]

Dyson wusste: Selbst wenn Eddington einen Effekt errechnen würde, der in der Nähe der theoretischen Vorhersage liegt, war die Qualität der Aufnahmen viel zu schlecht, um ein belastbares Ergebnis zu liefern. Es war kein guter Tag für Einstein.

In den folgenden Wochen überschlugen sich die Ereignisse, denn schon im Juli machte sich bei Campbell ein Gefühl der Skepsis breit. Er war noch immer in Europa und nutzte die Zeit, seine Ergebnisse ausführlich mit Kollegen zu diskutieren. Zu schaffen machte ihm die auffallend große Streuung seiner Messwerte, auf die er auch in seinem Vortrag am 11. Juli schon hingewiesen hatte:

„The p. e. [probable error] *of one star position was of the order of 0"5, regrettably large when we are dealing with the differences of small quantities*[.]*"*

William Wallace Campbell [66]

Als Campbell klar wurde, dass sein Ergebnis weit weniger belastbar war als ursprünglich vermutet, handelte er umgehend. Am 16. Juli 1919, nur 5 Tage nach seinem Vortrag vor der Astronomical Society, schickte er ein Telegramm an Heber Doust Curtis, der am Lick-Observatorium mit Hochdruck die Veröffentlichung der Expeditionsergebnisse vorbereitete:

„EINSTEIN RESULTS SMALL WEIGHT ERRORS LARGE USE CAUTIOUSLY. CAMPBELL"

Campbell in einem Telegramm vom 16. Juli 1919 an Curtis

Weitere fünf Tage später sandte er von Brüssel aus ein zweites Telegramm. In diesem wird er noch deutlicher:

„DELAY PUBLISHING EINSTEIN RESULTS. CAMPBELL"

Campbell in einem Telegramm vom 21. Juli 1919 an Curtis

In der Zwischenzeit arbeitete Eddington mit Hochdruck an der Auswertung der im brasilianischen Sobral gemachten Aufnahmen. Auf einem Vortrag, den er im September 1919 in Bournemouth hielt, machte er eine vorsichtige Andeutung, dass die Sobral-Platten eine positive Entscheidung der Einstein-Frage herbeiführen könnten, hielt sich aufgrund der unsicheren Faktenlage aber noch weitgehend bedeckt.

Tatsächlich befand sich Eddington in einem Dilemma. Die vollständige Auswertung der in Príncipe belichteten Platten ergab eine Lichtablenkung von 1,61 Bogensekunden, in guter Einstimmung mit Einsteins theoretisch ermitteltem Wert. Aufgrund der geringen Ausbeute und der schlechten Qualität der Aufnahmen hatte dieser Wert aber kaum Aussagekraft. Die Sobral-Platten ergaben ein gemischtes Bild. Die Fotoplatten aus der ersten Kamera ließen auf eine Lichtablenkung von 0,86 Bogensekunden schließen. Dieser Wert entsprach exakt der Vorhersage, die Einstein im Jahr 1911 getroffen hatte; er war aber nur halb so groß wie der Wert, den die allgemeine Relativitätstheorie postulierte. Die Fotoaufnahmen der zweiten Kamera waren jene, auf die Eddington die größte Hoffnung setzte. Sie waren viel schärfer als die Aufnahmen der ersten Kamera und ergaben eine Lichtablenkung von 1,98 Bogensekunden.

Nach der Auswertung aller Fotoplatten hatte Eddington nun drei Ergebnisse in Händen, die sich teilweise erheblich voneinander unterschieden. Was war zu tun? Sollte er die drei Werte zu einem Mittelwert zusammenfassen oder einen Teil der Messungen aufgrund der hohen Qualitätsunterschiede vorsichtshalber verwerfen? Eddington entschied sich für Letzteres. Indem er die Príncipe-Messung ignorierte und die beiden Sobral-Messungen miteinander verrechnete, erhielt er mit einer Lichtablenkung von 1,75 Bogensekunden genau jenen Wert, den die allgemeine Relativitätstheorie prognostizierte.

Am 6. November 1919 fand eine gemeinsame Sitzung der *Royal Society of London* und der *Royal Astronomical Society* statt, um die Bestätigung der allgemeinen Relativitätstheorie offiziell zu verkünden. Der Sitzungsraum war bis auf den letzten Platz gefüllt, als die offizielle Zeremonie begann und das Ergebnis vor einem feierlich in Szene gesetzten Portrait Isaac Newtons verlesen wurde. Es war ein inszenierter historischer Moment, für den Joseph John Thomson, der damalige Präsident der Royal Society, die folgenden Worte wählte:

> *„Es handelt sich nicht um die Entdeckung einer einsamen Insel, sondern um die eines ganzen Kontinents wissenschaftlicher Gedanken. Dies ist das wichtigste Ergebnis im Zusammenhang mit der Theorie der Gravitation seit Newtons Tagen, und es ist nur schicklich, dass es bei einer Sitzung dieser Gesellschaft bekanntgegeben wird, die ihm so eng verbunden ist. [...] Das Ergebnis ist eine der höchsten Errungenschaften des menschlichen Denkens."*

> Joseph John Thomson, zitiert nach [64]

Das erste Mal nach mehr als 200 Jahren hatte die Newton'sche Physik eine Modifikation erfahren. Auch außerhalb des Sitzungsraums wurde dies mit Interesse verfolgt, und bereits am nächsten Tag berichteten mehrere Zeitungen in fast schon überschwänglicher Weise über die vermeintliche Revolution. So war in der britischen Zeitung *The Times* zu lesen: *„Revolution in Science. New Theory of the Universe. Newtonian Ideas Overthrown"*. Und die *New York Times* titelte: *„Lights All Askew in the Heavens. Einstein Theory Triumphs"*.

In der Fachwelt war die Reaktion deutlich verhaltener. Dass Eddington in zwei seiner drei Messungen eine Lichtablenkung ermittelt hatte, die sich in guter Übereinstimmung mit Einsteins Vorhersage befand, wurde zwar als ein starkes Indiz für die Korrektheit der allgemeinen Relativitätstheorie akzeptiert, der Ausgang der Experimente war aber bei weitem nicht eindeutig genug, um die Frage abschließend zu klären.

10.4.4 Die Sonnenfinsternis von 1922

Und so fieberten die Wissenschaftler dem 21. September 1922 entgegen, dem Tag, an dem sich die Sonne abermals verdunkeln würde. Nach den astronomischen Berechnungen sollte der Mondschatten zunächst über Äthiopien und Somalia hinwegziehen, anschließend den Indischen Ozean überqueren und danach von Westen nach Osten das australische Festland durchstreifen. Auf seinem Weg über den Indischen Ozean würde der Mondschatten neben den Malediven auch die Weihnachtsinsel (*Christmas Island*) überqueren, wo die britische Delegation des *Royal Greenwich Observatory* Station bezog. Geleitet wurde die britische Expedition von dem Astronomen Harold Spencer Jones.

Die Lick-Gruppe um Campbell entschied, die Sonnenfinsternis an der Westküste Australiens zu beobachten. Logistisch stellte sich dies als eine anspruchsvolle Aufgabe dar, da der Mondschatten am *Ninety Mile Beach* auf das Festland treffen würde, der unmittelbar an ein großes unbewohntes Wüstengebiet grenzt. Campbell war dennoch zuversichtlich. An der Küste befand sich die Post- und Telegrafenstation *Wallal*, von wo aus sich die Sonnenfinsternis gut beobachten lassen sollte.

Jones und Campbell waren nicht die einzigen, die im Jahr 1922 auf die endgültige Klärung der Einstein-Frage drängten. Eine deutsch-niederländische Expedition um Erwin Freundlich bezog, genau wie die britische Delegation, auf der Weihnachtsinsel Stellung. Eine indische Delegation um John Evershed hatte die Malediven zum Ziel, entschied sich dann aber doch für eine Beobachtung in Wallal, genauso wie eine kanadische Expedition um Clarence Chant. Auch zwei australische Expeditionen nahmen sich der Aufgabe an. Eine Gruppe des Sydney-Observatoriums wählte das Städtchen Goondiwindi im australischen Osten, und eine Gruppe des Adelaide-Observatoriums um den Astronomen George Frederick Dodwell installierte ihre Kameras in Cordillo Downs im Landesinneren. Wie so oft zuvor, sollte auch dieses Mal das Wetter über Sieg und Niederlage entscheiden.

Am Tag der Sonnenfinsternis erreichte der Mondschatten zuerst die Weihnachtsinsel. Für die ersten 6 bis 7 Sekunden war die Sicht auf die Sonne frei, danach verdeckten dichte Wolken die Korona. Für die dort stationierten Forscher endete die Expedition mit einer Enttäuschung: Weder Jones noch Freundlich konnten in den wenigen Sekunden freier Sicht verwertbare Aufnahmen erstellen.

In Wallal war der Himmel zum Zeitpunkt der Sonnenfinsternis wolkenlos und klar. Dennoch endete die Expedition für die indische Delegation um Evershed in einem Desaster: Technische Probleme hatten dazu geführt, dass überhaupt keine brauchbaren Aufnahmen erstellt werden konnten. Die amerikanische Gruppe um Campbell und die kanadische Gruppe um Chant hatten mehr Glück. Auf vielen ihrer Aufnahmen waren die Sterne um die Korona in einer vielversprechenden Schärfe abgebildet. Das Gleiche galt für die beiden australischen Expeditionen. Auch sie konnten die Umgebung der Korona unter perfekten Wetterbedingungen fotografieren.

Unmittelbar nach der Sonnenfinsternis begannen die Forschergruppen mit der Auswertung der Fotoplatten. Allen Beteiligten war klar, dass die umfangreichen Rechnungen Monate oder gar Jahre in Anspruch nehmen würden. Im Februar 1923 meldete sich die Gruppe des Sydney-Observatoriums zuerst zu Wort. Die Qualität der Aufnahmen hatte sich als zu schlecht herausgestellt, um eine Aussage über den Einstein-Effekt treffen zu können. Ab jetzt konzentrierte sich das öffentliche Interesse auf die Ergebnisse der drei verbleibenden Forschergruppen: die Gruppen um Chant, Campbell und Dodwell.

Der Ausgang der Experimente wurde auch in England fieberhaft erwartet, wo man der triumphalen Verkündung, den Einstein-Effekt im Jahr 1919 zweifelsfrei nachgewiesen zu haben, selbst nicht mehr so recht traute. Der kanadische Astronom Samuel Alfred Mitchell erinnerte sich folgendermaßen an die britische Gemütslage in dieser Zeit:

„When I saw Dyson last, he said that he would not be in the least surprised if the 1922 photographs did not confirm the Einstein effect. He thought that possibly they in England had stressed Einstein a little too much.“

Samuel Alfred Mitchell, zitiert nach [28]

Der Druck auf die drei Forschergruppen war groß. Zum einen drängte die Presse auf eine baldige Veröffentlichung der Ergebnisse. Zum anderen machten etliche Forschergruppen ihre weitere Planung vom Ausgang der australischen Expeditionen abhängig. Viel Zeit war nicht übrig, da die nächste Sonnenfinsternis bereits für den September angekündigt war.

Am 6. April 1923 drang die Nachricht über das Ergebnis der Gruppe um Clarence Chant durch. Auf den Fotoplatten der Kanadier hatte sich der Einstein-Effekt nahezu exakt bestätigt. Alle Augen waren nun auf Campbell gerichtet, der sich am 11. April dazu entschied, ein vorläufiges Ergebnis zu veröffentlichen. Es war ein guter Tag für Einstein, denn auch Campbell war es gelungen, die vorhergesagte Lichtablenkung in hoher Präzision zu bestätigen. In einem Telegramm vom 12. April 1923 teilte er sein Ergebnis Einstein mit und sandte ein ähnliches Telegramm auch an Dyson. In diesem heißt es:

```
„[...] FIVE OF SIX MEASUREMENTS COMPLETELY CALCULATED GIVE RESULTS
BETWEEN ONE POINT FIFTY NINE AND ONE POINT EIGHTY SIX SECONDS ARC
MEAN VALUE ONE POINT SEVENTY FOUR SECONDS WE NOT REPEAT EINSTEIN TEST
NEXT ECLIPSE. CAMPBELL“
```

Campbell in einem Telegramm an Dyson vom 12. April 1923

Im Juli 1923 erschien der finale Bericht, in dem Campbell das Ergebnis offiziell verkündete. Mit einer Lichtkrümmung von $1''72$ wich der ermittelte Wert nur wenig von Einsteins Vorhersage ab. Auch die Adelaide-Gruppe um George Frederick Dodwell konnte den Einstein-Effekt bestätigten. Die Auswertung der in Cordillo Downs belichteten Platten hatte eine Lichtkrümmung von $1''77$ ergeben [31].

Die Ergebnisse der Australien-Expeditionen hatten die Sicht auf die allgemeine Relativitätstheorie verändert. Während die theatralisch inszenierte Sitzung der Royal Society im Jahr 1919 vor allem die Öffentlichkeit begeisterte und Einstein von einer Nacht zur anderen zu einer Berühmtheit werden ließ, forderte die Fachwelt mehr Beweise. Solche Beweise lagen nun vor, und die Einstein-Kritiker hatten es ab jetzt schwer, stichhaltig gegen die neue Theorie vorzugehen. Alles in allem hatte dies dazu geführt, dass zwischen den Befürwortern und den Gegnern der allgemeinen Relativitätstheorie eine Diskussion entbrannte, die den Boden des Rationalen bald verließ. Wissenschaftliche Argumente, mit denen die Theorie als solche kritisiert wurde, vermengten sich zunehmend mit nationalistischen und antisemitischen Ressentiments, mit dem Ziel, Albert Einstein als Person zu diskreditieren.

Exemplarisch hierfür sind die Angriffe des amerikanischen Astronomen Thomas Jefferson Jackson See, der Einstein, unmittelbar nachdem Campbell im April 1923 seine positiven Resultate verkündete, einen Betrüger und Plagiator nannte. Die Presse griff diesen Angriff mit großem Eifer auf. Die *San Francisco Chronicle* titelte „*U. S. Scientist Attacks Test on Einstein Theory as ‚Piece of Humbuggery‘*", und in der Zeitung *The Philadelphia Journal* war zu lesen: „*Government Scientist Exposes Einstein Trick*". See warf Einstein vor, eine Arbeit aus dem Jahr 1804 plagiiert zu haben, in der Johann Georg von Soldner die Auswirkung der Gravitationskraft auf das Licht in der Newton'schen Korpuskeltheorie untersuchte [153]. Am Ende seiner Arbeit kam der deutsche Astronom damals zu dem folgenden Schluss:

> *„Wenn also ein Lichtstrahl an einem Weltkörper vorbeigeht, so wird er durch die Attraktion desselben genötigt, anstatt in der geraden Richtung fortzugehen, eine Hyperbel zu beschreiben, deren konkave Seite gegen den anziehenden Körper gerichtet ist. [...] Wenn man in der Formel für tang ω die Beschleunigung der Schwere auf der Oberfläche der Sonne substituiert, und den Halbmesser dieses Körpers für die Einheit annimmt, so findet man ω = 0'',84."*

Johann Georg von Soldner [153]

Soldner hatte in seiner Arbeit den gleichen Wert errechnet, den Einstein im Jahr 1911 deduzierte, wenn auch auf einem völlig anderen Weg. In seiner Kritik stützte sich See zusätzlich auf ein Argument der deutschen Physiker Philipp Lenard und Ernst Gehrcke, die in Soldners Arbeit einen Fehler nachgewiesen hatten. An zwei Stellen fehlte in Soldners Rechnung die Angabe des Faktors 2, was die beiden zu der Vermutung veranlasste, Einstein haben dies nachträglich bemerkt und mit der Publikation aus dem Jahr 1916 versucht, den Fehler post festum zu korrigieren. Obwohl diese Argumentation nur wenig Sinn ergab – von Soldner hatte lediglich die Niederschrift des Faktors vergessen, aber keinen Rechenfehler begangen –, wurde dieses Argument von Einsteins Kritikern mit Freude aufgegriffen. So heißt es im Artikel des *Philadelphia Journal*:

„[I]n 1801 Dr. J. Von Soldner, a German physicist of eminence in his day, actually derived the formula recently used by Einstein. This was 122 years ago. Einstein never once mentions Soldner in his writings. This is bad enough, but the worse is yet to come.
It has been shown by Professor Dr. E. Gehrcke [...] and by Professor P. Leonard [...] that soldner omitted a certain factor in his formula of 1801, which error Einstein also copied when he appropriated the Einstein-Soldner formula in the Einstein paper of 1911. In a subsequent paper to the Berlin academy of Sciences, 1915, Einstein camouflaged this fraud as best he could, yet could not prevent its discovery and exposure[.]"

Philadelphia Journal, 12. April 1923

Der Artikel schließt mit einem Plädoyer für die klassische Äthertheorie:

„It only remains to be pointed out that the Einstein theory of relativity is not confirmed and cannot be confirmed. A fundamental postulate of Einsteinism is that the ether does not exist and gravity is not a force but a property of space. These crazy vagaries scarcely require mention, beyond the remark that such discussion is a disgrace to our age.[...]
Everybody from Huyghens, Newton, Herschel, Maxwell, Helmholtz, Tisserand, Lord Kelvin, Poincare, etc. to our own Michelson knows very well that ether exists and acts with forces equivalent to the breaking strength of millions of cables of the strongest steel, for holding planets in their orbits."

Philadelphia Journal, 12. April 1923

Der deutsche Physiker Philipp Lenard, auf den sich See in seiner Kritik berief, gehörte zu den großen Physikern der Jahrhundertwende und wurde im Jahr 1905 für seine Arbeiten über die Kathodenstrahlen mit dem Nobelpreis ausgezeichnet. Nach dem ersten Weltkrieg zog er sich aus dem aktiven Forscherleben weitgehend zurück und wurde zu einem großen Kritiker der Relativitätstheorie und der Quantenphysik. Lenard begann, in verstärktem Maß antisemitische Meinungen zu vertreten, und damit rückte auch Albert Einstein schnell in den Fokus seiner Anfeindungen. Im September 1920 kam es auf der 86. Versammlung der Gesellschaft Deutscher Naturforscher und Ärzte in Bad Nauheim zu einem heftigen Rededuell zwischen Lenard und Einstein, das in einer tiefen Feindschaft endete. Der deutsche Physiker Max Born erinnerte sich in seiner Biographie folgendermaßen an diesen denkwürdigen Tag:

„Doch die Kontroverse um Einstein ging weiter und erreichte ihren Höhepunkt bei der Naturforscher-Versammlung in Bad Nauheim [...], wo Lenard Einstein in einer öffentlichen Versammlung angriff, obwohl andere prominente Physiker, wie Planck, Willy und Max Wien, ihn zu beschwichtigen suchten. Einstein wohnte während

1911 ([41])	0″83	ALBERT EINSTEIN
1916 ([45])	1″7	ALBERT EINSTEIN
29.5.1919 (Príncipe, West Afrika)	1″61	DYSON, EDDINGTON
29.5.1919 (Sobral, Brasilien)	0″86	DYSON, EDDINGTON
29.5.1919 (Sobral, Brasilien)	1″98	DYSON, EDDINGTON
21.9.1922 (Wallal, Australien)	1″75	CHANT, YOUNG
21.9.1922 (Wallal, Australien)	1″72	CAMPBELL, TRUMPLER
21.9.1922 (Cordillo Downs, Australien)	1″77	DODWELL, DAVIDSON
9.5.1929 (Takengon, Nordsumatra)	2″24	FREUNDLICH, KLÜBER, BRUNN

Tabelle 10.1: Messung der Lichtablenkung an der Sonne in den Jahren 1919 – 1929

dieser Tagung in unserem Haus, und wir fuhren jeden Morgen mit dem Zug nach Bad Nauheim. Es hätte eine schöne Zeit sein können, doch sie wurde durch diesen Konflikt verdorben. Er führte sogar zu einer vorübergehenden Entfremdung zwischen uns und Einstein, da wir seine recht sorglose Einstellung nicht guthießen und ihm dies sagten. Doch dieser kleine Konflikt dauerte nicht lange, und die Freundschaft wurde wiederhergestellt."

Max Born [14]

Die Debatte um die Relativitätstheorie hielt noch viele Jahre an und wurde Ende der Zwanzigerjahre sogar aus dem wissenschaftlichen Lager angeheizt, von einem Mann, den wir bereits kennen: Erwin Finlay-Freundlich. Zusammen mit den beiden Astronomen Harald von Klüber und Albert von Brunn brach er 1929 nach Takengon in Nordsumatra auf, um den Einstein-Effekt erneut zu messen. Als die Forscher im Jahr 1931 ihr Ergebnis verkündeten, war das Erstaunen groß. Der beobachtete Effekt war viel ausgeprägter als es die allgemeine Relativitätstheorie vorhersagt (vgl. Tabelle 10.1):

„Während der totalen Sonnenfinsternis von 1929, Mai 9, wurden mit einer speziell für den Nachweis der Lichtablenkung (Einsteineffekt) entwickelten Apparatur – einer großen 8,5 m-Horizontal-Doppelkamera – vier Aufnahmen der Sonnenumgebung sowie drei sogenannte Kontrollplatten einer sonnenfernen Gegend gewonnen. Etwa $\frac{1}{2}$ Jahr später wurden die erforderlichen ‚Nachtaufnahmen' vom gleichen Erdorte (Takengon) aus hergestellt. Dieses Plattenmaterial ist einer sehr umfangreichen differentiellen Vermessung und Reduktion unterworfen worden. [...] Eine sehr deutliche Ablenkung des Lichtes in der Nähe der Sonne wird ganz unzweifelhaft festgestellt. Für

> *den Betrag der Ablenkung, extrapoliert bis zum Sonnenrande nach dem hyperboli-*
> *schen Gesetz der Relativitätstheorie, wird aber im Mittel der vier Platten der merklich*
> *größere Wert von $2'',24$ gefunden, statt des theoretisch erwarteten Wertes $1'',75$.*
> *[...]*
> *Es scheint darum kein Zweifel darüber möglich, dass unsere Messungsreihe mit dem*
> *von der Theorie behaupteten Betrag $1'',75$ nicht verträglich ist. [...] Vorläufig lässt*
> *sich also die Schlussfolgerung nicht umgehen, dass die Lichtablenkung in der Nähe*
> *der Sonne größer gefunden wird als der von der Relativitätstheorie vorhergesagte*
> *Wert."*
>
> Erwin Finlay-Freundlich [71]

Doch dies war noch nicht alles. Freundlich stellt in der zitierten Arbeit auch sämtliche in der Vergangenheit gewonnenen Ergebnisse in Frage:

> *„Unser Ergebnis steht scheinbar im Widerspruch mit einem Teil der Ergebnisse frü-*
> *herer Versuche, die Lichtablenkung im Schwerefeld der Sonne nachzuweisen, insbe-*
> *sondere mit den Resultaten der Lick-Expedition aus dem Jahre 1922, die bisher als*
> *sicherste Stütze der Relativitätstheorie gegolten hat. [...]*
> *Es lässt sich aber zeigen, dass diese restlose Bestätigung der Relativitätstheorie durch*
> *einen Irrtum in dem Reduktionsverfahren vorgetäuscht worden ist und dass bei rich-*
> *tiger Reduktion der Wert $E = 2'',2$ resultiert. Ferner lässt sich zeigen, dass auch die*
> *ersten englischen Beobachtungen für einen Wert der Lichtablenkung sprechen, der*
> *noch oberhalb des damals errechneten Wertes $E = 2'',0$ näher an $2'',2$ liegt."*
>
> Erwin Finlay-Freundlich [71]

Freundlichs Paukenschlag blieb nicht ungehört, und schnell war unter den Astronomen ein Streit über die korrekte Deutung des Datenmaterials entbrannt. Zweimal, in den Jahren 1919 und 1922, schien man die Frage über die Gültigkeit der allgemeinen Relativitätstheorie im positiven Sinne entschieden zu haben, doch plötzlich schien sich das Blatt zu wenden. Die Ergebnisse der Sumatra-Expedition waren so irritierend, dass Einstein im Jahr 1931 über eine Modifikation seiner Theorie nachdachte, diese aber recht schnell wieder verwarf.

Mit den in Sumatra gewonnenen Ergebnissen hatte Freundlich begonnen, die allgemeine Relativitätstheorie als Ganzes anzuzweifeln, und in den Folgejahren wurde seine Skepsis noch größer. Ab den Dreißigerjahren hegte er die Vermutung, dass die Feldgleichungen nur näherungsweise korrekt sind, und entwickelte Anfang der Fünfzigerjahre eine Theorie der Photon-Photon-Interaktion, mit der sich die gemessene Lichtablenkung erklären ließ. Es war Max Born, der Einstein im Jahr 1952 über den aktuellen Stand dieser Arbeit informierte:

> *„Gestern war Freundlich hier und hat uns einen klaren Vortrag über den Stand der*
> *Lichtablenkung durch die Sonne gehalten. Es sieht wirklich so aus, als ob Deine*

Formel nicht ganz stimmt. Bei der Rotverschiebung sieht es noch schlimmer aus; im Innern der Sonnenscheibe ist sie viel kleiner, am Rande größer als der theoretische Wert. Was ist da los? Kann es eine Andeutung von Nicht-Linearität (Streuung von Licht durch Licht) sein? Hast Du Dich damit beschäftigt?"

Born am 4. Mai 1952 an Einstein, zitiert nach [81]

Als Einstein diesen Brief erhielt, hatte er das Interesse an der Diskussion um die allgemeine Relativitätstheorie längst verloren. Die mathematische Schönheit des theoretischen Fundaments sowie die Tatsache, dass seine Formeln die Periheldrehung des Merkur nahezu exakt vorhersagten, waren genug für ihn, um von der Korrektheit seiner Theorie überzeugt zu sein. Deutlich äußerte er diese Einstellung in seiner Antwort an Born:

„Die Prüfung der Theorie ist leider viel zu schwierig für mich. Der Mensch ist ja doch nur ein armes Luder! Der Freundlich aber rührt mich nicht ein bisschen. Wenn überhaupt keine Lichtablenkung, keine Perihelbewegung und keine Linien-Verschiebung bekannt wäre, wären die Gravitationsgleichungen doch überzeugend, weil sie das Inertialsystem vermeiden (dies Gespenst, das auf alles wirkt, auf das aber die Dinge nicht zurückwirken). Es ist eigentlich merkwürdig, dass die Menschen meist taub sind gegenüber den stärksten Argumenten, während sie stets dazu neigen, Messgenauigkeiten zu überschätzen."

Einstein am 12. Mai 1952 an Born, zitiert nach [81]

Mit ihren zahlreichen Versuchen, die Vorhersagen der allgemeinen Relativitätstheorie mit Aufnahmen von Sternen im Umfeld der Korona zu bestätigen, haben die Astronomen in der ersten Halfte des 20. Jahrhunderts ein faszinierendes Kapitel der Wissenschaftsgeschichte geschrieben. In der Retrospektive wirkt es wie das Drehbuch einer dramatischen Hollywood-Inszenierung, bis auf das Ende, das rein gar nicht dazu passen möchte. So beeindruckend die Abenteuerlust und der schier grenzenlose Eifer der damaligen Protagonisten auch war: Rückblickend müssen wir konstatieren, dass die Lichtkrümmung an der Sonne zu klein war, um mit den begrenzten Mitteln der damaligen Zeit ein vertrauenswürdiges Urteil für oder gegen die allgemeine Relativitätstheorie fällen zu können.

10.4.5 Rotverschiebung im Erdschwerefeld

Auch die Versuche, die von Einstein vorhergesagte Frequenzverschiebung im Spektrum des Sonnenlichts zu entdecken, verliefen in der ersten Hälfte des 20. Jahrhunderts weitestgehend im Sand. Wirklich überzeugend wurde die gravitative Rotverschiebung das erste Mal im Jahr 1959 von den beiden Physikern Robert Pound und

Glen Rebka im Spektrum einer terrestrischen Lichtquelle nachgewiesen. Der Einfluss auf die Frequenz ist in diesem Fall viel geringer, da nicht die vergleichsweise große Masse der Sonne die Verschiebung verursacht, sondern die viel kleinere Masse der Erde.

Dass die Messung dennoch in der notwendigen Genauigkeit durchgeführt werden konnte, geht auf einen wenige Jahre zuvor von Rudolf Mößbauer entdeckten Resonanzeffekt zurück, mit dem sich minimale Frequenzverschiebungen erkennen lassen. Bereits wenige Jahre nach seiner Entdeckung spielte der *Mößbauer-Effekt* in der Experimentalphysik eine so große Rolle, dass sein Entdecker im Jahr 1961 mit dem Nobelpreis geehrt wurde, *„for his researches concerning the resonance absorption of gamma radiation and his discovery in this connection of the effect which bears his name"*.

Um der gravitativen Rotverschiebung auf die Spur zu kommen, installierten Pound und Rebka im Jefferson Tower der Harvard University eine rund 22 m lange, heliumdurchströmte Röhre aus Polyesterfolie. Am Ende der Röhre befand sich ein Sender, der monochromatische Gammastrahlen emittierte, d. h. Gammastrahlen einer genau definierten Frequenz. Am anderen Ende war die Messeinrichtung angebracht, die in der Lage war, mithilfe des Mößbauer-Effekts winzige Abweichungen zu detektieren. Pound und Rebka maßen die Frequenzverschiebung viele Male und tauschten dabei mehrfach den Sender und den Empfänger gegeneinander aus. Nach der allgemeinen Relativitätstheorie war zu erwarten, dass in allen Messungen, in denen sich der Sender am Boden befand, eine Rotverschiebung auftrat, die Empfangsfrequenz also niedriger war. Befand sich der Sender hingegen unter dem Turmdach, so sollte der Effekt in die andere Richtung wirken und eine Blauverschiebung, d. h. eine Frequenzerhöhung hervorrufen. Das bizarre Experiment im Jefferson Tower erfüllte seinen Zweck und bestätigte die Einstein'sche Vorhersage in einer guten Näherung [130].

Von seinem Anfangserfolg beflügelt, entschied Pound, das Experiment im Jahr 1964 zusammen mit dem Physiker Joseph Snider zu wiederholen. Das Ergebnis war beeindruckend. Mit einem verbesserten Versuchsaufbau konnten Pound und Snider eine gravitative Rotverschiebung messen, die nur 1 % von Einsteins Vorhersage abwich [131]. Überrascht hatte dieses Ergebnis nur noch wenige, denn in der Zwischenzeit war dem Physiker James William Brault genau jenes Experiment gelungen, an dem die Astronomen in der ersten Hälfte des 20. Jahrhunderts so viele Male scheiterten. Mit einem neu entwickelten Präzisionsspektrometer hatte er es geschafft, die vorhergesagte Rotverschiebung auch im Spektrum des Sonnenlichts nachzuweisen [19].

Rund 10 Jahre später konnten die Physiker Robert Vessot und Martin Levine die gravitative Rotverschiebung in einer noch viel höheren Präzision bestätigen [165, 164]. Gelungen war dies mithilfe zweier synchronisierter Wasserstoff-Maser-Uhren, von denen eine an Bord einer Scout-Trägerrakete in den Weltraum geschossen wurde und die andere im NASA-Kontrollzentrum in Cape Canaveral verblieb. Es war ein aufwendiges Experiment, das in den frühen Morgenstunden des 18. Juni 1976 begann. Um 6:41 zündeten die Triebwerke und beschleunigten die Rakete so lange, bis die letzte Brennstufe um 6:46 von der Nutzlastkapsel abgekoppelt wurde. Ab jetzt befand sich die Uhr an Bord im freien Fall, und die Messung konnte beginnen.

Die um den Doppler-Effekt bereinigten Daten offenbarten Folgendes: Die ersten drei Minuten nach der Abkopplung war die Frequenz der bewegten Uhr etwas geringer als die Frequenz der Uhr am Boden. Dieser Effekt wurde durch die schnelle Bewegung der Rakete verursacht und war nach der speziellen Relativitätstheorie in dem gemessenen Umfang zu erwarten. Die beobachtete Rotverschiebung wurde von einer gravitativen Blauverschiebung überlagert, die sich mit der Entfernung vom Zentrum des Erdschwerefelds kontinuierlich vergrößerte. Um 6:49 konnte die Blauverschiebung die Rotverschiebung exakt kompensieren, so dass die Zeit auf beiden Uhren für einen kurzen Moment gleich schnell verstrich. Danach dominierte für viele Minuten die Blauverschiebung. Der maximale Wert wurde um 7:40 gemessen, just in dem Moment, in dem die Kapsel in ca. 10.000 km Höhe ihren Umkehrpunkt erreichte. Während sich die an Bord befindliche Uhr ab jetzt wieder auf die Erde zubewegte, nahm die Blauverschiebung langsam ab, und um 8:31 war zum zweiten Mal der Punkt erreicht, an dem sich die beiden Dilatationseffekte kompensierten. Von nun an dominierte wieder die Rotverschiebung, bis die Kapsel wenige Minuten später von den Radarschirmen im Kontrollzentrum verschwand.

Das Experiment war ein voller Erfolg. Die quantitative Analyse der aufgezeichneten Daten hatte eine Frequenzveränderung ergeben, die in vollem Einklang mit Einsteins Vorhersage stand. Rund 10 Jahre nach dem wegweisenden Experiment von Pound und Rebka hatten es die Physiker geschafft, die gravitative Frequenzverschiebung mit einer Genauigkeit zu messen, die selbst das verbesserte Experiment von Pound und Snider aus dem Jahr 1964 um mehr als das Hundertfache übertraf. In ihrem für die NASA angefertigten Abschlussbericht wiesen Vessot und Levine mit den folgenden Worten auf diesen beachtenswerten Umstand hin:

„The experiment confirms the self-consistency of the General Theory of Relativity at the 70 parts per million level. [...] The previous test of the gravitational redshift by R. V. Pound et al. (1965) using the Mössbauer radiation from Fe_{57} over a height of 75 feet is at the 10,000 parts per million level. We believe that the experiment described in this report has substantially improved the confidence we have in the General Theory of Relativity and the meshing of the Special Theory and the Principle of Equivalence upon which it is based."

Robert Vessot, Martin Levine [164]

Das Experiment von Vessot und Levine ist unter dem Namen *Gravity Probe A* bekannt und nicht zu verwechseln mit dem Experiment *Gravity Probe B*, das in den Jahren 2004 und 2005 durchgeführt wurde. Zu den Hauptzielen von Gravity Probe B gehörte die

Überprüfung eines Effekts, der 1918 von Josef Lense und Hans Thirring beschrieben wurde. Die beiden Physiker sagten vorher, dass die Krümmung der Raumzeit auch durch die Rotation einer Masse beeinflusst wird. Nach ihrer Berechnung müsste ein rotierender Planet wie die Erde einen Mitführungseffekt auf die sie umgebende Raumzeit bewirken, wodurch sich die geodätischen Bahnen leicht ineinander verdrehen. Um die Vorhersage zu überprüfen, wurden hochempfindliche Gyroskope entwickelt, die eine Verdrillung der Raumzeit durch eine Veränderung der Rotationsachse verraten. An Bord des Gravity-Probe-B-Satelliten konnte der *Lense-Thirring-Effekt* mit einer Abweichung von ca. 5 % tatsächlich gemessen werden, mit einer statistischen Unsicherheit von 19 % war das Experiment aber weit weniger genau, als es von vielen im Vorfeld erwartet wurde [58].

10.5   Sternstunden der Radioastronomie

10.5.1   Shapiro-Verzögerung

Im Jahr 1964 publizierte der US-amerikanische Astrophysiker Irwin Ira Shapiro eine Arbeit mit dem verheißungsvollen Titel *Fourth Test of General Relativity* [150]. Der gewählte Name spielt darauf an, dass sich zur damaligen Zeit drei klassische Tests für die empirische Bestätigung der allgemeinen Relativitätstheorie etabliert hatten: die Periheldrehung des Merkur, die gravitative Lichtablenkung und die gravitative Rotverschiebung. Die Verheißung war keinesfalls zu hoch gegriffen, denn es war Shapiro tatsächlich gelungen, den drei klassischen Tests einen vierten hinzuzufügen. Dieser basierte auf der Messung eines Laufzeiteffekts, den wir heute als die *Shapiro-Verzögerung* bezeichnen. Die ersten Berechnungen hierzu hatte der Astrophysiker bereits im Jahr 1961 durchgeführt, ihnen aber zu Beginn kein allzu großes Interesse geschenkt. Damals wurde die Chance, Laufzeiteffekte in der vorhergesagten Größenordnung verlässlich zu messen, als so gering erachtet, dass er die Rechnungen zunächst für mehrere Jahre beiseite legte.

Was war der Inhalt seiner Rechnung? Shapiro hatte herausgefunden, dass die Lichtgeschwindigkeit für einen Beobachter auf der Erde zu variieren beginnt, wenn sich ein Lichtstrahl in der Nähe großer Massen bewegt. Schicken wir beispielsweise einen Lichtstrahl von der Erde zur Venus und wieder zurück, so ist dieser ein wenig länger unterwegs, wenn sich die Sonne in der Nähe der Sichtlinie befindet und am Sonnenrand ein vergleichsweise starkes Gravitationsfeld durchquert werden muss.

An dieser Stelle müssen wir innehalten. Haben wir die Ergebnisse der vorangegangenen Kapitel nicht allesamt unter der Prämisse erarbeitet, dass die Lichtgeschwindigkeit im Vakuum eine konstante Größe ist? Mit der eben getätigten Aussage, in einem Schwerefeld variiere die Lichtgeschwindigkeit, scheinen wir diese Grundprämisse der Relativitätstheorie kaltschnäuzig vom Tisch zu wischen. Im Folgenden werden wir aufzeigen, dass es sich hierbei, wie so oft in der Relativitätstheorie, nur um einen scheinbaren Widerspruch handelt; gleich werden wir nämlich sehen, dass lokale Beobachter, die den Lichtstrahl an verschiedenen Stellen seiner Reise vermessen, zu einem ganz anderen Ergebnis kommen. Alle lokalen Beobachter werden konstatieren, dass sich das Licht immer mit derselben konstanten Geschwindigkeit bewegt: der Lichtgeschwindigkeit c.

Um zu verstehen, wie dies zusammenpasst, betrachten wir das Gedankenexperiment in Abbildung 10.12 (vgl. [175]). Sie sehen dort einen Lichtstrahl, der von der Erde ausgesandt wird und sich nahe an der Sonne vorbeibewegt. Um den Lichtstrahl auf seiner Reise zu untersuchen, katapultieren wir in Gedanken mehrere kleine Labore von der Sonne aus in unterschiedliche Richtungen in das Weltall. Während ihres Ausflugs befinden sich die Labore die ganze Zeit im freien Fall; sie steigen zunächst mit hoher Geschwindigkeit auf, bis sie, immer langsamer werdend, ihren Umkehrpunkt erreichen und danach auf die Sonnenoberfläche zurückfallen. Jedes Labor sei mit zwei Löchern versehen, die sich an gegenüberliegenden Wänden in der gleichen Höhe befinden. Wir nehmen an, dass der Lichtstrahl immer dann durch das erste Loch fällt, wenn sich das entsprechende Labor an seinem Umkehrpunkt befindet.

Damit sind wir an der entscheidenden Frage angelangt: Wie werden die Forscher in den einzelnen Laboren den Lichtstrahl beurteilen? Um der Antwort auf die Spur zu kommen, erinnern wir uns daran, dass sich die Labore die ganze Zeit im freien Fall befinden und sich daher im Inneren keine Schwerefelder nachweisen lassen. Wir müssen deshalb annehmen, dass der Lichtstrahl, von der Kammer aus beurteilt, waagrecht eintritt, sich danach parallel zum Boden bewegt und anschließend aus dem gegenüberliegenden Loch wieder austritt. Auch die Messung der Lichtgeschwindigkeit sorgt innerhalb der Kammern für keinerlei Aufregung. Alle Forscher kommen zu dem Schluss, dass sich das Licht mit 299 792 458 Meter pro Sekunde durch ihre Kammer bewegt, im Einklang mit Einsteins zweitem Axiom, das die Konstanz der Lichtgeschwindigkeit postuliert.

Aus der Sicht eines Erdbeobachters, der die Situation nicht in einem räumlich begrenzten Gebiet, sondern in einem makroskopischen Raumsegment beurteilt, gilt aber etwas ganz anderes. Wir wissen, dass die Zeit im Schwerefeld aus der Sicht eines außen stehenden Beobachters langsamer verstreicht; Gravitation dehnt die Zeit. Wenn also ein Forscher in seinem Labor konstatiert, das Licht habe zum Durchqueren der Kammer eine gewisse Zeitspanne benötigt, so ist diese Zeitspanne für einen außen stehenden Beobachter länger. Das bedeutet im Umkehrschluss, dass sich das Licht aus der Sicht eines Erdbeobachters langsamer durch das Schwerefeld bewegt, als dies für einen lokalen Beobachter vor Ort der Fall ist. Diese Verzögerung ist die Shapiro-Verzögerung. Sie ergibt sich unmittelbar aus der gravitativen Zeitdilatation, die ihrerseits eine direkte Folge des starken Äquivalenzprinzips ist.

Behalten Sie stets im Gedächtnis, dass wir diesen Sachverhalt keinesfalls so interpretieren dürfen, als verlangsame sich ein Lichtstrahl im Schwerefeld in einem absoluten

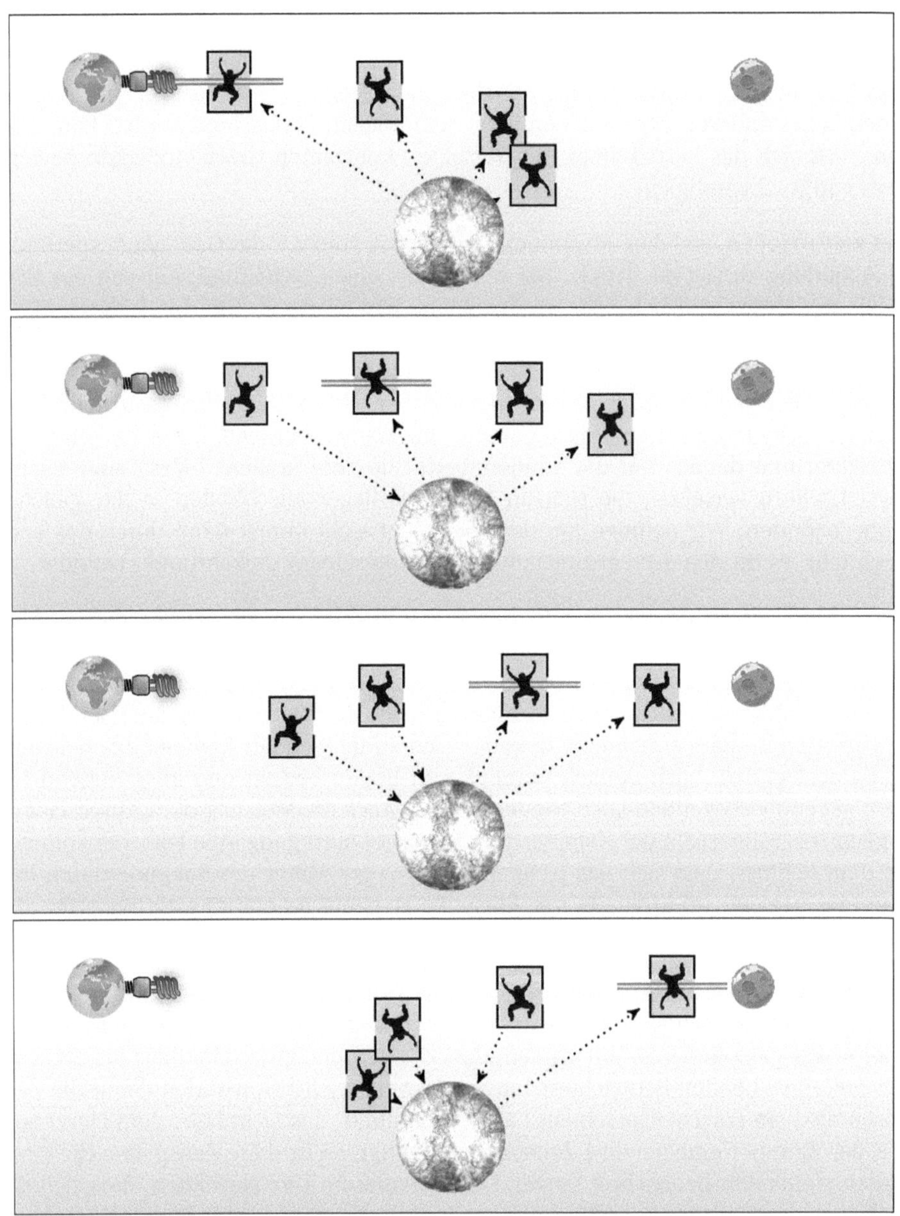

Abbildung 10.12: Der Shapiro-Verzögerung auf den Zahn gefühlt

Sinn. Wie so oft in der Relativitätstheorie stehen wir hier vor der Situation, dass verschiedene Beobachter Unterschiedliches konstatieren. Während wir über den gesamten Lichtweg hinweg eine Verlangsamung des Lichts feststellen, können dies die lokalen Beobachter in keiner Weise bestätigen. Alle lokalen Beobachter kommen zu dem Schluss, dass sich das Licht mit der gewohnten Geschwindigkeit c ausbreitet. Aus dem Gesagten ergibt sich aber keineswegs ein Widerspruch, zumindest dann nicht, wenn wir uns, wie es in der Physik üblich ist, auf Aussagen über messbare Größen beschränken. Treffende Worte hierfür hat der kanadische Physiker Clifford M. Will gefunden. Er schreibt in [175]:

> *„Whether or not the observer uses the words ‚light slows down near the Sun' is purely a question of semantics. Because he never goes near the Sun to make the measurement, he can't really make such a judgement; and if he had made such a measurement in a freely falling laboratory near the Sun, he would have found the same value for the speed of light as in a freely falling laboratory far from the Sun, and might have thoroughly confused himself. All the observer can say with no fear of contradiction is that he observed a time delay that depended on how close the light ray came to the Sun."*

Clifford M. Will [175]

Tatsächlich ist das angestellte Gedankenexperiment mächtiger, als es der erste Blick suggeriert, denn wir können daraus mit wenig Mühe auch das Phänomen der gravitativen Lichtablenkung ableiten. Hierzu müssen wir uns lediglich daran erinnern, dass sich die von der Sonne wegkatapultierten Labore an ihrem Umkehrpunkt befinden, wenn der Lichtstrahl durch das Loch eintritt. Bis der Lichtstrahl durch das andere Loch austritt, ist das Labor aber bereits ein wenig in Richtung der Sonne zurückgefallen. Da sich beide Löcher in der gleichen Höhe befinden, muss sich das Licht aus der Sicht eines Erdbeobachters auf einer leicht gekrümmten Bahn durch das Schwerefeld der Sonne bewegt haben.

Als Nächstes wollen wir der Frage nachgehen, wie groß die Shapiro-Verzögerung ist, wenn wir einen Lichtstrahl von der Erde zur Venus senden und das reflektierte Signal auffangen. Entscheidend hierfür ist die relative Lage zwischen Erde und Venus. Die Verzögerung ist am kleinsten, wenn die Distanz zwischen Erde und Venus ihr Minimum erreicht (*inferior conjunction*), und am größten, wenn die Distanz ihr Maximum erreicht (*superior conjunction*). Dieser Zusammenhang ist leicht einzusehen. Im ersten Fall befindet sich die Venus zwischen der Erde und der Sonne, so dass der Lichtstrahl zu keiner Zeit in die unmittelbare Nähe der Sonne gerät. Im zweiten Fall befindet sich die Sonne zwischen Erde und Venus, so dass der Lichtstrahl ein starkes Gravitationsfeld durchlaufen muss. Trotz der riesigen Sonnenmasse ist der Effekt aber sehr klein. Er führt in der eben diskutierten Form zu einer Verzögerung von gerade einmal 125 Millisekunden.

In Wirklichkeit beträgt die Shapiro-Verzögerung 250 Millisekunden. Sie ist also doppelt so hoch und wir wollen klären, warum. Verantwortlich hierfür ist die Tatsache,

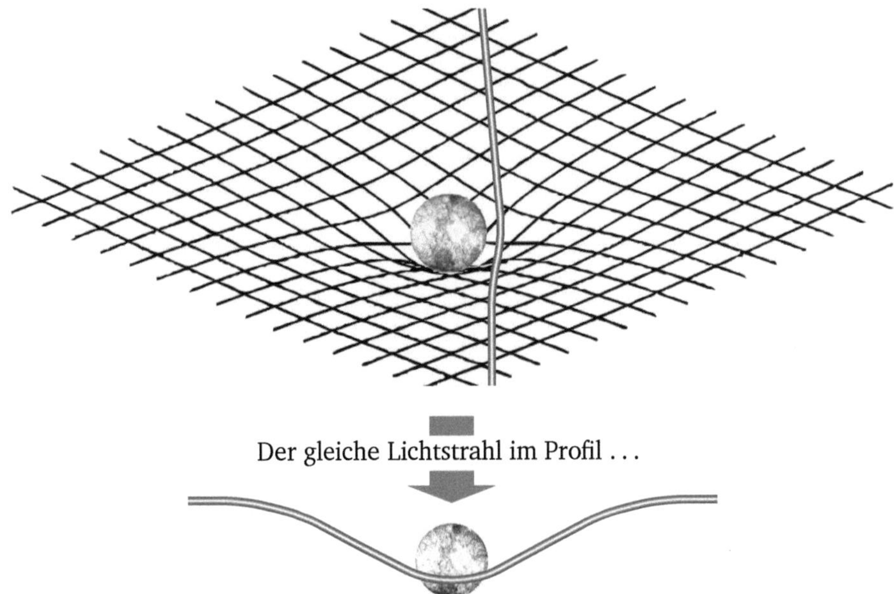

Abbildung 10.13: Einfluss der Raumkrümmung auf die Shapiro-Verzögerung

dass wir in der Herleitung des Effekts ausschließlich die gravitative Zeitdilatation berücksichtigt haben, die eine direkte Folge des starken Äquivalenzprinzips ist. Das bedeutet, dass die Verzögerung von jeder Theorie vorhergesagt wird, die das starke Äquivalenzprinzip als Axiom voranstellt; sie würde also auch dann in der genannten Größenordnung vorhanden sein, wenn die Geometrie der Raumzeit euklidisch wäre. Die allgemeine Relativitätstheorie geht aber von einer gekrümmten Raumzeit aus, und dies hat einschneidende Konsequenzen: In der Nähe großer Massen führt die Krümmung des Raums zu einer Verlängerung der geodätischen Linien und damit zu einer Verstärkung des Laufzeiteffekts.

An dieser Stelle wollen wir erneut innehalten, denn wir wissen aus zahlreichen Experimenten, dass ein Lichtstrahl durch die Sonne nur eine winzige Ablenkung erfährt. Muss eine solch geringe Krümmung nicht bedeuten, dass der Lichtweg seine Länge in etwa beibehält und der verstärkende Effekt daher vernachlässigbar klein ausfällt? Dass diese Sichtweise trügt, wollen wir mit der Skizze in Abbildung 10.13 belegen, wohlwissend, dass der gewählten Visualisierung mit Vorsicht zu begegnen ist. Die Raumzeit wird dort durch ein zweidimensionales Gitter dargestellt, das sich durch die große Masse der Sonne, die sich in der Mitte der Skizze befindet, muldenartig verformt. Der eingezeichnete Lichtstrahl macht deutlich, dass die Verlängerung des Lichtwegs nur indirekt mit dem Krümmungswinkel zusammenhängt. Sie wird erstrangig durch die Mulde verursacht, in die der Lichtstrahl fast vollständig eintauchen muss.

Im Falle des Merkur führt die Raumkrümmung zu einer Signalverzögerung von weiteren 125 Millisekunden. Der von der allgemeinen Relativitätstheorie vorhergesagte Effekt ist also genau doppelt so stark ausgeprägt wie jener, der sich alleine aus dem starken Äquivalenzprinzip ergibt. Kommt Ihnen dieser Zusammenhang bekannt vor? Wir wissen, dass Einstein im Jahr 1911 noch von einer euklidischen Raumgeometrie ausgegangen war und die gravitative Lichtablenkung ausschließlich aus dem starken Äquivalenzprinzip hergeleitet hatte. Und wir wissen auch, dass er die berechneten Winkel verdoppeln musste, als er später die Raumkrümmung miteinbezog. Genau diese Verdopplung erfährt auch die Shapiro-Verzögerung, sobald sie in einer gekrümmten Raumzeit untersucht wird.

Als Shapiro den vierten Einstein-Test im Jahr 1964 veröffentlichte, war er fest entschlossen, seine Vorhersage experimentell zu überprüfen. Der erfahrene Astrophysiker wusste, dass er sich mit diesem Vorhaben an der Grenze des technisch Machbaren bewegte. Das Echo eines Signals, das von der Oberfläche eines fernen Planeten auf die Erde zurückgeworfen wird, ist so schwach, dass eine verlässliche Messung nur mit sehr starken Radiosignalen gelingen kann. Das damals leistungsfähigste Radioteleskop wurde Anfang der Sechzigerjahre am *Haystack Observatory* in der Nähe von Boston in Betrieb genommen, im gleichen Jahr, in dem Shapiros Abhandlung erschien. Mit seinem 37 m durchmessenden Parabolspiegel war das Teleskop ein wahrer Bolide, seine Sendeleistung war für das geplante Experiment aber immer noch um den Faktor fünf zu schwach. Obwohl das Teleskop in der Folgezeit immer weiter verbessert und die Sendeleistung kontinuierlich gesteigert wurde, musste Shapiro noch zwei lange Jahre warten. Erst dann war das Observatorium technisch so weit aufgerüstet, dass dem ambitionierten Vorhaben nichts mehr im Wege stand.

Das Experiment begann im November 1966, als die Sonne die Sichtlinie zwischen Erde und Venus kreuzte. Immer und immer wieder sendete Shapiros Team starke Radiosignale zur Venus, um im Anschluss daran die Echos zu detektieren. Die Auswertung der Messdaten ließ die anfängliche Euphorie jedoch schnell verfliegen. Früh war klar, dass die Signale von einem so starken Rauschen überlagert waren, dass keine verlässliche Aussage über den Verzögerungseffekt getroffen werden konnte.

Mit drei Messreihen, die im Januar, im Mai und im August des Folgejahres durchgeführt wurden, hatten die Forscher mehr Glück. Diese Male hatten sie die Radiosignale auf dem Weg zu Merkur vermessen und dabei deutlich klarere Echos empfangen. Die aufgezeichneten Daten waren hinreichend, um die vorausgesagte Shapiro-Verzögerung mit einer Abweichung von ca. 20 % zu bestätigen. Folgemessungen zeichneten ein noch klareres Bild und stimmten mit einer Abweichung von ca. 5 % mit der theoretischen Vorhersage überein. Wieder einmal war es der Merkur, der sich für die Überprüfung der allgemeinen Relativitätstheorie als treuer Diener erwies.

Noch genauere Messungen gelangen in den Siebzigerjahren, als es möglich wurde, Raumsonden als Transponder zu benutzen. Experimente mit den Marssonden Mariner 6 und Mariner 7 lieferten im Jahr 1975 ein Ergebnis, das weniger als 3 % von der

Abbildung 10.14: Fotomontage der Cassini-Sonde beim Eintritt in den Saturn-Orbit

Vorhersage abwich [3], und drei Jahre später wurde in einem Experiment mit Mariner 9 eine Abweichung von nur noch 2 % gemessen [176]. Als im Juli und im September 1976 die Viking-Sonden auf dem Mars landeten, waren noch präzisere Experimente möglich, denn von nun an standen Transponder zur Verfügung, deren Positionen exakt bekannt waren. Die Forscher wurden nicht enttäuscht. Mithilfe der Viking-Sonden ließ sich die Vorhersage der allgemeinen Relativitätstheorie mit einer Abweichung von weniger als 0,2 % bestätigen [134, 133].

Eine der bis dato präzisesten Messungen gelang den Astronomen mit der Raumsonde Cassini, die am 15. Oktober 1997 an Bord einer Trägerrakete in Cape Canaveral gestartet wurde (Abbildung 10.14). 7 Jahre war die Sonde in Richtung der äußeren Planeten unterwegs, bis sie im Juli 2004 in eine Umlaufbahn um den Saturn einschwenkte. Mit Cassini als Transponder entstand ein beeindruckendes Zahlenwerk. Mit einer Abweichung von nur 0,002 % stimmte die gemessene Verzögerung nahezu perfekt mit der Vorhersage der allgemeinen Relativitätstheorie überein [9].

10.5.2 Gravitationslinsen

Eine weitere Vorhersage der allgemeinen Relativitätstheorie wurde von den Astronomen Dennis Walsh, Robert Carswell und Ray Weymann bestätigt. Als sie im Jahr 1979 das Radioteleskop des Kitt Peak National Observatory in den Himmel richteten, erspähten sie im Sternbild Großer Bär zwei auffällige Quasare, die später unter der Bezeichnung Q0957+561 katalogisiert wurden [166]. Merkwürdig war, dass die beiden Quasare mit einem Abstand von nur 6 Bogensekunden ungewöhnlich nahe beieinander standen und sowohl ihre Fluchtgeschwindigkeit als auch ihre ausgesandten Lichtspektren nahezu identisch waren. Die Vermutung lag nahe, dass die drei Astronomen einem Phänomen auf den Fersen waren, das bislang nur theoretisch vorgesagt wurde: der Fähigkeit einer großen Masse, als eine *Gravitationslinse* zu wirken.

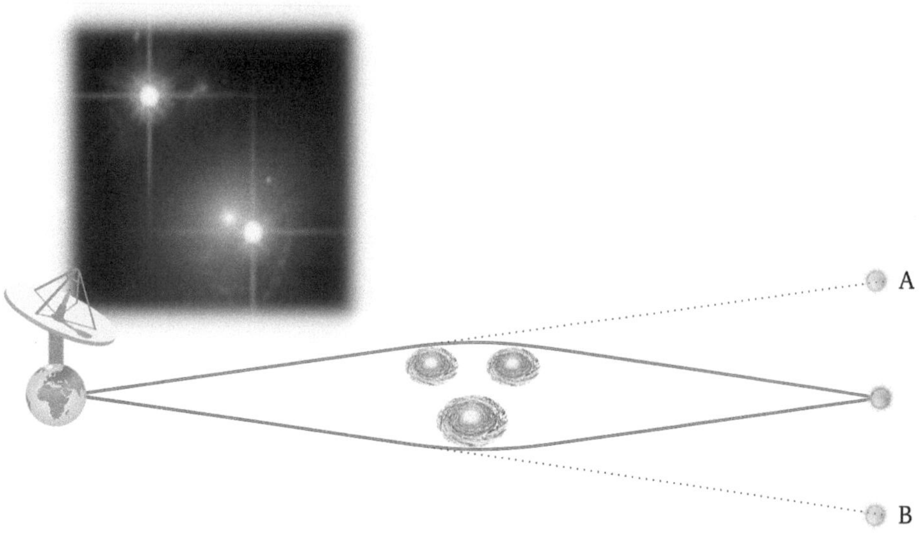

Abbildung 10.15: Ein Galaxienhaufen als Gravitationslinse

Wie eine solche Linse entsteht, ist mit einem Blick auf Abbildung 10.15 schnell geklärt. Sie sehen dort, wie die Lichtstrahlen eines Quasars im Gravitationsfeld eines Galaxienhaufens so abgelenkt werden, dass ein Beobachter zwei verschiedene Objekte wahrnimmt.

Ob es sich bei Q0957+561 wirklich um ein Doppelbild handelte, konnten Walsh, Carswell und Weymann allerdings nicht in letzter Gewissheit klären. Vor den Quasaren befand sich zwar tatsächlich eine Galaxie, die als Gravitationslinse in Frage kam, ihre Masse war aber bei weitem nicht ausreichend, um das Licht in dem beobachteten Maß zu krümmen. Seit den Achtzigerjahren wissen wir, dass die ursprüngliche Vermutung richtig war. Zum einen wurde in dieser Zeit überzeugend dargelegt, dass es sich bei den beiden beobachteten Objekten tatsächlich um ein Doppelbild handelt. Zum anderen ließ sich auch das Rätsel der fehlenden Masse klären. Es wurde entdeckt, dass die bekannte Galaxie nur das winzige Fragment eines riesigen, in weiten Teilen unsichtbaren Galaxienhaufens ist.

Eine der bekanntesten Gravitationslinsen ist die *Huchra-Linse* im Sternbild Pegasus, eine rund 400 Millionen Lichtjahre entfernte Galaxie, die im Jahr 1985 von dem US-amerikanischen Astronomen John Peter Huchra entdeckt wurde [88]. Sie erzeugt das berühmte *Einsteinkreuz* in Abbildung 10.16. Das Kreuz setzt sich aus der Linsengalaxie in der Mitte und vier Abbildern eines Quasars zusammen, der rund 8 Milliarden Lichtjahre von der Milchstraße entfernt ist. Ohne den Gravitationslinseneffekt wäre der Quasar für uns nicht sichtbar, da er sich von der Erde aus gesehen direkt hinter der Linsengalaxie befindet.

Abbildung 10.16

Einsteinkreuz, im Sternbild Pegasus

10.5.3   Pulsierende Radioquellen

Eine Sternstunde der Physik ereignete sich am 28. November 1967, als die britische Astronomin Jocelyn Bell bei der Analyse von Teleskopdaten auf eine Unregelmäßigkeit stieß, die nur auf den ersten Blick wie eine gewöhnliche Störung wirkte. Aus dem Sternbild Fuchs hatte das Teleskop ein starkes Radiosignal aufgefangen, das urplötzlich verschwand, um kurze Zeit später wieder aufzutauchen. Die Analyse der mysteriösen Erscheinung lieferte Erstaunliches zu Tage. Das Signal kam und ging mit einer Genauigkeit, die damals nur von Atomuhren bekannt war: Es wiederholte sich mit einer Periode von 1,3373011 Sekunden – wieder und immer wieder.

Little Green Man

LGM-1 wurde die Radioquelle inoffiziell genannt, für *„Little Green Man 1“*. Die Namensgebung zeugt von einem gesunden Humor der Forscher, denn alle Beteiligten wussten, wie unwahrscheinlich es war, einer extraterrestrischen Lebensform auf der Spur zu sein. Völlig auszuschließen war es aber nicht, und eine vernünftige Erklärung für das beobachtete Phänomen ließ auf sich warten. Später wurden mit LGM-2 bis LGM-4 weitere Objekte dieser Art entdeckt, und damit war klar, dass die mysteriöse Radioquelle im Universum nicht alleine war. Ab dem Jahr 1968 wurde für die pulsierenden Radioquellen das Kunstwort *Pulsar* benutzt, als Abkürzung für *pulsating star*.

Heute wissen wir, dass sich hinter einem Pulsar ein schnell rotierender Neutronenstern verbirgt, der entlang der Dipolachse seines Magnetfelds in beide Richtungen ein starkes Strahlenbündel aussendet. Die Dipolachse und die Drehachse sind gegeneinander geneigt, so dass die emittierte Strahlung wie ein rotierendes Leuchtfeuer durch

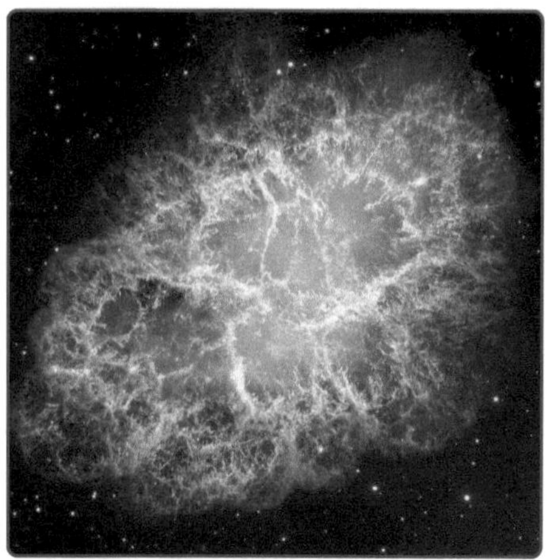

Abbildung 10.17

Der Krebsnebel: Überreste der Supernova-Explosion aus dem Jahr 1054

den Weltraum schießt. Befindet sich die Erde an einer geeigneten Position, so wird sie periodisch von einem der Strahlenbündel getroffen, und ein Beobachter nimmt den Pulsar wie eine regelmäßig aufblitzende Radioquelle wahr.

Neutronensterne gehören zu den faszinierendsten Himmelskörpern in unserem Universum. In ihnen ist die Materie so dicht gepackt, dass sie bei einem Durchmesser von rund 20 Kilometern das anderthalbfache bis dreifache Gewicht unserer Sonne aufweisen. Zum Vergleich: Unsere Sonne hat einen Durchmesser von rund 1 400 000 Kilometern, so dass ihr Volumen um den unglaublichen Faktor 343 000 000 000 000 größer ist als das Volumen eines Neutronensterns.

Anfang der Dreißigerjahre wurde von Walter Baade und Fritz Zwicky die Vermutung geäußert, dass Neutronensterne in einer Supernova, d. h. der Explosion eines Sterns am Ende seiner Lebenszeit, entstehen [6]. Eine solche Explosion setzt nicht nur gigantische Energiemengen frei; sie ist auch ungewöhnlich hell und lässt sich in manchen Fällen sogar mit dem bloßen Auge beobachten. Eine gewaltige Supernova ereignete sich im Jahr 1054 im Sternbild Stier. Sie wurde von chinesischen Gelehrten schriftlich dokumentiert, und die Folgen dieser Explosion sind auch heute noch sichtbar, zumindest für die hochauflösenden Augen unserer Radioteleskope und Beobachtungssatelliten. Der Überrest der Supernova aus dem Jahr 1054 ist der *Krebsnebel*, von dem uns das Hubble-Teleskop die beeindruckende Aufnahme in Abbildung 10.17 übermittelt hat.

Nach der Entdeckung des Pulsars im Sternbild Fuchs rückte auch der Krebsnebel in das Interesse der Forscher, denn schon länger war bekannt, dass sich in seinem Zentrum eine starke Strahlenquelle verbarg. Konnte es sein, dass in der Supernova ein Neutronenstern entstanden war, der ebenfalls als eine pulsierende Radioquelle in Erscheinung trat? Im Jahr 1968 beantworteten Richard Lovelace und Leonard Tyler diese Frage positiv; die Radiosignale aus dem Krebsnebel gelangten tatsächlich

Abbildung 10.18: Arecibo-Observatorium in Puerto Rico

in Pulsen auf die Erde. Dass dieses Phänomen so lange unentdeckt geblieben war, geht auf die atemberaubend kurze Periodendauer zurück. In einer einzigen Sekunde blitzt das pulsierende Radiosignal aus dem Krebsnebel mehr als 30 Mal auf, und das bedeutet, dass der Neutronenstern in einer Sekunde mehr als 30 Mal um seine eigene Achse rotiert.

Gemacht wurde diese Entdeckung am Arecibo-Observatorium in Puerto Rico, einem Schauplatz, der nicht nur Astronomen bekannt ist. Es ist jenes Observatorium, in dem Pierce Brosnan als James Bond im Film *Goldeneye* den packenden Showdown bestritt und sich Jodie Foster im Science-Fiction-Drama *Contact* auf die Suche nach extraterrestrischer Intelligenz begab. Das Arecibo-Teleskop ist ein wahrer Koloss, und ein Blick auf Abbildung 10.18 erklärt, warum es so oft als Filmkulisse ausgewählt wurde. Sein parabolischer Hohlspiegel ist in eine riesige Erdmulde eingelassen und weist eine beeindruckende Spannweite von über 300 Metern auf.

Abbildung 10.19

RUSSELL ALAN HULSE
im Jahr 2007

Hulse-Taylor-Doppelpulsar

Im Jahr 1974 wurde das Arecibo-Observatorium zum Schauplatz einer Entdeckung,
die für die Astronomie im Allgemeinen und für die Relativitätstheorie im Besonderen
ein Meilenstein war. Alles begann mit einer Routinetätigkeit des jungen Astronomen Russell Alan Hulse, der im Rahmen seiner Doktorarbeit nach weiteren, bisher
unentdeckten Pulsaren suchte (Abbildung 10.19). In den ersten Wochen verlief die
Arbeit recht unspektakulär, bis die Software am 2. Juli im Sternbild Adler ein äußerst
schwaches Signal registrierte, das mit einer Periodendauer von 0,059 Sekunden fast
so schnell aufblitzte und wieder verschwand wie die pulsierende Radioquelle des
Krebsnebels. Dass die Quelle, die den Namen PSR 1913+16 trägt, überhaupt gefunden wurde, dürfen wir als eine glückliche Fügung betrachten, denn Hulse hatte die
Software so parametriert, dass das schwache Signal nur knapp über der Filterschwelle
des Hintergrundrauschens lag. Betreut wurde Hulse von Joseph Hooton Taylor Jr.,
der damals Professor an der University of Massachusetts in Amherst war.

Als Taylor am 25. August in Puerto Rico eintraf, peilte Hulse erneut die entdeckte
Radioquelle an. Die Astronomen wussten, dass Pulsare ihre Signale mit der Genauigkeit einer Atomuhr emittierten, und waren daher guter Dinge, die Periodendauer wie
üblich bis zur fünften oder sechsten Nachkommastelle exakt zu messen. Doch irgendetwas stimmte nicht. Innerhalb weniger Stunden schien sich die Periodendauer zu
verschieben; in manchen Messungen nahm sie ab und in anderen Messungen wieder
zu. Die Arbeit ging schleppend voran, da es aufgrund der geringen Signalstärke des
Pulsars schwierig war, Fehlerquellen auszuschließen und die richtigen Schlüsse aus

den Messwerten zu ziehen. Ein Abbruch der Untersuchung war aber weder für Hulse noch für Taylor eine Option. Immer deutlicher spürten die beiden, einem ungewöhnlichen, niemals zuvor beobachteten Phänomen dicht auf den Fersen zu sein. Am Ende wurden sie für ihre Ausdauer belohnt. Nach schier zahllosen Messungen entdeckten sie in den Frequenzänderungen ein periodisches Muster, das am Ende nur den einen Schluss zuließ: Der Pulsar war nicht alleine.

Hulse und Taylor hatten ein Objekt entdeckt, dass durch zwei separate Himmelskörper gebildet wird, die um ihren gemeinsamen Schwerpunkt kreisen: einen sogenannten *Doppelstern.* Der Begleiter des *Hulse-Taylor-Pulsars,* der sich in nur acht Stunden einmal um den gemeinsamen Schwerpunkt bewegt, ist von der Erde aus unsichtbar. Es handelt sich um einen Neutronenstern, der seine Anwesenheit nur indirekt über die von ihm verursachte Bewegungsänderung des Pulsars verrät.

Für die moderne Astronomie sind Neutronensterne, wenn die Formulierung an dieser Stelle erlaubt ist, ein Geschenk des Himmels. Zum einen verhalten sie sich aufgrund ihres geringen Radius in guter Näherung wie Punktmassen, mit denen sich vergleichsweise einfach rechnen lässt. Zum anderen sorgt die extrem hohe Massendichte dafür, dass auf der Oberfläche eines Neutronensterns viel stärkere Gravitationskräfte wirken, als es beispielsweise auf der Oberfläche der Sonne der Fall ist. Dies führt dazu, dass die relativistischen Effekte in der Nähe eines Neutronensterns viel ausgeprägter sind als in der Nähe der Sonne und sich daher viel einfacher beobachten lassen. Ein Beispiel eines solchen Effekts ist die Apsidendrehung, die wir in den Abschnitten 9.3.2 und 10.4.1 am Beispiel der Periheldrehung des Merkur besprochen haben. Genau wie der Planet Merkur erfährt auch der von Hulse und Taylor entdeckte Pulsar eine Apsidendrehung, die aufgrund der ausgeprägten relativistischen Effekte aber weitaus größer ausfällt. Während die Periheldrehung des Merkur nur 5,72 Bogensekunden beträgt, dreht sich die elliptische Umlaufbahn des Hulse-Taylor-Pulsars jedes Jahr um sagenhafte 4,2°, was 15100 Bogensekunden entspricht.

Ist die massive Apsidendrehung eine weitere Bestätigung der allgemeinen Relativitätstheorie? Die Antwort ist schwieriger, als sie auf den ersten Blick erscheint. Einerseits ist die Apsidendrehung in der gemessenen Größenordnung ein deutliches Indiz dafür, dass die allgemeine Relativitätstheorie auch für extrem starke Gravitationsfelder gilt. Andererseits können wir den Effekt nur qualitativ, aber nicht quantitativ bewerten. Um die Apsidendrehung des Hulse-Taylor-Pulsars als eine Bestätigung der allgemeinen Relativitätstheorie ins Feld zu führen, müssten wir die exakten Massen der Neutronensterne kennen; nur so wäre es möglich, den gemessenen Drehwinkel mit dem theoretisch vorgesagten abzugleichen. Von der Erde aus haben wir aber keine Möglichkeit, die Massen in der geforderten Genauigkeit zu bestimmen. Gehen wir hingegen von der Gültigkeit der allgemeinen Relativitätstheorie aus, so können wir umgekehrt argumentieren. Wir können die Apsidendrehung in diesem Fall als ein Messinstrument nutzen und aus dem gemessenen Drehwinkel auf die Masse des Pulsars zurückschließen. Im Falle von PSR 1913+16 ergibt dies mit 1,4 Sonnenmassen einen Wert, der in gutem Einklang mit der Theorie der Neutronensterne steht.

Im Jahr 1993 wurden Russell Hulse und Joseph Taylor mit dem Nobelpreis ausgezeichnet, *„for the discovery of a new type of pulsar, a discovery that has opened up new possibilities for the study of gravitation"*. Mit dem Auffinden von PSR 1913+16 haben die beiden Astronomen ein spannendes Kapitel der Wissenschaftsgeschichte geschrieben, aber war die Entdeckung wirklich so spektakulär, dass sie mit der höchsten Auszeichnung der Wissenschaft honoriert werden sollte? Die Antwort lautet Ja, denn die beiden Astronomen hatten ihre Untersuchung, nachdem sie den Doppelstern identifizierten, nicht eingestellt. Sie haben die Radioquelle über viele Jahre weiter beobachtet und dabei eine Entdeckung gemacht, die noch spektakulärer war.

10.5.4 Gravitationswellen

Wir wissen aus Kapitel 3, dass sich Newton die Gravitation als eine Kraft vorstellte, die instantan zwischen den Körpern wirkt, und wir wissen auch, dass eine solche Fernwirkung in einem direkten Widerspruch zur speziellen Relativitätstheorie steht. Aus Einsteins Postulaten folgt, dass sich keine physikalische Wirkung schneller ausbreiten kann als das Licht, zumindest dann nicht, wenn wir dem Kausalprinzip vertrauen. Einstein war sich dessen wohlbewusst und folgerte, dass sich auch die Gravitation, die in der allgemeinen Relativitätstheorie als eine Krümmung der Raumzeit aufgefasst wird, nicht schneller ausbreiten kann als das Licht. Aber was bedeutet dies konkret? Betrachten wir beispielsweise einen pulsierenden Körper, der sich periodisch aufbläht und kurze Zeit später wieder in sich zusammenfällt, so können wir um ihn herum eine stete Veränderung der Raumzeitkrümmung feststellen. Die Krümmung ändert sich dabei aber nicht instantan; sie breitet sich in Form einer Gravitationswelle aus, die sich mit einer endlichen Geschwindigkeit durch die Raumzeit bewegt. Körper, die sich auf einer Kreisbahn bewegen, strahlen nach der allgemeinen Relativitätstheorie auf eine ganz ähnliche Weise Wellen ab, und der *Hulse-Taylor-Pulsar* dürfte hier keine Ausnahme machen.

Einstein hat die Theorie der Gravitationswellen im Jahr 1916 vorgestellt und im Jahr 1918 gründlich überarbeitet [46, 48]. Seine Berechnungen hatten gezeigt, dass die Feldgleichungen die Existenz von Gravitationswellen tatsächlich zulassen, allerdings nur dann, wenn sich die Wellen mit Lichtgeschwindigkeit durch die Raumzeit bewegen. Einsteins Gleichungen sind in diesem Punkt das gravitative Pendant zu den Feldgleichungen der Elektrodynamik, mit denen Maxwell die Existenz von elektromagnetischen Wellen vorhersagte. Auch der Schotte gelangte damals zu dem Ergebnis, dass die Existenz von elektromagnetischen Wellen nur dann mit den aufgestellten Gleichungen verträglich war, wenn die Ausbreitungsgeschwindigkeit der Lichtgeschwindigkeit entsprach. Dem experimentellen Nachweis von Gravitationswellen stand Einstein allerdings skeptisch gegenüber. Seine Formeln zeigten auf, dass selbst riesige Massen nur extrem schwache Gravitationswellen erzeugen.

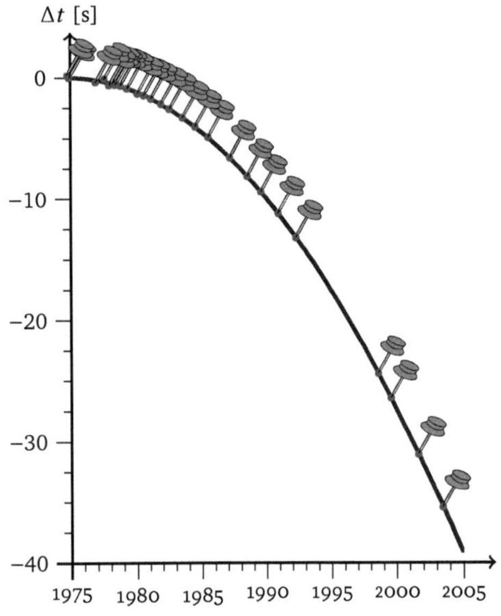

Abbildung 10.20

Veränderung der Umlaufzeit von PSR 1913+16 über einen Zeitraum von 30 Jahren [168]. Die durchgezogene Linie zeigt den Effekt, wie sie die Gravitationswellenhypothese vorhersagt.

Einstein fand allerdings noch etwas anderes heraus. Aus seinen Berechnungen ging hervor, dass sich beschleunigte Massen ganz ähnlich verhalten wie beschleunigte Ladungen. Eine beschleunigte Ladung verliert durch die Abstrahlung einer Welle an Energie und genau das Gleiche musste für beschleunigte Massen gelten. Im Falle des Hulse-Taylor-Pulsars sollte der Energieverlust dazu führen, dass die beiden sich umkreisenden Neutronensterne in einen energieärmeren Orbit übergehen, d. h., sie sollten mit jeder Umdrehung ein kleines Stück zusammenrücken. Der Übergang in einen tieferen Orbit führt zu einer Verkürzung der Umlaufzeit, und genau dies ist der Grund, warum Hulse und Taylor die Radioquelle die nächsten Jahre nicht mehr aus den Augen ließen. Im Falle von PSR 1913+16 war der vorhergesagte Effekt so hoch, dass sich die Umlaufzeit durch die Abstrahlung von Gravitationswellen in jeder Stunde um 0,0001 Sekunden verkürzen sollte und damit vergleichsweise einfach zu beobachten sein müsste.

Als Hulse und Taylor ihre Ergebnisse publizierten, war das Aufsehen groß: Die Messung hatte den vorhergesagten Energieverlust mit einer Genauigkeit von 1 % bestätigt [169, 158]. Auch in der Folgezeit wurde der Hulse-Taylor-Pulsar nicht vergessen, und in Abbildung 10.20 ist zu sehen, dass er sich auch 30 Jahre nach seiner Entdeckung so verhält, wie es Einsteins Formeln prognostizieren. Seine Umlaufzeit hat sich in dieser Zeit um rund 35 Sekunden verkürzt, in exzellenter Übereinstimmung mit der Vorhersage der allgemeinen Relativitätstheorie. All dies macht PSR 1913+16 zu mehr als einem Kuriosum in den Tiefen des Universums. Der Pulsar hat uns Messwerte geliefert, die nicht nur die allgemeine Relativitätstheorie in hoher Präzision bestätigen, sondern auch als Prüfstein für alternative Gravitationstheorien dienen können.

Abbildung 10.21: *Submillimeter Array* auf Hawaii [162]

10.5.5 Langbasisinterferometrie

Dass heute präzise astronomische Messungen von der Erde aus möglich sind, verdanken wir der *Radiointerferometrie*. Sie basiert auf der Entdeckung, dass sich aus den Signalen geographisch verteilter Radioteleskope ein virtuelles Teleskop erzeugen lässt, dessen Spannweite der geographischen Entfernung der Einzelteleskope entspricht. Ein Beispiel einer solchen Anlage ist das *Submillimeter Array*, kurz SMA, das in über 4000 m Höhe auf dem Gipfel des Vulkans Mauna Kea auf Hawaii errichtet wurde (Abbildung 10.21). Dort lassen acht Teleskope mit einer Spannweite von jeweils sechs Metern ein virtuelles Teleskop mit einem Durchmesser von mehreren hundert Metern entstehen. Das Submillimeter Array arbeitet nach dem Prinzip der *Lokalinterferometrie*. Das bedeutet, dass die Abstände zwischen den Teleskopen, die sogenannten Basislinien, so kurz sind, dass sie mit einer direkten Kabelverbindung überbrückt werden können.

Eine trickreiche Weiterentwicklung ist die *Langbasisinterferometrie* (*Very Long Baseline Interferometry*), die eine nahezu beliebige Vergrößerung der Basislinien erlaubt. Die Idee dieser Technik besteht darin, die gewonnenen Messwerte nicht mehr sofort miteinander zu interferieren, sondern digitalisiert in großen Datenspeichern abzulegen. Während der Messung sorgen vorab synchronisierte Atomuhren dafür, dass jeder Datensatz zusätzlich mit einem Zeitstempel versehen wird. Anhand dieser Zeitstempel werden die gespeicherten Messwerte später zusammengeführt und passgenau miteinander korreliert.

In den vergangenen Jahren wurden mithilfe der Langbasisinterferometrie virtuelle Teleskope erzeugt, deren Spannbreite über ganze Kontinente reicht. Ein gigantisches

1916	1,0			ALBERT EINSTEIN [45]
1991	1,0002	±	0,0010	ROBERTSON ET. AL. [140]
1995	0,9996	±	0,0017	LEBACH ET. AL. [97]
2003	1,00002	±	0,00002	BERTOTTI ET. AL. [9]
2004	0,9998	±	0,0004	SHAPIRO ET. AL. [151]
2009	0,9998	±	0,0003	FOMALONT ET. AL. [65]

Tabelle 10.2: Messung des Raumkrümmungsparameters γ in den Jahren 1991 bis 2009 (aus [65])

Radiointerferometer ist auf diese Weise im Jahr 2012 durch den Verbund dreier Einzelteleskope entstanden. Eines davon ist das Submillimeter Array auf Hawaii, das wir weiter oben bereits kennengelernt haben. Die anderen beiden sind die das *Submillimeter Telescope* in Arizona (SMT) und das *Atacama Pathfinder Experiment* (APEX) in der chilenischen Atacamawüste.

Bereits seit 1993 ist das *Very Long Baseline Array* (VLBA) in Betrieb. Es wird von zehn Radioteleskopen gebildet, die eine Spannweite von jeweils 25 Metern aufweisen und großflächig über die Vereinigten Staaten verteilt sind. Die längste Basislinie wird von zwei Teleskopen gebildet, deren Abstand mehr als 8600 Kilometer beträgt. Eines davon befindet sich auf den Amerikanischen Jungferninseln in Saint Croix und das andere im Mauna-Kea-Observatorium auf Hawaii, in unmittelbarer Nähe des Submillimeter Array.

Im Jahr 2005 wurde das VLBA verwendet, um die gravitative Lichtkrümmung am Sonnenrand zu vermessen. Für diesen Zweck richteten die Forscher das Teleskop auf den Quasar 3C 279, der alljährlich im Oktober von der Sonne verdeckt wird. Unsere Protagonisten der ersten Stunde hätten an dieser Messung ihre helle Freude gehabt, denn anders als in der erste Hälfte des 20. Jahrhunderts mussten die Experimentatoren nicht auf eine Sonnenfinsternis warten. Der besagte Quasar emittiert Radiowellen im zweistelligen Gigahertz-Bereich, die sich am Tag genauso gut messen lassen wie bei Nacht.

In der modernen Astrophysik ist es üblich, Experimente zur Überprüfung von Gravitationstheorien mithilfe standardisierter Parameter zu bewerten, die als *PPN-Parameter* bezeichnet werden (PPN = *Parameterized Post-Newtonian*). Einer davon ist der Raumkrümmungsparameter γ, der in der allgemeinen Relativitätstheorie den Wert 1,0 annimmt. Die Messung mit dem VLBA lieferte den Wert $\gamma = 0,9998 \pm 0,0003$, in exzellenter Übereinstimmung mit Einsteins theoretischer Vorhersage. In Tabelle 10.2 ist dieses Ergebnis, das die Initiatoren des Experiments im Jahr 2009 veröffentlicht haben, anderen Messergebnissen aus dieser Zeit gegenübergestellt. Unter anderem finden Sie dort auch das 2003 publizierte Ergebnis $\gamma = 1.00002 \pm 0,00002$, das im Jahr 2002 mithilfe der Raumsonde Cassini ermittelt wurde. In Abschnitt 10.5.1 sind wir bereits kurz auf dieses wegweisende Experiment eingegangen.

Weit haben wir uns in den vorausgegangenen Abschnitten in die fremde Welt der allgemeinen Relativitätstheorie hinausgewagt und dabei etliche Experimente kennengelernt, die Einsteins theoretische Vorhersagen mit hoher Genauigkeit bestätigt haben. Dies wirft die natürliche Frage auf, ob sich auch die Vorhersagen der speziellen Relativitätstheorie vergleichbar überzeugend überprüfen lassen. Im nächsten Kapitel werden wir uns auf die Suche nach einer Antwort begeben und dabei tief in eine Welt eindringen, die nicht minder fasziniert wie unser unermesslich großes Universum, auf der Größenskala aber ganz am anderen Ende residiert. In dieser Welt, dem Mikrokosmos der Teilchenphysik, setzen wir unsere Reise fort.

11 Kosmische Strahlung

„Es kann nicht mit genügend Nachdruck darauf hingewiesen werden, dass heute die spezielle Relativitätstheorie durch eine Unzahl von Versuchen untermauert wird, da es uns jetzt keineswegs schwer fällt, Teilchen bis auf Geschwindigkeiten zu bringen, die der des Lichts im Vakuum nahekommen, Teilchen also, für die die durch die spezielle Relativitätstheorie eingeführten Korrekturen berücksichtigt werden müssen."

Louis-Victor de Broglie, zitiert nach [68]

In den vorangegangenen Kapiteln konnten wir uns mehrfach davon überzeugen, dass sich die Zeitdilatation und die Raumkontraktion nur in der Nähe der Lichtgeschwindigkeit merklich auswirken. Auf den ersten Blick lässt dies die Hoffnung schwinden, diese relativistischen Effekte durch die Vermessung von makroskopischen Objekten auf der Erde nachweisen zu können; die Geschwindigkeiten, mit denen wir es dort zu tun haben, sind im Vergleich zur Lichtgeschwindigkeit so niedrig, dass die Abweichungen von der Newton'schen Vorhersage weit abseits der derzeit erreichbaren Messgenauigkeit liegen. Dennoch besteht kein Grund, zu resignieren. Wir wissen heute, dass die Effekte der speziellen Relativitätstheorie in einer Welt allgegenwärtig sind, die sich dem bloßen Auge zwar entzieht, von den Physikern aber mittlerweile gut verstanden wird: der Welt der atomaren Teilchen.

Ein wegweisendes Experiment auf diesem Gebiet haben die Physiker Bruno Rossi und David B. Hall im Jahr 1940 durchgeführt. In verschiedenen Höhen über dem Meeresspiegel bestimmten sie die Halbwertszeit von schnell bewegten *Myonen* und leiteten aus dem gewonnenen Datenmaterial überzeugend ab, dass sich die Lebensdauer dieser radioaktiven Teilchen tatsächlich im Sinne der Einstein'schen Vorhersage verlängert. Wir wollen dieses spannende Kapitel der Wissenschaftsgeschichte der Reihe nach erzählen, denn als Einstein die spezielle Relativitätstheorie im Jahr 1905 formulierte, waren die Myonen genauso wenig bekannt wie die kosmische Strahlung, die diese hochenergetischen Teilchen in großen Mengen in der Erdatmosphäre produziert.

Abbildung 11.1

Antoine-Henri Becquerel
1852 – 1908

11.1 Die Entdeckung der Radioaktivität

Wir beginnen unseren Ausflug in die Welt der atomaren Teilchen mit einem trivial anmutenden Gedankenexperiment: Was wird passieren, wenn wir eine positive oder eine negative Ladung auf eine von der Erde gut isolierte Kondensatorplatte aufbringen und eine geraume Zeit warten? Die Antwort ist jedem Physiker bekannt. Die anfänglich aufgebrachte Ladung wird sich mit der Zeit immer weiter reduzieren, bis sie schließlich ganz verschwindet.

Coulomb hatte eine solche *Elektrizitätszerstreuung* bereits im Jahr 1785 bemerkt, jedoch keine Erklärung dafür gefunden. In der Theorie müsste die Luft in dem geschilderten Experiment als ein exzellenter Isolator wirken, der den Ladungsverlust effektiv verhindert. Rund 100 Jahre verstrichen, bis das Phänomen genauer untersucht wurde – mit verwirrenden Ergebnissen. Zunächst fanden die Physiker heraus, dass der Ladungsabfluss Schwankungen unterworfen war, die mit der Jahreszeit korrelierten, von der Temperatur aber völlig unabhängig waren. Und noch etwas war sonderbar. Die meisten Wissenschaftler waren der Meinung, eine hohe Luftfeuchtigkeit würde den Ladungsabfluss begünstigen, doch die durchgeführten Messungen besagten das genaue Gegenteil: Luftfeuchtigkeit und Ladungsabfluss waren negativ korreliert. Niemand ahnte damals, dass die Entladung der Kondensatorplatte durch einen physikalischen Effekt verursacht wurde, der noch völlig unbekannt war.

Die Entdeckung dieses Effekts verdanken wir einem Mann, der zu den großen Physikern des ausgehenden 19. Jahrhunderts gehörte: Antoine-Henri Becquerel (Abbil-

Abbildung 11.2

PIERRE CURIE
1859 – 1906

IRÈNE CURIE
1897 – 1956

MARIE SKLODOWSKA CURIE
1867 – 1934

dung 11.1). Im Jahr 1896 beschäftigte sich der Franzose intensiv mit dem Phänomen der Phosphoreszenz und führte zu diesem Zweck zahlreiche Versuche mit Uransalzen durch. Irgendwann legte er dabei zufällig mehrere Uranproben auf einer unbenutzten, noch lichtversiegelten Fotoplatte ab und stellte später fest, dass überall dort Verfärbungen vorhanden waren, wo vorher die Proben lagen. Offenbar ging von den Uranproben eine unsichtbare Strahlung aus, die stark genug war, um die Fotoplatte durch ihre Versiegelung hindurch zu schwärzen. Antoine-Henri Becquerel hatte die *Radioaktivität* entdeckt.

In der Tat wiesen die *Uranstrahlen*, wie sie Becquerel nannte, bizarre Eigenschaften auf. Sie waren nicht nur stark genug, um lichtundurchlässige Materialen zu durchdringen, sondern gleichsam in der Lage, Elektronen aus der Hülle von Luftmolekülen herauszuschlagen. Mit anderen Worten: Die Uranstrahlen hatten die Fähigkeit, Luft zu *ionisieren*. Mit dieser Fähigkeit ließ sich auch das Entladungsphänomen erklären, das Coulomb im Jahr 1785 vor ein Rätsel stellte. Radioaktive Strahlung hatte die Umgebungsluft in Coulombs Labor partiell ionisiert, so dass die Kondensatorplatte nicht nur mit gesättigten Luftmolekülen, sondern gleichsam mit freien Elektronen und positiv geladenen *Ionen* (*Kationen*) in Berührung kam. War die Kondensatorplatte positiv geladen, herrschte also ein Elektronenmangel, so sorgten die freien Elektronen für einen langsamen, aber kontinuierlichen Ladungsausgleich. War die Platte negativ geladen, so zog sie die positiv geladenen Ionen an. Die Ionen *rekombinierten* mit den freien Elektronen auf der Kondensatorplatte und sorgten auf diese Weise für einen sukzessiven Abbau des Elektronenüberschusses.

Obwohl die durchgeführten Versuche zahlreiche neue Fragen aufwarfen, zeigten zunächst nur wenige Wissenschaftler wirkliches Interesse. Einer davon war der französische Physiker Pierre Curie, dessen Frau Marie, die in Polen unter dem Namen Maria Salomea Sklodowska geboren wurde, auf der Suche nach einem Dissertationsthema war. Schnell fiel der Entschluss, dem bizarren Phänomen genauer auf den Zahn zu fühlen und die Uranstrahlen systematisch zu untersuchen.

Die folgenden Monate verbrachten die Eheleute fast ausschließlich in ihrem Labor, und es dauerte nicht lange, bis die intensive Arbeit Früchte trug. Die Curies fanden heraus, dass die Ionisation der Luft nicht nur ein qualitativer Effekt, sondern auch ein quantitativer war. Wurde beispielsweise eine Probe Uransalz auf eine zuvor geladene Kondensatorplatte gestreut, so konnte anhand der Entladungsgeschwindigkeit sehr genau auf die Probengröße zurückgeschlossen werden. Damit war klar: Die Geschwindigkeit, mit der sich eine geladene Kondensatorplatte entlädt, ist eine geeignete Messgröße für die Stärke der Radioaktivität.

Mit eigens konstruierten Messinstrumenten untersuchten die Curies weitere Stoffe und entdeckten mit *Thorium* und *Polonium* zwei radioaktive Elemente, die noch stärker strahlten als das von Becquerel verwendete Uran. In anderen Experimenten analysierten die Curies, wie sich die Temperatur und der Luftdruck auf die Strahlung auswirkten. Die Ergebnisse waren faszinierend, denn alles deutete darauf hin, dass die Radioaktivität nicht das Ergebnis einer chemischen Reaktion, sondern eine Eigenschaft der Atome war. Mit jedem neuen Experiment verdichteten sich die Hinweise darauf, dass die beiden tatsächlich etwas völlig Neuem auf der Spur waren. Um die noch junge Entdeckung auch begrifflich abzugrenzen, sprachen die Curies ab dem Jahr 1898 von *radioaktiven Substanzen* (franz. *substance radio-active* [29]) und prägten damit jenen Begriff, der bis heute verwendet wird. In Becquerels frühen Arbeiten taucht diese Bezeichnung noch nicht auf.

Becquerels Uranstrahlen gehören, genau wie die Strahlen, die Polonium- oder Radiumproben emittieren, zu der gleichen Strahlungsart: der sogenannten *Alphastrahlung*. Daneben existieren zwei weitere: die *Betastrahlung* und die *Gammastrahlung* (Abbildung 11.3). Obwohl alle drei durch den Zerfall von Atomen entstehen, sind ihre Bestandteile völlig verschieden. Die Alpha- und die Betastrahlung sind hochenergetische *Teilchenstrahlungen*, die im ersten Fall aus positiv geladenen Heliumkernen und im zweiten Fall aus negativ geladenen Elektronen (β^--Strahlung) oder positiv geladenen Positronen (β^+-Strahlung) bestehen. Bei einer Gammastrahlung handelt es sich um eine hochfrequente elektromagnetische Welle, die beim Zerfall von Atomkernen entsteht. Nach dem Teilchenmodell des Lichts dürfen wir natürlich auch in diesem Fall von einer Teilchenstrahlung sprechen: von einer Strahlung, die aus hochenergetischen Photonen besteht.

11.2 Die Entdeckung der kosmischen Strahlung

Gegen Ende des 19. Jahrhunderts hatten sich die Hinweise darauf verdichtet, dass die von Coulomb entdeckte Elektrizitätszerstreuung ebenfalls durch radioaktive Zer-

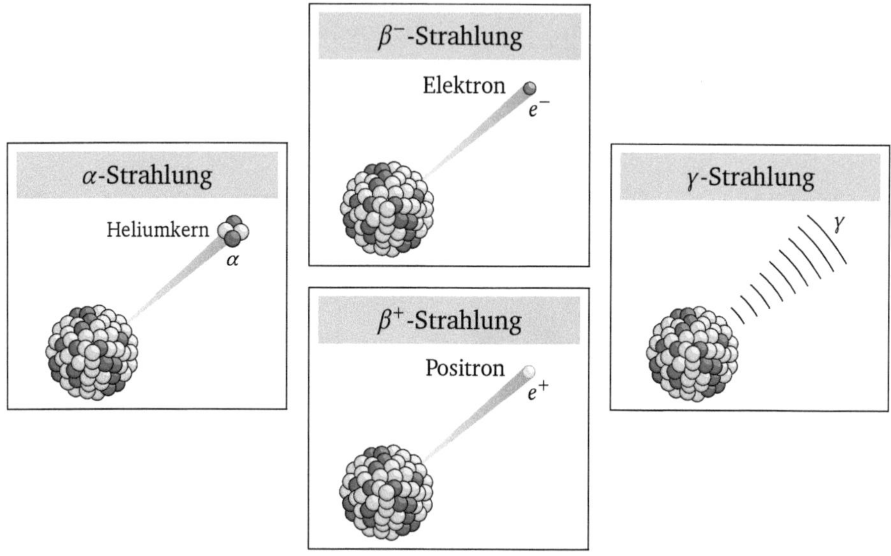

Abbildung 11.3: Ionisierende Strahlung

fallsprozesse verursacht worden war. Anders als die Curies hatte Coulomb seine Versuche aber weder in einem Isotopenlabor durchgeführt noch hatte er mit radioaktiven Proben experimentiert, die zu seiner Zeit noch völlig unbekannt waren. Alles deutete darauf hin, dass auf der Erde eine natürliche Radioaktivität existierte, die die Menschen immer und überall umgab. Aber wenn dies tatsächlich so war: Wo befand sich die Quelle dieser mysteriösen Strahlung? Der Drang der Forscher war geweckt und die Jagd nach dem Ursprung der natürlichen Radioaktivität in vollem Gange.

Einen ersten Hinweis auf den Ort der Strahlungsquelle lieferte ein Experiment von Theodor Wulf. Als der deutsche Jesuit im Jahr 1910 verschiedene Messungen am Boden und an der Spitze des Eiffelturms durchführte, deuteten seine Ergebnisse darauf hin, dass die natürliche Radioaktivität im Weltraum entstand. Geteilt wurde diese Hypothese nur von wenigen. Die meisten seiner Wissenschaftskollegen vermuteten die Quelle in der Erde, und die Messungen waren insgesamt zu ungenau, um eine grundsätzliche Klärung herbeizuführen.

Dass Wulf mit seiner gewagten Vermutung richtig lag, wurde wenig später von Victor Franz Hess belegt (Abbildung 11.4). Der deutsche Physiker stieg in den Jahren 1911 bis 1913 mit einem Heißluftballon auf und vermaß die Stärke der radioaktiven Strahlung in unterschiedlichen Höhen (Abbildung 11.5). Im Jahr 1912 gelang ihm ein Aufstieg auf über 5000 m, bis ihn der Mangel an Sauerstoff schließlich zur Umkehr zwang. Hess hatte die Ballonfahrten akribisch geplant. Um beispielsweise den Einfluss der Sonne

Abbildung 11.4

Victor Franz Hess
1883 – 1964

zu eliminieren, unternahm er einen Teil der Fahrten bei Nacht und nutzte am 17. April 1912 die Chance, die Radioaktivität während einer partiellen Sonnenfinsternis zu messen.

Mit seinen sorgfältig durchgeführten Experimenten war Hess als Erster in der Lage, ein detailliertes Bild über die Verteilung der Radioaktivität zu zeichnen. Seine Messungen ergaben, dass die Radioaktivität bis in eine Höhe von ca. 1 km zunächst abnahm und ab dort kontinuierlich größer wurde. In einer Höhe von 5 km war sie bereits doppelt so stark wie auf der Erdoberfläche. In seiner viel beachteten Publikation aus dem Jahr 1912 fasste Hess die Ergebnisse seiner Experimente so zusammen:

> *„Die Ergebnisse der vorliegenden Beobachtungen scheinen am ehesten durch die Annahme erklärt werden zu können, dass eine Strahlung von sehr hoher Durchdringungskraft von oben her in unsere Atmosphäre eindringt, und auch noch in deren untersten Schichten einen Teil der in geschlossenen Gefäßen beobachteten Ionisation hervorruft.“*

Victor Franz Hess [84]

Victor Franz Hess hatte die *kosmische Strahlung* entdeckt.

Die erfolgreich durchgeführten Ballonfahrten waren der Ausgangspunkt für weitere Experimente. Mehrere davon wurden von dem deutschen Physiker Werner Kolhörster

Abbildung 11.5

Mit Messungen, die an Bord eines Heißluftballons durchgeführt wurden, entdeckte Victor Franz Hess die kosmische Strahlung.

durchgeführt, der in den Jahren 1913 und 1914 mit einem Ballon auf 9 km Höhe aufstieg und die Beobachtungen von Hess umfassend bestätigte. Er konstatierte:

„Man darf vermuten, dass eine durchdringende Strahlung kosmischen Ursprungs existiert, die wohl zum größten Teil von der Sonne herrührt.“

Werner Kolhörster, zitiert nach [167]

Dass Kolhörster die Sonne als Quelle der mysteriösen Strahlung vermutete, zeugt von der Ratlosigkeit, mit der die Physiker dem entdeckten Phänomen zur damaligen Zeit gegenüberstanden. Die geäußerte Vermutung ließ sich nämlich weder mit den Messwerten begründen, noch war sie mit der Beobachtung von Hess vereinbar, dass die Strahlung auch in der Nacht und während einer Sonnenfinsternis vorhanden war.

Aber nicht nur die Ursache, sondern auch das Wesen der kosmischen Strahlung war damals noch völlig unbekannt. Aufgrund ihrer ungeheuren Stärke hielten sie die meisten Physiker für eine Gammastrahlung, also für eine elektromagnetische Welle. In der Tat war dies zur damaligen Zeit ein naheliegender Schluss: Alle damals bekannten Teilchenstrahlungen waren so schwach, dass es wenig plausibel erschien, sie mit der ungewöhnlich starken kosmischen Strahlung in Verbindung zu bringen. Entspre-
chend lange wurde die kosmische Strahlung in der Literatur als *Ultragammastrahlung* bezeichnet.

Abbildung 11.6

ROBERT ANDREWS MILLIKAN
1868 – 1953

Genährt wurde die Gammastrahlen-Hypothese durch die Arbeiten von Robert Andrews Millikan (Abbildung 11.6). Der amerikanische Physiker vermutete, dass die kosmische Strahlung das Ergebnis eines Fusionsprozesses im Weltraum sei, in dem die Wasserstoffatome eines hochverdünnten interstellaren Gases von Zeit zu Zeit verschmelzen. Als er die gemessenen Energieniveaus der emittierten Photonen mit der Vorhersage seiner Theorie verglich, waren die Gemeinsamkeiten so frappierend, dass die Frage nach dem Wesen der Strahlung für viele als beantwortet galt. Weitere Messungen zeigten jedoch schnell, dass die gefundenen Übereinstimmungen lediglich ein seltener Zufall waren. Trotzdem war Millikan eine Kapazität auf dem neuen Gebiet. Der Amerikaner gab richtungsweisende Impulse für die Erforschung der kosmischen Strahlung und prägte nebenbei auch deren Namen. Während Hess in seinen Arbeiten noch schlicht von einer *Höhenstrahlung* sprach, benutzte Millikan als Erster den Begriff *cosmic rays*, der sich in der Fachwelt rasch etablierte.

Achten Sie darauf, die kosmische Strahlung nicht mit der kosmischen *Hintergrundstrahlung* zu verwechseln. Letztere ist eine elektromagnetische Welle im Mikrowellenbereich, deren Existenz von George Gamow, Ralph Alpher und Robert Herman im Jahr 1948 aus der Urknalltheorie abgeleitet wurde [75, 1]. 16 Jahre später wurde diese Strahlung tatsächlich nachgewiesen, doch dieses spannende Kapitel der Physik können wir in diesem Buch nicht öffnen.

11.2.1 Fortschritte in der Messtechnik

Dass sich über die Ursache der kosmischen Strahlung zu Beginn des 20. Jahrhunderts nur spekulieren ließ, hatte triftige Gründe. Die ersten Messungen wurden mit sogenannten *Elektrometern* durchgeführt, von denen sich das *Wulf'sche Zweifadenelektrometer* schnell als Standardinstrument etablierte. Theodor Wulf hatte es für sein Experiment am Eiffelturm entwickelt, von dem wir weiter oben bereits berichtet haben. Um die Radioaktivität mithilfe eines solchen Elektrometers zu messen, wurden zwei parallel verlaufende Metallfäden durch eine aufgebrachte Ladung nach außen gespreizt. Anschließend wurde mit einem Okularmikrometer der Abstand bestimmt und beobachtet, wie schnell die beiden Drähte in ihre Ausgangsposition zurückkehrten. Der ermittelte Wert gab Auskunft über die zeitliche Veränderung der Ladungsmenge und damit über die Stärke der Radioaktivität.

Seiner hohen Messgenauigkeit zum Trotz wies das Elektrometer einen systemimmanenten Nachteil auf: Es ließ keinerlei Rückschluss darauf zu, was die kosmische Strahlung wirklich war. Dies änderte sich durch zwei völlig neuartige Erfindungen, die zu einer wahrhaftigen Revolution in der Messtechnik führten.

Die Nebelkammer von Wilson

Eine Apparatur, die einen völlig neuen Blick auf die kosmische Strahlung gewährte, war die *Nebelkammer*. Ursprünglich hatte sie der schottische Physiker Charles Thomson Rees Wilson für die Untersuchung meteorologischer Phänomene entworfen, um unter reproduzierbaren Laborbedingungen sichtbar zu machen, wie sich Wassertropfen zu wolkenartigen Gebilden formieren. Um der Wolkenbildung auf die Spur zu kommen, konstruierte Wilson eine runde, mit Gas und Wasserdampf gefüllte Kammer, die oben mit einer Glasscheibe und unten mit einem Kolben versehen war. Wurde der Kolben bewegt, so vergrößerte sich das Kammervolumen und die Gasmoleküle trieben rasch auseinander. Dies führte zu einem schnellen Absinken der Temperatur und dies wiederum zu einer Kondensation des nun übersättigten Wasserdampfes. Wilson beobachtete, dass die Nebelbildung immer punktuell begann: an kleinen Partikeln, die in der Luft vorhanden waren und wie Kondensationskeime wirkten. Zu seinem Erstaunen setzte die Nebelbildung aber auch dann ein, wenn er gereinigte Luft in die Kammer füllte. Obwohl nun keine Kondensationskeime mehr vorhanden waren, bildeten sich ab und an dünne Linien aus, die in verschiedenen Richtungen durch die Kammer zogen.

Um die Linienbildung zu verstehen, betrachten wir im Geiste ein positiv oder negativ geladenes Teilchen, das von außen in die Nebelkammer eindringt. Bewegt sich das Teilchen sehr nahe an einem der Gasmoleküle vorbei, so stört seine Ladung die Bewegung der Elektronen in der Atomhülle. Ist die Störung hinreichend groß, kann ein

CHARLES THOMSON REES WILSON
1869 – 1959

Abbildung 11.7

ARTHUR HOLLY COMPTON
1892 – 1962

Abbildung 11.8

Elektron aus seiner Hülle gerissen werden und sich von dem Gasmolekül entfernen. In diesem Fall bleibt ein positiv geladenes Ion zurück, das als Kondensationskeim wirkt.

Die Dichte der Spur wird vor allem durch die elektrische Ladung und die Geschwindigkeit der eindringenden Teilchen bestimmt. Um die genauen Zusammenhänge zu verstehen, stellen wir uns zwei geladene Teilchen vor, die sich mit der gleichen Geschwindigkeit durch die Nebelkammer bewegen. In diesem Fall verursacht das Teilchen mit der größeren elektrischen Ladung eine größere Störung in den Atomhüllen der Gasmoleküle. Es bildet mehr Ionen aus als das Teilchen mit der geringeren Ladung, und entsprechend ausgeprägter ist die Kondensationslinie. Eine höhere Geschwindigkeit wirkt der Ionisation entgegen, da die Elektronen in der Atomhülle nur dann merklich gestört werden, wenn sich die geladenen Teilchen sehr nahe an den Gasmolekülen vorbei bewegen. Ein schnelles Teilchen interagiert nur sehr kurz mit einem Elektron, während ein langsames Teilchen viel länger auf die Hülle eines Atoms einwirken kann. Die Wahrscheinlichkeit, ein Elektron freizusetzen, ist daher umso größer, je langsamer sich ein Teilchen bewegt. Insgesamt ist damit klar: Die ausgeprägtesten Linien werden in einer Nebelkammer von langsamen, stark geladenen Teilchen verursacht.

Genau wie ionisierte Atome hinterlassen auch hochenergetische Photonen eine Spur in der Kammer. Auf den ersten Blick mag dies merkwürdig erscheinen, da die elektrisch neutralen Lichtteilchen die Elektronen eines Atoms in unmittelbarer Nähe passieren können, ohne eine Störung zu verursachen. Dies ändert sich allerdings dann, wenn ein Photon und ein Elektron miteinander kollidieren. In diesem Fall kann das Photon einen Teil seiner Energie auf das Elektron übertragen und dieses aus seiner Atomhülle herausschlagen. Wie sich der Energieverlust auf das Photon auswirkt, wissen wir aus Abschnitt 4.1.4, wo wir uns ausführlich mit dem photoelektrischen Effekt beschäftigt haben. Nach der Lichtquantenhypothese von Einstein sind die Energie eines Photons und die Frequenz einer Lichtwelle proportionale Größen, so dass eine Verringerung der einen zu einer proportionalen Verringerung der anderen führen muss.

Die Reduktion der Frequenz, die bei der Streuung eines Photons an einem Teilchen zwangsläufig auftritt, ist der *Compton-Effekt,* den der US-amerikanische Physiker Arthur Holly Compton im Jahr 1922 entdeckte, als er Kristalle in einer Nebelkammer mit monochromatischen Röntgenwellen bestrahlte. Die sichtbar gewordenen Nebelspuren ließen mit dem bloßen Auge erkennen, dass die Elektronen bei der Kollision mit Photonen ähnlich wie Billardkugeln weggestoßen werden.

Zu einem besonders leistungsfähigen Messinstrument wird eine Nebelkammer dann, wenn sie von einem starken Magnetfeld umgeben ist. In diesem Fall werden positiv und negativ geladene Partikel durch die Lorentzkraft auf kreis- oder spiralförmige Linien mit unterschiedlichen Richtungen und Radien gedrängt, die einen Rückschluss auf die Ladung und die Geschwindigkeit der Partikel erlauben. Nicht zuletzt war es diese Vielseitigkeit, die den berühmten Physiker Ernest Rutherford einst dazu veranlasste, die Nebelkammer als die bedeutendste Erfindung des 19. Jahrhunderts zu bezeichnen.

Bereits der Compton'sche Versuch hatte den Forschern klar das Potenzial vor Augen geführt, das die Wilson'sche Nebelkammer für die Forschung auf dem Gebiet der Teilchenphysik bot, und es dauerte nur wenige Jahre, bis die außergewöhnlichen Forschungsleistungen von Compton und Wilson gebührend bedacht wurden. Im Jahr 1927 erhielten beide Forscher gemeinsam den Nobelpreis für Physik: *„Arthur Holly Compton for his discovery of the effect named after him and Charles Thomson Rees Wilson for his method of making the paths of electrically charged particles visible by condensation of vapour"* (Abbildungen 11.7 und 11.8).

Das Zählrohr von Geiger und Müller

Einen weiteren Anschub erhielt die Erforschung der kosmischen Strahlung durch einen röhrenförmigen Messzähler, der Ende der Zwanzigerjahre von den deutschen Physikern Hans Geiger und Walther Müller entwickelt wurde. In seiner Grundform besteht das *Geiger-Müller-Zählrohr* aus einem Metallzylinder und einem mittig darin

Abbildung 11.9

Walther Wilhelm Georg Bothe
1891 – 1957

eingelassenen Draht. Im Betriebszustand wird an die Röhre eine Spannung angelegt, die den Metallzylinder zu einer elektronenspendenden Kathode und den Draht zu einer elektronenabsorbierenden Anode werden lässt. Zwischen der Anode und der Kathode befindet sich ein isolierendes Gasgemisch. Dringt radioaktive Strahlung in die Röhre ein, so werden Elektronen aus den Gasmolekülen herausgeschlagen und durch die angelegte Spannung in Richtung der Anode beschleunigt. Die Elektronen werden dabei so energiereich, dass sie ihrerseits Elektronen aus den Gasmolekülen herausschlagen und den Prozess lawinenartig fortsetzen. Durch die ausgelöste Kettenreaktion kommt für kurze Zeit ein Stromfluss zustande, der mithilfe eines Lautsprechers als ein Knacken hörbar gemacht werden kann.

Werden zwei Geiger-Müller-Zählrohre nebeneinander positioniert und nur solche Ereignisse ausgewertet, die in beiden Zählrohren simultan oder unmittelbar hintereinander registriert werden, so entsteht ein sogenannter *Koinzidenzzähler*. Mit einem solchen Gerät, dessen Grundkonzept von Walther Bothe (Abbildung 11.9) entwickelt wurde, ist es beispielsweise möglich, die Messung auf Teilchen zu beschränken, die aus einer ganz bestimmten Richtung einfallen. Für die Erforschung der kosmischen Strahlung war dieses flexibel erweiterbare Messinstrument von so großem Nutzen, dass Bothe im Jahr 1954 der Nobelpreis zugesprochen wurde, *„for the coincidence method and his discoveries made therewith“*.

11.2.2 Das Experiment von Bothe und Kolhörster

Zusammen mit Werner Kolhörster machte Bothe im Jahr 1929 eine bedeutende Entdeckung. Als die beiden Wissenschaftler die kosmische Strahlung mit dem frisch entwickelten Koinzidenzzähler untersuchten, registrierten die Zählrohre so viele gleichzeitige Ereignisse, dass die von Millikan überzeugend vorgetragene Gammastrahlen-Hypothese ins Wanken geriet. Die Gründe hierfür sind leicht einzusehen: Wenn Photonen über den Compton-Effekt ein Ereignis im Zählrohr auslösen, so ist jedes hörbare Knacken der Zeuge einer direkten Kollision zwischen einem Photon und einem Elektron. Knacken beide Zählrohre fast gleichzeitig, so deutet dies mit einer hohen Wahrscheinlichkeit darauf hin, dass dasselbe Photon auch in dem zweiten Zähler mit einem Elektron zusammengestoßen ist. Dass ein einzelnes Photon zweimal hintereinander mit einem Elektron kollidiert, ist aber so unwahrscheinlich, dass es nur zu einer verschwindend geringen Anzahl an Koinzidenzen kommen dürfte. Mit der Gammastrahlen-Hypothese war die gemachte Beobachtung deshalb nur schwer vereinbar.

Mit einer Teilchenhypothese ließ sie sich dagegen sehr einfach erklären. Bestünde die kosmische Strahlung nämlich gar nicht aus hochenergetischen Photonen, sondern aus geladenen Teilchen, so würde jedes Mal ein Koinzidenzereignis registriert werden, wenn die Flugbahn eines Teilchens beide Zählrohre trifft.

Auch wenn das Experiment von Bothe und Kolhörster deutliche Hinweise darauf gab, dass die kosmische Strahlung eine Teilchenstrahlung war, ließen die Ergebnisse auch eine andere Interpretation zu. Es war nämlich keinesfalls auszuschließen, dass die hypothetische Gammastrahlung bereits in der Atmosphäre Elektronen über den Compton-Effekt freigesetzt hatte und es diese Elektronen waren, die Bothe und Kolhörster als Koinzidenzen zählten. In diesem Fall hätten sich die Photonen der Gammastrahlung in den Geiger-Müller-Zählrohren nur indirekt bemerkbar gemacht, und die hohe Anzahl der gemessenen Koinzidenzen wäre ohne Aussagekraft.

Um dem Verursacher der Koinzidenzen auf die Spur zu kommen, schoben Bothe und Kolhörster eine absorbierende Schicht in Form einer Goldplatte zwischen die beiden Zählrohre und wiederholten das Experiment. Elektronen können aufgrund ihrer geringen Masse nur wenige Millimeter in einen solchen Absorber eindringen; sollten die Ereignisse in den Zählrohren also tatsächlich durch Elektronen ausgelöst worden sein, so hätte die Anzahl der Koinzidenzen drastisch sinken müssen. Aber genau dies war nicht der Fall: Die Anzahl der Koinzidenzen wurde durch die Goldplatte kaum geschmälert, und dies bedeutete, dass die eingefangene Strahlung weder aus Photonen noch aus Elektronen bestehen konnte. Immer mehr verdichteten sich die Hinweise, dass es massereiche geladene Teilchen waren, die aus den Tiefen des Weltalls ihren Weg zur Erde fanden.

Als Bothe und Kolhörster das Experiment mit immer massiver werdenden Absorbern wiederholten, gerieten sie vollends in Erstaunen, denn selbst eine Goldplatte mit einer

Dicke von 4,1 cm konnte nur 24 % der eindringenden Partikel aufhalten [17]. Damit war klar: Viele der mysteriösen Partikel, die aus den Tiefen des Weltalls auf die Erde schossen, taten dies mit immenser Wucht.

Im Jahr ihres Erscheinens fiel die Arbeit von Bothe und Kolhörster einem 24 Jahre jungen Venezianer in die Hände, dessen Namen wir weiter unten noch mehrfach erwähnen werden. Die Rede ist von Bruno Rossi (Abbildung 11.10), der sich in seinem lesenswerten Buch *Cosmic Rays* folgendermaßen über diesen Moment äußert:

> „[It] *came like a flash of light revealing the existence of an unsuspected world, full of mysteries, which no one had yet begun to explore. It soon became my overwhelming ambition to participate in the exploration.*"
>
> Bruno Rossi [143]

Rossi hatte das Potenzial des Koinzidenzzählers sofort erkannt. Sollte es ihm gelingen, die Ereignisse in den verschiedenen Zählrohren weitgehend automatisiert auszuwerten, so stünde ihm eine flexible Apparatur zur Verfügung, mit der sich die Messung auf ganz bestimmte Strahlungskomponenten einschränken ließe. Kurze Zeit später war Rossi am Ziel. Er hatte einen *elektronischen Koinzidenzzähler* entwickelt, der alle Ereignisse automatisch verwarf, die in den Zählrohren in bestimmten Kombinationen auftraten.

Abbildung 11.11 demonstriert im Detail, nach welchem Prinzip ein solches Messgerät arbeitet. In dem gezeigten Beispiel sind in einem abgeschirmten Gehäuse fünf

Zählbedingung:

$B \wedge D \wedge \overline{E} \wedge$ ☞ Zähle Teilchen mit bestimmter Energie und Richtung
$\overline{A} \wedge \overline{C}$ ☞ und ignoriere Teilchenschauer.

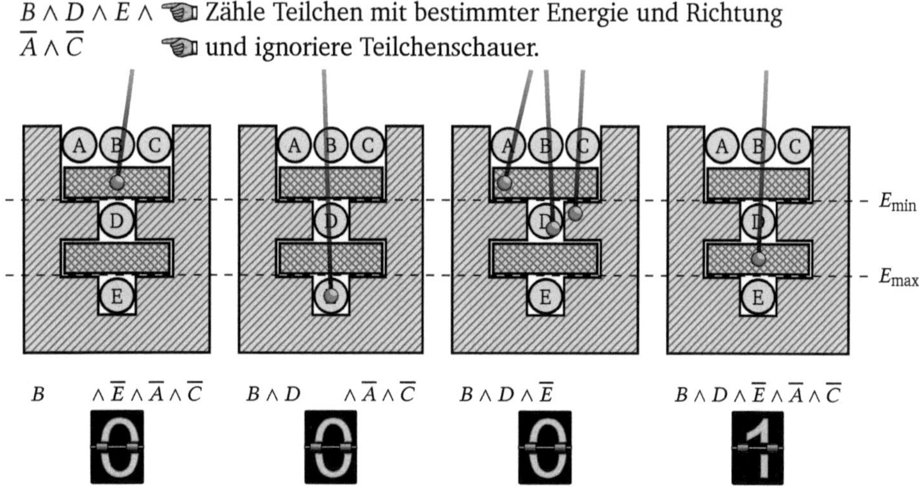

Abbildung 11.11: Arbeitsprinzip des Koinzidenzzählers

Zählrohre verbaut, von denen die Rohre B, D und E in einer Linie angeordnet sind. Zwischen den Zählrohren befinden sich zwei schraffiert eingezeichnete Bleiplatten, die als Absorber dienen. Werden nur solche Partikel gezählt, die in B und D, nicht aber in E ein Ereignis auslösen, so lässt sich die Analyse auf genau jene Partikel beschränken, die senkrecht von oben einfallen und ein Energieniveau aufweisen, das groß genug ist, um die erste Platte zu passieren, und gleichzeitig zu klein, um auch die zweite Platte zu durchdringen. Die zusätzlich eingebauten Zählrohre A und C haben in dem gewählten Beispiel die Funktion, *Teilchenschauer* zu detektieren. Schlägt einer dieser Zähler an, so wird die Messung verworfen.

Um die Praxistauglichkeit des elektronischen Koinzidenzzählers zu testen, wiederholte Rossi zunächst das Experiment von Bothe und Kolhörster. Anschließend ging er zu komplexeren Messungen über. In einem seiner Versuche schirmte er die Apparatur mit einer variablen Anzahl übereinander gestapelter Bleiplatten ab, so dass nur noch Partikel mit einer hinreichend hohen Energie in den Detektor eindringen konnten. Als er die sorgfältig ermittelten Absorptionskurven miteinander verglich, machte er eine überraschende Entdeckung. Die Kurven offenbarten, dass die kosmische Strahlung aus zwei verschiedenen Komponenten bestand, in denen Teilchen ganz unterschiedlicher Energieniveaus enthalten waren. Diejenigen Partikel, die nur wenige Bleischichten durchdringen konnten, bildeten die *weiche Komponente* der kosmischen Strahlung. Sie waren so energiearm, dass sie rasch absorbiert wurden und nur in verschwindend geringer Anzahl den abgeschirmten Zähler erreichten. Daneben existierte aber auch eine zweite, *harte Komponente*. Ihre Partikel waren so energiereich, dass mehr als die

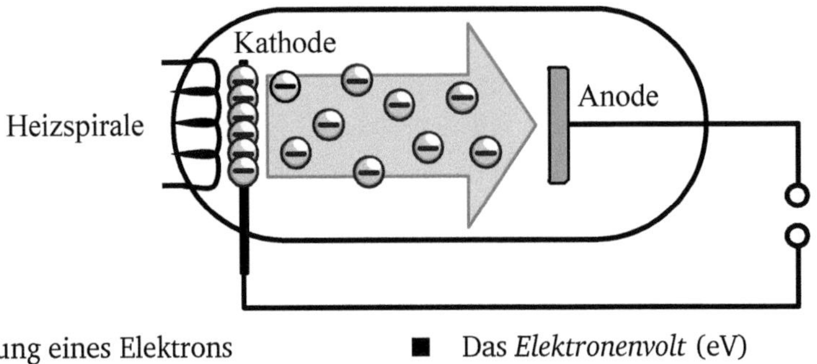

- Ladung eines Elektrons

  $e \approx -1{,}602176565 \cdot 10^{-19}$ C

- Das *Elektronenvolt* (eV)

  $1\ \text{eV} \approx 1{,}602176565 \cdot 10^{-19}$ J

Abbildung 11.12: Zur Bedeutung des Elektronenvolts

Hälfte eine 1 m dicke Bleiwand problemlos durchdringen konnte. In [143] schreibt Rossi folgendermaßen über diese spektakuläre Beobachtung:

> *„Considering that the maximum range in lead of β rays from radioactive substances is only a fraction of a millimeter, one can easily appreciate the surprise caused by this result. In the first place, cosmic-ray particles, whatever their nature, had to be many orders of magnitude more energetic than β rays. In fact, they had to possess energies in the range of billions of electron volts. [...] the γ-ray hypothesis, already shaken by the work of Bothe and Kolhörster, had received an even more serious blow.“*

Bruno Rossi [143]

Die Energie der kosmischen Partikel hatte Rossi in *Elektronenvolt* gemessen, einer Einheit, die in der Physik häufig verwendet wird, um Vorgänge auf der atomaren oder der subatomaren Ebene zu beschreiben. Um genauer zu verstehen, was sich hinter dieser Einheit verbirgt, werfen wir einen Blick auf die in Abbildung 11.12 schematisch dargestellte *Elektronenröhre*. Sie besteht aus einem Vakuumbehälter aus Glas, an deren Enden zwei Elektroden, die *Anode* und die *Kathode*, eingelassen sind. Wird die Anode mit dem Pluspol und die Kathode mit dem Minuspol einer Spannungsquelle verbunden, so drängen Elektronen in den geheizten Kathodendraht und erfahren dort eine anziehende Kraft in Richtung der Anode. Ist die angelegte Spannung hinreichend groß, können sich die Elektronen von der Kathode lösen. Sie springen zur Anode über und erzeugen einen kontinuierlichen Stromfluss zwischen den beiden Elektroden.

Wir wollen der Frage nachgehen, welche Energiezunahme ein Elektron erfährt, wenn es in einer solchen Röhre, einer sogenannten *Diode*, von der Kathode zur Anode überspringt. Tatsächlich lässt sich die Zunahme leicht ausrechnen, da die angelegte Spannung und die kinetische Energie der Elektronen proportionale Größen sind: Eine Verdopplung der Spannung führt dazu, dass sich auch die kinetische Energie der freigesetzten Elektronen verdoppelt. Messen wir die Energie in Joule, so lässt sich die kinetische Energie besonders einfach angeben: Sie ist dann das Produkt aus dem Betrag der Ladung eines Elektrons, gemessen in Coulomb, und der Diodenspannung, gemessen in Volt.

Es ist ein wesentliches Merkmal einer Elektronenröhre, dass die kinetische Energie der freigesetzten Elektronen weder durch den Abstand zwischen den beiden Elektroden noch durch die Form der Anode oder der Kathode beeinflusst wird. Genau auf dieser Invarianz basiert die Einheit Elektronenvolt: 1 eV ist der Betrag, um den die Energie eines Elektrons beim Durchlaufen einer Beschleunigungsspannung von 1 V zunimmt. Mit der oben genannten Berechnungsvorschrift lässt sich das Elektronenvolt direkt beziffern. Da die Ladung eines Elektrons in hoher Genauigkeit

$$-1{,}602176565 \cdot 10^{-19} \text{ C}$$

beträgt, ergibt sich für das Elektronenvolt die folgende Umrechnungsvorschrift:

$$1 \text{ eV} \approx 1{,}602176565 \cdot 10^{-19} \text{ J}$$

Rossis Experimente ließen keinen Zweifel daran, dass die harte Komponente der kosmischen Strahlung Partikel mit einer Energie von mehreren Milliarden Elektronenvolt enthielt. Diese Größenordnung war so gewaltig, dass sämtliche der damals vorgeschlagenen Theorien über die Herkunft dieser Teilchen mit einem Schlag in Trümmern lagen. Von Anfang an hatte die kosmische Strahlung etwas Mysteriöses an sich, doch je mehr die Physiker darüber wussten, desto stärker wurde dieses Gefühl.

In einem seiner nächsten Experimente fiel Rossi auf, dass das Eindringen eines hochenergetischen Partikels in einen Bleimantel manchmal dazu führte, dass gleich mehrere hochenergetische Teilchen auf der anderen Seite austraten und sich in ganz unterschiedliche Richtungen fortbewegten [142]. Die Vermutung lag nahe, dass die Strahlung innerhalb des Absorbers Atome ionisiert hatte und die losgelösten Elektronen als zusätzliche Teilchen aus dem Bleimantel austraten. Ein Jahr später war es den Physikern Patrick Blackett und Giuseppe Occhialini gelungen, das Phänomen in einer Nebelkammer zu reproduzieren und in einer Reihe beeindruckender Bilder festzuhalten. Was darauf zu sehen war, legte das wahre Ausmaß von Rossis Entdeckung offen. Die besagten Teilchen hatten eine ganze Armada anderer Partikel freigesetzt, die in Form eines riesigen *Teilchenschauers* die Bleiplatte verließen [12]. Offensichtlich schienen die kosmischen Partikel mit der Materie des Absorbers auf eine bisher nicht bekannte Weise zu interagieren. Andere Experimente folgten, und immer deutlicher zeichnete sich ab, dass die Physiker ein Fenster in eine noch völlig unbekannte Welt aufgestoßen hatten: die Welt der subatomaren Teilchen.

CARL DAVID ANDERSON
1905 – 1991

Abbildung 11.13

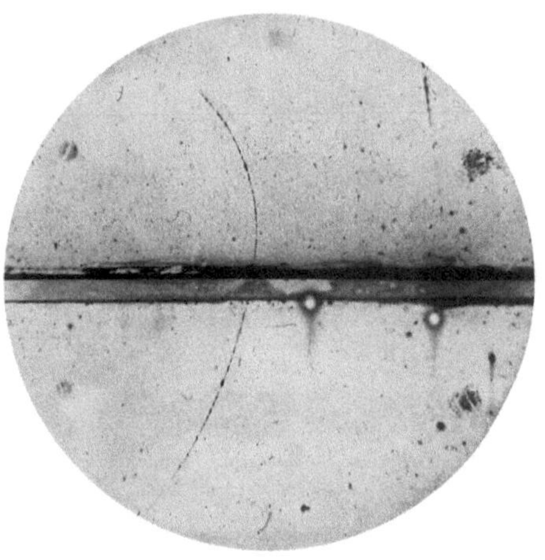

Andersons berühmte Nebelkammeraufnahme
vom 2. August 1932

Abbildung 11.14

11.3   Teilchenphysik

Wir wissen heute, dass der Großteil der kosmischen Strahlung in Supernova-Explosionen entstanden ist, die sich in der Milchstraße oder in fernen Galaxien ereignet haben. Mehr als 80 % dieser Strahlung besteht aus hochenergetischen Protonen, und der Rest setzt sich aus Alphateilchen (Heliumkernen) und schwereren Atomkernen zusammen. Dieses Teilchengewitter, das mit einer ungeheuren Wucht auf unsere Atmosphäre trifft, wird als die *primäre* kosmische Strahlung bezeichnet. In der Atmosphäre entstehen durch die Kollision mit Stickstoff- und Sauerstoffatomen unzählige weitere Teilchen, die zusammen die *sekundäre* kosmische Strahlung bilden. Die Kollisionsprozesse laufen in der Atmosphäre in einer Kettenreaktion ab, die gewaltige Teilchenschauer produziert: Aus einem Teilchen der primären kosmischen Strahlung können bis zu 10^{11} Teilchen der Sekundärstrahlung entstehen.

Eine Sternstunde in der heranreifenden Teilchenphysik ereignete sich am 2. August 1932, als Carl David Anderson (Abbildung 11.13) die kosmische Strahlung in einem Nebelkammerexperiment untersuchte. Der junge Physiker hatte die Kammer in ein starkes Magnetfeld eingebettet, um die Ladung der eindringenden Teilchen sichtbar zu machen. Da sich geladene Partikel aufgrund der Lorentzkraft auf gekrümmten Bahnen durch ein Magnetfeld bewegen, sind sie leicht von ungeladenen zu unterscheiden, die keine Richtungsänderung erfahren. Technisch gehörte die Nebelkammer, die in Robert Millikans Labor am California Institute of Technology (Caltech) in Pasadena betrieben wurde, zu den leistungsfähigsten der damaligen Zeit. Mit den aufwendig konstruierten Elektromagneten war es möglich, eine magnetische Flussdichte von über 2 Tesla zu erzeugen.

Was Anderson am 2. August 1932 beobachte, ist in Abbildung 11.14 zu sehen. Es ist die Kondensationslinie eines Teilchens, das eine in der Mitte platzierte Bleiplatte durchdrungen hat und dabei eine bogenförmige Linie beschreibt. Bewegt sich ein Teilchen durch eine Bleiplatte hindurch, so verliert es an Energie und tritt daher langsamer aus als ein; es wird nach dem Austritt also stärker durch das Magnetfeld abgelenkt als vor dem Eintritt. An der Kondensationslinie in Abbildung 11.14 ist dies gut zu erkennen. Die Linie ist oben stärker gekrümmt als unten, so dass das beobachtete Partikel von unten in die Nebelkammer eingetreten sein musste. Aus der Tatsache, dass sich das Teilchen auf einer nach links gekrümmten Bahn bewegte, konnte Anderson schließen, dass es positiv geladen war. Als er anhand der Kondensationsspur das Verhältnis zwischen der Masse und der Ladung berechnete, war die Sensation perfekt: Die Nebelkammer hatte das *Positron* offenbart, ein Teilchen, das niemals zuvor beobachtet wurde [2]. Konkret handelt es sich dabei um ein Teilchen der Antimaterie, das genau die gleiche Masse aufweist wie das Elektron, im Gegensatz zu diesem aber positiv geladen ist. Andersons Entdeckung war gleichsam ein Triumph der theoretischen Physik. In seiner Arbeit *The Quantum Theory of the Electron* aus dem Jahr 1928 hatte der britische Physiker Paul Dirac (Abbildung 11.15) die Existenz des Positrons aus einer Reihe quantenmechanischer Gleichungen bereits vorhergesagt [30].

Anderson war einer von zwei Physikern, die im Jahr 1936 für ihre Forschungsleistung mit dem Nobelpreis geehrt wurden. Er teilte sich den Preis mit einem Mann, den wir bereits kennen: mit Victor Franz Hess, dessen akribisch durchgeführte Messungen an Bord seines Heißluftballons eine Lawine neuer physikalischer Entdeckungen ausgelöst hatten.

11.3.1 Das Myon

Im gleichen Jahr, in dem Anderson den Nobelpreis erhielt, machte er zusammen mit Seth Neddermeyer eine weitere Entdeckung. In der Nebelkammer war die Kondensationslinie eines Teilchens sichtbar geworden, das wie das Elektron negativ geladen war, aber bei gleicher Geschwindigkeit eine viel geringere Ablenkung erfuhr. Das Partikel war ungefähr 200 Mal schwerer als ein Elektron, aber immer noch rund 10 Mal leichter als ein Proton. Anderson gab dem Partikel den Namen *Mesotron*, basierend auf der griechischen Vorsilbe „meso-", die „in der Mitte" bedeutet.

Abbildung 11.15

Paul Adrien Maurice Dirac
1902 – 1984

Zunächst wies alles darauf hin, dass es Anderson erneut gelungen war, die Vorhersage eines prominenten Theoretikers zu bestätigen. Zwei Jahre zuvor hatte der japanische Physiker Hideki Yukawa die Existenz eines schweren Austauschteilchens in den Raum gestellt, um damit die Anziehung zwischen Protonen und Neutronen innerhalb des Atomkerns zu erklären [180]. Die Masse des experimentell entdeckten Teilchens unterschied sich lediglich um 6 MeV von der Masse des theoretisch vorhergesagten Austauschteilchens, so dass Yukawas Hypothese für manche bereits als bestätigt galt. Weitere Experimente zeigten jedoch schnell, dass diese Vermutung falsch war: Anderson hatte das Yukawa-Teilchen nicht entdeckt. Da man es von nun an mit zwei Teilchen zu tun hatte, die schwerer als Elektronen und leichter als Protonen waren, wurden beide als *Mesonen* bezeichnet: das Anderson-Teilchen als μ-*Meson* und das Yukawa-Teilchen als π-*Meson* (*Pion*). Das Anderson-Teilchen behielt diesen Namen nur temporär, da später eine ganze Reihe weiterer Elementarteilchen entdeckt wurden, die genau wie das Yukawa-Teilchen für die Umwandlungsvorgänge in Atomkernen eine Rolle spielen. Ab diesem Zeitpunkt definierte das Meson eine Teilchenkategorie, in die das Anderson-Teilchen nicht mehr hineinpasste, und das ursprünglich als μ-Meson getaufte Teilchen wurde fortan als *Myon* (engl. *Muon*) bezeichnet.

Neben der genauen Bestimmung der Myonenmasse war für die Physiker vor allem die Frage nach der Zerfallszeit von Bedeutung, da sich daraus zahlreiche Konsequenzen für die Teilchenphysik ergaben. Theoretische Überlegungen legten nahe, dass die mittlere Lebensdauer eines Myons im Bereich von $5 \cdot 10^{-7}$ Sekunden liegen müsse, eine experimentelle Bestätigung stand aber noch aus. Zu Beginn der Untersuchungen war noch nicht einmal klar, ob das Myon überhaupt zerfällt, doch als sich die Hinweise darauf verdichteten, wurde die experimentelle Untersuchung der Myonen-Lebensdauer zu einer der dringlichen Forschungsschwerpunkte auf dem Gebiet der Teilchenphysik. Der englische Physiker und spätere Nobelpreisträger Patrick Blackett, dessen Name uns bereits auf Seite 339 begegnet ist, schreibt in [11]:

> *„There seems, therefore, to exist definite evidence for the spontaneous decay of the new particle. The accurate determination of this time of decay and of the mass of the particle is now one of the outstanding problems of cosmic-ray research."*

Patrick M. S. Blackett [11]

11.3.2 Das Experiment von Rossi, Hilberry und Hoag

Dass Myonen tatsächlich zerfallen, wurde mit mehreren Messungen belegt, die Bruno Rossi, Norman Hilberry und Barton Hoag im Jahr 1940 an verschiedenen Orten in den Vereinigten Staaten durchgeführt haben [145]. Für die Experimente war entscheidend, dass sich die Orte in unterschiedlichen Höhen befanden, so dass die Myonen von ihrem Entstehungspunkt bis zu ihrem Messpunkt verschiedene Luftmassen durchqueren mussten. Das Forscherteam hatte sich dafür entschieden, die Messungen in Chicago (180 m), in Denver (1616 m), am ca. 70 km westlich gelegenen Echo Lake (3240 m) und auf dem Mount Evans (4300 m) durchzuführen. Die Orte waren sorgfältig ausgewählt. Bereits damals war Mount Evans der höchste Punkt in den USA, der auf einer befestigten Straße erreicht werden konnte und daher einen problemlosen Transport der Messinstrumente ermöglichte.

An den gewählten Orten führten die Forscher die Messung auf zwei unterschiedliche Weisen durch. Einmal verwendeten sie das Messinstrument ohne einen Zusatzaufbau, ein anderes Mal bedeckten sie es mit einer Kohlenstoffplatte. Bei jeder Messung wurde die Plattendicke so angepasst, dass die Kohlenstoffschicht den gleichen absorbierenden Effekt wie die Luft besaß. Da ein Myon die Platte um ein Vielfaches schneller durchquert als die entsprechende Luftschicht, hat dies die folgende Konsequenz: Wäre das Myon ein stabiles Teilchen, so würde der Kohlenstoff genauso viele Myonen absorbieren wie das entsprechende Luftsegment. Wäre es hingegen instabil, so müsste die Anzahl der Myonen in der Luft stärker abnehmen als in der Kohlenstoffplatte. Was Rossi, Hilberry und Hoag in ihren Experimenten ermittelten, ließ kaum einen Zweifel offen:

> *„Consequently our results strongly support the hypothesis of the instability of the mesotrons which form the hard component of the cosmic radiation."*

Bruno Rossi et al. [145]

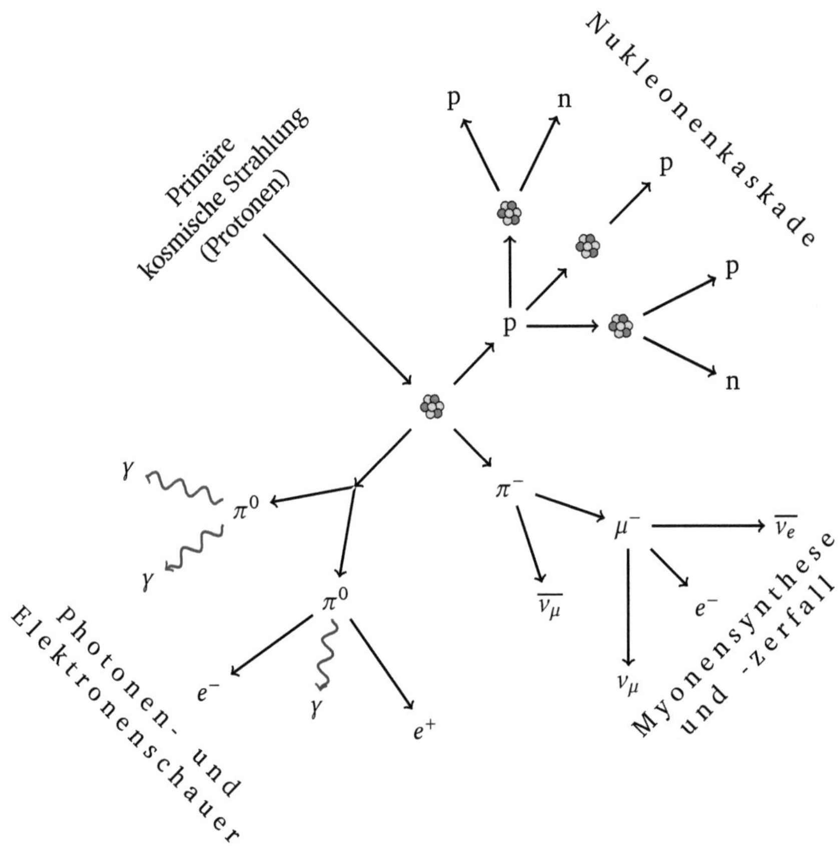

Abbildung 11.16: Wechselwirkung der kosmischen Strahlung mit der Atmosphäre

Heute wissen wir, dass Myonen in einer komplexen Reaktion in der Atmosphäre entstehen und damit ein Teil der *sekundären kosmischen Strahlung* sind. Abbildung 11.16 gibt einen Überblick über die komplexen Reaktionsketten, die sich hoch über unseren Köpfen abspielen. Sobald die hochenergetischen Protonen der primären kosmischen Strahlung in die Atmosphäre eingedrungen sind, kollidieren sie dort mit Stickstoff- und Sauerstoffatomen. Die Stoßprozesse erzeugen die sekundäre kosmische Strahlung, die sich im Wesentlichen aus drei Komponenten zusammensetzt:

■ Nukleonenkomponente

Die Nukleonenkomponente besteht aus Protonen und Neutronen, die im Zuge einer Kollision freigesetzt werden. Aufgrund der hohen Energie der aufeinanderprallenden Teilchen läuft dieser Prozess in einer Kettenreaktion ab, die erst dann zum Erliegen kommt, wenn die Energie der herausgeschlagenen Teilchen nicht mehr ausreicht, um weitere Teilchen freizusetzen.

■ Photonen- und Elektronenkomponente

Kollidiert ein Proton der primären kosmischen Strahlung mit einem Atom in der Atmosphäre, so werden neben den Protonen und Neutronen der Nukleonenkomponente auch neutrale und geladene Pionen freigesetzt. Das Pion haben wir bereits weiter oben kennengelernt: Es ist das Yukawa-Teilchen, das der Japaner Hideki Yukawa im Jahr 1934 vorhergesagt hatte [180]. Die neutralen Pionen (π^0) sind instabil und zerfallen in den allermeisten Fällen kurz nach ihrer Entstehung in zwei Photonen:

$$\pi^0 \to \gamma + \gamma$$

In rund einem von hundert Fällen läuft diese Reaktion anders ab. Das Pion zerfällt dann in ein Elektronen-Positronen-Paar (e^+, e^-) und ein Photon:

$$\pi^0 \to e^+ + e^- + \gamma$$

Insgesamt macht sich diese Komponente der sekundären kosmischen Strahlung als ein *elektromagnetischer Schauer* aus Photonen und Elektronen bemerkbar.

Die Entstehung eines Teilchen-Antiteilchen-Paares, wie es hier in der Form eines Elektronen-Positronen-Paares auftritt, ist in der Physik so wichtig, dass sie einen eigenen Namen besitzt: Sie wird als *Paarbildung* oder *Paarerzeugung* bezeichnet.

■ Myonenkomponente

Genau wie die neutralen Pionen sind auch die geladenen Pionen instabil. Ein negativ geladenes Pion (π^-) zerfällt in ein Myon (μ^-) und ein Myon-Antineutrino ($\overline{\nu_\mu}$). Das Myon selbst ist ebenfalls instabil und zerfällt in ein Myon-Neutrino (ν_μ), ein Elektron-Antineutrino ($\overline{\nu_e}$) und ein Elektron (e^-). Symbolisch können wir diese Reaktion so aufschreiben:

$$\pi^- \to \mu^- + \overline{\nu_\mu}$$
$$\to \left(\nu_\mu + \overline{\nu_e} + e^-\right) + \overline{\nu_\mu} \tag{11.1}$$

Neben den negativ geladenen Pionen (π^-) werden in der Atmosphäre auch positiv geladene Pionen (π^+) freigesetzt. Ein solches Teilchen zerfällt in ein Myon-Neutrino (ν_μ) und ein positiv geladenes Antimyon (μ^+), das Antiteilchen des Myons. Das Antimyon zerfällt weiter in ein Myon-Antineutrino ($\overline{\nu_\mu}$), ein Elektron-Neutrino (ν_e) und ein Positron (e^+):

$$\pi^+ \to \mu^+ + \nu_\mu$$
$$\to \left(\overline{\nu_\mu} + \nu_e + e^+\right) + \nu_\mu$$

11.3.3   Das Experiment von Rossi und Hall

Dass sich Myonen für die experimentelle Untersuchung relativistischer Effekte eignen, geht auf die hohen Geschwindigkeiten zurück, mit der sie sich aus der Atmosphäre auf die Erde zubewegen. Energiereiche Myonen sind fast so schnell wie das Licht, so dass sich ihre mittlere Lebensdauer aufgrund der von Einstein vorhergesagten Zeitdilatation merklich verlängern muss. Obwohl die Sachlage aus theoretischer Sicht völlig klar war, herrschte unter den Forschern keine Einigkeit darüber, ob sich dieser Effekt in einem Experiment überzeugend bestätigen ließe. Rossi schlug vor, die mittlere Lebensdauer von energiereichen Myonen mit der mittleren Lebensdauer von energiearmen Myonen zu vergleichen. Da sich die energiereichen Teilchen viel schneller auf die Erde zubewegten, müssten sie aufgrund der relativistischen Zeitdilatation deutlich langsamer zerfallen.

Zusammen mit David Hall führte Rossi eine solche Messung im Jahr 1940 durch und griff dabei erneut auf das Prinzip der Koinzidenzzählung zurück. Mit einer ähnlichen Messapparatur wie jener, die wir in Abbildung 11.11 skizziert haben, war es ihm gelungen, Myonen mit einer ganz bestimmten Energie aus dem kosmischen Partikelgewitter herauszufiltern und detailliert zu analysieren. Das Experiment war ein voller Erfolg: Schwarz auf weiß lieferten die aufbereiteten Messprotokolle eine empirische Bestätigung der Zeitdilatation:

> *„The softer group of mesotrons was found to disintegrate at a rate about three times faster than the more penetrating group, in agreement with the theoretical predictions based on the relativity change in rate of a moving clock.“*
>
> Bruno Rossi, David Hall [144]

Die mittlere Lebensdauer der energieärmeren Teilchen war in einer guten Näherung um den Lorentzfaktor γ geringer, genauso wie es die spezielle Relativitätstheorie vorhergesagt hatte. Zusätzlich konnten Rossi und Hall aus den ermittelten Werten wesentlich genauer auf die mittlere Lebensdauer der Myonen zurückschließen, als es in den früheren Experimenten der Fall war. Nach ihren Berechnungen zerfielen diese Teilchen, in ihren Ruhesystemen gemessen, nach durchschnittlich $2,4 \pm 0,3$ μs [144]. Ein Jahr später war es Rossi zusammen mit dem amerikanischen Physiker Norris Nereson gelungen, die Messung weiter zu verbessern und die mittlere Lebensdauer des Myons auf $2,3 \pm 0,2$ μs zu korrigieren [146].

Für sein nächstes Experiment entwickelte Rossi ein spezielles Messinstrument, das im Englischen als *Time to Amplitude Converter*, kurz TAC, bezeichnet wird. Ein solches Gerät maß die Zeitspanne zwischen einem Start- und einem Stoppimpuls und generierte daraus ein elektrisches Signal mit einer proportionalen Amplitude. Wurde das generierte Signal auf einem Oszillographen dargestellt und die Amplitude mit einer gewöhnlichen Längenskala ausgemessen, so ließen sich selbst winzige Zeitspannen mit hoher Genauigkeit ermitteln. Mithilfe des TAC konnten Rossi und Nereson die mittlere Lebensdauer des Myons auf $2,15 \pm 0,7\ \mu s$ beziffern [124]. Mit diesem im Jahr 1943 ermittelten Wert hatten sich die beiden Physiker bereits nahe an den wahren Wert herangetastet, der sich heute mithilfe von Teilchenbeschleunigern sehr präzise bestimmen lässt. Er beträgt:

> **Mittlere Lebensdauer des Myons**
>
> $$\tau \approx 2,19698\ \mu s$$

Myonen weisen eine exponentielle Zerfallskurve auf, so dass wir ihre Lebensdauer auch über die *Halbwertszeit* beschreiben können. Diese gibt an, in welcher Zeit sich eine gegebene Anzahl von instabilen Teilchen auf die Hälfte reduziert. Ist die mittlere Lebensdauer bekannt, so lässt sich die Halbwertszeit sehr einfach ausrechnen. Sie ergibt sich dann durch die Multiplikation mit $\ln 2$ ($\approx 0,693$) und nimmt im Falle des Myons den folgenden Wert an:

> **Halbwertszeit des Myons**
>
> $$T_{1/2} \approx 1,52283\ \mu s$$

Das Experiment von Rossi und Hall, mit dem im Jahr 1941 der Nachweis der Zeitdilatation gelang, wurde im Jahr 1963 von David H. Frisch und James H. Smith erfolgreich wiederholt [72]. Die beiden amerikanischen Physiker haben ihr Experiment so ausführlich dokumentiert, dass wir an dieser Stelle genauer hinsehen wollen, wie sie ihren Versuch durchführten und aus dem gewonnenen Datenmaterial eine empirische Bestätigung der speziellen Relativitätstheorie abgeleitet haben.

11.3.4 Das Experiment von Frisch und Smith

Das Experiment von Frisch und Smith basiert auf einer trickreichen Messvorrichtung, die es erlaubt, in der Atmosphäre gebildete Myonen über einen definierten Zeitraum zu zählen und gleichzeitig ihre mittlere Lebensdauer im Ruhesystem des Beobachters zu bestimmen. Das Herz dieser Messvorrichtung ist ein sogenannter *Szintillator*, der auf ein eindringendes ionisierendes Teilchen mit der Emission eines Lichtimpulses reagiert. Wird ein Szintillator mit einem *Photovervielfacher* kombiniert, so erzeugt jedes in die Messvorrichtung eindringende Myon einen messbaren elektrischen Impuls.

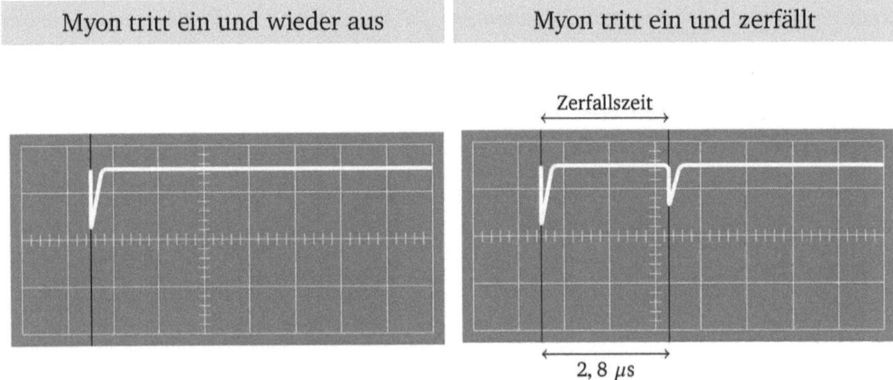

Abbildung 11.17: Eindringende Myonen machen sich auf dem Oszillographen als zackenförmige Ausschläge bemerkbar. Zerfällt ein Myon innerhalb des Szintillators, so erzeugt das entstehende Elektron einen zweiten Ausschlag.

Auf einem Oszillographen wird ein solcher Impuls als ein zackenförmiger Ausschlag sichtbar, wie er in Abbildung 11.17 links zu sehen ist.

In den meisten Fällen wird ein eingedrungenes Myon die Messvorrichtung wieder verlassen und keine weiteren Impulse erzeugen. In einigen wenigen Fällen werden die Myonen aber innerhalb des Szintillators zerfallen, und genau an diesen Teilchen waren Frisch und Smith interessiert. Nach der Zerfallsgleichung (11.1) entstehen aus dem Myon zwei Neutrinos und ein Elektron. Während die Neutrinos nicht mit dem Szintillationskörper wechselwirken, verursacht das Elektron einen zweiten Lichtblitz. Die Myonen, die innerhalb des Szintillators zerfallen, sind also an zwei elektrischen Impulsen zu erkennen, die in einem sehr kurzen zeitlichen Abstand aufeinander folgen. Wie eine solche Impulsfolge auf dem Oszillographen aussieht, ist in Abbildung 11.17 rechts zu sehen.

Frisch und Smith installierten ihre Messvorrichtung in einer Höhe von 1900 m über dem Meeresspiegel, in einem Labor auf der Bergspitze von Mount Washington in New Hampshire. Um nur solche Myonen zu untersuchen, die sich annähernd mit Lichtgeschwindigkeit bewegten, wurde der Szintillator mit Eisenquadern abgeschirmt, die in einer rund 80 cm dicken Schicht übereinander gestapelt waren. Die Eisenquader wurden so bemessen, dass alle Myonen, die sich mit einer Geschwindigkeit kleiner als $0{,}9950\,c$ bewegten, darin absorbiert wurden und alle Myonen, deren Geschwindigkeit größer als $0{,}9954\,c$ war, den Szintillator fast immer passierten. Folgerichtig zerfielen innerhalb des Szintillators nur solche Myonen in höherer Anzahl, die der folgenden Geschwindigkeitsabschätzung genügten:

$$0{,}9950c < v < 0{,}9954c$$

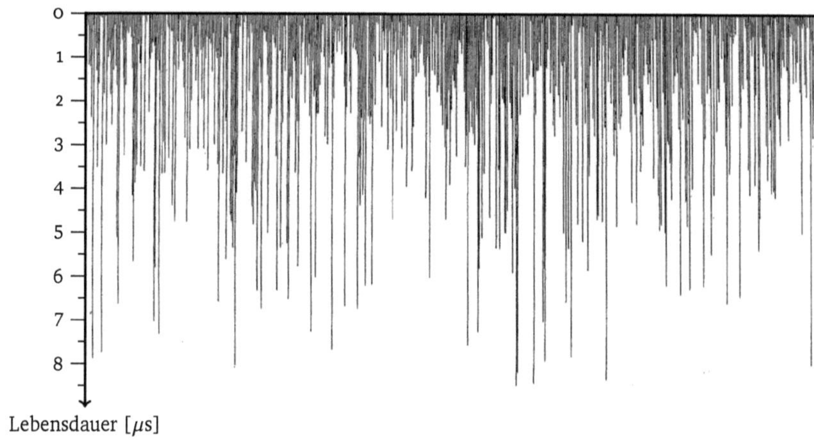

Abbildung 11.18: Messung von Frisch und Smith auf dem Mount Washington im Jahr 1963

Oben haben wir dargelegt, dass Myonen, die innerhalb des Szintillators zerfallen, leicht zu erkennen sind: Sie erzeugen zwei Ausschläge auf dem Oszillographen, die in kurzen Abständen hintereinander folgen. Aus dem Abstand der beiden Ausschläge lässt sich die Lebenszeit bestimmen, die einem Myon nach dem Eintritt in den Szintillator bis zu seinem Zerfall geblieben ist. Wichtig ist an dieser Stelle, dass die Myonen, obwohl sie fast so schnell aus dem Weltraum kommen wie das Licht, innerhalb des Szintillators in Ruhe sind oder nur noch eine sehr geringe Geschwindigkeit aufweisen. Das bedeutet, dass die Zeitspanne, die Frisch und Smith durch die Abstandsmessung auf dem Oszillographen erhielten, die verbleibende Lebenszeit des Myons im Ruhesystem des Beobachters angab.

Mit der beschriebenen Messvorrichtung zählten Frisch und Smith die eintreffenden Myonen über einen längeren Zeitraum und überprüften in einem ersten Schritt, dass in jeder Stunde etwa gleich viele Teilchen innerhalb des Szintillators zerfielen. Danach führten sie das Experiment für eine weitere Stunde fort, in der insgesamt 568 Zerfallsereignisse registriert wurden. Für jedes zerfallene Myon maßen die beiden Physiker auf dem Oszillographen die Abstände zwischen den Ausschlägen und berechneten daraus die Lebensdauer. Anschließend trugen sie die ermittelten Werte in ein Diagramm ein, das in Abbildung 11.18 nachgezeichnet ist. An den unterschiedlich langen Linien ist zu erkennen, dass die Restlebensdauer der gemessenen Myonen deutlich variierte. Von den ursprünglich 568 gezählten Teilchen waren nach 1 μs bereits 200 zerfallen, und nur ganz vereinzelt erreichte ein Myon eine Restlebenszeit, die 8 μs überstieg.

Tragen wir grafisch auf, wie viele Myonen nach t Mikrosekunden immer noch existierten, so erhalten wir das in Abbildung 11.19 (links) gezeigte Diagramm. Der erste Messpunkt ist auf der Zeitachse bei 0 μs eingetragen und entspricht den 568 ursprüng-

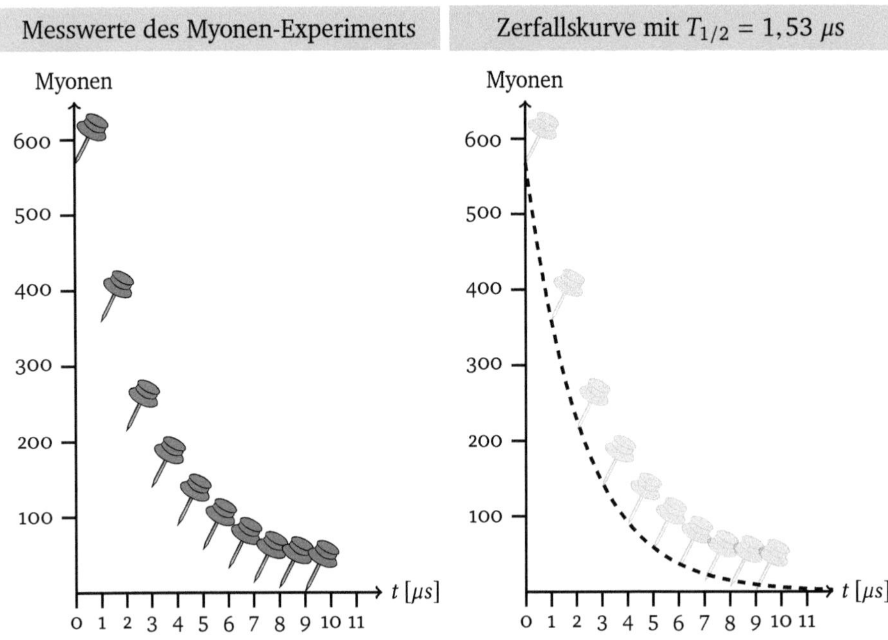

Abbildung 11.19: Anzahl der überlebenden Myonen als Funktion der Zeit

lich gezählten Teilchen. Der letzte Messpunkt befindet sich bei $t = 9\,\mu s$. Zu diesem Zeitpunkt waren im Experiment von Frisch und Smith alle der 568 ursprünglich registrierten Myonen zerfallen. Das rechte Diagramm in Abbildung 11.19 macht deutlich, dass die Myonen eine exponentielle Zerfallskurve aufweisen, wie sie für radioaktive Zerfallsprozesse charakteristisch ist. Die instabilen Myonen zerfallen so, dass von ihnen nach dem Verstreichen der Halbwertszeit $T_{1/2}$ noch die Hälfte existiert, nach dem Doppelten dieser Zeitspanne nur noch ein Viertel und so fort. Aus den experimentellen Daten ergibt sich für $T_{1/2}$ ein Wert, der sehr genau mit jenem übereinstimmt, den wir weiter oben, auf Seite 347 angegeben haben.

Um zu verstehen, warum Frisch und Smith die Werte auf der y-Achse nach unten abgetragen haben, wollen wir uns die folgende Frage stellen: Wie viele Myonen hätten die 1900 m, die Mount Washington über dem Meeresspiegel emporragt, überwunden und wären erst auf Meereshöhe zerfallen? Mit anderen Worten: Wie viele Myonen hätten Frisch und Smith pro Stunde registriert, wenn der Szintillator nicht auf dem Gipfel von Mount Washington, sondern auf Meereshöhe installiert worden wäre? Im Sinne der klassischen Physik lässt sich diese Frage schnell beantworten. Da sich die gefilterten Myonen ziemlich exakt mit der Geschwindigkeit

$$v \approx 0{,}9952\,c \qquad\qquad (11.2)$$

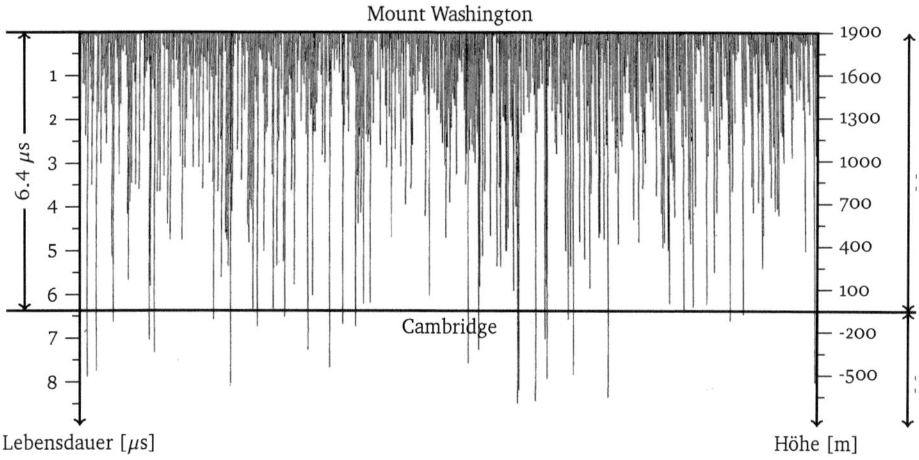

Abbildung 11.20: Die zweite y-Achse zeigt, in welcher Höhe über dem Meeresspiegel die gemessenen Myonen nach den Formeln der klassischen Physik zerfallen wären.

bewegten, haben sie in einer Mikrosekunde die Distanz

$$v \cdot 10^{-6} \text{ s} \approx 0{,}9952 \cdot 299\,792\,458 \; \tfrac{\text{m}}{\text{s}} \cdot 10^{-6} \text{ s} \approx 300 \text{ m}$$

zurückgelegt. Der errechnete Wert gibt uns eine einfache Möglichkeit an die Hand, um für die in Abbildung 11.18 eingetragenen Myonen die Höhe zu bestimmen, in der sie unter normalen Bedingungen über dem Meeresspiegel zerfallen wären. Hierfür brauchen wir das Diagramm lediglich um eine zweite Achsenbeschriftung zu ergänzen, wie sie in Abbildung 11.20 eingetragen ist. Zählen wir in dem ergänzten Diagramm, wie viele vertikale Linien die horizontal eingezeichnete Linie bei $y = 0$ m schneiden, so erhalten wir als Ergebnis die Anzahl der Myonen, die bis auf Meereshöhe vorgedrungen wären. Im Experiment von Frisch und Smith waren dies exakt 27 Myonen. An der linken Achsenbeschriftung können wir ablesen, dass diese 27 Myonen nach dem Eintritt in den Szintillator länger als

$$6{,}4 \; \mu s \qquad\qquad (11.3)$$

überlebt hatten. So wie wir die Achsen konstruiert haben, ist dies exakt die Zeit, die ein Myon mit der in (11.2) angegebenen Geschwindigkeit benötigt, um von Mount Washington auf Meereshöhe zu gelangen.

Um die Vorhersage der klassischen Physik zu überprüfen, brachten Frisch und Smith die Messapparatur zurück nach Cambridge in ihr Labor am Massachusetts Institute of Technology (MIT) und wiederholten das Experiment. Der in einem Vorort von Boston gelegene Campus befindet sich nur wenige Höhenmeter über dem Meeresspiegel, so dass die Höhendifferenz zwischen den beiden Messstationen ziemlich genau 1900 m betrug. Anders als es die klassischen Formeln vorhersagten, zählten Frisch und Smith in ihrem Labor aber nicht 27, sondern 412 Myonen. Dies waren mehr als 15 Mal so viele, wie es im Sinne der Newton'schen Physik zu erwarten gewesen wäre.

Deuten wir die Vorgänge relativistisch, so steht die Beobachtung in vollem Einklang mit der Theorie. Ein Beobachter auf der Erde sieht die Myonen mit einer so hohen Geschwindigkeit auf sich zukommen, dass er aufgrund der Zeitdilatation eine erhebliche Verlängerung der Halbwertszeit feststellen muss. Aus seiner Sicht zerfallen die schnell bewegten Myonen deutlich langsamer, als es die klassische Physik vorhersagt, und können deshalb auch in großer Zahl die Erde erreichen.

Mit unserem bisher erworbenen Wissen haben wir keine Probleme, den Zusammenhang auch quantitativ zu erfassen. Aus der Sicht eines Erdbeobachters vergeht die Zeit im bewegten System des Myons um den Lorentzfaktor γ langsamer. Legen wir als mittlere Geschwindigkeit die in (11.2) angegebene zugrunde, so ergibt sich für γ der folgende Wert:

$$\gamma = \frac{1}{\sqrt{1 - \frac{v^2}{c^2}}} = \frac{1}{\sqrt{1 - 0,9952^2}} \approx 10 \qquad (11.4)$$

Tatsächlich dürfen wir diesen Faktor nur als eine Näherung ansehen, da die Myonen auf ihrem Weg zur Erde langsamer werden. In [72] haben Frisch und Smith die Abnahme der Geschwindigkeit ausführlich diskutiert und den Lorentzfaktor um diesen Effekt bereinigt. Der korrigierte Wert beträgt dort:

$$\gamma = 8,4 \pm 2 \; \mu s$$

Ein Beobachter auf der Erde wird demnach konstatieren, dass die Zeit im Ruhesystem des Myons ca. 8 Mal langsamer verstreicht als für ihn selbst.

Wenn die Vorhersage der speziellen Relativitätstheorie richtig ist, dann müsste sich dieser Faktor auch aus dem experimentell ermittelten Zahlenmaterial gewinnen lassen. Sehen wir also genauer hin: Die Messung in Cambridge hat ergeben, dass 412 Myonen den Szintillator erreicht haben. Anhand unseres Diagramms können wir durch Auszählen bestimmen, in welcher Zeitspanne sich dort die Anzahl der Myonen von 568 auf 412 reduziert hat. Das Ergebnis ist in Abbildung 11.21 in Form einer horizontalen Linie eingezeichnet, die bei

$$t = 0,7 \; \mu s \qquad (11.5)$$

die Zeitachse schneidet. Vergleichen wir diesen Wert mit dem in (11.3) ermittelten Wert, dann können wir den folgenden Schluss ziehen: Für einen Beobachter auf der Erde sind in der Zeitspanne von $6,4 \; \mu s$ genauso viele Myonen zerfallen wie im Ruhesystem des Myons in $0,7 \; \mu s$ zerfallen sind. Die schnelle Bewegung der Myonen hat nach diesen Messwerten somit zu einer Dehnung der Zeit um den Faktor

$$\frac{6,4 \; \mu s}{0,7 \; \mu s} \approx 9$$

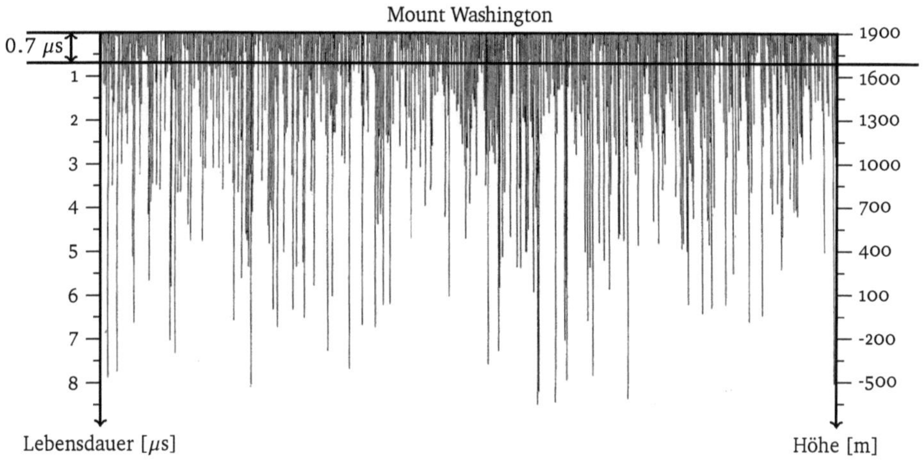

Abbildung 11.21: Ableitung des Lorentzfaktors aus dem Datenmaterial von Frisch und Smith

geführt, der mit der theoretischen Vorhersage (11.4) gut übereinstimmt. Die hohe Geschwindigkeit der Myonen sowie ihre kurze mittlere Lebensdauer haben die Zeitdilatation tatsächlich zu einem messbaren Effekt gemacht.

Frisch und Smith war es 1963 gelungen, die Messung von Rossi und Hall aus dem Jahr 1941 mit einer höheren Genauigkeit zu wiederholen, doch dies war nur eines ihrer Ziele. Gleichsam sollten die Ergebnisse didaktisch verwertet werden, und so ist ein vierzigminütiger Film mit dem Titel *Time Dilation – An Experiment with µ-Mesons* entstanden, in dem Frisch und Smith sowohl die Theorie als auch die Durchführung ihres Experiments ausführlich erklären. Auch wenn das schwarzweise Bildmaterial heute wie ein Relikt aus einer längst vergangenen Zeit wirkt, strahlt es eine Faszination aus, die in der modernen Experimentalphysik aufgrund ihrer Komplexität nicht mehr in dieser Form gegeben sein kann: die Faszination, eine Vorhersage der theoretischen Physik mit einem Experiment zu bestätigen, das von einem einzigen Menschen vollständig durchdrungen und mit vergleichsweise einfachen Mitteln ausgeführt werden kann.

12 Kernphysik

Die Suche nach der kosmischen Strahlung, der wir uns im letzten Kapitel angeschlossen haben, hat uns bereits tief in die Teilchenphysik hineingeführt; in jenes Teilgebiet der Physik, das sich mit den elementaren Bausteinen der Materie und deren Wechselwirkung beschäftigt. Die moderne Teilchenphysik fokussiert heute fast ausschließlich auf den subatomaren Bereich, d. h. auf die Bausteine, aus denen sich beispielsweise ein Atomkern zusammensetzt, nicht aber auf den Atomkern selbst. Diese Ebene wird durch die Kernphysik abgebildet. Die dort behandelten Fragestellungen adressieren die Art und Weise, wie Atomkerne gebildet werden und wie diese untereinander interagieren. Noch eine Ebene höher ist die Atomphysik angesiedelt, die sich mit den Eigenschaften der Atomhülle befasst und den Kern im wahren Sinne des Wortes als eine atomare Einheit ansieht.

In diesem Kapitel wollen wir einen Blick auf zwei Teilbereiche der Kernphysik werfen, in denen sich Einsteins berühmte Formel $E = mc^2$ in einer ganz wunderbaren Weise manifestiert. Einer dieser Teilbereiche ist die Kernspaltung (*nuclear fission*) und der andere die Kernfusion (*nuclear fusion*). Historisch hat sich die Kernphysik aus der gleichen Wurzel heraus entwickelt wie die Teilchenphysik, die in den Anfängen vor allem durch die Erforschung der kosmischen Strahlung vorangetrieben wurde: aus der Entdeckung der Radioaktivität. Doch bevor wir dorthin zurückkehren und uns ausführlich den historischen Geschehnissen widmen, die in den Dreißigerjahren des 20. Jahrhunderts zur Entdeckung der Kernspaltung geführt haben, wollen wir zunächst in groben Zügen offenlegen, wie die Atome in ihrem Inneren beschaffen sind.

12.1 Struktur der Materie

Die Kerne von Atomen setzen sich aus zwei Bausteinen zusammen: den positiv geladenen *Protonen* und den elektrisch neutralen *Neutronen*. Beide Kernbausteine werden als *Nukleonen* bezeichnet. Ein chemisches Element ist eindeutig durch die Anzahl der Protonen seines Atomkerns charakterisiert. Beispielsweise sind alle Atome mit einem Proton im Kern Wasserstoffatome und alle Atome mit zwei Protonen im Kern Heliumatome. Im *Periodensystem* sind die chemischen Elemente aufsteigend nach ihrer Protonenzahl sortiert. Mit anderen Worten: Die *Ordnungszahl*, d. h. die Position eines Elements im Periodensystem, ist mit der Protonenzahl identisch. Entsprechend trägt Wasserstoff die Ordnungszahl 1, Helium die Ordnungszahl 2 und so fort. Die *Nukleonenzahl*, d. h. die Summe aus der Protonenzahl Z und der Neutronenzahl N gibt in guter Näherung Auskunft über die Masse eines Atoms. Sie wird aus diesem Grund auch als die *Massenzahl* eines Atoms bezeichnet und mit dem Symbol A abgekürzt. Zwischen den Bezeichnern A, Z und N gilt demnach der folgende Zusammenhang:

$$A \text{ (Massenzahl)} = Z \text{ (Protonenzahl)} + N \text{ (Neutronenzahl)}$$

Um Klarheit über den Aufbau der Kerne zu schaffen, werden chemische Elemente in den Reaktionsgleichungen der Kernphysik gerne in der Schreibweise

$$^{A}_{Z}E$$

dargestellt. Das Symbol E eines Elements wird also links oben um die Massenzahl und links unten um die Protonenzahl ergänzt. Die Anzahl der Neutronen ergibt sich direkt aus der Differenz des oberen und des unteren Werts. Auf die Angabe der Protonenzahl Z wird manchmal verzichtet, da sie der Ordnungszahl entspricht und damit für jedes chemische Element E eindeutig bestimmt ist.

Keinesfalls fehlen darf jedoch die Massenzahl A, und ein Blick auf Abbildung 12.1 macht klar, warum dies so ist. Sie sehen dort drei unterschiedliche Atomkerne, die sich in der Anzahl der Neutronen unterscheiden. Da die Anzahl der Protonen jeweils gleich ist, handelt es sich um das gleiche chemische Element: in diesem Fall das Element Wasserstoff (H). Unterscheiden sich Atomkerne, wie in unserem Beispiel, nur in der Anzahl der Neutronen, aber nicht in der Anzahl der Protonen, so spricht man von *Isotopen* des gleichen Elements.

Die Wasserstoff-Isotope sind in der Praxis so wichtig, dass sie eigene Namen tragen. Das Element $^{1}_{1}\text{H}$ heißt *Protium* und ist das mit Abstand am häufigsten vorkommende Wasserstoff-Isotop auf der Erde. Das Element $^{2}_{1}\text{H}$ heißt *Deuterium* und wird mit dem chemischen Symbol D abgekürzt. Obwohl dieses Element, das auch als *schwerer Wasserstoff* bezeichnet wird, ein stabiles Isotop ist, kommt es in der Natur sehr selten vor:

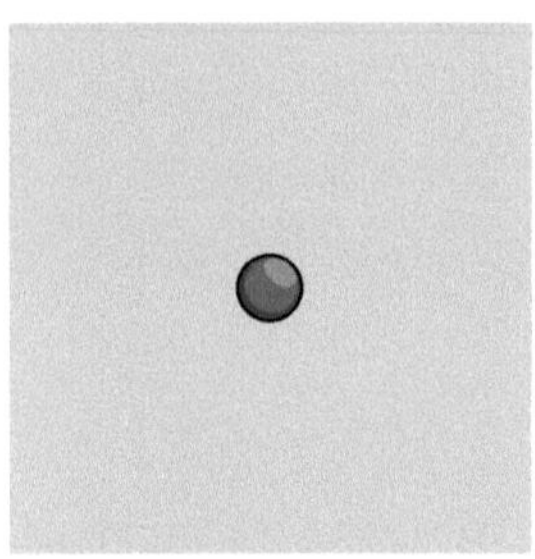

$^{1}_{1}\text{H}$ (Protium)

Protonen:	1
Neutronen:	0
Atommasse:	1,00782506 u
Kernmasse:	1,00727647 u
Bindungsenergie:	0 MeV
Massendefekt:	0 u

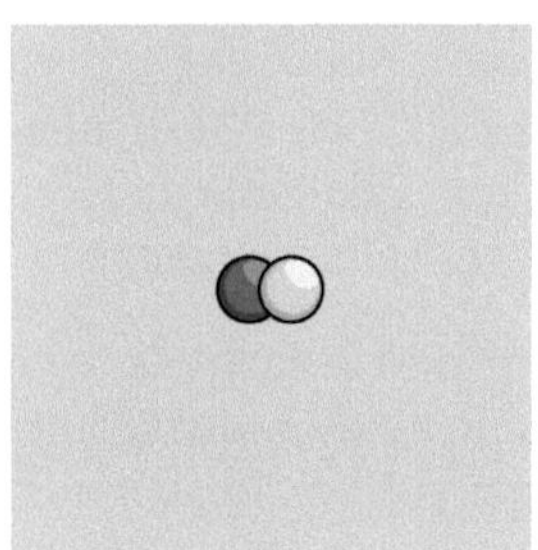

$^{2}_{1}\text{H}$ (Deuterium, D)

Protonen:	1
Neutronen:	1
Atommasse:	2,01410175 u
Kernmasse:	2,01355317 u
Bindungsenergie:	2,225 MeV ($2 \times 1,113$ MeV)
Massendefekt:	0,00238822 u

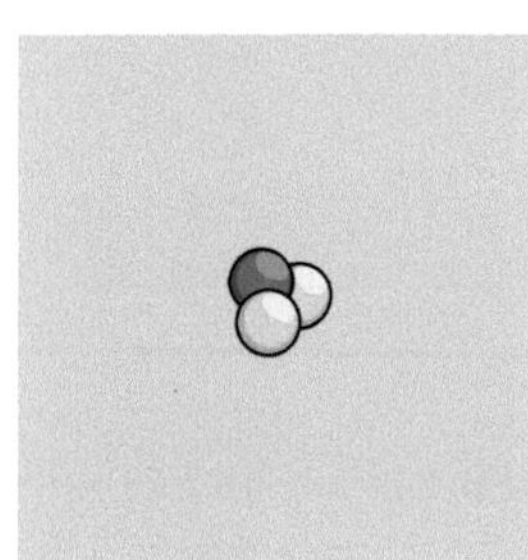

$^{3}_{1}\text{H}$ (Tritium, T)

Protonen:	1
Neutronen:	2
Atommasse:	3,01604927 u
Kernmasse:	3,01550069 u
Bindungsenergie:	8,482 MeV ($3 \times 2,827$ MeV)
Massendefekt:	0.00910561 u

Abbildung 12.1: Wasserstoff-Isotope

Von 1000 Wasserstoffatomen weisen nur 15 das zusätzliche Neutron in ihrem Kern auf. Das Isotop $^{3}_{1}\text{H}$ wird als *Tritium* bezeichnet und setzt sich aus einem Proton und zwei Neutronen zusammen. In der Natur kommt es nur in verschwindend geringen Mengen vor.

12.1.1 Radioaktiver Zerfall

Im Gegensatz zu Protium- und Deuteriumkernen sind Tritiumkerne radioaktiv und zerfallen mit einer Halbwertszeit von ca. 12 Jahren. Die dabei ablaufende Reaktion wird als *Beta-Minus-Zerfall* bezeichnet und verläuft so, dass sich ein Neutron von $^{3}_{1}\text{H}$ unter der Emission eines Elektrons (e^{-}) und eines Elektron-Antineutrinos ($\overline{\nu}_e$) in ein

Proton umwandelt:

$$^{3}_{1}\text{H} \rightarrow \, ^{3}_{2}\text{He} + e^{-} + \overline{\nu}_{e}$$

Oder, was dasselbe in kürzerer Schreibweise ist:

$$^{3}_{1}\text{H} \xrightarrow{\beta^{-}} \, ^{3}_{2}\text{He}$$

Durch die Umwandlung eines Neutrons in ein Proton ist ein chemisches Element entstanden, das die gleiche Massenzahl, aber eine um 1 erhöhte Ordnungszahl aufweist. In unserem Fall ist das Wasserstoff-Isotop $^{3}_{1}\text{H}$ in das Helium-Isotop $^{3}_{2}\text{He}$ übergegangen, dessen Kennzahlen, zusammen mit den Kennzahlen von $^{4}_{2}\text{He}$, in Abbildung 12.2 zu sehen sind. Insgesamt sind heute acht Helium-Isotope bekannt ($^{3}_{2}\text{He}$ bis $^{10}_{2}\text{He}$), allerdings sind von diesen nur die beiden in Abbildung 12.2 gezeigten stabil; alle anderen Helium-Isotope sind radioaktiv und zerfallen mit extrem kurzen Halbwertszeiten.

Neben dem Beta-Minus-Zerfall spielt der *Beta-Plus-Zerfall* in der Kernphysik eine große Rolle. Hierbei wandelt sich ein Proton unter der Emission eines Positrons und eines Elektron-Neutrinos in ein Neutron um. Ein Beispiel einer solchen Reaktion ist der folgende Zerfall des Phosphor-Isotops $^{30}_{15}\text{P}$ in das Silizium-Isotop $^{30}_{14}\text{Si}$, den wir weiter unten noch näher kennenlernen und in seinen historischen Kontext einordnen werden:

$$^{30}_{15}\text{P} \rightarrow \, ^{30}_{14}\text{Si} + e^{+} + \nu_{e}$$

Genau wie im Falle des Beta-Minus-Zerfalls können wir dies kürzer schreiben, als:

$$^{30}_{15}\text{P} \xrightarrow{\beta^{+}} \, ^{30}_{14}\text{Si}$$

Neben der Protonen- und der Neutronenzahl sind in den Abbildungen 12.1 und 12.2 für jedes Isotop weitere wichtige Maßzahlen angegeben, darunter die Atommasse und die Kernmasse. Die verwendete Einheit u ist die *Atomare Masseneinheit*, die per Definition auf ein Zwölftel der Masse eines Atoms des Kohlenstoff-Isotops $^{12}_{6}\text{C}$ festgelegt ist:

Atomare Masseneinheit

$$1\,\text{u} \approx 1{,}66053892 \cdot 10^{-27}\,\text{kg}$$

$$\approx 931{,}494061\,\frac{\text{MeV}}{c^{2}}$$

Die Atommasse beinhaltet die Masse der Elektronen in der Atomhülle, während die Kernmasse diese außen vor lässt. Da die Masse eines Elektrons sehr viel kleiner ist als die Masse eines Nukleons, unterscheiden sich die beiden Angaben nur marginal. Aus der Wertetafel des Protiums lässt sich direkt die Masse des Protons ablesen. Da keine anderen Nukleonen im Kern vorhanden sind, entspricht die Masse des Protons der Kernmasse des Protiums.

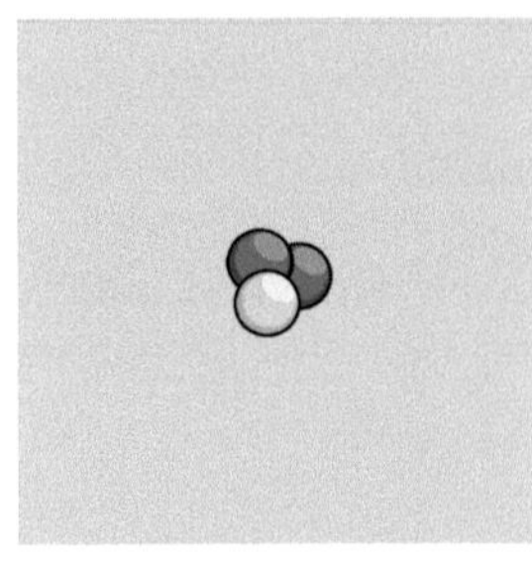

$^{3}_{2}$He (Helium)

Protonen:	2
Neutronen:	1
Atommasse:	3,01602932 u
Kernmasse:	3,01493214 u
Bindungsenergie:	7,718 MeV ($3 \times 2,573$ MeV)
Massendefekt:	0,00828571 u

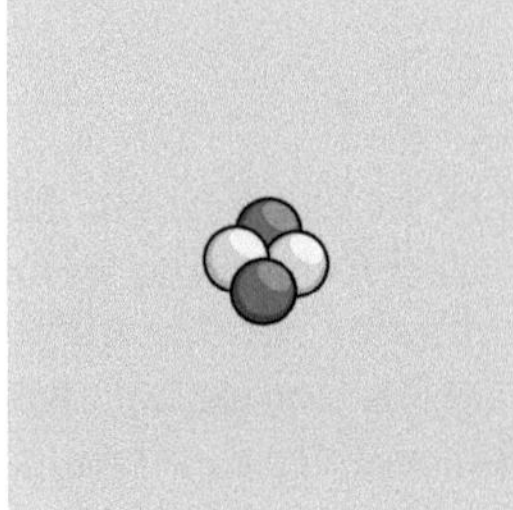

$^{4}_{2}$He (Helium)

Protonen:	2
Neutronen:	2
Atommasse:	4,00260324 u
Kernmasse:	4,00150608 u
Bindungsenergie:	28,296 MeV ($4 \times 7,074$ MeV)
Massendefekt:	0,03037669 u

Abbildung 12.2: Helium-Isotope (Auswahl)

12.1.2 Bindungsenergie

Ein Deuteriumkern unterscheidet sich von einem Protiumkern durch ein zusätzliches Neutron. Auf den ersten Blick sieht es daher so aus, als könnten wir die Masse des Neutrons durch eine einfache Subtraktion berechnen: indem wir die Kernmasse des Protiums von der Kernmasse des Deuteriums abziehen. Führen wir die Rechnung mit den in Abbildung 12.1 angegebenen Werten aus, so erhalten wir die folgende Massendifferenz:

$$\Delta M = 2,01355317\ \text{u} - 1,00727647\ \text{u} = 1,00627670\ \text{u}$$

Tatsächlich ist die Ruhemasse eines einzelnen Neutrons aber geringfügig größer als der berechnete Wert. Er beträgt:

Ruhemasse des Neutrons

$$m_0 \approx 1,67492735 \cdot 10^{-27}\ \text{kg}$$
$$\approx 1,00866492\ \text{u}$$
$$\approx 939,565379\ \tfrac{\text{MeV}}{c^2}$$

Das bedeutet, dass der Kern des Deuteriums um

$$1,00866492 \text{ u} - 1,00627670 \text{ u} = 0,00238822 \text{ u}$$

leichter ist als die Summe seiner Teile. Aus Abschnitt 8.5.1 wissen wir, wie sich diese Massendifferenz in Energie umrechnen lässt. Dies gelingt mit Einsteins berühmter Formel $E = mc^2$:

$$E = mc^2 \approx 0,00238822 \text{ u} \cdot c^2$$
$$\approx 0,00238822 \cdot 931,494061 \; \tfrac{\text{MeV}}{c^2} \cdot c^2$$
$$\approx 2,225 \text{ MeV}$$

Diese Energiemenge ist die *Bindungsenergie*. Sie muss aufgebracht werden, um die Nukleonen eines Atomkerns voneinander zu trennen, und sie wird freigesetzt, wenn sich ein Proton und ein Neutron zu einem Deuteriumkern verbinden. In den Abbildungen 12.1 und 12.2 sind die Bindungsenergien für alle aufgelisteten Isotope auf zwei Arten angegeben: einmal als Gesamtenergie, wie wir sie am Beispiel des Deuteriums gerade ausgerechnet haben, und ein anderes Mal als die Gesamtenergie, dividiert durch die Massenzahl des Isotops. Der zweite Wert entspricht also der Bindungsenergie pro Nukleon. Ein Blick auf die Wertetafeln macht deutlich, dass sich die Isotope in diesem Punkt erheblich unterscheiden. Während die Bindungsenergie pro Nukleon in einem Deuteriumkern lediglich $1,113$ MeV beträgt, ist sie in einem Tritiumkern mit $2,827$ MeV bereits mehr als doppelt so hoch. Noch stärker fallen die Unterschiede bei den beiden besprochenen Helium-Isotopen aus. In einem $^3_2$He-Kern beträgt die Bindungsenergie pro Nukleon $2,573$ MeV, während sie in einem $^4_2$He-Kern mit $7,074$ MeV fast dreimal so hoch ist.

Die genannten Unterschiede gehen auf das Zusammenspiel zweier Kräfte zurück. Eine davon ist die *starke Wechselwirkung*, die bei sehr kleinen Distanzen im Femtometerbereich auftritt und die Nukleonen im Atomkern zusammenhält. Ihr Gegenspieler ist die Coulomb-Kraft, die für die gegenseitige Abstoßung von zwei positiven oder zwei negativen elektrischen Ladungen sorgt. Würde die starke Wechselwirkung nicht existieren, so wäre der Wasserstoff, dessen Kern aus einem einzigen Proton besteht, das einzig denkbare Element. Bei allen anderen Atomkernen würde die Coulomb-Kraft die positiv geladenen Protonen mit immenser Wucht auseinander treiben.

Die Bindungskräfte in leichten Atomkernen lassen sich jetzt auf einfache Weise erklären. Aufgrund der geringen Nukleonenzahl ist beispielsweise ein Heliumatom so kompakt, dass die Protonen sehr eng beieinander liegen. In diesem Fall ist die Coulomb-Kraft viel schwächer als die starke Wechselwirkung, was im Ergebnis zu einem stabilen Atomkern führt. Solange der Atomkern kompakt bleibt, steigt die starke Wechselwirkung im Vergleich zur Coulomb-Kraft überproportional an, und dies erklärt, warum die Bindungsenergie pro Nukleon zunächst größer wird, wenn wir zu massereicheren Atomkernen übergehen.

Ab einer gewissen Nukleonenzahl beginnt diese Entwicklung zu kippen. Betrachten wir Atomkerne, die aus hundert und mehr Nukleonen bestehen, so rücken die Protonen im Durchschnitt immer weiter auseinander. Da die starke Wechselwirkung mit zunehmender Entfernung aber viel schneller abnimmt als die Coulomb-Kraft, sind die Protonen in schweren Atomkernen insgesamt nicht mehr so stark aneinander gebunden wie die Protonen in kompakten Kernen. Das bedeutet, dass die Bindungsenergie pro Nukleon irgendwann wieder fallen muss, wenn die Größe der Atomkerne einen bestimmten Schwellenwert übersteigt.

Abbildung 12.3 zeigt an vier ausgewählten Isotopen, dass dies tatsächlich der Fall ist. Die Bindungsenergie variiert zwischen 7,591 MeV und 8,795 MeV und nimmt mit zunehmender Massenzahl in der Tendenz ab. Das Barium-Isotop $^{139}_{56}\mathrm{Ba}$ macht deutlich, dass die Abnahme lokalen Schwankungen unterworfen ist. Obwohl es deutlich massiver ist als das Krypton-Isotop $^{94}_{36}\mathrm{Kr}$, ist die Bindungsenergie pro Nukleon trotzdem ein wenig größer. Das Nickel-Isotop $^{62}_{28}\mathrm{Ni}$ wurde ausgewählt, da es die Schwelle markiert, ab der die Bindungskraft zu fallen beginnt. In seinem Atomkern wirken die beiden Kräfte derart aufeinander, dass sich eine Bindungsenergie von 8,795 MeV ergibt, die von keinem anderen Atom übertroffen wird.

Zeichnen wir die Bindungsenergie in Abhängigkeit von der Massenzahl grafisch auf, so entsteht die in Abbildung 12.4 gezeigte Kurve. Die Grafik bestätigt unsere angestellten Überlegungen. Von den lokalen Schwankungen abgesehen, steigt die Kurve zunächst an, bis sie bei der Massenzahl 62 ihr Maximum erreicht. Danach fällt die Kurve wieder langsam ab. Die Tatsache, dass die Bindungsenergie im linken Bereich ansteigt und im rechten wieder abfällt, hat weitreichende Konsequenzen. Sie bedeutet, dass wir im Bereich der leichten Atomkerne durch eine Verschmelzung (*Fusion*) von Atomen Energie freisetzen können, während dies im Bereich der schweren Atomkerne durch eine Spaltung (*Fission*) gelingt.

12.2 Die Entdeckung der Kernspaltung

Dass wir für schwere Atomkerne ausgerechnet $^{95}_{36}\mathrm{Kr}$, $^{139}_{56}\mathrm{Ba}$ und $^{235}_{92}\mathrm{U}$ als Beispiele gewählt haben, war alles andere als ein Zufall. Die drei Isotope spielen in einer folgenreichen Entdeckung eine Rolle, von der sich viele Menschen wünschten, es hätte sie nie gegeben: die Entdeckung der Kernspaltung.

Datiert wird die Entdeckung auf den 17. Dezember 1938, doch es wäre naiv zu glauben, dass es sich dabei um ein zufälliges Ereignis handelte, oder gar eines, das die beteiligten Forscher vor den Augen der Öffentlichkeit hätten verbergen können. In Wirklichkeit ist sie die Folge eines kontinuierlichen Prozesses, in dem viele Wissenschaftler ihre Handschrift hinterließen und die Ergebnisse ungezählter Experimente

$^{62}_{28}$Ni (Nickel)

Protonen:	28
Neutronen:	34
Atommasse:	61,92834522 u
Kernmasse:	61,91298498 u
Bindungsenergie:	545,262 MeV ($62 \times 8,795$ MeV)
Massendefekt:	0,585363 u

$^{95}_{36}$Kr (Krypton)

Protonen:	36
Neutronen:	59
Atommasse:	94,93983966 u
Kernmasse:	94,92009078 u
Bindungsenergie:	794,65 MeV ($95 \times 8,365$ MeV)
Massendefekt:	0,853092 u

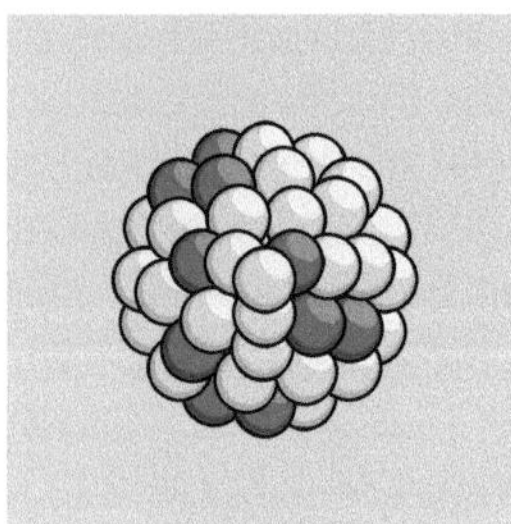

$^{139}_{56}$Ba (Barium)

Protonen:	56
Neutronen:	83
Atommasse:	138,90884139 u
Kernmasse:	138,87812092 u
Bindungsenergie:	1163,016 MeV ($139 \times 8,367$ MeV)
Massendefekt:	1,24854925 u

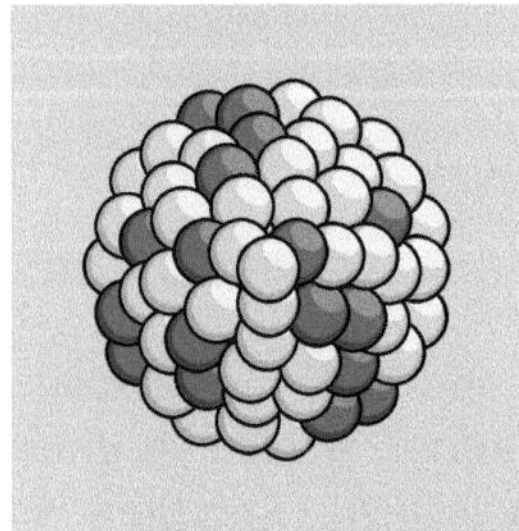

$^{235}_{92}$U (Uran)

Protonen:	92
Neutronen:	143
Atommasse:	235,04392996 u
Kernmasse:	234,99346061 u
Bindungsenergie:	1783,864 MeV ($235 \times 7,591$ MeV)
Massendefekt:	1,91505732 u

Abbildung 12.3: Schwerere Atomkerne (Auswahl)

nach und nach zu einem detaillierten Bild vom Aufbau und den Eigenschaften der Atome zusammensetzten.

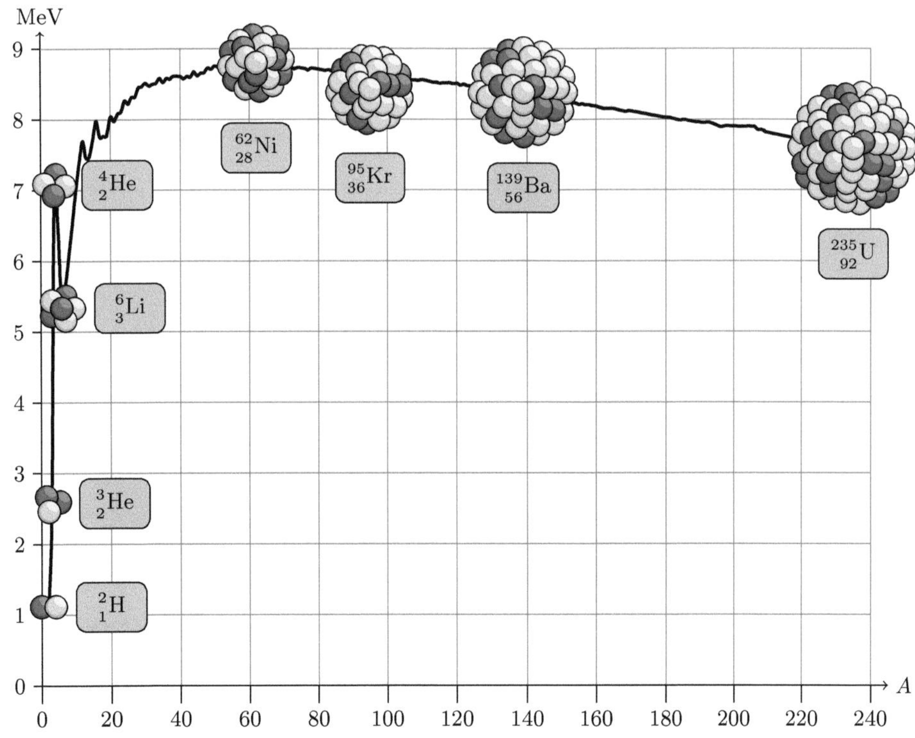

Abbildung 12.4: Bindungsenergie in Abhängigkeit der Massenzahl

In der langen Kette sich gegenseitig stimulierender Ereignisse ist es nicht einfach, einen klaren Anfang zu definieren. Die Entdeckung des Neutrons im Jahr 1932 durch James Chadwick ließe sich als ein solcher Anfangspunkt auffassen, genauso wie ein berühmt gewordenes Experiment, das im Paris der Dreißigerjahre durchgeführt wurde. Eine der damals federführenden Beteiligten war die französische Physikerin Irène Curie, die nach dem Ende des ersten Weltkriegs am Radium-Institut ihrer Eltern arbeitete. Dort lernte die Tochter von Marie und Pierre Curie ihren späteren Ehemann Frédéric Joliot kennen, mit dem sie ab 1928 gemeinsam forschte (Abbildungen 12.5 und 12.6).

Die Entdeckung des Neutrons hatten die beiden knapp verpasst, doch im Jahr 1933 gelangen ihnen mehrere Experimente, deren Ausgänge auf den ersten Blick unspektakulär wirkten, aber in Wirklichkeit eine Sensation verbargen. In einem dieser Experimente konnten Curie und Joliot beobachten, dass eine Alphastrahlenquelle in der Lage war, Aluminium unter der Freigabe eines Neutrons und eines Positrons in Silizium zu verwandeln:

$$^{4}_{2}\text{He} + ^{27}_{13}\text{Al} \rightarrow ^{30}_{14}\text{Si} + ^{1}_{0}\text{n} + e^{+}$$

IRÈNE JOLIOT-CURIE
1897 – 1956

Abbildung 12.5

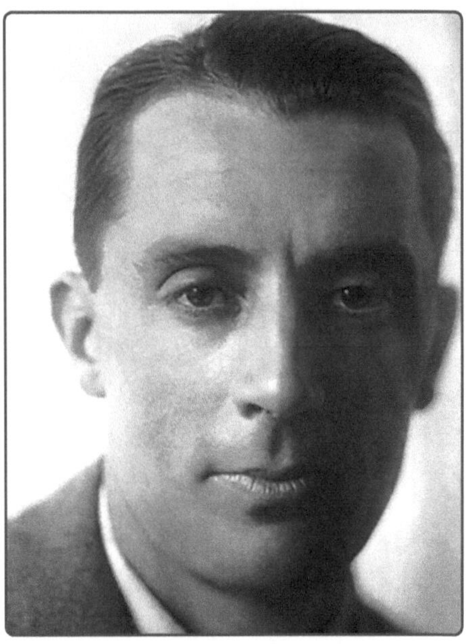

JEAN FRÉDÉRIC JOLIOT-CURIE
1900 – 1958

Abbildung 12.6

Dass bei der Umwandlung gleichzeitig ein Neutron und ein Positron emittiert wurde, war für die beiden Forscher völlig unerwartet und zunächst nicht zu erklären.

In einer Reihe von Folgeexperimenten gingen Curie und Joliot der ungewöhnlichen Reaktion auf den Grund, und im Januar 1934 gelang den beiden der entscheidende Versuch. Sie konnten zeigen, dass sich Aluminium in einer zweistufigen Reaktion zu Silizium umwandelt, in der zunächst radioaktives Phosphor entsteht:

$$\,^{4}_{2}\mathrm{He} + \,^{27}_{13}\mathrm{Al} \rightarrow \,^{30}_{15}\mathrm{P} + \,^{1}_{0}\mathrm{n}$$

Jetzt setzt ein Beta-Plus-Zerfall ein, der das instabile Phosphor-Isotop mit einer Halbwertszeit von ca. 3 Minuten in das stabile Silizium-Isotop $\,^{30}_{14}\mathrm{Si}$ überführt:

$$\,^{30}_{15}\mathrm{P} \xrightarrow{\beta^{+}} \,^{30}_{14}\mathrm{Si}$$

Die Entstehung von radioaktivem Phosphor war eine Sensation. Erstmals war es nachweislich gelungen, aus stabilen Elementen radioaktive Isotope zu erzeugen: Curie und Joliot hatten die *künstliche Radioaktivität* entdeckt. Im Jahr 1935 wurden die beiden Physiker für ihre Forschungsleistung mit dem Nobelpreis ausgezeichnet, *„in recognition of their synthesis of new radioactive elements“*.

Abbildung 12.7

ENRICO FERMI
1901 – 1954

12.2.1 Das Geheimnis der Transurane

Mit regem Interesse wurde die Entdeckung von der Forschergruppe um Enrico Fermi verfolgt (Abbildung 12.7). Der italienische Physiker brannte darauf, die Versuche von Curie und Joliot zu wiederholen, hatte dabei aber im Sinn, den Alphastrahler durch eine Neutronenquelle zu ersetzen. Der Grund für diese Modifikation ist leicht zu verstehen: Alphateilchen sind Heliumkerne, die nur dann in einen ebenfalls positiv geladenen Atomkern eindringen können, wenn ihre kinetische Energie die *Coulomb-Barriere* durchbricht. Nur in diesem Fall können die Heliumkerne die abstoßenden Kräfte überwinden und mit dem Atomkern interagieren. Fermi war sich sicher, dass die elektrisch ungeladenen Neutronen viel einfacher einen Atomkern infiltrieren können, und er hatte recht. Etliche Elemente reagierten durchaus sensibel auf den Beschuss von Neutronen und gingen in andere chemische Elemente über. Im Jahr 1934 hatte sich Fermi systematisch durch das Periodensystem gearbeitet, bis hin zu dem Element Uran mit der Ordnungszahl 92, dem damals schwersten bekannten Element.

Fermis Experimente hatten gezeigt, dass Neutronenreaktionen in drei Gruppen eingeteilt werden können [152]:

- (n, α)-Reaktionen

  Bei dieser Reaktion wird das Neutron in den Atomkern integriert und ein Alphateilchen, bestehend aus zwei Protonen und zwei Neutronen, emittiert. Durch den

Verlust der beiden Protonen verringert sich die Ordnungszahl des bestrahlten Elements um zwei. Die Massenzahl verringert sich um drei. Das folgende Beispiel zeigt, wie ein Aluminiumkern auf die geschilderte Weise zu einen Natriumkern wird:

$$^{27}_{13}\text{Al} + ^1_0\text{n} \rightarrow ^{24}_{11}\text{Na} + ^4_2\text{He}$$

■ (n,p)-Reaktionen

Im Gegensatz zu einer (n,α)-Reaktion, die zur Emission eines Alphateilchens führt, setzt das penetrierende Neutron bei einer (n,p)-Reaktion nur ein einzelnes Proton frei. Obwohl sich die Ordnungszahl des bestrahlten Elements dadurch um eins verringert, bleibt die Massenzahl aufgrund des absorbierten Neutrons gleich. Das folgende Beispiel zeigt eine solche Reaktion im Detail:

$$^{28}_{14}\text{Si} + ^1_0\text{n} \rightarrow ^{28}_{13}\text{Al} + ^1_1\text{p}$$

■ (n,γ)-Reaktionen

In diesem Fall wird das Neutron ohne die Freisetzung anderer Teilchen absorbiert und der Atomkern vergrößert. Die dabei entstehende Massendifferenz wird durch die Abstrahlung von Energie in Form von Gammastrahlen ausgeglichen. Beobachten lässt sich diese Reaktionsform beispielsweise bei der Neutronenbestrahlung von Iod, dem chemischen Element mit der Ordnungszahl 53:

$$^{127}_{53}\text{I} + ^1_0\text{n} \rightarrow ^{128}_{53}\text{I} + \gamma$$

Im Oktober 1934 hatte Fermi eine weitere zentrale Entdeckung gemacht. Ihm fiel auf, dass sich die Reaktionshäufigkeit drastisch steigern ließ, wenn die Neutronenquelle beispielsweise in ein Wasserbad eingelassen oder hinter einen Paraffinblock geschoben wurde. Fermi folgerte, dass die Neutronen dort mit Wasserstoffkernen kollidierten und aufgrund des damit einhergehenden Energieverlusts mit einer reduzierten Geschwindigkeit aus der Abschirmung austraten. Seine Experimente legten nahe, dass solche *langsamen Neutronen* viel eher in der Lage waren, in fremde Atomkerne einzudringen als schnelle. Für die Forschung war Fermis Beobachtung von unschätzbarem Wert. Ab jetzt war es mit einfachen Mitteln möglich, Neutronenquellen zu erschaffen, die bis zu hundertmal effizienter waren als jene, die bisher zur Verfügung standen. Ihrer Bezeichnung zum Trotz sind langsame Neutronen immer noch sehr schnell und legen in einer Sekunde mehr als 2 km zurück.

Von den drei oben vorgestellten Reaktionen hatte Fermi die (n,α)-Reaktion und die (n,p)-Reaktion vorherrschend bei den leichteren Elementen und die (n,γ)-Reaktion bei schwereren Elementen beobachtet. Da bei der Bestrahlung von schweren Urankernen auch Betateilchen freigesetzt wurden, lag es nahe, diese Beta-Aktivität als die Folge einer (n,γ)-Reaktion zu deuten. Fermi vermutete, dass der Urankern das Neutron zunächst aufgenommen hatte und anschließend ein Beta-Minus-Zerfall einsetzte. Ein solcher Zerfall wandelt ein Neutron unter der Emission eines Positrons in ein Proton um, so dass wir insgesamt zu der folgenden Reaktionskette gelangen:

$$^{238}_{92}\text{U} + ^{1}_{0}\text{n} \xrightarrow{(n,\gamma)} \, ^{239}_{92}\text{U} \xrightarrow{\beta^-} \, ^{239}_{93}\text{Np}$$

Fermi beobachtete aber noch mehr. Als er die Betastrahlung des mit Neutronen beschossenen Urans genauer untersuchte, stellte er fest, dass sich in den erzeugten Reaktionsprodukten nicht einer, sondern vier verschiedene Betastrahler verbargen. Alles sprach dafür, dass sich die eben skizzierte Zerfallskette fortgesetzt hatte und neben dem chemischen Element mit der Ordnungszahl 93 auch die Elemente mit den Ordnungszahlen 94, 95 und 96 entstanden waren:

$$^{238}_{92}\text{U} + ^{1}_{0}\text{n} \xrightarrow{(n,\gamma)} \, ^{239}_{92}\text{U} \xrightarrow{\beta^-} \, ^{239}_{93}\text{Np}$$
$$\xrightarrow{\beta^-} \, ^{239}_{94}\text{Pl}$$
$$\xrightarrow{\beta^-} \, ^{239}_{95}\text{Am}$$
$$\xrightarrow{\beta^-} \, ^{239}_{96}\text{Cm}$$

Augenscheinlich war es Fermi gelungen, durch Neutronenbeschuss vier sogenannte *Transurane* zu erzeugen, d. h. Elemente mit einer höheren Ordnungszahl als Uran. Die vermeintlich erzeugten Transurane sind *Neptunium* (Np), *Plutonium* (Pl), *Americium* (Am) und *Curium* (Cm). Als Fermi seine Untersuchungen durchführte, waren diese Elemente noch gänzlich unbekannt, und entsprechend groß war die Begeisterung unter seinen Wissenschaftskollegen. Vieles sprach dafür, dass es dem Italiener gelungen war, die damals bekannte Grenze des Periodensystems um vier Ordnungszahlen nach oben zu verschieben. Noch ahnte niemand, dass die Reaktion in Fermis Labor in Wirklichkeit eine ganz andere war und sich in den Uranproben das damals noch unbekannte Isotop $^{235}_{92}\text{U}$ verbarg, das auf den Beschuss mit Neutronen auf eine völlig unerwartete Weise reagierte.

In akademischer Hinsicht konnte Fermi kaum zuversichtlicher in die Zukunft blicken, doch privat standen ihm schwierige Jahre bevor. In Deutschland hatten die Nationalsozialisten die Macht ergriffen, was in zunehmendem Maße auch auf das politische und gesellschaftliche Leben in Italien ausstrahlte. Fermi hatte 1926 die Jüdin Laura Capon geheiratet, die in den Jahren 1931 und 1936 zwei Kinder gebar. Machtlos musste er miterleben, wie der aus Deutschland überschwappende Antisemitismus sein Heimatland veränderte und sich zu einer realen Gefahr für das Leben seiner Familie entwickelte.

12.2.2 Schicksalstage in Berlin

Ähnlich dunkle Tage standen der österreichischen Physikerin Lise Meitner bevor, der damaligen Leiterin der physikalischen Abteilung des Kaiser-Wilhelm-Instituts für Chemie in Berlin-Dahlem (Abbildung 12.8). Meitner wurde am 7. November 1878 als drittes Kind des jüdischen Rechtsanwaltes Philipp Meitner und seiner Frau Hedwig in Wien geboren. Gegen die Widerstände der damaligen Zeit, Mädchen über 14 Jahren eine Schulausbildung zu gewähren, gelang es Meitner, sich im Selbststudium auf die Matura, das österreichische Abitur, vorzubereiten und die Reifeprüfung im Alter von 22 Jahren am Akademischen Gymnasium zu bestehen.

Als Studentin an der Wiener Universität besuchte sie mit großem Eifer die Vorlesungen von Ludwig Boltzmann. Der Enthusiasmus und die charismatische Art ihres Lehrers hatten Meitner zutiefst beeindruckt, und es steht außer Frage, dass der berühmte Physiker einen prägenden Einfluss auf Meitners weiteren Lebensweg hatte. Als die junge Studentin im Dezember 1905 ihre Doktorprüfung ablegte, wusste sie noch nicht, dass der ebenfalls anwesende Boltzmann nur noch wenige Monate zu leben hatte. Der begnadete Physiker litt seit Jahren unter einer manischen Depression, die ihn am 5. September 1906 in den Freitod trieb. Für Meitner war der Verlust ihres verehrten Lehrers ein schwerer Schlag, der jedoch bei weitem nicht der letzte bleiben sollte.

1907 brach Meitner nach Berlin auf, um mehrere Vorlesungen an der Friedrich-Wilhelms-Universität zu hören, an der berühmte Wissenschaftler wie Max Planck und später auch Albert Einstein lehrten und forschten. Im deutschsprachigen Raum hatte sich die Stadt an der Spree zu einem Mekka der Wissenschaft entwickelt, das auch Meitner für lange Zeit eine wissenschaftliche Heimat bieten sollte. Am Tag ihrer Ankunft ahnte die Studentin noch nichts davon. Niemals hätte sie damals geglaubt, in Berlin für die nächsten 30 Jahre zu Hause zu sein.

Der Start in das neue Leben war nicht leicht. Im damaligen Preußen war Frauen das Studium untersagt, so dass Meitner persönlich bei Max Planck vorsprechen musste, um eine Genehmigung für den Besuch seiner Vorlesungen zu erhalten. Schnell spürte Meitner den Drang, auch praktisch zu arbeiten, stieß mit diesem Vorhaben aber auf Widerstand innerhalb des Lehrpersonals. Professor Heinrich Rubens gestand ihr zu, als unbezahlter Gast in einem seiner Labore in einer ehemaligen Holzwerkstatt des chemischen Instituts zu experimentieren. Rubens hatte an einer Zusammenarbeit selbst kein Interesse, dafür aber ein Mitarbeiter, der ein Jahr zuvor an das Institut gekommen war und in der Retrospektive zu den bedeutendsten Wissenschaftlern des 20. Jahrhunderts zählt. Sein Name: Otto Hahn (Abbildung 12.9). Rasch entwickelte sich zwischen Meitner und Hahn eine innige Freundschaft, die, allen später entstandenen Diskrepanzen zum Trotz, von beiden bis zu ihrem Lebensende aufrechterhalten wurde.

LISE MEITNER
1878 – 1968

Abbildung 12.8

OTTO HAHN
1879 – 1968

Abbildung 12.9

Bereits nach wenigen Wochen war klar, dass sich die beiden nicht nur menschlich gut verstanden. Die physikalische Expertise von Meitner ergänzte sich mit der chemischen Expertise von Hahn so gut, dass die Zusammenarbeit schnell Früchte trug. Hahn hatte eine trickreiche Rückstoßmethode entwickelt, mit der es den beiden in kurzer Zeit gelungen war, neue radioaktive Isotope zu entdecken. Am Institut blieb diese Forschungsleistung nicht verborgen. Im Jahr 1910 wurde Hahn zum Professor berufen und 1912 zum Leiter der radiochemischen Abteilung im Kaiser-Wilhelm-Institut für Chemie in Berlin-Dahlem ernannt. Für Meitner war der Wechsel in das neue Institut ebenfalls ein Segen, und zwar in zweierlei Hinsicht. Zum einen fand sie dort Labore vor, die bestens ausgestattet waren. Zum anderen begann sich auch die finanzielle Situation der Physikerin, die ihren Status als unbezahlter Gast lange Zeit beibehielt, allmählich zu entspannen. Im Gegensatz zu Hahn musste sie auf die gebührende Beachtung ihrer Forschungsleistung aber noch viele Jahren warten.

Als im August 1914 der erste Weltkrieg ausbrach, fand das idyllische Forscherleben ein vorläufiges Ende. Hahn kämpfte mehrere Monate für Deutschland an der Westfront und Meitner arbeitete für die österreichische Armee als technische Röntgenassistentin in einem Lazarett an der Ostfront. Nach dem Krieg nahmen Meitner und Hahn ihre

Forschungsarbeiten wieder auf und entdeckten im Jahr 1917 das Isotop *Protactinium* ($^{231}_{91}$Pa). Mit der Ordnungszahl 91 ist dieses Element der direkte Vorgänger des Urans, das 92 Protonen in seinem Kern vereint. In den folgenden Jahren schien sich das Leben für Meitner zum Guten zu wenden. Kurz nach der Entdeckung des Protactiniums wurde ihr die Leitung einer eigenen physikalisch-radioaktiven Abteilung übertragen, und im Jahr 1926 wurde sie zur Professorin berufen. In der Physik war dies ein Novum; niemals zuvor in Deutschland war der Professorentitel in diesem Fach an eine Frau vergeben worden.

Als Enrico Fermi die vermeintliche Entdeckung der Transurane im Jahr 1934 verkündete, hatten Meitner und Hahn bereits ihren 56. Geburtstag hinter sich. In einem Alter, in dem andere bereits das Ende ihrer Karriere planen, waren die beiden noch immer auf der Höhe ihrer Schaffenskraft, auch wenn sich ihre Arbeitsgebiete in den letzten Jahren in eine jeweils andere Richtung verlagert hatten. Meitner war fest entschlossen, sich der Jagd auf die Transurane anzuschließen, und wandte sich mit ihrem Vorhaben umgehend an Otto Hahn:

> *„Ich fand diese Versuche so faszinierend, dass ich sofort nach deren Erscheinen im Nuovo Cimento und in der Nature Otto Hahn überredete, unsere seit mehreren Jahren unterbrochene direkte Zusammenarbeit wieder aufzunehmen, um uns diesen Problemen zu widmen."*

Lise Meitner, zitiert nach [152]

Während die Arbeiten in den Räumen des Kaiser-Wilhelm-Instituts gut vorangingen, blieb außerhalb der Labore nichts, wie es war. Hitler hatte die Macht ergriffen, und immer stärker war die nationalsozialistische Ideologie zu spüren, die als rauer Wind durch die Straßen Berlins blies. Noch ahnte Meitner nichts von dem Orkan, der sich dieser Tage zusammenbraute und das Deutschland, das sie einst lieben lernte, schon bald in einen schrecklichen Alptraum verwandeln würde.

Die Folgen der Machtergreifung bekam Meitner das erste Mal am 7. April 1933 zu spüren, an dem Tag, als das *Gesetz zur Wiederherstellung des Berufsbeamtentums*, kurz BBG, erlassen wurde. Dort heißt es in Absatz (1):

> *„Beamte, die nicht arischer Abstammung sind, sind in den Ruhestand (§§8 ff.) zu versetzen; soweit es sich um Ehrenbeamte handelt, sind sie aus dem Amtsverhältnis zu entlassen."*

BBG (1933)

Den Worten sollten Taten folgen. Am 25. April 1933 publizierten die Zeitungen eine Liste von Wissenschaftlern, die aus dem Staatsdienst entlassen wurden, darunter berühmte Persönlichkeiten wie der Physiker Max Born und der Mathematiker Richard Courant. In [14] erinnert sich Born wie folgt an diesen prägenden Moment:

> *„Am nächsten Tag, dem 25. April 1933, brachten die Zeitungen eine Liste der entlas-*
> *senen Beamten, darunter einige Professoren und Dozenten der Universität. Auf dieser*
> *Liste stand mein Name, der von Courant und anderen Männern jüdischer Herkunft.*
> *Obwohl wir dies erwartet hatten, traf es uns schwer. [...] Es kam mit vor wie das*
> *Ende der Welt. Voll Verzweiflung lief ich durch die Wälder und grübelte, wie ich meine*
> *Familie retten sollte.“*

Max Born [14]

Born verließ Deutschland am 9. Mai 1933. Zusammen mit seiner Familie reiste er über Österreich nach England, wo er zunächst in Cambridge eine neue Wirkungsstätte fand. 1936 wechselte er auf die Taint-Professur an der University of Edinburgh und kehrte 1952, im Alter von 60 Jahren, nach Deutschland zurück. Auch Courant setzte seine Arbeit im Cambridge fort, bis er 1936 in New York ein neues akademisches Zuhause fand. Diesem blieb er bis zu seinem Lebensende treu.

Genau wie Born und Courant standen auch die anderen jüdischen Wissenschaftler vor der schwierigen Frage, ob sie das Land verlassen oder abwarten sollten. In der Retrospektive ist diese Frage einfach zu beantworten, zur damaligen Zeit sahen jedoch nur wenige voraus, wie dramatisch sich die Dinge zuspitzen würden. Allen war klar: Die eilige Emigration würde einen tiefen Einschnitt in das persönliche Leben bedeuten, verbunden mit einem fast sicheren Rückschritt in der akademischen Karriere. Und so hegten viele die Hoffnung, lediglich Zeitzeuge eines ideologischen Gewitters zu sein, das sich genauso schnell beruhigen würde, wie es aufgezogen war.

Dass sich die Wogen schon bald glätten würden, glaubte auch Max Planck. Eine Empfehlung, die er in dieser Zeit einem Kollegen gab, wird in [152] folgendermaßen zitiert:

> *„Wenn Ihnen die jetzigen Zustände an den Universitäten nicht gefallen, so nehmen*
> *Sie einen Urlaub auf ein Jahr. Machen Sie eine angenehme Studienreise ins Ausland.*
> *Und wenn Sie zurückkehren, werden alle unangenehmen Begleiterscheinungen dieser*
> *Zeit verschwunden sein.“*

Max Planck, zitiert nach [152]

Später musste auch Planck erkennen, dass er der Zeitzeuge einer unumkehrbaren Entwicklung war.

Ein Wissenschaftler, der sich für die Emigration entschied, war der österreichische Physiker Otto Robert Frisch, der Sohn von Lise Meitners Schwester Auguste. Frisch, der bis zur Machtergreifung Hitlers am Institut für Physikalische Chemie in Hamburg arbeitete, verließ Deutschland im Sommer 1933. Er nahm zunächst eine Stelle am Birkbeck College in London an und wechselte ein Jahr später an das renommierte physikalische Institut von Niels Bohr in Kopenhagen.

Natürlich wusste auch Meitner, dass sie einer unkalkulierbaren Zukunft entgegensah, wägte sich zu diesem Zeitpunkt aber noch in Sicherheit. Laut Absatz (2) des BBG waren Beamte von der Regelung ausgenommen,

> *„die bereits seit dem 1. August 1914 Beamte gewesen sind oder die im Weltkrieg an der Front für das Deutsche Reich oder für seine Verbündeten gekämpft haben oder deren Väter oder Söhne im Weltkrieg gefallen sind.“*
>
> BBG (1933)

Meitner vertraute darauf, dass sie durch ihren Dienst, den sie im ersten Weltkrieg an der Ostfront geleistet hatte, von der Regelung des BBG nicht betroffen war. Dennoch überkam sie ein Gefühl der Unsicherheit, als sie den ihr zugestellten Fragebogen mit dem handschriftlichen Eintrag *„nichtarisch“* versah.

In den Wirren dieser Zeit halfen ihr noch zwei andere Tatsachen, die wachsende Unsicherheit zu zerstreuen. Zum einen hatte Meitner in all den Jahren, die sie in Berlin verbrachte, niemals daran gedacht, ihre österreichische Staatsangehörigkeit aufzugeben. Damit hatte sie immer die Möglichkeit, in ihre Geburtsstadt Wien zurückzukehren, sollten sich die Dinge vollends zum Schlechten wenden. Zum anderen wurde die Stelle des Direktors des Kaiser-Wilhelm-Instituts nach der Suspendierung von Fritz Haber, dem bisherigen Amtsinhaber, mit Otto Hahn besetzt. Mit Max Planck als Präsident und Otto Hahn als Direktor hatte Meitner gleich zwei einflussreiche Fürsprecher auf ihrer Seite, und es stand für sie außer Frage, dass die beiden auch in Zukunft loyal an ihrer Seite stehen würden.

Doch bereits im September 1933 erhielt Meitner eine beunruhigende Nachricht: Ihre Arbeit als technische Röntgenassistentin, die sie während des ersten Weltkriegs im Osten ableistete, wurde nicht als ein Einsatz an der Front gewertet. Damit wurde ihr die Ausnahmeregelung nach Absatz (2) des BBG verwehrt und mit sofortiger Wirkung die Lehrbefugnis an der Berliner Universität entzogen. Auf die Tätigkeiten in der Kaiser-Wilhelm-Gesellschaft hatte dies noch keinen Einfluss. Unter dem Schutzschirm dieser außeruniversitären Einrichtung konnte Meitner weiter forschen und regelmäßige Gehaltszahlungen entgegennehmen.

Nach dem Anschluss Österreichs an das Deutsche Reich am 12. März 1938 änderte sich die Situation auf dramatische Weise. Über Nacht war Meitner zu einer deutschen Staatsbürgerin geworden und die Hoffnung, ihre österreichische Heimat könne ihr im Fall der Fälle als sicherer Zufluchtsort dienen, mit einen Schlag dahin. Auch am Kaiser-Wilhelm-Institut waren die Tage für Meitner gezählt, denn Hahn hielt dem politischen Druck, in Personalangelegenheiten im Sinne der Staatsdoktrin zu entscheiden, nicht mehr länger stand. *„Ich soll weggehen, [...] gar nicht mehr ins Inst*[itut] *kommen“*: Wir können nur erahnen, was Meitner fühlte, als sie diese knappen Worte am 20. März 1938 in ihr Tagebuch schrieb.

Zwei weitere Monate verstrichen, bis sich Meitner die so lange verdrängte Wahrheit zugestand: Sie musste Deutschland verlassen. Ihr anvisiertes Exil war Kopenhagen, wo sie bei Niels Bohr als neue Mitarbeiterin herzlich willkommen war. Für Meitner schien dies die beste Wahl zu sein, denn Bohrs Institut war nicht nur international renommiert, sondern seit dem Sommer 1933 auch die wissenschaftliche Heimat ihres Neffen Otto Robert Frisch.

Eine entmutigende Nachricht erhielt sie im Mai 1938 vom Dänischen Konsulat. Durch den Anschluss Österreichs wurde ihr Pass nicht mehr länger als ein gültiges Reisedokument akzeptiert, und die rasche Beantragung neuer Dokumente führte ebenfalls zu keiner Lösung. Ein Aufschub folgte dem nächsten, und allmählich wurde Meitner klar, was der eigentliche Grund für die Verschleppung war. Das nationalsozialistische Regime sah in der Emigration namhafter Wissenschaftler eine immer größer werdende Gefahr und hatte gar nicht mehr vor, deren Ausreise zu ermöglichen. Meitner war gefangen.

Als sie am 4. Juli von Carl Bosch die Nachricht erhielt, dass verschärfte Grenzkontrollen bereits in wenigen Tagen eine Ausreise gänzlich unmöglich machen würden, war klar: Sie musste das Land verlassen, und zwar sofort. Hilfe bekam Meitner von zahlreichen Freunden im In- und Ausland, unter anderen durch den niederländischen Physiker Dirk Coster. Er war an Meitners Seite, als sie am 13. Juli 1938 still und in sich gekehrt einen Zug der Reichsbahn bestieg und auf einer wenig befahrenen Route die rund siebenstündige Reise an die niederländischen Grenze antrat. Otto Hahn erinnert sich in seiner Autobiographie wie folgt an die dramatische Reise:

> *„Am Abend des 12. Juli traf Professor Coster aus Holland in meinem Institut ein und brachte die Zusicherung, dass die Holländer Lise Meitner ohne Visum über die Grenze lassen würden. Mit Hilfe unseres langjährigen Freundes Paul Rosbaud wurden in der Nacht die notwendigsten Kleider und Wertgegenstände Lise Meitners gepackt. Für dringende Notfälle übergab ich ihr einen schönen Brillantring, den ich als Erbstück meiner verstorbenen Mutter zwar nie getragen, aber immer gut aufgehoben hatte. Am Morgen des 13. Juli fuhr Lise Meitner in aller Heimlichkeit mit Professor Coster dem sehr unsicheren Tag entgegen. Wir hatten ein Schlüsselwort verabredet, mit dem uns das Gelingen oder Misslingen der Fahrt telegrafisch mitgeteilt werden sollte. Die Gefahr für Lise Meitner bestand in den mehrfachen Kontrollen in den nach dem Ausland fahrenden Eisenbahnzügen durch die SS. Immer wieder wurden Menschen, die ins Ausland zu gelangen versuchten, in der Bahn festgenommen und zurückgeholt. [...] Ich werde den 13. Juli 1938 nie vergessen."*

Otto Hahn [80]

Eine Passagierkontrolle fand an diesem Tag nicht statt, und so hatte es Meitner nach einer nervenzerreißenden Fahrt geschafft, sich dem Würgegriff einer gnadenlosen Diktatur zu entziehen. Später wird sie schreiben:

„Dann hatte ich genau 1½ Stunden Zeit, um ein paar notwendigste Sachen in 2 kleine Koffer zu packen und um für immer aus Deutschland wegzugehen – mit 10 Mark in der Tasche."

Lise Meitner, zitiert nach [148]

Im August setzte Meitner ihre Reise nach Schweden fort, wo sie bei Manne Siegbahn an der Universität in Stockholm eine Anstellung fand. Als eine wissenschaftliche Heimat hatte sie das Institut auch in späteren Jahren nie bezeichnet; zu sehr war das Verhältnis zu Siegbahn von zwischenmenschlichen Diskrepanzen geprägt. Auch die Durchführung physikalischer Experimente war zu dieser Zeit kaum möglich. Siegbahns Labore erwiesen sich für Meitners Forschung als gänzlich ungeeignet, und das monatliche Salär war so knapp bemessen, dass an die Anschaffung eigener Geräte nicht zu denken war.

Im Dezember 1938 wurde Enrico Fermi für seine Experimente mit langsamen Neutronen der Nobelpreis verliehen. Für Meitner war dies die Gelegenheit, Fermi in Stockholm persönlich zu sprechen, doch das Wiedersehen war kein wirklich glückliches; zu sehr waren die beiden Forscher durch die Ereignisse der letzten Jahre gezeichnet. Auch Fermi hatte erkannt, dass er mit seiner Familie Europa verlassen musste, und die Preisverleihung in Stockholm bot ihm dafür die Gelegenheit. Nach den Feierlichkeiten kehrte der Italiener nicht in seine Heimat zurück. Stattdessen reiste er mit seiner Familie in die Vereinigten Staaten, wo er vor dem Mussolini-Regime in Sicherheit war.

12.2.3 Das Experiment von Hahn und Straßmann

Im selben Monat, in dem Fermi in Stockholm geehrt wurde, überschlugen sich in Berlin-Dahlem die Ereignisse. Hahn hatte zusammen mit dem Chemiker Fritz Straßmann weiter an der Frage der Transurane gearbeitet und dabei eine Entdeckung gemacht, von der noch niemand wusste, wie sehr sie die Welt verändern würde.

Was war passiert? In den zahllosen Experimenten, die über die Jahre am Kaiser-Wilhelm-Institut mit langsamen Neutronen durchgeführt wurden, war regelmäßig ein Isotop entstanden, das die Forscher für Radium hielten. Zunächst war jedoch völlig unklar, wie dieses Element entstehen konnte, und so geriet die Suche nach dem genauen Reaktionsprozess schnell zu einer der dringlichsten Forschungsaufgaben am Institut. Hahn formulierte damals die Hypothese, dass die Radium-Isotope in einem zweistufigen Prozess entstehen. Er vermutete, dass die penetrierenden Neutronen in den Uranatomen eine (n, α)-Reaktion auslösen und diese unter der Emission eines Heliumkerns zu einem Thoriumatom werden lassen:

$$^{238}_{92}\text{U} + {}^{1}_{0}\text{n} \overset{(n,\alpha)}{\rightarrow} {}^{235}_{90}\text{Th}$$

Die Emission eines weiteren Alphateilchens würde die Anzahl der Protonen in den Thoriumatomen nochmals um zwei reduzieren, auf nunmehr 88. Im Periodensystem finden wir an der 88. Position das Element Radium wieder, also genau jenes, das Meitner und Hahn damals in ihrem Reaktionsprodukt vermuteten. Hahn ging deshalb davon aus, dass das Radium durch eine doppelte (n, α)-Reaktion entstanden war:

$$^{238}_{92}\text{U} + {}^{1}_{0}\text{n} \overset{(n,\alpha)}{\rightarrow} {}^{235}_{90}\text{Th} \overset{(n,\alpha)}{\rightarrow} {}^{231}_{88}\text{Ra}$$

Allen beteiligten war klar: Sollte die Reaktion tatsächlich auf diese Weise stattfinden, so wäre dies eine kleine Sensation. Eine (n, α)-Reaktion war für schwere Atomkerne nämlich nicht nur äußerst untypisch, sie wurde auch niemals zuvor im Zusammenhang mit langsamen Neutronen beobachtet.

Mit dem jüngsten Experiment von Hahn und Straßmann verdichteten sich die Hinweise darauf, dass Hahns ursprüngliche Vermutung falsch war. Die chemische Analyse der Reaktionsprodukte schien zu belegen, dass sich gar nicht Radium, sondern Barium darin verbarg. Nach dem damals als gesichert geglaubten Wissen war die Entstehung von Barium aber ein Ding der Unmöglichkeit. Bisher gingen die Forscher davon aus, dass ein in den Atomkern eindringendes Neutron in der Lage ist, im Rahmen des Beta-Minus-Zerfalls ein neues Proton zu bilden oder im Zuge einer (n, α)-Reaktion oder einer (n,p)-Reaktion ein Alphateilchen bzw. ein Proton aus dem Kern herauszuschlagen. Im ersten Fall würde sich die Ordnungszahl um eins erhöhen und im zweiten Fall um eins bzw. zwei verringern. Radium ist im Periodensystem der Elemente nur vier Positionen entfernt und ließe sich, wie es Hahn ursprünglich vermutete, mit zwei (n, α)-Reaktionen erreichen. Barium befindet sich mit der Ordnungszahl 56 aber an einem völlig anderen Platz. Dass ein langsames Neutron in der Lage war, einen Urankern, auf welche Weise auch immer, in einen Bariumkern zu verwandeln, war für Hahn und Straßmann eine derart tollkühne Vorstellung, dass sie diese Möglichkeit nicht ernsthaft in Erwägung zogen. Im damaligen Licht der Dinge machte die Entstehung von Barium schlichtweg keinen Sinn.

Am 19. Dezember 1938 schickte Hahn einen Brief nach Stockholm. Als Meitner den Umschlag drei Tage später öffnete, erfuhr sie folgendermaßen über das besagte Experiment:

> *„Liebe Lise! [...] Es ist jetzt 11 Uhr abends; um 11:30 will Straßmann wiederkommen, so dass ich nach Hause kann allmählich. Es ist nämlich etwas bei dem ‚Radiumisotop‘ was so merkwürdig ist, dass wir es vorerst nur Dir sagen. [...] Es könnte noch ein höchst merkwürdiger Zufall vorliegen. Aber immer mehr kommen wir zu dem schrecklichen Schluss: unsere Ra[dium]-Isotope verhalten sich nicht wie Ra[dium], sondern wie Ba[rium]. [I]ch habe mit Straßmann verabredet, dass wir vorerst nur Dir dies sagen wollen. Vielleicht kannst Du irgendeine phantastische Erklärung vorschlagen. Wir wissen dabei selbst, dass es eigentlich nicht in Ba[rium] zerplatzen kann. [...] Also überleg Dir mal, ob sich nicht irgendeine Möglichkeit ausdenken ließe.“*

Konnte das Barium vielleicht doch durch das „*Platzen*" der Urankerne entstanden sein? In ihrer Antwort an Hahn schrieb Meitner noch ablehnend über diese Möglichkeit, wirklich loslassen konnte sie diesen Gedanken aber nicht mehr:

> *„Eure Radiumresultate sind sehr verblüffend. Ein Prozess, der mit langsamen Neutronen geht und zum Barium führen soll! [...] Mir scheint vorläufig die Annahme eines so weitgehenden Zerplatzens sehr schwierig, aber wir haben in der Kernphysik so viele Überraschungen erlebt, dass man auf nichts ohne weiteres sagen kann: es ist unmöglich."*

Lise Meitner, zitiert nach [152]

Am 23. Dezember verließ Meitner Stockholm, um in dem beschaulichen Städtchen Kungälv an der Westküste Schwedens die Weihnachtstage zu verbringen. Eingeladen war auch ihr Neffe Otto Robert Frisch, mit dem sie während eines langen Winterspaziergangs das Experiment von Hahn und Straßmann diskutierte. Mehr als eine Frage gab es damals zu klären. Zunächst stand das Problem im Raum, ob ein einzelnes Neutron überhaupt in der Lage sein konnte, einen so massiven Atomkern wie das Uran in zwei Teile zu spalten. Und selbst wenn dies der Fall war: Nach dem Zerplatzen würden die elektrischen Abstoßungskräfte die beiden Teile mit einer enormen Kraft auseinandertreiben. Meitner rechnete aus, dass sich die kinetische Energie auf rund 200 MeV belaufen würde. Dies war ein beachtlicher Betrag und es war klar, dass diese Energie nicht aus dem Nichts heraus entstehen konnte.

Ihr vielversprechendster Erklärungsversuch drehte sich um ein Modell von Niels Bohr, das dem Atomkern ähnliche physikalische Eigenschaften zuschreibt wie die eines gewöhnlichen Flüssigkeitstropfens. In grober Näherung können wir uns einen Atomkern in diesem Modell als einen freien Verbund von Nukleonen vorstellen, die wie die Moleküle eines Wassertropfens durch die Oberflächenspannung zusammengehalten werden. Meitner und Frisch rechneten aus, dass das Uran durch den Beschuss mit einem Neutron, sollte das Tröpfchenmodell tatsächlich Bestand haben, in Vibrationen gerät und dadurch in zwei Teile gerissen werden kann. Auch die Herkunft der Energie ließ sich erklären. Über eine Approximation der Packungsdichte der Nukleonen schätzten Meitner und Frisch ab, dass die Spaltung einen Urankerns einen Massendefekt hervorrufen würde, der rund ein Fünftel der Masse eines Protons betrug. Nach Einsteins Formel $E = mc^2$ entspricht diese Masse einer Energie von ca. 200 MeV, also genau jenem Betrag, den Meitner und Frisch vorab ausgerechnet hatten. Alles passte nun perfekt zusammen.

In seinen Memoiren erinnert sich Otto Robert Frisch so klar und deutlich an diese Sternstunde der Physik, dass er selbst zu Wort kommen soll:

> *„Als ich nach meiner ersten Übernachtung in Kungälv aus meinem Hotelzimmer kam, fand ich Lise Meitner mit einem Brief Hahns beschäftigt, der ihr offensichtlich Sorgen*

machte. Ich wollte ihr von einem neuen Experiment erzählen, das ich gerade vorbereitete, doch sie hörte nicht zu; ich musste den Brief lesen. Dessen Inhalt war tatsächlich so erstaunlich, dass ich zuerst zur Skepsis neigte. Hahn und Straßmann hatten nämlich gefunden, dass die drei erwähnten Substanzen vom chemischen Standpunkt aus nicht Radium waren [...] [sondern] Isotope des Bariums [...].

War dies einfach ein Fehler? Nein, sagte Lise Meitner; Hahn war ein viel zu guter Chemiker, um solche Fehler zu machen. [...] Wir gingen im Schnee auf und ab, ich auf Skiern und sie zu Fuß [...], und allmählich nahm die Idee Gestalt an, dass dies kein Zersplittern oder Zerspringen des Atomkerns war, sondern ein Prozess, der durch Bohrs Vorstellung vom Kern als einem Flüssigkeitstropfen erklärt werden konnte; ein solcher Tropfen konnte sich in die Länge ziehen und teilen. [...] Wir wussten, dass es starke Kräfte gab, die sich einem solchen Vorgang entgegenstellten, ganz wie die Oberflächenspannung eines gewöhnlichen Flüssigkeitströpfchens dessen Spaltung in zwei Teile verhindert. Doch die Kerne unterscheiden sich von gewöhnlichen Tropfen in einer wichtigen Hinsicht: sie sind elektrisch geladen, und es war bekannt, dass dies der Oberflächenspannung entgegenwirkt.

Als wir an diesem Punkt angelangt waren, setzten wir uns auf einen Baumstamm [...]. Dann begannen wir auf kleinen Zettelchen zu rechnen und fanden, dass die Ladung des Urankerns tatsächlich genügte, um die Oberflächenspannung fast vollständig zu überwinden. Der Urankern glich also tatsächlich einem wackelnden, instabilen Tropfen, der bei der geringsten Provokation, wie z. B. beim Aufprall eines einzigen Neutrons, in zwei Teile zerfallen konnte.

Doch es stellte sich ein weiteres Problem. Nach der Spaltung wurden die zwei Tröpfchen durch ihre gegenseitige Abstoßung voneinander getrennt und auf eine hohe Geschwindigkeit, das heißt ein hohes Energieniveau von rund 200 MeV gebracht; woher konnte diese Energie kommen? Zum Glück erinnerte sich Lise Meitner an die empirische Formel zur Berechnung von Kernmassen. Wir fanden heraus, dass die zwei Kerne, die sich bei der Spaltung eines Urankerns bildeten, insgesamt leichter als der ursprüngliche Urankern sein würden; der Unterschied betrug etwas 1/5 Protonenmassen. Wenn aber Masse verschwindet, entsteht Energie nach Einsteins Formel $E = mc^2$; nun entsprach 1/5 Protonenmasse gerade 200 MeV. Hier war also die Energiequelle: alles stimmte!"

Otto Robert Frisch, zitiert nach [152]

Wir wollen das Experiment, das von Hahn und Straßmann chemisch analysiert und von Meitner und Frisch theoretisch interpretiert wurde, in eine Reaktionsgleichung überführen. Unser Ausgangspunkt ist das Uran-Isotop $^{235}_{92}$U, das sich in geringen Mengen in den Proben des Uran-Isotops $^{238}_{92}$U befand. Durch den Beschuss mit einem Neutron entsteht daraus zunächst das instabile Isotop $^{236}_{92}$U. Was dann geschieht, ist in Abbildung 12.10 zu sehen. Der Urankern gerät in Vibration und zerplatzt in dem gezeigten Beispiel in einen Barium- und einen Kryptonkern:

$$^{235}_{92}\text{U} + {}^{1}_{0}\text{n} \rightarrow {}^{236}_{92}\text{U} \rightarrow {}^{139}_{56}\text{Ba} + {}^{95}_{36}\text{Kr} + {}^{1}_{0}\text{n} + {}^{1}_{0}\text{n} \qquad (12.1)$$

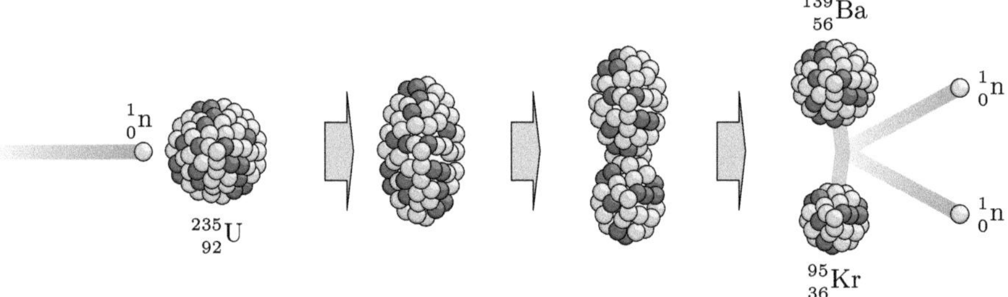

Abbildung 12.10: Kernspaltung im Tröpfchenmodell

An dieser Stelle darf nicht unerwähnt bleiben, dass der geschilderte Zerfall von ${}^{235}_{92}\mathrm{U}$ nur einer von vielen möglichen ist. Wird Uran mit Neutronen beschossen, so entstehen ganz unterschiedliche Zerfallsketten, die als Reaktionsprodukt ein Gemisch aus völlig verschiedenen Elementen produzieren. Dass wir exemplarisch den Zerfall von ${}^{235}_{92}\mathrm{U}$ in Barium und Krypton gewählt haben und diesem Beispiel auch weiterhin treu bleiben werden, ist lediglich der historischen Besonderheit des Barium-Isotops ${}^{139}_{56}\mathrm{Ba}$ geschuldet, das erste im Labor nachgewiesene Spaltprodukt des Uran-Zerfalls zu sein.

Als Nächstes wollen wir uns einen Überblick über die Energiebilanz dieser Reaktion verschaffen. Das Uran-Isotop ${}^{235}_{92}\mathrm{U}$ hat eine Kernmasse von $234{,}99346061$ u. Addieren wir die Masse eines Neutrons hinzu, so erhalten wir für die linke Seite der Reaktionskette (12.1) die folgende Masse:

$$m_{\mathrm{vor}} = 236{,}00212553 \text{ u}$$

Für die rechte Seite der Reaktionskette verläuft die Rechnung analog:

$$m_{\mathrm{nach}} = 138{,}87812092 \text{ u} + 94{,}92009078 \text{ u} + 2 \cdot 1{,}00866492 \text{ u} = 235{,}81554154 \text{ u}$$

Das bedeutet, dass sich die Masse während der Reaktion um den Betrag

$$\Delta m = m_{\mathrm{vor}} - m_{\mathrm{nach}} = 0{,}18658399 \text{ u}$$

verringert hat, was in etwa $0{,}08\,\%$ der Ausgangsmasse entspricht. Wie groß die Energiemenge ist, die aufgrund des Massendefekts freigesetzt wird, können wir sofort ausrechnen:

$$\begin{aligned}
\Delta E &= \Delta m c^2 \\
&\approx 0{,}18658399 \text{ u} \cdot c^2 \\
&\approx 0{,}18658399 \cdot 931{,}494061 \, \tfrac{\mathrm{MeV}}{\mathrm{c}^2} \cdot c^2 \\
&\approx 173{,}802 \text{ MeV}
\end{aligned} \tag{12.2}$$

Auf ihrem Winterspaziergang in Schweden haben Meitner und Frisch diesen Wert mit 200 MeV abgeschätzt und lagen damit erstaunlich nahe an dem realen Wert.

Otto Hahn wurde für die Entdeckung der Kernspaltung im Jahr 1944 mit dem Nobelpreis ausgezeichnet; Lise Meitner wurde nicht bedacht. Dass Hahn den Preis redlich verdient hatte, wurde von niemandem in Frage gestellt, wohl aber, dass ihm der Preis alleine zustand. Unter den zahlreichen Kritikern befand sich auch der Chemiker Dirk Coster, der Meitner auf ihrer dramatischen Flucht über die niederländische Grenze begleitete. Als er von der Entscheidung des Nobelkomitees erfuhr, teilte er Meitner schriftlich sein Bedauern mit:

„Otto Hahn, der Nobelpreis! Er hat ihn sicher verdient. Es ist aber schade, dass ich Sie 1938 aus Berlin entführt habe [...] Sonst wären Sie auch dabei gewesen; was sicher gerechter gewesen wäre.“

Dirk Coster, zitiert nach [95]

Meitner hatte mit der Entscheidung, dass sie sich nicht in die Liste der Nobelpreisträger einreihen durfte, nie gehadert. Es war etwas ganz anderes, was ihr zu schaffen machte. Als die Jahre vergingen, begann ihre wissenschaftliche Leistung in Vergessenheit zu geraten, und je weiter Otto Hahn durch seine unbestrittene Lebensleistung nach vorne trat, desto mehr wurde Meitner in der öffentlichen Wahrnehmung nach hinten gedrängt. Tief erschüttert war Meitner, als sie im Jahr 1953 sowohl im Bericht der Max-Planck-Gesellschaft als auch in einem Artikel, den Werner Heisenberg für die Naturwissenschaftliche Rundschau verfasste, lediglich als die *„langjährige Mitarbeiterin“* Hahns bezeichnet wurde. Wir wissen davon aus einem Brief, den Meitner am 22. Juni 1953 an Otto Hahn verfasste:

„Ich bin im Jahre 1917 vom Verwaltungsrat des Kaiser-Wilhelm-Instituts für Chemie offiziell mit der Einrichtung der Physikalischen Abteilung betraut worden und habe sie 21 Jahre geleitet. Versuche Dich mal in meine Lage hineinzudenken! Soll mir nach den letzten 15 Jahren, die ich keinem guten Freund durchlebt zu haben wünsche, auch noch meine wissenschaftliche Vergangenheit genommen werden? Ist das fair? Und warum geschieht es? Was würdest Du sagen, wenn Du auch charakterisiert würdest als der langjährige Mitarbeiter von mir?“

Lise Meitner, zitiert nach [156]

Lise Meitner starb am 27. Oktober 1968 in Cambridge, drei Monate nach Otto Hahn. Wir wollen ein letztes Mal aus einem ihrer Briefe zitieren: aus einem Brief, den sie am 23. Juni 1918 an Otto Hahn verfasste. Wie kein anderer wirft er ein helles Licht auf den Charakter einer brillanten Wissenschaftlerin, deren Grabinschrift nicht zufällig die Worte zieren: *„A physicist who never lost her humanity“*.

„Habe ich Ihnen geschrieben, dass ich neulich unsere Arbeit im Colloquium vorgetragen habe und dass mir nachher Planck, Einstein und Rubens jeder extra sagten, wie hübsch unsere Arbeit sei? Woraus Sie sehen können, dass ich ganz vernünftig vorgetragen habe, obwohl ich dummerweise wieder sehr befangen war [...] Ich war froh, dass Sie nicht dabei waren, Sie hätten sicher geschimpft. So bin ich mit einem freundschaftlichen Scherz Plancks und einer sehr wohlwollenden psychologischen Betrachtung Einsteins über meine Schüchternheit davongekommen [...] Da ich optimistisch genug bin, auf einen Frieden im Herbst zu rechnen, so hoffe ich, dass wir im Winter wieder zusammen arbeiten können."

Lise Meitner, zitiert nach [152]

12.3 Leben im Atomzeitalter

12.3.1 Chancen und Risiken der Kernspaltung

Als Nächstes wollen wir einen bestimmten Aspekt der Kernspaltung besprechen, der damals weder von Meitner noch von Hahn in seiner vollen Auswirkung verstanden wurde. Aus der Reaktionsgleichung (12.1) geht hervor, dass die Spaltung eines Uranatoms durch den Beschuss mit einem Neutron ausgelöst wird, und im Zuge des Zerfalls zwei weitere Neutronen freigesetzt werden. Als Erster hatte Frédéric Joliot-Curie erkannt, dass diese Neutronen unter geeigneten physikalischen Bedingungen in der Lage sind, weitere Uranatome zu spalten und den Prozess in einer Kettenreaktion fortzusetzen, wie sie in Abbildung 12.11 angedeutet ist.

Kontrollierte Kernspaltung

Wird diese Reaktion so beeinflusst, dass im Durchschnitt nur eines der beiden emittierten Neutronen eine weitere Spaltung bewirkt, so sprechen wir von einer kontrollierten Kernreaktion. Die Spaltprozesse laufen in diesem Fall vergleichsweise langsam ab und setzen über einen längeren Zeitraum kontinuierlich Energie frei. Die kontrollierte Kernreaktion ist die Grundlage für die Energiegewinnung in Kernreaktoren, die heute in vielen Ländern eine wichtige Rolle in der Grundversorgung spielt. Der erste funktionsfähige Prototyp eines solchen Reaktors war *Chicago Pile 1*. Er wurde unter der Leitung von Enrico Fermi im Jahr 1942 gebaut und stellte damals eindrucksvoll unter Beweis, dass die kontrollierte Kernspaltung tatsächlich in der prognostizierten Weise funktioniert.

In modernen Atomkraftwerken ist das Spaltmaterial in *Brennstäben* verpackt, die vor dem Anfahren des Reaktors in ein Kühlwasserbecken eingelassen werden. Durch den Beschuss mit langsamen Neutronen wird die Kernspaltung in Gang gesetzt und

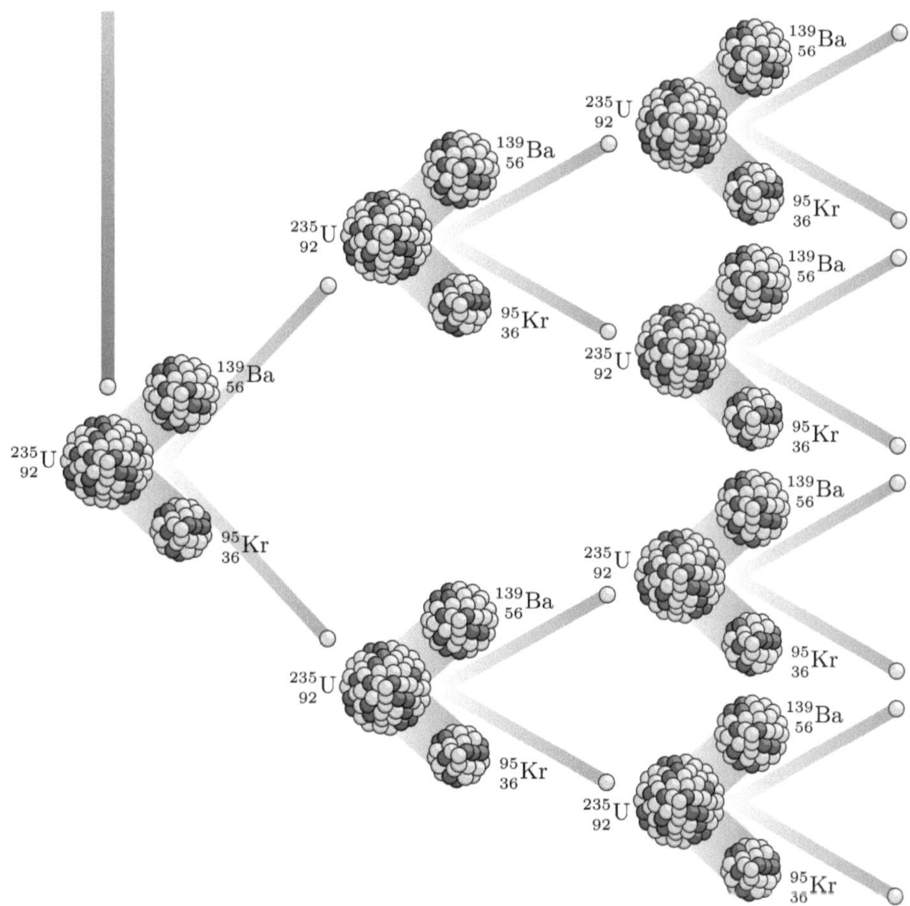

Abbildung 12.11: Kettenreaktion der Kernspaltung

die Anzahl der Reaktionen mithilfe von Neutronenabsorbern auf einem konstanten Niveau gehalten. Eine kontrollierte Absorption lässt sich beispielsweise durch die Zugabe von Borsäure in das Kühlwasser des Primärkreislaufes erreichen. Trifft ein Neutron auf einen Kern des Bor-Isotops $^{10}_{5}B$, so wird es im Rahmen einer (n, α)-Reaktion absorbiert und der Borkern unter der Emission eines Alphateilchens in einen Lithiumkern verwandelt:

$$^{10}_{5}B + ^{1}_{0}n \rightarrow ^{7}_{3}Li + ^{4}_{2}He$$

Zusätzlich können sogenannte *Regelstäbe* in das Wasserreservoir eingelassen werden, die Neutronen in großer Zahl absorbieren.

In der zweiten Hälfte des 20. Jahrhunderts hatte die Reaktortechnik ein so hohes Niveau erreicht, dass viele die Hoffnung hegten, eine ressourcenschonende und umweltfreundliche Energiequelle erschlossen zu haben, mit der sich der wachsende Energiebedarf der Industrieländer auf Jahre hinaus decken lässt. Dieser Traum hat sich nicht erfüllt. Seit den Reaktorunfällen im ukrainischen Tschernobyl und im japanischen Fukushima wissen wir, dass die Risiken der Kernspaltung lange Zeit unterschätzt worden sind.

Unkontrollierte Kernspaltung

Läuft die Kettenreaktion hingegen so ab, dass nur wenige der freigesetzten Neutronen durch die Interaktion mit Fremdatomen verloren gehen, so nimmt die Anzahl der reaktionsbereiten Neutronen exponentiell zu und damit auch die Anzahl der gespaltenen Atome. Eine solche *unkontrollierte Kernreaktion* tritt beispielsweise dann ein, wenn eine kritische Masse hochreinen Urans $^{235}_{92}$U mit langsamen Neutronen beschossen wird. Die Anreicherung dieses Isotops, das in der Natur nur in geringen Spuren vorkommt, ist technisch anspruchsvoll und wird heute in großen, eigens für diesen Zweck gebauten Fraktionierungsanlagen durchgeführt. Dort wird das natürlich vorkommende Uran zunächst in gasförmiges Uranhexafluorid (UF_6) umgewandelt und die leichteren $^{235}_{92}UF_6$-Atome anschließend in beheizten Gaszentrifugen von den schwereren $^{238}_{92}UF_6$-Atomen getrennt.

Bereits wenige Monate nach der Entdeckung der Kernspaltung hatten die Nationalsozialisten damit begonnen, nach potenziellen Einsatzmöglichkeiten zu suchen. Der Bau eines zivilen Testreaktors war eines der Ziele, doch das Hauptaugenmerk lag auf etwas anderem: der Entwicklung einer Kernwaffe. Auch wenn das deutsche *Uranprojekt* zu Beginn des zweiten Weltkriegs noch keine nennenswerten Erfolge vorweisen konnte, stieg in der Welt die Angst. Denn früh war klar: Sollten es den Nationalsozialisten tatsächlich gelingen, innerhalb der nächsten Jahre eine funktionsfähige Kernwaffe zu entwickeln, so würde dies eine dramatische Verschiebung des Machtgefüges bewirken. Hitlers Griff nach der Bombe war eine Bedrohung, die von der Sowjetunion und Japan mit großflächig angelegten Programmen beantwortet wurde. Die gewaltigste Reaktion hatte das deutsche Uranprojekt aber in den Vereinigten Staaten ausgelöst. Unter der Leitung des US-amerikanischen Physikers Julius Robert Oppenheimer (Abbildung 12.12) arbeiteten dort zeitweise mehr als hunderttausend Menschen fieberhaft am Bau der Bombe, darunter namhafte Wissenschaftler wie Leó Szilárd (Abbildung 12.13), Edward Teller und Eugene Wigner.

Die drei namentlich Erwähnten haben das *Manhattan-Projekt* nicht nur technisch begleitet, sondern auch maßgeblich an dessen Initiierung mitgewirkt. Zusammen mit Teller und Wigner hatte Szilárd im August 1939 einen politisch brisanten Brief verfasst, aus dem wir eine kurze Passage zitieren wollen:

JULIUS ROBERT OPPENHEIMER
1904 – 1967

Abbildung 12.12

LEÓ SZILÁRD
1898 – 1964

Abbildung 12.13

> *„Sir: [...] In the course of the last four months it has been made probable – through the work of Joliot in France as well as Fermi and Szilard in America – that it may become possible to set up a nuclear chain reaction in a large mass of uranium, by which vast amounts of power and large quantities of new radium-like elements would be generated. Now it appears almost certain that this could be achieved in the immediate future.*
> *This new phenomenon would also lead to the construction of bombs, and it is conceivable – though much less certain – that extremely powerful bombs of a new type may thus be constructed.“*

Danach weist Szilárd ausdrücklich auf die Kraft einer solchen Bombe hin. Er vermutete, dass ein einziger nuklearer Sprengsatz ausreichen würde, um eine Hafenanlage großflächig in Schutt und Asche zu legen. Wie zerstörerisch und vergleichsweise handlich die Waffen sein werden, die heute in großer Zahl in den Arsenalen der Großmächte lagern, hatten aber weder Szilárd noch Teller oder Wigner damals erahnt:

> *„A single bomb of this type, carried by boat and exploded in a port, might very well destroy the whole port together with some of the surrounding territory. However, such bombs might very well prove to be too heavy for transportation by air.“*

Abbildung 12.14: Die Trinity-Bombe 16 Millisekunden nach der Zündung

Am Ende des Briefs unterstrich Szilárd, wie dringend die Angelegenheit sei. Die Nachrichtendienste hatten vermeldet, dass die Deutschen den Verkauf von Metallen aus den tschechoslowakischen Uranminen vollständig gestoppt hatten und bereits intensiv nach Wegen suchten, um das Isotop $^{235}_{92}$U anzureichern. Einen Ort hatten die Dienste dabei besonders im Visier: das Kaiser-Wilhelm-Institut in Berlin-Dahlem, das nicht nur den Kampf gegen die Gleichschaltung, sondern auch seine Unschuld längst verloren hatte:

„I understand that Germany has actually stopped the sale of uranium from the Czechoslovakian mines which she has taken over. That she should have taken such early action might perhaps be understood on the ground that the son of the German Under-Secretary of State, von Weizsäcker, is attached to the Kaiser-Wilhelm-Institut in Berlin where some of the American work on uranium is now being repeated.“

Adressiert war der Brief an jenen Mann, der die Zukunft des Landes damals in Händen hielt: Franklin D. Roosevelt, Präsident der Vereinigten Staaten von Amerika. Um im Weißen Haus Gehör zu finden, unterzeichnete Szilárd das Schreiben nicht selbst. Stattdessen bat er zusammen mit Teller und Wigner einen Wissenschaftler um Hilfe, der in den Vereinigten Staaten mittlerweile eine schier unbegrenzte Popularität genoss und die Brisanz der Angelegenheit sofort verstand. Der Plan ging auf, und so kam es, dass der Brief mit den folgenden Worten schließt:

„Yours very truly, Albert Einstein“

Trinity

Der erste erfolgreiche Atombombentest wurde unter dem Codenamen *Trinity* am 16. Juli 1945 in der Wüste des US-Bundesstaats New Mexico durchgeführt. Als Spaltmaterial kam damals das Plutonium-Isotop $^{239}_{94}$Pu zum Einsatz, das unter dem Beschuss von

Neutronen in einer ähnlichen Reaktionskette zerfällt wie das weiter oben betrachtete Uran-Isotop $^{235}_{92}\text{U}$.

Den zahlreichen Zuschauern, die sich 16 km entfernt von *Ground Zero*, dem Zentrum der Detonation, versammelt hatten, bot sich ein schauriges Spektakel. Unmittelbar nach der Zündung erhellte ein gigantischer Lichtblitz die Szenerie, der sich in Form einer intensiven Hitzewelle ringförmig entfaltete. Auf die Hitze folgte eine massive Schockwelle, die mit Schallgeschwindigkeit Kurs auf die Zuschauertribüne nahm. Als sie nach 40 Sekunden dort ankam, hatte sich bereits die charakteristische *Pilzwolke* ausgebildet, die am Ende mehr als 10 km in den Himmel ragte. Völlig unterschätzt hatten die Wissenschaftler die Auswirkungen auf die Umwelt. Mit der Pilzwolke wurden riesige Mengen radioaktiven Staubs in die Atmosphäre geschleudert, die sich in den folgenden Tagen als radioaktiver Niederschlag, dem sogenannten *Fallout*, weiträumig verteilten. Der Trinity-Test hatte die Landmassen im Umkreis von mehreren Kilometern radioaktiv kontaminiert, und noch heute lässt sich auf dem Testgelände eine erhöhte Radioaktivität messen. Für das wissenschaftliche und militärische Personal hatte das Manhattan-Projekt massive gesundheitliche Auswirkungen. Viele Mitarbeiter erkrankten in den Jahren danach an Krebs, mit meist tödlichen Folgen.

Robert Oppenheimer erinnerte sich in einem Interview mit denkwürdigen Worten an den Tag, an dem der Himmel über New Mexico in Flammen stand:

> *„We knew the world would not be the same. A few people laughed, a few people cried, most people were silent. I remembered the line from the Hindu scripture, the Bhagavad-Gita; Vishnu is trying to persuade the Prince that he should do his duty and, to impress him, takes on his multi-armed form and says, 'Now I am become Death, the destroyer of worlds.' I suppose we all thought that, one way or another."*

Julius Robert Oppenheimer [67]

Welch zerstörerische Kraft eine solche *Fissionsbombe* über einem von Menschen bewohnten Gebiet entfaltet, wurde wenige Tage später sichtbar, als am 6. und 9. August 1945 zwei Bomben über den japanischen Städten Hiroshima und Nagasaki explodierten (Abbildung 12.15).

Die Folgen der Abwürfe waren verheerend. Als die Hiroshima-Bombe (*Little Boy*) in einer Höhe von 600 m zündete, wurde das Stadtzentrum von einer mehrere tausend Grad heißen Hitzewelle erfasst, die zehntausende Menschen binnen Sekunden tötete. Kurze Zeit später legte die Schockwelle 80 % des gesamten Innenstadtbereichs in Schutt und Asche. Zwischen 70.000 und 80.000 Menschen verloren an diesem Tag ihr Leben, und unzählige weitere wurden so stark radioaktiv kontaminiert, dass sie nach wenigen Wochen an der Strahlenkrankheit starben oder Jahre später dem Krebs erlagen.

Abbildung 12.15: Traurige Stunden: die Atombombenabwürfe auf Japan im August 1945

Die Bombe über Nagasaki (*Fat Man*) war technisch komplizierter gebaut. Anstelle von Uran kam das spaltbare Plutonium-Isotop $^{239}_{94}\text{Pu}$ zum Einsatz, das bereits im Trinity-Test seine zerstörerische Wirkung unter Beweis gestellt hatte. Mit einer Sprengkraft von rund 22 kT (TNT) war die Bombe noch stärker als die drei Tage zuvor gezündete. Wie viele Menschen in Nagasaki an diesem Tag ihr Leben verloren haben, ist nicht genau bekannt. Es wird vermutet, dass der zweite Bombenabwurf ähnlich viele Opfer forderte wie der erste, der Hiroshima in Schutt und Asche legte.

Die Energiemengen, die im Rahmen der Explosion freigesetzt wurden, können wir mit unserem bisher erworbenen Wissen recht genau bemessen. Die Hiroshima-Bombe wurde mit 64 kg Spaltmaterial bestückt, in dem das Uran-Isotop $^{235}_{92}\text{U}$ auf ca. 80 % angereichert war. Damit enthielt ein Kilogramm des Spaltmaterials ungefähr

$$\frac{0,8\ \text{kg}}{235\ \text{u}} \approx \frac{0,8 \cdot 6,022 \cdot 10^{26}\ \text{u}}{235\ \text{u}} \approx 2 \cdot 10^{24}$$

Kerne des Uran-Isotops $^{235}_{92}\text{U}$. Wären alle Kerne im Zuge der Kettenreaktion zerplatzt, so hätte dies unter Berücksichtigung von (12.2) die folgende Energiemenge freigesetzt:

$$E_{\text{kg}} \stackrel{(12.2)}{\approx} 2 \cdot 10^{24} \cdot 173,802 \text{ MeV} \approx 3,5 \cdot 10^{26} \text{ MeV} \approx 5,6 \cdot 10^7 \text{ MJ} = 56 \text{ TJ} \qquad (12.3)$$

In der Kernphysik ist es üblich, derart riesige Energiemengen in einer Einheit anzugeben, die als *TNT-Äquivalent* bezeichnet wird. Sie basiert auf der Energiemenge, die ein Kilogramm des Sprengstoffs *Trinitrotoluol*, kurz TNT, freisetzt:

> **Energiefreisetzung eines Kilogramms TNT**
>
> $$4,184 \cdot 10^6 \text{ J} = 4,184 \text{ MJ} \qquad (12.4)$$

Hieraus werden die Einheiten T (TNT) und kT (TNT) abgeleitet. Die erste entspricht der Explosionsenergie von einer Tonne TNT (1000 kg) und die zweite der Explosionsenergie von einer Kilotonne TNT (1.000.000 kg). Unter Berücksichtigung von (12.4) erhalten wir daraus die folgenden Umrechnungsformeln:

> **TNT-Äquivalent (Einheit)**
>
> $$1 \text{ T (TNT)} \approx 4,184 \cdot 10^9 \text{ J} = 4,184 \text{ GJ}$$
> $$1 \text{ kT (TNT)} \approx 4,184 \cdot 10^{12} \text{ J} = 4,184 \text{ TJ}$$

Die in (12.3) ermittelte Energiemenge entspricht demnach einem TNT-Äquivalent von ca. 13 Kilotonnen. Wäre es über Hiroshima zu einer Umwandlung der gesamten Spaltmaterials gekommen, so hätte dies einer Sprengkraft von über 800 kT (TNT) entsprochen. Der tatsächliche Wert lag mit 15 kT (TNT) jedoch weit darunter, da nur ein Bruchteil des Spaltmaterials tatsächlich an der thermonuklearen Reaktion teilgenommen hatte. Die freigesetzte Energiemenge ist aber immer noch gigantisch: Sie entspricht 63 TJ, die in einem Bruchteil einer Sekunde freigesetzt wurden.

12.3.2 Chancen und Risiken der Kernfusion

Wir wollen erneut einen Blick auf Seite 363 werfen, wo sich an der Energiekurve in Abbildung 12.4 mit dem bloßen Auge erkennen lässt, weshalb die Spaltung von Uran zu einer Freisetzung von Energie führt. Ab der Ordnungszahl 62, der Ordnungszahl von Nickel, fällt die Energiekurve nach unten ab, so dass die Bindungsenergie pro

Nukleon zu den schwereren Elementen hin kleiner wird. Solange wir also nur solche Elemente betrachten, die schwerer als Nickel sind, führt die Spaltung von Atomen zu einem Masseverlust. Bei den leichteren Atomen gilt das Gegenteil. Von wenigen Ausnahmen abgesehen steigt dort die Bindungsenergie in Richtung der schwereren Atomkerne an, und das bedeutet, dass in diesem Bereich nicht die Fission, sondern die Fusion von Atomkernen die Freisetzung von Energie bewirkt.

Damit zwei Atomkerne überhaupt miteinander fusionieren, muss ihre kinetische Energie so hoch sein, dass bei einem Zusammenstoß die Coulomb-Kräfte überwunden werden. Nur in diesem Fall können sich die positiv geladenen Protonen der beiden Atomkerne so nahe kommen, dass sie durch die starke Wechselwirkung zu einem gemeinsamen Kern zusammengezogen werden. Da die abstoßende Coulomb-Kraft mit steigender Protonenzahl aber immer größer wird, gelingt die Fusion am einfachsten mit Elementen, die nur wenige Protonen in ihrem Kern vereinen, d. h. mit Elementen, die im Periodensystem weit vorne stehen. Ein geeigneter Fusionskandidat ist demnach das Wasserstoffatom, das mit nur einem Proton den Anfang des Periodensystems markiert. Protiumkerne, d. h. Kerne des Wasserstoff-Isotops $^1_1\mathrm{H}$, sind für die Verschmelzung ungeeignet, da ihr fiktives Fusionsprodukt, das Helium-Isotop $^2_2\mathrm{He}$, nicht existiert. Anders ist dies bei Deuteriumkernen, die ein zusätzliches Neutron in sich tragen. Prallen zwei solche Kerne mit hoher Energie aufeinander, so können sie nach dem folgenden Reaktionsmuster zu einem Heliumkern verschmelzen:

$$^2_1\mathrm{D} + {}^2_1\mathrm{D} \rightarrow {}^3_2\mathrm{He} + {}^1_0\mathrm{n} \tag{12.5}$$

Mit den Kernmassen, die wir in den Abbildungen 12.1 und 12.2 aufgeführt haben, lässt sich ohne Mühe die Energiemenge ΔE abschätzen, die bei dieser Reaktion freigesetzt wird. Nach Einsteins Formel $E = mc^2$ müssen wir zu diesem Zweck lediglich den Massendefekt Δm ermitteln und mit dem Quadrat der Lichtgeschwindigkeit multiplizieren:

$$\Delta m \approx 2{,}01355317\ \mathrm{u} + 2{,}01355317\ \mathrm{u} - 3{,}01493214\ \mathrm{u} - 1{,}00866492\ \mathrm{u}$$
$$\approx 0{,}00350928\ \mathrm{u}$$
$$\Delta E \approx 0{,}00350928\ \mathrm{u} \cdot c^2 \approx 3{,}27\ \mathrm{MeV} \tag{12.6}$$

Tatsächlich läuft die Fusion aber nur in rund 50 % der Fälle nach dem genannten Schema ab. Etwa genauso häufig gehen aus den beiden Deuteriumkernen ein Tritium- und ein Protiumkern hervor:

$$^2_1\mathrm{D} + {}^2_1\mathrm{D} \rightarrow {}^3_1\mathrm{T} + {}^1_1\mathrm{p} \tag{12.7}$$

In diesem Fall ist der Energiegewinn sogar noch höher, wie die folgende Rechnung belegt:

$$\Delta m \approx 2{,}01355317\ \mathrm{u} + 2{,}01355317\ \mathrm{u} - 3{,}01550069\ \mathrm{u} - 1{,}00727647\ \mathrm{u}$$
$$\approx 0{,}00432918\ \mathrm{u}$$

$$\Delta E \approx 0,00432918\ \mathrm{u} \cdot c^2 \approx 4,03\ \mathrm{MeV} \tag{12.8}$$

Als Nächstes wollen wir ermitteln, wie viel Energie bei der Fusion von 1 kg Deuterium entsteht, wenn wir einmal die Reaktionsgleichung (12.5) und ein anderes Mal die Reaktionsgleichung (12.7) zugrunde legen. Eine einfache Rechnung ergibt:

$$E_{\mathrm{kg}} \overset{(12.6)}{\approx} \frac{1\ \mathrm{kg}}{2\ \mathrm{u} + 2\ \mathrm{u}} \cdot 3,27\ \mathrm{MeV} \approx \frac{6,022 \cdot 10^{26}\ \mathrm{u}}{4\ \mathrm{u}} \cdot 3,27\ \mathrm{MeV}$$
$$\approx 4,9 \cdot 10^{26}\ \mathrm{MeV} \approx 7,9 \cdot 10^7\ \mathrm{MJ} = 79\ \mathrm{TJ}$$

$$E_{\mathrm{kg}} \overset{(12.8)}{\approx} \frac{1\ \mathrm{kg}}{2\ \mathrm{u} + 2\ \mathrm{u}} \cdot 4,03\ \mathrm{MeV} \approx \frac{6,022 \cdot 10^{26}\ \mathrm{u}}{4\ \mathrm{u}} \cdot 4,03\ \mathrm{MeV}$$
$$\approx 6,1 \cdot 10^{26}\ \mathrm{MeV} \approx 9,7 \cdot 10^7\ \mathrm{MJ} = 97\ \mathrm{TJ}$$

Die errechneten Werte sind nur als grobe Näherungen zu verstehen, da die Reaktionsprodukte $^3_2\mathrm{He}$ und $^3_1\mathrm{T}$ ebenfalls mit Deuteriumatomen fusionieren. Im Detail laufen dabei die folgenden Reaktionen ab:

$$^3_2\mathrm{He} + {}^2_1\mathrm{D} \rightarrow {}^4_2\mathrm{He} + {}^1_1\mathrm{p} \tag{12.9}$$
$$^3_1\mathrm{T} + {}^2_1\mathrm{D} \rightarrow {}^4_2\mathrm{He} + {}^1_0\mathrm{n} \tag{12.10}$$

Ein Blick auf Abbildung 12.4 verdeutlicht, dass das Helium-Isotop $^4_2\mathrm{He}$ einen hohen vertikalen Abstand zu den Isotopen aufweist, die in den Reaktionsgleichungen (12.10) und (12.9) auf den linken Seiten auftauchen. Damit ist zu erwarten, dass diese Reaktionen zu einer erheblichen Energiefreisetzung führen, und die folgenden Rechnungen belegen, dass dies tatsächlich der Fall ist. Für die Helium-Deuterium-Reaktion (12.9) erhalten wir:

$$\Delta m \approx 0,01970276\ \mathrm{u}$$
$$\Delta E \approx 0,01970276\ \mathrm{u} \cdot 931.494061\ \frac{\mathrm{MeV}}{c^2} c^2 \approx 18,35\ \mathrm{MeV}$$

Für die Tritium-Deuterium-Fusion (12.10) ergibt eine analoge Rechnung:

$$\Delta m \approx 0,01888286\ \mathrm{u}$$
$$\Delta E \approx 0,01888286\ \mathrm{u} \cdot 931.494061\ \frac{\mathrm{MeV}}{c^2} c^2 \approx 17,59\ \mathrm{MeV}$$

Insgesamt haben wir damit vier verschiedene Fusionsreaktionen mit ganz unterschiedlichen Energieausbeuten kennengelernt. Wir fassen zusammen:

Kernfusionsreaktionen (Auswahl)

$$^2_1\mathrm{D} + {}^2_1\mathrm{D} \rightarrow {}^3_2\mathrm{He} + {}^1_0\mathrm{n} \qquad (\text{☞} +3,37\ \mathrm{MeV})$$

$$_{1}^{2}\text{D} + {_{1}^{2}\text{D}} \rightarrow {_{1}^{3}\text{T}} + {_{1}^{1}\text{p}} \qquad (\text{☞} +4{,}03\ \text{MeV})$$

$$_{2}^{3}\text{He} + {_{1}^{2}\text{D}} \rightarrow {_{2}^{4}\text{He}} + {_{1}^{1}\text{p}} \qquad (\text{☞} +18{,}35\ \text{MeV})$$

$$_{1}^{3}\text{T} + {_{1}^{2}\text{D}} \rightarrow {_{2}^{4}\text{He}} + {_{0}^{1}\text{n}} \qquad (\text{☞} +17{,}59\ \text{MeV})$$

Kontrollierte Kernfusion

Lässt sich durch die kontrollierte Verschmelzung von Atomkernen auf die gleiche Weise Energie gewinnen wie durch die kontrollierte Spaltung? Eine genauere Betrachtung bringt zwei wesentliche Unterschiede ans Licht. Zum einen erzeugt die Fusion von Atomen nur geringe Mengen an Radioaktivität, so dass wir die Kernfusion zu den vergleichsweise umweltfreundlichen Energiequellen zählen dürfen. Ganz anders ist dies bei der Fission, die hochradioaktive Spaltprodukte freisetzt. Zum anderen ist auch der Ablauf der Reaktion ein völlig anderer. Während in einem Fusionsreaktor die physikalischen Rahmenbedingungen für eine Verschmelzung künstlich aufrechterhalten werden müssen, ist in einem Fissionsreaktor ein hoher technischer Aufwand nötig, um eine unkontrollierte Kettenreaktion zu vermeiden. Dies hat einschneidende Konsequenzen für die Reaktorsicherheit. Im Falle eines technischen Versagens kommen die Kernreaktionen in einem Fusionsreaktor sofort zum Erliegen und neben einer möglichen Zerstörung der Anlage sind keine weitreichenden Schäden für Mensch und Umwelt zu befürchten. Dass dies bei der Kernspaltung völlig anders ist, haben uns in den vergangenen Jahren gleich mehrere Reaktorunfälle mahnend vor Augen geführt.

Auf der Erde ist es schwierig, die physikalischen Rahmenbedingungen für eine Verschmelzung über längere Zeit aufrechtzuhalten, mit der Konsequenz, dass es heute noch überhaupt nicht möglich ist, größere Energiemengen durch eine kontrollierte Fusion zu erzeugen. Zurzeit sind lediglich prototypische Reaktoren in Betrieb, die der Forschung und Vorentwicklung dienen (Abbildung 12.16). In den meisten dieser Reaktoren wird der Ansatz verfolgt, ein Deuterium-Tritium-Gemisch in ein über hundert Millionen Grad heißes Plasma zu verwandeln; die kinetische Energie der Wasserstoffatome ist dann so hoch, dass eine Kollision zu einer Verschmelzung der Kerne führt. Da die Reaktorwand einem Kontakt mit dem aufgeheizten Plasma nicht standhalten würde, muss das Deuterium-Tritium-Gemisch im laufenden Betrieb berührungsfrei gehalten werden. Um dies zu erreichen, wird das Plasma in den meisten Forschungsreaktoren in einem Torus in Rotation versetzt und der Kontakt mit der Außenwand durch den Einschluss in ein starkes Magnetfeld verhindert.

Der derzeit größte im Bau befindliche Forschungsreaktor ist der *International Thermonuclear Experimental Reactor* (ITER). Abbildung 12.17 vermittelt einen Eindruck

Abbildung 12.16: Blick in den Torus des Forschungsreaktors *Alcator-C Mod* [120]

über die Größe des Reaktorkerns, der im Kernforschungszentrum Cadarache im Süden Frankreichs entsteht. Um das Plasma von der Außenwand fernzuhalten, wird der Torus mit supraleitenden Spulen umgeben sein, die ein Magnetfeld mit einer Flussdichte von ca. 5 Tesla erzeugen. Sollte die Fusion wie vorgesehen funktionieren, so wird ITER der erste Forschungsreaktor mit einer positiven Energiebilanz sein. Er ist darauf ausgelegt, den Fusionsprozess über eine längere Zeit aufrechtzuerhalten und aus einer extern aufzubringenden Heizleistung von 50 MW eine Fusionsleistung von 500 MW zu erzeugen.

Ob wir zukünftig in der Lage sein werden, einen Teil unseres Energiebedarfs mithilfe von Fusionsreaktoren zu erzeugen, ist heute eine offene Frage. In einem Punkt sind sich die Physiker aber weitgehend einig: Sollte es gelingen, die schwierigen technischen Probleme zu lösen, so würde die Kernfusion die erneuerbaren Energien um eine äußerst leistungsfähige und gleichzeitig nachhaltige Energiequelle ergänzen.

Unkontrollierte Kernfusion

Im Gegensatz zur zivilen Nutzung ist die militärische Nutzung der Kernfusion längst gelungen. In der Mitte des 20. Jahrhunderts haben die Großmächte ihr tödliches Waffenarsenal um die *Wasserstoffbombe* ergänzt, die riesige Energiemengen durch eine

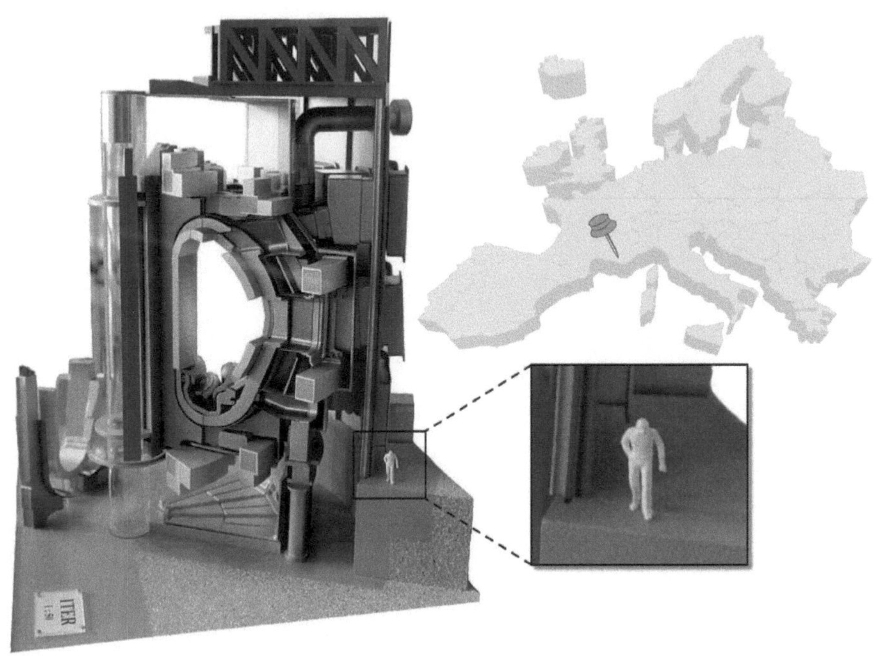

Abbildung 12.17: Modell eines Torussegments des Forschungsreaktors ITER

unkontrollierte Kernfusion freisetzt. Eine *Fusionsbombe* ist komplizierter aufgebaut als eine *Fissionsbombe*, da eine gewaltige Aktivierungsenergie aufgebracht werden muss, um den Fusionsprozess in Gang zu setzen. In einer Wasserstoffbombe wird diese Energie durch eine zusätzlich integrierte Fissionsbombe erzeugt, die als Zünder dient.

Von den amerikanischen Streitkräften wurde der erste erfolgreiche Test einer Wasserstoffbombe im Rahmen der *Operation Ivy* durchgeführt. Zum Einsatz kam damals ein dreistufiger Explosionskörper, der neben dem Fissionszünder sowohl einen Fusions- als auch einen zusätzlichen Fissionssprengsatz enthielt. Ursprünglich war geplant, ein Deuterium-Tritium-Gemisch zu fusionieren, aus Aufwands- und Kostengründen wurde auf den Einsatz von Tritium aber verzichtet und stattdessen ein Sprengsatz aus reinem Deuterium verwendet. Da das Wasserstoff-Isotop $^2_1$D bei normalen Umgebungstemperaturen gasförmig ist, wurde es mit hohem Aufwand heruntergekühlt und in einen flüssigen Aggregatzustand versetzt. Die Bombe *Ivy Mike*, die im Oktober 1952 auf Elugelab, einer Insel des Eniwetok-Atolls im Pazifischen Ozean, aufwendig montiert wurde, war ein imposanter Koloss. Der Sprengsatz war in einer 6 m hohen und 2

Abbildung 12.18: Links: *Operation Ivy*, Explosion der Wasserstoffbombe *Ivy Mike* auf der Insel Elugelab. Rechts: Blick auf den *Cactus Dome* auf der Insel Runit.

m breiten Röhre eingeschlossen und wog zusammen mit der aufwendig konstruierten Kühlanlage über 80 Tonnen.

Als *Ivy Mike* am 31. Oktober gezündet wurde, erschütterte eine gigantische Explosion das malerische Atoll (Abbildung 12.18 links). Die ausgelöste Fusionsreaktion hatte in kurzer Zeit eine Energiemenge von über 10 Millionen Tonnen TNT (10 MT TNT) freigesetzt, 600 Mal mehr als die Bombe über Hiroshima. Nur ein Viertel der Energie wurde dabei durch den Fusionsprozess erzeugt, drei Viertel stammten aus der dritten Stufe, die auf der mittlerweile gut verstandenen Uranspaltung beruhte. Elugelab war damals einen halben Kilometer lang und in etwa halb so breit. Heute gibt es die Insel nicht mehr. Seit dem 31. Oktober 1952 erinnert nur noch ein riesiger Krater unter der Wasseroberfläche an den Ort, wo sie einst aus dem Wasser ragte.

Die zahlreichen Atombombentests, die auf Elugelab und anderen Inseln des Atolls durchgeführt wurden, hatten dramatische Folgen für die Umwelt. Riesige Gebiete wurden durch die *Operation Ivy* und ihre Nachfolger radioaktiv verseucht. Um den Schaden zu begrenzen, führten die amerikanischen Streitkräfte zwischen 1977 und 1980 eine Dekontamination der Landoberfläche durch und schütteten mit dem abgetragenen Boden einen Explosionskrater mit über 100 m Durchmesser auf der Insel Runit auf. Trotz dieser aufwendigen Maßnahme ist die Strahlenbelastung auf dem Atoll immer noch erheblich. Die Insel Runit ist Teil eines Sperrgebiets, das für den Menschen wahrscheinlich auf Dauer unbewohnbar sein wird. Rechts in Abbildung 12.18 ist der Beton-Sarkophag zu sehen, mit dem der Krater nach den Reinigungsarbeiten verschlossen wurde. Er ist der stille Zeuge eines haarsträubenden Rüstungswettlaufs, der erst mit dem Ende des kalten Krieges zu einem vorläufigen Stillstand kam.

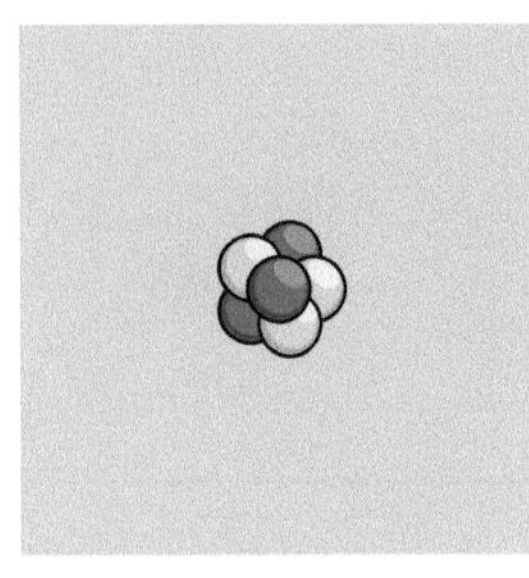

$^{6}_{3}$Li (Lithium)

Protonen:	3
Neutronen:	3
Atommasse:	6,01512280 u
Kernmasse:	6,01347706 u
Bindungsenergie:	31,994 MeV ($6 \times 5,332$ MeV)
Massendefekt:	0,0343471 u

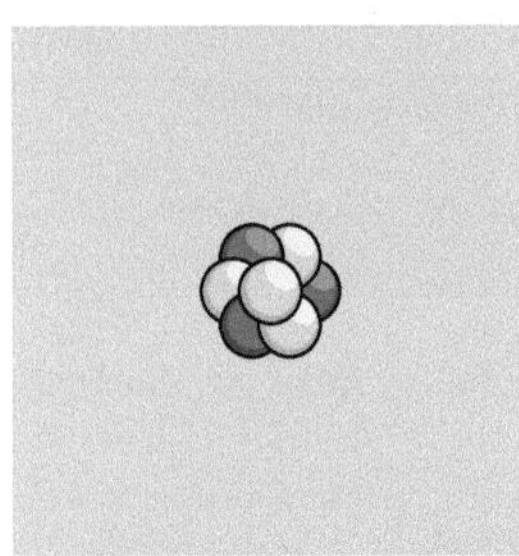

$^{7}_{3}$Li (Lithium)

Protonen:	3
Neutronen:	4
Atommasse:	7,01600450 u
Kernmasse:	7,01435876 u
Bindungsenergie:	39,244 MeV ($7 \times 5,606$ MeV)
Massendefekt:	0,0421303 u

Abbildung 12.19: Lithium-Isotope (Auswahl)

Moderne Wasserstoffbomben sind deutlich kompakter aufgebaut als jene der ersten Stunden. In ihnen wird das Deuterium, das im Falle von *Ivy Mike* in flüssiger Form verwendet wurde, mit den Lithium-Isotopen $^{6}_{3}$Li und $^{7}_{3}$Li versetzt (Abbildung 12.19). Die Deuteriumatome verbinden sich mit den Lithiumatomen zu *Lithiumdeuterid* (LiD), einem Feststoff, der sich bei Normaltemperatur lagern lässt. Dies ist der Grund, warum diese Bomben auch als *trockene Bomben* bezeichnet werden.

Das beigemengte Lithium hat den militärisch gewollten Nebeneffekt, dass es ebenfalls an der Kernreaktion teilnimmt. Die in einer thermonuklearen Fusionsreaktion freigesetzten Neutronen können das Lithium-Isotop $^{6}_{3}$Li in Helium und Tritium spalten:

$$^{1}_{0}\text{n} + {}^{6}_{3}\text{Li} \rightarrow {}^{4}_{2}\text{He} + {}^{3}_{1}\text{T} + 4,8 \text{ MeV} \qquad (12.11)$$

Die Tritiumkerne fusionieren anschließend mit Deuteriumkernen und setzen dabei noch größere Energiemengen frei. Wie diese Fusion im Einzelnen abläuft, haben wir in der Reaktionsgleichung (12.10) bereits ausformuliert.

Im Rahmen der *Operation Castle* starteten die amerikanischen Streitkräfte im Jahr 1954 einen groß angelegten Feldversuch mit trockenen Wasserstoffbomben. Von insgesamt sechs Sprengsätzen, die in einem zehnwöchigen Zeitfenster gezündet wurden, explodierten die ersten fünf (*Bravo*, *Romeo*, *Koon*, *Union* und *Yankee*) auf den Inseln des Bikini-Atolls und die sechste (*Nectar*) auf dem Eniwetok-Atoll, auf einer schwimmenden Plattform über dem Bombenkrater von *Ivy Mike*.

Castle Bravo

Die Zündung der ersten Bombe, *Castle Bravo*, war auf den 28. Februar 1954 terminiert. Als sich die aufwendigen Vorbereitungsarbeiten an diesem Tag dem Ende näherten, zogen sich die wenigen zurückgelassenen Ingenieure in eine provisorisch errichtete Bunkeranlage zurück, die rund 30 Kilometer von der Detonationsstelle entfernt als Kontrollzentrum diente. Einer davon war John C. Clark, der sich folgendermaßen an die letzte Stunde vor dem Test erinnerte:

> *„At minus one hour we started our final preparations. I told John Sanderson to button up the generators in a nearby concrete bunker and to secure the control building. After closing the doors to the structure housing the generators, Sanderson climbed a ladder outside our blockhouse to put metal plates and gaskets over the air-conditioning vents. He then entered the blockhouse and sealed the submarine hatch which had been installed as our only door and which was completely watertight and blastproof.“*

John C. Clark [24]

Kurze Zeit später war es so weit. Der finale Countdown hatte begonnen:

> *„At H hour minus fifteen minutes I told Grier to push the button on the automatic sequence timer. Contrary to popular belief, we don't push a button to set off the bomb. Everything is done electrically by the sequence timer, although up until the last second I can pull a switch to stop the bomb from going off. [...] Those last few seconds in the control room are always quite tense. We keep watching the control panel, where lights flash from red to green to show when experiments and circuits are ready to operate.“*

John C. Clark [24]

Was sich an diesem Tag im Pazifischen Ozean ereignete, war die stärkste thermonukleare Explosion, die von den Vereinigten Staaten bis zum heutigen Tag ausgelöst wurde. In Abbildung 12.20 ist die riesige Pilzwolke zu sehen, die sich über einer künstlich angelegten Insel im Bikini-Atoll erhob. Der Kontrollraum ließ keine Sichtverbindung nach außen zu, so dass die Crew nur anhand ihrer Kontrollinstrumente erahnen konnte, was sich in sicher geglaubter Entfernung in diesen Sekunden abspielte. Zunächst sah es so aus, als verliefe die Operation nach Plan:

> *„I looked at the panel; all the lights were green, we knew the bomb should have detonated.“*

John C. Clark [24]

Abbildung 12.20: *Operation Castle* im Bikini-Atoll: Explosion der Wasserstoffbombe *Bravo*

Nach der erfolgten Zündung war es nur noch ein Frage von Sekunden, bis die ausgelösten Schockwellen die Kontrollstelle erschüttern würden. Tatsächlich begann der Boden kurze Zeit später heftig zu vibrieren:

„Inside our blockhouse we still had no physical evidence that anything had happened, but we braced ourselves against a possible sharp ground shock. It came – but not as expected. Less than twenty seconds after Zero the entire building started slowly rocking in an indescribable way. I grabbed the side of the control panel for support. Some of the men just sat down on the floor. I had been in earthquakes before, but never anything like this. It lasted only a few seconds, but just as we were breathing easier, another ground shock hit us, with the same undulating motion. Then, a minute later, came the air blast. First the overpressure, then the sucking out by the underpressure. The concrete building creaked, but stayed firm.“

John C. Clark [24]

Konzentriert warteten die Männer auf das Ende der Erschütterungen, bis eindringendes Wasser den Verdacht aufkommen ließ, dass draußen etwas nicht stimmte. Noch ahnte niemand, dass *Castle Bravo* völlig außer Kontrolle geraten war.

Heute ist sehr genau bekannt, was sich im Februar 1954 auf dem Atoll abspielte. Nach der theoretischen Berechnung sollte *Castle Bravo* eine Sprengkraft von ca. 6 MT TNT entwickeln, was in etwa der gleichzeitigen Detonation von 400 Hiroshima-Bomben entspricht. In Wirklichkeit war die Explosion aber erheblich stärker. Sie erreichte eine Sprengkraft von rund 1000 Hiroshima-Bomben und richtete auf dem Bikini-Atoll eine viel massivere Zerstörung an, als es die Berechnungen prognostiziert hatten.

Verantwortlich für das Rätsel um *Castle Bravo* waren die Lithium-Isotope, mit denen das Deuterium in trockenen Wasserstoffbomben versetzt wird. Am Reißbrett gingen die Ingenieure davon aus, dass lediglich das Lithium-Isotop ^6_3Li durch den Beschuss mit Neutronen im Sinne der Reaktionsgleichung (12.11) gespalten wird, nicht aber das schwerere Isotop ^7_3Li. Tatsächlich nimmt aber auch dieses Isotop an der Kernreaktion teil, und zwar in der folgenden Form:

$$^1_0\text{n} + {}^7_3\text{Li} \rightarrow {}^4_2\text{He} + {}^3_1\text{T} + {}^1_0\text{n} - 2,5 \text{ MeV} \tag{12.12}$$

Auf den ersten Blick scheint dieser Spaltprozess explosionshemmend zu wirken, da er, im Gegensatz zu der Spaltung des Lithium-Isotops ^6_3Li, Energie absorbiert. Auf den zweiten Blick wird klar, dass die freigesetzten Tritiumkerne diesen Effekt in hohem Maße überkompensieren. Diese fusionieren, genau wie die Tritiumkerne, die aus dem Lithium-Isotop ^6_3Li entstanden sind, mit Deuterium:

$$^1_0\text{n} + {}^7_3\text{Li} + {}^2_1\text{D} \rightarrow 2 \cdot {}^4_2\text{He} + 2 \cdot {}^1_0\text{n} + 15,1 \text{ MeV} \tag{12.13}$$

Alles in allem setzt damit auch das Lithium-Isotop ^7_3Li große Energiemengen frei. Etwas anderes ist an dieser Stelle aber noch wichtiger. Ein Blick auf die Reaktionskette zeigt, dass durch die Spaltung der Lithiumkerne und der anschließenden Fusion zu Heliumkernen zusätzliche freie Neutronen entstehen. Diese können weitere Kernreaktionen auslösen, und genau dies ist der Grund, warum die Explosion von Castle Bravo so viel stärker war als ursprünglich erwartet. Die Spaltung des Lithium-Isotops ^7_3Li, das der verwendete Sprengsatz in großen Mengen enthielt, wirkte als Katalysator, der die Gesamtzahl der ablaufenden Spaltreaktionen in die Höhe trieb.

Doch so gewaltig die Explosion über dem Bikini-Atoll auch war: Sie wurde 7 Jahre später um ein Vielfaches übertroffen, als die Streitkräfte der Sowjetunion am 30. Oktober 1961 in der östlichen Barentssee die bis dato gigantischste thermonukleare Explosion auslösten. Die 4000 m über der Insel Nowaja Semlja gezündete *Zar-Bombe* hatte eine Energie von 57 Millionen Tonnen TNT freigesetzt, was der gleichzeitigen Explosion von rund 4000 Hiroshima-Bomben entspricht. Dabei soll nicht verschwiegen werden, dass der Test lediglich mit einer abgeschwächten Variante des verwendeten Bombentyps durchgeführt wurde. Anstelle eines Uranmantels, den die Sowjets für Bomben dieses Typs regulär vorgesehen hatten, wurde für die Testwaffe ein Bleimantel verwendet, um eine großflächige radioaktive Kontamination zu verhindern. Ohne diese Modifikation hätte die Zar-Bombe eine gigantische Sprengkraft von 100 MT TNT entwickelt. In Worten: hundert Millionen Tonnen TNT.

Mit den modernen Nuklearwaffen hat sich die Menschheit ein Zerstörungspotenzial geschaffen, das die Grenze zum Irrsinn längst überschritten hat, und es ist fraglich, wie sie mit dieser selbst auferlegten Bürde langfristig umgehen wird. Eines ist dabei unstrittig: Sollten die entwickelten Waffen jemals in größerer Zahl zum Einsatz kommen, so wird niemand jemals wieder diese Zeilen lesen. Oder, wie es Einstein zu sagen pflegte:

„Ich weiß nicht, welche Waffen im nächsten Krieg zur Anwendung kommen, wohl aber, welche im übernächsten: Pfeil und Bogen.“

Albert Einstein

Hier endet unsere Reise.

Literaturverzeichnis

[1]   Alpher, R. A.; Herman, R. C.: On the Relative Abundance of the Elements. In: *Physical Review* 74 (1948), December, S. 1737–1742

[2]   Anderson, C. D.: The Positive Electron. In: *Physical Review* 43 (1933), March, S. 491–494

[3]   Anderson, J. D.; Esposito, P. B.; Martin, W.; Thornton, C. L.; Muhleman, D. O.: Experimental test of general relativity using time-delay data from Mariner 6 and Mariner 7. In: *Astrophysical Journal* 200 (1975), August, S. 221–233

[4]   Argentino, Observatorio N.: *Charles Dillon Perrine.* http://commons.wikimedia.org/wiki/File:Perrine.jpg. Version: 2010. – Free Art Licence

[5]   Averse: *Felder um Dipol.* http://creativecommons.org/licenses/by-sa/3.0/. Version: 2006. – Creative Commons License 3.0, Typ: Attribution-Share Alike Unported

[6]   Baade, W.; Zwicky, F.: Remarks on Super-Novae and Cosmic Rays. In: *Physical Review Letters* 46 (1934), July, S. 76–77

[7]   Bellone, E.; Spang, M.: *Newton. Ein Naturphilosoph und das System der Welten.* Heidelberg: Spektrum Akademischer Verlag, 2001 (Spektrum der Wissenschaft Biographie)

[8]   Bergmann, L.; Schaefer, C.: *Lehrbuch der Experimentalphysik. Bd. 3: Optik. Wellen- und Teilchenoptik.* 10. Auflage. Berlin: Walter de Gruyter Verlag, 2004

[9]   Bertotti, B.; Iess, L.; Tortora, P.: A test of general relativity using radio links with the Cassini spacecraft. In: *Nature* 425 (2003), 09, Nr. 6956, S. 374–376

[10]   Bessel, F. W.: Bestimmung der Entfernung des 61sten Sterns des Schwans. In: *Astronomische Nachrichten* 16 (1838), Dezember, S. 65

[11]   Blackett, P. M. S.: High Altitude Cosmic Radiation. In: *Nature* 142 (1938), S. 692–693

[12]   Blackett, P. M. S.; Occhialini, G. P. S.: Some Photographs of the Tracks of Penetrating Radiation. In: *Proceedings of the Royal Society of London* 139 (1933), March, Nr. 839, S. 699–726

[13]   Boltzmann, L.: Ein Wort der Mathematik an die Energetik. In: *Populäre Schriften.* Leipzig: Verlag von Johann Ambrosius Barth, 1905, S. 104–136

[14]   Born, M.: *Mein Leben.* München: Nymphenburger Verlagshandlung, 1975

[15]   Born, M.: *Die Relativitätstheorie Einsteins.* 7. Auflage. Berlin, Heidelberg, New York: Springer-Verlag, 2003

[16]   Börnchen, M.: Galileo Galilei zwischen Kirche und Wissenschaft. In: *Ausstellungsführer* 54 (2012)

[17]   Bothe, W.; Kolhörster, W.: Das Wesen der Höhenstrahlung. In: *Zeitschrift fur Physik* 56 (1929), November, S. 751–777

[18] Bradley, J.: Account of a new Discovered Motion of the Fix'd Stars. In: *Philosophical Transactions* 35 (1727), Januar, S. 637–661

[19] Brault, J. W.: *The Gravitational Red Shift in the Solar Spectrum*, Princeton University, Dissertation, 1962

[20] Bührke, T.: *Sternstunden der Physik. Von Galilei bis Heisenberg*. München: Verlag C. H. Beck, 2003

[21] Burghard, F. J.: *Die Raumvorstellung bei Newton und Leibniz*. Köln: http://www.burghardt-koeln.de, 1990

[22] Campbell, W. W.: The Total Eclipse of the Sun, September 21, 1922. In: *Astronomical Society of the Pacific* 35 (1923), Nr. 203, S. 11–44

[23] Charvieux, Cecile: Deutsche Übersetzung der BIPM-Broschüre „Le Système international d'unités / The International System of Units (8e edition, 2006)". In: *PTB-Mitteilungen* 117 (2007), Nr. 2, S. 146–180

[24] Clark, J. C.: We Were Trapped by Radioactive Fallout. In: *Saturday Evening Post* (1957), July

[25] Copernicus, N.: *Nicolaus Coppernicus aus Thorn über die Kreisbewegungen der Weltkörper*. Thorn: Ernst Lambeck, 1879

[26] Coulomb, C.-A.: Premier mémoire sur l'électricité et le magnétisme. In: *Histoire de l'Académie Royale des Sciences* (1785), S. 569–577

[27] Coutura, L. (Hrsg.): *Opuscules et fragments inédits de Leibniz*. Hildesheim: Georg Olms Verlag, 1966

[28] Crelinsten, J.: *Einstein's Jury. The Race to Test Relativity*. Princeton: Princeton University Press, 2006

[29] Curie, P.; Sklodowska-Curie, M.; Bémont, G.: Sur une substance nouvelle radio-active, contenue dans la pechblende. In: *Comptes rendus hebdomadaires des séances de l'Académie des sciences* 127 (1898), S. 175–178

[30] Dirac, P. A. M.: The quantum theory of the electron. In: *Proceedings of the Royal Society of London* 117 (1928), February, Nr. 778, S. 610–624

[31] Dodwell, G. F.; Davidson, C. R.: Determination of the Deflection of Light by the Sun's Gravitational Field from Observations Made at Cordillo Downs, South Australia, During the Total Eclipse of 1922 September 21. In: *Monthly Notices of the Royal Astronomical Society* 84 (1924), S. 150–162

[32] Doppler, C.: *Über das farbige Licht der Doppelsterne und einiger anderer Gestirne des Himmels*. Prag: Böhmische Gesellschaft der Wissenschaften, 1842

[33] Dyson, F. W.: On the Opportunity afforded by the Eclipse of 1919 May 29 of verifying Einstein's Theory of Gravitation. In: *Monthly Notices of the Royal Astronomical Society* 77 (1917), Nr. 5, S. 445–447

[34] Eckert, M.; Pricha, W.: Die ersten Briefe Albert Einsteins an Arnold Sommerfeld. In: *Physikalische Blätter* 40 (1984), S. 29–34

[35] Ehrenfest, P.: Gleichförmige Rotation starrer Körper und Relativitätstheorie. In: *Physikalische Zeitschrift* 10 (1909), S. 918

[36] Einstein, A.: Ist die Trägheit eines Körpers von seinem Energieinhalt abhängig? In: *Annalen der Physik* 323 (1905), Nr. 13, S. 639–641

[37] Einstein, A.: Über einen die Erzeugung und Verwandlung des Lichtes betreffenden heuristischen Gesichtspunkt. In: *Annalen der Physik* 322 (1905), Nr. 6, S. 132–148

[38] Einstein, A.: Zur Elektrodynamik bewegter Körper. In: *Annalen der Physik* 17 (1905), S. 891–921

[39] Einstein, A.: Über das Relativitätsprinzip und die aus demselben gezogenen Folgerungen. In: *Jahrbuch der Radioaktivität* 4 (1907), S. 411–462

[40] Einstein, A.: Die Relativitäts-Theorie. In: *Naturforschende Gesellschaft* 56 (1911), S. 1–14

[41] Einstein, A.: Über den Einfluss der Schwerkraft auf die Ausbreitung des Lichtes. In: *Annalen der Physik* 35 (1911), S. 898–908

[42] Einstein, A.: Lichtgeschwindigkeit und Statik des Gravitationsfeldes. In: *Annalen der Physik* 343 (1912), Nr. 7, S. 355–369

[43] Einstein, A.: Die Feldgleichungen der Gravitation. In: *Sitzungsberichte der Königlich Preußischen Akademie der Wissenschaften* (1915), S. 844–847

[44] Einstein, A.: Zur allgemeinen Relativitätstheorie. In: *Sitzungsberichte der Königlich Preußischen Akademie der Wissenschaften* (1915), S. 799–801

[45] Einstein, A.: Die Grundlage der allgemeinen Relativitätstheorie. In: *Annalen der Physik* 354 (1916), Nr. 7, S. 769–822

[46] Einstein, A.: Näheringsweise Integration der Feldgleichungen der Gravitation. In: *Sitzungsberichte der Königlich Preußischen Akademie der Wissenschaften* (1916), Juni, S. 688–696

[47] Einstein, A.: Kosmologische Betrachtungen zur allgemeinen Relativitätstheorie. In: *Sitzungsberichte der Königlich Preußischen Akademie der Wissenschaften* (1917), Februar, S. 142–152

[48] Einstein, A.: Über Gravitationswellen. In: *Sitzungsberichte der Königlich Preußischen Akademie der Wissenschaften* (1918), Januar, S. 154–167

[49] Einstein, A.: Autobiographisches. In: Schilpp, P. A. (Hrsg.): *Albert Einstein als Philosoph und Naturforscher*. Braunschweig: Vieweg Verlag, 1979, S. 1–35

[50] Einstein, A.; Seelig, C. (Hrsg.): *Mein Weltbild*. Berlin: Ullstein Taschenbuch, 2005

[51] Einstein, A.: *Über die spezielle und die allgemeine Relativitätstheorie*. 24. Auflage. Berlin, Heidelberg, New York: Springer-Verlag, 2009

[52] Einstein, A.: Einiges über die Entstehung der allgemeinen Relativitätstheorie. In: Seelig, C. (Hrsg.): *Albert Einstein. Mein Weltbild*. 31. Auflage. Ullstein, 2010, S. 150–154

[53] Einstein, A.: Über Relativitätstheorie. Eine Londoner Rede. In: Seelig, C. (Hrsg.): *Albert Einstein. Mein Weltbild*. 31. Auflage. Ullstein, 2010, S. 146–149

[54] Einstein, A.; Grossmann, M.: Entwurf einer verallgemeinerten Relativitätstheorie und einer Theorie der Gravitation. In: *Zeitschrift für Mathematik und Physik* 62 (1913), S. 225–261

[55] Einstein, A.; Grossmann, M.: Kovarianzeigenschaften der Feldgleichungen der auf die verallgemeinerte Relativitätstheorie gegründeten Gravitationstheorie. In: *Zeitschrift für Mathematik und Physik* 63 (1914), S. 215–225

[56] Eisele, Ch.; Nevsky, A. Y.; Schiller, S.: Laboratory Test of the Isotropy of Light Propagation at the 10^{-17} Level. In: *Physical Review Letters* 103 (2009), August, S.

090401

[57] Evenson, K. M.; Wells, J. S.; Petersen, F. R.; Danielson, B. L.; Day, G. W.; Barger, R. L.; Hall, J. L.: Speed of Light from Direct Frequency and Wavelength Measurements of the Methane-Stabilized Laser. In: *Physical Review Letters* 29 (1972), November, S. 1346–1349

[58] Everitt, C. W. F. u. a.: Gravity Probe B: Final Results of a Space Experiment to Test General Relativity. In: *Physical Review Letters* 106 (2011), S. 221101

[59] Faraday, M.: *Experimental Researches in Electricity: Series 15-18*. London: B. Quaritch, 1844

[60] Feynman, R. P.: *QED: Die seltsame Theorie des Lichts und der Materie*. München: Piper Verlag, 1992

[61] FitzGerald, G. F.: The Ether and the Earth's Atmosphere. In: *Nature* 13 (1889), Nr. 328, S. 390

[62] Fizeau, H.: Über die Hypothesen vom Lichtäther und über einen Versuch, welcher zu beweisen scheint, daß die Geschwindigkeit, mit welcher sich das Licht im Innern der Körper fortpflanzt, durch deren Bewegung geändert wird. In: *Annalen der Physik* Ergänzungsband 3 (1853), S. 118–465

[63] FLo: *Interferenz-michelson.jpg*. de.wikipedia.org. http://commons.wikimedia.org/wiki/File:Interferenz-michelson.jpg. – Creative Commons License 3.0, Typ: Attribution-ShareAlike

[64] Fölsing, A.: *Albert Einstein. Eine Biographie*. Frankfurt am Main: Suhrkamp Verlag, 1994

[65] Fomalont, E.; Kopeikin, S.; Lanyi, G.; Benson, J.: Progress in Measurements of the Gravitational Bending of Radio Waves Using the VLBA. In: *The Astrophysical Journal* 699 (2009), Nr. 2, S. 1395

[66] Fowler, A.: Meeting of the Royal Astronomical Society. In: *The Observatory* 42 (1919), July, Nr. 542, S. 297–306

[67] Freed, F.: *The Decision to Drop the Bomb*. Television documentary, 1965

[68] French, A. P.: *Die spezielle Relativitätstheorie, M.I.T. Einführungskurs Physik*. Braunschweig: Vieweg Verlag, 1971

[69] French, A. P.: Einstein A Centenary Volume. In: French, A. P. (Hrsg.): *Einstein – A condensed biography*. London: Heinemann Educational Books Ltd, 1979, S. 53–64

[70] Freundlich, E.: Über einen Versuch, die von A. Einstein vermutete Ablenkung des Lichtes in Gravitationsfeldern zu prüfen. In: *Astronomische Nachrichten* 193 (1913), S. 369–372

[71] Freundlich, E.; Klüber, H. von; Brunn, A. von: Ergebnisse der Potsdamer Expedition zur Beobachtung der Sonnenfinsternis von 1929, Mai 9 in Takengon (Nordsumatra). 5. Mitteilung: Über die Ablenkung des Lichtes im Schwerefeld der Sonne. In: *Zeitschrift für Astrophysik* 3 (1931)

[72] Frisch, D. H.; Smith, J. H.: Measurement of the Relativistic Time Dilation Using μ-Mesons. In: *American Journal of Physics* 31 (1936), S. 342–355

[73] Galilei, Galileo: *Dialog über die beiden hauptsächlichtsten Weltsysteme, das Ptolemäische und das Kopernikanische. Aus dem Italienischen übersetzt und erläutert von Emil Strauss*. Leipzig: B. G. Teubner, 1890

[74] Galilei, Galileo: *Ostwalds Klassiker der exakten Wissenschaften*. Bd. 11: *Unterredungen und mathematische Demonstrationen über zwei neue Wissenszweige: die Mechanik und die Fallgesetze betreffend. Erster bis sechster Tag 1638*. Leipzig: W. Engelmann, 1890

[75] Gamow, G.: The Origin of Elements and the Separation of Galaxies. In: *Physical Review* 74 (1948), August, S. 505–506

[76] Gamow, G.: The Evolutionary Universe. In: *Scientific American* 193 (1956), September, Nr. 3

[77] Geus, K.: Ptolemaios – Reaktionär, Theoretiker, Plagiator? In: *Barrieren und Zugänge: Die Geschichte der europäischen Expansion. Festschrift für Eberhard Schmitt zum 65. Geburtstag*. Wiesbaden: Harrassowitz, 2004, S. 36–50

[78] Gilbert, W.: *De Magnete, Magneticisque Corporibus, et de Magno Magnete Tellure*. London: Peter Short, 1600

[79] Graßhoff, G.: Mästlins Beitrag zu Keplers Astronomia Nova. In: Betsch, G. (Hrsg.); Hamel, J. (Hrsg.): *Zwischen Copernicus und Kepler – M. Michael Maestlin Mathematicus Goeppingensis 1550-1631* Bd. 17. Frankfurt am Main: Verlag Harri Deutsch, 2002, S. 72–109

[80] Hahn, O.: *Mein Leben*. München: Piper Verlag, 1986

[81] Hentschel, K.: Erwin Finley Freundlich and testing Einstein's theory of relativity. In: *Archive for History of Exact Sciences* 47 (1994), Nr. 2, S. 143–201

[82] Herrmann, S.; Senger, A.; Möhle, K.; Nagel, M.; Kovalchuk, E. V.; Peters, A.: Rotating optical cavity experiment testing Lorentz invariance at the 10^{-17} level. In: *Physical Review D* 80 (2009), November, S. 105011

[83] Hertz, H.: *Über die Beziehung zwischen Licht und Elektrizität*. Heidelberg, September 1889

[84] Hess, V. F.: Über Beobachtungen der durchdringenden Strahlung bei sieben Freiballonfahrten. In: *Physikalische Zeitschrift* 13 (1912), November, S. 1084–1091

[85] Hoffmann, B.: *Einsteins Ideen: Das Relativitätsprinzip und seine historischen Wurzeln*. Heidelberg: Spektrum Verlag, 1997

[86] Hoffmann, D. W.: *Grenzen der Mathematik. Eine Reise durch die Kerngebiete der mathematischen Logik*. 2. Auflage. Heidelberg: Springer Spektrum, 2013

[87] Hooke, R.: *An attempt to prove the motion of the earth from observations*. London: John Martyn, 1674

[88] Huchra, J.; Gorenstein, M.; Kent, S.; Shapiro, I.; Smith, G.; Horine, E.; Perley, R.: 2237 + 0305: A new and unusual gravitational lens. In: *The Astronomical Journal* 90 (1985), May, S. 691–696

[89] Huygens, C.: *Treatise on Light. Rendered into English by Silvanus P. Thompson*. London: MacMillan and Co., 1912

[90] Huygens, C.: *Abhandlungen über das Licht (1610)*. Frankfurt am Main: Verlag Harri Deutsch, 1996 (Oswalds Klassiker)

[91] Johnson, G.: *Die zehn schönsten Experimente der Welt. Von Galilei bis Pawlow*. München: C. H. Beck, 2009

[92] Johnstone: *Spacetime curvature.png*. http://creativecommons.org/licenses/by-sa/3.0/. Version: 2004. – Creative

Commons License 3.0, Typ: Attribution-Share Alike Unported

[93] Kim, Y.-H.; Yu, R.; Kulik, S. P.; Shih, Y.; Scully, M. O.: Delayed 'Choice' Quantum Eraser. In: *Physical Review Letters* 84 (2000), January, S. 1–5

[94] Krause, G.; Müller, G.: *Theologische Realenzyklopädie*. Bd. 18. Berlin: Walter de Gruyter Verlag, 1989

[95] Kricheldorf, Hans R.: *Erkenntnisse und Irrtümer in Medizin und Naturwissenschaften*. Heidelberg: Springer Spektrum, 2014

[96] Langevin, Paul: *The Evolution of Space and Time*. Wikisource translation, 2013

[97] Lebach, D.; Corey, B.; Shapiro, I.; Ratner, M.; Webber, J.; Rogers, A.; Davis, J.; Herring, T.: Measurement of the Solar Gravitational Deflection of Radio Waves Using Very-Long-Baseline Interferometry. In: *Physical Review Letters* 75 (1995), August, S. 1439–1442

[98] Livio, M.: *Brilliant Blunders: From Darwin to Einstein – Colossal Mistakes by Great Scientists That Changed Our Understanding of Life and the Universe*. New York: Simon & Schuster, 2013

[99] Lorentz, H. A.: *De relatieve beweging van de aarde en den aether*. Amsterdam: Zittingsverslag Akad. v. Wet., 1892. – Deutsche Übersetzung: Wikisource

[100] Mach, E.: *Die Geschichte und die Wurzel des Satzes von der Erhaltung der Arbeit*. Prag: J.G. Calve'sche Universitätsbuchhandlung, 1872

[101] Massachusetts Institute of Technology: *Bruno Rossi (Physicist)*. http://creativecommons.org/licenses/by-sa/3.0/. – Creative Commons License 3.0, Typ: Attribution-Share Alike Unported

[102] Maxwell, J. C.: On Faraday's Lines of Force. In: *Transactions of the Cambridge Philosophical Society* 10 (1856), Nr. 1

[103] Maxwell, J. C.: On Physical Lines of Force. In: *Philosophical Magazine and Journal of Science* 21 and 23 (1861)

[104] Maxwell, J. C.: A Dynamical Theory of the Electromagnetic Field. In: *Philosophical Transactions of the Royal Society of London* 155 (1865), January, Nr. 1, S. 459–513

[105] Maxwell, J. C.: *A treatise on electricity and magnetism*. Bd. 1. Oxford: Clarendon Press, 1873

[106] Maxwell, J. C.: *A treatise on electricity and magnetism*. Bd. 2. Oxford: Clarendon Press, 1873

[107] Maxwell, J. C.: Ether. In: *Encyclopædia Britannica. Ninth Edition* 8 (1878), S. 568–672

[108] Maxwell, J. C.: On a Possible Mode of Detecting a Motion of the Solar System through the Luminiferous Ether. In: *Nature* 21 (1880), S. 314–315

[109] Maxwell, J. C.; Harman, P. M.: *The Scientific Letters and Papers of James Clerk Maxwell: 1846-1862*. Cambridge University Press, 1990 (The Scientific Letters and Papers of James Clerk Maxwell)

[110] Meyer, Berndt: *Magnetfeld mit Eisenfeilspänen sichtbar gemacht*. de.wikipedia.org. http://commons.wikimedia.org/wiki/File:Magnet0873.jpg. – Creative Commons License 3.0, Typ: Attribution-ShareAlike

[111] Michelson, A. A.: *Experimental Determination of the Velocity of Light: Made at the U.S.*

Naval Academy, Annapolis. Washington, February 1880

[112] Michelson, A. A.: The relative motion of the Earth and the Luminiferous ether. In: *American Journal of Science* 22 (1881), S. 120–129

[113] Michelson, A. A.: A Method for Determining the Rate of Tuning-Forks. In: *American Journal of Science* 25 (1883), S. 61–64

[114] Michelson, A. A.: Measurement of the Velocity of Light Between Mount Wilson and Mount San Antonio. In: *Astrophysical Journal* 65 (1927), Nr. 1, S. 1–22

[115] Michelson, A. A.; Lorentz, H. A.; Miller, D. C.; Kennedy, R. J.; Hedrick, E. R.; Epstein, P. S.: Conference on the Michelson-Morley Experiment. In: *Astrophysical Journal* 68 (1928), Nr. 5, S. 341–402

[116] Michelson, A. A.; Morley, E. W.: Influence of Motion of the Medium on the Velocity of Light. In: *American Journal of Science* 31 (1886), S. 377–386

[117] Michelson, A. A.; Morley, E. W.: On the relative motion of the earth and the luminiferous ether. In: *American Journal of Science* 34 (1887), S. 333–345

[118] Minkowski, H.; Gutzmer, A.: *Raum und Zeit: Vortrag, gehalten auf der 80. Naturforscher-Versammlung zu Köln am 21. September 1908*. Leipzig: B.G. Teubner, 1909

[119] Mitchell, S. A.: *Eclipses of The Sun*. New York: Columbia University Press, 1923

[120] Mumgaard, R.: *The interior of Alcator C-Mod as seen from F port*. http://http://creativecommons.org/licenses/by-sa/3.0/. Version: 2006. – Creative Commons License 3.0, Typ: Attribution-Share Alike Unported

[121] Murphy, R.: *Elementary principles of the theories of electricity, heat, and molecular actions*. Cambridge: Printed at the Pitt Press by J. Smith for J. & J. Deighton, 1833

[122] Museum für Kommunikation: *In 28 Minuten von London nach Kalkutta*. Zürich: Chronos Verlag, 2000

[123] NASA/JPL-Caltech: *Andromeda galaxy 2*. http://commons.wikimedia.org/wiki/File:Andromeda_galaxy_2.jpg. Version: 2012. – Public domain image

[124] Nereson, N.; Rossi, B.: Further Measurements on the Disintegration Curve of Mesotrons. In: *Physical Review Letters* 64 (1943), October, S. 199–201

[125] Newton, I.: A Letter of Mr. Isaac Newton, Professor of the Mathematicks in the University of Cambridge; Containing His New Theory about Light and Colors: Sent by the Author to the Publisher from Cambridge, Febr. 6. 1671/72; In Order to be Communicated to the R. Society. In: *Philosophical Transactions of the Royal Society* 6 (1671), February, Nr. 80, S. 3075–3087

[126] Newton, I.: *Philosophiae Naturalis Principia Mathematica*. London: J. Societatis Regiae ac Typis J. Streater, 1687

[127] Newton, I.: *Opticks: Or, A Treatise of the Reflections, Refractions, Inflections and Colours of Light*. Fourth edition. London: William Innys at the West-End of St. Paul's, 1730

[128] Newton, I.; Wolfers, J. P. (Hrsg.): *Sir Isaac Newtons Mathematische Prinzipien der Naturlehre. Mit Bemerkungen und Erläuterungen*. Berlin: Verlag Robert Oppenheim, 1872

[129] Planck, M.: Sinn und Grenzen der exakten Wissenschaft. In: *Die Naturwissenschaften* 30 (1942), Februar, Nr. 9–10, S. 129

[130] Pound, R. V.; Rebka, G. A.: Apparent weight of photons. In: *Physical Review Letters* 4 (1960), April, Nr. 7, S. 337–341

[131] Pound, R. V.; Snider, J. L.: Effect of Gravity on Nuclear Resonance. In: *Physical Review Letters* 13 (1964), November, S. 539–540

[132] Ptolemäus, K. M.: *Des Claudius Ptolemäus Handbuch der Astronomie.* Bd. 1. Leipzig: B. G. Teubner, 1912

[133] Reasenberg, R. D.; Shapiro, I. I.; Goldstein, R. B.; MacNeil, P. E.: New results from the viking relativity experiment. In: *Acta Astronautica* 9 (1982), Nr. 2, S. 91–93

[134] Reasenberg, R. D.; Shapiro, I. I.; MacNeil, P. E.; Goldstein, R. B.; Breidenthal, J. C.; Brenkle, J. P.; Cain, D. L.; Kaufman, T. M.; Komarek, T. A.; Zygielbaum, A. I.: Viking relativity experiment – Verification of signal retardation by solar gravity. In: *Astrophysical Journal* 234 (1979), December, S. L219–L221

[135] Reichenbach, H.: Die Bewegungslehre bei Newton, Leibniz und Huyghens. In: *Kant-Studien* 29 (1924), S. 416–438

[136] Reingold, N.: *Science in Nineteenth-Century America: A Documentary History.* Chicago: University of Chicago Press, 1985

[137] Resag, J.: *Die Entdeckung des Unteilbaren: Quanten, Quarks und die Entdeckung des Higgs-Teilchens.* Heidelberg: Springer Spektrum, 2013

[138] Rindler, W.: Length Contraction Paradox. In: *American Journal of Physics* 29 (1961), S. 365–366

[139] Risinger, N.: *Milky Way Galaxy.* http://commons.wikimedia.org/wiki/File:Milky_Way_Galaxy.jpg. Version: 2009. – Public domain image

[140] Robertson, D. S.; Carter, W. E.; Dillinger, W. H.: New measurement of solar gravitational deflection of radio signals using VLBI. In: *Nature* 349 (1991), February, Nr. 6312, S. 768–770

[141] Rømer, O.: *Demonstration tovchant le mouvement de la lumiere trouvé par M. Rømer de l' Academie Royale des Sciences.* December 1676

[142] Rossi, B.: Nachweis einer Sekundärstrahlung der durchdringenden Korpuskularstrahlung. In: *Physikalische Zeitschrift* 33 (1932), Nr. 16, S. 304–305

[143] Rossi, B.: *Cosmic Rays.* New York: McGraw-Hill, 1964 (McGraw-Hill paperbacks in physics)

[144] Rossi, B.; Hall, D. B.: Variation of the Rate of Decay of Mesotrons with Momentum. In: *Physical Review* 59 (1941), February, S. 223–228

[145] Rossi, B.; Hilberry, N.; Hoag, J. B.: The Variation of the Hard Component of Cosmic Rays with Height and the Disintegration of Mesotrons. In: *Physical Review* 57 (1940), March, S. 461–469

[146] Rossi, B.; Nereson, N.: Experimental Determination of the Disintegration Curve of Mesotrons. In: *Physical Review Letters* 62 (1942), June, S. 675–679

[147] Sagan, C.: *Unser Kosmos. Eine Reise durch das Weltall.* Augsburg: Bechtermünz Verlag, 1998

[148] Sexl, L.; Hardy, A.: *Lise Meitner.* Reinbek: Rowohlt Verlag, 2002

[149] Shankland, R. S.: Conversations with Albert Einstein I/II. In: *American Journal of Physics*, 1963, S. 47–57

[150] Shapiro, I. I.: Fourth Test of General Relativity. In: *Physical Review Letters* 13 (1964), December, S. 789–791

[151] Shapiro, S.; Davis, J.; Lebach, D.; Gregory, J.: Measurement of the Solar Gravitational Deflection of Radio Waves using Geodetic Very-Long-Baseline Interferometry Data, 1979–1999. In: *Physical Review Letters* 92 (2004), March, S. 121101

[152] Sime, R. L.: *Lise Meitner. Ein Leben für die Physik*. Berlin: Insel Verlag, 2001

[153] Soldner, J. G.: Ueber die Ablenkung eines Lichtstrals von seiner geradlinigen Bewegung. In: Bode, J. E. (Hrsg.): *Astronomisches Jahrbuch für das Jahr 1804*. G. A. Lange, 1804, S. 161–172

[154] Sonar, T.: *3000 Jahre Analysis: Geschichte, Kulturen, Menschen (Vom Zählstein zum Computer)*. Berlin, Heidelberg, New York: Springer-Verlag, 2011

[155] Spektrum der Wissenschaft: Maxwell. Der Begründer der Elektrodynamik. In: *Spektrum Biografie* 2 (2000)

[156] Stadler, F.: *Vertriebene Vernunft I. Emigration und Exil österreichischer Wissenschaft 1930 – 1940*. Münster: LIT Verlag, 2004

[157] Stokes, G. G.: On the Aberration of Light. In: *Philosophical Magazine* 27 (1845), S. 9–15

[158] Taylor, J. H.; Weisberg, J. M.: A new test of general relativity - Gravitational radiation and the binary pulsar PSR 1913+16. In: *Astrophysical Journal* 253 (1982), February, S. 908–920

[159] Thomson, W.: On the uniform motion of heat in homogeneous solid bodies, and its connection with the mathematical theory of electricity. In: *Cambridge Mathematical Journal* 3 (1842), S. 71–84

[160] Traill, R.: *Letter from Augustin Fresnel to François Arago Concerning the Influence of Terrestrial Movement on Several Optical Phenomena*. www.gsjournal.net. Version: January 2006

[161] Treptow, R.: Fremdheit und Erfahrung. In: Müller, S. (Hrsg.); Otto, H. (Hrsg.); Otto, U. (Hrsg.): *Fremde und Andere in Deutschland*. VS Verlag für Sozialwissenschaften, 1995, S. 1–18

[162] User:Huntster: *Submillimeter Array*. http://creativecommons.org/licenses/by/2.0/. Version: 2010. – Creative Commons License 2.0, Typ: Attribution Generic

[163] Van Helden, A.: Rømer's Speed of Light. In: *Journal for the History of Astronomy* 14 (1983), S. 137–140

[164] Vessot, R. F. C.; Levine, M. W.: *Gravitational Redshift Space-Probe Experiment*. Huntsville, Alabama, December 1979

[165] Vessot, R. F. C.; Levine, M. W.: A test of the equivalence principle using a space-borne clock. In: *General Relativity and Gravitation* 10 (1979), February, Nr. 3, S. 181–204

[166] Walsh, D.; Carswell, R. F.; Weymann, R. J.: 0957 + 561 A, B: Twin Quasistellar Objects or Gravitational Lens? In: *Nature* 279 (1979), May, Nr. 5712, S. 381–384

[167] Walter, M.: Ein Höhenflug der Physik. In: *Physik Journal* 11 (2012), Nr. 6, S. 53–57

[168] Weisberg, J. M.; Taylor, J. H.: The Relativistic Binary Pulsar B1913+16: Thirty Years of Observations and Analysis. In: Rasio, F. A. (Hrsg.); Stairs, I. H. (Hrsg.): *Binary Radio Pulsars* Bd. 328. San Francisco: Astronomical Society of the Pacific, 2005 (ASP Conference Series), S. 25

[169] Weisberg, J. M.; Taylor, J. H.; Fowler, L. A.: Gravitational waves from an orbiting pulsar. In: *Scientific American* 245 (1981), October, S. 74–82

[170] Westfall, R. S.: *The life of Isaac Newton*. Cambridge: Cambridge University Press, 1994

[171] Weyl, H.: *Raum. Zeit. Materie. Vorlesungen über allgemeine Relativitätstheorie*. Berlin, Heidelberg, New York: Springer-Verlag, 1919

[172] Wikipedia: *Christoph Rothmann*. Webartikel. en.wikipedia.org/wiki/Christoph_Rothmann

[173] Wikipedia: *Coulomb*. Webartikel. http://en.wikipedia.org/wiki/Coulomb

[174] Wikipedia: *Parallaxe*. Webartikel. http://de.wikipedia.org/wiki/Parallaxe

[175] Will, C. M.: *Was Einstein Right? Putting General Relativity to the Test*. New York: Basic Books, 1986

[176] Will, C. M.: Experimental gravitation from Newton's Principia to Einstein's general relativity. In: Hawking, S. W. (Hrsg.); Israel, W. (Hrsg.): *Three Hundred Years of Gravitation*. Cambridge: Cambridge University Press, 1989, S. 80–127

[177] Young, T.: The Bakerian Lecture: On the Theory of Light and Colours. In: *Philosophical Transactions of the Royal Society of London* 92 (1802), S. 12–48

[178] Young, T.: The Bakerian Lecture: Experiments and Calculations Relative to Physical Optics. In: *Philosophical Transactions of the Royal Society of London* 94 (1804), S. 1–16

[179] Young, T.: On the nature of light and colours. In: *A course of lectures on natural philosophy and the Mechanical Arts: In Two Volumes. Band 1*. Johnson, 1807, Kapitel 39

[180] Yukawa, H.: On the Interaction of Elementary Particles I. In: *Proceedings of the Physico-Mathematical Society of Japan* 17 (1935), S. 48–57

Namensverzeichnis

A

Alpher, Ralph Asher, 330
Ampère, André-Marie, 124, **124**
Anderson, Carl David, 340
Arago, François, 110, 124, 158, 160
Archimedes, 17, 18
Aristarchos von Samos, 17, 18
Aristoteles, 98

B

Baade, Walter, 313
Barrow, Isaac, 59, 63
Becquerel, Antoine-Henri, 324
Bell, Alexander Graham, 174
Bell, Joycelyn, 312
Bessel, Friedrich Wilhelm, 105
Biot, Jean-Baptiste, 158
Blackett, Patrick Maynard Stuart, 339, 343
Boltzmann, Ludwig Eduard, 368
Born, Max, 189, 244, 299, 370, 371, 423
Bothe, Walther Wilhelm Georg, 334, **334**, 335
Bradley, James, 102, 103, 105, 107
Brahe, Tycho, **31**, 33
Brault, James William, 302
Broglie, Louis-Victor de, 323
Brunn, Albert von, 299
Bruno, Giordano, 44

C

Campbell, William Wallace, 259, 260, **260**, 264,
    267, 289, 292
Carswell, Robert F., 310
Cayley, Arthur, 138
Chadwick, James, 363
Champollion, Jean-François, 89

Chant, Clarence Augustus, 295
Clark, John C., 395, 396
Clarke, Samuel, 75, 76
Compton, Arthur Holly, 332, 333
Coster, Dirk, 379
Coulomb, Charles-Augustin de, 120, 121, **121**,
    324
Courant, Richard, 370
Curie, Marie, 325
Curie, Pierre, 325
Curtis, Heber Doust, 264

D

d'Arrest, Heinrich Louis, 262
Davy, Humphry, 126
Descartes, René, 79, 98
Dirac, Paul Adrien Maurice, 341, **342**
Dodwell, George Frederick, 295, 296
Doppler, Christian, 167, **167**
Dyson, Frank Watson, 290–292

E

Eddington, Arthur Stanley, 290, 291
Einstein, Albert, 94, 96, **184**, 189, 190, 193,
    194, 199–202, 213, 225, 233, 235, 238,
    239, 243, 245, 251, 255, 257, 258, 260,
    264–266, 398
Euler, Leonhard, 68
Evershed, John, 295

F

Faraday, Michael, 12, 125, **126**
Fermi, Enrico, 365, **365**, 380
Finlay-Freundlich, Erwin, 259, 265, 295
FitzGerald, George Francis, 184

Fizeau, Hippolyte, **108**, 116, 118, 165, 223
Foucault, Jean Bernard Léon, 109, **109**
Fraunhofer, Joseph von, 168, **169**
Fresnel, Augustin Jean, 161, 162, **162**, 163, 164
Frisch, David H., 347
Frisch, Otto Robert, 371, 377

G

Galilei, Galileo, 12, 15, 43, **44**, 49, 52, 56, 57, 99
Galle, Johann Gottfried, 262
Gamow, George, 330
Gauß, Carl Friedrich, 276
Gehrke, Ernst, 297
Geiger, Hans, 333
Gemow, George, 287
Gilbert, William, **119**, 120
Grossmann, Marcel, 194, **195**, 277

H

Hahn, Otto, 368, **369**, 373
Hall, David B., 323, 346
Halley, Edmond, 64, 103, 107
Hallwachs, Wilhelm, 91, **92**
Heaviside, Oliver, 149
Heisenberg, Werner, 379
Henry, Joseph, 127
Herman, Robert, 330
Herschel, Friedrich Wilhelm, 161
Hertz, Heinrich Rudolf, 91, 150, **151**, 157
Hess, Victor Franz, 328, **328**, 341
Hilberry, Norman, 343
Hoag, J. Barton, 343
Hohenburg, Herwart von, 38
Hooke, Robert, 64, 79, 102, 103
Huchra, John Peter, 311
Hulse, Russell Alan, 315, **315**
Huygens, Christiaan, 79, **82**, 83–85, 157

J

Joliot-Curie, Irène, 325, **364**
Joliot-Curie, Jean Frédéric, **364**, 380
Jones, Harold Spencer, 295

K

Kepler, Johannes, **36**, 38–40, 98
Klüber, Harald von, 299
Kolhörster, Werner, 328, 329, 335
Kopernikus, Nikolaus, 15, **24**, 28, 29

L

Langevin, Paul, 225, 226
Laplace, Pierre-Simon, 158
Leibniz, Gottfried Wilhelm, **61**, 62, 75, 76
Lenard, Philipp, **92**, 93, 297, 298
Lenze, Josef, 304
Leverrier, Urban, 261, **263**, 288
Levine, Martin, 302
Lorentz, Hendrik Antoon, 134, 184, **184**, 186,
    187, 212

M

Mach, Ernst, 240, **240**, 241, 242
Marconi, Guglielmo, 152
Maric, Mileva, 194
Maxwell, James Clerk, 12, **137**, 140–145, 147,
    148, **149**, 150, 158, 170–173
Meitner, Lise, 368, **369**, 370, 374, 376, 379, 380
Michelson, Albert Abraham, 110, **111**, 173, 175–
    178, 180, 182
Milet, Thales von, 120
Millikan, Robert Andrews, 330, **330**
Minkowski, Hermann, 197, **274**
Mitchell, Samuel Alfred, 263, 296
Mößbauer, Rudolf Ludwig, 302
Molyneux, Samuel, 102
Morley, Edward Williams, 178–180, 182

N

Neddermeyer, Seth, 341
Nereson, Norris George, 346
Newton, Isaac, 12, 58, **58**, 61, 68, 69, 71, 73–75

O

Occhialini, Giuseppe Paolo Stanislao, 339

Ohm, Georg Simon, 127
Oppenheimer, Julius Robert, 382, **383**, 385
Ørsted, Hans Christian, 123

P

Perrine, Charles Dillon, 260, **260**
Philolaos, 16
Planck, Max, 43, 95, **95**, 196, 371
Poisson, Siméon, 158
Potier, Alfred, 177
Pound, Robert, 301
Ptolemäus, Claudius, 20, **21**, 22

R

Rebka, Glen, 302
Reichenbach, Hans, 77
Ricci-Curbastro, Gregorio, 285, **285**
Riemann, Bernhard, 194, 285, **285**
Rindler, Wolfgang, 227
Ritter, Johann Wilhelm, 161
Rossi, Bruno, 323, 336, **336**, 338, 343, 346
Rothmann, Christoph, 33
Routh, John, 138
Rutherford, Ernest, 333
Rømer, Ole Christensen, 82, 99, 100

S

Sagredo, Giovan Francesco, 44, 47
Salviati, Filippo, 44, 47
Schwarzschild, Karl, 265
See, Thomas Jefferson Jackson, 297
Shankland, Robert, 224
Shapiro, Irwin Ira, 304
Siegbahn, Karl Manne Georg, 374
Simplicio, 47
Smith, Barnabas, 58
Smith, James H., 347
Snider, Joseph L., 302
Soldner, Johann Georg von, 297
Sommerfeld, Arnold Johannes Wilhelm, 273

Stokes, George Gabriel, **139**, 163
Straßmann, Fritz, 374
Sturgeon, William, 127
Swift, Lewis, 262
Szilárd, Leó, 382, **383**

T

Tait, Peter Guthrie, 138
Taylor Jr., Joseph Hooton, 315
Teller, Edward, 382
Thirring, Hans, 304
Thomson, Joseph John, 92, **92**
Thomson, William, **139**
Todd, David Peck, 171

V

Vessot, Robert, 302
Volta, Alessandro, 122

W

Watson, James Craig, 262
Weyl, Hermann, 226
Weymann, Ray J., 310
Wheatstone, Charles, 110
Wigner, Eugene, 382
Will, Clifford M., 269
Wilson, Charles Thomson Rees, 331, **332**
Wollaston, William Hyde, 168
Wren, Christopher, 64
Wulf, Theodor, 327

Y

Young, Thomas, **88**, 90, 114, 157
Yukawa, Hideki, 342, 345

Z

Zwicky, Fritz, 313

Sachwortverzeichnis

A

Aberration
    stellare, **102**, 105, 163
Absolutheit
    der Zeit, 11, **72**, 197
    des Raums, 11, **72**, 197
Achromatisches Prisma, 159
Addition
    von Geschwindigkeiten
        klassisch, 10, 11, 57, **219**, 223
        relativistisch, **223**, 228
Äquivalenzprinzip, **239**
    schwaches, **72**, 245
    starkes, 12, **245**, 269, 281, 288, 305, 309
Äther, **155**
    mechanischer, 148
    mitgeführter, 155
    stationärer, 166
    teilweise mitgeführter, 161, 164
    -wind, 156
Alcator-C Mod (Reaktor), 391
Almagest (Schrift), 20
Alpha
    -strahlung, 326
    -teilchen, **340**, 365, 381
Americium ($_{95}$Am), 367
Ampere (Einheit), 125
Ampère'sches Gesetz
    erweitertes, 136
Andromedagalaxie, 230
Annihilation, 234
Anode, 338
Antenne
    Dipol-, 151
Aphel, 39, 261
Apsidendrehung, 261
Arago-Experiment, 158
    erstes, 159
    zweites, 161
Arm (Lokaler), 228
Astronomische Einheit, 41, 101
Atacama Pathfinder Experiment, 320
Atoll
    Bikini-, 394
    Eniwetok-, 392, 394
Atom, 356
    -kern, 356
    -kraftwerk, 380
    -physik, 355
    -zeitalter, 380
Atomare Masseneinheit, 358
Axiome
    von Einstein, 10, 226

B

Balkenspiralgalaxie, 228
Barium ($_{56}$Ba), **362**, 375
Basis, 279
    Standard-, 279
Beobachtungsinvarianz, 198
Beta
    -Minus-Zerfall, 357
    -Plus-Zerfall, **358**, 364, 366, 375
    -strahlung, 326
    -teilchen, 326, 366
Bezugskörper, **199**, 207, 215, 271
Bezugssystem, 10, **54**, **74**, 152, 169, 197, 239, 269
Bikini-Atoll, 394
Bindungsenergie, 359, 360
Binomialsatz, 61
Blauverschiebung
    Doppler'sche, 168
    gravitative, 302, 303
Bombe
    Bravo (Castle), 395

Fat Man, 386
Fissions-, 385
Fusions-, 391
Hiroshima-, 385
Little Boy, 385
Mike (Ivy), 392
Nagasaki-, 386
trockene, 394
Zar-, 397
Bor ($_5$B), 381
Borsäure, 381
Brennstab, 380

C

Cactus Dome, 393
Cassini, 321
Castle Bravo, 395
Chicago Pile, 380
Commentariolus, 24
Compton-Effekt, 333
Cosmic rays, 330
Coulomb
Experiment, 120, 324
-Kraft, **134**, 360, 388
Curium ($_{96}$Cm), 367

D

De Magnete (Schrift), 120
Deferent (große Kreisbahn), 22
Deuterium (Isotop), 357
Diode, 338
Dipolantenne, 151
Doppelpulsar
Hulse-Taylor-, **315**, 317
Doppelspaltexperiment, 88
Doppelstern, 316
Doppler-Effekt, **167**, 232, 254, 303
Drehfrequenz, 108
Drehwaage, 120
Dynamik
relativistische, 232

E

Ehrenfest-Paradoxon, **271**, 275

Einheit
Ampere, 125
Astronomische, 41, 101
Atomare Massen-, 358
Elektronenvolt, 338
-ensystem
Internationales, 125, 235
Joule, 235
Parsec, 290
TNT-Äquivalent, 387
Einheitsvektoren
kanonische, 279
Einstein
-Axiome, 10, 226
Feldgleichungen, 284, 286
-kreuz, 311
Relativitätsprinzip
allgemeines, 269
spezielles, 10, **190**, 226, 239
-Tensor, 285
Elektrisches
Feld, **130**
Wirbelfeld, 135
Elektrisiermaschine, 120, 128
Elektrizität, 119
Elektro
-magnetische Welle, 149
-magnetischer Schauer, 345
-magnetismus, 123
-meter, 331
Elektron, **92**, 120, 234, 326, **338**, 357
Elektronenröhre, 338
Elektronenvolt (Einheit), 338
Elementarwelle, 84
Ellipsensatz, 40
Elugelab (Insel), 392
Energie-Impuls-Tensor, 285
Eniwetok-Atoll, 392, 394
Epizykel, 23
-theorie, 22
Ereigniskonformität, 198
Erweitertes Ampère'sches Gesetz, 136
Euklidische
Geometrie, 271
Metrik, **279**, 282
Europa (Mond), 46
Experimentum crucis, 82, 87, 90

Exzentertheorie, 22

F

Fallout, 385
Faraday
    -Effekt, 129
    Induktionsgesetz, 135
    Käfig, 129
Fat Man, 386
Feld, 130
    elektrisches, **130**
    -gleichungen, 284, 286
    Gravitations-, 247
      homogenes, 252
    -konzept
      geometrisches, 125
      mathematisches, 136
    magnetisches, **131**
Fission, 361
    -sbombe, 385
Fizeau
    Experiment, 107, 116, 164
    -Interferometer, 116
Flache Raumzeit, 283
Flächensatz, 39
Fluxionsmethode, 62
Fraktionierung, 382
Fraunhofer'sche Linie, 168
Frequenz, 93, **114**, 166, **166**, 233
    -stabilität, 113
    -verschiebung
      Doppler'sche, 168
      gravitative, 253
    Dreh-, 108
    Grenz-, 93
Fresnel
    Mitführungsformel, 164
Fusion, 361, 387
    kontrollierte, 390
    -sbombe, 391
    unkontrollierte, 391

G

Galaxie
    Andromeda-, 230
    Balkenspiral-, 228
    Milchstraße, 228
    Zwerg-, 230
Galilei
    Relativitätsprinzip, **55**, 190
    -sche Monde, 46
    -sches Hemmungspendel, 53
    -sches Koordinatensystem, 55
    -Varianz, **152**, 190
Galvanische Zelle, 122
Gamma
    -strahlung, 326
γ Draconis, 103
Ganymed (Mond), 46
Gegenerde, 16
Geiger-Müller-Zählrohr, 333
Geodäte, 274
Geometrie
    euklidische, 271
    Riemann'sche, 194
Geometrisches Feldkonzept, 125
Gleichzeitigkeit, 204
Gravitation, **63**, 241, 245
    -sfeld, 247
      homogenes, 252
    -sgesetz, 63, 70
    -skonstante, 70, 286
    -slinse, 310
    -swelle, 317
Gravitative
    Blauverschiebung, 302, 303
    Lichtablenkung, **255**, 304
      am Sonnenrand, 257
    Rotverschiebung, **253**, 301, 304
    Zeitdilatation, **252**
Gravity Probe
    A, 303
    B, 303
Grenzfrequenz, 93
Ground Zero, 385
Gruppe (Lokale), 230

H

Halbwertszeit, 347, 350
Hallwachs-Effekt, 91, 92
Haystack Observatory, 309

Helium, 359
    -kern, 326, 340, 365
Hemmungspendel, 53
Hintergrundstrahlung
    kosmische, 330
Hiroshima, 385
Höhenstrahlung, 330
Huchra-Linse, 311
Hulse-Taylor-Pulsar, **315**, 317
Huygenssche Prinzip, 83
Hyaden (Sternhaufen), 290

I

Identitätsprinzip
    von Leibniz, 76
Impuls, 237
Induktion
    elektromagnetische, 128
    -sspannung, 134
    -sstrom, 134
Inertia, 55, 239
Inertialsystem, 10, 55, 74, 239
Infinitesimalrechnung, 62
Institute for Advanced Study, 196
Interferenz, 90
Interferometer
    von Fizeau, 116
    von Michelson, 115, 174, 177
Interferometrie, 113
    Langbasis-, 319
    Lokal-, 319
Internationales Einheitensystem, 125, 235
Io (Mond), 46, 99, 170
Ion, 325
Ionisation, 325
Isotop, 356
ITER, 390
Ivy Mike, 392

J

Joule, 235
Jupiter (Planet), 16, 45, 99, 170, 227

K

Kallisto (Mond), 46
Kanonische Einheitsvektoren, 279
Kathode, 338
Kation, 325
Kausalprinzip, **198**, 207, 317
Kepler
    -Konstante, 41
    -sche Gesetze, 36
Kern
    -fusion, 387
        kontrollierte, 390
        unkontrollierte, 391
    -physik, 355
    -spaltung, 380
        kontrollierte, 380
        unkontrollierte, 382
    -waffe
        Fissions-, 385
        Fusions-, 391
Kinematik
    relativistische, 209
Koinzidenz
    Raum-, 198
    Raum-Zeit-, 198
    -zähler, 334
        elektronischer, 336
    Zeit-, 198
Kompensationsglas, 174
Konstante
    Gravitations-, 70, 286
    Kepler-, 41
    kosmologische, 286
    Lichtgeschwindigkeit, 10, 191
Kontraktionshypothese, 183, 184
Koordinate
    Raum-, 197, **199**
    Raum-Zeit-, 199
    Zeit-, 197, **201**
Koordinatensystem
    galileisches, 55
    krummliniges, 280
Kopernikanisches Weltsystem, 24, 27
Korpuskeltheorie, 80
Kosmische Strahlung, **323**, 326
    primäre, 340
    sekundäre, 340, 344
Kosmologie, 15

Kosmologische Konstante, 286
Kraft
    Coulomb-, **134**, 360, 388
    Lorentz-, **134**, 333, 341
        im weiteren Sinne, 134
    Starke Wechselwirkung, 360
    Zentripetal-, 72
Krebsnebel, 313
Kritische Masse, 382
Krummliniges Koordinatensystem, 280
Krypton ($_{36}$Kr), 362

L

Ladung
    elektrische, 120
Längen
    -kontraktion, 215
    -messung, 200
Längswelle, 155
Langbasisinterferometrie, 319
Laniakea-Superhaufen, 231
Leidener Flasche, 150
Lense-Thirring-Effekt, 304
Licht, **79**
    -ablenkung
        am Sonnenrand, 257
        gravitative, **255**, 304
    -äther, **155**
        mechanischer, 148
        mitgeführter, 155
        stationärer, 166
        teilweise mitgeführter, 161, 164
    -geschwindigkeit, **98**
        astronomisch gemessene, 99
        Definition, 113
        Konstanz, 10, 191
        terrestrisch gemessene, 107
    polarisiertes, 155
    -uhr, 209
Linie
    Fraunhofer'sche, 168
    geodätische, 274
Linke-Faust-Regel, 133, 135
Lithium, 394
Lithiumdeuterid (LiD), 394
Little Boy, 385

Lokale
    Gruppe, 230
Lokaler
    Arm, 228
    Superhaufen, 231
Lokalinterferometrie, 319
Longitudinalwelle, 155
Lorentz
    -Transformation, 186
    -faktor, **185**, 186, **212**, 215, 218, 234, 237,
        346, 353
    -kraft, **134**, 333, 341
        im weiteren Sinne, 134
Lucasischer Lehrstuhl, 59
Luminiferous Aether, 156

M

Mach'sches Prinzip, 240, 242
Magellansche Wolke, 230
Magneteisenstein, 120
Magnetisches
    Feld, **131**
    Wirbelfeld, 124, 133, 136
Magnetismus, 119
Magnetit, 120
Manhattan-Projekt, 382
Mariner-Sonde, 309
Mars (Planet), 16, 23, 227
Masse
    kritische, 382
    Ruhe-, 237
    schwere, **71**, 245
    träge, **71**, 245
Massenzahl, 356
Massenzunahme
    relativistische, 235
Materie, 356
    -tensor, 285
Mathēmatikē Syntaxis (Schrift), 20
Mathematisches Feldkonzept, 136
Medium, 118
Merkur (Planet), 16
    Periheldrehung, **261**, 264, **287**, 301, 304,
        316
Meson, 342
Mesotron, 341

Metrik, 274
    euklidische, **279**, 282
    Minkowski-, 274, **282**
    quasi-euklidische, 282
    uneigentliche, 282
Metrischer Tensor, 278, 283
Michelson
    -Experiment, 173
    -Interferometer, 115, 174, 177
    -Morley-Experiment, 177
Milchstraße, 228
Minkowski
    -Metrik, 274, **282**
Mitführungsformel
    von Fresnel, 164
Modifikationstheorie, 79
Mößbauer-Effekt, 302
Mond, 16
Monopol, 132
Myon, 323, **341**, 345

N

Nagasaki, 385
Nebelkammer, **331**, 339, 340
Neptun (Planet), 227, 262
Neptunium ($_{93}$Np), 367
Neutron, 342, **356**
    langsames, 366
Neutronenstern, 312
Newton'sche
    Gesetze, 68
    Gravitationskonstante, 70, 286
Nickel ($_{28}$Ni), 362
Niederschlag
    radioaktiver, 385
Nuclear
    fission, 355
    fusion, 355
Nukleon, 356
    -enzahl, 356

O

Ohm'sches Gesetz, 127
Operation Castle, 394
Ordnungszahl, 356

Orionarm, 228

P

Paar
    -bildung, 345
    -erzeugung, 234, 345
    -vernichtung, 234
Paradoxon
    Ehrenfest-, **271**, 275
    Zug-, 204
    Zwillings-, 224
Parallax second, 290
Parallaxe
    stellare, 18, 258, 290
Parsec (Einheit), 290
Perihel, 39, 261
Periheldrehung
    des Merkur, **261**, 264, **287**, 301, 304, 316
Periodensystem der Elemente, 356
Photoelektrischer Effekt, **91**, 232
Photon, 94, 95
Photonenhypothese, **95**, 232
Photovervielfacher, 347
Pilzwolke, 385
Pion, 342, 345
Plancksches Wirkungsquantum, 95
Plutonium ($_{94}$Pl), 367
Polarisationsebene, 155
Polonium ($_{84}$Po), 326
Positron, 234, 326, **341**
PPN-Parameter, 320
Principia Mathematica (Schrift), 67
Prioritätenstreit
    Newton vs. Leibniz, 62
Prisma, 79, 112
    achromatisches, 159
Protactinium ($_{91}$Pa), 370
Protium (Isotop), 357
Proton, 342, **356**
Proxima Centauri, 228
Ptolemäisches Weltsystem, 20, 22
Pulsar, 312
    Hulse-Taylor-, **315**, 317
Pythagoreischer Lehrsatz, 212, 279

Q

Quant, 97
Quantenteilchen, 96
Quasi-euklidische Metrik, 282
Querwelle, 155

R

Radio
    -astronomie, 304
    -interferometrie, 319
    -aktiver Niederschlag, 385
    -aktivität, **324**, 326, 355, **357**
        künstliche, 364
    -quelle
        pulsierende, **312**, 313
Radium ($_{88}$Ra), 374
Raum
    absoluter, 11, **72**, 197
    euklidischer, 274
    -koinzidenz, 198
    -kontraktion, 215
    -koordinate, 197, **199**
    -station, 249
    -zeit, 197, 199
        flache, 283
Raum-Zeit-
    Koinzidenz, 198
    Koordinate, 199
Raumgeometrie
    relativistische, 274
Rechte-Faust-Regel, 133, 135
Refraktion
    astronomische, 102
Regelstab, 381
Relativistische
    Dynamik, 232
    Kinematik, 209
    Massenzunahme, 235
    Raumgeometrie, 274
Relativitätsprinzip
    allgemeines, 269
    galileisches, **55**, 190
    spezielles, 10, **190**, 226, 239
Ricci-Tensor, 285
Riemann'sche Geometrie, 194

Roter Riese, 231
Rotverschiebung
    Doppler'sche, 168
    gravitative, **253**, 301, 304
Rudolfinische Tafeln, 34
Ruhemasse, 237
Runit (Insel), 393

S

Sandrechner (Schrift), 17
Saturn (Planet), 16, 227
Satz
    von Pythagoras, 212, 279
Schauer
    elektromagnetischer, 345
    Teilchen-, 337, 339, 340
Schwaches Äquivalenzprinzip, **72**, 245
Schwere Masse, **71**, 245
Shapiro-Verzögerung, 304
Sidereus Nuncius (Schrift), 45
Sonne, 16, 229, 254
Sonnenfinsternis
    von 1918, 289
    von 1919, 290
    von 1922, 294
Sonnensystem, **41**, 169, 227, 228, 261
Spaltung (von Atomkernen), 380
    kontrollierte, 380
    unkontrollierte, 382
Spektrometer, 168
Spektroskopie, 168
Spiegelteleskop, 63
Standardbasis, 279
Stanford-Torus, 251
Starke Wechselwirkung, 360
Starkes Äquivalenzprinzip, 12, **245**, 269, 281,
        288, 305, 309
Stellare
    Aberration, **102**, 105, 163
    Parallaxe, 18, 258, 290
Sternenbote (Schrift), 45
Stjerneborg, 32, 34
Strahlung
    Alpha-, 326
    Beta-, 326
    elektromagnetische, 326

Gamma-, 326
Höhen-, 330
kosmische, **323**, 326
　　primäre, 340
　　sekundäre, 340, 344
kosmische Hintergrund-, 330
Teilchen-, 326
Ultragamma-, 329
Uran-, 325
Submillimeter
　　Array, 319
　　Telescope, 320
Superhaufen
　　Laniakea-, 231
　　Lokaler, 231
　　Virgo-, 231
Superpositionsprinzip, 66, 70, 71, 83, 131
Symmetrischer Tensor, 283
Synchronisation
　　von Uhren, 202
Szintillator, 347

T

TAC, 346
Teilchen
　　Alpha-, **340**, 365, 381
　　Beta-, 326, 366
　　-physik, **340**, 355
　　-schauer, 337, 339, 340
　　-strahlung, 326
Tensor, 277
　　-analysis, 277
　　Einstein-, 285
　　Energie-Impuls-, 285
　　-feld, 281
　　Materie-, 285
　　metrischer, 278, 283
　　Ricci-, 285
　　symmetrischer, 283
Thorium ($_{90}$Th), 326, 375
Time to Amplitude Converter, 346
TNT, 387
　　-Äquivalent (Einheit), 387
Torsionswaage, 120
Torus
　　eines Fusionsreaktors, 390

Stanford-, 251
Träge Masse, **71**, 245
Trägheit, 55, 233, 239, 241, 245
　　der Energie, 232
　　-sgesetz, **54**, 69
Transformation
　　Lorentz-, 186
Transformator, 128
Transuran, 365, 367
Transversalwelle, 155
Trinitrotoluol, 387
Trinity-Test, 384
Tritium (Isotop), 357
Trockene Bombe, 394
Twin paradox, 226
Tychonisches Weltsystem, 30, 34

U

Uhrensynchronisation, 202
Ultragammastrahlung, 329
Uneigentliche Metrik, 282
Uran
　　-projekt, 382
　　-strahlen, 325
　　$_{92}$U, **362**, 374
Uraniborg, 32
Uranus (Planet), 227, 261

V

Venus (Planet), 16
Venusphase, 46
Very Long Baseline Array, 320
Viking-Sonde, 310
Virgo-Superhaufen, 231
Volta'sche Säule, 122, 123
Vulcanus (Gottheit), 261
Vulkan (Planet), 261, **261**, 288

W

Wasserstoff, 357
　　-bombe, 391
　　　trockene, 394
　　schwerer, 356
Wechselwirkung

starke, 360
Weg-Eigenzeit-Gesetz, 228
Wega, 228
Weißer Zwerg, 231
Welle
elektromagnetische, 149
Elementar-, 84
Gravitations-, 317
Längs-, 155
longitudinale, 155
-ntheorie, 82
Quer-, 155
-Teilchen-Dualismus, **79**, 96, 98
transversale, 155
Weltsystem
kopernikanisches, 24, 27
ptolemäisches, 20, 22
tychonisches, 30, 34
Wirbelfeld, 133
elektrisches, 135
magnetisches, 124, 133, 136

Wirkungsquantum
plancksches, 95

Z

Zar-Bombe, 397
Zeit
absolute, 11, **72**, 197
-dilatation, **209**, 252
gravitative, **252**
-koinzidenz, 198
-koordinate, 197, **201**
Zenitteleskop, 103
Zentripetalkraft, 72
Zerfall
Beta-Minus-, 357
Beta-Plus-, **358**, 364, 366, 375
Zugparadoxon, 204
Zweifadenelektrometer, 331
Zwerggalaxie, 230
Zwillingsparadoxon, 224

„Das Auffallendste an [Einsteins] Denkweise war der Glaube an die Einfachheit der fundamentalen Gesetze. Doch er war kein Apriorist. Alle seine Theorien basierten unmittelbar auf der Erfahrung. Er hatte die Gabe, hinter unauffälligen, wohlbekannten Fakten eine Bedeutung zu sehen, die allen anderen entgangen war. Das wichtigste Beispiel ist die Äquivalenz von Gravitation und Beschleunigung, die zwar seit Newtons Zeit bekannt war, jedoch bis Einstein nicht als Schlüssel zum Verständnis des Kosmos erkannt wurde. [...] Es war dies unwahrscheinliche Einfühlungsvermögen in die Arbeitsweise der Natur und nicht seine mathematischen Fähigkeiten, was ihn von uns allen unterschied.“

Max Born [14]

FSC
www.fsc.org
MIX
Papier aus ver-
antwortungsvollen
Quellen
Paper from
responsible sources
FSC® C105338